660MW超超临界火力发电机组培训教材

HUAXUE FENCE

化学分册

望亭发电厂 编

中国电力出版社
CHINA ELECTRIC POWER PRESS

内 容 提 要

《660MW超超临界火力发电机组培训教材》对超超临界燃煤发电机组的原理及设备只做简单介绍，着重以岗位运行知识为基础，以提高操作技能为目的，根据电厂生产一线人员在660MW超超临界燃煤发电机组调试、运行、维护过程中的经验，详细介绍发电设备及系统的运行维护及故障处理。

本书为此套教材的《化学分册》，共14章，内容包括水的混凝、沉淀、过滤处理，锅炉补给水的超滤、反渗透及离子除盐处理，凝结水精处理，取样加药及炉内监督、水化学工况及化学清洗，循环冷却水处理，工业废水、污水处理，电厂燃煤、用油等。

本书可作为从事660MW超超临界火力发电机组电厂化学专业调试、运行维护和检修技术等岗位的生产人员、技术人员和管理人员的上岗培训、在岗培训及继续教育等的培训教材，也可作为600～1000MW超超临界火力发电机组化学专业技术人员及大专院校相关专业师生的参考教材。

图书在版编目(CIP)数据

660MW超超临界火力发电机组培训教材．化学分册/望亭发电厂编．—北京：中国电力出版社，2011.9（2016.3重印）

ISBN 978-7-5123-1698-0

Ⅰ.①6… Ⅱ.①望… Ⅲ.①火力发电-发电机组-技术培训-教材②火电厂-电厂化学-水处理：化学处理-技术培训-教材 Ⅳ.① TM621

中国版本图书馆CIP数据核字(2011)第091176号

中国电力出版社出版、发行

（北京市东城区北京站西街19号 100005 http://www.cepp.sgcc.com.cn）

三河市航远印刷有限公司印刷

各地新华书店经售

*

2011年9月第一版 2016年3月北京第二次印刷

787毫米×1092毫米 16开本 24.75印张 590千字

印数3001—5000册 定价**52.00**元

《660MW 超超临界火力发电机组培训教材》

编 委 会

序

自1882年中国有了商品电以来，中国电力工业的历史车轮已然驶过了三个世纪。斗转星移，大浪淘沙，在今天知识爆炸的时代，新一代的电力工作者需要怎样的知识来传承光荣，成就梦想？需要怎样的书籍来实现自我提升，成为一名真正具有竞争力的电力工作者？人生哲理、科学理论、生活常识，这些都很重要。阅读它们可以使人明智、静心、修身、达理，不断走向完美。但要成为一名优秀的电力运行工作者，除了这些之外，更为重要的是一定要有过硬的专业素质，以及坚定而执着的专业精神，这就需要有一套专业对口、学践结合、操作性强、通俗易懂的职业学习丛书，这就是我们出版《660MW超超临界火力发电机组培训教材》丛书的主要宗旨。

当前，加快转变经济发展方式已成为影响我国经济社会领域各个层面的一场深刻变革。在火电行业，大容量、高参数的火电机组因为其较低的能耗和排放成为了行业发展的主流。随着单机百万容量机组的投产发电，标志着我国的电力工业已经步入百万级时代。但是，就目前情况而言，600MW级的机组仍是我国电网供电的中坚力量。因此，加强对600MW级机组基础理论的研究，深入开展600MW级机组的管理创新和技术创新，不断提高600MW级机组运行技术水平，对于促进中国电力工业更加健康快速地发展，确保国民经济稳定运行具有重要的现实意义。

2009年6月，望亭发电厂通过科学论证、大胆规划、辛苦建设，在国内率先成功投运了由上海电气集团制造的660MW超超临界燃煤机组。投运至今，各项性能指标在同类型机组中处于先进行列，并成为中国华电集团600MW级标杆机组。“追求卓越，勇于创新”的企业精神造就了今天望亭发电厂的再度辉煌，有着崇尚科学、不断精益优良传统的“望电人”紧紧依托自身日积月累、扎实深厚的技术底蕴，立足660MW级超超临界燃煤机组基建生产运行所掌握的第一手宝贵经验，加紧研究、认真总结、不断提炼，迅速建立起一套体系完善、环节精益、过程闭环、统筹兼顾的运营管控理论模式，锻炼出一支业务精、作风硬、素质强的职工队伍，为更好地发挥机组运营潜效、不断提升内生效益奠定了理论和技术基础，为实现超超临界机组在中国更好地发展和运营做出了自己应有的贡献。

本套丛书编撰历时两年有余。两年来，在望亭发电厂党委和厂部的关心支持下，集聚厂内技术骨干的编撰团队克服了生产任务繁重、技术资料缺乏、编撰经验不足等诸多困难，充分发挥“望电人”严谨求实的工作作风，勤钻研、巧思考、多实践，力求在内容上理论联系实际，在表述上做到通俗易懂。本套丛书包括《汽轮机分册》、《电气分册》、《锅炉分册》、《脱硫脱硝分册》、《化学分册》、《燃料分册》、《热控分册》。针对发电厂工作的特点，本套丛书对660MW超超临界燃煤发电机组设备的原理只做简单介绍，着重以岗位运行知识为基础，以提高技能操作能力为目的，根据电厂一线人员在660MW超超临界燃煤发电机组调试、运行、维护过程中的经验，介绍发电设备及系统的运行维护及故障处理，有效提升了本书的实用性，使该书成为国内少有的能够全面、系统地反映该类型机组的培训教材。

时代在变，创新的精神和力量是永恒的。我们希望本套丛书的出版，能够成为一个契机和交流的载体，为推动低碳节能的660MW超超临界燃煤机组在中国更好更快地发展增添一份力量。

由于编撰人员的理论水平和实践经验有限，书中难免有缺点和错误，恳请读者批评指正。

2011年4月

前　言

随着电力工业技术的不断发展，用电量的持续增加和世界范围内环保形势的日趋严峻，大容量、高参数、高效率的超超临界大型发电机组正逐渐成为我国电力系统的主力发电机组。大型超超临界发电机组普遍采用低 NO_x 燃烧以及烟气脱硫脱硝技术，大幅度降低了二氧化硫、氮氧化物等污染物的排放。低煤耗、高环保的超超临界发电机组目前正成为我国电力行业“上大压小”、“节能减排”的首选机型。

为使广大电力生产岗位工人、技术人员和管理人员熟悉、了解和掌握660MW超超临界大型燃煤火力发电机组的性能及特点，中国华电集团公司望亭发电厂在中国电力出版社的大力支持下，组织各级技术人员耗时两年时间，精心编写了《660MW超超临界火力发电机组培训教材》。

针对发电厂工作的特点，本套教材对660MW超超临界燃煤发电机组设备的原理只做简单介绍，着重以岗位运行知识为基础，以提高操作技能为目的，根据电厂生产一线人员在660MW超超临界燃煤发电机组调试、运行、维护过程中的经验，详细介绍发电设备及系统的运行维护及故障处理，力求能以平实的语言及通俗的阐述，更好地满足660MW超超临界燃煤机组岗位运行、技能操作和继续教育的需要。本套教材也可供高等院校有关专业的相关师生参考。

本书为《660MW超超临界火力发电机组培训教材》化学分册，共14章，由李浩侃主编，包献忠主审，韩美玲、杨少华、杨波、徐彬、李明佳、周栋明、刘蔚华、高峰、黄建萍、张清参与了本书的编写工作，全书由杨少华负责统稿。

本分册在编写过程中，参阅了部分已正式出版的技术文献及制造厂、设计院、安装单位、调试单位的有关说明书、图纸等技术资料，在此一并表示感谢。

由于编者水平有限，加之编写时间仓促，错漏之处在所难免，敬请读者批评指正，并提出宝贵意见。

编者

2011年4月

目　录

第一章

超超临界机组化学专业技术特点

超临界、超超临界机组的火力发电技术以其高热效率、低污染物排放以及良好的运行灵活性和负荷适应性成为目前世界上唯一先进、成熟和达到商业化规模应用的洁净煤发电技术，也是当今火力发电的主力机组和发电技术研究的一个主要方向。我国自20世纪80年代以来相继引进了10台超临界机组，取得了一定的设计、安装和运行经验，“十五”国家重大技术装备和国产化项目开展了“600MW超临界火电机组成套设备研制”，国产的600MW超临界机组于2004年和2005年在河南沁北和江苏常熟相继投产，我国电力工业迎来了一个超临界机组建设的高峰期，超临界机组也将成为我国发电行业的主力机组。为更好地了解和总结超临界机组的技术特点，方便电厂运行人员的操作维护，现将超临界、超超临界机组化学专业的主要特点作一简要分析。

一、超超临界机组化学专业的主要特点

火电机组化学专业的主要工作有水、煤、油气、氢气及化学仪表程控5个方面，其中绝大部分工作集中在水专业，而超超临界机组与亚临界机组的主要区别在于锅炉，水专业的绝大部分工作又是为锅炉服务的，所以超超临界机组化学专业的特点都是由超超临界锅炉的特性所带来的。电厂锅炉根据循环方式可分为自然循环锅炉、强制循环锅炉、直流锅炉和复合循环锅炉；根据蒸汽压力可分为低压锅炉、中压锅炉、高压锅炉、超高压锅炉、亚临界压力锅炉、超临界压力锅炉和超超临界压力锅炉。直流锅炉有亚临界和超临界、超超临界的，所以直流锅炉不一定都是超临界、超超临界锅炉，但超超临界锅炉肯定都是直流锅炉。直流锅炉的特性与超超临界的高参数是决定超超临界机组化学专业特点的两个主要因素。火电机组化学专业的水、煤、油气、氢气及化学仪表程控5个方面中，超超临界机组与亚临界机组的主要区别体现在水和化学仪表程控两个方面，并且化学仪表程控的区别也是由水处理方式的不同和超超临界机组的高要求所决定的，所以超超临界机组化学专业的特点主要表现在以下几个方面：

（1）机组的化学清洗。超超临界机组由于是高参数直流锅炉，考虑到水冷壁、汽水分离器的材料以及直流锅炉结构特点的要求，其化学清洗工艺是与亚临界汽包锅炉有很大区别的。

（2）机组的水化学工况。直流锅炉由于没有汽包的浓缩排污，给水直进直出，其对应的水化学工况处理与亚临界汽包锅炉区别较大。

（3）化学仪表程控。由于水化学处理工况的不同以及运行要求的提高，相应的对化学仪表程控的要求也提高了。

（4）给水与凝结水系统的要求。由于直流锅炉对给水品质的要求高，因此相应对给水与凝结水系统的设备及运行要求也高。

（5）机组启停与停机保养方面。由于直流锅炉的特点及水化学工况处理的不同，其机组启停与停机保养方面也有所区别。

（6）过热器与再热器的高温蒸汽氧化。由于超超临界机组的汽温高，其高温蒸汽氧化问题也特别突出。

二、超超临界机组的化学清洗

超超临界机组直流锅炉由于锅炉结构特点和材料的区别，其化学清洗工艺与亚临界汽包锅炉不同。在清洗介质方面，考虑到盐酸中氯离子对合金钢的影响，不能用盐酸作清洗介质，常用的有EDTA、氢氟酸、柠檬酸。鉴于目前已经有研究者在金相试验中发现酸洗中的氟离子对奥氏体不锈钢有晶间腐蚀风险，因此也应尽量避免使用。清洗系统设计方面，由于采用对奥氏体钢安全的清洗介质，因此可以考虑将高低压给水系统、省煤器、水冷壁、汽水分离器等串起来一起进行清洗，这样可以不分炉前和本体两步清洗，缩短清洗工期。有条件的还可将过热器和再热器串进来，以提高过热器和再热器的清洁度，减少锅炉吹管次数和工期。

三、超超临界机组的水化学工况

目前应用于亚临界及以上机组的水工况主要有两大类共6种，即还原性水工况（包括磷酸盐水工况、氢氧化钠水工况、碱性全挥发水工况和络合物水工况）和氧化性水工况（包括中性水工况和联合水工况）。还原性水工况中的磷酸盐水工况（PT）、氢氧化钠水工况（CT）和络合物水工况主要用于汽包锅炉，碱性全挥发水工况（AVT）可用于汽包锅炉和直流锅炉，氧化性水工况（OT）主要用于直流锅炉。也就是说，目前适用于直流锅炉的水化学工况只有AVT和OT两种方式。考虑到（AVT）方式下金属表面的保护膜不够严密、给水和锅炉水铁含量高、炉内铁垢形成速度快、锅炉运行压降大、机组酸洗间隔短等方面的原因，OT处理方式目前已成为直流锅炉机组的首选化学水工况。超超临界机组在化学专业运行维护方面的许多特点也大多来源于OT处理方式。以下分别介绍AVT和OT两种处理方式的特点和区别。

（一）全挥发性处理

全挥发性处理（简称AVT）是在水汽系统深度除氧的条件下，用氨和联氨来维持一个较佳的除氧碱性工况，是一种抑制铜、铁腐蚀的锅炉水处理方式。该种处理方式最初用于直流锅炉，近10年来也开始在亚临界汽包锅炉上实施。

表1-1列举了5个国家采用AVT方式时的给水质量标准。从表中可以看出：给水阳离子电导率和pH值是两个非常重要的控制指标，前者代表给水纯度，而后者代表给水的腐蚀性。通常情况下，给水pH值提高，给水中铁离子浓度将会下降，而当pH＞8.0时，铜合金随给水pH值的提高，腐蚀速度会迅速增加。特别是在高pH值情况下，铜合金有可能发生氨腐蚀。综合考虑铜铁的腐蚀行为，必须采用一个折中的给水pH值。国家标准规定：铜铁系统的给水pH值为8.8～9.3，全铁系统的给水pH值为9.0～9.5。值得一提的是对于铝管空冷式凝汽器，给水pH值控制较低，规定最大不得超过8.0。对于给水中Na^+、SiO_2的规定，直流锅炉与蒸汽锅炉规定相同，即Na≤+5μg/L，SiO_2≤15μg/L（亚临界及以上

锅炉)；汽包锅炉水没有 Na^+、SiO_2 的具体规定，一般以保证锅炉水和蒸汽品质为前提。

表 1-1 5个国家采用 AVT 方式时的给水质量标准

项目＼国家	苏联	日本	美国	德国	中国
氢电导率 (μS/cm)	≤0.3	0.85	<0.2	<0.2	≤0.3
pH 值 (25℃)	9.1±0.1	8.5~9.5	铜系统 8.8~9.3 全铁系统 9.0~9.6	9.0~9.5	铜系统 8.8~9.3 全铁系统 9.0~9.5
N_2H_4 (μg/L)	20~60	>10	10~20	—	<30
O_2 (μg/L)	≤10	<7	<5	<20	<7
铁 (μg/L)	<10	<10	<10	<20	<10
铜 (μg/L)	<5	<2	<2	<3	<5

(二) 加氧处理

给水加氧处理（简称 OT）是在高纯度给水中加入适量的氧化剂（O_2 或 H_2O_2），以达到减缓热力设备腐蚀的目的，它与给水除氧的 AVT 还原性水工况截然相反，是一种氧化性水工况。加氧处理是 20 世纪 70 年代德国开发出来的一种新型的锅炉水处理方式，不久便用于苏联、意大利、丹麦等欧洲国家，近 20 年来，澳大利亚、日本、美国等国家也相继应用了这一技术。我国于 20 世纪 80 年代末，首先在华东某火力发电厂 1 台 300MW 直流锅炉上使用。OT 方式推广应用较快，主要是由于该种处理方式有明显的效益。采用 OT 方式后，锅炉内沉积物量减少、腐蚀损坏降低，并且直流锅炉炉管和加热器压降快速升高问题得到了解决，锅炉清洗频率降低、凝结水净化装置运行周期延长、给水管道 FAC 大有改善等。因此，目前德国、日本、苏联和中国等许多国家将 OT 方式列入国家标准。

四、有关要求

(一) 对化学仪表程控的要求

由于直流锅炉对给水水质要求高，进行 OT 处理时尤其如此，因此对化学在线仪表的完好率和准确度要求都高。当给水加氧采用自动方式时更加如此，因为氧是一种危险的钝化剂，浓度过高和过低都有危险。对超临界机组有三种在线表非常关键，即电导率表、pH 表和氧表。当给水加氧采用自动方式时，其自控实现的原理和方式以及安全措施也非常重要。

(二) 对给水与凝结水系统的要求

直流锅炉对给水品质要求高，当采用 OT 处理时，凝结水要求 100%精处理，高压加热器疏水最好有过滤装置，凝汽器要严防泄漏，给水与凝结水最好为全铁系统，至少凝汽器以后为全铁系统。

(三) 对机组启停与停机保养的要求

同样是由于直流锅炉对给水品质要求高的原因，超超临界机组对开机时的冷、热态水冲洗要求严格，特别是 OT 处理的机组，开机时一般不加氧，只用氨调 pH 值，直到水质达到要求后才开始加氧，停机时先停加氧，维持 pH 值直至停机。停机后的保养可采用干法或湿法，但不适宜用十八胺等方法。

五、高温蒸汽氧化问题

由于超超临界机组的过热蒸汽和再热蒸汽汽温高，因此其高温蒸汽氧化问题比亚临界机组突出，氧化层的剥离会引起过热器与再热器的堵管、主汽门的卡涩以及汽轮机的磨损。研究表明，不同的水工况对氧化层的剥离没有太大影响，主要是管材及运行工况的影响，包括选用抗氧化和剥离性能好的材料、对表面膜进行铬化处理、防止运行超温等。

第二章 水质概论

第一节 水在火力发电厂中的作用

在火力发电厂中，水进入锅炉后，吸收燃料燃烧放出的热，转变为蒸汽，然后进入汽轮机，将蒸汽的热能转变为汽轮机的机械能；汽轮机带动发电机，将机械能转变为电能。因此，水是电厂整个热力系统的工作介质，也是某些热力设备的冷却介质。如果将燃料比作电厂的“口粮”，那么水可称得上是电厂中流动的“血液”。为了保证锅炉、汽轮机的正常运行，锅炉和汽轮机对所用水的质量要求比较严格，而且机组蒸汽的参数越高，对水质的要求也越严。目前，我国制造的机组蒸汽参数和容量如表 2-1 所示。

表 2-1　　热力发电厂机组蒸汽参数和容量

名　称	额定功率（MW）	蒸汽参数			
		锅炉		汽轮机	
		汽压（MPa）	汽温（℃）	汽压（MPa）	汽温（℃）
中压机组	6、12、25	3.90	450	3.43	435
高压机组	50、100	9.81	540	8.82	535
超高压机组	125	13.23	555	12.23	550
	200	13.73	540	12.74	535
亚临界压力机组	300	16.68	555	16.17	550
		18.27	541	16.66	537
	600	18.27	541	16.66	537
超（超）临界压力机组	⩾600	>22.11	—	>22.11	—

一、火力发电厂生产用水的分类

在火力发电厂中，为了明确不同生产用水所处的地位，将其冠以不同的名称。

（1）原水。原水是未经任何净化处理的天然水。

（2）清水。清水是原水经过沉淀、过滤处理除去悬浮杂质的水。

（3）补给水。清水经过物理或化学方法，除去水中部分离子或绝大部分离子杂质后，用来补充热力设备汽水循环过程中损失掉的水，被称为锅炉补充水。

根据锅炉用水的不同要求，补给水分为只除去 Ca^{2+}、Mg^{2+} 的软化水和除去绝大部分阴、阳离子的除盐水。

(4) 汽轮机凝结水。在汽轮机中做功后的蒸汽经冷凝形成的水称为汽轮机凝结水，简称凝结水。

(5) 疏水。蒸汽管道和用汽设备中的蒸汽凝结水称为疏水。它经疏水器汇集到疏水箱或并入凝结水系统中。

(6) 返回凝结水。热电厂向热用户供热后，回收的蒸汽凝结水称为返回凝结水，简称回水，其中又有热网加热器凝结水和生产返回凝结水之分。

(7) 给水。送进锅炉的水，也就是从除氧器送至锅炉的水称为锅炉给水，简称给水。凝汽式发电厂的给水是由汽轮机凝结水、补给水和各种疏水组成的。热电厂的给水中还包括用户返回凝结水。

(8) 锅炉水。在锅炉本体内的蒸汽系统中流动的水称为锅炉水。

(9) 循环冷却水。用来冷却从汽轮机中排出蒸汽的水称为冷却水。由于大多数电厂的冷却水是循环利用的，因此又称为循环冷却水，简称循环水。

(10) 内冷水。内冷水是指水氢氢和双水内冷式发电机中，用于带走发电机定子绕组和转子绕组运行中产生热量的水。

此外，为了调节锅炉水和冷却水的水质，需定期排放部分水，称为排污水。

二、水质不良的危害

长期的实践使人们认识到，热力系统中水的品质是影响发电厂热力设备（锅炉、汽轮机等）安全、经济运行的重要因素之一。没有经过净化处理的天然水中含有许多杂质，这种水如进入水汽循环系统，将会造成各种危害。为了保证热力系统中有良好的水质，必须对水进行适当的处理，并严格地监督汽水品质。

下面介绍热力发电厂中，由于汽水品质不良而引起的危害。

（一）热力设备的结垢

如果进入锅炉或其他热交换器的水质不良，则经过一段时间运行后，在与水接触的受热面上会生成一些固体附着物，这种现象称为结垢，这些固体附着物称为水垢。水垢的热导率仅为金属的几十分之一或几百分之一，而且这些水垢又极易在热负荷很高的锅炉炉管中生成，它可使结垢部位的金属管壁温度过高，引起金属强度下降，这样在管内压力的作用下，就会发生管道局部变形、产生鼓包，甚至引起爆管等严重事故，因此结垢对锅炉（或热交换器）的危害性很大。结垢不仅危害安全运行，而且还会大大降低发电厂的经济性。例如，热力发电厂锅炉的省煤器中结有1mm厚的水垢时，燃料用量就比原来多消耗1.5%～2.0%。由于发电厂锅炉的容量一般都很大，每年使用的燃料量也很大，因此燃料的消耗率虽只有微小的增加，却会给国家和企业造成巨额的经济损失。另外，在汽轮机凝汽器内结垢会导致凝汽器真空度降低，从而使汽轮机的热效率和出力下降。加热器的结垢会使水的加热温度达不到设计值，使整个热力系统的经济性降低。热力设备结垢后，必须及时进行清洗，这就要停止运行，从而减少设备的年利用小时数，此外还会增加检修工作量和费用等。

（二）热力设备的腐蚀

发电厂热力设备的金属经常和水接触，若水质不良，则会引起金属腐蚀。热力发电厂的给水管道、各种加热器、锅炉省煤器、水冷壁、过热器和汽轮机凝汽器等都会因水质不良而腐蚀。腐蚀不仅会缩短设备本身的使用期限，造成经济损失，而且金属腐蚀产物转入水中，使给水中杂质增多，从而加剧在高热负荷受热面上的结垢过程，结成的垢又会加速锅炉炉管腐蚀，此种恶性循环会迅速导致爆管事故。此外，金属的腐蚀产物被蒸汽带到汽轮机中沉积下来后，也会严重地影响汽轮机的安全、经济运行。

（三）过热器和汽轮机的积盐

水质不良会使锅炉不能产生高纯度的蒸汽，随蒸汽带出的杂质就会沉积在蒸汽通过的各个部位（如过热器和汽轮机），这种现象称为积盐。过热器管内积盐会引起金属管壁过热，甚至爆管；汽轮机内积盐会大大降低汽轮机的出力和效率，特别是高温、高压、大容量汽轮机，其高压部分蒸汽流通的截面积很小，所以少量的积盐也会大大增加蒸汽流通的阻力，使汽轮机的出力下降。当汽轮机积盐严重时，还会使推力轴承负荷增大，隔板弯曲，造成事故停机。

热力发电厂水处理工作就是为了保证热力系统各部分有良好的水汽品质，以防止热力设备的结垢、积盐和腐蚀。因此，在热力发电厂中，水处理工作对保证发电厂的安全、经济运行具有十分重要的意义。

第二节 水的特性

在基础化学中，有关水的性质已有较详细的介绍，但对于火力发电厂生产用水，以下几个特性不容忽视。

一、水的分散作用

水是一种极性很强的分子，它对许多物质（包括金属）具有很强的分散能力，并与其形成分散体系，因此在天然界中不存在纯水。

水的分散能力是任何其他物质都不能与之相比的。由于水的介电常数很大，对分散质的电离能力也极强，多种物质在水中不但有很大的溶解度，还有最大的电离度，水中分散的各种物质之间可以发生各种化学反应，而且水本身很容易参与化学反应。因此，各种水溶液都有极为复杂的性质。

随着火力发电厂锅炉运行参数的提高，对给水纯度的要求也越来越高。这种水不但分散能力很强，对热力设备金属有侵蚀作用，而且缓冲能力极弱，对外来酸碱物质的侵入十分敏感，主要表现在 pH 值的变化上。表 2-2 标明了深度除盐水与空气接触后，由于 CO_2 的侵入而造成 pH 值的变化。

表 2-2　　深度除盐水与空气接触后 pH 值的变化

与空气接触时间 (min)	1	2	5	10	25
pH 值	7.6	7.32	7.22	6.58	5.82

二、水的缔合作用

分子的缔合作用指由简单分子结合成为较复杂的分子集团，而不引起物质化学性质改变的过程。

水分子由于氢键的作用，分子间极容易发生缔合，即

$$nH_2O \rightleftharpoons (H_2O)_n$$

液态水中除含有简单分子 H_2O 外，同时还含有缔合分子 $(H_2O)_n$，它们处于平衡状态。缔合是放热过程，解离是吸热过程，因此温度升高，水的缔合作用降低（n 减少），高温时，水主要以单分子状态存在，水蒸气中的水分子都是以单分子状态存在的；温度降低，水的缔合作用增大（n 增大），0℃时水结成冰，全部分子缔合在一起，成为一个巨大的分子。因此，水在热力系统的流动过程中，其分析状态也在发生不断地变化。

当水受热时，热量一方面消耗在水体温度升高上，另一方面消耗在缔合分子的解离上，因此水的热容量最大。这就是在生产中水作为冷却其他物体或者作为储存及传递热量的优良介质的原因。

三、水的汽化作用

任何状态下的水分子都处于不断地运动状态。例如在液态水中，动能较大的分子足以冲破表面张力的影响而进入空间；反之，液面上的水蒸气分子由于受到液面分子的吸引或外界压力抵抗而回入液体中。这就是水的蒸发和凝聚过程。在一定条件下，当这两个过程达到平衡时的蒸汽称为饱和蒸汽，饱和蒸汽所产生的压力称为饱和蒸汽压，简称蒸汽压。水的蒸汽压随温度的升高而增大。水的蒸汽压与温度的关系如表 2-3 所示。

表 2-3　水的蒸汽压与温度的关系

温度（℃）	0	40	80	100	120	140	180	374
蒸汽压（Pa）	6.1×10^2	7.4×10^3	4.7×10^4	1.0×10^5	2.0×10^5	3.6×10^5	1.0×10^6	2.2×10^7

当水的温度升高到一定值时，水就开始沸腾，此时的温度称为在该压力下的沸点。水的沸点与外界压力的关系如表 2-4 所示。

表 2-4　水的沸点与外界压力的关系

压力（MPa）	0.196	0.392	0.588	0.98	1.96	21.37
温度（℃）	120	143	158	179	211	374

从锅炉产生出来的饱和蒸汽常带有少量水分，通常称为湿饱和蒸汽，通过过热器进一步加热，清除饱和蒸汽中的湿分后，称为干饱和蒸汽。

随着温度和压力的提高，蒸汽密度增大，水的密度减小，当温度和压力提高到一定程度时，蒸汽和水的密度相同，此时称为临界状态。水的临界压力为 21.37MPa，在此压力下水的沸点为 374℃，称为临界温度。处于临界状态水体的汽液两相界面已消失，这时汽液的各种性质也基本相同。

我国制造的锅炉、汽轮发电机组就是根据蒸汽参数（压力和温度）来进行分类的。火力发电厂机组的蒸汽参数和容量如表 2-5 所示。

表 2-5　火力发电厂机组的蒸汽参数和容量

蒸汽参数 / 机组名称	汽压（MPa）		汽温（℃）		机组容量范围（kW）
	锅炉	汽轮机	锅炉	汽轮机	
低温低压锅炉	1.4	1.3	350	340	1500～3000

续表

蒸汽参数 / 机组名称	汽压 (MPa)		汽温 (℃)		机组容量范围 (kW)
	锅炉	汽轮机	锅炉	汽轮机	
中温中压锅炉	4.0	3.5	450	435	6000～50 000
高温高压锅炉	10.0	9.0	540	535	25 000～100 000
超高压机组	14.0	13.5	540	535	125 000～200 000
亚临界压力机组	17.0	16.5	575	540	300 000
超临界压力机组	25.0	24.0	545	540	500 000 以上

四、水的导电作用

水是一种弱电解质，当水中没有任何杂质时，水体中只有水分子 H_2O 及电离出来极少量的 H^+ 和 OH^-，因此纯水也具有导电能力。随着水中各种离子的增多，水的导电能力也增大，表 2-6 为 20℃时不同水质的电导率。

表 2-6　　不同水质的电导率（20℃）

水质名称	电导率（μS/cm）	水质名称	电导率（μS/cm）
超高压锅炉和电子工业用水	0.1～0.3	天然淡水	50～500
新鲜蒸馏水	0.5～2	高含盐量水	500～1000

由表 2-6 可知，高参数机组用水是纯度极高的水。在火电厂水处理工艺中，衡量水的净化程度通常采用电导率来表示，因为它是衡量方便、实用性强的指标。

纯净水的电导率不仅受含盐量的影响，而且受水的温度及水在大气中放置时间长短的影响，如表 2-7 及表 2-8 所示。

表 2-7　　水温与水的电导率的关系

水温（℃）	0	18	26	34	50
电导率（μS/cm）	0.016	0.044	0.067	0.096	0.19

表 2-8　　水和大气接触时间与电导率的关系

接触时间（min）	0	0.5	4	5	10	15
电导率（μS/cm）	0.054	0.19	0.31	0.49	0.55	0.55

第三节　天然水的水质概况

一、天然水中的杂质

天然水体在与周围环境的接触中，极容易形成较为复杂的分散体系。按照分散相颗粒的大小，常把分散体系区分为粗分散系（悬浮物）、胶体分散系（胶体）和分子分散系（溶解物）三类。

随着我国工业的发展及人口密集度的增加，大量的工业废水和生活污水排入水体，造成水中杂质更趋复杂及水质日渐变差，然而新建的高参数大容量机组不但用水量增加，而且对水质要求也越来越高，这就形成了一个明显的矛盾，同时也给水处理工作者提出了一个严峻的课题。

（一）悬浮物

悬浮物是分散在水体中颗粒较大的物质，由于这类物质的存在，水体变得浑浊。根据悬浮物颗粒的大小和相对密度的不同，在静止的水中有些会上浮到水面（如动植物肢体在水中分解的碎片等有机质），有些在自身重力作用下而下沉到水底（如泥沙及矿渣等无机质）。这类杂质在水中不稳定，在水流平稳时容易从水中分离出来。

（二）胶体

胶体颗粒介于悬浮物和溶解物之间，在水中属于多相体系。由于它们的比表面积很大，表面活性强，具有特殊的表面性能，如表面电荷及水化膜等，因此将胶体作为分散体系的特殊一类来加以研究。

天然水中的胶体主要有两类：一类是无机类胶体，大多是铁、铝、硅的化合物；另一类是有机类胶体，主要是动植物肢体的分解产物。它们表面大多带有负电荷，由于相同胶体的静电斥力，它们难以聚结成大颗粒，在水中相当稳定，虽经长时间静止，但也不会自然沉降，因此将它们从水中分离出来是十分困难的。

另外，溶于水中的有机高分子物质，如腐殖质等，是使水产生色、嗅、味的主要原因，它们虽然不属于胶体，但由于分子量较大，其某些特性与胶体有类似之处。在水处理工艺中，通常采用与胶体和悬浮物相同的处理方法将它们从水中除去，但在实施中较前两种杂质困难得多。

（三）溶解物

溶解物是水体流经地层中被溶解的一些矿物盐类，它们在水中几乎都被电离成为阴、阳离子；另外是水体与大气接触过程中溶解的某些气体分子。这些杂质与水体组成的分散体系都属于单相体系，通常称为真溶液，在水净化工艺中不能采用与悬浮物胶体相同的方法将它们从水体中除去。

天然水中最常见的阳离子有 Ca^{2+}、Mg^{2+}、Na^{+}、K^{+}，阴离子有 HCO_3^{-}、SO_4^{2-}、Cl^{-}。某些地区的地下水中还含有较多的 Fe^{2+} 和 Mn^{2+}。在盐碱地带，F^{-}、NO_3^{-}、CO_3^{2-} 的含量较高；由于矿物质溶解度低或氧化水解作用，其他离子成分在水中不稳定，含量很低，在火力发电厂水净化工艺中很少对它们进行监测。

以分子状态存在于天然水中的杂质主要是某些气体，其中最为关注的溶解气体是 CO_2 和 O_2，它们的存在是使金属发生腐蚀的主要原因。

如果天然水体受到污染，那么水中的离子成分会有很大的变化，这是值得注意的问题。

二、天然水的特点

天然水是分布在自然界的水体，根据分布的区域不同，通常分为地下水、地面水和海水。由于它们接触环境的差异，其水质各具有较明显的特点。

（一）地下水

地下水是存在于地下水层的水，是由雨水和地表水经过地层的渗流而形成的。水在地层的渗流过程中，通过土壤和沙砾的过滤作用，去除了大部分悬浮物和菌类，所以地下水的浑浊度普遍偏低。

地层中的水体不直接接触大气，在深度10m以上时就不再受气温影响而保持稳定。溶解氧在地层中消耗后得不到补充，所以溶解氧量很少，如果有机物在土壤中含量较多，氧气就会消耗于生物氧化，有机物发生厌氧分解，产生CO_2、H_2S等气体进入水中，使水具有酸性和还原性。酸性水会使一些难溶盐类溶解，还原性水与高价铁锰矿石反应，使它们以低价离子形态进入水中，因此地下水中游离二氧化碳量、含盐量高，并普遍含有Fe^{2+}和Mn^{2+}。

地下水按其深度可分为表层水、层间水和深层水。水层越深，地下水的特点就越明显。

（1）表层水包括土壤水和潜水，也就是不透水层以上的水，其渗流经过的渗层较薄，所以在很大程度上具有地表水的特点，例如小容量锅炉用的浅井水和农村井水大多是这类水层的地下水，当表层地下水有一定深度时，水质也可能比较好。

（2）层间水是指不透水层以下的层间水，距离地面补给水源较远，经过长途渗流到达此层，通常承受的压力高于大气压，有些地区可能形成自流井或泉水。这种水不直接与外界相通，受外部环境影响较少，所以水质较稳定，具有明显的地下水特点。

(3)深层水是指几乎与外界隔绝的地下水层，含有较多的盐类和某些气体（如CO_2、H_2S）。地下水的含盐量随深度增加而增大，其离子组成也是从低含量的淡水型（即$[Ca^{2+}]>[Na^+]$，$[HCO_3^-]>[SO_4^{2-}]>[Cl^-]$）转化为高含盐量的苦咸水型（即$[Na^+]>[Ca^{2+}]$，$[Cl^-]>[SO_4^{2-}]>[HCO_3^-]$）。

近年来，我国沿海工业发展迅速。在沿海平原地区常常出现海水侵入使地下水发生盐水化的现象，这种变化称为水质变异。若水井的取水层上部黏土类不透水层较厚，即使水位比海平面低很多，也不易受到海水的污染；当黏土层较薄或取水层与海岸线连通时，则因抽水关系，会使海水进入取水层。地下水被海水污染后，水质变化趋势是$[HCO_3^-]$/[总离子]减少，$[Na^+]$/总阳离子增加，或用水中阴离子或阳离子的浓度比值的变化来判断污染的程度，如表2-9所示。

表2-9　地下水被海水污染程度的判断

$[Cl^-]/[1/2CO_3^{2-}]+[HCO_3^-]$	污染程度	$[1/2Ca^{2+}]/[1/2Mg^{2+}]$
0.5	未被污染的地下水	>0.5
1.3	轻微污染的地下水	0.34±0.05
6.6	已受污染的地下水	0.2左右
15.5	严重污染的地下水	

（二）地面水

地面水是指流动或静止在陆地表面的水，它包括的范围很广，诸如江河、湖泊、水库等。海水虽然属于地面水，但由于其特殊的水质，另加介绍。

江河水发源于高山冰川或地下泉水，与雨、雪水（统称降水）地面径流汇集而成。由于流域面积十分广阔，又是敞开流动的水体，因此水质易受自然条件影响，诸如水温极不稳定，而且随季节变化幅度大；悬浮物和胶体杂质含量较多，且随地区和季节的不同，差异很大。如我国东北、华东和中南地区的大部分河流流经地区，由于土质植被和气候条件较好，浑浊度均较低，一年大部分时间内河水都较清，只是雨季时河水较浑浊，每年平均浑浊度在50～400mg/L之间。而西北和华北地区流经黄土高原的黄河水系及海河水系，水土流失严重，悬浮物、含砂量大，浊度变化幅度也很大，在冬天枯水季节，浊度有时仅几十至几百毫克/升，夏秋多雨季节可能骤增到几克至数百克/升。

地面水（除咸水湖外）的含盐量、硬度及CO_2含量普遍较低，主要原因是其由含杂质很少的降水汇聚而形成。另外，水体在流动过程中，时而形成瀑布，时而流经浅滩，进行自然曝气作用，二氧化碳不断地从水中逸出。在枯水季节，地表水的蒸发量大于降水的补给量，所以地面水的含盐量及硬度均较高；在多雨季节，由于降水的稀释作用，含盐量及硬度较低。

地面水中的有机物含量在正常情况下很低，这是由于天然水体中的有机物不断地进行生物降解，在适宜的条件下，将逐步达到无机化而消除了其污染性，这一过程称为水体自净。地面水的溶解氧，一般情况下呈饱和状态。受到有机物污染时，地面水会出现缺氧状态；当有机物被氧化后，又可能恢复正常，这是地面水体自净的规律。

地面水最大的缺点是易受工业废水、生活污水及其他各种人为的污染，造成水质变坏，增大水处理的难度。

（三）海水

各地海洋水质基本上是相似和稳定的，其显著特点是含盐量较高，约为35g/L。各种离子之间的比例关系基本上是一定的，只有HCO_3^-及CO_3^{2-}变化较大。它们含量的固定次序是：$Na^+ > K^+ > Mg^{2+} > Ca^{2+}$，$Cl^- > SO_4^{2-} > HCO_3^- > CO_3^{2-}$。在海水中，氯化物含量约占89%。

海水必须经过淡化处理后才能应用，未经过处理的海水主要限于用来冷却热交换设备。位于海滨的热力发电厂，主要用海水作为凝汽器的冷却水，但要注意海生动植物对取水口和输水管道的堵塞问题，用时还要充分注意海水对水泵、凝汽器铜管及其他金属设备和器材的腐蚀问题。

三、天然水中的主要化合物

天然水中的杂质种类较多，了解常见的几种主要化合物的特性，对研究水处理工艺有重要的意义。以下介绍天然水中几种主要化合物的化学特性。

（一）碳酸化合物

在天然水中，含量最大的杂质常常是含有碳酸根和碳酸氢根的盐类。碳酸是由二氧化碳与水作用而形成的。在水中碳酸化合物可以四种形态存在，即溶于水中的气体态（CO_2）、碳酸的分子态（H_2CO_3）、碳酸氢根（HCO_3^-）和碳酸根（CO_3^{2-}）离子态。它们在水中存在以下平衡关系，即

$$CO_2 + H_2O \rightleftharpoons H_2CO_3 \rightleftharpoons H^+ + HCO_3^- \rightleftharpoons 2H^+ + CO_3^{2-}$$

平衡中，CO_2和H_2CO_3的平衡实际上是强烈地趋向于CO_2，水中呈H_2CO_3状态的量非常小（<1%），分析测定是测得它们的总量，可把生成H_2CO_3的过程略去。上述平衡改写为

$$CO_2 + H_2O \rightleftharpoons H^+ + HCO_3^- \rightleftharpoons 2H^+ + CO_3^{2-}$$

其中 $K_1=[H^+][HCO_3^-]/[CO_2]$ （25℃时 $K_1=4.45\times10^{-7}$）

$K_2=[H^+][CO_3^{2-}]/[HCO_3^-]$ （25℃时 $K_2=4.69\times10^{-11}$）

由上述平衡可知，碳酸化合物的这四种形态随水的 pH 值变化而相互转化。图 2-1 表示出在不同 pH 值时碳酸化合物的相对含量。

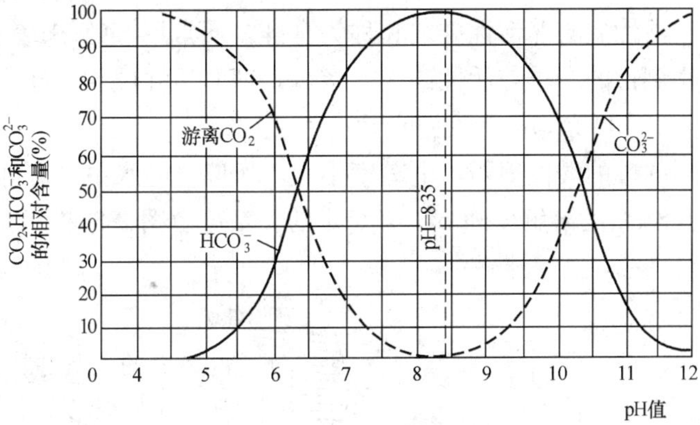

图 2-1 不同 pH 值时碳酸化合物的相对含量

由图 2-1 可见，当 pH＜8.35 时，碳酸化合物主要是碳酸氢根和游离二氧化碳，当 pH 值降至 4.3 及以下时，碳酸化合物均以二氧化碳的形态存在，此时若采用吹脱原理，则很容易将其除去。大多数天然水的 pH＜8.35，所以其碳酸化合物主要是碳酸氢根和游离二氧化碳。随着 pH 值的升高，水中碳酸根的百分比逐渐增加，当 pH＞12 时，则主要以碳酸根的形态存在，所以锅炉水中常保持一个碱性环境，以避免游离二氧化碳的腐蚀。碳酸根含量的增加会与水中的 Ca^{2+} 生成 $CaCO_3$，$CaCO_3$ 饱和后沉积成垢。水中的 $CaCO_3$ 是否饱和，可用试验测定。测定方法是将水样通过粒状大理石滤层过滤，然后比较通过前后水样的碱度（或 pH 值）。如通过后的碱度或 pH 值增大，则表示水中 CO_2 大于平衡值，因而使大理石 $CaCO_3$ 组分溶解了；反之，如碱度减小，则表示水中 CO_2 小于平衡值，有 $CaCO_3$ 析出。

（二）硅酸化合物

在天然水中，硅酸化合物是常见杂质，虽然它们大多是难溶盐类，但水在流经地层时，这种盐类必然或多或少地分散在水中。通常硅酸化合物在水中的含量为 1～20mg/L（SiO_2），地下水中有的高达 60mg/L。

在火力发电厂用水中，硅酸化合物是一种极为有害的杂质，当锅炉水中的硅酸化合物含量较高时，会在热负荷高的炉管内结垢，它易溶解在蒸汽中，会随着蒸汽进入到汽轮机内，并逐级沉积在叶片上，从而严重地影响汽轮机的安全运行。另外，在水处理工艺中，硅酸化合物是较难与水分离的杂质之一。

1. 硅酸化合物的形态

硅酸是一种比较复杂的化合物，其形态很多，在水中有离子态、分子态以至胶态。硅酸的通式为 $xSiO_2\cdot yH_2O$。当 x 和 y 均等于 1 时，分子式可写成 H_2SiO_3，称为偏硅酸；当 $x=1$，$y=2$ 时，分子式为 H_4SiO_4，称为正硅酸；当 $x>1$ 时，硅酸呈聚合态，称为多硅酸。当硅酸的聚合度增大时，它会由溶解态转化为胶态，当其浓度较大时，会呈凝胶状自水中析出。当 pH 值不很高时，溶于水中的二氧化硅主要呈分子态的简单硅酸。

在水质分析中，常把硅酸化合物分为两类。

（1）活性二氧化硅（简称活性硅）。凡是能够直接用比色方法测得的硅酸化合物均称为活性二氧化硅。这类硅酸化合物通常都是溶于水的单分子（或离子态）化合物，它能与钼酸反应而显色，所以又称为可溶性硅。

（2）非活性二氧化硅（简称非活性硅）。不能用直接比色法测得的硅酸化合物大多是硅酸多聚物，是以胶体形态存在于水中的，所以有时又称为胶硅。

活性硅与非活性硅之和称为全硅，通常用 SiO_2 来表示。由于水中的非活性硅无法测定，常用测得的全硅与活性硅之差求得，即非活性硅＝全硅－活性硅。

2. pH 值与硅酸化合物之间的关系

硅酸的酸性很弱，电离度不大，所以当纯水中含有硅酸时不易用 pH 计或电导率检测出来。SiO_2 的溶解度随 pH 值变化的关系可由图 2-2 来表示。

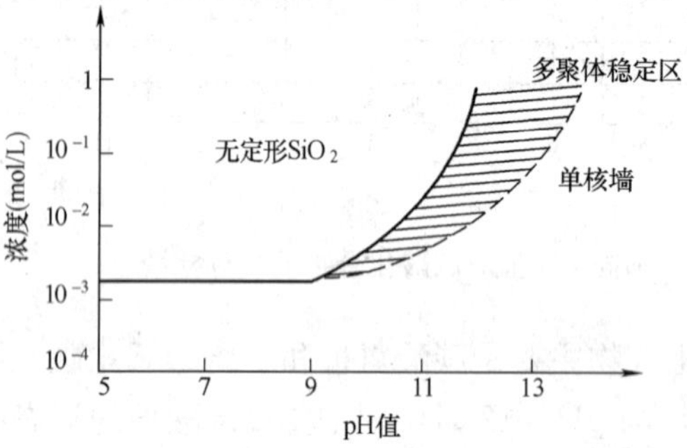

图 2-2 SiO_2 的溶解度

图 2-2 表明：

（1）当 pH＜9 时，SiO_2 的溶解度是恒定的。其原因为在此条件下离子态的 $HSiO_3^-$ 量非常少，水中的硅酸化合物几乎都呈分子态 H_2SiO_3，而水中可溶解的分子态 H_2SiO_3 的量是恒定的。

（2）当 pH≥9 时，SiO_2 的溶解度就显著地增大，因为此时 H_2SiO_3 电离成 $HSiO_3^-$ 的量增多，所以溶解的 SiO_2 除了会生成 H_2SiO_3 外，还会生成大量的 $HSiO_3^-$。当 pH 值较大，且水中溶解的硅酸化合物量较多时，它们会形成多聚体离子。图 2-4 中的虚线称为单核墙，它表示多聚硅酸化合物的量占单分子硅酸量为 1/100 时的情况，阴影部分表示水中溶解的多聚硅酸化合物已超过 1/100。

在火力发电厂水处理过程中，水的 pH 值多在 9 以下，所以硅酸化合物在饱和情况下，可溶性硅的含量基本上是一定的。

（三）铁的化合物

在天然水中铁是常见的杂质。水中的铁有亚铁离子（Fe^{2+}）和高价铁离子（Fe^{3+}）两种。

在深井水中，因溶解氧的浓度很小且水的 pH 值较低，水中会有大量的 Fe^{2+} 存在，有时多达 10mg/L 以上，这是因为常见的亚铁盐类溶解度较大，水解度较小，Fe^{2+} 不易形成沉淀物。当水中溶解氧浓度较大且 pH 值较高时，Fe^{2+} 会氧化成 Fe^{3+}，而 Fe^{3+} 很易水解，从而转变成 Fe（$OH)_3$ 沉淀物或胶体。当 pH≥8 时，水中亚铁离子（Fe^{2+}）被溶解氧氧化的速度很快，反应过程为

$$4Fe^{2+} + O_2 + 2H_2O \longrightarrow 4Fe^{3+} + 4OH^-$$

$$Fe^{3+} + 3OH^- \longrightarrow Fe(OH)_3 \downarrow$$

在地表水中，由于溶解氧的含量较多，因此 Fe^{2+} 的含量通常很少，但在含有腐殖酸的沼泽水中，Fe^{2+} 的量可能较多。因为这种水的 pH 值常接近于 4，Fe^{2+} 会与腐殖酸形成络合物，这种络合物不易被溶解氧氧化。在 pH 值为 7 左右的地表水中，铁的化合物一般都以胶溶态 Fe（$OH)_3$ 的形式存在。

锅炉给水携带铁的氧化物会引起锅炉内生成氧化铁铁垢。必须注意，净水设备和热力设备的腐蚀也有可能使给水带铁进入锅炉，所以还应做好设备防腐工作，以防止水质重新被

污染。

（四）氮的化合物

在天然水中有时含有氮的无机化合物，如 NH_4^+、NO_2^- 和 NO_3^-。它们的主要来源为动植物的各种含氮化合物，以及随工业排水混入的 NH_4^+。

随污水带入水源的含氮化合物（如蛋白质、尿素等）在微生物的作用下会逐渐分解，生成组成较简单的氮化合物。在没有氧存在的情况下，氨是有机氮分解的最终产物；如果水中有氧，则在细菌参与下，能使氨继续分解，逐步转变成亚硝酸盐或硝酸盐。

为此，根据天然水中各种含氮化合物的相对含量，可以推测此水被有机物污染的时期。如果 NH_4^+ 含量的百分率较大，则表示被污染的时间不长；反之，如 NO_3^- 含量的百分率较大，则表示污染时间较长。

第四节 水质指标

各种水体都是由水和杂质组成的，水与杂质相互作用而并非单纯的混合，它们共同决定水体的特性。因此，所谓水质是指水和其中杂质共同表现的综合特性。

表示水中杂质的个体成分或整体性质的项目称为水质指标。

水质指标通常分为两种：一种表示水中杂质成分（如离子和化合物）的含量，称为成分指标；另一种表示某一类杂质的共同特征，这是根据用水对象的需要而制定的，称为技术指标。由于各行各业的用水需求不同，所制定的水质指标也有差别，现将火力发电厂锅炉用水的各种水质指标及其代表符号和使用单位列于表 2-10 中。

表 2-10 火力发电厂锅炉用水水质分析项目、代表符号及单位

项目	符号	单位	
		中文	法定单位
全固体	QG	毫克/升	mg/L
溶解固体	RG	毫克/升	mg/L
悬浮固体	XG	毫克/升	mg/L
灼烧减少固体	SG	毫克/升	mg/L
灼烧残渣	SC	毫克/升	mg/L
电导率		微西/厘米	μS/cm
pH 值	pH		
二氧化硅	SiO_2	毫克/升，微克/升	mg/L，μg/L
钙	Ca^{2+}	毫克/升	mg/L
镁	Mg^{2+}	毫克/升	mg/L
硬度（$1/2Ca^{2+}$，$1/2Mg^{2+}$）	H	毫摩尔/升，微摩尔/升	mmol/L，μmol/L
氯化物	Cl^-	毫克/升	mg/L
铝	Al	毫克/升	mg/L
酸度	S	毫摩尔/升	mmol/L
碱度	A	毫摩尔/升，微摩尔/升	mmol/L，μmol/L

续表

项　目	符　号	单　位	
		中文	法定单位
硫酸盐	SO_4^{2-}	毫克/升	mg/L
磷酸盐	PO_4^{3-}	毫克/升	mg/L
铜	Cu	微克/升	μg/L
铁	Fe	微克/升	μg/L
氨	NH_3	毫克/升	mg/L
联氨	N_2H_4	毫克/升，微克/升	mg/L，μg/L
溶解氧	O_2	微克/升	μg/L
钠	Na^+	微克/升	μg/L
游离二氧化碳	CO_2	毫克/升	mg/L
硝酸盐	NO_3^-	毫克/升	mg/L
亚硝酸盐	NO_2^-	毫克/升	mg/L
游离氯（余氯）	Cl_2	毫克/升	mg/L
腐殖酸盐（H）	FY	毫摩尔/升	mmol/L
化学耗氧量	COD	毫克/升	mg/L
安定性指数	AS	—	
透明度	TD	厘米	cm
浊度	ZD	福马肼单位	FTU
硫酸盐凝聚剂量	LN	毫摩尔/升	mmol/L
有机物	YW	毫克/升	mg/L
亚硫酸盐	SO_3^{2-}	毫克/升	mg/L
油	Y	毫克/升	mg/L

一、表示水中悬浮物及胶体的指标

（一）悬浮固体

悬浮固体是水样在规定条件下，经过滤或离心可除去的固体，单位为毫克/升。该项指标仅能表示水中较大颗粒的悬浮物，而不包括能穿透滤纸的小颗粒悬浮物和胶体，所以有较大的局限性。另外，其试验操作麻烦，不宜用作现场运行的监督指标，只在水质全分析时作为一项考察指标。

（二）浊度

浊度是利用水中的悬浮物和胶体颗粒对光的散射作用所产生的光电效应与标准水样对比所得出的结果，所以它是水中两类杂质的综合性指标。

浊度是通过专用仪器测得的，操作简便、迅速。由于标准水样的配制方法不同，所使用单位也不相同，目前以硫酸肼（$N_2H_4SO_4$）和六次甲基四胺[$(CH_2)_6N_4$]配制成浑浊液为标准，与水样相比较，ISO标准所用的测量单位为FTU（浊度单位）。另外，浊度单位还有诸如NTU、FNU和FAU等。其简要区别为：NTU指散射浊度单位，表明仪器在与入射光成90°角的方向上测量散射光强度。FNU指福马肼散射法单位，同样表明仪器在与入射光成90°角的方向上测量散射光强度。NTU用于USEPA的《方法180.1》和《水和废水标准检验法》。FNU 用于欧洲的 ISO7027 浊度方法。人们开始采用福马肼作为浊度的一级标准物质后，FTU（即福马肼浊度单位）也就开始使用了。但是，这个单位并不专用于某种测量样品浊度的方法。FAU 即福马肼衰减单位，表明仪器在与入射光成 180°角的方向上测量光线穿过样品后的衰减程度。通常用分光光度计或色度计进行这种测量，多数管理机构并不认可这种测量方法。无论采用何种浊度单位，标定所用的均是同样的福马肼基准物。因此，对同一份福马肼标准液进行测量时，用任何单位表示的值都是一样的，但测量样品时，不同单位表示的值可能会有显著差别。JTU 即杰克逊浊度单位是一个过去使用的单位，当时人们利用杰克逊浊度计目测浊度，具体方法是将待测水样倒入一支竖直置于火焰正上方的玻璃管中，直到无法看清玻璃管为止。

（三）透明度

透明度是表示水中存在微细分散的悬浮性离子的一项指标，即表示水透明程度的指标，单位为 cm。水的透明度与浊度成反比，水中悬浮物含量越高，其透明度越低。由于它是通过人的眼睛观察水层厚度来确定水中悬浮物含量的，因此带有人为的随意性。

二、表示水中溶解物的指标

（一）含盐量

含盐量表示水中各种溶解盐类的总和，由水质全分析所测得的全部阳离子和阴离子的质量浓度之和来表示，单位为 mg/L；也可以用物质的量浓度表示，即将水中各种阳离子（或各种阴离子）按一价基本单元计算的量浓度之和，单位为 mol/L。它是通过水质全分析测得的，操作十分繁琐，只有在定期检查原水水质时才测定该项指标。平时常用溶解固体近似表示。

根据含盐量的不同，天然水经常作以下分类，见表 2-11。

我国江河水大多属于低含盐量和中等含盐量的水；地下水大部分是中等含盐量水，个别地区是较高含盐量水。

表 2-11　　天然水含盐量的类别

序号	天然水分类	含盐量（mg/L）	序号	天然水分类	含盐量（mg/L）
1	低含盐量水	＜200	3	较高含盐量水	500～1000
2	中等含盐量水	200～500	4	高含盐量水	＞1000

（二）溶解固体

溶解固体是将一定体积的过滤水样，经蒸干并放在 105～110℃下恒重后的含量，单位用 mg/L 表示。它只能近似表示水中溶解物的含量。因为在这种操作条件下，水中的胶体及有机物与无机盐溶解物一样也能透过滤纸，许多物质的湿分和结晶水不能除尽，重碳酸盐全部分解为碳酸盐。

（三）电导率

电导率是测定水中溶解盐类含量的一种指标，其测定方法比测定含盐量简便得多。由于火力发电厂制水纯度很高，并且溶于水中的盐类都能电离出具有导电能力的离子，因此测定水的电导率是间接表示水中溶解物质最简便的方法。

三、表示水中易结垢物的指标

（一）硬度

硬度表示水中钙、镁等离子的含量，单位为物质的量浓度 mmol/L。有时将其分为钙硬度和镁硬度，两种硬度之和称为总硬度，即

$$H = [1/2Ca^{2+}] + [1/2Mg^{2+}]$$

根据 Ca^{2+}、Mg^{2+} 与酸根离子结合形式的不同，又将硬度分为以下两类。

1. 碱性硬度

碱性硬度也称为暂时硬度，是用煮沸法可以除去的硬度，它主要是由于重碳酸盐的存在而引起的，反应过程为

$$Ca^{2+} + 2HCO_3^- \xrightarrow{\triangle} CaCO_3 \downarrow + CO_2 \uparrow + H_2O$$

$$Mg^{2+} + 2HCO_3^- \xrightarrow{\triangle} Mg(OH)_2 \downarrow + 2CO_2 \uparrow$$

2. 非碱性硬度

非碱性硬度又称为永久性硬度，主要是由于钙、镁的硫酸盐、氯化物和硝酸盐引起的硬度，不能用煮沸的方法除去。

某些工业国家各自规定硬度单位，如美国的硬度单位为 ppm$CaCO_3$，这里 ppm 表示百万分之一，它与 mg/L 大致相等；在德国，硬度单位采用德国度°G，1°G 相当于含有 10mg/L CaO 所形成的硬度。以上几种硬度单位的关系为

$$1mmol/L = 2.8°G = 50ppmCaCO_3$$

按硬度不同，我国天然水可作以下分类，见表 2-12。

表 2-12 天然水硬度类别

序号	硬度类别	硬度（mmol/L）	序号	硬度类别	硬度（mmol/L）
1	极软水	<1.0	4	硬水	6.0～9.0
2	软水	1.0～3.0			
3	中等硬度水	3.0～6.0	5	极硬水	>9.0

我国天然水的水质分布特点是由东南沿海的极软水，向西北经软水和中等硬度水而递增至硬水。

（二）安定性

安定性用于表示水质具有结垢性和腐蚀性的倾向，是一个无量纲的指标。它是利用水样在通过装有碳酸钙颗粒的过滤柱前后的碱度变化来判断水样的安定性的，其反应式为

$$Ca^{2+} + 2HCO_3^- \rightleftharpoons CaCO_3 \downarrow + CO_2 \uparrow + H_2O$$

若反应向右进行，则碱度减少，有结垢倾向；若反应向左进行，则碱度增加，有腐蚀倾向。

四、表示水中酸、碱物质的指标

（一）碱度

碱度是指水介质与氢离子反应的定量能力，通常表示水中 OH^-、CO_3^{2-}、HCO_3^- 及其他弱酸盐类的总和。天然水中的碱度成分主要是 HCO_3^-；锅炉水或给水中，由于锅炉的参

数及加药的不同，可能有 OH^-、CO_3^{2-}、$H_2SiO_3^-$、PO_4^{3-} 及酸式盐、NH_3 等。根据采用的指示剂不同，碱度分为以下两类：

（1）甲基红碱度。它是以甲基红为指示剂，滴定终点为 pH=4.7，来测定水中的全部碳酸盐和氢氧化物的总浓度的，也可称为总碱度。

（2）酚酞碱度。它是以酚酞为指示剂，滴定终点为 pH=8.3，来测定水中碱度的。该碱度是由水中全部的氢氧根离子和一般碳酸盐含量引起的，通常与甲基红碱度结合使用。

表示碱度的单位为 mmol/L。因碱度是利用酸滴定法测定的，所以基本单元为 H^+。与硬度相同，在美国和德国分别用 ppm$CaCO_3$ 和°G 作为单位。

（二）酸度

水介质与氢氧根离子反应的定量能力称为酸度。在水中具有酸度的物质有强酸、强酸弱碱的盐类及弱酸和酸式盐。

天然水中通常只有游离的 H_2CO_3 和 HCO_3^-，在水处理过程中的某一阶段，水中会出现各种酸度，如经过 H 型离子交换器交换的水就含有强酸及弱酸。

酸度的单位与碱度的单位相同。

五、表示水中有机物的指标

有机物是污染水体的主要杂质，它不仅影响人体健康，而且还威胁水处理系统及机组的安全和经济运行。

天然水中的有机物种类繁多，成分也很复杂，分别以溶解物、胶体和悬浮状态存在，因此很难进行逐类测定。通常是利用有机物比较容易被氧化这一共同特性，用某些指标间接地反映其含量。如化学氧化、生物氧化和燃烧三种氧化方法，都是以有机物在氧化过程中所消耗的氧或氧化剂的数量来表示有机物的数量和可氧化程度的。

（一）化学需氧量（COD）

在规定条件下，用氧化剂处理水样时，在水样中有机物、亚硝酸盐、亚铁盐、硫化物等氧化所消耗的该氧化剂的量即为化学需氧量，计算时折合为氧的质量浓度，简写代号为 COD，单位用 mg/LO_2 来表示。化学需氧量越高，表示水中有机物越多。常采用的氧化剂有重铬酸钾和高锰酸钾。氧化剂不同，测得有机物的含量也不同。如用重铬酸钾 $K_2Cr_2O_7$ 作氧化剂，在强酸加热沸腾回流的条件下，以银离子作催化剂，可对水中 85%～95%以上的有机物进行氧化，不能被完全氧化的是一些直链、带苯环的有机物，但这种方法基本上能反映水中有机物的总量。如用高锰酸钾作氧化剂，则只能氧化水中 70%的一些比较容易氧化的有机物，并且有机物的种类不同，所得的结果也有很大差别，所以这项指标具有明显的相对性，目前较多地用于轻度污染的天然水和清水的测定。

（二）生化需氧量（BOD）

在特定条件下，水中的有机物和无机物进行生物氧化时所消耗溶解氧的质量浓度即为生化需氧量，单位用 mg/LO_2 来表示。构成有机体的有机物大多是碳水化合物、蛋白质和脂肪等，其组成元素是碳、氢、氧、氮等，因此不论有机物的种类如何，有氧分解的最终产物总是二氧化碳、水和硝酸盐。

生物氧化的整个过程一般可分为两个阶段：第一阶段主要是有机物被转化为无机二氧化碳、水和氨的过程；第二阶段主要是氨转化为亚硝酸盐和硝酸盐的过程。对于工业用水，因为氨已经是无机物，它的进一步氧化对环境卫生的影响较小，所以生化需氧量通常只指第一阶段有机物氧化所需的氧量。

有机物的有氧分解是生化反应，反应速率一般比化学反应慢，原因是除受到温度的影响外，还受时间的影响，所以在测定生化需氧量时，规定温度为20℃，在此温度下，地面水中有机物全部分解氧化约需100d才能完成，全过程需要的氧量称为总生化需氧量。对一般有机物来说，即使是只完成第一阶段的氧化分解过程，也需20d左右的时间，因此在实际应用中有一定的困难。通常都以5d作为测定生化需氧量的标准时间，称为5d生化需氧量，用符号BOD_5表示。试验证明，一般有机物的5d生化需氧量约为第一阶段生化需氧量的70%，因此BOD_5具有一定的代表性。

（三）灼烧减少固体

将已烘干至恒重的溶解固体残渣放入750～800℃的高温炉中，灼烧一定时间到残渣变白后，所失去的质量即为灼烧减少固体。它近似表示有机物的含量，因为在上述高温下有机物几乎全部被燃烧转化为气体，同时残存在溶解固体的湿分和结晶水也挥发掉，一部分碳酸盐和氯化物被分解，所以这种方法对于含盐量低的水结果比较接近，但对于含盐量大的水，误差较大。

此外，用仪器测定有机物完全燃烧后所产生的气体来反映总含碳量的，称为总有机碳（简称TOC）；或反映消耗氧的量的，称为总需氧量（简称TOD）。TOD的测定是指在特殊的燃烧器中，以铂为催化剂，测定900℃温度下将有机物燃烧氧化所消耗氧的量，该测定结果比COD更接近理论需氧量。TOC的测定类似于TOD的测定。在950℃的高温下，使水样中的有机物气化燃烧，生成CO_2，通过红外线分析仪，测定其生成的CO_2的量，即可知总有机碳量。在测定过程中水中无机的碳化合物，如碳酸盐、重碳酸盐等也会生成CO_2，应另行测定予以扣除。

第三章

水的预处理

水的预处理是在水精制处理之前预先进行初步处理，以便在水的精处理时取得良好的效果，提高水质。因为自然界的水都有大量的杂质，如泥沙、黏土、有机物、微生物和机械杂质等，这些杂质的存在严重影响了精制水的水质与处理效果，所以必须在精处理之前将一些杂质含量降低或除去，这就需要预处理，有时也称前处理。预处理的方法很多，主要有预沉、混凝、澄清、过滤、软化和消毒等。用这些方法预处理之后，可以使水中的悬浮物（浊度）、胶体物、有机物、铁、锰、微生物、挥发性物质及溶解的气体等杂质除去或含量降低到一定的程度。预沉就是大容积、低流速的自然沉淀处理，如沉沙池、预沉池。混凝是利用铁盐、铝盐、高分子等混凝剂，与水中的杂质通过絮凝和架桥作用生成大颗粒沉淀物，然后通过其他设备，如澄清池、过滤池等，予以去除。过滤是指将被处理的水流经装有特殊过滤材料的装置，如各种滤池等，截留水中的杂质，予以去除。软化采用化学药剂，如石灰水、苏打粉等，使水中的碳酸氢盐硬度去除；或是采用阳离子交换树脂等方法除去水中的钙、镁、铁离子等，这一过程称为软化。消毒是指加入杀生剂，如液氯、漂白粉等，杀灭水中的微生物。

第一节　水的混凝沉淀处理

将水中的杂质转化为沉淀物而析出的各种方法，统称为沉淀处理。沉淀处理的内容包括悬浮物的自然沉降、混凝处理和沉淀软化。

自然沉降是指水源水在加药之前进行的沉降处理。其方法为使水流过一个流速较慢的池子，让泥沙自行沉降到池底。此池子不限任何形状，可以因地制宜。此方法通常仅用于天然水中悬浮物含量非常高，以致有必要将水中易沉泥沙去除的情况。

水的沉淀处理和过滤处理习惯上称为水的预处理，因为它们常常是水处理工艺的第一步。预处理的目的主要是去除水中的悬浮物和胶体，为后阶段的离子交换处理提供有利的条件。

对于热力发电厂来说，水中含有的悬浮物和胶体如不首先除去，则会引起管道堵塞、泵与测量装置擦伤、各种配件磨损，以致影响到后阶段水处理工艺中离子交换器的正常运行，如使其交换容量降低，有时还会使出水水质变坏。当有铁、铝化合物的胶体进入锅炉时，会引起锅炉内部结垢；如有有机物的胶体进入锅炉，则易使锅炉水起泡，从而使蒸汽品质恶化。所以在水处理工艺中，应首先清除水中的悬浮物和胶体。

一、天然水中杂质的分类

天然水中的杂质多种多样，在水处理工艺中通常按杂质颗粒的大小将其分为三类，即悬浮物、胶体、溶解物质。悬浮物是颗粒直径约在 10^{-4}mm 以上的微粒，这类杂质在水中不稳定，很容易去除；胶体是颗粒直径在 10^{-6}～10^{-4}mm 之间的微粒，是许多分子和离子的集合体，由于这些微粒的比表面积大，显示出明显的表面活性，因此其表面常常因吸附有多量离子而带电；溶解物质在水中呈真溶液状态，其杂质为呈离子态的杂质和溶解气体，颗粒粒径一般不大于 10^{-6}mm。

天然水中含有泥砂、黏土、腐殖质、纤维素、悬浮物、胶体类等杂质，它们在水中都有一定的稳定性，是构成水的浊度、颜色和异味的主要因素。对于水中沉速缓慢难除去的微粒，通常要通过混凝处理才能很好地将它们除去。

球形颗粒的沉降速度见表 3-1。

表 3-1　　球形颗粒的沉降速度

颗粒直径 (mm)	颗粒名称	沉降速度 (mm/s)	沉降 1m 所需时间	颗粒直径 (mm)	颗粒名称	沉降速度 (mm/s)	沉降 1m 所需时间
10		1000	1s	0.001	细粒黏土	0.001 54	7d
1	粗砂	100	10s	0.000 1	细粒黏土	0.000 015 4	2 年
0.1	细砂	8	2min	0.000 01	胶体	0.000 001 54	200 年
0.01	泥土	0.154	2h				

天然水通过混凝澄清及沉淀处理后，水中绝大部分微粒被去除，出水浊度通常小于 10NTU，水中有机物也可伴随去除一部分，水得以澄清，有利于进一步深度处理。

二、胶体颗粒的基本性质

（一）胶体的稳定性

胶体的稳定性是指胶体颗粒在水中长期保持分散悬浮状态的特性。胶体稳定性分为动力学稳定和聚集稳定两种。

（1）动力学稳定性。胶体颗粒的布朗运动构成了动力学稳定性，反映了颗粒的布朗运动对抗重力的影响能力。水中粒度较微小的胶体颗粒，在水溶液中受到来自各个方向水分子撞击的次数相对来说较少，各种撞击力相互抵消的可能性也较小，因此它们在水中作不规则的运动，即布朗运动。其产生的布朗运动足以抵抗重力的影响。因此，它们在水溶液中能长期悬浮，不会发生明显的沉降现象。

（2）聚集稳定性。胶体间静电斥力和颗粒表面的水化作用构成了聚集稳定性，反映了水中胶体颗粒之间因其表面同性电荷相斥或水化膜的阻碍作用而不能相互凝聚的特性。此特性使有些胶体在水溶液中长期保持分散悬浮状态，不易相互聚集成较大的颗粒，从而呈稳定的分散状态。

促使胶体具有稳定性的三种主要原因：①微粒的布朗运动；②胶体颗粒间的静电斥力；③胶体颗粒表面的水化作用。

（二）胶体的结构

通过对胶体结构的研究，可以清楚地了解胶体带电的现象和使胶体脱稳的途径。胶体颗粒由胶核、吸附层和扩散层三部分组成。不溶于水而成为胶体颗粒的核心称为胶核。胶核具有较大的表面积，其表面吸附水中离子而带电荷。由于胶核表面具有电性，在其外侧吸附有带反电荷的离子，称为反离子。其中部分反离子受胶核较大的静电引力吸引，与胶核表面的离子紧密、牢固地结合，形成吸附层（也称固定层）。吸附层以外的反离子受胶核的静电引力较弱，受热运动影响较大，这些离子比较活泼，分散到溶液的深处，形成扩散层。这种具有两层符号相反离子结构的形式称为双电层结构。胶体（颗粒）的结构见图 3-1（a）。

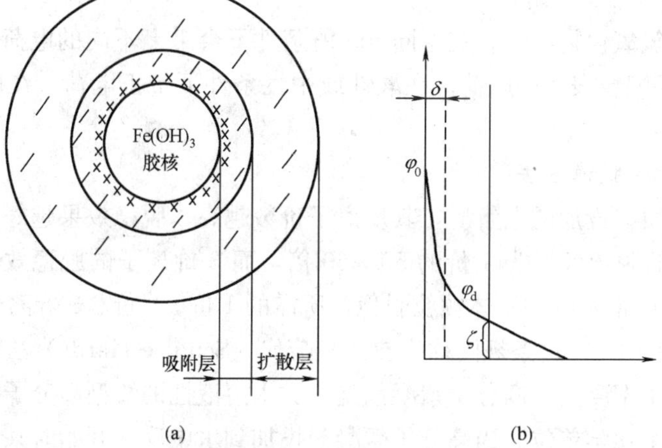

图 3-1 胶体（颗粒）结构和双电层中的电位分布

（a）胶体结构；（b）双电层中的电位分布

胶核及其表面吸附的离子和部分反离子的吸附层称为胶粒，胶粒是带电的。胶粒与扩散层组成的整体称为胶团，胶团是不带电的，可表示为：

$$m\mathrm{F_e(OH)_3} \cdot n\mathrm{F_eO^+}\ (n\text{-}p)\mathrm{Cl^-} \cdot p\mathrm{Cl^-}$$

胶核 单位形成离子 吸附层 扩散层

胶粒

胶团

胶体在外力作用下在水溶液之间发生相对位移时，吸附层中的反离子和扩散层中的部分反离子随胶核一起运动，而扩散层的其余离子滞留在水溶液中，形成一个脱层的界面，称为滑动界面，滑动界面形成的电位称为 ζ 电位，见图 3-1（b）。图中总电位 φ_0 为胶核表面上的电位，φ_d 为吸附层与扩散层分界面处的电位，ζ（Zeta）电位为滑动界面的电位。

水处理中常通过测出微粒的 ζ 电位来判别胶体微粒的稳定性。ζ 电位越高，胶体的稳定性越高；ζ 电位越低，胶体也就越不稳定。近年来，国内外常用流动电流（位）方法来判别胶体微粒的稳定性。流动电流是指在外力作用下含有带电胶体微粒的液体流动而产生电场的现象，即反离子相应地定向运动而形成的电流。

（三）胶体表面电荷的来源

1. 电离作用

有机物物质表面的一些基因在水中离解后，使其表面带上正电荷或负电荷。如蛋白质在碱性溶液中常带负电荷，在酸性溶液中常带正电荷。

细菌蛋白质的等电点在 pH 值为 2～5 之间，因此一般天然水条件下细菌带负电。

水中天然有机物（如腐殖质）多含有酸性基团，在天然水 pH 值条件下，解离为带负电的大离子，所以天然水中有机胶体也带负电荷。

2. 离子的吸附（吸附作用）

由于胶体颗粒有巨大的比表面积，有很强的吸附能力，因此能有选择地吸附一些离子使微粒带上正电荷或负电荷。由于阴离子容易发生水合作用，水合离子半径大，因此阴离子比阳离子更容易被吸附，故水中微粒表面常带负电荷。

3. 离子的溶解（溶解作用）

一些两性金属氢氧化物胶体，在不同pH值条件下会带上不同的电荷，这时溶液中H^+和OH^-浓度决定了颗粒表面的电荷。在酸性或中性条件下带正电荷；在碱性（pH>8）条件下带负电荷。

（四）胶体颗粒的脱稳方法

（1）投加电解质。投加的电解质，其反离子价数越高，脱稳效果越好。在投加量相同的情况下，2价离子的脱稳效果为1价的50～60倍，而3价离子的脱稳效果为1价的700～1000倍，即要使水中带负电的胶体颗粒脱稳，所需的1价、2价、3价离子电解质投加量之比大致为$1:10^{-2}:10^{-3}$，这条规则称为叔采—哈代（Schulze-Hardy）法则。

（2）投加高分子絮凝剂。高分子絮凝剂是一类水溶液性的线型高分子聚合物，分子呈链状，每一链节是一个化学单位。当高分子絮凝剂投加到水中后，开始时某一个链节的官能团吸附在某一胶粒上，而另一个链节伸展到水中吸附在另一个胶粒上，从而形成一个“胶粒—高分子絮凝剂—胶粒”的絮凝体，即高分子絮凝剂在两个颗粒之间起到一个吸附架桥作用。

除了链状高分子化合物以外，一些无机高分子化合物，如铁盐、铝盐水解产物也能产生吸附架桥凝聚作用。

（3）投加带相反电荷的胶体。

三、水的混凝沉淀处理

混凝是指水中胶体颗粒及微小悬浮物的聚集过程，它是凝聚和絮凝的总称。凝聚是指水中胶体被压缩双电层而失去稳定性的过程；絮凝是指脱稳胶体相互聚结成大颗粒絮体的过程。混凝实际是指从原水投加混凝剂开始到生成大颗粒絮凝体的过程。沉淀是指水中杂质形成沉淀物，并从水中析出的全过程。沉降是指固体因重力作用而下沉的过程，沉降原理是水中固体杂质下沉的原理。

（一）混凝机理

混凝处理就是在水中投加一种名为混凝剂的化学药品，这种药品在水中会促使微小的颗粒变成大颗粒而下沉。我国用明矾来澄清水已有上千年的历史，这就是一种混凝处理。对于混凝处理的原理，曾有许多不同的认识，随着胶体化学的技术发展，才得到比较一致的看法。

水处理中的混凝现象较复杂，目前混凝剂对水中胶粒的混凝作用机理有以下四种。

1. 压缩双电层作用

如在水溶液中投加某种电解质，即使它是无关电解质，当加药量达到一定数量时，也会发生胶体聚集的现象。具体过程如下：

电解质加入→与反离子同电荷的离子增加→压缩双电层→ζ电位下降→胶粒间斥力变小→胶体稳定性下降→凝聚。

压缩双电层的作用机理不能解释其他一些复杂的胶体脱稳现象。如混凝剂投量过多时，凝聚效果反而下降，甚至重新稳定。

2. 吸附与电中和作用

胶粒表面对异号离子、异号胶粒、链状离子或分子带异号电荷的部位有强烈的吸附作用，由于这种吸附作用中和了电位离子所带的电荷，减少了静电斥力，降低了ζ电位，使胶体脱稳和凝聚易于发生。当采用铝盐或铁盐作为混凝剂时，随着溶液 pH 值的不同可以产生各种不同的水解产物。当 pH 值较低时，水解产物带有正电荷。给水处理时，原水中胶体颗粒一般带有负电荷，因此带正电荷的铝盐或铁盐水解产物可以对原水中的胶体颗粒起中和作用。二者所带电荷相反，在接近时，将导致相互吸引和聚集。

3. 吸附架桥作用

吸附架桥作用是指高分子物质与胶体颗粒的吸附与桥连。在水中投加可以吸附胶体的链状高分子，当高分子链的一端吸附了某一胶粒后，另一端又吸引另一胶粒，形成“胶粒—高分子—胶粒”的絮凝体，见图 3-2。高分子物质在这里起了胶体颗粒之间相互结合的桥梁作用。

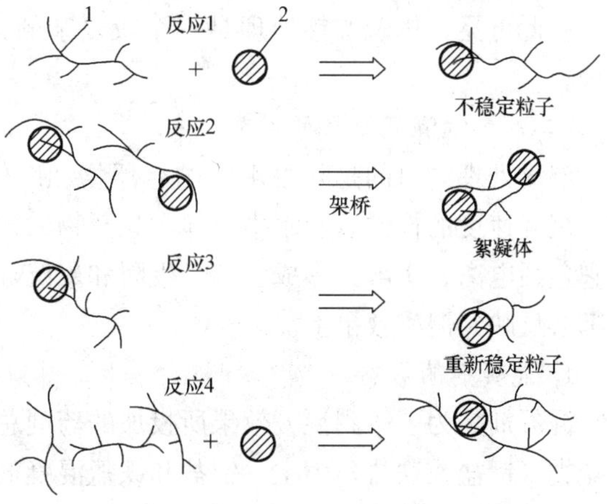

图 3-2　吸附架桥示意图

1—高分子絮凝剂；2—胶粒

高分子物质过量投加时，胶粒的吸附面均被高分子覆盖，当两胶粒接近时，就受到高分子之间的相互排斥而不能凝聚。产生这种排斥力可能由于“胶粒—胶粒”之间高分子受到压缩变形而具有排斥势能，也可能由于高分子之间的电性斥力或水化膜。因此，高分子物质投量过少，不足以将胶粒架桥连接起来；高分子物质投量过多，又会产生“胶体保护”作用，使凝聚效果下降，甚至重新稳定，即所谓的再稳。除了长链状有机高分子物质外，无机高分子物质及其颗粒，如铝盐、铁盐的水解产物等也都可以产生吸附架桥作用。

4. 网捕或卷扫作用

当向水中投加含金属离子的混凝剂（如硫酸铝、石灰、氯化铁等高价金属盐类），且药剂投加量和溶液介质的条件足以使金属离子迅速生成金属氢氧化物沉淀时，所生成的难溶分子就会以胶体颗粒或细微悬浮物作为晶核形成沉淀物，即所谓的网捕和卷扫水中胶粒，以致产生沉淀分离。这种作用基本上是一种机械作用，混凝剂用量与原水杂质含量成反比，即当原水胶体含量少时，所需混凝剂多；当原水胶体含量较多时，所需混凝剂少。

以上所述四种作用机理有时同时发生，有时仅其中 1～2 种机理起作用。究竟以何者为主，取决于混凝剂种类、投加量，水中胶粒性质、含量以及水的 pH 值等。

以混凝剂硫酸铝 $Al_2(SO_4)_3$ 为例，当它投入水中时，首先发生电离和水解，因而生成氢氧化铝，即有

$$Al_2(SO_4)_3 \longrightarrow 2Al^{3+} + 3SO_4^{2-}$$

$$Al^3 + H_2O \longrightarrow Al(OH)^{2+} + H^+$$

$$Al(OH)^2 + H_2O \longrightarrow Al(OH)_2^+ + H^+$$

$$Al(OH)_2^+ + H_2O \longrightarrow Al(OH)_3 + H^+$$

这个过程很快，通常30s内就完成了。

氢氧化铝是溶解度很小的化合物，它从水中析出时形成胶体。这些胶体在近乎中性的天然水中带正电荷，随后在反粒子（如SO_4^{2-}）的作用下渐渐凝聚成絮状物（通常称为凝絮或矾花），然后在重力作用下沉降。这是用铝盐处理时它本身所发生的变化。氢氧化铝胶体会吸附自然胶体，此时有可能发生正、负胶体之间的电中和现象。随后氢氧化铝胶体会结成长链，起架桥作用，从而结成许多网眼。这些网状物在下沉的过程中起网捕作用，它们包裹着悬浮物和水分，形成絮状物（凝絮）。在此过程中，也可能有对自然胶体扩散层的压缩作用，但因在水中存在的时间极短，所以这可能不是混凝的主要反应。

由此可见，用硫酸铝处理是一个较复杂的过程，常常混有各种聚沉反立，故称为混凝处理。

（二）影响混凝效果的因素

混凝处理的目的是除去水中的悬浮物和胶体，所以水的混凝效果常以生成絮凝物的大小、沉降速度的快慢以及水中胶体和悬浮物的残留量来评价。影响混凝效果的因素很多，因为它包括电离、水解、形成胶体、吸附和聚沉等许多过程，任何一种干扰这些过程的工作条件都会反映到混凝效果上。

1. 混凝剂的影响

混凝剂是为了达到混凝效果所投加的药剂总称。给水处理中，以投加可水解阳离子的无机盐类（铝盐或铁盐）为主。铝盐和铁盐混凝剂的凝聚作用主要由水解产物发挥作用。铝盐和铁盐的水解产物是相当复杂的，pH值不同可以形成不同的水解产物，相应达到混凝的机理也不同。

（1）pH值较低时，金属盐主要以阳离子状态存在，通常压缩胶体扩散层达到凝聚。

（2）当铝盐、铁盐浓度超过氢氧化物的溶解度时，将产生一系列金属羟基聚合物，通过聚合物与胶体之间的电荷中和或架桥连接作用来达到凝聚效果。

（3）当铝盐、铁盐投加量很大时，铁铝氢氧化物将超过它们的饱和浓度并大量析出，通过网捕作用，来使胶体凝聚。因此，铝盐、铁盐的凝聚机理取决于溶液pH值、混凝剂投加量等。

2. pH值

铁盐、铝盐混凝剂加入水中后，由于水解反应而使水中出现酸性物质，对混凝效果有影响的主要是加药后水的pH值，因此这里所说的混凝pH值是指混凝后的pH值，不是原水的pH值。

图3-3为铝盐水解产物存在形态与pH值的关系。

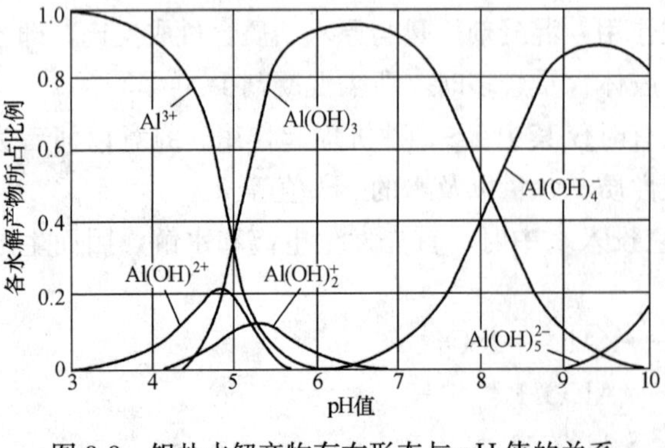

图3-3 铝盐水解产物存在形态与pH值的关系

当原水中有足够的碱度，例如HCO_3^-时，就能中和混凝剂水解反应产生的H_3O^+，即$HCO_3^- + H_3O^+ \longrightarrow 2H_2O + CO_2\uparrow$，使水解反应得以进行下去。

如果原水中碱度不足以中和混凝剂水解反应产生的 H_3O^+ 时，则混凝剂水解会使水的pH值急剧下降，此时为了满足水解反应必需的pH值，应人为地添加碱以提高水的碱度，这称为碱化。

当混凝处理以去除浊度为目标时，最佳pH值一般在6.5～7.5之间，此时混凝剂水解产物主要是低正电荷高聚合度的多核羟基络离子和氢氧化物。试验证实，在此pH值条件下，原水中胶粒仍具有一定的负电位，其值为－15～－10mV。因此，混凝处理的关键是通过低正电荷高聚合度的多核羟基络离子的吸附架桥作用来实现。

水的pH值对水中有机物的存在形态有很大影响，这显然会对混凝处理去除有机物的效果产生直接影响。在混凝处理过程中，水中有机物去除率一般为20%～60%，这与混凝pH值及有机物种类、形态有很大关系。

3. 原水水质的影响

根据混凝机理，对于一般以除去浑浊为主的地表水来说，主要的水质影响因素是水中的悬浮固体和碱度。

如前所述，混凝剂的凝聚与溶液的pH值有关，因而原水的碱度是影响凝聚的主要因素之一。即使两种原水的pH值相同、混凝剂加入量相同，但由于碱度的作用，常使形成的溶液pH值有明显区别。

原水的悬浮颗粒含量不仅对絮状阶段有影响，对混凝阶段也有明显影响。铝盐和铁盐混凝剂的凝聚可以通过吸附或网捕的方式来达到，而两种方式与悬浮颗粒含量的关系正好相反。利用吸附和电中和来完成凝聚时，混凝剂的加入量与悬浮颗粒成正比，但加入过量将使胶体系统的电荷变号而出现再稳；析出物网捕所需混凝剂的加入量则与悬浮颗粒浓度成正比，不出现再稳。

4. 温度的影响

在生产实践中，经常可以观察到水温对凝聚的影响。水温降低，使凝聚效果相应降低，有时即使增加混凝剂的投入量，也难以弥补水温降低的影响。根据凝聚机理，水温的降低将对凝聚带来许多不利因素：

(1) 水的黏度随着温度的降低而升高，这将使颗粒的迁移运动减弱，大大降低颗粒的碰撞机会。

(2) 温度降低，分子热运动减慢，使布朗扩散的原动能量减弱，也使颗粒的碰撞机会减少。

(3) 温度降低，使胶体颗粒的溶剂化作用增强，胶体颗粒周围的水化作用明显，妨碍了微粒的聚集。

由此可见，水温降低不利于混凝反应和絮凝物沉析，使所需混凝剂量增大。为了提高水温偏低时的混凝效果，通常采用的方法是增加混凝剂投入量和投加高分子的助凝剂，或提高水温。一般用硫酸铝对水进行混凝处理时，最佳水温为25～30℃。

5. 混凝剂剂量

对于某一具体水源而言，应通过混凝剂量试验求得最佳剂量。加药量与水中胶体的含量有关，图3-4表示有各种不同胶体的水进行加药量改变实验的结果（各个实验的pH值保持相同）。胶体浓度用 ρ 表示，且 $\rho_4>\rho_3>\rho_2>\rho_1$。

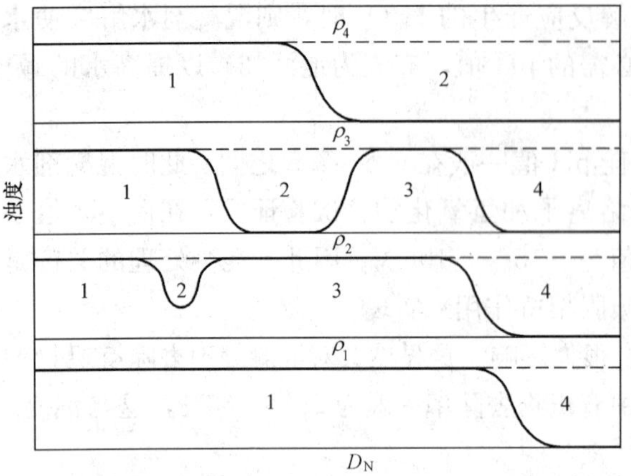

图 3-4 混凝剂量对混凝效果的影响

在这些试验中，可将 ρ_3 作为典型首先进行说明。1 区表示加药量不够，所以没有起混凝作用；当加药量增加到 2 区时，由于吸附与中和作用而发生混凝，将胶体去除；当加药量增大到 3 区时，由于药量过剩，胶体电荷的符号改变，以致出现再稳定现象；当加药量继续增大到 4 区时，由于大量氢氧化铝生成，发生网捕作用而将胶体去除。

当水中胶体含量很少时，如图 3-4 中 ρ_1 所示，需要投加大量混凝剂才会有较好的澄清效果。因为混凝剂量较少时，虽能使胶体脱稳，但由于颗粒少，碰撞机会不多，所以不能起到有效的澄清作用。直到将加药量增至很大，以致发生网捕作用时才有效。因此，1 区后直接是 4 区，2 区消失，1 区和 3 区连在一起。当胶体含量很大时，如图 3-4 中 ρ_4 所示，需要大量混凝剂才能使胶体脱稳。此时，混凝剂的投加量已经达到或超过网捕作用所需的量，所以 3 区消失，2 区和 4 区相连。

根据运行试验，天然水的混凝剂量一般为 0.3～0.7mmol/L。各种混凝剂的加药量可参考下列数据：硫酸铝为 35～80mg/L[以 $Al_2(SO_4)_3 \cdot 18H_2O$ 计]；三氧化铁为 25～60mg/L(以 $FeCl_3 \cdot 6H_2O$ 计)；聚合铝为 5～10mg/L(以 Al_2O_3 计)；聚合铁为 5～8mg/L(以 Fe^{3+} 计)。

6. 水力条件

整个混凝过程可分为混合和反应两个阶段，水力条件的配合对这两个阶段非常重要。混合要求快速和剧烈搅拌，因为混凝剂在水中的水解和形成胶体的速度非常快，所以要通过快速搅拌方能生成大量小粒的氢氧化物胶体。通常在几秒钟或 1min 内完成。反应阶段的要求是使脱稳微粒通过碰撞，絮凝形成大的具有良好沉降性能的絮凝体。反应阶段的搅拌强度或水流速度应随着絮凝体的长大而逐渐降低，以免打碎已长大的絮凝体。

7. 接触介质

当进行混凝或其他沉淀处理时，如在水中保持一定数量的泥渣，则可以使混凝过程进行得更完全、更快。这里的泥渣起接触介质的作用，即利用其巨大表面的活性，起吸附核心作用。目前许多混凝处理设备内都设有泥渣层。

（三）水中悬浮颗粒的沉降

水中悬浮颗粒在重力作用下的沉降过程中常出现四种情况：当水中悬浮颗粒浓度较小时，沉降过程可以按颗粒絮凝性的强弱分为离散沉降和絮凝沉降；当颗粒浓度较大，且颗粒具有絮凝性时，呈层状沉降；当颗粒浓度很大时，颗粒呈压缩沉降。

1. 离散沉降（自由沉降）

离散颗粒在无边际水体中沉降，下沉过程中颗粒互不干扰，且不受器皿壁的干扰，下沉过程中颗粒的大小、形状、密度保持不变，经过一段时间后，沉速也不变。离散颗粒的沉降特性只与颗粒本身和水的特性有关。

2. 絮凝沉降

天然水中的悬浮颗粒及混凝处理中形成的絮凝体大多具有絮凝性能，颗粒在沉降过程中由于相互接触絮聚而改变大小、形状、密度，并且随着沉淀深度和时间的增长，沉降速度也越来越快，实际沉速很难用理论公式计算。因此，对此类沉降需要研究的问题不是它的某一沉降速度，而是要通过实验来测定水中颗粒在某一流程中的沉降特征。

3. 层状沉降（拥挤沉降、拥挤沉淀）

如悬浮颗粒占水溶液体积大于1%时，可以看到水体中有一个清水和浑水的交界面，并以界面的形式不断下沉，整个沉淀筒中可分为清水、等浓度区、过渡区（变浓度区）、压实区四个区。

4. 压缩沉降

在沉降的压缩区，由于悬浮颗粒浓度很高，颗粒相互之间已挤集成团块结构，互相拉触、互相支承，下层颗粒间的水在上层颗粒的重力作用下被挤出，使颗粒浓度不断增大。压缩沉降过程也是不断排除颗粒之间孔隙水的过程。

（四）常用混凝剂和絮凝剂

1. 混凝剂

混凝剂按化学成分可分为无机和有机两大类。无机混凝剂品种较少，目前主要是铝盐和铁盐及其聚合物，在水处理中应用最多。有机混凝剂品种较多，主要是高分子物质，但在水处理中的应用比无机混凝剂少。

（1）铝盐混凝剂。

常用的铝盐是硫酸铝、聚合氯化铝（PAC）。聚合氯化铝也叫碱式氯化铝，化学分子式的通式可写成 $Al_n(OH)_mCl_{3n-m}$，而且通过羟基的桥联形成聚合高分子的化合物。市场上销售的聚合氯化铝有固体和液体两种，其质量指标主要有：

1）Al_2O_3 含量越高越好。

2）碱化度 B。所谓碱化度是指聚合氯化铝中氢氧根所占的比例，即

$$B=[OH]/[1/3Al]\times 100\%$$

式中 [OH]、[1/3Al]——各自的浓度，mol/L。

碱化度对混凝剂的影响有：碱化度约在30%以下时，混凝剂全部由小分子构成，混凝能力低；随着碱化度的上升，胶性增大，混凝能力上升。当碱化度过大时，溶液不稳定，会生成氢氧化铝的沉淀物。B值一般控制在50%～80%之间。

3）聚合度。聚合度是指聚合氯化铝的无机分子的聚合程度，一般用分子量表示，其分子量以数千为宜。

以聚合氯化铝作为混凝剂处理水时的特点有：①适用范围广，对污染严重或低浊度、高浊度、高色度和受微污染的原水都可达到好的混凝效果；②水温低时，仍可保持稳定的混凝效果，因此在我国北方地区更为适用；③矾花形成较快，颗粒大而重，沉淀性能好，加药量一般比硫酸铝低；④pH值范围较宽，在5～9之间，当过量投加时也不会像硫酸铝那样造成水浑浊的反效果；⑤碱化度比其他铝盐、铁盐高，因此对设备的侵蚀作用小，且处理后水的pH值和碱度下降少。

（2）铁盐混凝剂。

相对于铝盐混凝剂，以铁盐作混凝剂的主要特点有：

1）适用的pH值范围较宽。

2）受水温影响较小。

3）生成的絮凝体密度比铝盐的大，沉降性能好。

4）腐蚀性相对大些，加药量较大时可能使出水带色（黄色）。

目前常用的铁盐有硫酸亚铁($FeSO_4 \cdot 7H_2O$)、硫酸铁[$Fe_2(SO_4)_3$]、三氯化铁($FeCl_3 \cdot 6H_2O$)和聚合铁(聚合硫酸铁)等。

2. 助凝剂和絮凝剂

当单独使用混凝不能取得预期效果时，需投加某种辅助药剂以提高混凝效果，这种药剂按其在混凝剂中的作用，可分为以下三类：

（1）酸碱类：调整水的pH值，如石灰、硫酸等。

（2）有机高分子类加大矾花的粒度和增强结实性：如活化硅酸（$SiO_2 \cdot nH_2O$）、骨胶、高分子絮凝剂。

（3）氧化剂类：破坏干扰混凝的物质，如Cl_2、O_3等。

常见的絮凝剂是有机高分子絮凝剂，见表3-2。这类絮凝剂是水溶性的线型聚合物，按基团带电情况，可分为阳离子型、阴离子型、非离子型、两性型四种。水处理中常用的是阳离子型、阴离子型和非离子型三种高分子絮凝剂。这些高分子絮凝剂的混凝作用机理主要在于线型分子的吸附架桥作用。在给水处理中，常将它们用作絮凝剂，以增大絮凝体及其密度。

表3-2　　有机高分子絮凝剂

阳离子型	阴离子型	非离子型
聚二丙烯二甲基胺	聚丙烯酸（PAA）	聚丙烯酰胺
（PDADMA）	水解聚丙烯酰胺（HPAM）	（PAM）

目前，我国水处理领域用得最多的是一种非离子型絮凝剂——聚丙烯酰胺（PAM）。丙烯酰胺单体有毒，所以聚丙烯酰胺用在水处理，特别是饮用水处理时，应注意聚丙烯酰胺及处理后水中丙烯酰胺单体含量，要求饮用水中丙烯酰胺单体含量小于0.01mg/L。聚丙烯酰胺每一个链节中均含有一个酰胺基（$-CONH_2$），由于酰胺基之间的氢键作用，线型分子往往不能充分伸展开来，致使架桥作用削弱。为此，还可将PAM在碱性（$pH>10$）条件下进行部分水解，生成阴离子型水解聚合物（HPAM）。PAM经部分水解后，一部分酰胺基带上负电荷，在静电斥力的作用下，高分子得以充分伸展开来，使吸附架桥作用得到充分发挥。由酰胺基转化为羧基的百分数称为水解度。一般控制水解度在30%～40%范围内，其吸附架桥能力最强。

四、沉淀处理设备

沉淀处理设备可分为沉淀池和澄清池两类。运行时池中不带悬浮泥渣层的设备称为沉淀池，带有悬浮泥渣层的称为澄清池。

（一）沉淀池

当水中悬浮物浓度很大（3000mg/L 以上）时，可用沉淀池进行预处理，以利于后续的水处理工艺过程。沉淀池可用来进行混凝或其他加药沉淀处理，此时应将加有药剂的水先通过混合器和反应器，然后再引入沉淀池。

1. 颗粒在沉淀池中的沉降

固体颗粒的沉降分为静水中的沉降和动力水中的沉降。静水中的沉降主要是离散沉降（自由沉降）、层状沉降（拥挤沉降、拥挤沉淀）和絮凝沉降。在水处理生产实践中，颗粒在静水中沉降的场合不多，多数是在流动的水中完成沉降过程，颗粒在沉淀池中的沉降就属于这种情况。

颗粒在沉淀池中的沉降除取决于颗粒本身的沉降速度外，还受池内水流的影响。因此，沉淀池中的颗粒沉降一方面受重力作用下沉，另一方面随水流迁移。

2. 沉淀池的主要性能参数

（1）截流速度和表面负荷。

1）进入沉淀池的颗粒在水流作用下有两个不同方向的运动速度，一个是与水流速度相同的水平流速，另一个是颗粒垂直下沉的速度。一些大颗粒下沉速度快，它们会在池内沉淀，少量小颗粒下沉速度慢，则会被水带出池外，另外一些颗粒刚好能在池内沉淀。将这些刚好能在池内沉淀的颗粒具有的下沉速度称为临界沉降速度或截留速度，用 u_J 表示，计算公式为

$$u_J = Q/A$$

式中 Q——沉淀池的水流量；

A——沉淀池的面积。

2）Q/A 也称为表面负荷，是指单位沉淀面积上单位时间内的产水量，也称溢流率，单位为 $m^3/(m^2 \cdot h)$。表面负荷在数量和量纲上等于截留速度。

（2）沉淀效率。沉淀效率用颗粒的去除率表示，即在沉淀池中下沉除去的颗粒量与原有量的比值。

3. 影响沉淀池沉淀效率的因素

（1）水流的不均匀性。水流在池体内的不同部位阻力不同，局部形状的不规则使各点流速不同。一部分水在池内停留时间长，一部分水在池内停留时间短，造成颗粒在池中停留时间不一致。因此，水流的不均匀性势必影响颗粒的沉降。

（2）水的流态。水在池中的流动有层流和紊流两种状态。在紊流状态下，水流有向各个方向扰动的情况，这对颗粒沉降不利。

（3）水流的不稳定性。水流的不稳定性是指水体不同部位的密度差对水流的影响。密度大的在下层，小的在上层，产生所谓异重流，从而影响颗粒的沉降。

4. 平流式沉淀池

平流式沉淀池是使用最早的一种沉淀设备（见图 3-5），由于其结构简单，运行可靠，对水质适应性强，故目前仍广泛应用于城市自来水系统。因其占地面积大，所以工业用水处理中采用的较少，但通过对平流式沉淀池的讨论，可以帮助理解各种沉淀设备的原理、水力学条件及工艺参数。

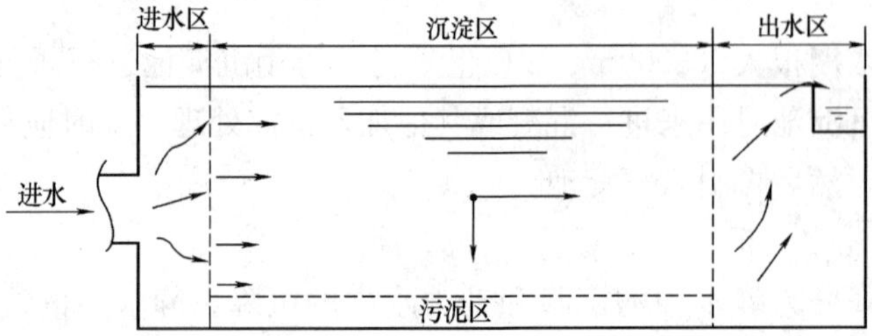

图 3-5 平流式沉淀池的结构示意图

平流式沉淀池的结构按作用不同，可分为进水区、沉淀区、出水区和污泥区。进水区设有多孔隔墙，使水能均匀分配，避免流速过快。沉淀区应能保证有合适的水平流速和足够的流经时间（又称停留时间）。水平流速一般可采用1～3mm/s，流经时间一般约1h。污泥区排除存在于沉淀池中的泥渣，泥渣的排除是运行的一个重要工作。利用沉淀池底部的坡度进行水力喷射等方法，可以排除大量泥渣。出水区设有出水堰和淹没式孔口两种。

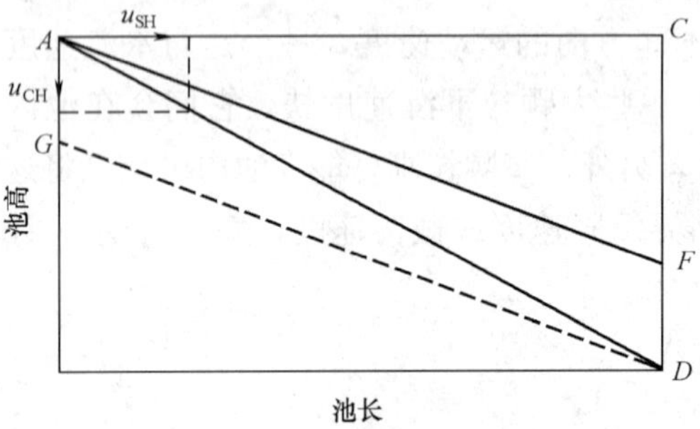

图 3-6 离散颗粒在沉淀池中的沉降

平流式沉淀池的原理是进入池中的颗粒有两个不同方向的运动速度，一个是被水流带动的水平速度 u_{SH}，另一个是颗粒本身的沉降速度 u_{CH}，总速度便是这两者之和。各颗粒的水平速度 u_{SH} 都是一样的，沉降速度 u_{CH} 则因颗粒的大小和密度不同而异。对于颗粒的沉降，可按图 3-6 所示的情况加以说明。设有一颗粒，在 A 点按与对角线 AD 相同的方向运动，则该颗粒能够恰好落在沉淀池底部，从而使它自水中分离出来。此颗粒的沉降速度称为截留速度，它是一种临界速度。当颗粒的沉降速度大于截留速度时，就能从此池中分离出来。沉降速度小于截留速度的颗粒，在相同处进入池子时，就会被带出池子。

5. 斜板、斜管沉淀池

（1）斜板、斜管沉淀池的原理。在沉淀池的沉降区设一簇斜管或斜板，令沉降过程在这些装置中进行，则可使水中悬浮物分离速度加快，从而缩短沉降时间。为了便于排泥，将沉淀池的底板做成具有一定的倾斜度，便成为斜板、斜管沉淀池，见图 3-7。

（2）斜板、斜管沉淀池的特点。沉淀面积增大，降低了沉降高度，同时缩短了沉降时间，提高了沉淀效率；水力条件好，斜板、斜管加大了沉淀池过水断面的湿周，水流的稳定性增强，有利于颗粒沉降，提高了沉淀效率。斜管或斜板与水平线的倾斜角一般控制在55°～60°为宜。斜管长度越大，沉降效果越好，但斜管过长，会增加造价，制作安装困难，一般长度取1.0～1.2m。斜管的内径通常为25～35mm。沉淀池进水的流向以与斜管中水流方向

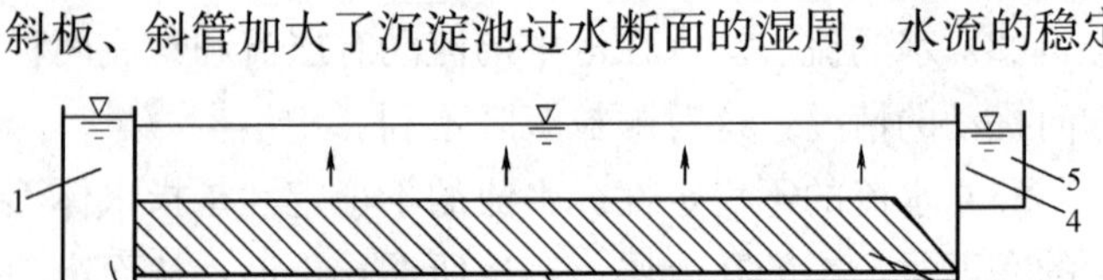

图 3-7 斜管沉淀池

1—配水槽；2—穿孔墙；3—斜管；4—出流孔口；5—出水槽；6—排泥管；7—阻流板

成钝角为宜。在斜板或斜管中水与泥的流向，一般分为异向流、同向流和横向流三种，见图3-8。

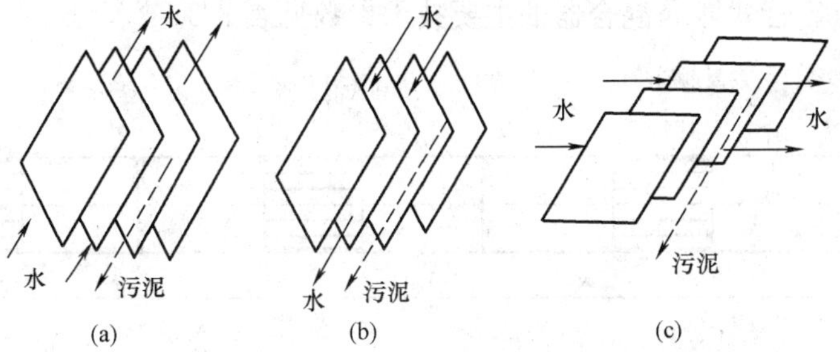

图 3-8 在斜管或斜板中水与泥的流向
(a) 异向流；(b) 同向流；(c) 横向流

(3) 斜板、斜管沉淀池的运行操作。

以某电厂660MW机组为例，该电厂冷却塔补充水及化学、暖通、生活用水原水处理采用混合絮凝沉淀处理工艺，处理水量总计为3200m³/h，分为4个800m³/h的混合絮凝沉淀处理设备，经混合絮凝沉淀处理后水的浊度小于5NTU。

1) 简介。

高效混合絮凝沉淀处理工艺是目前给水处理、中水处理和部分污水处理的核心工艺，主要包含混合、絮凝、沉淀三个工艺流程，主要用于市政与工业给水处理、城市污水强化一级处理以及曝气生物滤池（BAF）的强化预处理等。高效混合絮凝沉淀处理设备（见图3-9）主要包括管式微涡混合器、高效微涡折板絮凝设备、V型高效复合斜板沉淀设备、加药设备。

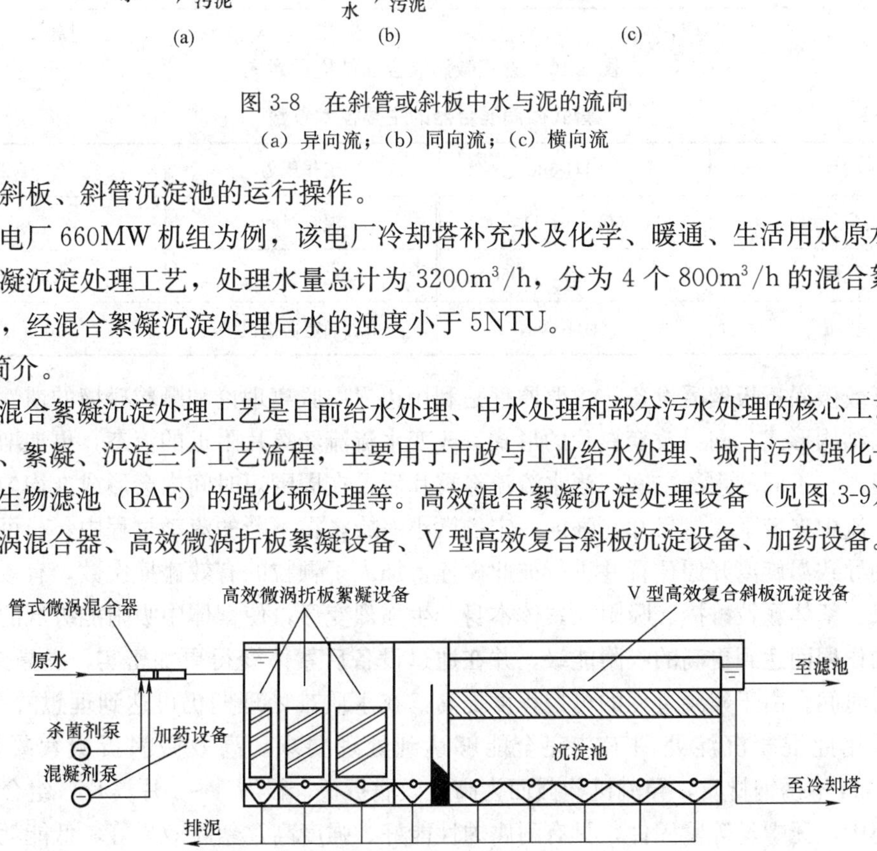

图 3-9 高效混合絮凝沉淀处理设备

混合絮凝沉淀处理工艺采用“微水澄清给水处理工艺技术”。该技术是传统絮凝沉淀技术的发展与创新，是根据微水动力学原理、胶体物理化学理论，融合流体边界层及边界层分离、澄清池接触絮凝理论，提出絮凝沉淀机理，并逐渐形成的。该项技术已成功应用于多项水处理工程中，并获得了很好的处理效果。

2) 主要设备结构特点。

①管式微涡混合器：在设计中引入了流体微水动力学原理来控制混合微观过程和宏观过程，在相同的水头损失下，大大提高了管式微涡混合器的混合效果，见图3-10。研究结果表明：管式微涡混合器与一般混合器相比，能够提升混合效率和混合效果一倍以上。它的主要原理是使水流通过列管时，在边界层的作用下，产生一系列涡旋，并在其后的空间衰减，

产生高频涡流，从而使混凝剂复杂的水解产物与原水中的胶体颗粒得到充分混合。管式微涡混合器采用不锈钢材质，具有耐腐蚀性能好，强度高，外形美观，安装方便，混合快速、高效，低能耗等特点。管式微涡混合器的主要技术参数见表 3-3。

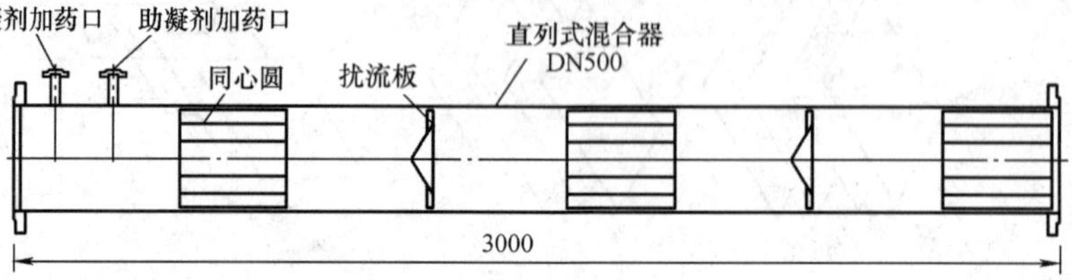

图 3-10 管式微涡混合器结构示意图

表 3-3 **管式微涡混合器的主要技术参数**

型号	LYH1-500	工作压力	0.18MPa
安装尺寸	L=3000mm，DN500	混合时间	4s
规格	L=3000mm，DN500	水头损失	≤0.50m
材质	316L 不锈钢	单台额定通过流量	800m^3/h

②高效微涡折板絮凝设备：主要原理是利用边界层脱离理论和颗粒碰撞的惯性效应，改变隔板的结构形式，同时改变翼片的形式，改变水流流经翼片附近的流态，更加增强了翼片控制能力。在不同的水流空间，当水流流经翼片后，在周围短时间内会形成准均匀各向同性紊流，紊流中夹带了大量尺寸、强度一定的微小涡旋，在不断的流动过程中，茹可夫斯基升力的作用导致涡旋离开原位置并进行彼此碰撞，加大了颗粒的有效碰撞次数，有效地提高了絮凝效果。絮体颗粒碰撞、吸附，絮体本身产生强烈变形，使絮体中吸附能级低的部分由于变形揉动作用而达到更高的吸附能级，并在通过设备后絮体变得更加密实，提高絮凝效果，缩短絮凝时间。由于絮凝过程的可控程度提高，在水质难处理期仍可达到理想的絮凝效果，对湖水应用此混凝沉淀处理工艺完全能够达到处理要求。高效微涡折板絮凝设备采用 1Cr18Ni9Ti 不锈钢材质，导流机构截面为高效微涡折板，设置 1～3 片翼片，组合后成组放入絮凝池中，无螺丝等紧固件，具有耐腐蚀性能好、强度高、絮凝效果好、低能耗、絮凝时间短等特点，其主要技术参数见表 3-4。

表 3-4 **高效微涡折板絮凝设备的主要技术参数**

型号	LYFS-Ⅱ	翼片间距	100～350mm
规格	1540mm × 1090mm、1540mm × 1480m、1540mm × 2270mm，每套均含以上三种规格	翼片厚度	1mm
材料	1Cr18Ni9Ti 不锈钢	絮凝时间	12min
工作压力	常压	水头损失	0.2m
隔板间距	200～600mm	单套额定通过流量	800m^3/h

③V 型高效复合斜板沉淀设备：V 型高效复合斜板设备主要原理是综合利用沉淀机理和接触絮凝机理完成沉淀池中颗粒的分离过程。该设备在充分利用沉淀机理的基础上，在设备内设置涡旋强度控制区域，减弱沉淀池中沉淀设备下部一定位置水流中的大涡旋强度，减少沉淀区水流的脉动。当水流进入设备后，这种结构的特殊性能进一步控制接触絮凝的过程，在不断改变流速、流态的过程中，提高矾花颗粒在设备内接触碰撞的几率，彼此吸附连接，只有尺度和密度足以克服水流顶托力等相关因素的矾花颗粒才能沉落，并且在下沉的过程中，不断吸附微小粒径的矾花颗粒，直至脱离沉淀设备。当矾花重力同水流顶托力及相关作用力维持动态平衡时，更增强了接触絮凝沉淀作用，在设备内一定位置形成密实、抗冲击能力强、可自动更新且更新周期短的动态悬浮泥渣层，从而使悬浮泥渣层时刻保持很强的过滤、吸附、纳污能力，沉淀效果更好。V 型高效复合斜板沉淀设备的主要技术参数见表 3-5。

表 3-5　　V 型高效复合斜板沉淀设备的主要技术参数

型号	LYVXB-Ⅰ	工作压力	常压
规格	1000mm × 1000mm，斜板长 850mm	上升流速	2.3mm/s
		水头损失	<10mm
材料	乙丙共聚	斜板间距	25mm
斜板厚度	1mm	单套额定通过流量	$800m^3/h$

④加药设备：沉淀池混凝剂加药系统配有 1 个 $10m^3$ 的浓矾池及其 1 台搅拌机、1 个 $20m^3$ 的稀矾池药箱及其 1 台搅拌机、2 台 $30m^3/h$ 的配矾输送泵和 6 台 329L/h 的加药泵。

3）工艺主要特点。

①处理效率高、占地面积小、经济效益显著。由于混合迅速，反应时间短，沉淀池上升流速高，因此可大为缩短水在处理构筑物中的停留时间，大幅度提高处理效率，因而也就节省了构筑物的基建投资。工程实践证实：与传统工艺相比，采用新技术对旧水厂进行挖潜改造，在构筑物容积不增加的情况下，可使处理水量净增 75%～100%，而改造投资仅相当于新建同等规模水厂投资的 30%～50%；用于新建水厂，主体工艺构筑物可节省投资 20%～30%，并可大幅度减少主体构筑物的占地面积。与平流沉淀池比较可节省总投资 80%，比斜管沉淀池可节省 40%。

②处理水质优，社会效益好，水质效益可观。几年运行实践证明，这项工艺可使沉后水浊度稳定在 3NTU 以下，滤后水接近 0NTU，这就形成了水质效益。水质效益一方面就是社会效益，另一方面是潜在的经济效益。随着我国生活饮用水标准的进一步提高，已逐渐要求出厂水达到 1NTU，但大部分城市的现有处理设备和工艺是难以达到的，只有通过大幅度投资扩建新水厂，才能解决水质和水量的矛盾。而采用此工艺可稳定保持出厂水浊度低于 1NTU，由此可见其水质效益是相当可观的。

③抗冲击能力强，适用水质广泛。实践证明，此项技术抗冲击能力较强，当原水浊度、进水流量、投加药量发生变化时，沉淀池出水浊度不像传统工艺那样敏感。其原因是，这项工艺的沉淀池上升流速按 3.5mm/s 设计时还有很大潜力。运行实践表明，这项工艺对低温低浊、汛期高浊以及微污染等特殊原水水质的处理均非常有效。

④制水成本降低。

——由于新技术采用先进的混合及反应设备，可节省投药量。

——由于新技术沉后水浊度在3NTU以下，减轻了滤池负担，因此滤池反冲洗水可节省50%左右，并可延长滤料的更换周期。

——对改造旧水厂，水量增加而管理人员无需增加，运行管理费用大为降低。

——基建费用的大幅度节省，可较大程度降低投资折旧率。

从以上四个方面来看，新技术的使用可使制水成本显著降低。

⑤工期短、见效快。此项技术用于旧水厂的挖潜改造，从设计到安装调试只需2～3个月，可以在短时间内解决城市供水不足的状况。

4）主要运行参数：混凝剂混合时间为4～5s；絮凝时间为11～12min；沉淀池上升流速为2.2～2.3mm/s［表面负荷为8.28m^3/（m^2·h）］。

5）系统投运操作。

混凝剂的配制：在浓矾池中配制10%的混凝剂，用配矾输送泵将10%混凝剂输送至稀矾池，加水稀释至5%浓度。

启动沉淀池升压泵，缓慢打开沉淀池升压泵出水阀，调节流量600～800m^3/h；启动加药泵，调节加药泵行程20%～80%，控制加药量5～10mg/L（三氧化二铝）。投入沉淀池出水浊度仪和流动电流仪。待沉淀池出水浊度小于5NTU后，打开沉淀池出水阀向重力滤池及冷却塔供水。

6）系统维护。

絮凝区要根据原水浊度和含沙量定期排泥，避免絮凝池容积减小，导致混凝效果下降，一般2～3天排泥一次。运行操作人员要观察并记录絮凝池中矾花的生长情况，并将之与以往记录资料比较。要合理确定排泥次数和排泥时间，操作人员要及时、准确排泥。

长期运行的沉淀设备上部有积泥，一般情况下15天大排泥一次（沉淀池所有排泥阀同时开启），使得沉淀池水面降至沉淀设备以下，必要时可采用自来水冲洗沉淀设备。

沉淀池系统异常处理：①当沉淀池出水质量差时，可降低出力到额定负荷的2/3或1/2运行，待出水质量好转时再逐渐提高出力；②当沉淀池清水区中有细小絮状物上升，且水色暗淡时，说明加药量不足，应作相对调整；③当沉淀池清水区中有大颗粒矾花普遍上浮，但颗粒间水色仍透亮时，可能是加药量过大，可适当减少加药量或缩短排泥的间隔周期和增加每次排泥的时间；④当冬季沉淀池进水水温低时，可适当提高加药量或降低出力运行。

（二）澄清池

澄清池集混凝和沉淀两个水处理过程于一体，在一个处理构筑物内完成。澄清池利用池中的活性泥渣层与混凝剂及原水中的杂质颗粒相互接触、吸附，把脱稳杂质阻留下来，使水达到澄清目的。活性泥渣层接触介质的过程就是絮凝过程，在絮凝的同时，杂质从水中分离出来，清水在澄清池的上部被收集。泥渣层主要是在澄清池开始运转时，原水中加入较多的混凝剂，并适当降低负荷，经过一定时间运转后逐步形成的。当原水浊度较低时，为加速形成泥渣层，可人为投加活性泥渣。为了保持稳定的泥渣层，必须控制池内的活性泥渣量，不断排出多余的泥渣，保持接触絮凝的活性。

与沉淀池处理系统相比，澄清池有两个明显的特点：①将药剂与水的混合、絮凝反应及絮凝体的沉降分离三个步骤组合在一个构筑物内完成；②利用了澄清处理中生成的大量泥渣（活性泥渣）进行接触絮凝和层状沉降。由于以上两个特点，使澄清池具有占地面积小、设备小、沉降效率高等优点。

1. 水力循环澄清池

如图 3-11 所示，原水从池底进水管经过喷嘴高速喷入喉管，在喉管下部喇叭口附近形成真空而吸入回流的泥渣。原水与回流泥渣在喉管中剧烈混合后，被送入第一反应室，再从第一反应室溢流入第二反应室，从第二反应室流出的泥水混合液进入分离室，由于截面积大幅度增加，流速急剧降低，使水和泥进行分离，清水上升到环形集水槽排出，泥渣则部分进入泥渣浓缩室（定期排出），部分则被吸入到喉管重新参加循环，如此周而复始进行工作。

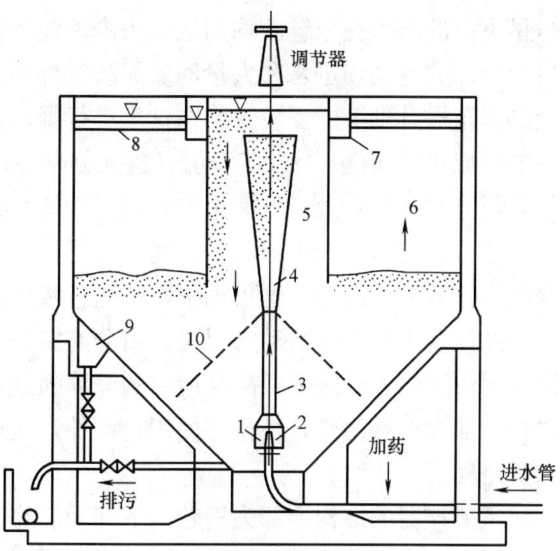

图 3-11　水力循环澄清池结构示意图

1—混合室；2—喷嘴；3—喉管；4—第一反应室；5—第二反应室；6—分离室；7—环形集水槽；8—穿孔集水管；9—污泥斗；10—伞形罩

水力循环澄清池结构简单，不需要机械设备，但是泥渣回流量难以控制。由于反应室容积较小，絮凝时间较短，回流泥渣接触絮凝作用发挥不好。同时池体直径和高度要有一定的比例，直径大，高度就大，故水力循环澄清池一般只适用于中小型电厂，目前已较少采用。

2. 机械搅拌澄清池

如图 3-12 所示，机械搅拌澄清池原水由进水管进入截面为三角形的环形进水槽，然后

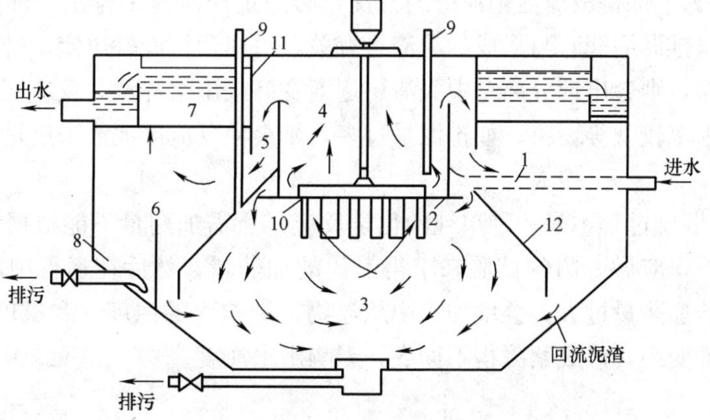

图 3-12　机械搅拌澄清池结构示意图

1—进水管；2—环形进水槽；3—第一反应室；4—第二反应室；5—导流室；6—分离室；7—集水槽；8—泥渣浓缩室；9—加药管；10—机械搅拌器；11—导流板；12—伞形板

通过槽下面的出水孔或缝隙均匀地流入澄清池的第一反应室（又称混合室），在这里由于搅拌器上叶片的搅动，进水和大量回流泥渣混合均匀；第一反应室中夹带有泥渣的水流被搅拌器上的涡轮提升到第二反应室，在这里进行凝絮长大的过程；然后，水流经第二反应室上部四周的导流室（ 消除水流的紊动），进入分离室；在分离室中，由于其截面较大，水流速度很慢，泥渣和水可分离，分离出的水可流入集水槽；集水槽安装在澄清池上部的出水处，以便均匀地汲取清水。至于加药，当用作混凝处理时，混凝剂可直接加到进水管中，也可加在水泵吸水管或配水槽中，这可根据具体运行效果而定。

在此设备中泥渣的流动情况是：由分离室分离出来的泥渣大部分回流到第一反应室，部分进入泥渣浓缩室。进入第一反应室的泥渣随进水流动；进入泥渣浓缩室的泥渣定期排走。澄清池底部设有排污管，供排空使用。此外，在环形进水槽上部还设有排气管，以排出进水带入的空气。

机械搅拌器的结构上部为涡轮，下部为叶片。涡轮的结构与作用类似于泵，它是用来将夹带有泥渣的水提升到第二反应室。其提升能力除与其转速有关外，还可以用改变开启度（涡轮和第二反应室底板间的距离）的办法来调整。叶片是用来搅拌的，搅拌的速度一般为每分钟一至数转，可以根据需要调节。

在第二反应室和导流室中设有导流板，其目的是缓和搅拌器提升水流时产生的旋流现象，减轻对分离室中水流的扰动，有利于泥渣和水的分离。有时也在第一反应室的伞形板下部装设导流板。

当此类澄清池的容量较大时，在其底部一般都设置刮泥装置。

(1) 工作原理。机械搅拌加速澄清池是借电动搅拌器叶轮的提升作用，使先期生成并沉到泥渣区的泥渣回流到反应室，参与新泥渣的生成。在此过程中，先期生成的泥渣起了结晶核心与接触吸附的作用，可促进新泥渣迅速成长，达到有效分离的目的。

(2) 影响因素。澄清池在正常运行中实际是一个进水、加药和出水、排泥的动态平衡过程，所以运行操作就是控制好这种动态平衡，使它保持在最优越的条件下工作。影响澄清池出水效果的因素有以下几方面：

1) 排污量。为了保持澄清池中泥渣的平衡，必须定期从池中排出一部分泥渣。每两次排泥时间的间隔（排泥周期）与形成的泥渣量有关，可由运行经验决定。排泥量也要掌握适当。如排泥量不够，则会出现分离室中泥渣层逐渐变高或出水浑浊，反应区泥渣量不断升高和泥渣浓缩室含水率较低等现象；如排泥量过多，则会使反应区泥渣浓度过低，以致影响沉淀效果。

2) 加药量。混凝过程不是一种单纯的化学反应，所需加药量不能根据计算来确定，在不同的具体条件下，应做专门的试验来求得最优的加药量，然后在运行中以试验结果为依据，加以调整。若加药量过大，会增加水中悬浮物，影响水的浊度（和碱度）；若加药量过低，会使反应浓度变小，形成絮凝物不彻底，影响出水浊度。

3) 水温。

①进水温度。水温与混凝反应、絮凝物的沉淀有着密切的关系。冬季水温较低，混凝速度较慢，反应不彻底，絮凝体由于水的黏度增大，沉降速度减慢，从而影响除浊效果，一般水温以不低于15℃为宜。

②进、出水温差。水的密度随温度的升高而减小，澄清池运行中，如果进水温度高于出水温度，由于进、出水密度不同，造成进、出水对流，搅乱悬浮泥渣层，造成“翻池”，使出水水质恶化。一般地，进、出水温差以小于3℃为宜。

③升温速度。为保证澄清池进、出水温差小于3℃，每次升温不得大于2℃，两次升温操作间隔时间不少于1.5～2h。

4）负荷。澄清池减负荷运行时，若没有要求，可任意进行，但升负荷时必须遵循“少量多次”的原则，即每次升负荷超过该运行负荷的20%，两次升负荷间隔时间不小于1h；否则，由于负荷急剧增加，清水区上升，流速短时间升高，易造成泥渣层上升，甚至出现“翻池”，严重影响出水质量。

（3）机械搅拌澄清池的运行操作。

以某电厂发电机组为例，该电厂生水预处理设备由两套独立的单元制净水系统及两个清水池组成，配套相应的辅机；每套净水设备由一台出力为300m^3/h的机械搅拌澄清池，各配一台出力为400m^3/h的原水泵、两台出力为500L/h的加矾泵及加矾喷射装置、一组矾池及加矾系统组成；澄清池配一台搅拌机、搅拌机调速装置及自动排泥装置。经混合絮凝沉淀处理后，出水浊度小于5NTU。

1）设备结构特点。

①机械搅拌澄清池技术规范见表3-6。

②澄清池搅拌机技术规范见表3-7。

③加矾泵技术规范见表3-8。

表3-6　　机械搅拌澄清池技术规范

项　目	单位	规　范	项　目	单位	规　范
有效容积	m^3	320	第一反应室高度	mm	2070
出力	t/h	300	导流室直径	mm	4800
直径	mm	10 800（直段），6440（圆台）	导流室高度	mm	1660
总高度	mm	7890	第二反应室直径	mm	3360
直段高度	mm	2430	第二反应室高度	mm	2530
池体高度	mm	4700	进水形式		环行，ϕ100，32只
第一反应室直径（上部）	mm	6440	出水形式		辐射形
第一反应室直径（下部）	mm	3360	排泥斗容积	m^3	2×2只

2）工艺主要特点。

处理效率高，对原水水质（如浊度、温度）和处理水量变化的适应性较强，运行操作方便，但设备维修的工作量较大，机电设备的配备较困难。

①主要运行控制指标：浓矾池浓度为10%；稀矾池浓度为2%～4%；沉降比为10%～15%；澄清池排泥时间为间隔4h，排泥15～20min；底部排泥时间为每天3～5min；出水浊度为小于5NTU。

表 3-7 澄清池搅拌机技术规范

项 目		单位	规 范
型号			JJ-2L
总高度		mm	3030
叶轮直径		mm	2000
叶轮开启高度		mm	170
齿轮箱传动速比			67∶1
叶轮旋转方向			轴向逆时针
配套电动机	型号		JZT32-4
	功率	kW	3
	转速	r/min	120～1200
数量		只	2

表 3-8 加矾泵技术规范

项 目		单位	规 范
型号			PDH90B-1
流量		L/h	50～500
压力		MPa	1
配套电动机	型号		SODI
	功率	kW	1.1
	转速	r/min	1370
	电流	A	2.8～4.9
	接法		△
行程调节范围		%	10～100
数量		只	2

②系统操作。

——投运时，先关闭滤池的进水阀，然后启动原水泵、加矾泵，到现场将原水泵出水缓慢开出，调至所需流量。当水位上升至超过机械搅拌机叶轮时，启动澄清池的搅拌机，搅拌机以6～8r/min的低速运行，使池内原水搅动。调节加矾泵行程，适当加大加矾量至15～30mg/L。检查原水泵流量、压力等正常。调节搅拌机转速，以达到合理回流比1∶5左右，搅拌机转速为6～10r/min。运行初期，出水水质可能较差，这是由于水中参与反应的活性泥渣较少，随着运行时间的增加，反应室内的活性泥渣逐步增多，澄清池出水逐步变清，直至出水浊度小于5NTU时，方可向滤池进水。

——停运时，停用原水泵、加矾泵，到现场关闭原水泵出水阀。如保持热备用状态（澄清池内充满水），搅拌机应保持低速转动5～6r/min；如处于冷备用状态（澄清池内排空水），则还应停用搅拌机。

③操作注意事项。启动原水泵时，应先确定进水水源，防止吸入空气；机械搅拌机启动过程中，先将转速调节器调至“0”位，方可切入运行，再逐步提高搅拌机转速；运行过程中，要定期开启底部的排泥阀，排出底部淤积的死泥；机械搅拌澄清池运行过程中，要定期进行排空冲洗，防止淤泥堵塞回流孔；当进水温度发生明显变化时，要密切注意澄清池出水水质的变化情况，适当降低处力，防止因水的热对流而产生“翻池”现象。

第二节 水的过滤处理

天然水经过混凝处理后，虽然已经将其中大部分悬浮物除掉，从外观上看是清澈透明的，但实际上免不了残留少量细小的悬浮颗粒，所以需要作进一步处理。否则，当进行下一步离子交换处理时会污染交换剂，妨碍运行。进一步除去悬浮物的常用方法为过滤，所谓过滤就是指以粒状材料（如石英砂等）组成具有一定孔隙率的滤料层来截留水中的悬浮杂质，从而使水获得进一步澄清的工艺过程。过滤设备通常设在沉淀池或澄清池之后。过滤的作用是：一方面进一步降低水的浊度，使水质满足后续设备的进水要求；另一方面为滤后消毒创造良好的条件，这是因为水中附着于悬浮物上的有机物、微生物等在过滤的同时，随着水的浊度降低被部分去除，而残存于滤后水中的细菌、病毒等也因失去悬浮物的保护或吸附，而易于在滤后消毒过程中被消毒剂杀灭。因此，过滤是极为重要的净化工序，是保证生产用水和生活饮用水安全的重要措施。

一、水的过滤

(一) 水的过滤原理

1. 过滤机理

用过滤法去除水中悬浮物的基本原理是滤料的表面吸附和机械截留等综合作用的结果。首先，当带有悬浮物的水自上而下进入滤层时，在滤层表面由于吸附和机械截流作用，悬浮物被截流下来，于是它们便发生彼此重叠和架桥等作用，其结果在滤层表面形成了一层附加的滤膜。在以后的过滤过程中，此滤膜就起主要的过滤作用，这种过滤作用称为薄膜过滤。

在过滤中，当带有悬浮物的水进入滤层内部时，事实上还在起过滤作用，这种过滤称为渗透过滤。这正与混凝过程中用泥渣作为接触介质相类似，由于滤层中的砂粒比澄清池中悬浮泥渣的颗粒排列得更紧密，因此那些在澄清池中被带出的微粒进入过滤器后，经滤料层中弯弯曲曲的孔道与滤粒有更多的碰撞机会，于是水中的凝絮、悬浮物和滤料表面相互黏附，其作用就像在滤层中进一步进行混凝过程，故渗透过滤又称接触混凝过滤。

2. 直接过滤

在水由上而下流动的过滤器或滤池中，薄膜过滤常常是主要的，但在滤层中也有渗透过滤，特别是在双层或多层滤料的过滤设备中，渗透过滤占很大比例。

事实证明，当水中的悬浮颗粒未经脱稳时，其过滤效果很差。因此，过滤效果主要取决于滤料颗粒和水中悬浮颗粒的表面物理化学性质，而无需增大水中悬浮颗粒的尺寸。相反，若水中悬浮颗粒尺寸过大时，会形成机械筛滤而造成表层滤料堵塞。由上述原理，使水处理技术中出现了“直接过滤”工艺。直接过滤是指原水不经沉淀而直接进入滤池过滤。直接过滤的应用方式有两种：①原水加药后，不经任何絮凝设备直接进入滤池过滤的方式称为接触过滤；②原水加药混合后，先经过简易微絮凝池，形成微絮粒后再进入滤池过滤的方式称为微絮凝过滤。采用直接过滤的要求有：①原水浊度较低，色度不高，水质较稳定；②滤料应选用双层、三层或均质滤料，且滤料粒径和厚度要适当增大，以提高滤层含污能力；③需要投加高分子助凝剂，以提高微絮粒的强度和黏附力；④滤速应根据原水水质决定，一般为5m/h。

3. 滤层内杂质分布规律

过滤过程中，水中悬浮颗粒在与滤料颗粒黏附的同时，还存在着因孔隙中的水流剪力作用不断增大而导致颗粒从滤料表面上脱落的趋势。在过滤的初期阶段，滤料层比较干净，孔隙率较大，孔隙流速较小，水流剪力也较小，因而黏附作用占优势。由于滤料在反洗以后形成粒径上小下大的自然排列，滤层中孔隙尺寸由上而下逐渐增大，因此大量杂质将首先被表层的细滤料所截留。随着过滤时间的延长，滤层中的杂质逐渐增多，孔隙率逐渐减小，表层细滤料中的水流剪力也随之增大，脱落作用占优势，最后被黏附上的颗粒首先脱落下来，或

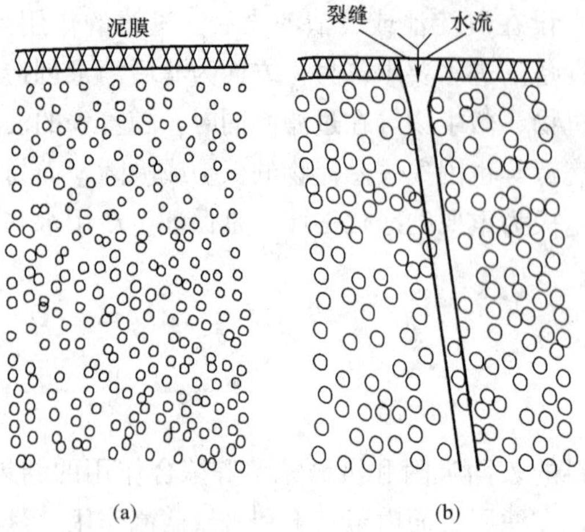

图 3-13 滤池“泥膜”示意图

者被水流夹带的后续颗粒不再有黏附现象，于是悬浮颗粒便向下层移动，并被下层滤料截留，下层滤料的截留作用才逐渐得到发挥。但是下层滤料的截留作用还没有得到完全发挥时，过滤就会被迫停止。这是由于表层滤料粒径最小，黏附比表面积最大，截留悬浮颗粒最多，而滤料颗粒间孔隙尺寸又最小，因此过滤到一定阶段后，表面滤层颗粒间的孔隙将被逐渐堵塞，严重时还会产生筛滤作用而形成“泥膜”，见图 3-13（a）。其结果是：在一定过滤水头下，滤速急剧减小；或者在一定滤速下，水头损失达到极限值；或者因滤层表面受力不均匀而使泥膜产生裂缝，水流自裂缝中流出，造成短流而使出水水质恶化，见图 3-13（b）。当上述情况之一出现时，过滤就将被迫停止，从而造成整个滤层截留悬浮固体的能力未能发挥出来，使滤池工作周期大大缩短。

（二）影响过滤工艺的主要因素

1. 滤速

在过滤工艺中，滤速一般指的是水流流过滤池截面的速度（m/h）。因为过滤过程是滤层逐渐被悬浮物饱和的过程，所以滤速的大小对悬浮物的截留会产生一定的影响。若滤速过小，则难以满足水量要求；而滤速过大时，则会带来一系列的不利因素。流速过快，悬浮颗粒的穿透深度大，必须增加滤料厚度；滤速增大，水头损失增长速度也相应加快。另外，滤速过大还会增大水流的冲刷能力，加速已被吸附悬浮物的脱落，在一定程度上对过滤带来不利的影响。在过滤工艺中，对过滤速度一般都采取了各种控制措施。等速过滤和降速过滤是滤速控制的两种基本形式。在过滤经过混凝和澄清处理的水时，滤速一般控制在10～12m/h。

2. 过滤过程中的水头损失

滤池在运行过程中效果的好坏，可以通过测定出水的浊度来监督。但这一指标不能表示过滤的进展情况，因为在滤池正常运行中，出水浊度变化的规律性不强，而且当出水浊度显著增大时，滤层已受到严重污染，以至于不易反洗干净，所以在运行中实际监视的指标是水通过滤层的压力损失（压力降或出入口压差），称为水头损失，它是用来判断过滤器是否失效的重要指标。滤池或过滤器开始工作时，滤料是干净的，此时的水头损失是滤料本身对水流的阻力造成的。随着运行时间的延长，滤料孔隙间积累的杂质增多，水头损失逐渐增大，滤速减小，也就是流量在降低，在规定流量下，当水头损失达到一定数值时，滤池或过滤器就应该停止运行，进行反洗，使滤料重新获得过滤能力。如滤池或过滤器水头损失过大，不仅会使滤层破裂而影响出水水质，还会造成设备损坏。影响水头损失的因素有：①温度。当温度升高时，水的黏度减小，水头损失下降。②滤速。水头损失与滤速成正比。③滤料颗粒粒径。随着滤料颗粒粒径的减小，水头损失急剧增大。④滤层污染程度。随着运行时间的增加，滤层中积累的污物增多，水流通道减小，水头损失增大。

(1) 反洗。

当滤池或过滤器运行到一定的水头损失时，就需要进行反洗，以除去滤层上黏着的悬浮物颗粒，恢复滤料的截污能力。反洗时，水流自下而上通过滤层，使滤料处于悬浮状态，此时滤料膨胀到一定的高度，膨胀前后的滤层高度与膨胀前的滤层厚度之比称为滤层的膨胀度。由于水冲刷和颗粒间相互摩擦及碰撞所产生的作用，使黏在滤料颗粒上的污染物被擦洗下来，随反洗水一起被排出去。

反洗对滤池或过滤器的过滤效率影响很大，可以说起决定性作用，反洗效果不好，会使滤层内的污染物发生积累，当积累到一定程度时，就会造成滤料黏结，从而破坏滤池或过滤器的正常运行。

反洗水流的大小可用“反洗强度”来表示，通常以每秒流过每平方米过滤面积的反洗水量（L）来表示。反洗强度应适当，做到既能使滤层松动，使滤料颗粒间相互碰撞和摩擦，将滤层中细小的污物和滤料的碎末带走，又能保证正常的滤料颗粒不会被带出。当滤层从压实转入悬浮状态，反洗水上升流速达到一定值时，整个滤层就会膨胀，这一流速称为最小流化速度，与之相应的反洗强度称为临界反洗强度。反洗强度越大，滤层膨胀度越大。一般情况下，石英砂滤料的反洗强度控制为15～18L/（s·m^2），而无烟煤因为密度较小，反洗强度控制为10～12L/（s·m^2）。反洗时，滤层的膨胀率应为25%～50%，反洗时间一般为5～6min。

目前，常用的滤池冲洗方式有三种，即水反冲洗法、空气擦洗结合水反冲洗法、表层冲洗结合水反冲洗法。

单独水反冲洗一般采用高强度冲洗，这一冲洗强度要求高于临界反洗强度，使滤层膨胀充分，整个滤层呈悬浮状态。它的优点是简便易行，反冲洗的同时完成剥落和排出污泥两个任务，但要求反洗强度较高，而且清洗能力较弱，过分增大反洗强度会引起滤料流失。

采用空气擦洗结合水反冲洗的组合方式很多，最为常用的是先用水冲洗，再用空气或空气与水擦洗，最后用水冲洗排走污泥。这种方法的优点是清洗效果好，颗粒间的摩擦和碰撞作用强烈，且滤层无须完全流化，所辅助的反冲水强度可大大降低。另外，表面冲洗与反冲洗结合使用也可提高水的反冲洗效果。表面冲洗的主要作用是扰动表层滤料，加强滤料对水流颗粒的剪切力和颗粒之间的摩擦碰撞作用。

(2) 水流的均匀性和配水系统。

在滤池中，对水流均匀性影响最大的是配水系统。其作用是：①反冲洗时，使反冲洗水在整个滤池平面上均匀分布；②过滤时，能均匀地收集滤后水。配水均匀性对反洗效果至关重要。若配水不均匀，水量小处，反冲洗强度低，滤层膨胀不足，滤料得不到足够的清洗；水量大处，因滤层膨胀过甚，造成滤料流失，反冲洗流速很大时，还会使局部承托层发生移动，过滤时造成漏砂现象。

根据阻力大小，一般可将配水系统分为大阻力、小阻力两种配水系统。小阻力配水系统是指配水系统的阻力很小，配水系统基本不会引起水头损失，主要的水头损失因素来自于滤层，水头的均匀性取决于滤层水流分布的均匀程度。这种系统的稳定性较差，对滤速的突变缓冲能力低，故使用时有一定的局限性，一般多用于虹吸滤池、无阀滤池等。小阻力配水系统有格栅式、尼龙网式和滤帽式等，其中滤帽式配水系统应用较为广泛。

大阻力配水系统的流水孔隙很小，以至于其水流阻力远高于滤层阻力，又因这些孔隙分布均匀，故能保证水流的均匀性。这种系统比前一种有较高的稳定性，但本身引起的水头损失较大，耗能高，系统结构复杂，检修困难，生产成本较大。大阻力配水系统常用的为穿孔管大阻力配水系统。

采用大阻力配水系统应设承托层。承托层设于滤料层和底部配水系统之间。其作用为：①支承滤料，防止过滤时滤料通过配水系统的孔眼而流失，为此要求反洗时承托层不能发生移动；②反洗时均匀地向滤料层分配反洗水。承托层一般由一定级配的天然卵石或砾石组成，铺装时应控制好层高，分层清楚，厚薄均匀。

（三）滤料

用作滤料的物质应具备的条件有：稳定的化学性能，以免滤料与水产生化学反应而恶化水质，尤其不能含有对人体健康和生产有害的物质；良好的机械强度，以免在反洗和擦洗过程中滤料出现磨损及破碎现象；粒度适当，具有合适的粒径、良好的级配和适当的孔隙率。此外，还应价格便宜，货源充足，易于取材。现在生产上最常用的滤料通常为石英砂，但随着双层和多层滤料的出现，常用的滤料还有无烟煤、磁铁矿、金刚砂、石榴石、钛铁矿、天然锰砂等。

1. 化学稳定性

为了试验滤料的稳定性，可在一定条件下用中性、酸性和碱性水溶液浸泡各种滤料，以观察此水溶液被污染的情况。表 3-9 所示为某些滤料在不同介质中稳定性的比较。由此可知，石英砂适用于中性和酸性的水。带碱性的水，如经石灰处理的水，则不能用石英砂作滤料，因为 SiO_2 会溶解，可用无烟煤或半烧白云石作滤料。

表 3-9　　某些滤料在不同介质中稳定性的比较

名称	中性			酸性			碱性		
	溶解固形物 (mg/L)	耗氧量 (mg/L)	SiO_2 (mg/L)	溶解固形物 (mg/L)	耗氧量 (mg/L)	SiO_2 (mg/L)	溶解固形物 (mg/L)	耗氧量 (mg/L)	SiO_2 (mg/L)
石英砂	2～4	1～2	1～3	4	2	0	10～16	2～3	5.7～8.0
大理石	13	1	—	—	—	—	6	1	—
无烟煤	6	6	1	4	3	0	10	8	2
半烧白云石	16	2	2	—	—	—	10	4	1

2. 机械强度

滤料应有足够的机械强度，以减少因颗粒间互相摩擦而破碎的现象。当滤料在运行中有碎末产生时，这些碎末就会被反洗水冲走而造成滤料损失；如不将碎末冲走而让它淤积在滤层的表面，则会增大水流阻力，使每次冲洗后过滤的时间缩短，出水量减少。

3. 粒度

粒度是指一堆粒状物料颗粒大小的情况。滤料大都是由许多大小的颗粒组成的，关于粒度的问题，现有的表示法如下：

(1) 级配曲线。用一系列孔径大小不同的筛子来测定滤料在各种颗粒大小不同区域的分布情况，称为筛分分析，按此分析结果所画的曲线称为级配曲线，见图 3-14。用级配曲线表示滤料颗粒的大小最为合理，但此种曲线在工业上难以适用。

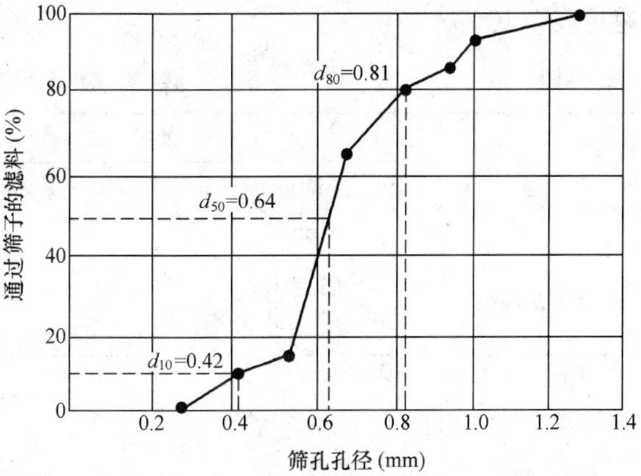

图 3-14 滤料的级配曲线

(2) 粒径范围。通常是按滤料的最小和最大颗粒的粒径来表示颗粒大小的范围，例如粒径为 1～2mm 表示最小粒径为 1mm，最大粒径为 2mm，所有颗粒的粒径都介于此两者之间。此种方法比较直观，是工业上常用的表示法，但它不能表示滤料中大小不同颗粒的分布情况。

(3) 粒径和不匀系数。此法是用两个指标来表示粒度：一个表示颗粒大小的概况，称粒径；另一个表示大小不同颗粒的分布概况，称为不匀系数。用此法较为合理和简单。

1) 粒径。粒径有两种表示方法：平均粒径 d_{50}，是指有 50%（按质量计）的滤料能通过筛孔孔径（常以 mm 表示）；有效粒径 d_{10}，表示有 10%（按质量计）的滤料能通过筛孔孔径。之所以称为有效粒径，是因为当不同滤料的 d_{10} 相等时，即使其颗粒大小的分布情况不一样，在过滤时产生的水头损失往往也是一样的，所以可以认为只有较小的颗粒才是产生水头损失的有效部分。不同的滤料和不同的过滤工况，对滤料粒径有不同的要求，使用时应根据具体情况选取，不宜过大或过小。滤料粒径过大时，细小的悬浮物会穿透滤层，而且在反洗时不能使滤层充分松动，反洗不彻底，沉积物和滤料结成硬块，从而产生水流不均匀、出水水质降低和滤池很快失效的现象；滤料粒径过小时，则水流阻力大，过滤时滤层中的水头损失也增加得很快，从而缩短过滤周期，反洗水的消耗量也就会相对增加。

2) 不匀系数。不匀系数常以 K_{80} 表示，是指 80%（按质量计）的滤料能通过的筛孔孔径（d_{80}）与 10%的滤料能通过的筛孔孔径（d_{10}）之比，即

$$K_{80} = d_{80}/d_{10}$$

滤料颗粒的大小不均匀，会有两种不良后果：一是使反洗操作困难，反洗强度太大会带出微小的颗粒滤料，而反洗强度太小又不能松动下部滤层；二是过滤情况恶化，颗粒大小不均匀通常意味着有细小颗粒，于是这些细小的颗粒会集中在滤层表面，结果使污物都堆积在表面，水头损失增加得很快，过滤周期变短。

对于普通滤池，当用石英砂或大理石做滤料时，有效粒径可采用 0.35mm，不匀系数应不大于 2；当采用无烟煤时，有效粒径可采用 0.6mm，不匀系数应不大于 3。

3) 双层及多层滤料的级配。双层滤料经反冲洗后，有可能出现部分混杂（在煤—砂交界面上），这主要取决于煤、砂的密度差、粒径差及煤和砂的粒径级配、滤料形状、水温及反洗强度等因素。实际生产经验表明，煤—砂交界面混杂厚度在 5cm 左右时，对过滤有益无害。三层滤料反冲洗后，滤层中也存在适当混杂，但上层仍然以煤粒为主，中层以石英砂为主，下层以重质矿石为主。就整个滤层而言，滤层孔隙的尺寸由上而下递减。滤料级配及

滤速见表 3-10。

表 3-10　　滤料级配及滤速

类　别	滤料组成			滤速 (m/h)	强制滤速 (m/h)
	粒径 (mm)	不均匀系数 K_{80}	厚度 (mm)		
单层石英砂滤料	$d_{max}=1.2$ $d_{min}=0.5$	<2.0	700	8～12	12～14
双层滤料	无烟煤 $d_{max}=1.8$ $d_{min}=0.8$	<2.0	300～400	12～16	16～18
	石英砂 $d_{max}=1.2$ $d_{min}=0.5$	<2.0	400		
三层滤料	无烟煤 $d_{max}=1.6$ $d_{min}=0.8$	<1.7	450	18～20	20～25
	石英砂 $d_{max}=0.8$ $d_{min}=0.5$	<1.5	230		
	重质矿石 $d_{max}=0.5$ $d_{min}=0.25$	<1.7	70		

二、过滤设备

常用的过滤设备主要有滤池和过滤器。滤池按阀门的设置可分为普通滤池、单阀滤池、双阀滤池、无阀滤池等；按工作方式可分为重力式滤池、压力式滤池；按过滤的水流方向可分为下向流、上向流、双向流滤池等。过滤器一般按滤料层的组成可分为单层石英砂滤料过滤器、双层滤料过滤器、三层滤料过滤器等。

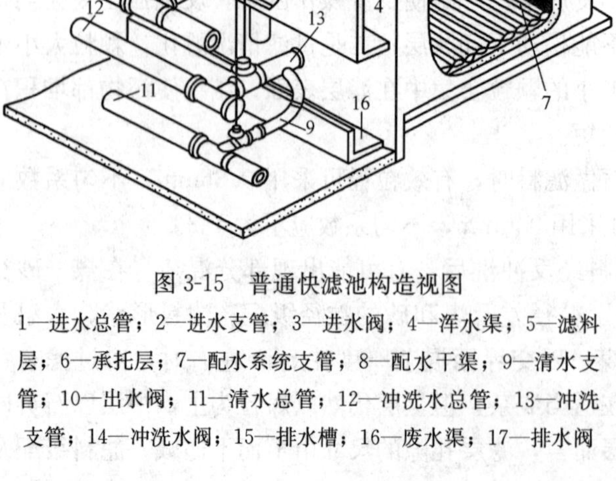

图 3-15　普通快滤池构造视图

1—进水总管；2—进水支管；3—进水阀；4—浑水渠；5—滤料层；6—承托层；7—配水系统支管；8—配水干渠；9—清水支管；10—出水阀；11—清水总管；12—冲洗水总管；13—冲洗支管；14—冲洗水阀；15—排水槽；16—废水渠；17—排水阀

（一）滤池

1. 种类

（1）普通快滤池。

普通快滤池又称四阀滤池，其构造如图 3-15 所示。普通快滤池本身包括浑水渠（进水渠）、冲洗排水槽、滤料层、承托层和配水系统五个部分及配套的管道阀门等。过滤时，关闭冲洗水阀与排水阀，开启进水阀与清水支管上的阀门，原水经进水总管由浑水渠流入冲洗排水槽后，从槽的两侧溢流入滤池，经滤料层、承托层后，由底部配水系统汇集至配水干渠，经清水支管进入清水总管后流往清水池。当反洗时，关闭进水支管与清水支管上的阀门，开启排水阀与冲洗水支管上的阀门，冲洗水由冲洗水总管、冲洗水支管，经底部配水系统由配水支管上均匀分布的孔眼中流出，自下而上穿过承托层及滤料层，滤层中的杂质在水流剪力和滤料颗粒间的碰撞摩擦作用下，从滤料颗粒表面剥离下来，随后带着杂质的反洗废水进入排水槽，再进入浑水渠，最后经排水管及废水渠排出。冲洗一直到滤料基本干净为止。冲洗结束后，关闭冲洗水法管上的阀门与排水阀，开启进水支管与清水支管上的阀门，即可开始重新过滤。普通快滤池从过滤开始到冲洗结束所经历的时间称为快滤池工作周期。工作周期的长短涉及滤池的实际工作时间和反冲洗耗水量，因而直接影响到滤池的产水量。普通快滤池工作周期较短，滤池日产水量较少，快滤池工作周期一般为 12～24h。

(2) 无阀滤池。

无阀滤池因没有阀门而得名，其特点是过滤和反冲洗自动周而复始地进行。无阀滤池主要由钢筋混凝土制成，包括过滤室、集水室、进水管、虹吸上升管、虹吸下降管、强制冲洗管、抽气管等。此滤池的优点是运行全部自动，操作管理方便，节省大型阀门，造价较低，出水面高于滤层，在过滤过程中滤料层内不会出现负水头；缺点是冲洗水箱建于滤池上部，滤池总高度较高，池体结构较复杂，且出力较小，不适用于大型火力发电厂。

1) 原理。

无阀滤池的运行过程（见图 3-16）：由进水管送入的水通过过滤层，汇集到下部集水室，再由连通管流至上部冲洗水箱。当冲洗水箱水满后，便开始溢流向外送水。

其失效和清洗的情况是：随着运行时间的增长，滤层阻力增加，虹吸管上升管的水面上升。当阻力增加使水面上升到虹吸管辅助管口时，水自此管急剧下落，主虹吸管中的空气便通过抽气管不断抽走，因主虹吸管中产生负压，使虹吸上升管和下降管中的水面均很快上升。当两股水流汇合后，便形成虹吸，这时过滤室中的水立即被虹吸管抽走，冲洗水箱的水迅速流至滤层，形成自动反冲洗。当冲洗水箱水位下降到虹吸破坏管口以下时，由于空气进入，虹吸被破坏，冲洗结束，进入下一个运行循环。

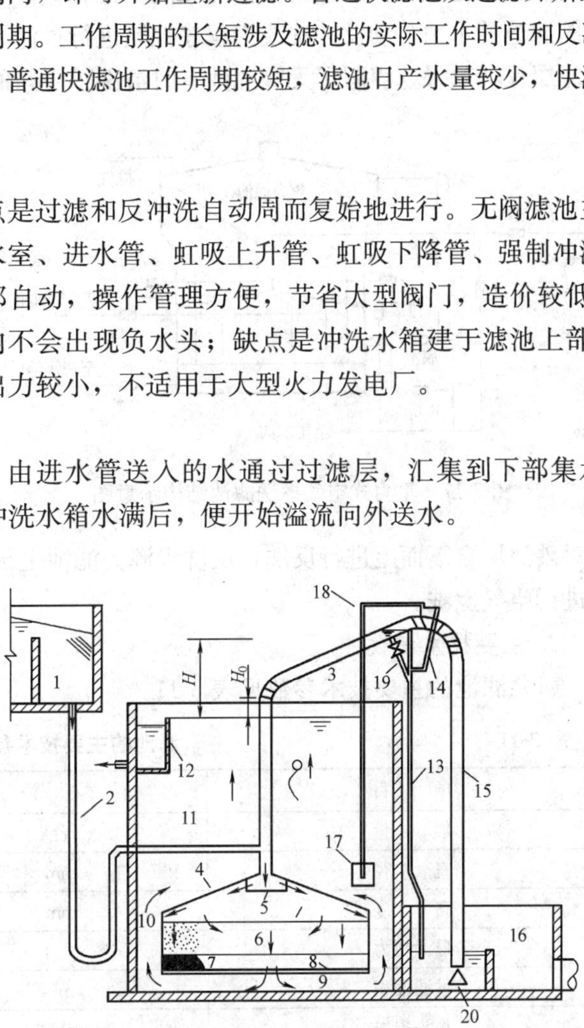

图 3-16 无阀滤池过滤过程

1—进水分配槽；2—进水管；3—虹吸上升管；4—伞形顶盖；5—挡板；6—滤料层；7—承托层；8—配水系统；9—底部配水空间；10—连通渠；11—冲洗水箱；12—出水渠；13、18—虹吸破坏管；14—抽气管；15—虹吸下降管；16—水封井；17—虹吸破坏斗；19—强制冲洗管；20—反洗强度调节挡板

2) 运行注意事项。

① 滤池初次运行应排除滤料层中的空气。

② 滤池刚投入试运行时，应待冲

洗水箱充满水后连续多次进行人工强制反洗，直到滤料清洗干净为止。

③ 在试运行期间，应对反洗耗时、虹吸形成时间、滤池反洗周期、滤池工作周期等运行指标进行测定，并校核到正常状态。

④ 滤池初期反洗时，应将反洗强度调节挡板调整到相当于虹吸下降管管径 1/4 的开度，然后逐渐加大开度到额定反洗强度为止。

⑤ 滤池运行过程中，每隔半年左右应打开人孔门进行检查。

(3) 重力式空气擦洗滤池。

重力式空气擦洗滤池的结构与无阀滤池相似，只是在所有管路上都增设了控制阀门，将无阀滤池的水力自动反冲洗改为程序控制进行过滤、反洗操作，另外增加了空气擦洗，以保证滤层反洗效果，克服了无阀滤池有时清洗不干净的问题。

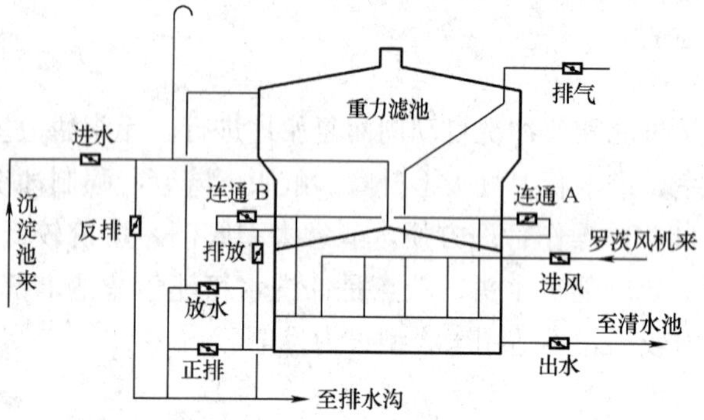

图 3-17 重力式空气擦洗滤池结构示意图

现以某电厂重力式空气擦洗滤池为例（见图 3-17）进行介绍：重力式空气擦洗滤池处理水量总计为 $360m^3/h$，分为 3 个 $120m^3/h$ 的重力式空气擦洗滤池。系统所用水源取混凝沉淀处理完毕的澄清水，通过进水管均匀地进入滤池隔水舱，经过滤区砂层、水帽至多孔板底的集水室，自上而下进行重力过滤。当滤池正常运行一段时间后，滤层阻力增大，出水浊度升高，需对砂滤层自下而上进行反洗，反洗水源为滤池上部水箱内的清水，同时采用罗茨风机对砂层进行空气擦洗。

2. 主要技术参数

(1) 滤池的主要技术参数见表 3-11。

表 3-11　　滤池的主要技术参数

项目		单位	参数（滤池 A、B、C）
数量		台	3
直径		mm	5000/6000
高度		mm	5300
最大出力		m^3/h	120
过滤面积		m^2	19.625
水头损失		mmH_2O	初期 300，最终为 1500～1800
反洗水箱容积		m^3	80
出水水帽	型式	—	长柄水帽
	数量	只	490
	绕丝间隙	mm	0.3±0.03
	材质	—	SS316L
滤料	材质	—	稀土瓷砂
	体积密度	t/m^3	1.98

续表

项目		单位	参数（滤池 A、B、C）
第一层滤料	级配	mm	0.5～1.0
	厚度	mm	500
	用量	m^3	9.81
第二层滤料	级配	mm	2.0～4.0
	厚度	mm	100
	用量	m^3	1.965
第三层滤料	级配	mm	4.0～6.0
	厚度	mm	100
	用量	m^3	1.965

（2）罗茨风机的主要技术参数见表 3-12。

表 3-12　罗茨风机的主要技术参数

项目		单位	参数（罗茨风机 A、B）
型号			JTS-150
流量		m^3/min	20.6
风压		MPa	0.049
功率		kW	30
转速		r/min	1220
配套电动机	型号		Y200L-4
	功率	kW	30
	转速	r/min	1470
	电流	A	56.8
	数量	台	2

（3）滤池充水泵的主要技术参数见表 3-13。

表 3-13　滤池充水泵的主要技术参数

项目		单位	参数
滤池充水泵	型号		ISG50-125A
	流量	m^3/h	15
	扬程	m	10
	功率	kW	1.5
	转速	r/min	2900
配套电动机	型号		Y90S-2
	电流	A	3.4
	转速	r/min	2840
	功率	kW	1.5
	数量	台	3

3. 操作简介

在正常运行时，打开进水、出水阀，由澄清池来的水进入隔舱，通过过滤层砂区，经水帽至多孔板的集水区，由出水口经出水阀汇流入清水池，部分出水经管道泵提升至上水室。当滤池正常运行一段时间后，需对砂滤层进行反洗，反洗用水为重力式滤池上水室的清水，并由罗茨风机对砂层进行空气擦洗。反洗步骤如下：

(1) 水反洗松动。关闭进水、出水阀，打开反洗排水阀及连通阀，水从上部水箱利用重力经连通阀进入多孔板下部的集水区，经水帽、砂层至过滤区，反洗水就从反洗排水管经反洗排水阀排入排水沟，控制水反洗强度为12 L/（s·m^2），反洗时间为2min。

(2) 放水。关闭反洗排水阀及连通阀，打开排水阀，利用重力排水至砂层上面100mm处。

(3) 进气擦洗。关闭排水阀，打开排气阀及进气阀，启动罗茨风机，对滤池进行空气擦洗，控制水反洗强度为15 L/（s·m^2），空气擦洗时间为5min。

(4) 反洗。停用罗茨风机，关闭进气阀，进行水反洗，控制水反洗强度为12 L/（s·m^2），反洗时间为5min。

(5) 运行前冲洗。关闭反洗排水及连通阀，打开进水阀及排水阀，冲洗滤池。

(6) 灌水。关闭排水阀，打开连通阀，向冲洗水箱进水，直至冲洗水箱满水位。

(7) 投运。关闭连通阀，打开出水阀，投入运行。

4. 滤池系统运行监督及控制指标

(1) 每小时记录滤池压差、出水浊度一次。

(2) 每4h人工测定机滤池出口余氯、出水浊度一次，并对滤池系统设备全面巡回检查一次。

(3) 滤池运行压差达到0.015MPa或运行时间达24h，应出系进行反洗。

(4) 滤池控制指标：出水浊度小于2NTU；运行压差不大于0.015MPa；出水余氯控制在0.3～0.5mg/L之间；运行时间不超过24h。

5. 滤池系统异常处理

(1) 滤池出水质量短时间明显恶化。

处理：检查系统阀门所处位置是否正确，滤池过滤室水位是否灌满。如滤层已穿透，则必须人为缩短反洗间隔时间；如滤料乱层，则应调整反洗水强度。如进水水质浊度大，则应调整沉淀池出水水质；如进水流量过大，则应合理调整滤池进水流量。

(2) 滤池短时间压差上升很快。

处理：检查沉淀池出水水质情况，系统阀门所处位置是否正确。如沉淀池出水水质恶化，则应冲洗滤池，待沉淀池出水水质合格后再投运；如滤层已污染，则应及时反洗。

(3) 滤池出力不足。

处理：检查系统阀门所处位置是否正确，滤池进水、出水是否在开足位置。如滤池过滤层污染严重，则应增加反洗次数；如滤池出水水帽堵塞，则应停用检修处理。

(4) 滤池出水或排水带滤料。

处理：如滤池出水水帽的不锈钢绕丝断裂或与出水挡板连接处裂开、变形，则应停用，并进行检修处理；如滤池出水挡板变形，则应停用，并进行检修处理。如滤池反洗强度过大，则应检查和调整滤池挡板开度，调整反洗强度。

（二）过滤器

过滤器是一种钢制的密闭容器，内装填滤料，水经水泵进入过滤器，自上而下通过滤层。该设备由于体积较小，所以进水装置和配水装置均可以设计得较复杂，以达到良好的处理效果，同时可以设计空气擦洗，正、反洗清洗手段，可以实现自动控制，使用较广泛。

1. 单层滤料过滤器

单层滤料过滤器是一种最简单的压力式过滤器，常称为普通过滤器（见图 3-18）。它是一种表层过滤装置，其截污能力和滤料的有效利用率较低。此种过滤器本体内安置的设备有进水装置、配水系统和进压缩空气装置，常用的滤料有石英砂、无烟煤、大理石等。普通过滤器的运行流速为 8～10m/h。当它运行到水流通过滤层的压力降达到规定值时，就会停止过滤运行，开始反洗。此时，将过滤器内的水排放到滤层的上缘为止（可由过滤器上监督管中的流水情况来判断），然后送入控制水反洗强度为 18～25 L/（s·m^2）的压缩空气，吹洗 3～5min 后，在继续供给空气的情况下，向过滤器内送入反洗水，其强度应使滤层膨胀 10%～15%。反洗水送入 2～3min 后，停止送入空气，继续再用水反洗 1～1.5min，此时反洗水的强度应使滤层膨胀率达到 40%～50%。最后，用水正洗直至出水合格，方可正式开始投入运行。

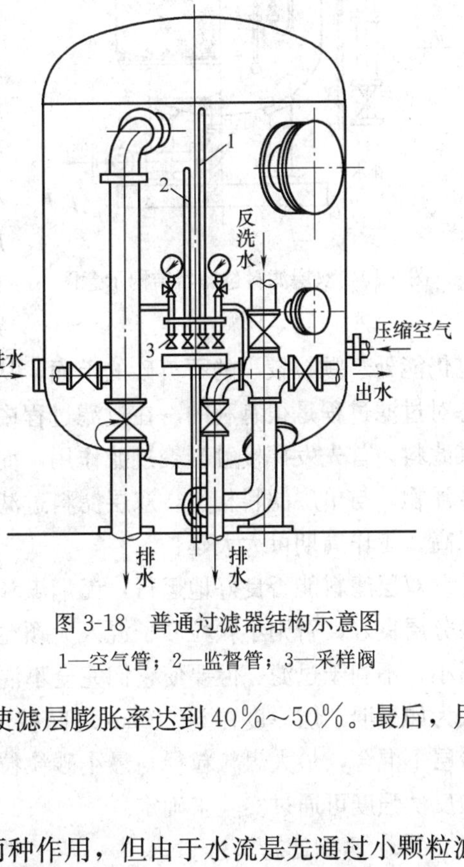

图 3-18 普通过滤器结构示意图

1—空气管；2—监督管；3—采样阀

2. 双流式过滤器

在普通过滤器中虽然有机械筛分和接触凝聚两种作用，但由于水流是先通过小颗粒滤料，后通过大颗粒滤料，因此起主要作用的是表层滤料的截留作用。至于滤料层中颗粒的接触凝聚能力，并不能充分发挥出来。为此，出现了双流式过滤器。在此过滤器中，出水口在中部，原水由容器上下同时进入。双流式过滤器的特征是上层滤料为上小下大分布，与普通过滤器相同，但在下部水先流经大颗粒滤料，随后逐层减小。上部滤料主要起表面吸附及网捕作用，下部滤料主要起接触凝聚作用。双流式过滤器的内部结构和普通过滤器不同的地方是中间设有配水系统。该过滤器滤层较高，在中间配水系统以上的滤层高为 0.6～0.7m，以下为 1.5～1.7m；所用滤料的有效粒径和不匀系数较普通过滤器大。

双流式过滤器刚开始运行时，上部和下部的进水约各占 50%，运行了一段时间后，在上层由于阻力增加快，其通过水量比下层通过的水量要少。其流速按出水量为 12～18m/h。反洗时先用压缩空气吹 5～10min，然后用清水从中间引入，自上部排出，先反洗上部。然后，停止送入压缩空气，由中部和下部同时进水，从上部排出，进行整体反洗，反洗强度控

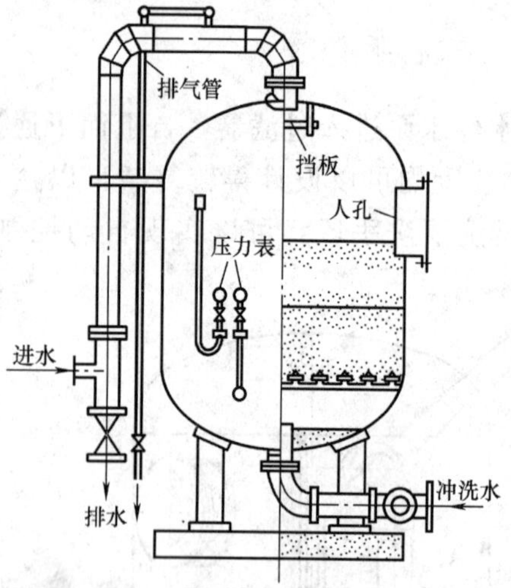

图 3-19 双层滤料过滤器结构示意图

制为 16～18 L/（s・m²），反洗时间为 10～15min。最后，停止反洗，进行运行清洗，直至出水合格。

3. 多层滤料过滤器

多层滤料过滤器分为双层滤料过滤器和三层滤料过滤器两种。以双层滤料过滤器为例来说明，见图 3-19。在普通过滤器中，滤料是上细下粗，而双层滤料过滤器则采用上粗下细的分布方式。此时，过滤器的关键在于滤料的选择，最基本的一点是粒度越小，其相对密度要求越高。通常是上层为相对密度小、粒径大的滤料，下层为相对密度大、粒径小的滤料；一般上层采用的滤料为无烟煤，下层采用的滤料为石英砂。由于无烟煤的相对密度为 1.5～1.8，而石英砂为 2.65 左右，它们有较大的差别，因此即使无烟煤颗粒的粒径较大，在反洗过后也仍能处于颗粒较小的石英砂的上面，从而出现了滤料与孔隙成为上大下小的状态，这种状态对过滤过程是很有利的。在过滤过程中，进水由上部送入，首先遇到的是颗粒较大的无烟煤滤料，首先发挥接触凝聚过滤作用，而下层石英砂滤料再发挥机械过滤作用，除去残存的悬浮物。与单层滤料相比，双层滤料过滤器的截污能力较强，水头损失增加较缓慢，滤速可提高，工作周期可大大延长。

双层滤料能否良好地运行，无烟煤和石英砂粒度的选择是关键问题。必须做到反洗时煤砂分层良好，否则小颗粒砂子混入大颗粒煤粒中，就有可能使滤层中的孔隙比单纯用砂粒的还小，不利于过滤。但要使它们完全不混合是很难做到的，因为这些颗粒是不规则的，一般认为如果混杂层厚度在 5～10cm 之间就可以了。当无烟煤的相对密度为 1.5 时，为了使煤砂层不混合，最大煤粒粒径与最小砂粒粒径之比应不大于 3.2。在实际应用中，滤料的粒度和反洗强度可通过实验来确定。

（三）其他过滤工艺

1. 纤维过滤

粒状介质作为过滤材料（如石英砂、无烟煤等）的过滤装置都存在过滤速度、截污容量、出水水质等不能进一步提高的问题。为提高水的过滤效率，开发了以合成纤维为滤料的过滤器。

纤维束过滤器是在纤维球过滤器基础上发展起来的，它克服了纤维球过滤器出水水质和反洗效果方面的不足，因此近年来应用较多。目前常用丙纶纤维作过滤材料，这是因为丙纶纤维具有抗张强度高（400kg/cm² 左右）、化学稳定性好、吸水率低（0.1%）、比表面积大、水流阻力小等优点，其结构中无活性基团，因此对水中悬浮杂质的吸附属于物理吸附。

纤维束过滤器的出水水质浊度通常可达 1～2NTU，水头损失小，最大水头损失不超过 2m，运行滤速可达 30m/h 以上，截污容量为普通砂滤器的 3～5 倍，对水中胶体、大分子有机物、细菌等微小杂质也有显著的去除作用。

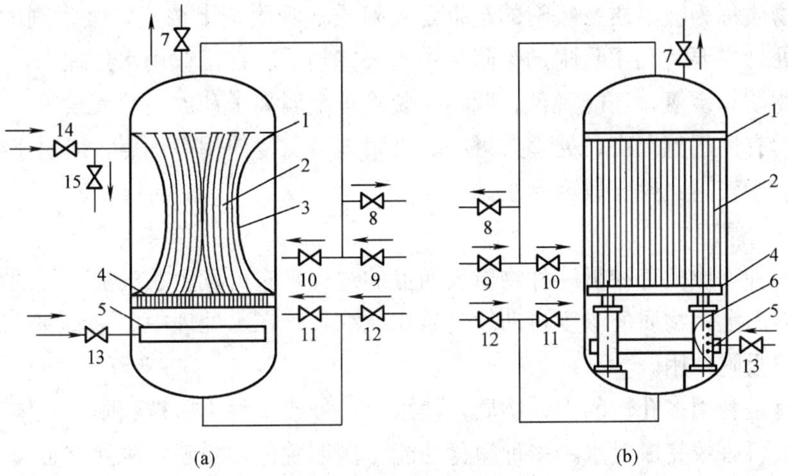

图 3-20 纤维束过滤器结构示意图

(a) 胶囊挤压式；(b) 浮动式

1—上孔板；2—纤维束；3—胶囊；4—活动孔板；5—配气管；6—控制器；7—排空气门；8—出水门；9—清洗水入口门；10—上向洗排水门；11—下向洗排水门；12—进水门；13—压缩空气进口门；14—胶囊充水进口门；15—胶囊排水门

纤维束过滤器的结构见图 3-20。

2. 精密过滤

精密过滤是指利用过滤材料上的微孔截留残留在水中的微细颗粒杂质，通常能将水中的颗粒状物质去除到微米级。

微孔介质过滤器一般将过滤材料做成管状，每一个过滤管为一个过滤单元，称其为滤元或滤芯。滤元通常有蜡烛式和悬挂式两种放置方式。过滤时，水从滤元的外侧，通过滤元上的微孔进入滤元中的空管内，汇集后引出过滤器体外。在生产实践中，经常采用更换滤元的方式来恢复过滤器的正常运行。

目前微孔介质过滤器中使用的滤元种类很多，常用的有滤布滤元、烧结滤元和绕线滤元等。一般过滤精度有 5、10、20，其表示滤元能相应滤去粒径为 5、10、20μm 以上的颗粒物。

微孔介质过滤器的结构见图 3-21。

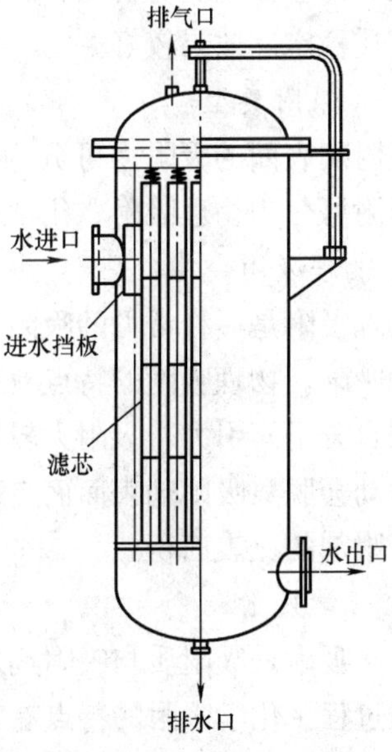

图 3-21 微孔介质过滤器结构示意图

第三节 水的吸附处理

固体表面的分子或原子因受力不均匀而具有剩余的表面能，当某些物质碰撞固体表面时，受到这些不平衡力的吸引而停留在固体表面上，这就是吸附，这种固体就是吸附剂，被固体吸附的物质称为吸附质。吸附的结果是吸附质在吸附剂上浓集，吸附剂的表面能降低。而水的吸附处理主要是利用吸附剂吸附水中的某些物质。在工业用水处理中，主要用来吸附水中的有机物质和余氯，还能脱色、脱嗅、脱除重金属离子和放射性元素等。利用吸附法进行水处理，具有适用范围广、处理效果好、吸附剂可重复使用等优点，但对于进水预处理要求高，运转费用较高，操作较为麻烦。

一、吸附的原理

吸附是一种物质附着在另一种物质表面上的过程，它可发生在气液、气固、气液固两相之间。在相界面上，物质的浓度自动发生累积或浓集。在水处理中，主要利用固体物质表面对水中物质的吸附作用。

吸附法就是利用多孔性的固体物质，使水中一种或多种物质被吸附在固体表面而去除的方法。吸附法可有效完成对水的多种净化功能，例如脱色，脱嗅，脱除重金属离子和放射性元素，以及多种难于用一般方法处理的剧毒或难生物降解的有机物等。

具有吸附能力的多孔性固体物质称为吸附剂，例如活性炭、活化煤、焦炭、煤渣、吸附树脂、木屑等，其中以活性炭的使用最为普遍；废水中被吸附的物质则称为吸附质；包容吸附剂和吸附质，并以分散形式存在的介质被称为分散相。

吸附处理可作为离子交换、膜分离技术处理系统的预处理单元，用以分离去除对后续处理单元有毒害作用的有机物、胶体和离子型物质。吸附过程可有效捕集浓度很低的物质，且出水水质稳定、效果较好。

（一）吸附类型

吸附剂表面的吸附力可分为三种，即分子间引力（范德华力）、化学键力和静电引力，因此吸附可分为物理吸附、化学吸附和离子交换吸附三种类型。

1. 物理吸附

物理吸附是一种常见的吸附现象。吸附质与吸附剂之间的分子间引力产生的吸附过程称为物理吸附。物理吸附的特点有：①反应是放热反应；②没有特定的选择性；③物理吸附的动力来自分子间引力，吸附力较小，因而在较低温度下也可进行；④被吸附的物质由于分子的热运动会脱离吸附剂表面而自由转移，该现象称为脱附或解吸；⑤影响物理吸附的主要因素是吸附剂的比表面积。

2. 化学吸附

化学吸附是吸附质与吸附剂之间由于化学键力发生了作用，从而使得化学性质改变引起的吸附过程。化学吸附的特点有：①吸附热大，相当于化学反应热；②有选择性，一种吸附剂只能对一种或几种吸附质发生吸附作用，且只能形成单分子层吸附；③化学吸附比较稳定，当吸附的化学键力较大时，吸附反应为不可逆；④吸附剂表面的化学性能、吸附质的化学性能及温度条件等，对化学吸附有较大影响。

3. 离子交换吸附

离子交换吸附是指吸附质的离子由于静电引力聚集到吸附剂表面的带电点上，同时吸附剂表面原先固定在这些带电点上的其他离子被置换出来，相当于吸附剂表面放出一个等当量离子。离子所带电荷越多，吸附越强。电荷相同的离子，其水化半径越小，越易被吸附。

水处理中大多数的吸附现象往往是上述三种吸附作用的综合结果，即几种造成吸附作用的力常常相互起作用。只是由于吸附质、吸附剂以及吸附温度等具体吸附条件的不同，使得某种吸附占主要地位而已。例如同一吸附体系在中高温条件下可能主要发生化学吸附，而在低温条件下可能主要发生物理吸附。活性炭吸附水中的有机物主要是物理吸附，活性炭去除水中的余氯还伴有化学吸附产生。

（二）吸附容量

如果是可逆的吸附过程，则当水与吸附剂充分接触后，在溶液中的吸附质被吸附剂吸附，另外，由于热运动的结果，使一部分已被吸附的吸附质脱离吸附剂的表面，又回到液相中去。这种吸附质被吸附剂吸附的过程称为吸附过程；已被吸附的吸附质脱离吸附剂的表面，又回到液相中去的过程称为解吸过程。当吸附速度和解吸速度相等，即单位时间里吸附的数量等于解吸的数量时，则吸附质在溶液中的浓度和吸附剂表面上的浓度都不再改变，从而达到动态的吸附平衡。此时吸附质在溶液中的浓度称为平衡浓度。

吸附剂吸附能力的大小用吸附容量 q_e（g/g）表示。吸附容量是指单位质量的吸附剂（g）所吸附的吸附质质量（g），公式为

$$q_e = \frac{V(C_0 - C_e)}{W}$$

式中 q_e——吸附剂的平衡吸附容量，g/g；

V——溶液体积，L；

C_0——溶液的初始吸附质浓度，g/L；

C_e——吸附平衡时的吸附质浓度，g/L；

W——吸附剂投加量，g。

在温度一定的条件下，吸附容量随吸附质平衡浓度的提高而增加，把吸附容量随平衡浓度而变化的曲线称为吸附等温线。吸附容量是选择吸附剂和吸附设备的重要数据。这些指标虽然表示吸附剂对该吸附质的吸附能力，但这些指标与水中吸附质的吸附能力不一定相符，因此还应通过试验确定吸附容量，进行设备的设计。

（三）吸附速度

吸附剂对吸附质的吸附效果一般用吸附容量和吸附速度来衡量。所谓吸附速度，是指单位质量的吸附剂在单位时间内所吸附的物质量。吸附速度属于吸附动力学范畴，对于吸附处理工艺具有实际意义。吸附速度决定了水和吸附剂的接触时间，吸附速度取决于吸附剂对吸附质的吸附过程。水中多孔的吸附剂对吸附质的吸附过程一般分为三个阶段（见图 3-22）：第一阶段为颗粒外部扩散阶段（又称膜扩散）。吸附质首先通过吸附剂颗粒周围存在的液膜，到达吸附剂的外表面。第二阶段为颗粒内部扩散阶段。吸附质由吸附剂外表面向细孔深处扩散。第三阶段为吸附反应阶段。吸附质被吸附在细孔内表面上。由于第三阶段吸附反应速度很快，因此吸附速度主要由液膜扩散速度和颗粒内部扩散速度来控制。由实验得知，颗粒外部扩散速度与溶液浓度、吸附剂的外表面积成正比，溶液浓度越

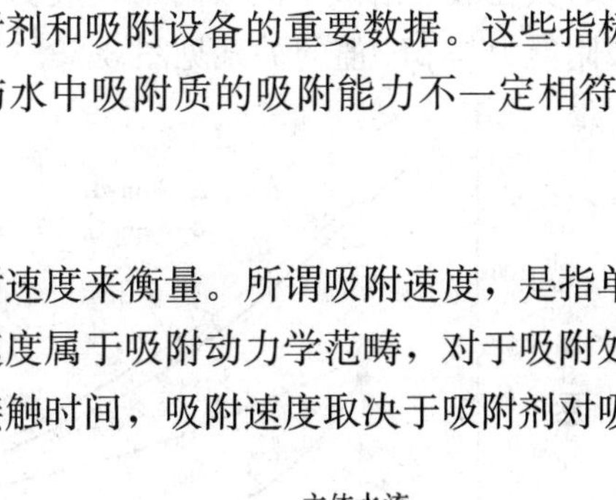

图 3-22 活性炭吸附的扩散过程

高，颗粒直径越小，搅动程度越大，吸附速度越快，扩散速度就越大。颗粒内部扩散速度与吸附剂细孔的大小、构造，吸附剂颗粒大小、构造等因素有关。

（四）吸附过程的影响因素

一般影响吸附的因素主要有吸附剂的性质、吸附质的性质和吸附过程的操作条件等。

1. 吸附剂的性质

吸附剂的性质主要有比表面积、种类、极性、颗粒大小、细孔的构造和分布情况及表面化学性质等。吸附是一种表面现象，比表面积越大，颗粒越小，吸附容量就越大，吸附能力越强。吸附剂表面化学结构和表面电荷性质对吸附过程也有较大影响。通常极性分子（或离子）型的吸附剂易吸附极性分子（或离子）型的吸附质；反之亦然。

2. 吸附质的性质

吸附质的性质主要有溶解度、表面自由能、极性、吸附质分子大小和不饱和度、吸附质的浓度等。吸附质的溶解性能对平衡吸附有重大影响，溶解度越小的吸附质越容易被吸附，也就越不容易被解吸。对于有机物在活性炭上的吸附，随同系物含碳原子数的增加，有机物疏水性增强，溶解度减小，因而活性炭对其的吸附容量越大。吸附质分子体积越大，其扩散系数越大，吸附效率就越大。吸附过程由颗粒内部扩散控制时，受吸附质分子大小的影响较为明显。一定浓度范围内的吸附质浓度增加，吸附量也随之增大。

3. 吸附过程的操作条件

吸附过程的操作条件主要包括水的 pH 值、共存物质、温度、接触时间等。

(1) pH 值。pH 值会影响吸附质在水中的离解度、溶解度及其存在状态，同样会影响吸附剂表面的荷电性和其他化学特性，从而影响吸附效果。如用活性炭去除水中的有机物时，其在酸性溶液中的吸附量一般要大于在碱性溶液中的吸附量。活性炭对腐殖质类物质的吸附能力与 pH 值的关系见图 3-23。

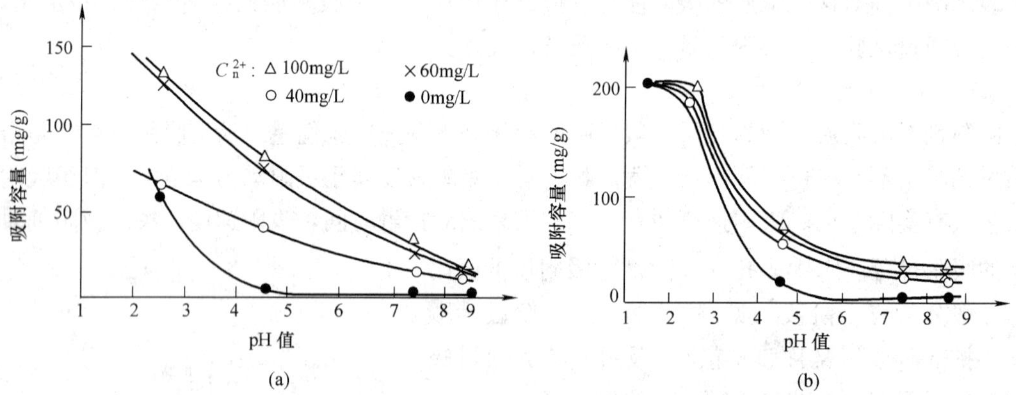

图 3-23　活性炭对腐殖质类物质的吸附能力与 pH 值的关系

(a) 腐殖酸；(b) 富里酸

(2) 共存物质。物理吸附过程中，吸附剂可对多种吸附质产生吸附作用，所以多种吸附质共存时，吸附剂对其中任一种吸附质的吸附能力都要低于组分浓度相同，但只含有该吸附质时的吸附能力，即每种溶质都会以某种方式与其他溶质竞争吸附活性中心点。另外水中有油类或悬浮物质存在时，油类物质会在吸附剂表面形成油膜，对膜扩散产生影响；悬浮物质会堵塞吸附孔隙，对孔隙扩散产生干扰和阻碍作用，故应采取预处理措施。

(3) 温度。吸附过程一般是放热过程，所以低温有利于吸附，特别是以物理吸附为主的场合。吸附过程的热效应较低，在通常情况下温度变化不明显，因而温度对吸附过程的影响不大。而在活性炭再生时，就需要通过大幅度加温促使吸附质解吸。

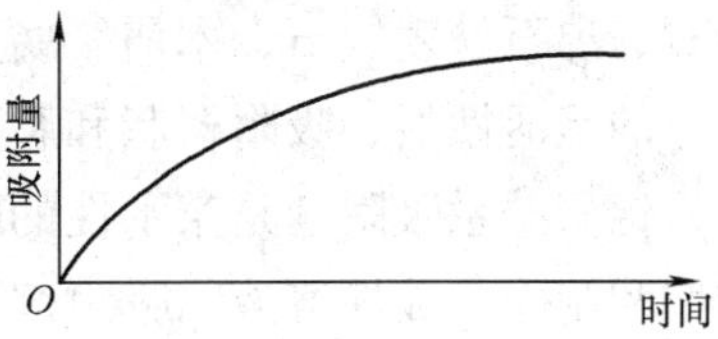

图 3-24 吸附剂和吸附质接触时间与吸附量的关系

(4) 接触时间。只有足够的时间使吸附剂和吸附质接触，才能达到吸附平衡，吸附剂的吸附能力才能得到充分利用。达到吸附平衡所需要的时间长短取决于吸附操作，吸附速度越快，达到平衡所需的接触时间就越短。吸附剂和吸附质接触时间与吸附量的关系见图 3-24。

二、吸附剂

(一) 吸附剂的表面特性

吸附剂一般指固体吸附剂，包括活性炭、硅藻土、沸石、离子交换树脂等。通常固体表面都有吸附作用，由于吸附可看成是一种表面现象，所以与吸附剂的表面特性有密切的关系。采用吸附的方法进行水处理，实质上是利用吸附剂的吸附特性实现对污染物的分离。吸附剂性能的好坏，以及选用的吸附剂是否适用于处理对象，对于吸附效率影响较大。

1. 比表面积

单位质量的吸附剂所具有的表面积称为比表面积（m^2/g），它随着物质孔隙的多少而变化。比表面积越大，吸附能力越强，一般比表面积随物质多孔性的增大而增大。由于孔性活性炭的比表面积可达 $1000mm^2/g$ 以上，因此活性炭在水处理中是一种良好的吸附剂。

2. 表面能

液体或固体物质内部的分子受它周围分子的引力在各个方向都是均衡的，一般内层分子之间的引力大于外层分子的引力，故一种物质的表面分子比内部分子具有多余的能量，称为表面能。固体表面由于具有表面能，因此可以引起表面吸附作用。

3. 表面化学性质

在固体表面上的吸附除与其比表面积有关外，还与固体所具有的晶体结构中的化学键有关。固体对溶液中电解质离子的选择性吸附就与这种特性有关。固体比表面积的大小只提供了被吸附物与吸附剂之间的接触机会，表面能从能量的角度研究吸附表面过程自动发生的原因，而吸附剂表面的化学状态在各种特性吸附中起着重要的作用。

(二) 吸附剂的要求及种类

吸附剂除了其表面特性外，还需要满足以下技术经济性能的要求：

(1) 吸附选择性好；

(2) 吸附容量大；

(3) 吸附平衡浓度低；

(4) 机械强度高；

(5) 化学性质稳定；

(6) 容易再生和再利用；

(7) 制作原料来源广泛，价格低廉。

可用于水处理的吸附剂种类很多，包括活性炭、磺化煤、焦炭、炉灰、炉渣、硅藻土、白石、沸石、麦饭石、木屑、腐殖酸、氧化硅、活性氧化铝、树脂吸附剂等。其中应用较为广泛的是活性炭、吸附树脂和腐殖酸类吸附剂。

铝—硅系吸附剂是亲水性的吸附剂，对极性物质有选择性地吸附，因此作为吸潮剂、脱水剂和制作非极性溶液的吸附剂。活性炭是疏水性的吸附剂，对水溶液中的有机物具有较强的吸附作用，因此作为工业水处理和工业废水处理用的吸附剂。

三、吸附处理的工艺和设备

（一）吸附的操作方式

在水处理中，根据水的形态，可以将吸附操作分为静态吸附和动态吸附两种。

1. 静态吸附

静态吸附又称为静态间歇式吸附，是指在水不流动的条件下进行的吸附操作。其操作的工艺过程是，把一定数量的吸附剂投加入待处理的水中，不断进行搅拌，经过一定时间达到吸附平衡时，以静置沉淀或过滤方法实现固液分离。若一次吸附的出水不符合要求时，可增加吸附剂用量，延长吸附时间或进行二次吸附，直到符合要求。静态吸附常用于小水量处理或试验研究。

2. 动态吸附

动态吸附又称为动态连续式吸附，即在水流动条件下进行的吸附操作。其操作的工艺过程是，水不断地流过装填有吸附剂的吸附床（柱、罐、塔），水中的污染物和吸附剂接触并被吸附，在流出吸附床之前，污染物浓度降至处理要求值以下，直接获得净化出水。实际中的吸附处理系统一般采用动态吸附工艺。

（二）固定床吸附塔

固定床是指在操作过程中吸附剂固定填放在吸附设备中，是水处理吸附工艺中最常用的一种方式。

1. 结构原理

固定床吸附的工艺过程是，当污水连续流经吸附床（吸附塔或吸附池）时，待去除的污染物（吸附质）不断地被吸附剂吸附，吸附剂的数量足够多时，出水中的污染物浓度可降低到零。在实际运行过程中，随吸附过程的进行，吸附床上部饱和层厚度不断增加，下部新鲜吸附层则不断减少，出水中污染物浓度会逐渐增加，当其浓度达到出水要求的限定值时，必须停止进水，转入吸附剂的再生程序。吸附和再生可在同一设备内交替进行，也可将失效的吸附剂卸出，送到再生设备进行再生。在这项工艺中，由于再生时还有部分吸附剂未达到饱和，因此吸附剂的利用不充分。

（1）根据水流方向不同，固定床可分为升流式和降流式两种形式。

1）降流式固定床吸附塔的构造如图 3-25 所示。降流式固定床吸附塔的出水水质较好，但经过吸附层的水头损失较大，特别是处理含悬浮物较高的废水时，悬浮物易堵塞吸附层，所以要定期进行反冲洗，有时需要在吸附层上部设反冲洗设备。

2）在升流式固定床吸附塔中，水头损失增大，可适当提高水流流速，使填充层稍有膨胀（上下层不能互相混合）就可以达到自清的目的。这种方式因为层内水头损失增加较慢，所以运行时间较长，但对废水入口处（底层）吸附层的冲洗不如降流式。若流量变动或操作一时失误，就会使吸附剂流失。

(2) 根据处理水量、原水的水质和处理要求不同，固定床又可分为单床式、多床串联式和多床并联式三种。

2. 运行操作

现以某电厂化学锅炉补给水系统为例介绍其运行操作特点。

总处理水量为 $270m^3/h$，分为三台固定式活性炭吸附床（简称炭床），单套出力为 $90\ m^3/h$。主要技术规范如下：直径为 3000mm，塔体高度为 5800mm，活性炭层高度为 2600mm，活性炭牌号为 GH-16，活性炭颗粒直径为 0.5～1mm，石英砂填料总高度为 900mm，布水装置为母管支管式，排水装置为 12 层叠层法兰，布气装置为母管支管式，防腐材料为衬胶。其运行控制指标为：出口浊度≤2NTU，出口 COD≤2.0mg/L，出口余氯≤0.1mg/L，进出口压差≤0.07MPa。

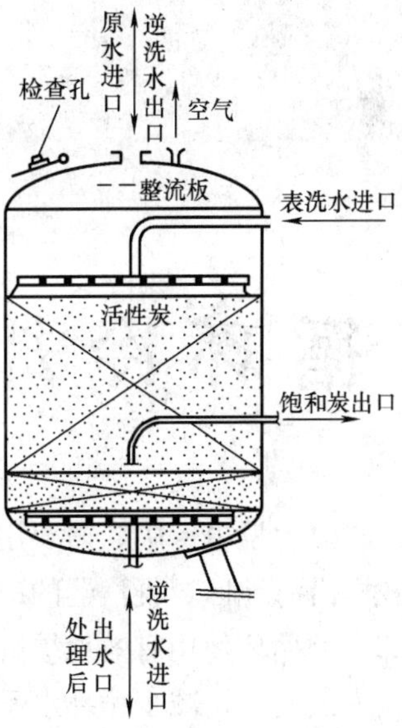

图 3-25 降流式固定床吸附塔构造图

运行操作方式为：投前正洗—运行—指标失效出系反洗—正洗—备用。

(1) 投前正洗：启动水泵，开启炭床进水、炭床正排，调节控制正洗流量为 $80m^3/h$ 左右，开出炭床进出口取样阀，正洗 5min 后，取样测定浊度合格后，开启炭床出水，关闭炭床正排，将炭床投入运行。

(2) 运行：运行过程中每小时抄录炭床进口流量、进出口压差和出口浊度。当发现炭床进出口压差超标时，要将炭床出系进行反洗操作。

(3) 反洗：启动水泵，开启炭床反排，手动开启并调节炭床反进，控制反洗流量为 40～$80m^3/h$。同时现场监视反洗情况，不能有活性炭从反排处漏出，反洗时间为 10～30min。取样观察反洗出水清澈，测定浊度小于 10NTU，如达不到要求，应适当延长反洗时间，直至合格。反洗结束后，逐渐关闭炭床反进，使活性炭床层能均匀、平稳地沉降，达到床面平整。炭床反进全关后，停用水泵，关闭炭床反排，静止 5min。

(4) 正洗：启动水泵，开启炭床正排，炭床进水，调节正洗流量为 $80m^3/h$ 左右，正洗时间为 5min，测定炭床出水浊度小于 5NTU。

(5) 备用：停用水泵，关闭炭床正排，炭床进水，列入备用。

第四章

循环冷却水处理

在热力发电厂中，需要用到大量的水作为冷却介质，其中最主要的是汽轮机的凝汽器。在我国沿海地区，凝汽器的冷却以海水直接冷却为主。在地表水资源日益紧张的内陆地区，冷却水的循环使用有效地缓解了水资源短缺的矛盾。随着节水要求的进一步提高和循环水处理技术的发展，减少循环水系统排污水量和补充水量，提高浓缩倍数，实现“趋零”排污或少排污，减轻对周边环境的水体污染，其所取得的经济效益和社会效益日益巨大。

在不断提高循环水浓缩倍率的同时，对循环冷却水水质的要求也更高了。冷却水水质不良，容易引起循环冷却水系统内生成附着物，使部分设备发生污堵、结垢和腐蚀。这些附着物的组成较为复杂，通常把这些附着物统称为污垢，它可分为水垢和黏泥两类。

水垢是以盐类化合物为主要组成的沉积物，它通常是致密和坚硬的，牢固附着在设备的水通道中，特别是在受热面上。其主要组成是一些难溶的化合物，如碳酸钙、硫酸钙、磷酸镁和硅酸镁等。

黏泥是指微生物及其分泌的黏液与其他有机和无机的杂质混合在一起的黏浊物质。它们比较疏松，呈多孔的凝胶状沉积物，多由泥沙、各种腐蚀产物、微生物或其分泌的黏液、生物的代谢产物及其腐烂物等组成。

第一节　冷却水方式

冷却水系统通常有两种，即直流冷却水系统和循环冷却水系统。

一、直流冷却水系统

直流冷却水系统是冷却水直接自水源引入，经过凝汽器冷却排汽后再排入水源。它需要电厂附近有流量相当大的河流、湖泊、水库或海洋作为水源，如图 4-1 所示。

二、循环冷却水系统

在循环冷却水系统中，循环水在热交换器中吸收工艺介质释放的热量后进入冷却设备，将热量传给冷却介质——空气或水。循环水被冷却后，由循环水泵再送入热交换器中重复使用。

循环冷却水系统一般可分为密闭式循环冷却水系统和敞开式循环冷却水系统两种。

（一）密闭式循环冷却水系统

如图 4-2 所示，在密闭式循环冷却水系统中，循环水在冷却设备中不与冷却介质直接接触，只发生热量的传递，系统水量损失较小，因此它适用于对循环冷却水水质要求比较高的系统。

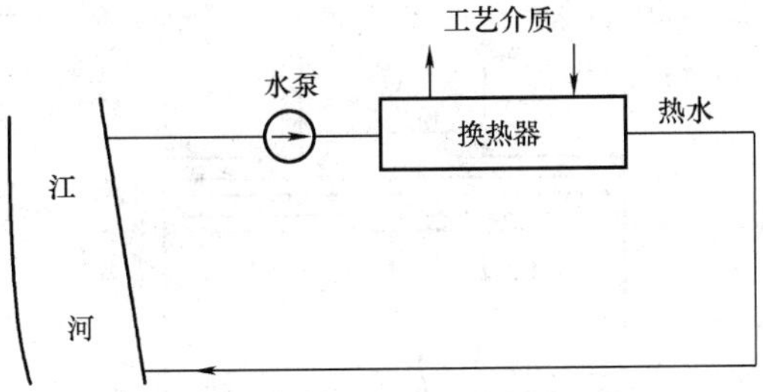

图 4-1 直流冷却水系统

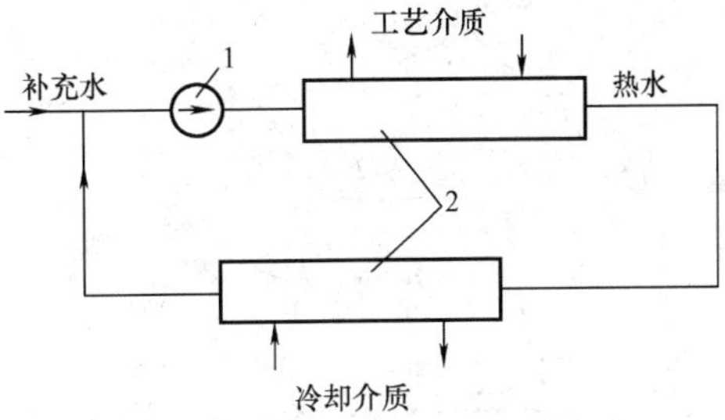

图 4-2 密闭式循环冷却水系统

1—循环水泵；2—热交换器

（二）敞开式循环冷却水系统

如图 4-3 所示，在敞开式循环冷却水系统中，循环水在冷却设备中与冷却介质（通常是空气）直接接触，并将热量发散到空气中去。大容量热力发电厂采用循环供水系统时，普遍以冷却塔作为冷却设备。在冷却塔中，一方面循环水与空气对流接触，吸收空气中的尘埃而使水质下降；另一方面循环水不断蒸发、浓缩，会使水质持续恶化，系统水量损失较大。因此它适用于对循环冷却水水质要求一般的系统。在本章中，将重点以敞开式循环冷却水系统为例进行介绍。

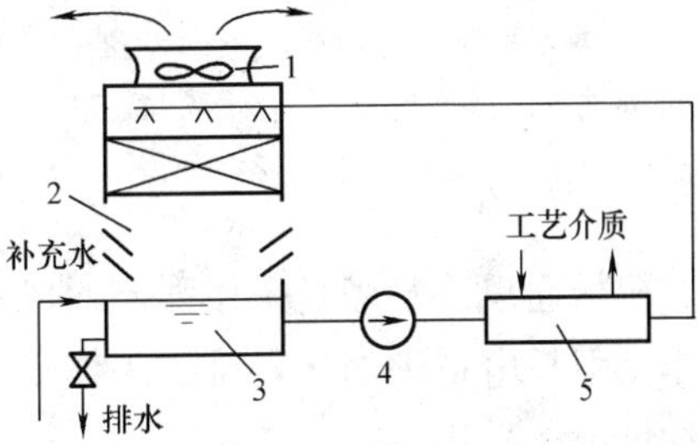

图 4-3 敞开式循环冷却水系统

1—风机；2—冷却塔；3—集水池；

4—循环水泵；5—凝汽器

（三）冷却塔

冷却塔作为循环冷却水系统中的冷却设备被广泛应用。

冷却塔主要由塔体、配水系统、淋水填料、收水器、集水池和通风及空气分配装置几大部分组成，另外为使冷却塔正常运行，还应另设排水管、补水管及溢流水管等。

1. 冷却塔的工作原理

冷却水进入凝汽器吸热后，沿管道送至冷却塔内配水槽中，水沿配水槽由塔中心流向四周，再由配水槽下边的滴水孔滴落到溅水碟上溅成细小的水滴，落入淋水填料散热后流入集水池，池中的冷却水再由循环水泵送入凝汽器中重复下一个循环。水流在飞溅下落时，与逆向流动的冷空气接触，散发热量，吸热后的空气由顶部排入大气。

在冷却塔中，水通过对流散热、蒸发散热和辐射散热将热量传递给空气。由于冷却水的温度不高，因此辐射散热量不大，可以忽略不计。由此可知，在冷却塔内的散热主要是对流散热和蒸发散热两种，前者属于传热过程，后者属于传质过程。这两者中，在不同的冷却塔内各占的比例不同，而且还与大气温度、湿度有关。水在冷却塔中主要是蒸发散热，其次是对流散热。

2. 冷却塔的分类

根据通风方式的不同，冷却塔一般分为自然通风冷却塔（见图 4-4）和机械通风冷却塔（见图 4-5），机械通风冷却塔又分为鼓风式和引风式两种。

在自然通风冷却塔中，冷空气依靠塔身所形成的自拔力由塔的下部吸入，并与水接触吸收热量，为了减小空气上升的阻力，通常将风筒设计成双曲线型，直径也较大。在大型热力发电厂中被广泛应用。

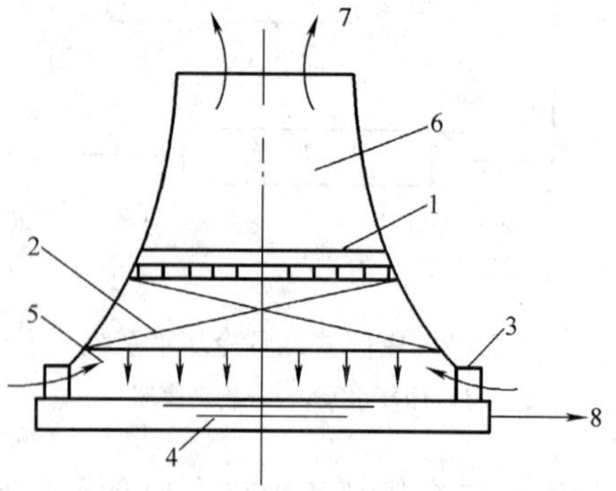

图 4-4 自然通风冷却塔

1—配水系统；2—填料；3—百叶窗；4—集水池；5—空气分配区；6—风筒；7—热空气和水蒸气；8—冷水

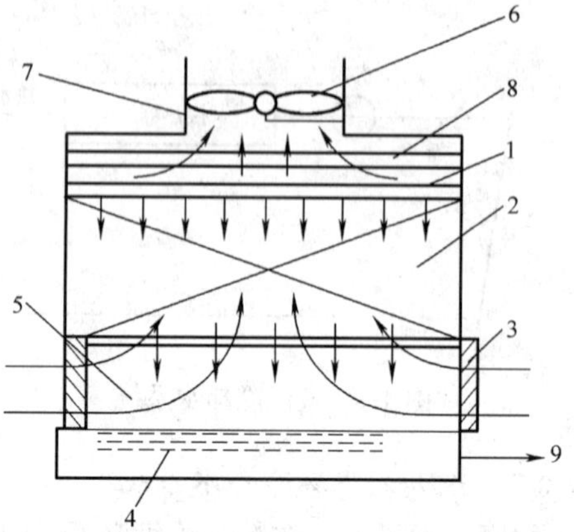

图 4-5 机械通风冷却塔

1—配水系统；2—填料；3—百叶窗；4—集水池；5—空气分配区；6—风机；7—风筒；8—热空气和水蒸气；9—冷水

机械通风冷却塔是采用强制通风的方式来进行冷却，冷却效果好，塔的体积和占地面积较小，但耗电量大、运行维护工作复杂，常应用在大气温度高、湿度大的地区或在场地受限制的情况下采用。

第二节 水 量 平 衡

一、循环冷却水系统及水量平衡

在敞开式循环冷却水系统（见图 4-6）中，其流程如下：循环冷却水经过循环水泵打至凝汽器，在凝汽器中，冷却水冷却汽轮机乏汽，然后回到双曲线冷却塔，使冷却水的热量散发至大气中，然后再由循环水泵打至凝汽器。补充水为补充冷却水系统因蒸发、风吹、泄漏、排污而损失的水，补充水补至冷却塔中。

循环水系统中补充水量是按照各种损失之和来确定的。各种损失如图 4-7 所示，在正常条件下，循环水系统中的水量保持恒定，可作如下衡算，即

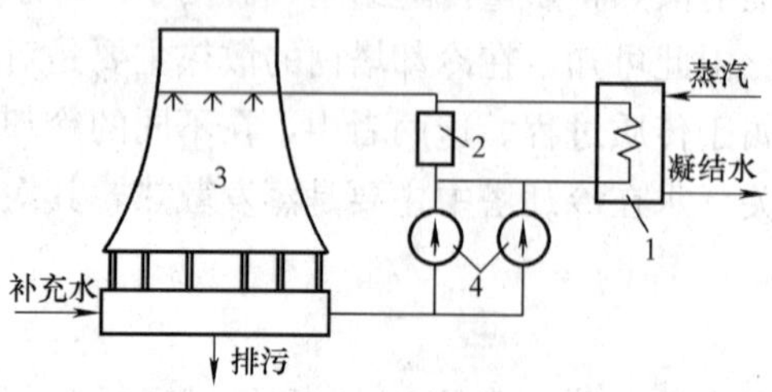

图 4-6 敞开式循环冷却水系统图

1—凝汽器；2—旁流过滤器；3—冷却塔；4—循环水泵

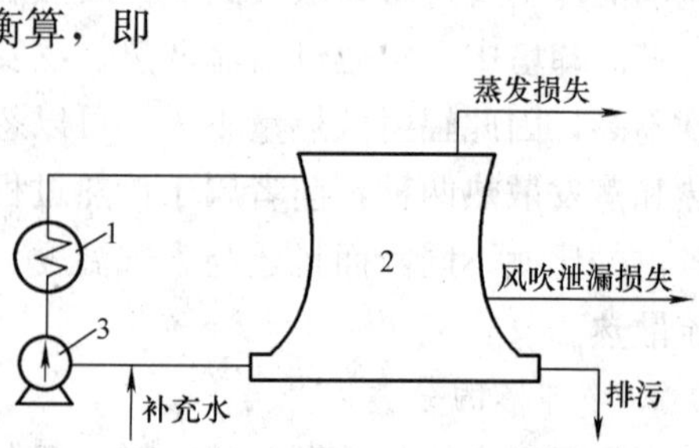

图 4-7 循环水的损失

1—凝汽器；2—冷却塔；3—循环水泵

$$P_B = P_Z + P_F + P_P$$

$$P_B = \frac{补充水量}{循环水量} \times 100\%$$

式中 P_B——补充水量占循环冷却水量的百分率，%；

P_Z——蒸发水量占循环冷却水量的百分率，%；

P_F——风吹与泄漏水量占循环冷却水量的百分率，%；

P_P——排污水量占循环冷却水量的百分率，%。

二、蒸发水量的估算

在循环水系统中，由于冷却塔中水的蒸发而散发出的热量，因大气温度的不同而有很大的差别。在冬季，这部分热量占全部散发热量的50%～60%，在夏季为85%～100%。因此，蒸发热量根据热量平衡关系可按下式估算，即

$$P_Z = (0.1 + 0.002T)(t_1 - t_2)$$

式中 T——冷却塔周围的空气温度，℃；

t_1——冷却塔进口水温，℃；

t_2——冷却塔出口水温，℃。

三、风吹与泄漏水量的估算

风吹与泄漏水量可按表4-1进行估算取值。

表4-1　风吹与泄漏水量估算值

冷却设备的类型	损失（%）	冷却设备的类型	损失（%）
小型喷水池（不超过400m³）	1.5～3.5	开放式冷却塔	1.0～2.0
中型及大型喷水池	1～2.5	机力通风冷却塔	0.25～0.5
小型滴水盘式冷却塔	0.5～1.0	薄膜式冷却塔	0.25～0.5
中型及大型滴水盘式冷却塔	0.5		

第三节　循环冷却水的防垢处理

一、循环冷却水的浓缩

（一）循环冷却水的浓缩

敞开式循环冷却水向大气散发热量时会发生蒸发现象，在此过程中，被蒸发掉的这部分水是纯水，盐分却留在水中。为保证足够的循环水量，要对被蒸发的水进行补充，其补充水又是含盐分的水，因而产生浓缩现象。

在敞开式循环冷却水系统中，循环水的蒸发现象与锅炉水相似，只是循环水的浓缩过程没有锅炉水那样急剧。

影响浓缩过程的因素除了蒸发量以外，还有因风吹、泄漏、排污损失的水量。这些损失的水是循环水，水中各种杂质都会随着流失，所以它们是阻止盐类浓缩的因素。

循环冷却水中盐类的增量等于补充水带进的盐量与风吹、泄漏、排污带走的盐量之差。

（二）浓缩倍率

循环冷却水的含盐浓度与补充水的含盐浓度之比称为循环水的浓缩倍率。此含盐浓度以

含盐量表示，通常以不易沉淀的 Cl^-（或 SiO_2）浓度估算浓缩倍率。

浓缩倍率 φ 用下式表示，即

$$\varphi=\frac{[Cl]_X}{[Cl]_B}$$

式中 $[Cl]_X$、$[Cl]_B$——循环水和补充水中 Cl^- 的浓度，mg/L。

在循环水系统开始投运阶段，此浓缩倍率是随着运行期的延长而增大的，当因风吹、泄漏、排污而带走的盐量与补充水带进的盐量相等时，浓缩倍率将达到一个最大值，以后此浓缩倍率便保持恒定，除非工况有变动。通常所说的浓缩倍率，就是指这个恒定值。它与各种水量之间的关系可按下式表示为

$$P_B[Cl]_B=(P_F+P_P)[Cl]_X$$

$$\varphi=\frac{P_B}{P_F+P_P}=\frac{P_Z+P_F+P_P}{P_B-P_Z}$$

敞开式循环冷却水系统中浓缩倍率与补充水量和排污水量的关系见图 4-8。

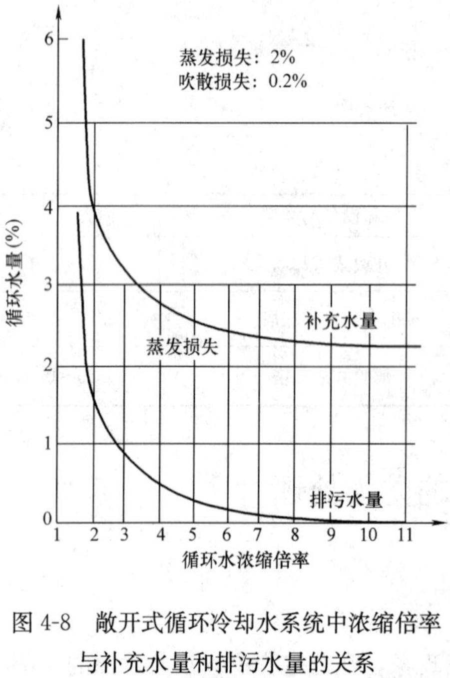

图 4-8 敞开式循环冷却水系统中浓缩倍率与补充水量和排污水量的关系

二、循环冷却水系统的结垢

为了节约水资源，热力发电厂的循环冷却用水向着高浓缩倍率技术方向发展，这使得循环水水质具有高硬度、高碱度和高 pH 值的特点，因此在电厂的凝汽器冷却系统中形成的水垢，通常只有碳酸盐垢类，这是因为在其运行条件下，常常只发生 $Ca(HCO_3)_2$ 受热分解而生成难溶的 $CaCO_3$ 的现象。$Ca(HCO_3)_2$ 分解反应为

$$Ca(HCO_3)_2 \longleftrightarrow CaCO_3\downarrow + CO_2 + H_2\dot{O}$$

在开放式冷却水系统中，生成这类水垢的可能性不大，但也有由于水中碳酸根含量较大，存在有过剩碱度而结垢的。在循环式冷却系统中，由于冷却水循环使用，有不断蒸发和浓缩的过程，因此容易生成碳酸盐水垢。在凝汽器换热管内壁和冷却塔的配水系统中更容易导致结垢。由于水垢的传热性很差，它的形成将使凝汽器热交换性能变差，引起管道的垢下腐蚀，严重影响系统的出力和运行的经济性。水垢一旦形成将不易在运行中去除，只能在机组停运时利用机械去除或化学清洗去除，需要花费很大的人力、物力，因此要在运行过程中防止这些碳酸盐垢类的产生。

在循环水防垢方面，可以有多种途径，如去除水中结垢物质和水质净化，改变水中杂质组成的水质调整处理，以及添加某些能抑制其结垢过程的药剂等。

三、常用的判断水质稳定性的方法

在循环冷却水中，盐类的浓缩现象和水中 CO_2 因挥发而减少，使得 $Ca(HCO_3)_2$ 分解成 $CaCO_3$，天然水中的碳酸化合物存在着下述平衡关系，即

$$Ca(HCO_3)_2 \longleftrightarrow CaCO_3 \downarrow + CO_2 + H_2O$$

如果水中CO_2含量小于平衡值，则反应向左进行，水中有$CaCO_3$析出，$CaCO_3$附着在受热面上形成水垢；如果水中CO_2含量大于平衡值，则水具有侵蚀性且$CaCO_3$溶解，可引起金属等的腐蚀；如果HCO_3^-、CO_2、CO_3^{2-}恰好维持上述平衡关系，则这种水既不会在管道中结垢，又不会产生腐蚀，即为稳定的水。

要做好循环冷却水的防垢工作，降低运行成本，必须对水的稳定性进行判断。

常用以下方法判断水的稳定性。

(一) 极限碳酸盐硬度法

由于循环冷却水在运行过程中不断地蒸发和浓缩，促进$Ca(HCO_3)_2$分解成$CaCO_3$析出，因此当循环水浓缩到一定程度时，就会发生析出$CaCO_3$的反应。为了使冷却系统不结垢，应使循环水中碳酸盐硬度的浓缩现象有所限制。实践证明，对于每种水质都有维持在运行中不结垢的极限碳酸盐硬度H_T，如果运行中维持循环水的实际H_T不高于此极限值，就不会有水垢生成，即

$$H_{T,X} = \varphi H_{T,B} \leqslant H'_T (\text{不结垢})$$
$$H_{T,X} = \varphi H_{T,B} > H'_T (\text{结垢})$$

式中 $H_{T,B}$——循环冷却水补充水的碳酸盐硬度；

$H_{T,X}$——运行中循环冷却水的碳酸盐硬度。

极限碳酸盐硬度值H_T很难由理论推导算得，因为影响析出$CaCO_3$过程的因素很多，而且有些因素的影响程度是无法估算的，如水中有机物就会阻止$CaCO_3$的析出，但有机物种类不一，因此不同的水质有不同的影响程度。为此，在运行中H_T的值可由运行经验或通过调试求得；在设计工作中，最好用模拟试验求取。

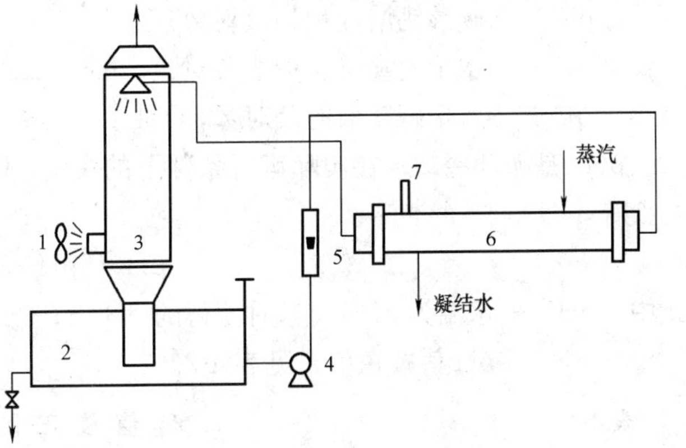

图 4-9 极限碳酸盐硬度试验装置

1—鼓风机；2—循环水箱；3—冷却塔；4—循环水泵；5—转子流量计；6—热交换器；7—温度计

极限碳酸盐硬度一般通过试验来确定，试验在模拟的热交换器上进行，见图 4-9。在不断运行过程中，水被浓缩，开始阶段水质符合下列规律，即$\frac{[Cl]_X}{[Cl]_B} = \frac{H_{T,X}}{H_{T,B}}$，当达到$\frac{[Cl]_X}{[Cl]_B} > \frac{H_{T,X}}{H_{T,B}}$(实际是指$\frac{[Cl]_X}{[Cl]_B} = \frac{H_{T,X}}{H_{T,B}} + 0.1$)时，此时的即为该运行条件下，该冷却水的极限碳酸盐硬度

计算极限碳酸盐硬度的检验公式为

$$H'_T = \frac{1}{2.8}\left[8 + \frac{[O]}{3} - \frac{t-40}{5.5 - \frac{[O]}{7}} - \frac{2.8H_{F,B}}{6 - \frac{[O]}{7} + \left(\frac{t-40}{10}\right)^3}\right]$$

式中 H'_T——循环冷却水的极限碳酸盐硬度，mmol/L；

[O]——补充水的耗氧量，mg/LO_2；

$H_{F,B}$——补充水的非碳酸盐硬度，mmol/L；

t——循环冷却水的最高温度，当小于 40 时，仍按 40 计算，℃。

由上述可知，为了阻止水垢的生成，办法之一是控制好循环水中盐类的浓缩倍率，使其碳酸盐硬度低于极限碳酸盐硬度，这就是说，控制好冷却系统的排污率，有可能做到不结垢。如果排污率太大，所需的补充水量很大，以致水源的供水量不够，为了补充这些损失就必须对水质进行处理。循环水的排污点通常设在凝汽器以后、冷却塔以前，因为这里水温高，可以减轻冷却塔的负担。浓缩倍率是循环冷却水运行工况的一个指标，如能维持较高的浓缩倍率，则可以降低排污率，补充水率也就较小，故可节约用水。随着循环冷却水处理新技术的发展，高浓缩倍率技术已得到广泛应用。

（二）碳酸钙饱和指数 IB 法（Langelier 指数法）

$$IB = pH_Y - pH_B$$

式中 pH_B——循环冷却水在使用温度条件下当 $CaCO_3$ 处于饱和时的 pH 值；

pH_Y——循环冷却水在实际运行条件下的实测 pH 值。

当 IB=0 时，不结垢，不腐蚀；当 IB<0 时，腐蚀；当 IB>0 时，结垢。在实际应用中，IB 在 ±0.25～±0.3 范围内，可以认为是稳定水。

pH_B 的计算公式为

$$pH_B = pK_2 - pK_S + p[Ca] + pA$$

式中 pK_2——碳酸二级电离常数的负对数；

pK_S——碳酸钙溶度积的负对数；

$p[Ca]$——水中钙离子含量的负对数，mol/L；

pA——水中碱度值的负对数，mol/L。

pH_Y 是循环冷却水在实际运行条件下的实测 pH 值，如测定温度为 20～25℃，则应进行换算，即

$$pH_Y = pH - \alpha$$

式中 pH——水温为 20～25℃时测得的 pH 值；

α——pH 值校正值，见表 4-2。

表 4-2 pH 值校正值 α

pH 值		总碱度（mol/L）				
		0.5	1.0	2.0	4.0	8.0
用于水温从20～25℃上升至 50℃	≤8	0.1	0.1	0.1	0.1	0.1
	<8.2	0.2	0.15	0.15	0.15	0.1
	<8.4	0.3	0.2	0.2	0.15	0.15
用于水温从20～25℃上升至 75℃	<7.6	0.1	0.1	0.1	0.1	0.1
	<7.8	0.15	0.15	0.1	0.1	0.1
	<8.0	0.3	0.2	0.15	0.15	0.1
	<8.2	0.4	0.3	0.2	0.2	0.15
	<8.4	0.5	0.4	0.3	0.25	0.2

（三）ΔB 判别式法

在电厂实际应用中，常用 ΔB 判别式来判断水质的稳定性。ΔB 判别式为

$$\Delta B=\frac{[Cl]_X}{[Cl]_{BU}}-\frac{[Ca]_X}{[Ca]_{BU}}$$

式中 $[Cl]_X$——循环水中 Cl^- 浓度，mg/L；

$[Cl]_{BU}$——补充水中 Cl^- 浓度，mg/L；

$[Ca]_X$——循环水中 Ca^{2+} 浓度，mg/L；

$[Ca]_{BU}$——补充水中 Ca^{2+} 浓度，mg/L。

当 $\Delta B\leqslant 0.2$ 时，表明水质稳定，没有结垢倾向；当 $\Delta B>0.2$ 时，表明水质不稳定，具有结垢倾向。

四、循环冷却水的防垢处理

为了防止循环冷却水系统结垢，要对循环水进行处理。一般常用的处理方法有两种：一种是外部处理，即水质净化法，在补充水进入冷却系统以前，就将结垢物质除去或降低，如底部排污法、沉淀法和离子交换法；另一种是内部加药处理，即水质调整处理，它是将某些药剂加入冷却水中，使结垢性物质变形、分散，稳定在水中，如加酸处理、炉烟处理和投加阻垢剂处理等。

（一）水质净化法

防止循环水系统结垢最彻底的方法是进行水质净化，以清除水中的成垢物质。循环水水量很大，如全部进行净化处理，势必费用很大。考虑到日趋紧张的供水水源和环境保护的需要，尽量减少废水排放量，提高循环水浓缩倍率，目前新建电厂一般都设计了冷却水的外部处理系统。在一些考虑利用城市污水作为循环水补充水源的电厂，必须进行水质净化处理。

(1) 石灰处理。采用石灰处理循环冷却系统的补充水，虽然碳酸盐硬度可以降低，但处理后的水是 $CaCO_3$ 的过饱和溶液，因此它在循环水系统中仍有可能出现 $CaCO_3$ 沉淀。为使石灰处理水质更为稳定，在补入循环冷却系统前，进行辅助加酸或添加稳定剂，这称为水质再稳定处理。

虽然石灰比较廉价，容易获得，但是用石灰处理循环水时，会存在以下几个问题：石灰纯度低，设备堵塞、磨损严重；输送、配浆、剂量机械化水平低，因而劳动强度大，条件差；出水水质不稳定，易造成管道严重结垢；系统浓缩倍率低，补水量大，辅助加药量较多；处理后形成的泥渣较多，难以处置。

(2) 离子交换处理。用氢离子交换法处理循环水要比用钠离子交换优越，因为前者除了可去除水的硬度外，还可降低水的碳酸盐含量，与钠离子交换相比，需处理的水量较小。但是，如用强酸性离子交换剂，则因其酸耗较大和交换容量偏小而不经济。所以，在这里宜采用弱酸性阳树脂，此种树脂既可除去水中的碳酸氢钙，又具有交换容量大和易再生的优点。

如某厂，循环冷却系统补充水采用具有较高工作交换容量的 D113 弱酸树脂处理，设计处理水量 2500t/h，1990 年投入运行，可使系统年平均浓缩倍率达到 4.2（冬季 3.5，夏季 4.7），基本无结垢、腐蚀问题。其再生剂采用 1%浓度的硫酸，为使出水 pH 值变化平稳，采用低再生水平的顺流再生。

应当指出，在设计外部处理方式时，对系统今后实际可达到的浓缩倍率，即准确的补充

水量一定要估算好，否则设计值如小于实际值，将被迫补充生水，导致外部处理达不到预期效果。

（3）零排污系统。最彻底的循环水处理方法是进行除盐处理，将其含盐量降到没有必要进行排污，所以此种处理系统称为零排污系统。此系统适用于水源供水量不足，或因工艺上有要求的场合，如为了防止设备腐蚀和产品污染等。零排污系统一般由软化、过滤和除盐三部分组成，可对部分循环水进行处理。

目前，国外采用的零排污系统多为用石灰苏打、石灰或弱酸性阳树脂进行软化，用反渗透或电渗析进行除盐。

（二）水质调整处理

（1）加酸处理。循环水加酸处理的目的是中和水中的碳酸盐，这是一种改变水中碳酸化合物组成的防垢法。常用于这种处理的酸是硫酸，因为它价廉，且浓硫酸对钢铁的腐蚀很小，易于贮存。至于盐酸，不仅因为它价格较高和对钢铁的腐蚀性强，而且由于氯离子被引入循环水后，会促进凝汽器换热管的腐蚀，因此不常应用。加酸的量并不需要使循环水中的碳酸氢根全都中和，只要使循环水中留下的碳酸氢盐不结垢即可，也就是说要维持循环水中的碳酸盐硬度不超过其极限碳酸盐硬度。但加酸量最好用实验求得。此外，在加酸处理时，当水中硫酸根离子浓度较高时，有可能出现硫酸钙沉淀，为了防止硫酸钙析出，一般控制硫酸钙指数小于 200 万（以 mg/L 计）。

采用这种方法时的加酸地点，从防垢来说，没有特殊的要求，不论在何处都可以。有时考虑到水中如保留有游离 CO_2，使其极限碳酸盐硬度的值有所提高，可将酸加在循环水泵前的补充水水流中。但从减轻凝汽器换热管腐蚀方面考虑，宜将酸加在送入冷却塔的循环水中。因为游离 CO_2 对于钢管的腐蚀有促进作用，特别是当循环水的含盐量很大时，所以酸加在冷却塔前，就可使循环水中的游离 CO_2 在到达凝汽器前除去。若加酸点离循环水泵太近，还应注意对循环水泵的腐蚀问题。

从理论上讲，硫酸处理法可以适用于各种水质，而且无需排污，但实际上，为了防止循环水含盐量过高而引起钢管腐蚀，以及有冷却水漏入凝汽器的蒸汽侧而污染凝结水，有时还是有必要和循环水排污结合起来使用。

加酸处理时，理论上应控制循环水的碱度，但因碱度和 pH 值有一定的关系，所以在取得一定经验后也可监督 pH 值，通常它应为 7.4～7.8。

（2）炉烟处理。炉烟处理循环水的实质就是，利用炉烟中的 CO_2 和 SO_2 与循环水中的碳酸盐作用，以防止碳酸盐水垢的形成。目前，炉烟处理方法因存在问题较多，几乎全部停用。

（三）阻垢处理

某些化学药剂只需少量添加到冷却水中，就可以起到稳定水质、阻止生成水垢的作用，这称为阻垢处理，所用药剂称为阻垢剂。

1. 阻垢原理

阻垢处理不是单纯的化学反应，它包括若干物理化学过程，用以解释的有晶格畸变、分散与絮凝等理论。

晶格畸变理论认为，阻垢剂干扰了成垢物质的结晶过程，从而抑制了水垢的形成。如当

溶液中 $CaCO_3$ 的过饱和度很大时，由于其结晶的倾向加大，微晶可以在那些没有吸取阻垢剂的慢发育表面上成长，从而把活性点上的阻垢剂分子覆盖起来，于是晶体又会增长，但此时生成的晶体受阻垢剂的干扰，会发生空位、错位或镶嵌构造等畸变。

有些阻垢剂在水中会电离。当它们吸附在某些小晶体的表面时，其表面形成新的双电层，使它们稳定地分散在水体中，起这种作用的阻垢剂可称为分散剂。分散剂不仅能吸附于颗粒上，而且也能吸附于换热设备的壁面上，因而阻止了颗粒在壁面上沉积，而且一旦发生沉积现象，沉积物与接触面也不能紧密相黏，而只能形成疏松的沉积层。

有些阻垢剂为链状高分子物质，它们与水中的胶体或其他污物形成凝絮。凝絮的密度较小，易被水流带走，因此可阻止它们在冷却水系统中沉积。用作絮凝剂的高分子一般为相对分子质量为 10^6～10^7 的链状聚合物，在其长链上有许多具有吸附能力的基团。

2. 常用的阻垢剂

各种阻垢剂虽具有不同的性能，但它们在阻垢方面有许多共性。有许多阻垢剂在其加药量很低时就可稳定水溶液中的大量钙离子，在它们之间不存在化学计量关系，而且当它们的剂量增至过大时，其稳定作用便不再有明显的改进。各种阻垢剂的阻垢效果都随水温的增高而下降，它们各有其临界温度，超过此温度，阻垢作用将消失。被处理水的水质对阻垢剂的阻垢效率有较大影响，大致情况为：水中中性盐、镁盐含量增大时，阻垢效率增高；补充水的碳酸盐硬度增大时，循环水的极限碳酸盐硬度也增大，但循环水的容许浓缩倍率减小；补充水中 HCO_3^- 或 Ca^{2+} 过多时，会使极限碳酸盐硬度降低。各种阻垢剂都有其适用的 pH 值范围。当循环水中加有阻垢剂时，如其浓缩倍率过大，以致水中碳酸盐硬度超过容许的极限值时，仍然会有 $CaCO_3$ 沉积物生成，但此沉积物的晶态发生了变化，往往变得疏松，较易除去。

目前使用较广泛的阻垢剂有以下几种：

(1) 聚磷酸盐。磷酸盐是一种比较复杂的化合物，如三聚磷酸盐和六偏磷酸盐，阻垢机理是其在水中生成的长链—O—P—O—P—阴离子容易吸附在微小的碳酸钙晶粒上，并与晶粒上的 CO_3^{2-} 置换，阻碍碳酸钙晶粒的进一步长大。也有人认为，微量的聚合磷酸盐干扰碳酸钙晶体的正常成长，使晶体在生长过程中被扭曲，把水垢变成疏松、分散的软垢。还有人认为，由于聚合磷酸盐能与钙、镁离子螯合，形成单环或双螯合离子，然后依靠布朗运动或水流作用分散于水中。

微晶吸取水质稳定剂的反应主要发生在其成长的活性点上，只要这些活性点被覆盖，结晶过程便会被抑制，所以阻垢剂的加药量不需要很多，一般为 2～3mg/L。

(2) 有机磷酸盐。有机磷酸盐可看作是磷酸分子中的一个羟基被取代的产物，常用的有 ATMP（氨基三甲叉磷酸盐）、EDTMP（乙二胺四甲叉磷酸盐）、HEDP（1—羟基—2—乙叉—1，1二磷酸）等。

其阻垢原理是：能与钙镁等金属离子生成很稳定的络合物，因而可以降低水中钙、镁离子的浓度，减少 $CaCO_3$ 析出的可能性。有机磷酸盐还能与已形成的 $CaCO_3$ 晶体中的钙离子发生络合作用，使 $CaCO_3$ 晶核难以形成大的晶体。也有人认为，$CaCO_3$ 是一种离子晶格，在一定的条件下可以按严格的次序排列，形成很致密的垢层，当加入有机磷酸盐后，对晶格的生长起着一定的干扰作用，使 $CaCO_3$ 晶体结构发生很大的畸变而不再继续增长。

有机磷酸盐的加药量与稳定极限之间的关系和聚合磷酸盐类似，一般加2～4mg/L，稳定极限值为7～8mg/L。

此外，有机磷酸盐对铜和铜合金有一定的侵蚀性，为此投加有机磷酸盐的同时，还应加入防止铜腐蚀的抑制剂，如MBT或采用$FeSO_4$镀膜。

（3）有机低分子聚合物。这类药剂的性质主要取决于分子量的大小和官能团的性能，而官能团所具有的电荷则取决于聚合物在水中的电离特性。目前使用较多的是阴离子型，尤其是聚羟酸类最多，主要有聚丙烯酸、聚马来酸、聚甲基丙烯酸等几种。

这类化合物对循环水中的胶体颗粒起分散剂作用，其阻垢性能主要与其分子大小、官能团的数量及相互之间的间隔有关。

分散剂是一种包围胶体颗粒的物质，为了得到较好的包围效果，分散剂应是一些比胶体颗粒小很多，同时又呈线状结构的物质。分散剂的分子量在聚合物中是属于低分子量的。

高分子聚合物也有较好的阻垢作用。它能把许多胶体颗粒吸附在链上，形成一种低密度的絮凝物，即矾花。矾花的表面积比胶体颗粒小，黏着力大为削弱，从而抑制了结垢过程。

早期的火电厂循环水系统应用较多的是三聚磷酸钠和六偏磷酸钠等聚磷酸盐类水质稳定剂。聚磷酸盐是一类阻垢性能较好的水质稳定剂，但易水解，尤其在高温下。水解后，其阻垢缓蚀性能降低，且水解生成的正磷酸盐容易和水中的钙离子生成溶度积更小的磷酸钙水垢，而且磷作为微生物的营养元素，会促进冷却系统中的菌藻繁殖。

目前以有机磷酸和聚羧酸盐为主体的复合型水质稳定剂已在火电厂循环水系统得到全面应用。相对于聚合磷酸盐，有机磷酸盐有着更为优良的阻垢性能，且较为稳定，即使在较高温度下也不易水解。

聚羧酸类阻垢剂为一种、两种或多种单体聚合而成的阴离子型聚电解质，由两种以上单体聚合的为二元、三元或多元共聚物，起阻垢作用的主要是聚合物的负离子。一般认为，聚羧酸类药剂的阻垢机理主要是分散作用，有机磷盐的阻垢机理是晶格畸变。

近年来，随着水处理药剂的发展，国内外相继开发出了有机磷羧酸（BPBP、PBTCA等）、羟基磷酸羧酸（HPA）、大分子有机磷酸（PAPEMP、POCA、PPCA等）药剂，并开发出了可生物降解、不对环境造成污染的环保型阻垢剂，如聚天冬氨酸（PASP）、聚环氧琥珀酸（PESA）等新型阻垢剂。

3. 协同效应

将两种或两种以上阻垢剂配合使用时，其效果有时比单独使用一种阻垢剂好得多，这称为协同效应。实验表明，聚羟酸阻垢剂与HEDP以及 聚磷酸盐与EDTMP相配合使用均有增效作用。

协同效应的机理是复杂的，可能是一种阻垢剂起晶格作用，另一种起分散作用，相互补充，但并不是各种阻垢剂之间都有协同效应，有时也会相互干扰，所以在具体条件下必须用实验求得合适配方。

第四节　循环冷却水的微生物控制

黏泥是循环水系统中常见的物质，其组成主要是指微生物及其分泌的黏液与其他有机和无机的杂质混合在一起的黏浊物质。它们可以遍布于循环水系统的各个部位，容易堵塞水流通道。黏泥比较疏松，呈凝胶状，在凝汽器换热管内形成的污泥，可以通过运行时的胶球清洗脱除，脱除下来的污泥随着水流流向后续设备，在水流滞缓的部位沉积下来，它们大多沉积在冷却塔水池的底部。

一、冷却水中的悬浮物

（一）水中悬浮物的来源

（1）采用未经处理的地面水作为补充水，或澄清处理的效果不佳，以致有泥沙、氢氧化铝和铁的氧化物进入冷却水系统。

（2）因冷却水处理工艺条件控制不当而生成沉淀物。

（3）水通过冷却塔时，将空气中的杂质带到冷却水中，这是常见的污染根源，特别是在风沙较大的地区。实际上，在冷水工作过程中，约有90%的空气含尘量进入冷却水中。

（二）水中悬浮物的去除

为了减少循环水中悬浮物的含量，除了应做好补充水的水处理工艺外，还可将一部分循环水通过滤池过滤，以去除这些杂物，这称为旁流过滤。旁流过滤的水量取决于循环水的污染情况，一般为循环水流量的1%～5%，所用设备可以是沙粒过滤器，必要时可添加混凝剂，以提高过滤效率。

二、微生物的滋长

天然水中微生物的种类很多，属于植物界的有藻类、真菌类和细菌类；属于动物界的有孢子虫、鞭毛虫、病毒等原生动物。

（1）藻类。藻类可分为蓝藻、绿藻、硅藻、黄藻和褐藻等。大多数藻类是广温性的，最适宜的生长温度为10～20℃。藻类生长所需营养元素为N、P、Fe，其次是Ca、Mg、Ze等，当水中无机磷的浓度达0.01mg/L以上时，藻类便生长旺盛。藻类含有叶绿素，可以进行光合作用，吸收CO_2，放出O_2和OH^-，反应结果使水中溶解氧量增多和pH值上升。在藻类大量繁殖时，循环水的pH值可上升到9.0。

（2）细菌。在冷却水系统中生存的细菌有多种，对它们的控制比较困难，因为对一种细菌有毒性的药剂，对另一种细菌可能没有作用。

（3）真菌。真菌的种类很多，在冷却水系统中常见的大多是藻状菌纲中的一些属种，如水霉菌和绵霉菌等。真菌没有叶绿素，不能进行光合作用，大量繁殖时形成棉团状物，附着于金属表面或堵塞管道。有些真菌可分解木质纤维素，使木材腐烂。

三、微生物在冷却系统内滋长的影响因素

影响微生物在冷却系统内滋长的因素通常有以下几点：

（1）温度。大多数微生物生长和繁殖最合适的温度是20℃或稍高一点，如高于35℃，在凝汽器中常见的微生物大部分就要死亡。因此，凝汽器中有机质污泥的生成以春、秋季为最严重。在夏季，因为水温高，其冷却效果本来已比较差，如凝汽器换热管内再积有黏垢，凝结水温度的进一步升高就会明显地使凝汽器的真空恶化，所以危害性更大。

（2）冷却水悬浮物含量。当冷却水中夹带有大量的黏土和细砂等杂质时，会把有机物冲掉，所以在用江河水作为冷却水时，遇到洪水时期，凝汽器换热管内不会有有机附着物；但若含砂量太大，又会使换热管遭受冲刷腐蚀。

(3) 凝汽器换热管的洁净程度。实践证明，在洁净的换热管内，微生物不易生长。对于凝汽器换热管是铜管的，实验表明，在同一时期和同一条件下，不洁净的旧铜管内附着的有机物量约为洁净新铜管的4倍，这可能是因为新铜管壁上有一层铜的氧化物，可以杀死微生物，而在旧铜管内这种氧化物被外来的附着物覆盖了。

(4) 光照。水中常见微生物藻类的繁殖与光照强度有很大关系，即光照越强，藻类越易繁殖，所以藻类特别易于在冷却塔内出现。如藻类在冷却塔内大量繁殖，则会降低其冷却效率。脱落的藻类会促进凝汽器管内或其他部位黏垢的形成。

四、循环冷却水系统中微生物的控制

为了防止冷却水系统中的微生物滋长而形成黏泥，必须对冷却水进行抑制微生物的处理，此类处理常简称为杀菌处理。实际上，只要能抑制菌类的繁殖，不让它们附着在器壁上，就无需完全杀死。

按照向循环水中投加的杀菌剂的药性不同，可分为氧化性杀菌剂和非氧化性杀菌剂，目前在热力发电厂中使用较普遍的仍是加氯杀菌的方法，称为氯化处理。该方法具有价格低、工艺简单、运行可靠、便于管理，并有保护性余氯等优点。非氧化性杀菌剂由于其高效、广普、低毒，pH值的适用范围较宽、易于降解、便于处理等优点而逐步推广。

长期使用一种杀菌剂，细菌和藻类会产生一定的抗药性，在有条件的情况下建议选用两种杀菌剂交替进行杀菌处理。

(一) 氯化处理

1. 原理

水的氯化处理就是在水中引入氯，以杀死其中的微生物。氯在水中水解生成的强氧化性的次氯酸HClO能杀死微生物和细菌，水解过程为

$$Cl_2+H_2O=\!=\!=HOCl+HCl$$

次氯酸是中性分子，比较容易扩散到一般是带负电荷的细菌表面，随之透过细胞壁进入细菌体内，发挥其强氧化作用，使细菌中的酶遭到破坏。细菌不能通过酶的作用吸收养分，就会死亡。

也有观点认为次氯酸是一种不稳定的化合物，易分解而放出氧，刚分解出来的氧称为新生态氧，又叫原子氧，是一种很强的氧化剂，可以杀死微生物。

次氯酸在水中会进一步发生电离，即

$$HOCl=\!=\!=H^++OCl^-$$

次氯酸的电离度取决于水的pH值，一般在pH值大于6.5时会发生强烈电离。当pH值大于7.5时，电离产生的氢离子会被中和，因此会加速次氯酸的电离，从而又会加速氯的水解，这样使冷却水中投加的氯很快被消耗。

随着水的pH值升高，氯的杀菌效果下降，这是由于起杀菌作用的主要是次氯酸分子，次氯酸根OCl^-的杀菌作用极微，其效果一般只有次氯酸的1%，所以在水的pH值比较低的条件下，加氯处理效果会更好。通常，电厂循环冷却水的pH值大多为7.5～8.5，因此杀菌效果较差。一般认为pH值在6.5～7.0的范围内，以氯作为杀菌剂最合适。

一般在冷却水中只要保持0.20～0.25mg/L的余氯，就能很有效地控制水中的微生物，同时也不会对凝汽器换热管有危害。当水中含有还原剂，如亚铁离子、硫化氢等时，它们会

与氯或次氯酸作用而消耗氯，因此会降低杀菌效果。若水中有氨，氯与氨反应生成氯氨类化合物 NH_2Cl、$NHCl_2$、NCl_3 等，它们虽也有一定的杀菌作用，但消耗了加入的氯，使总的杀菌效果大大降低，而且某些氯化有机物有毒，被公认为是致癌物质。

2. 常用药品

常用作氯化处理的药品有液态氯、漂白粉、次氯酸钠、二氧化氯。

氯化处理最常用的药品是液态氯，液态氯极易挥发成氯气，而氯气是有毒的，所以用液态氯时必须要有防止其逸入大气的安全措施。

加氯系统可分为氯气气源供给、氯气计量及投加、检测控制、安全保护四个系统。氯气气源供给系统通常由氯瓶、汇流排、液氯蒸发器、过滤器、真空调节器等组成；氯气计量及投加系统由真空加氯机、增压泵和水射器组成；检测控制系统由控制器根据余氯分析仪的测量信号控制调节投加量；安全保护系统包括膨胀室（压力放泄系统）和氯气吸收装置。

因为漂白粉和次氯酸钠也含有次氯酸根，加到水中和氯加到水中一样，所以它们同样具有氧化性，能杀死微生物。

虽然液态氯比漂白粉价格便宜，但其加药系统较为复杂，考虑到设备后期的维护成本和气态氯的不安全因素，在容量较小的电厂中可采用直接加漂白粉。在大容量机组的电厂，现有采用加次氯酸钠和二氧化氯的趋势。直接购买次氯酸钠成本较高，可通过电解海水现场制取，它对水的酸碱性不敏感，可以在较宽的 pH 值（6～10）范围里保持较好的杀菌作用。它也不会被氨所消耗，并且投加剂量小，作用快，杀菌能力为氯气的 25 倍。二氧化氯不仅能杀死细菌、藻类等微生物，还能杀死病毒。它对金属的腐蚀也比氯低，因此对于防止循环冷却水系统的微生物腐蚀和黏泥污染是一种较好的药剂。但二氧化氯的化学稳定性较差，易发生爆炸，所以必须在现场生产、现场使用。

加药量：冷却水氯化处理时，药品应加在凝汽器入口处的冷却水中，因为这样有利于杀死进入凝汽器冷却水中和附着于凝汽器换热管上的微生物。此时，加入的氯一部分消耗于氧化水中的有机物和某些无机物；一部分消耗于氧化附着在凝汽器铜管内的有机物；余下的一部分在水中呈游离氯状态，称为“余氯”。经验证明，为了达到杀死微生物的目的，冷却水中余氯的含量一般为 0.2～0.5mg/L 为宜。

进行氯化处理时，各种反应中消耗掉的氯量无法估算，即使是同一水源，其量也会因水温、加氯量和接触时间等条件的不同而有所差别，所以其合适的用药量应通过调整试验来确定。用来防止凝汽器换热管中有机物滋长的氯化处理不需要连续不断地进行，因为连续处理往往会使微生物迅速适应，致使药剂完全失效，应该定时投加，进行所谓的冲击处理，只要做到凝汽器不因有机附着物而影响运行就可以了。在实际应用中，因具体情况各不相同，故冲击处理的加药量、加药季节和每天或每小时中加药的时间都应通过运行经验来确定。

（二）臭氧（O_3）处理

目前，由于环境保护要求，对排入河道的水中余氯量的限制日趋严格，如有的地区规定排水中余氯量不得超过 0.1mg/L，甚至更低，因此氯化处理受到一定限制，从而产生了一些新的处理方法和药剂，如采用臭氧处理。臭氧是非常强的氧化剂，它杀菌力强，具有一定的阻垢和缓蚀能力，并且不增加水中无机盐类的含量，也不会产生污染物质，对水生物无害，能使冷却水系统在高浓缩倍数，甚至零排污下运行，从而节水节能，保护水资源，但目前处理费用较高。国外应用臭氧进行循环水处理已经取得了成功，而我国在这个领域涉足较浅，在臭氧用于脱垢、阻垢灭菌的冷却水处理方面才刚刚起步，但由于臭氧处理的经济性、可靠性及绝对无毒、无二次污染、就地产生等一系列优点，臭氧在循环冷却水处理方面的应用和发展前景广阔。

（三）非氧化性杀菌剂处理

电厂循环冷却水处理中常用的非氧化性杀菌剂有氯酚类杀菌剂、季铵盐类杀菌剂、季膦盐类杀菌剂，它们一般都是易溶且稳定的化合物，很少与循环冷却水中的无机或有机化合物起反应。

常效铵盐是一种阳离子型的表面活性剂，具有渗透到微生物内部的性质，容易吸附在带有负电荷的微生物表面，使微生物的生活过程受到抑制和干扰而死亡。

第五节　凝汽器水侧的腐蚀与防护

一、凝汽器管材的选择

凝汽器换热管发生腐蚀损坏的原因常常与冷却水的水质、材质的选取和新管的质量、安装工艺等有关。根据不同的冷却水水质选择合适的凝汽器管材，是保证凝汽器和机组安全可靠运行的根本措施之一。

目前，按《火力发电厂凝汽器管选材导则》规定，将溶解固形物和氯离子含量、悬浮物和含砂量，以及表示水质污染的指标作为选材的主要依据。

传统的铜合金管材虽然有良好的传热性能，但由于其耐腐蚀性较差而逐步被淘汰。钛管具有优良的耐蚀性能，能在最恶劣的工况条件下使用，因而被广泛使用在高含盐量和高含沙量的海水中，但其价格较高。凝汽器换热管采用不锈钢管具有机械性能好、耐冲刷腐蚀等优点，但不锈钢管在海水中易发生点腐蚀、应力腐蚀，故一般只可用于淡水中。有研究指出，在相同的水质条件下运行，由于不锈钢管在防垢、防微生物方面能取得比铜合金管更好的效果，使得不锈钢管壁的污垢热阻较小，从而能达到比铜合金管更好的冷却效果。

二、凝汽器换热管腐蚀的类型

凝汽器换热管在冷却水中的腐蚀有均匀腐蚀与局部腐蚀两类。有些换热管在使用年限较长后，管壁均匀变薄，这就是由于均匀腐蚀所致，其危害性不是十分严重。但其局部腐蚀是比较危险的，运行中机组水质突然变坏，往往是由于凝汽器换热管泄漏所造成的。

换热管的腐蚀过程与换热管表面保护膜的性能有很大的关系。当清洁的新换热管投入运行后，对它实行镀膜处理，其表面便会形成一层致密的保护膜，它紧紧黏附在换热管表面，使管表面和水隔离，抑制腐蚀的发生。

在运行中，能否形成良好的保护膜与换热管的材质和冷却水水质有密切的关系。对于同种材质，一般在含盐量小的水中较易形成良好的保护膜，在含盐量高的水中保护性能较差。

如果换热管表面在运行初期已形成一层良好的保护膜，以后就不会再发生均匀腐蚀；只有在此膜破裂后，才会发生局部腐蚀。

下面简单地介绍各种局部腐蚀的类型。

1. 脱锌腐蚀

常用的铜质换热管容易发生脱锌腐蚀。黄铜中的锌被单独溶解的现象称为脱锌腐蚀。脱锌腐蚀的原理目前有两种说法：一种认为脱锌腐蚀是铜锌合金中的锌被选择性地溶解下来；另一种认为腐蚀开始时是铜和锌一起溶解下来，然后水中的铜离子与黄铜中的锌发生置换反应，而铜被重新镀上去，所以脱落下来的仅为锌。

2. 冲刷腐蚀

当凝汽器换热管受到含有气泡或沙砾等异物的水流的剧烈冲击时，会因管壁表面的保护膜局部遭到破坏，而使这些部位产生腐蚀。这种腐蚀呈溃疡状，常常是一个个腐蚀坑或一条条冲刷槽，此种腐蚀叫做冲刷腐蚀，其腐蚀坑冲着水流方向。此腐蚀易发生在凝汽器的冷却水入口端，因为在这里由于水的涡流作用，会发生气泡的冲击作用。

3. 沉积腐蚀

冷却水中常含有一些泥沙、水生物及微生物，这些物质若不清除，则会在铜管内壁沉积，阻碍氧到达沉积物下的金属表面，这样缺氧的沉积物下的金属部位成为阳极区，其他部位则变成阴极区，从而引起沉积物下的腐蚀。这种腐蚀常发生在水流缓慢的部分，因为这里容易造成水中杂质的沉积。

4. 应力腐蚀

换热管在应力作用下，会引起应力腐蚀破裂。应力腐蚀有下列两种情况：

(1) 在交变应力作用下（如凝结器换热管发生振动），使管内水剧烈摇动，压力的变化使管上的保护膜受到冲击而破坏，因而发生孔蚀，最后管子破裂，这叫做腐蚀疲劳。此种腐蚀的特征为裂缝是穿过晶粒的，易发生在换热管的中部，因为在这里振动最厉害。

(2) 在拉伸应力的作用下，再加上水质有侵蚀性，时间一长便因腐蚀而产生裂缝。在这种情况下，裂缝主要是沿晶粒边界发生的。实践证明，在应力存在的情况下，水中含有 O_2、NH_3、CO_2 等物质，是造成腐蚀裂缝的重要因素。

5. 微生物腐蚀

在凝汽器换热管壁附着的污泥中常能检测到硫酸盐还原细菌，它是一种在无氧状态下生存的厌氧菌。它可以在钢铁表面的阴极部位把硫酸盐生物催化还原为硫化物，在此过程中消耗了在金属表面上的吸附氢原子，从而降低了阴极表面的极化，使钢铁的腐蚀加速。

冷却水中常存在另一种依靠铁离子和氧生存、繁殖的细菌，称为铁细菌，它依靠水中的亚铁离子氧化成高价铁离子过程中所放出的能量来维持生命活动。生成的高价铁离子在细菌表面生成氢氧化铁沉淀，在它的底部形成了缺氧条件，于是又为厌氧的硫酸盐还原细菌提供了合适的生存环境，从而通过硫酸盐还原细菌的作用加快了金属的腐蚀速度，因此在铁细菌和硫酸盐还原细菌的联合作用下，钢铁的腐蚀就更加严重了。

三、腐蚀的防护

1. 改善运行工况

(1) 调整水质。在循环水泵入口前加装滤网，防止水中贝壳、木片等杂质进入冷却水系统，引起微生物腐蚀。当水中泥沙含量大时，应设置沉淀处理设备，消除泥沙引起的冲击腐蚀。

(2) 控制水流速度。换热管中水流速度不易过大或过小，过大易造成冲击腐蚀；过小会使杂物沉积，并促进垢下腐蚀。

(3) 防止换热管的剧烈振动。制造厂家应充分考虑设计因素，防止凝汽器换热管由于振动而产生腐蚀疲劳。

(4) 消除换热管应力。对新安装管子要进行退火处理，消除其内应力；采用合适的安装工艺，防止在安装时胀口处产生应力。

2. 对冷却水进行缓蚀处理

在冷却水中加入缓蚀剂，使金属表面形成保护膜，抑制金属的腐蚀。缓蚀剂因其成膜原理的不同而分为以下三种：在阳极形成一层具有钝化作用的金属氧化物，称为氧化膜型；缓蚀剂与水中某些离子相互结合，在金属表面形成一层难溶的沉积物，称为沉积型；还有一种称为吸附型，它可吸附在金属表面，保护金属不遭受腐蚀。

常使用的缓蚀剂有以下几种：

(1) 氧化膜型缓蚀剂，如铬酸盐、亚硝酸盐、钼酸盐、钨酸盐等。

(2) 金属离子沉淀膜型缓蚀剂，如MBT、BTA等。

(3) 水中离子沉淀膜型缓蚀剂，如聚磷酸盐、锌盐、有机磷酸盐、硅酸盐等。

(4) 吸附膜型缓蚀剂，如有机胺等。

3. 电化学保护法

电化学保护法就是把要保护的金属设备通以电流，使之极化。如果在导电介质中将被保护的金属设备连接在直流电源的负极上，通以电流进行阴极极化，就称为阴极保护；如果将被保护的金属设备连接在直流电源的正极上，通以电流进行阳极极化，就称为阳极保护。由于阳极保护只对那些在氧化性介质中可能发生钝化的金属才有效，因此应用受到一定限制，而阴极保护不受此限制。循环冷却水系统中的电化学保护常采用阴极保护法。目前采用的阴极保护法有两种，即牺牲阳极法（又称护屏保护）和外加电流保护法。

第五章

锅炉补给水处理

天然水通过混凝、过滤等预处理后，水中的悬浮物、胶体含量得到很大的降低，有机物也得到部分去除。但是，引起锅炉结垢、积盐的水中溶解盐类并没有去除，因此作为锅炉的补给水还必须通过进一步的除盐。补给水除盐常用的方法是离子交换法。

随着高参数、大容量机组对补给水水质要求的不断提高，以及水处理膜法分离技术的不断完善，锅炉补给水处理逐步从单一的离子交换法除盐转变为膜法分离与离子交换法相结合的除盐方式，特别是在高参数机组的补给水处理中运用越来越广泛。本章着重介绍目前常用的超滤、反渗透和离子交换器除盐。

第一节　超　　滤

在水处理膜法分离的领域，按分离精度从粗到精的顺序可分为微滤、超滤、纳滤和反渗透四种膜分离过程。超滤（UF）是介于微滤和纳滤之间的一种膜分离过程，对应孔径范围为 1nm～0.05μm。超滤的典型应用是从溶液中分离大分子物质、胶体、蛋白质等。

一、超滤膜的工作原理

超滤膜的分离机理主要为“筛分”原理，即含有杂质的水源在压力作为驱动力的作用下，根据膜分离层孔径的不同，大于膜孔径的物质被膜截留下来，小于膜孔径的物质透过膜，从而达到分离的目的。

超滤膜是以压力差为推动力的筛分过程，其孔径在 0.001～0.1μm 范围内。对水中的悬浮物、胶体、大分子物质、细菌有较高的去除率；对有机物有部分去除率；对于小分子有机物、无机离子则几乎不能截留。超滤膜的截留范围见图 5-1。

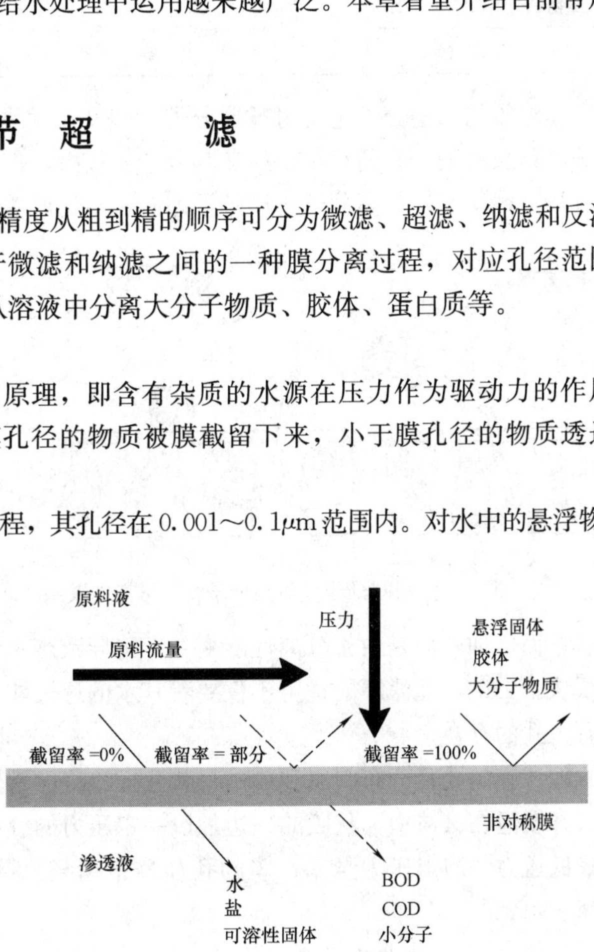

图 5-1　超滤膜的截留范围

二、超滤基本概念介绍

（一）分离孔径与切割分子量

超滤膜的分离精度取决于膜分离孔径的大小。超滤膜的分离孔径用其截留物质的分子量大小来定义，通常将超滤膜能截留 90％的物质的分子量称为膜的切割分子量。

1. 切割分子量与分离孔径的关系

超滤膜的切割分子量通常用典型的已知分子量的球形分子，如葡萄糖、蔗糖、杆菌肽、肌红蛋白、胃蛋白酶、球蛋白等作基准物进行超滤膜切割分子量的测定。切割分子量常用其英文缩写MWCO表达，其单位为Dalon。超滤膜的切割分子量与分离孔径之间的关系见表5-1。超滤膜的切割分子量通常为1000～500 000Dalon。

表5-1 切割分子量与分离孔径的关系

切割分子量（Dalon）	500	1000	10 000	30 000	50 000	100 000
分离孔径（nm）	2.1	2.4	3.8	4.7	6.6	11.0

2. 切割分子量的含义

对于同一种超滤膜的分离孔径—切割分子量进行测试时，如使用不同物质作测定基准物，其切割分子量会出现很大的不同，见表5-2。

表5-2 不同基准物时的切割分子量与截留率

测试基准物	胃蛋白酶	细胞色素C	葡聚糖
切割分子量（kDalon）	35	13	100
截留率（%）	90	70	0

超滤膜的切割分子量是对球形分子，即尺寸对称的分子而言的。天然水中不少有机物的高分子是长形的，直径较小，虽然其分子量较大，但也能透过超滤膜。因此，超滤膜的切割分子量（截留率）与高分子物质的形态有着密切的关系，见图5-2。

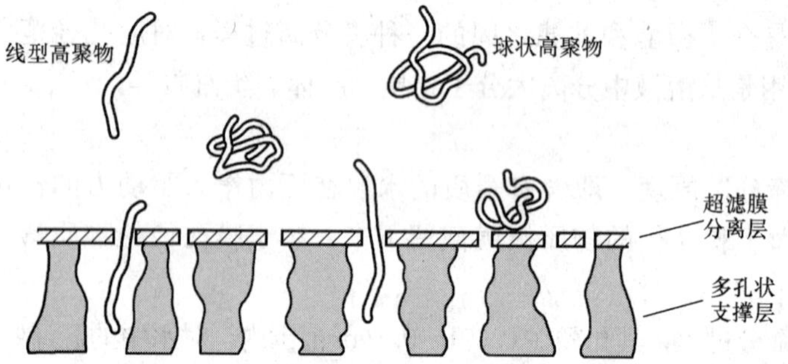

图5-2 切割分子量与高分子物质形态的关系

（二）超滤膜的孔径分布

现有的超滤膜不是单一孔径的，而是按不同的孔径分布，其孔径分布范围从纳米到微米。膜的分离性能取决于膜孔径分布的状态，膜的孔径分布越窄，其分离性能越好。若膜的分离层存在较多的大孔径，虽然膜的透水性由于大孔径提供更大的透量而增加，但是由于分离性能变差，将导致产水水质下降，膜孔易堵塞，造成膜通量衰减很快。因此，超滤膜的优劣不仅要看其水的透过能力，更主要是看其孔径分布的状况，不能有大孔的存在。

超滤膜的孔径分布状态和膜的最大孔径检测的常用方法是泡点测试。泡点是指膜在完全浸润并浸泡在液体中，从膜的一边加以一定压力的气体，从膜的另一边开始出现连续气泡时的最低压力。泡点压力越高，膜的孔径分布越窄，膜的最大孔径约小。一般泡点压力不低于0.2MPa。

（三）临界压力与临界流量

超滤在过滤高分子和胶体时，在膜的表面会因溶质浓度超过凝胶化浓度而形成凝胶层

（胶体发生聚合），凝胶层会使流量急剧下降。增加操作压力，能提高膜的运行流量，但会使凝胶层变厚，通常将刚形成凝胶层时的压力和流量称为临界压力和临界流量，即能保证膜性能的最高运行压力和运行流量。

临界压力和临界流量的核心是针对不同的原水水质，其膜的运行通量或跨膜压差在低于临界压力和临界流量的条件下运行时，膜表面积累的污染物可以通过简单反洗就得到恢复，膜的污染是可逆的；而当膜的运行通量或跨膜压差在高于临界压力和临界流量的条件下运行时，膜的污染是致密的，甚至是不可逆的，膜表面积累的污染物必须通过化学清洗的方式才能得以恢复，长期在超临界压力和流量条件下运行会大大降低膜的使用寿命。

（四）常用的超滤膜材料

1. 常用的膜材料种类

超滤膜组件中常用的有机膜材料有二醋酸纤维素(CA)、三醋酸纤维素(CTA)、氰乙基醋酸纤维素(CN-CA)、聚砜(PS)、磺化聚砜(SPS)、聚砜酰胺(PSA)、聚偏氟乙烯(PVDF)、聚丙烯腈(PAN)、聚酰亚胺(PI)、甲基丙烯酸甲酯—丙烯腈共聚物(MMA-AN)、酚酞侧基聚芳砜(PDC)等。

2. 膜材料的亲水性和疏水性

当超滤膜采用醋酸纤维、聚丙烯腈、聚乙烯醇等材料制成时，这类膜称为亲水超滤膜。膜的表面呈亲水性，在水处理中具有较好的抗污染性，因为水中绝大部分污染物，如蛋白质、脂肪等都是疏水性物质。但这类膜化学稳定性较差，只允许在较窄的 pH 值范围内使用。

当超滤膜采用聚砜、聚醚砜、聚偏氟乙烯等材料制成时，这类膜称为疏水超滤膜。膜的表面呈疏水性，其化学性能较为稳定，机械强度较高，因此被广泛采用，但抗污染能力较差。

膜材料的亲水性和疏水性见图5-3。

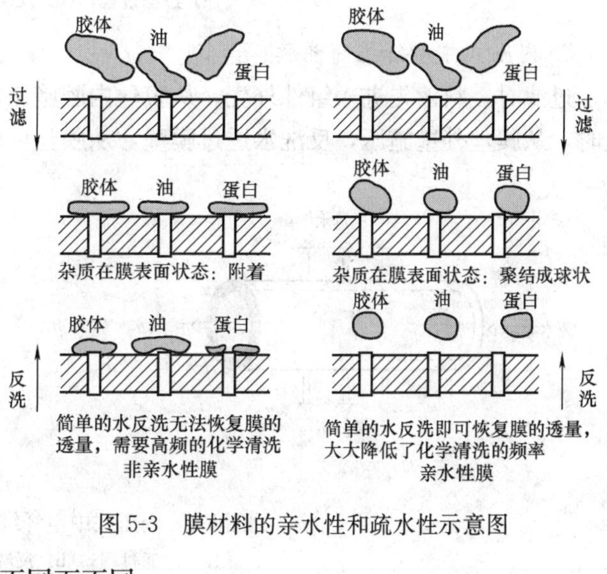

图 5-3 膜材料的亲水性和疏水性示意图

现各厂家为了改进膜的抗污染能力，采用了不同的化学改进方法，使原来疏水性的膜改变为偏亲水性，这类膜也称为亲水超滤膜。目前，普遍使用的超滤膜大多属于此类改进的亲水超滤膜，其亲水性因各厂家改进方法不同而不同。

三、超滤膜组件的形式

超滤膜组件的形式大致有中空纤维式、螺旋卷式或板框式超滤膜。目前，普遍采用的是中空纤维式超滤膜。对于中空纤维超滤膜，其操作方式有外压式和内压式。

（一）板框式膜

板框式膜组件也称平板式膜组件，其外形类似于板框式压滤机，所不同的是所用的滤布材料不同。板框式膜组件以隔板、膜、支撑板组装在一起，膜按顺序多层交替重叠压紧。隔板上有许多槽沟用作原液和未透过液的流动，支撑板上有孔用作渗透液的流动。原液进入系统后，沿槽沟流动，从膜的一面渗透到膜的另一面，并经支撑板上的孔通过导流槽排出。

板框式膜组件的优点是制造简单，操作方便，清洗、维护、更换容易；缺点是制造成本较高，当膜面积大时，对膜的机械强度要求高。

（二）中空纤维膜

1. 外压式中空纤维超滤膜

过滤时，料液先进入组件外壳，从膜丝外壁施压，产水透过膜壁，从膜丝内腔流出；反洗时，从膜丝内腔施压，反洗水透过膜壁，从膜丝外壁流出。其过程见图 5-4。

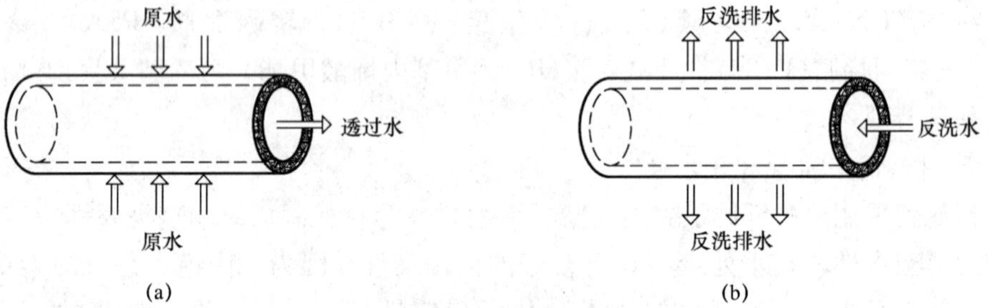

图 5-4 外压式中空纤维超滤膜

(a) 过滤过程；(b) 反洗过程

2. 内压式中空纤维超滤膜

过滤时，料液先进入组件外壳，从膜丝内腔施压，产水透过膜壁，从膜丝外壁流出；反洗时，从膜丝外壁施压，反洗水透过膜壁，从膜丝内腔流出。其过程见图 5-5。

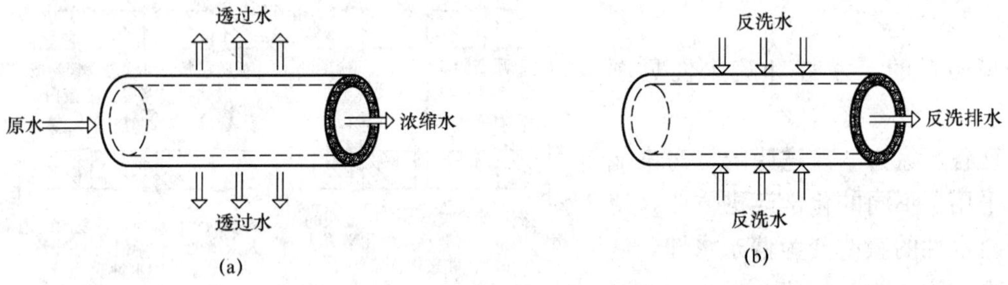

图 5-5 内压式中空纤维超滤膜

(a) 过滤过程；(b) 反洗过程

3. 内、外压式中空纤维超滤膜的比较

外压式操作在进行反洗时无法保证清洗的效果。过滤过程中，料液从膜丝外壁进入膜丝内腔，反洗时采用透过液，流道方向恰恰相反。为了保证反洗效果，需要注入大量的反洗水，但膜丝内腔的流道相对狭窄，限制了反洗液的流量，反洗效果会大打折扣，长期使用会导致膜污染和膜通量的下降。外压式中空纤维膜反洗操作时为了提高反洗效果，一般均采用空气辅助措施。辅助空气可以采用从膜丝内腔透过膜壁，也可采用反洗时直接作用在膜丝外侧。空气反冲洗可以彻底清除膜面的沉积物，但在清理膜面的同时也会造成膜丝的拉伸、疲劳等伤害，缩短膜丝的使用时间。

四、超滤膜的操作模式及典型工艺流程

（一）死端过滤

死端过滤又称为直流过滤，是指原水全部通过膜得到产水，水中被膜表面截留的污染物全部沉积在膜表面的过滤方法。该种方法一般要求原水水质较好，这种过滤方式能节省能耗，但在相同的水质条件下，需要更大的膜面积。

死端过滤的典型流程见图 5-6。

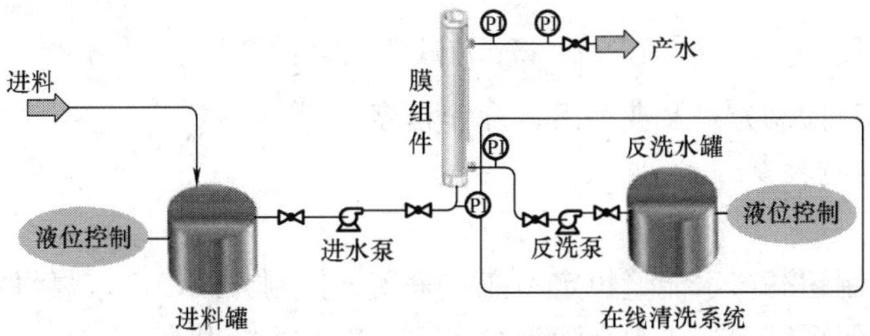

图 5-6 死端过滤的典型流程

（二）错流和微错流过滤

1. 错流过滤

错流过滤是指原水经超滤膜过滤后，一部分原水透过膜得到产水，另一部分原水携带截留物质排出膜组件。错流过滤可以增加膜表面的液体流速，使膜表面的凝胶厚度减小，从而有效降低膜的污染。采用错流过滤时排出超滤膜的原水称为浓水，浓水与产水量的比值称为回流比，一般回流比为 10%～100%。采用错流过滤虽然可以降低膜的污染，但需要更大的水输送量，能量的消耗较大，一般在原水水质较差的条件下使用。一般错流过滤的浓水可回收到原水箱或预处理设备经处理后重新进入超滤膜，也有在系统内添加循环泵以提高膜丝表面流速的。

错流过滤的典型流程见图 5-7。

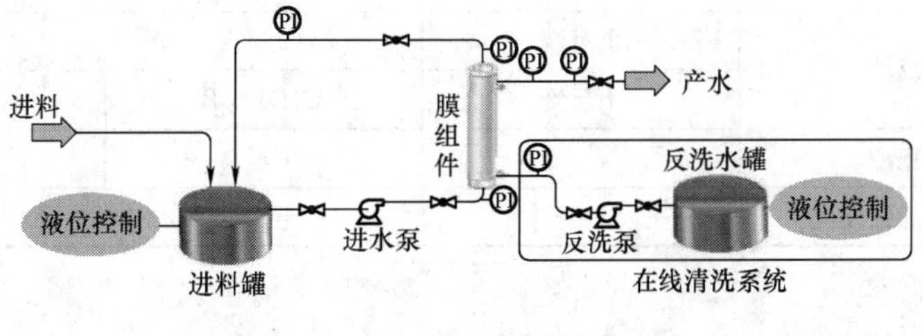

图 5-7 错流过滤的典型流程

2. 微错流过滤

微错流过滤是将错流过滤的回流比控制在 1%～10%范围内的过滤方式。微错流过滤介

于死端过滤和错流过滤之间，兼顾了污染和能耗因数，但因其浓水全部排放掉，所以降低了水的回收率。

微错流过滤的典型流程见图 5-8。

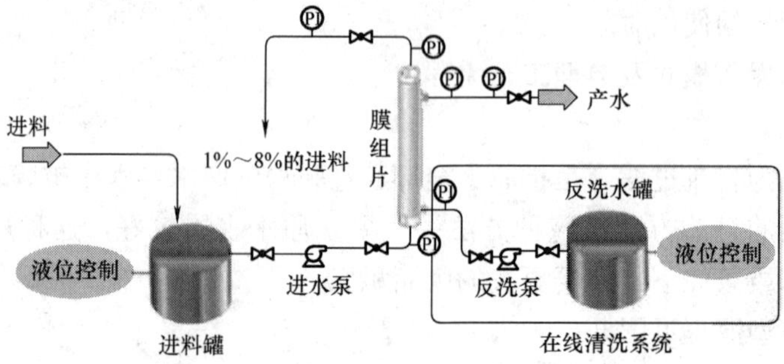

图 5-8 微错流过滤的典型流程

五、超滤的运行控制方式及典型运行操作程序

（一）超滤的运行控制方式

1. 恒流控制

恒流控制即控制超滤产水流量恒定不变。采用该控制方式，产水量恒定，有利于上、下道工序运行稳定，但系统运行压力会随着膜表面污染而不断升高。

2. 恒压控制

恒压控制即控制超滤进水压力恒定不变。采用该控制方式，系统运行压力不会随膜表面污染而升高，但产水流量会随膜表面污染而下降，不利于上、下道工序稳定运行。

（二）超滤的典型运行操作程序

一般情况下，超滤膜连续工作运行时的典型操作程序为产水—反洗—正冲—……—产水—化学加强反洗—正洗—产水—反洗—……，循环进行。这些过程的选用及组合根据水质、操作条件的不同进行选择。

单只超滤膜元件的运行操作流程见表 5-3，单只超滤膜元件示意图见图 5-9。

表 5-3 单只超滤膜元件的运行操作流程

序号	过程	操作模式	流向	时间
1	产水	错流操作	A 至 B、C	15～90min
		死端过滤	A 至 C	
2	反洗	上反洗	C 至 A	20～60s
		下反洗	C(D)至 B	20～60s
3	正冲		A 至 B	10～20s
4	化学加强反洗		C 至 A、B	20～30s

1. 正冲

水流通过进水管流经膜丝中空腔，从上部排污管流出，使膜表面产生切向加速度来冲刷膜污染的沉积物，以增加反洗的效果，使透量完全恢复。

2. 反洗

一般根据超滤运行产水时间定期进行中空膜的反洗。反洗时水流方向与产水方向相反，此操作方式是中空纤维膜组件特有的操作方式，可以有效地减小污染。一般反洗程序分为两个过程，即上反洗和下反洗。反洗水一般采用超滤产水或去除颗粒的纯净水。

3. 化学加强反洗

化学加强反洗根据膜受污染的情况决定，一般可根据超滤膜的跨膜压差增长情况（如：在正常运行周期时间内起始跨膜压差增加 0.02MPa 可进行化学加强反洗）或超滤运行周期设定化学加强反洗。超滤的化学加强反洗一般分为起杀菌作用的碱洗和清除污物的酸洗，杀菌的碱洗一般每天数次，清除污物的酸洗一般一天或数天一次。化学加强碱洗一般使用 NaOH 和次氯酸钠，控制 pH 值为 11～12，次氯酸钠为 30～50ppm；化学加强酸洗一般使用 HCl 或硫酸等，控制 pH 值为 2～3。化学加强碱洗或酸洗一般不在一个化学加强反洗过程内分别进行，而是根据水质选择在进行几次加强碱（酸）洗后进行一次加强酸（碱）洗。

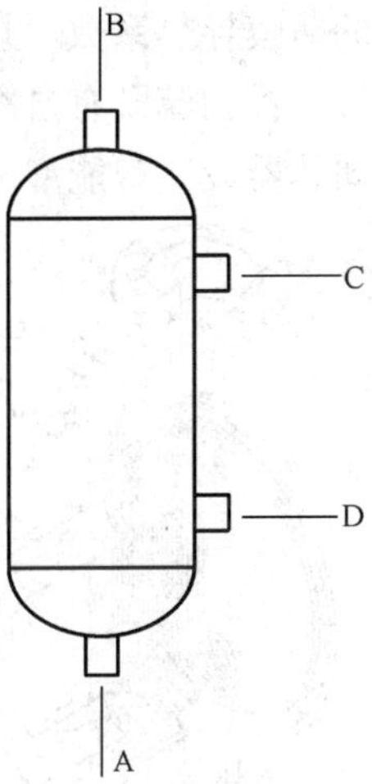

图 5-9 单只超滤膜元件示意图

六、超滤系统操作介绍

（一）超滤系统流程、设备介绍

超滤系统一般应由预处理设备、超滤膜组件、超滤水箱、加药设备、反洗设备、清洗系统、加热器等组成。下面对华电某电厂超滤系统进行流程介绍。

1. 超滤系统流程

该厂设计两套超滤系统，超滤膜采用德国 Membrana 公司的 Ultra-Flux^R-61 中空纤维膜组件，设计微错流运行方式，进水流量为 90t/h，产水量为 80t/h，浓水回流为 1%～10%。

运行流程：原水经升压泵→沉淀池→重力滤池→清水箱→加热器→100μm 叠片式过滤器→超滤膜组件→超滤水箱→后续水处理设备。

反洗流程：超滤水箱→反洗水泵→反洗过滤器→超滤膜组件→排水到废水池。

清洗循环流程：清洗箱→清洗泵→清洗过滤器→超滤膜组件→清洗箱循环。

加药系统由杀菌剂加药系统、混凝和助凝加药系统、加酸和加碱系统组成。

2. 超滤系统主要设备

(1) 加热器。

该厂冬季的极端最低气温在－9℃左右，因此冬季系统的进水温度可能较低。由于膜系统对原水温度的变化相当敏感，温度每降低 1℃，产水量将下降 3%左右，因此系统设置加热器设备，在冬季水温比较低的情况下对原水进行加温，增加膜系统的出力和降低膜系统的操作压力。

该厂选用两台芬兰 VAHTERUS 公司生产的全焊板式换热器，设计流量为 100t/h，温度调节范围为 15～30℃，设计出水温度为 25℃。加热器汽源采用温度为 300～320℃、压力为 0.8～1.3MPa 的过饱和蒸汽直接加热，每台加热器的蒸汽耗量为 4.0t/h 左右。

全焊式结构加热器可以不设置蒸汽的减温减压装置，将温度、压力相对比较高的饱和蒸汽直接引入系统，从而减少由于减温减压引起的热损失。换热器的板片采用波纹设计，具有高度的薄膜导热系数，且板片波纹所形成的特殊流体在极低的流速下即可产生强烈的扰动流（湍流），扰动流既有自净效应，又能有效防止污垢产生，因此传热效率高。

加热器设置智能型电动调节阀，通过调节蒸汽量，以恒定其出水的温度在25℃左右。

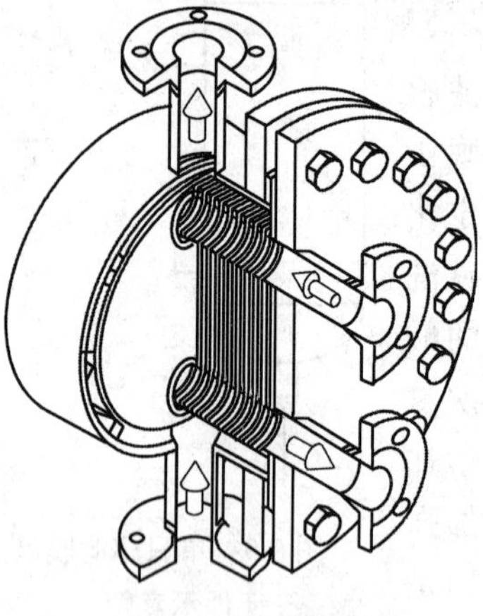

图 5-10 全焊板式加热器内部结构示意图

全焊板式加热器是采用将圆形板片焊接成板束，再整体放入压力容器外壳的结构，见图 5-10。其换热形式为：一种介质通过端板处的连接管和板上的开孔处进出，称为板程；另一种介质通过壳体上的连接管进出，称为壳程。一般情况下，在热交换系统中热介质走板程，冷介质走壳程；在冷凝情况下，热介质走壳程，冷介质走板程。其换热为热介质流经圆形波纹换热片传递热量到冷介质，使冷介质温度提高。

（2）叠片式过滤器。

超滤系统对进水的颗粒物大小有一定的要求，原水虽然经过混凝、澄清、过滤处理，但其中仍可能含有大颗粒杂质以及前级过滤器破碎的滤料颗粒。因此，在超滤膜系统进水前设置保安过滤器，其作用是拦截原水中可能含有的大颗粒物质，以免颗粒物质堵塞超滤膜中空纤维丝端头或尖锐物质划伤超滤膜丝。

超滤系统前一般设置叠片式自清洗过滤器。其过滤精度一般有20、50、100μm等，通常可根据选用的超滤膜中空丝直径来选择过滤器的过滤精度。该厂选用以色列阿科叠片式过滤器。

1）叠式过滤原理。过滤叠片表面刻有细微沟纹，相邻叠片沟纹走向的角度不同，因而彼此形成许多沟纹交叉点。不同规格的叠片，其沟纹交叉点的个数也不相同，从18～32个不等，这取决于叠片的过滤精度。这些交叉点构成大量的空腔和不规则的通路，从而导致紊流，颗粒间的碰撞凝聚，使其更容易在下一个交叉点被拦截，因此即使一些颗粒从最初的交叉点漏过，最终也仍会被后面的交叉点拦截。

2）过滤过程。

①叠片被弹簧力和压盖内外压差形成的压紧力紧紧地压在一起，形成一个紧密的过滤元件，防止水中杂质穿透；

②原水进入过滤器并穿过过滤元件；

③悬浮杂质被拦截在叠片外部和叠片之间。

3）反洗过程。控制器发出信号，关闭进水，打开排污，此时：

①过滤单元过滤后的清水从相反的方向进入该反洗的过滤器的出水口。

②橡胶锥斗的裙翼被水的压力打开，水流只能进入各反洗喷嘴管。

③压力水从安装在反洗喷嘴管上的喷嘴喷出。

④反洗喷嘴管中的压力水同时也进入活塞盖，推动压盖向上，松开被其压紧的叠片。

⑤沿切线方向喷射的水流驱动松开的叠片快速旋转，分开，同时冲刷走被拦截的杂质。

⑥反洗水携带冲刷下来的杂质从排污口排走。

4）过滤运行模式。

①过滤过程。原水通过进水管和进水三通阀进入每个过滤单元，穿过所有过滤单元，清

水汇总到出水管路流出。

②反洗过程。当启动反洗的压差或时间中任何一个设定的条件达到时，控制器就发出一个启动反洗的电信号；电磁阀接到电信号后，发送空气信号至三通反洗阀，使其从过滤状态切换至反洗状态。此时第一个反洗的过滤单元的进口三通阀改变方向，切断进水管，导通排污管，出水在背压作用下进入第一过滤单元，并反冲洗第一过滤单元后由排污口排出。反洗时间一般为15s左右（根据设置），这时其他过滤单元依然在过滤。第一个过滤单元的反洗结束时间到达时，控制器终止加给该电磁阀的反洗信号，三通反洗阀切换回到过滤状态，过滤芯压盖靠弹簧力重新压紧叠片，第一个反洗的过滤单元又回到过滤状态。第二个反洗过滤头及该系统后的过滤头都经过同样的运行程序，顺次完成反洗，每两个过滤头的反洗间隔数秒钟（一般为5s，根据设置），用于维持系统压力。在所有过滤器完成反洗后，系统又回到初始过滤状态。

过滤器运行反洗示意图见图5-11。

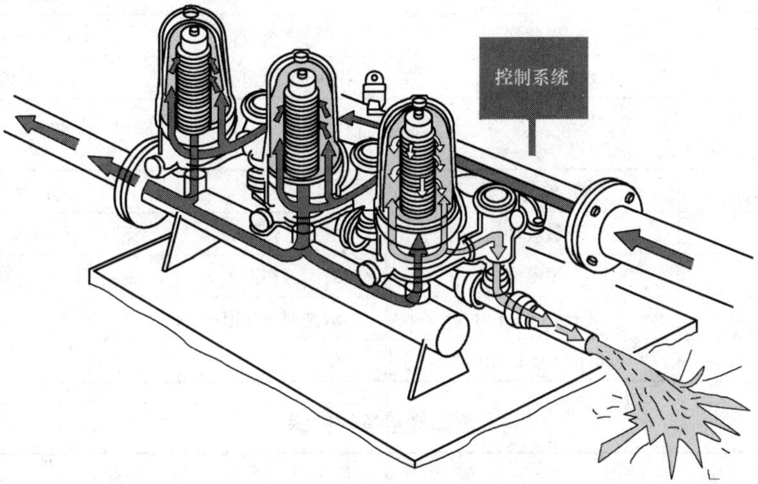

图5-11　过滤器运行反洗示意图

5）三通阀切换模式。过滤器三通阀示意图见图5-12。

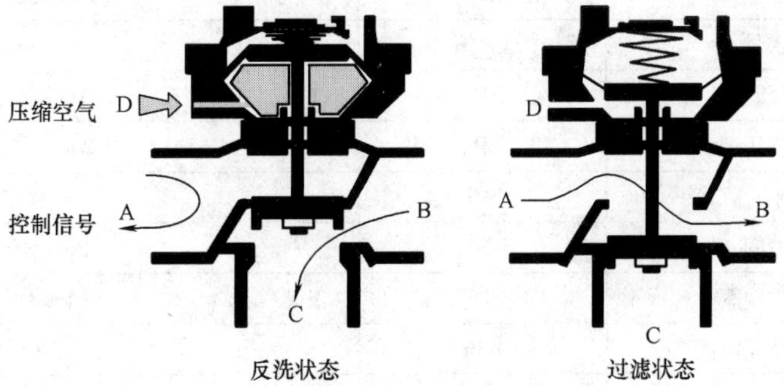

图5-12　过滤器三通阀示意图

6）叠片式过滤器的反冲洗周期可根据水质及运行条件选择，以运行时间及差压进行控制。一般时间可设定为60～120min；压差计设置为5×10^4～7×10^4Pa；两个过滤单元的反洗间隔时间一般选15s左右。

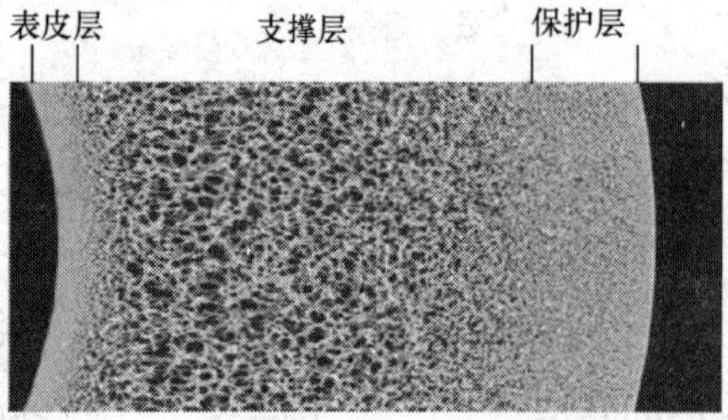

图 5-13 Ultra-Flux^{R}-61 膜断面示意图

(3) 超滤膜组件。

该厂设计两套进水流量为 90t/h、微错流控制、产水流量为 80t/h 的超滤系统。超滤膜采用德国 Membrana 公司生产的 Ultra-Flux^{R}-61 内压式中空纤维膜组件，见图 5-13。此膜采用三层结构：表面是具有致密细孔且很薄的表皮层；表皮层下是具有较粗孔径且较厚的支撑层，使其可承受水力压差；最外面为保护层。

Ultra-Flux^{R}-61 膜组件的技术性能见表 5-4～表 5-6。

表 5-4 滤膜特性参数

项　目	特性参数	项　目	特性参数
滤膜类型	中空纤维，内压式	中空腔外径/内径	1250μm/800μm
滤膜材料	磺化聚醚砜	纯水通量	0.65mL/(min·cm^2·bar)
MWCO(标称值)	80kDalon	建议预处理精度	100μm

表 5-5 外壳特性参数

项　目	特性参数	项　目	特性参数
外壳材料	环氧玻璃钢	最大工作压力	400kPa(58psi)
装封材料	聚氨酯	最大工作温度	40℃
密封材料	EPDM.O 形环	清洗时 pH 值	2～12
滤膜表面积	61m^2(653.4ft^2)		

表 5-6 典型应用操作数据

项　目	单　位	参　数
操作模式		死端过滤/错流过滤
过滤流量	L/(m^2·h)	60～120
反冲洗流量	L/(m^2·h)	150～250
单根组件产水量	m^3/h	3.6～8
典型过滤透膜压差	kPa	10～70
典型反冲洗透膜压差	kPa	20～200
反冲洗频率	h^{-1}	1～4
反冲洗持续时间	S	20～90
化学加强反冲洗频率	d^{-1}	1～8
化学加强反冲洗持续时间	min	2～20
典型瞬时耐氯量	ppm	100～200
典型游离氯接触	ppm	200 000
典型瞬时过氧化氢耐受量	ppm	200
典型化学清洗药品		次氯酸钠、盐酸、氢氧化钠、过氧化氢、柠檬酸、酶促化合物

德国 Membrana 公司生产的 Ultra-Flux^{R}-61 内压式中空纤维膜组件根据不同水质，采用混凝、沉降、气浮、砂滤、多介质过滤等预处理后，进水应符合下列条件：水中不溶解固体质量含量<5%；颗粒粒度<100μm；死端过滤要求浊度<15NTU。其产水应达到下列标准：出水浊度≤0.1NTU；出水 SDI<2（一般水质）或 SDI≤3（污水水质）；细菌去除率≥99.999%。

（4）反洗和加药系统。

超滤的反洗系统一般由反洗水泵、反洗保安过滤器、加药设备、排废系统组成。超滤反洗水源采用超滤出水，反洗泵一般设计流量为 2～4 倍的超滤进水量。反洗泵为变频调节，控制超滤反洗水压力不大于 0.2MPa。反洗系统设有 100μm 的保安过滤器，保证反洗水符合要求。超滤设有杀菌剂、酸、碱加药箱和计量泵，加药点设有静态混合器，以满足超滤反洗和化学加强反洗的需要。超滤的反洗水应根据不同的反洗程序分开排放，超滤水反洗的反洗水可排入回用水系统作为电厂工业冷却水或脱硫补充水等；超滤化学加强反洗的反洗水应排入工业废水处理系统进行处理。

（二）超滤系统主要操作

超滤系统的操作主要有投运、停运、反洗、化学加强反洗。下面以华电某电厂超滤系统为例进行操作介绍。

1. 启停操作（见图 5-14）

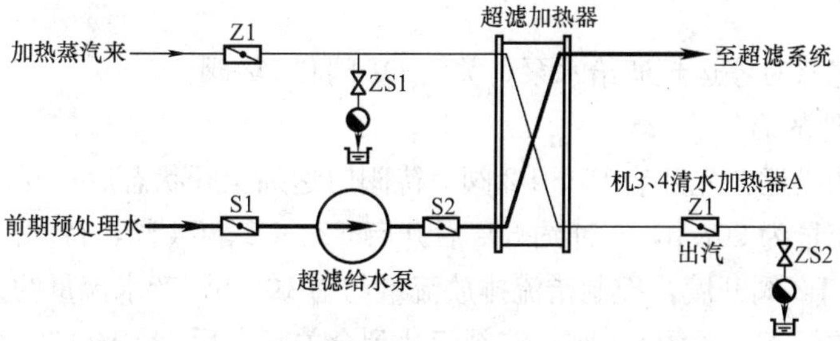

图 5-14 华电某电厂超滤加热器系统图

（1）加热器启停。

一般当原水水温低于 10℃时应考虑投用加热器，以保证膜系统的正常运行。加热器的投运由水系统和蒸汽系统两部分组成。加热器投运时，必须保证先投水系统，再投蒸汽系统；停运时，必须保证先停蒸汽系统，再停水系统。

打开 S1 阀、S2 阀，启动超滤给水泵调节变频器频率为 30Hz 左右，以 40～50t/h 低流量冲洗 30min，目测到加热器出水清。

打开 ZS1 阀，微开 Z1 阀，待加热器蒸汽母管充分暖管后，打开 ZS2 阀，微开 Z2 阀，待加热器充分暖管后，将超滤给水泵流量调至 90t/h，调节开启 Z1、Z2 阀，控制加热器出水温度为 25℃左右。

加热器停运时，先关闭 Z1、Z2 阀，待加热器出水温度与进水温度平衡后，停用超滤给水泵，关闭 S1、S2 阀。

（2）超滤系统启停（见图 5-15）。

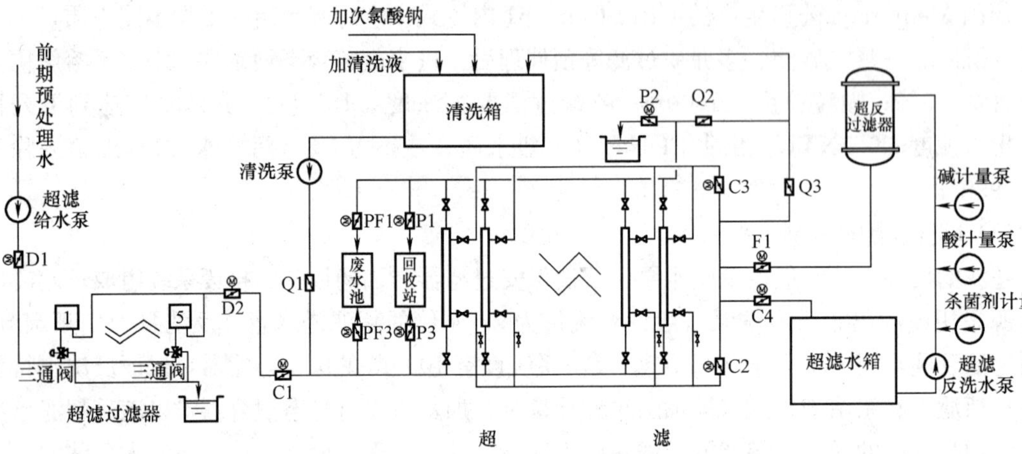

图 5-15 华电某电厂超滤系统图

超滤的启停操作必须保证膜系统不受“憋压”和“水锤”冲击，因此系统阀门操作的先后次序显得尤为重要。

1）叠片式过滤器的启停操作。

投运叠片过滤器：关闭 D2 阀，启动超滤给水泵，待排气阀将空气全部排完（排气阀有少量的水排出）后，慢慢打开 D2 阀，调整 D1、D2 阀的开度。控制叠片过滤器压差为 20～30kPa。

停用叠片过滤器时停运超滤给水泵，关闭 D1 阀和 D2 阀。

2）超滤膜组件的启停。

超滤膜组件的投运：先开启 P1、P2 阀，待阀门达到全开状态后，开启电动进水 C1 阀，调节超滤给水泵流量为 90t/h，正冲约 30s 后开启 C2、C3、C4 阀，待阀门达到全开状态后，关闭 P1 阀，调节 P2 阀开度，控制错流排放流量约为 10t/h，产水流量约为 80t/h。

超滤膜组件的停运：关闭 C1 阀，待阀门达到全关状态后，关闭 C2、C3、C4、P2 阀。

2. 反洗操作

（1）叠片式过滤器反洗操作。

关闭 D2 阀，检查叠片式过滤器的出水压力不小于 0.3MPa，依此将每只叠片过滤器的三通阀切换到反洗状态，每只叠片式过滤器的反洗时间为 15～25s，反洗流量约为 12t/h。

（2）超滤反洗操作。

超滤的反洗一般通过运行时间来控制，各厂家根据进水水质、采用的膜材料、运行控制方式等规定运行和反洗时间，通常超滤膜运行 30～60min 需进行一次反洗。

超滤的反洗：启动超滤反洗水泵，开启 P1、C2 阀，待阀门达到全开状态后，开启 F1 阀，调节反洗水泵出口流量为 240t/h，反洗 20～60s 后，开启 P3、C3 阀，待阀门达到全开状态后，关闭 P1、C2 阀，反洗 20～60s 后关闭 F1 阀，停超滤反洗水泵，关闭 P3、C3 阀。

（3）超滤化学加强反洗。

1）超滤化学加强酸洗：启动超滤反洗水泵；开启 PF1 阀、C2 阀，待阀门达到全开状态后，开启 F1 阀，调节反洗水泵出口流量为 240t/h，启动酸计量泵，调节 pH 值为 2～3，反洗 20～60s 后开启 PF3、C3 阀，待阀门达到全开状态后，关闭 PF1、C2 阀，反洗 20～60s

后关闭F1阀，停酸计量、超滤反洗水泵，关闭PF3、C3阀，浸泡约10min。开启PF1、C2阀，待阀门达到全开状态后，开启F1阀，调节反洗水泵出口流量为240t/h，反洗20～60s后开启PF3、C3阀，待阀门达到全开状态后，关闭PF1、C2阀，反洗20～60s后关闭F1阀，停酸计量、超滤反洗水泵，关闭PF3、C3阀。

2）超滤化学碱洗操作程序与化学加强酸洗相同，只是加强反洗时启动碱计量泵和杀菌剂泵，控制反洗水pH值为11～12和次氯酸钠量为30～50ppm。

（4）超滤的化学清洗。

超滤的化学清洗与化学加强反洗在程序上是一样的，分为酸洗和碱洗两种。

1）酸洗：在清洗箱内配制清洗液，用盐酸调节pH值至2～3，开启Q1、Q2阀，启动超滤清洗泵，调节变频器频率，控制清洗泵流量为90t/h左右，酸液通过清洗泵进入超滤膜中空腔后，返回超滤清洗箱，每隔30min记录清洗液pH值、温度、颜色的变化情况，循环清洗1～2h后，开启Q3阀再循环清洗1～2h，停止并循环浸泡1～2h。根据膜受污染的程度，重复循环、浸泡数次。

2）碱洗：在清洗箱内配制清洗液，用NaOH调节pH值至11～12，并加入杀菌剂次氯酸钠100～200ppm，程序与酸洗相同。

七、超滤系统运行维护及注意事项

（一）超滤系统运行注意事项

（1）超滤膜丝一般比较“脆弱”，因此在操作时应尽量避免压力、流量的大幅波动；温度的大幅突变对膜丝也会造成损伤。

（2）超滤的启停、反洗等操作应避免发生“水锤”冲击现象，因此超滤进水阀、出水阀、反洗阀应使用电动慢开阀；超滤进水泵、反洗泵使用变频调节。

（3）内压式中空纤维膜的进水压力不宜过高，一般应小于0.35MPa。

（4）过高的进水温度对膜丝也会造成损伤，一般应小于40℃。

（5）为了防止超滤膜被细菌、有机物污染，超滤的杀菌处理显得尤为重要。杀菌剂的投加点最好离超滤进水有30min以上的接触时间，并在超滤进水侧能保证有0.2～0.3ppm的余氯量。

（6）超滤运行应严密监视好透膜压差的变化。当透膜压差上升10～20kPa时，应执行化学加强反洗；当透膜压差上升60kPa时，应及时进行化学清洗。即使超滤运行情况良好，最好6个月也执行一次化学清洗。

（7）超滤的反洗必须保证反洗水流量，一般反洗水流量为2～4倍产水量，反洗水压力不高于0.2MPa。

（二）超滤膜的保存及保护

（1）若超滤系统停运时间在1天以内，可采用以下方法：

1）每天用合格的预处理水对超滤膜正冲洗1～2次。

2）超滤反洗结束后将中空腔内水放尽。

（2）若超滤系统停运时间在2～3天以内，可采用：超滤在反洗时加入3～5ppm的次氯酸钠，反洗结束后将含3～5ppm次氯酸钠的反洗水保留在超滤膜组件内。

（3）若停用一周及以上，可采用：超滤膜组件在保护前先进行化学清洗，再在超滤膜组件内加入0.5%～1%（质量比）的甲醛水溶液，将膜组件与外界空气完全隔绝。定期（一周一次）检测保护液是否失效，如失效更换保护液。

（三）超滤膜的完整性检测

超滤膜在出厂前一般应进行完整性检测，称为泡点测试。泡点是指膜完全浸润并浸泡在液体中，从膜的一边加以一定压力的气体，从膜的另一边开始大量出现连续气泡时的最低压力。泡点测试常用来检测膜的最大孔径。

超滤膜丝在运行过程中不可避免地将受到水流冲击，超滤膜丝的断裂也是不可避免的，当超滤膜发生较大面积的断丝时，将会影响超滤产水的品质，因此应定期对膜丝进行完整性检测。

1. 压力衰减法（见图5-16）

（1）采用干净的仪用压缩空气，以低于0.1MPa的气压将超滤膜中空腔内的水排尽。

（2）对超滤膜中空腔加0.1MPa的气压，超滤膜的渗透侧与大气连通，计时观察超滤膜中空腔内气压的衰减速度。

（3）如果压力衰减速度太快，可根据漏气的声响来确定泄漏点或有问题的组件。

（4）采用压力衰减法检测，每个膜组件要单独隔绝检测。

2. 气泡观察法（见图5-17）

一般在设计超滤系统时，在每组膜组件的浓水排放管上都连接安装一段长约100mm的PVC透明管。当干净的仪用压缩空气进入膜组件时，空气会从产水口进入，再经中空纤维膜外侧的破裂处或有大孔缺陷处漏入中空纤维内腔，气泡通过纤维内腔经上端流入透明管，即可观察到泄漏的气泡，进而确定膜组件的完整性。

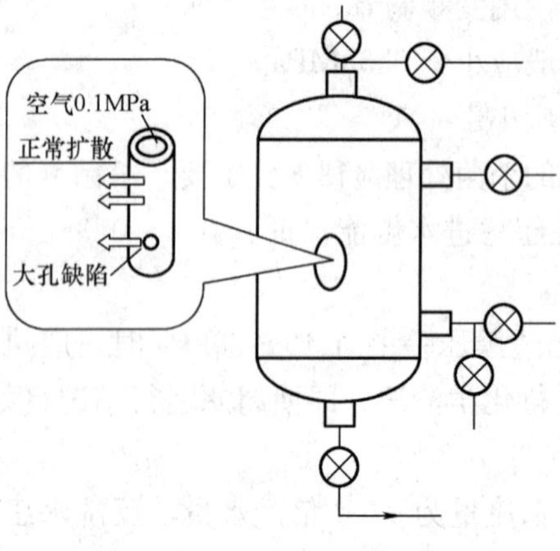

图5-16 内压式超滤膜压力衰减法检漏示意图

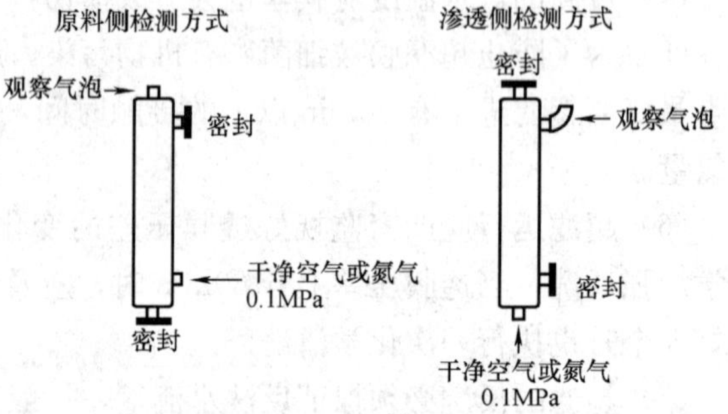

图5-17 内压式超滤膜气泡观察法检漏示意图

（1）关闭超滤膜组件进水、渗透侧下端产水口。

（2）打开回流（或浓水）排放阀门。

（3）将干净的仪用压缩空气从膜组件的上产水口输入，缓慢将压力升至0.1MPa，并将压力保持在0.1MPa，保压10min。

（4）仔细观察膜组件上部透明管中是否有连续气泡出现，以确定膜组件的完整性。

第二节 反渗透系统

反渗透是20世纪后期迅速发展起来的膜法水处理方式，是苦咸水处理、海水淡化，以及除盐水、纯水、高纯水等制备的最有效方法之一。它的核心技术是反渗透膜，该膜是一种用特殊材料和加工方法制成的、具有半透性能的薄膜。它能够在外加压力的作用下使水溶液中的某些组分选择性透过，从而达到水体淡化、净化的目的。

早在1748年法国人Abble Nellet就发现了渗透现象。1950年美国人Hassler提出了利用与渗透相反的过程进行海水淡化的设想。但是，只有当1960年Loeb Sourirajan用醋酸纤维素作材料，研制成第一张高分离效率和高透水量的反渗透膜以后，反渗透技术才从可能变为现实。

反渗透水处理工艺基本上属于物理方法，它在诸多方面具有传统的水处理方法所没有的优异特点：

(1) 反渗透是在室温条件下，采用无相变的物理方法使水淡化、纯化。

(2) 依靠水的压力作为动力，其能耗在众多处理方法中最低。

(3) 化学药剂量少，无需酸、碱再生处理。

(4) 无化学废液及废酸、碱排放，无酸碱中和处理过程，无环境污染。

(5) 系统简单、操作方便，产水水质稳定，两级反渗透可取得高质量的纯水。

(6) 适应于较大范围的原水水质，既适用于苦咸水、海水以至污水的处理，也适用于低含盐量的淡水处理。

(7) 设备占地面积少，需要的空间也小。

(8) 运行维护和设备维修工作量少。

对于锅炉补给水处理，反渗透法也具有常规的离子交换处理方式难以比拟的优异特色，如：

(1) 产水中的二氧化硅少，去除率可达99.5%，有效地避免了发电机组随压力升高对SiO_2的选择性携带所引起的硅垢，以及天然水中硅对离子交换树脂的污染所造成的再生困难、运行周期短等问题。

(2) 产水中有机物、胶体等物质的去除率可达到95%，避免了由于有机物分解所形成的有机酸对汽轮机尾部的酸性腐蚀问题。

(3) 反渗透水处理系统可连续产水，无运行中停止再生等操作，没有产水水质忽高忽低的波动，对发电机组的稳定运行及保证电厂的安全经济有着不可估量的作用。因而，反渗透在发电厂锅炉补给水处理中的应用受到广泛关注。

一、反渗透的基本原理

常见的膜法分离技术有微滤、超滤、纳滤、反渗透、渗析、电渗析、电除盐、气体分离、渗透蒸发、液膜，各种分离方法的适用范围见图5-18。

(一) 半透膜

半透膜是广泛存在于自然界动植物体器官上的一种选择透过性膜。严格地说，它是只能透过溶剂（通常指水）而不能透过溶质的膜。工业上使用的半透膜大多是高分子合成的聚合物产品。

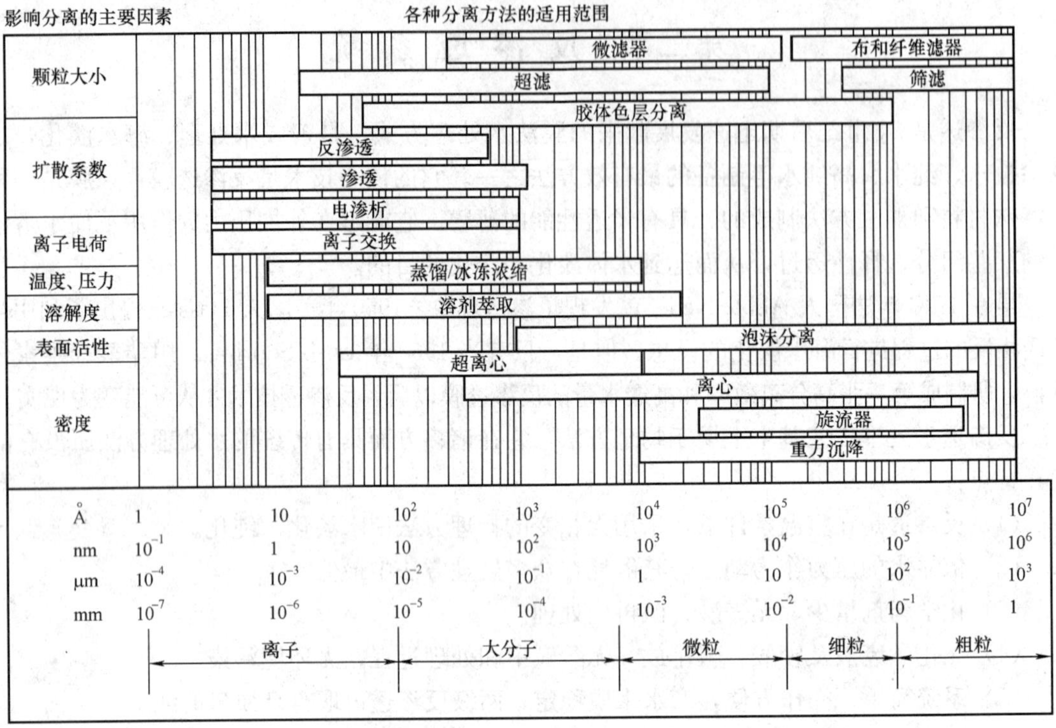

图 5-18 各种膜分离方法的适用范围

（二）渗透、反渗透、渗透压

当把溶剂和溶液（或把两种不同浓度的溶液）分别置于此膜的两侧时，溶剂将自发地穿过半透膜向溶液（或从低浓度溶液向高浓度溶液）侧流动，这种现象叫渗透，如图 5-19（a）所示。如果上述过程中溶剂是纯水，溶质是盐分，当用理想半透膜将它们分隔开时，纯水侧会自发地通过半透膜流入盐水侧。

当在膜的盐水侧施加一个大于渗透压的压力时，水的流向就会逆转，此时盐水中的水将流入纯水侧，这种现象叫做反渗透，该过程如图 5-19（b）所示。

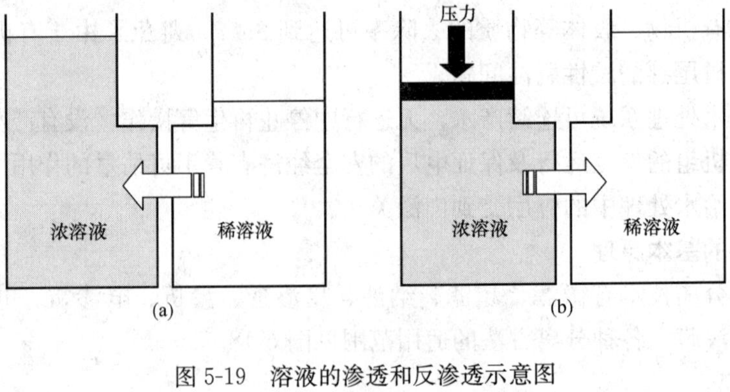

图 5-19 溶液的渗透和反渗透示意图

（a）渗透；（b）反渗透

纯水侧的水流入盐水侧，盐水侧的液位上升，当上升到一定程度后，水通过膜的净流量等于零，此时该过程达到平衡，与该液位高度差对应的压力称为渗透压。

一般来说，渗透压的大小取决于溶液的种类、浓度和温度，而与半透膜本身无关。通常可用下式计算渗透压，即

$$\Delta\Pi = \Delta CRT$$

式中 $\Delta\Pi$——渗透压；

R——气体常数；

ΔC——浓度差；

T——温度。

（三）膜脱盐机理

关于膜脱除水中的盐分，并使水分子透过膜的机理说明，目前存在多种见解，基本上可以看作是有孔和无孔两种解释，主要有氢键理论、选择吸附毛细孔流动理论和溶解扩散理论。为了阐明其不同点，现简要加以说明：

1. 氢键理论

氢键理论是把醋酸纤维膜看做高度有序的矩阵结构的聚合物，膜的活性集团乙酰基(—C=O)具有与水分子形成氢键的能力，形成“结合水”，而水中溶解的其他粒子和分子则不能。在水的压力下，第一个进入膜的水分子由于第一个氢键断裂下来，到下一个活性基团形成新的氢键……如此不断移位，从而使水及氢键传递通过膜层，而盐分则被分离出去。

氢键理论扩散模型见图 5-20。

2. 选择性吸附毛细孔理论

选择性吸附毛细孔理论是把膜看做一种微细多孔结构物质(5-10A)，以 Gibbs 吸附方程为基础。膜的亲水性决定了选择吸附纯水而排斥盐分的特性，在固液表面上形成纯水层（约 0.5nm）。在施加压力下，纯水层中的水分子不断通过毛细管流过膜。

优先吸附—毛细孔流机理模型见图 5-21。

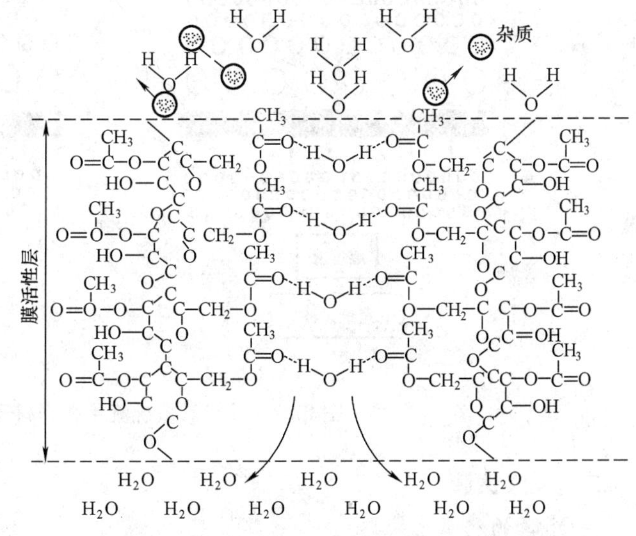

图 5-20 氢键理论扩散模型示意图

3. 溶解扩散理论

在反渗透水处理中是把膜视作无孔的，按溶解扩散方程进行计算。这一理论是将膜当作溶解扩散场，认为水分子、溶质都可溶于膜内，并在推动力下进行扩散，淡水分子和盐分的溶解和扩散速度不同，因而表现了不同的透过性。

（四）反渗透系统流量和物料守衡

反渗透系统流量和物料守衡见图 5-22。

在反渗透系统中，水体流量和水体中各项物质的量总是保持不变的，它存在着以下两个

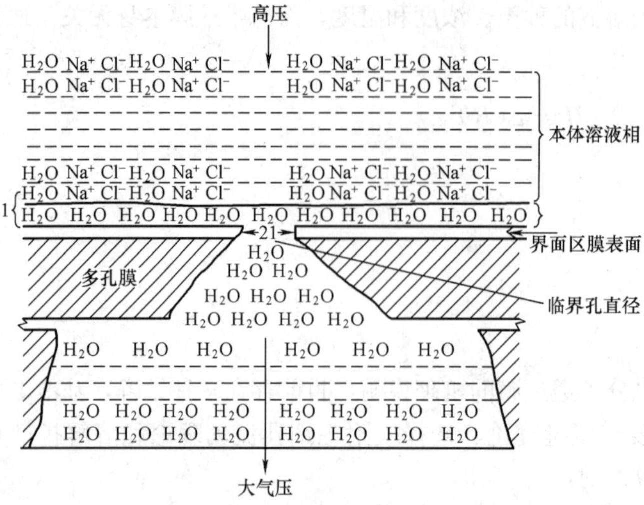

图 5-21 优先吸附—毛细孔流机理模型示意图

平衡方程，即

$$Q_1 = Q_2 + Q_3 \quad (5\text{-}1)$$

$$Q_1C_1 = Q_2C_2 + Q_3C_3 \quad (5\text{-}2)$$

式中 Q_1——原水流量；

Q_2——产水流量；

Q_3——浓水流量；

C_1——原水中物质浓度；

C_2——产水中物质浓度；

C_3——浓水中物质浓度。

从式（5-1）可以看出，在保持原水水量恒定的情况下，要提高产水，可以通过减少浓水来实现；反之亦然。同理，在流量不变的情况下，由式（5-2）可以看出，产水水质越好，浓水的水质就越差。

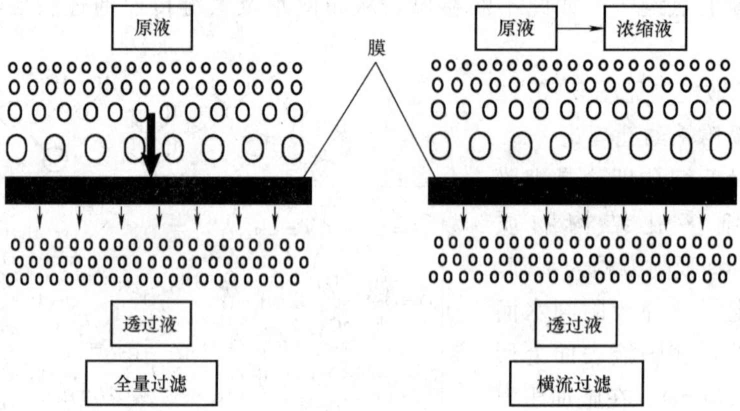

图 5-22 反渗透系统流量和物料守衡示意图

二、反渗透膜

（一）膜的种类

（1）按膜的结构形态分类。

1）均质膜：为同一种材质、厚度均一的膜。为了增加强度以便耐压，膜的厚度较厚，整个膜厚都起着屏蔽层的作用，因而透水性较差。

2）非对称膜：为同一种材质，制作成致密的表皮层和多孔支持层。表皮层很薄，起盐分分离作用，厚 0.1～0.2μm，因为阻力较小，膜的水通量较均质膜高。

3）复合膜：为不同材质制成的几层膜的复合体。表层为致密屏蔽表皮，起阻止并分离盐分的作用，厚约 0.2μm，表皮敷在强度较高的多孔层上，多孔层厚约 40μm，最底层为无纺织物支撑层，厚约 120μm，起支持整个膜的作用，见图 5-23。

复合膜的结构强度由无纺布提供，其具有坚硬、无松散纤维的光滑表面。因为无纺布孔隙很大，分离层直接复合在无纺布上表面不规则，所以高强度的多孔层材料一般为聚砜。

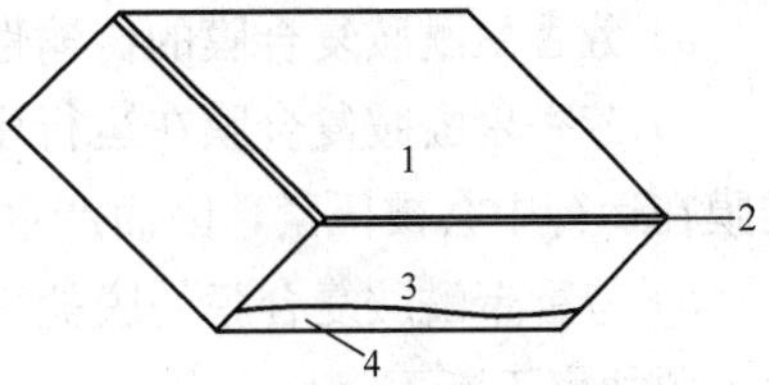

图 5-23　复合膜截面示意
1—活化层；2—中间层（凝胶）；
3—多孔支撑层；4—纺织纤维

复合膜是针对非对称反渗透膜使用过程中存在明显压密现象，以及难以平衡的透水量与脱盐率之间的矛盾而发展起来的。在相同条件下，复合膜的水通量（透水率）一般比非对称膜高 50%～100%。

复合膜的结构与非对称膜的结构比较见图 5-24。

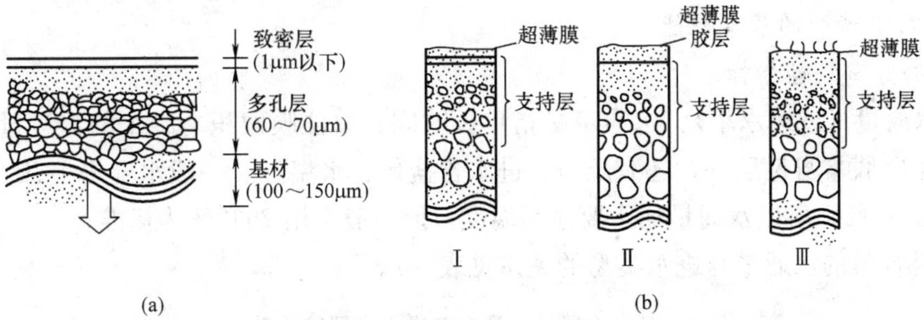

图 5-24　复合膜的结构与非对称膜的结构比较
(a) 非对称膜；(b) 复合膜

复合膜的优点是：超薄层可以做得极薄（10～100nm）而又很致密，从而具有高透水率和高脱盐率的特点；可分别根据需要选择不同的超薄脱盐层和微孔支撑层膜材料；可分别对超薄脱盐层和微孔支撑膜的膜液组成及制膜条件进行最优化选择；根据不同的应用，可制备出能重复的、不同厚度与性能的超薄脱盐层；不能通过溶解制取非对称膜的高分子材料也可以形成超薄脱盐层；可以合成具有交联度和带离子基团的超薄脱盐层，从而大大改善其耐溶剂性、对有机物脱除性能及耐压实性；制备超薄脱盐层的方法较多，选择自由度较大；复合膜大多是干膜，经多次干湿循环后，膜性能变化很小，对组件设备的贮存和运输极为有利。

(2) 按膜加工外形分类。

1) 平面膜：由平面膜作为中间原材料，可以加工成板式、管式或卷式反渗透膜。

2) 中空纤维膜：以熔融纺丝经过中空纤维的纺丝、热处理等工艺制成的很细的非对称结构的中空纤维膜。

(3) 按膜的材质分类。

1) 醋酸纤维素膜：一般是用纤维素经脂化生成三醋酸纤维素，再经过两次水解，成一、二、三醋酸纤维素的混合物制成的膜。

2) 芳香聚酰胺膜：一般是用高交联芳香聚酰胺作为膜表皮的致密脱盐层。

芳香聚酰胺复合膜与醋酸纤维素膜性能对比如下：

1) 芳香聚酰胺复合膜的化学稳定性好，醋酸纤维素膜不可避免地会发生水解。

2) 芳香聚酰胺复合膜的生物稳定性好，不易受微生物侵袭，而醋酸纤维素膜易受微生物侵袭。

3）芳香聚酰胺复合膜的传输性好。

4）芳香聚酰胺复合膜在运行中不会被压紧，因此产水量随使用时间改变小，而醋酸纤维膜在运行中会被压紧，因而产水量不断下降。

5）芳香聚酰胺复合膜的脱盐率随时间改变小，而醋酸纤维素膜由于不可避免地发生水解，脱盐率不断下降。

6）芳香聚酰胺复合膜由于进水流道大，其工作压力低，反渗透给水泵用电量与醋酸纤维膜相比几乎减少1/2。

7）醋酸纤维膜的寿命一般仅为3年，而芳香聚酰胺复合膜可使用5年。

8）芳香聚酰胺复合膜的缺点是抗氯性较差，价格较高。

（二）反渗透膜的基本性能

1. 膜的分离特性指标

（1）水通量（或透水率）。水通量是指单位时间、单位膜面积上纯水的透过量。影响水通量的因素除膜本身性质外，还有压力、进水含盐量、水温等。一般水温每上升1℃，水通量上升2%～3%，所以水通量通常要注明温度，但一般常用25℃作为标准。

一般复合膜的水通量与进水类型的关系见表5-7。

表5-7 一般复合膜的水通量与进水类型的关系

进水类型	一般复合膜的水通量(GFD)	进水类型	一般复合膜的水通量(GFD)
产品水	20～30	地表水	8～14
深井水	14～18	废水	8～12

（2）透盐率和脱盐率。脱盐类是指给水中总溶解固体物（TDS）中未透过膜部分的百分数。公式为

$$脱盐率=\left(1-\frac{产品水总溶解固形物}{给水总溶解固形物}\right)\times 100\%$$

$$脱盐率=\frac{进水电导率-淡水电导率}{进水电导率}\times 100\%$$

（3）膜的压密系数。反渗透膜长期在高压下工作，由于压力和温度作用，膜会被压缩，还会发生高分子链错位，引发不可逆变形，导致水通量下降。膜压密主要发生在脱盐层和支持层之间的过渡区域内。对于目前常用的超薄反渗透复合膜，其膜压密系数都很小，抗压密性能强，CA膜压密系数相对较大。影响膜压密效应的因素除膜本身性质外，还有压力、水温及进水水质。

（4）回收率和流量衰减系数。

1）回收率指产水流量与给水流量之比，以百分数表示。公式为

$$回收率=\frac{产品水流量}{给水流量}\times 100\%$$

一般影响回收率的因素主要有进水水质、浓水的渗透压、易结垢物质的浓度、污染膜物质等因素。

2）流量衰减系数。流量衰减系数是指反渗透装置在运行过程中产水量衰减的现象，即

运行1年后产水流量与初始运行产水流量下降的比值（复合膜一般不超过3%）。

（5）抗水解性和抗氧化性。

1）抗水解性。芳香聚酰胺膜和复合膜的抗水解性能比CA膜好，所以适应的pH值范围广，一般芳香聚酰胺膜工作pH值为3～11，复合膜工作pH值可达2～12。

2）抗氧化性。芳香聚酰胺膜和复合膜的抗氧化能力比醋酸纤维膜差。醋酸纤维膜要求进水中游离氯小于0.3mg/L，而芳香聚酰胺膜和复合膜要求小于0.1mg/L，有时甚至要求为0，需向水中添加还原剂，控制水的氧化还原电位。

（6）机械强度。膜的机械强度包括膜的爆破强度和抗拉强度。爆破强度是指膜面所能承受的垂直方向的压力，抗拉强度是指膜面所能承受的平行方向的拉力。

（7）抗微生物能力。膜是有机材质，会使细菌在膜面滋生和繁殖，其结果是破坏膜的脱盐层，使膜的脱盐能力下降。滋生的细菌又使膜面受到污染，细菌及生物黏液会使膜孔被堵塞，使水通量下降。芳香聚酰胺膜和复合膜的抗微生物污染能力比CA膜强。

（8）膜对离子透过的选择性。

1）孔径小的膜对离子脱除率高。

2）半径大的离子脱除率高。例如：醋酸纤维素反渗透膜对离子分离度由高到低的顺序是$Li^+>Na^+>K^+$，$Cl^->Br^->I^-$。

3）电荷高的离子脱除率高。例如：某些离子的脱除率由高到低的顺序是$PO_4^{3-}>SO_4^{2-}>Cl^-$，$Fe^{3+}>Ca^{2+}>Na^+$。

4）离子浓度越高，脱除率越低，要尽量避免浓差极化导致膜表面浓度增加的现象发生。

5）温度升高，脱除率提高。虽然温度高，离子进入膜孔的量增加，透过膜的速度增加，但是由于溶剂透过的速度更快，故透过液中离子浓度总体下降。

6）膜对水中有机物的脱除规律：分子量越大，去除效果越好；分子量越小，去除效果越差。

7）膜对水中溶解气体的脱除规律：对氨、氯、二氧化碳和硫化氢等气体，去除效果较差。

（9）膜通量保留系数。膜通量保留系数是指运行一段时间后产水流量与初始运行产水流量的比值，一般3年可达到0.85以上。

2. 运行条件对膜性能的影响

（1）进水温度对反渗透膜的影响。反渗透膜产水电导率对进水水温的变化十分敏感；随着水温的增加，水通量呈线性增加，进水水温每升高1℃，产水通量增加2.5%～3.0%，其原因在于透过膜的水分子黏度下降，扩散性能增强。

进水水温的升高同样会导致透盐率的增加和脱盐率的下降，这主要是因为盐分透过膜的扩散速度会因温度的提高而加快。

进水温度对反渗透膜的影响见图5-25。

（2）进水含盐量对反渗透膜的影响。渗透压是水中所含盐分或有机物浓度的函数，含盐量越高，渗透压也相应增加，进水压力不变的情况下，净压力将减小，产水量降低。透盐率正比于膜正反两侧的盐浓度差，进水含盐量越高，浓度差也越大，透盐率上升，从而导致脱盐率下降。进水含盐量对反渗透膜的影响见图5-26。

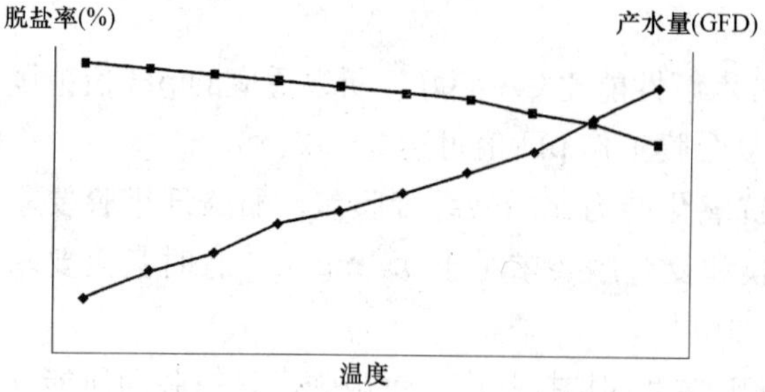

图 5-25 进水温度对反渗透膜的影响
—■— 平均脱盐率（%）；—◆— 平均水通量（GFD）

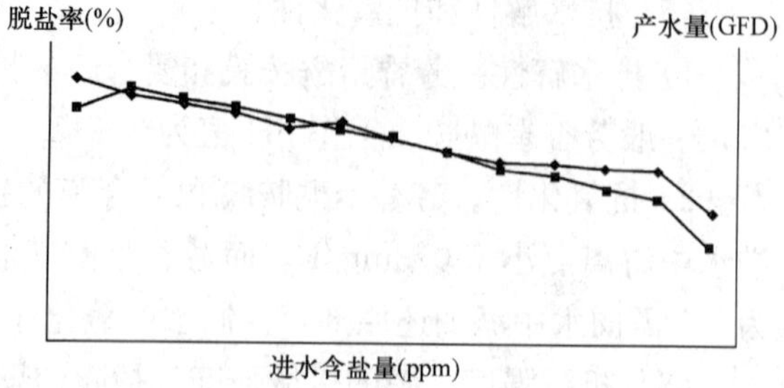

图 5-26 进水含盐量对反渗透膜的影响
—■— 平均脱盐率（%）；—◆— 平均水通量（GFD）

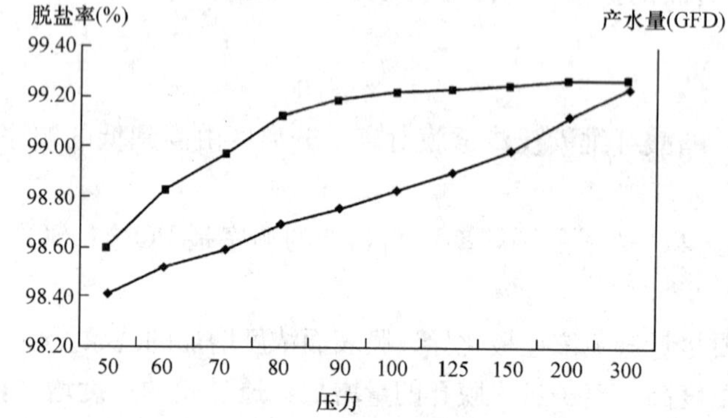

图 5-27 进水压力对反渗透膜的影响
—■— 平均脱盐率（%）；—◆— 平均水通量（GFD）

（3）进水压力对反渗透膜的影响。进水压力本身并不会影响盐透过量，但是进水压力升高会使驱动反渗透的净压力升高，产水量加大，同时盐透过量几乎不变，增加的产水量将稀释透过膜的盐分，从而降低透盐率，使反渗透的脱盐率得以提高。

当进水压力超过一定值时，由于过高的回收率，加大了浓差极化，又会导致盐透过量增加，从而抵消增加的产水量，使得脱盐率不再增加。进水压力对反渗透膜的影响见图 5-27。

（4）进水 pH 值对反渗透膜的影响。进水 pH 值对产水量几乎没有影响，而对脱盐率有较大影响。由于水中溶解的 CO_2 受 pH 值影响较大，pH 值低时以气态 CO_2 形式存在，容易透过反渗透膜，因此 pH 值低时，反渗透膜脱盐率也较低；随 pH 值升高，气态 CO_2 转化为 HCO_3^- 和 CO_3^{2-}，脱盐率也逐渐上升，在 pH 值为 7.5～8.5 时，脱盐率达到最高。进水 pH 值对反渗透膜的影响见图 5-28。

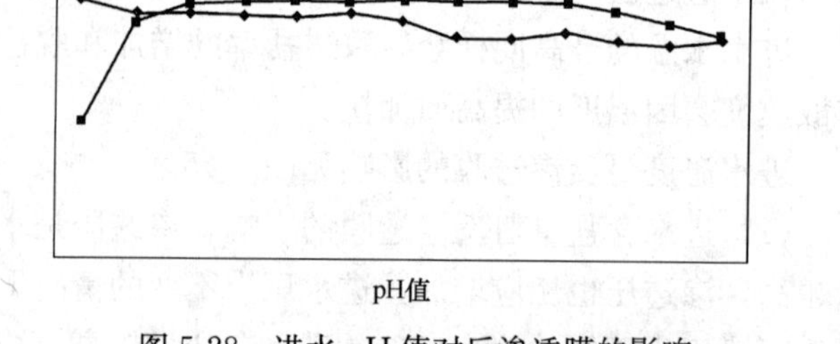

图 5-28 进水 pH 值对反渗透膜的影响
—■— 平均脱盐率（%）；—◆— 平均水通量（GFD）

三、膜元件的形式

工业上使用的膜元件主要有四种基本形式，即管式、平板式、中空纤维式和涡卷式。管式和平板式是反渗透膜元件最初始的产品形式，中空纤维元件和涡卷式元件是管式和平板式膜元件的改进和发展。

1. 板框式膜元件

板框式膜元件由一定数量的承压

板组成，承压板两侧覆盖微孔支撑板，其表面覆以平面成为最基本的反渗透单元。叠和一定数量的基本单元并装入压力容器中，构成反渗透器。此种形式能承受较高的压力，但占地面积大，水流分布不均匀，且存在水流扰动，易产生浓差极化。

新式板框反渗透器的结构见图 5-29。

框式膜组件的工作过程见图 5-30。该形式的优点是结构简单，体积比管式的小；缺点是装卸复杂，单位体积膜表面积小。

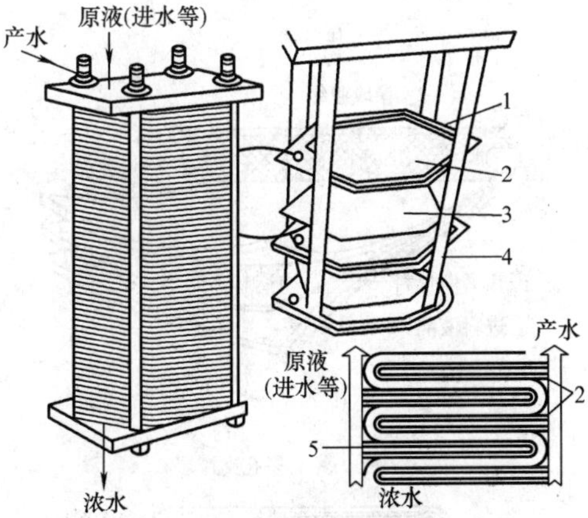

图 5-29 新式板框反渗透器结构示意图

1—板框；2—反渗透膜；3—导水分隔板；4—O 形圈；5—导水支撑板

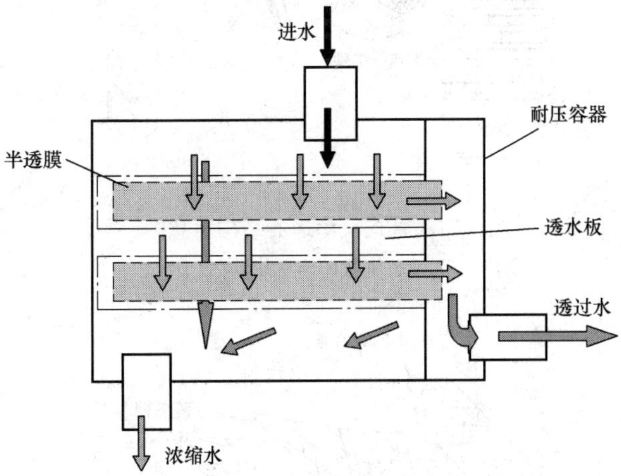

图 5-30 框式膜组件的工作过程

2. 管式膜元件

管式膜元件是将管状膜衬在耐压微孔管上，并把许多单管以串联或并联方式连接装配成管束，有内压式和外压式两种。一般用内压式，其优点是水流流态好，易安装、清洗、拆换；缺点是单位面积小。

管式反渗透器的结构见图 5-31。

3. 涡卷式膜元件

20 世纪 60 年代中期问世，无前述各形式的缺点，特别是 1980 年出现低压复合膜后，膜的各项性能指标均好，不易污染，且可低压运行，投资少、耗电低、脱盐率高（可达 99.7%）、寿命长，因此涡卷式复合膜是当前工业水处理首选的膜元件。

螺旋卷式结构：由多片膜袋组成，每一叶膜袋由两片正面相背的膜片和置于两片膜片间的产水流道及膜表面的湍流网格状进水流道组成。膜袋的三面用胶粘剂密封，第四边开口于有孔的产水收集管上。

螺旋卷式膜片结构见图 5-32。

膜的脱盐层面对进水隔网，支撑层面对透过水隔网。透过水隔网构成透水通道，并起支撑膜的作用。进水隔网构成进水和浓水通道，网隔状的设计起扰动水流，防止浓差极化的作用。多孔中心管与透水通道相通，收集透过水。在压力的推动下，原水在进水隔网中流动，水量不断减少，浓度不断增加，最后从浓水排放管排出；透过水在透水隔网内流动，流量不断增加，最后进入中心集水管。

螺旋卷式反渗透膜元件的结构见图 5-33。

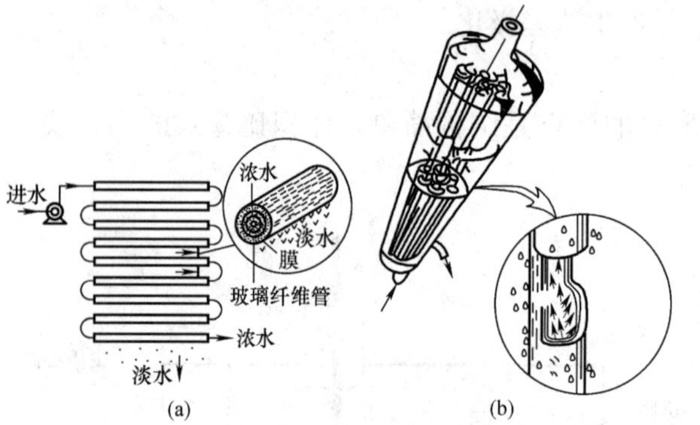

图 5-31　管式反渗透器结构示意图

(a) 串联；(b) 并联

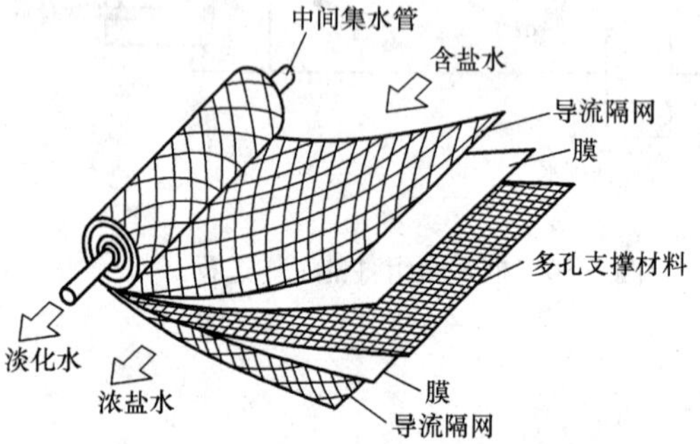

图 5-32　螺旋卷式膜片结构示意图

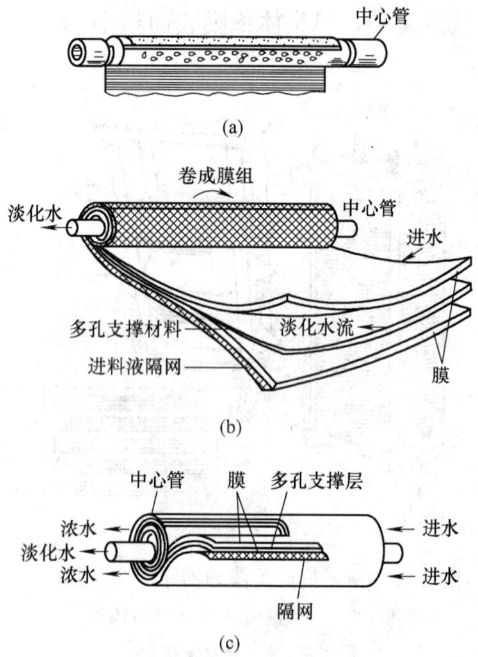

图 5-33　螺旋卷式反渗透膜元件结构示意图

(a) 多孔中心管；(b) 螺旋式卷绕；(c) 螺旋式膜元件

螺旋卷式膜组件是目前应用最广的一种膜组件，主要优点是单位体积内膜面积大，结构紧凑，占地面积小，易于大规模生产；缺点是当进水中有悬浮物时比较容易堵塞，此外产水侧的支撑材料要求高，不易密封。

螺旋卷式膜组件的组装见图 5-34。

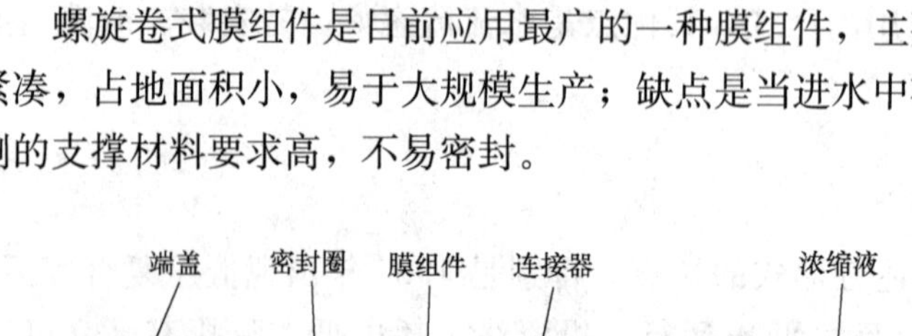

图 5-34　螺旋卷式膜组件的组装示意图

4. 中空纤维式膜元件

中空纤维膜是一种极细的空心膜管（外径 50～200μm，内径 25～42μm）。将中空纤维丝成束地弯曲成U形，并把中空纤维开口端铸于管板上，类似于列管式热交换器的管束和管板间的连接。由于纤维间是相互接触的，故纤维开口端与管板的密封是以环氧树脂用离心浇铸的方式进行的，其后管板外侧用激光切割以保证很细的纤维也能是开口的。在给水压力作用下，淡水透过每根纤维管壁进入管内，由开口端汇集流出压力容器成为产品水。

该种形式的优点是单位面积的填充密度很大，结构紧凑；缺点是给水水质处理要求很严，污染堵塞时清洗困难。

如上所述，管式、平板是膜元件的填充密度很低，但可应用于高污染给水或黏度高的液体的处理；中空纤维式膜元件易污染，影响其在一般水处理情况下的使用。

中空纤维式反渗透器结构见图5-35。

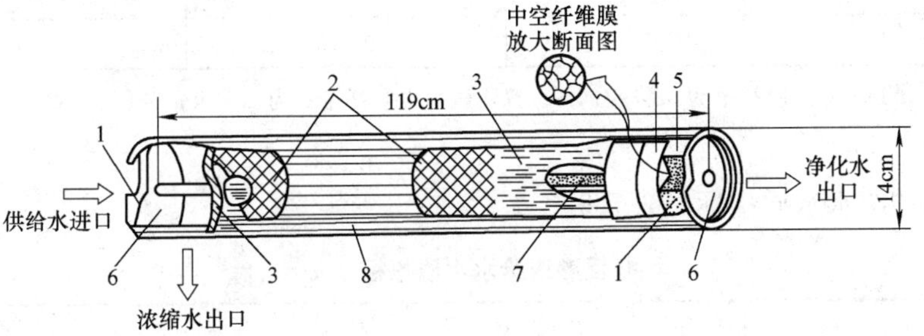

图5-35 中空纤维式反渗透器结构示意图

1—O形环密封；2—流动网格；3—中空纤维膜；4—环氧树脂管板；5—支撑管；6—端板；7—供给水分布管；8—壳

中空纤维式膜组件分为内压式和外压式两种膜组件，见图5-36。

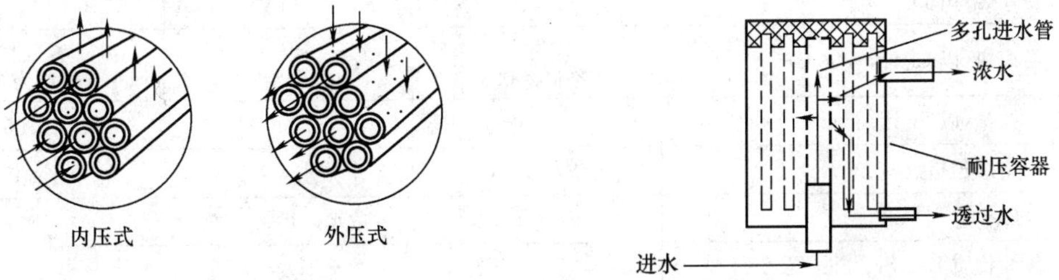

图5-36 内、外压式中空纤维式膜组件对比及中空纤维反渗透组件简图

中空纤维装置的主要优点是单位体积内有效膜堆表面积大，结构紧凑，是一种效率高、成本低、体积小、质量轻的膜分离装置；缺点是中空纤维膜的制作技术复杂，膜面去污困难，进水需经严格的处理。

5. 四种膜元件特点的比较

(1) 系统费用：管式、平板式＞中空纤维式、涡卷式。

(2) 设计灵活性：涡卷式＞中空纤维式＞平板式＞管式。

(3) 清洗方便性：平板式＞管式＞涡卷式＞中空纤维式。

(4) 系统占地面积：管式＞平板式＞涡卷式＞中空纤维式。

(5) 污堵的可能性：中空纤维式＞涡卷式＞平板式＞管式。

(6) 耗能：管式＞平板式＞中空纤维式＞涡卷式。

6. 不同反渗透膜元件的进水水质要求

(1) 各反渗透装置的主要特性比较见表5-8。

表 5-8 各反渗透装置的主要特性比较

种类	膜装填密度 (m^2/m^3)	透水量 [$m^3/(m^2\cdot d)$]	单位体积产水量 [$m^3/(m^3\cdot d)$]
板框式	493	1.02	500
内压管式	330	1.02	336
外压管式	330	0.60	220
涡卷式	660	1.02	673
中空纤维式	9200	0.073	673

注 进水为500mg/L NaCl，脱盐率为92%～96%。操作压力中空纤维式为2.8MPa，外压管式为6.9MPa，其余为5.6MPa。

(2) 各反渗透给水水质指标见表5-9。

表 5-9 各反渗透给水水质指标

序号	项目	醋酸纤维素膜	中空纤维式（芳香聚酰胺）	涡卷式复合膜
1	浊度(NTU)	<1.0		<1.0
2	淤泥密度指数SDI_{15}	<5	<3	<5
3	水温(℃)	5～40	5～35	5～45
4	pH值	4～6(运行) 3～7(清洗)		4～11(运行) 2.5～11(清洗)
5	COD_{Mn}(mgO_2/L)	<3		<3
6	游离氯(以Cl_2计，mg/L)	0.2～1 (控制为0.3)	<0.1 (控制为0)	<0.1 (控制为0)
7	含铁量(以Fe计，mg/L)	<0.05	<0.05	<0.05
8	朗格谬尔指数	浓水<0.5	浓水<0.5	浓水<0.5
9	$[SO_4^{2-}]\cdot[Ca^{2+}]$	浓水$<19\times10^{-5}$		
10	沉淀物质Ba、Sr、SiO_2等	浓水不发生沉淀		

四、反渗透膜的浓差极化

1. 定义

反渗透过程中，水分子透过后，膜界面层中含盐量增大，形成浓度较高的浓水层，此层与给水水流的浓度形成很大的浓度梯度，这种现象称为膜的浓差极化。浓差极化会对运行产生极为有害的影响。

2. 浓差极化的危害

(1) 由于界面层中的浓度很高，相应地会使渗透压升高，当渗透压升高后，势必使原来的运行条件下产水量下降。为达到原来所需的产水量，就要提高给水压力，增加电能消耗。

(2) 由于界面层的浓度升高，膜两侧的ΔC增大，使产品的盐透过量增大。

(3) 由于界面层的浓度升高，对易结垢的物质增加了沉淀结垢倾向，造成膜的污垢污染。为了恢复膜的性能，要频繁地清洗，并可能造成膜性能的下降。

(4) 由于形成的浓度梯度，会使盐分的扩散离开膜表面，但胶体物质的扩散要比盐分的扩散速度小数百及数千倍，因而浓度极化是促成膜表面胶体污染的重要原因。

3. 消除和减缓浓差极化的措施

(1) 严格控制膜的水通量。

(2) 严格控制回收率。

(3) 严格控制浓水排放量。

(4) 严格按照膜生产厂家的设计导则设计 RO 系统。

五、反渗透膜的污染和清洗

(一) 反渗透膜污染的种类

膜污染主要有悬浮物污染、有机物污染、胶体污染、无机盐类污染、生物污染等。

1. 悬浮物污染

悬浮物污染主要是对进水通道的污染。其主要表现为：进水与浓水端压差升高，进水流量急剧下降。预防方法：加强预处理运行管理，保证进入反渗透系统进水浊度和 SDI 指标在规定范围内。

2. 有机物污染

膜主要受蛋白质、脂肪、碳水化合物、微生物、有机胶体及凝胶、腐殖酸、多羟基芳香化合物等有机物污染，会引起膜通量的损失，严重时将引起不可逆的通量损失。

预防方法：天然水中有机物以腐殖酸类物质为主，其 TOC 含量通常为 0.5～20mg/L，当 TOC 含量超过 3.0 mg/L 时应考虑专门设置脱除有机物装置。腐殖酸类物质可采用氢氧根类混凝剂处理、超滤或活性炭过滤器吸附去除。当高分子量有机物是憎水性的或带正电荷时，膜对其的吸附过程更加容易，提高 pH 值到 9.0 以上有机物带负电荷，因此高 pH 值有利于防止有机物污染。

3. 胶体污染

胶体颗粒的主要来源是原水中的胶体硅、残留的混凝剂絮凝体、系统的铁腐蚀产物等，带正电的聚合物与带负电荷的阻垢剂（阴离子型）也会发生胶体沉淀。聚集在膜渗透面上，使产水量下降，脱盐率降低，系统渗透压升高。

预防方法：

(1) 采用多介质过滤器预处理，一般充填的过滤介质是直径为 0.35～0.5mm 的石英砂和直径为 0.7～0.8mm 的无烟煤，其床层设计深度最小不低于 0.8m，采用上部充填无烟煤，下部充填石英砂。多介质过滤器的操作方式一般有压力式和重力式两种。采用压力式时，流速一般为 10～20m/h，如原水水质污染严重，则流速应小于 10m/h。反洗以过滤器进出口压差为指标，一般当压差达到 30～60kPa 时开始反洗，反洗工艺分为水反洗和空气擦洗反洗流速采用 40～50m/h，多介质过滤器运行应注意避免频繁地开停机，因为每次流速的急切变化会将原先已沉积在过滤介质上的沉淀物重新释放出来。

(2) 在多介质过滤器前加混凝剂和助凝剂进行在线过滤，即所谓的二次混凝处理。混凝剂一般采用铁盐、高分子聚合铝盐，加药量一般为 10～30mg/L；助凝剂一般使用高分子聚丙烯酰胺。采用在线过滤应注意：混凝剂和助凝剂可能会间接或直接干扰 RO 膜，在膜表面生成沉淀物。当过滤器发生偏流时，混凝剂和助凝剂会直接进入 RO 膜；阳离子型混凝剂、助凝剂和阴离子型阻垢剂（市售阻垢剂一般都是阴离子型的）会产生凝胶层的污染膜表面。因此，阴离子型或非离子型助凝剂比阳离子型助凝剂更适合在反渗透预处理系统使用。

（3）采用超滤作为预处理可将部分RO膜的污染转移到UF膜上。

（4）滤芯式过滤，即在RO进水端设置保安过滤器。保安过滤器的滤芯孔径最大不得超过10μm，一般使用5μm过滤器。当浓水中硅超过理论溶解度时，建议使用1μm孔径的过滤器来降低硅与铁、铝胶体的相互作用。保安过滤器的压差一般控制为小于0.1MPa，在超过允许极限差压前应及时更换滤芯。如压差没有达到更换要求，使用时间最好也不超过3个月。滤芯材料必须使用非降解性材料，如尼龙或聚丙烯。

4. 无机盐类污染

部分盐类浓度超过其溶度积时会在膜表面上沉积，使系统渗透压升高，产水量下降，脱盐率下降。膜主要受$CaSO_4$、$CaCO_3$、铁盐或凝胶、磷酸钙复合物、无机胶体等盐类污染。

预防方法：

（1）加酸处理：其主要目的是控制碳酸盐钙结垢（$CaCO_3+H^+\longrightarrow Ca^{2+}+HCO^-$）。对于膜系统是否会发生碳酸盐钙结垢，一般以朗格利尔指数（LSI）来衡量。当LSI数值为正值时，有结垢可能；当LSI数值为负值时，无结垢可能，但有腐蚀可能。当LSI<0时，不需要加阻垢剂；当LSI≤1.8～2.0时，只需加阻垢剂；当LSI>2.0时，应加酸将LSI降到1.8～2.0后再加阻垢剂。一般加酸处理使用HCl和H_2SO_4，当采用HCl时，应考虑管道材料对Cl^-的承受能力；当采用H_2SO_4时，应注意$CaSO_4$的沉积。

（2）加阻垢剂处理：常用的阻垢剂有六偏磷酸钠、有机磷酸盐和多聚丙烯酸盐。六偏磷酸钠的价格比较便宜，使用时要注意防止在计量箱中发生水解而降低阻垢效果或产生磷酸钙沉淀物。聚合有机阻垢剂使用时应避免加药量过多，阴离子型阻垢剂遇到阳离子聚电介质或多价阳离子时，可能会发生沉淀反应而污染膜表面。

（3）调整操作参数。可通过降低系统回收率、增加浓水排放量来保证浓水中难溶盐浓度低于溶解度。

（4）膜系统的硫酸钙、硫酸钡结垢可采用石灰—纯碱软化处理、降低回收率、投加阻垢剂等来防治。

（5）膜系统的硅垢。水中二氧化硅的溶解度一般为1～100mg/L，过饱和的二氧化硅会聚集成不溶性的胶体硅或胶状硅，当反渗透浓水中二氧化硅浓度超过其溶解度时，就会引起膜的污染。影响硅垢形成的因素有：

1）pH值。当水的pH值在8.5以下时，其溶解度几乎是恒定的；当pH值大于9时，其溶解度会增加。

2）水中金属离子的含量。硅垢的发生大多数是因为硅与水中铁、铝等金属离子形成了溶解度很小的硅酸盐。因此，当天然水中含硅量较大时，应注意水中铁、铝的含量，并最好使用1μm的保安过滤器。当使用铁盐和铝盐作为预处理混凝剂时，应注意控制加药量，以防止水中因混凝剂过量而存在大量Al^{3+}或Fe^{3+}。

3）提高水温可以增加硅的溶解度。

4）使用高分子的聚丙烯酸酯阻垢剂可以提高硅的溶解度。

5. 生物污染

原水中含有细菌、藻类、真菌、病毒或其他微生物。细菌的一般尺寸为1～3μm，它们与无生命的颗粒的不同之处是微生物有繁殖能力，在适宜的生存条件下可形成生物膜。

微生物污染的危害：造成进水与浓水之间的压差迅速增加。厌氧型微生物会把水中的氨或有机氨氧化成氮气或高价态的硝酸和亚硝酸化合物，使膜孔径变形，膜聚合物的长链断口等，从而导致产水量迅速下降。有时还会发生产水侧的生物污染，使产品水污染。一旦形成生物膜，清洗会非常困难，另外未清除彻底的生物膜将引起微生物的再次滋生。

微生物污染的评估方法：培养法、直接细菌计数法、生物膜检测法（在现场刮取一小部分沉积物，并放在火焰上燃烧，会发出与毛发燃烧气味十分相近的气味）。实际工作中可定期检查保安过滤器滤芯以及浓水管、进水管内表面，当出现黏泥或异味时，就表明有微生物污染。

预防方法：加杀菌剂。常用的杀菌剂为次氯酸钠，氯的杀菌效果取决于氯的浓度、接触时间、水的 pH 值。通常在进水段加入氯，维持 20～30min 反应接触时间，保持 0.5～1.0ppm 余氯浓度。

氯化反应，以 NaOCl 为例，即

$$NaOCl + H_2O \longrightarrow HOCl^-（次氯酸）+ NaOH$$

$$HOCl^- \longrightarrow H^+ + OCl^-（次氯酸根）$$

$HOCl^-$ 和 OCl^- 称为自由氯或残留余氯。氯与水中氨类物质会反应生成氯氨，称为结合氯，总残留氯等于自由氯加上结合氯。余氯的杀菌效果与未分解的 $HOCl^-$ 浓度成正比，$HOCl^-$ 的杀菌能力比 OCl^- 高 100 倍。

未解离的 $HOCl^-$ 比例随 pH 值的降低而增加，因为

$$OH^- + HOCl^- \longrightarrow OCl^- + H_2O$$

当 pH＝7.5 时，仅有 50％左右的余氯以 $HOCl^-$ 存在。

当 pH＝6.5 时，有 90％左右的余氯以 $HOCl^-$ 存在。

虽然 pH 值的降低对氯的杀菌有提高，但 pH 值太低易引起设备腐蚀，所以一般认为 pH 值为 6.5～7.0 最合适。

$HOCl^-$ 的比例也会随水温的降低而增加。当水温为 5℃，pH 值为 7.5 时，$HOCl^-$ 为 62％；当水温为 25℃，pH 值为 7.5 时，$HOCl^-$ 为 30％。

氧化性杀菌剂对膜会造成破坏，其破坏速度取决于水的 pH 值、重金属离子含量和水温，因此一般加氧化性杀菌剂后需将余氯脱除。常用的脱氯方法有：使用活性炭过滤器和用还原剂将氧化剂还原，常用的还原剂为亚硫酸氢钠。以 RO 进口余氯含量和 ORP 值来检测氧化剂的含量。

亚硫酸氢钠还原余氯的过程为

$$NaHSO_3 + HOCl \longrightarrow HCl + NaHSO_4$$

根据理论计算 1.34mg 的亚硫酸氢钠可以脱除 1.0mg 余氯，在实际工程中每脱除 1.0mg 余氯需用 1.8～3.0mg 的亚硫酸氢钠，一般常采用 3.0mg 的亚硫酸氢钠。亚硫酸氢钠需在干燥阴冷的条件下储存。市场上一般有固体和液体两种亚硫酸氢钠。固体亚硫酸氢钠的有效期一般为 4～6 个月；亚硫酸氢钠的水溶液会随时与空气中的氧发生氧化还原反应，不同浓度溶液的有效期也不同，一般 2％浓度的有效期为 3 天，10％浓度的有效期为 7 天，10％浓度的有效期为 30 天，30％浓度的有效期为 180 天。

活性炭的内孔表面积大，会吸附有机营养物，使活性炭过滤器促进微生物滋长。只有当过滤器流速低到 2～10m/h，并有 2～3m 足够高度的床层时，微生物的活动才会仅仅发生在

滤层上部，过滤后的出水不会含有细菌和营养物质。

其他生物污染控制方法包括采用臭氧杀菌、紫外线照射。其中紫外线照射是采用 254nm 波长紫外光杀菌，但该方法适用于比较干净的水源，因为胶体和有机物会影响光辐射的穿透。

（二）反渗透膜的清洗

1. 反渗透膜清洗的条件

当膜系统与初次运行 48h 后的操作性能数据相比较出现以下情况时，应进行膜的化学清洗。

（1）标准化淡水产量下降 10%～15%。

（2）标准化脱盐率降低 10%～15%或脱盐率增加 10%～15%。

（3）在产水量不变的情况下，经温度校准后进水压力增加 10%～15%。

（4）经温度校准后进水与浓水间压降增加 10%～15%。

2. 反渗透膜的一般清洗工艺

反渗透膜的化学清洗工艺包括冲洗、浸泡、循环三个过程。

（1）冲洗过程。在 RO 系统的化学清洗过程中，要进行两个冲洗过程：化学清洗开始时的冲洗能有效地刷洗膜表面的污物；化学清洗完成后的冲洗能有效地去除化学清洗液，为产品水的质量提供必要保证。

（2）浸泡过程。浸泡是 RO 系统清洗的关键。它既能使化学液与污染物发生相应的化学反应，又能让污染物从膜的表面脱落，溶于化学液中达到化学清洗的目的。

（3）循环过程。循环是 RO 系统清洗的主要过程。该过程中化学液与膜内部分子发生物理的动力接触，进一步发生渗透、摩擦、剪切等反应，从而达到化学清洗的目的。

RO 膜的污染或阻塞受其污染物的种类、膜本身的材质等条件的影响。对于不同的污染，其化学清洗的药剂是不一样的。

反渗透膜的清洗系统见图 5-37。

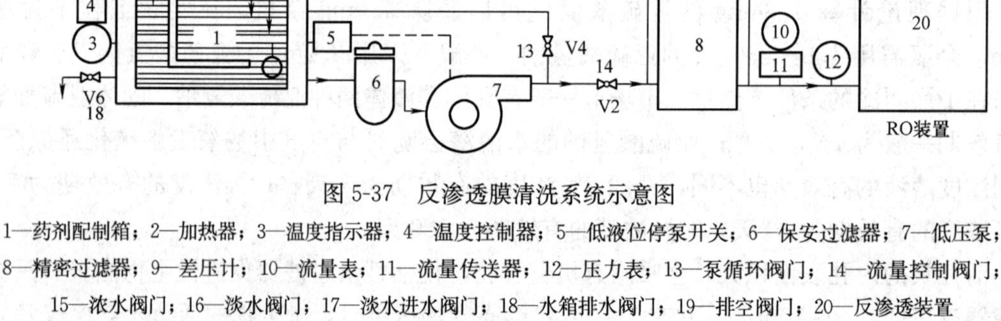

图 5-37 反渗透膜清洗系统示意图

1—药剂配制箱；2—加热器；3—温度指示器；4—温度控制器；5—低液位停泵开关；6—保安过滤器；7—低压泵；8—精密过滤器；9—差压计；10—流量表；11—流量传送器；12—压力表；13—泵循环阀门；14—流量控制阀门；15—浓水阀门；16—淡水阀门；17—淡水进水阀门；18—水箱排水阀门；19—排空阀门；20—反渗透装置

3. 常用的反渗透膜清洗液

常用的反渗透膜清洗液见表 5-10。

表 5-10　　常用的反渗透膜清洗液

清洗液类型	无机盐		金属氧化物	无机胶体（盐）	硅	微生物	有机物
	$CaCO_3$	$CaSO_3$ $BaCO_3$					
0.1% NaOH（pH12，30℃）、0.1% Na_4EDTA（pH12，30℃）					一般	好	一般
0.1% NaOH（pH12，30℃）、0.025% Na-DSS(pH12，30℃)				较好		较好	较好
0.1% STP、1.0% Na_4EDTA、0.1%TSP、1.0% Na_4EDTA						较好	较好
0.2%(质量百分比) HCl	好	好					
0.5%(质量百分比) H_3PO_4	一般		较好				
2.0%(质量百分比) 柠檬酸	一般						
0.2%(质量百分比) NH_2SO_3H	一般		一般				
1.0%(质量百分比) $Na_2S_2O_4$			较好				

注　SPT 是 $Na_5P_3O_{10}$，TSP 是 $Na_3PO_4 \cdot 12H_2O$。

4. 清洗系统的设计

(1) 一般清洗系统由清洗泵、清洗箱、5μm 保安过滤器、所需的管道、阀门、清洗软管和控制仪表（如 pH 表、温度表、流量计）等组成。特殊要求时，清洗箱可装上加热器。

(2) 清洗设备的选择。

1) 清洗箱：要求防腐蚀，材料可选用玻璃钢、聚氯乙烯塑料、钢罐内衬橡胶等。由于反渗透装置对温度有要求，在一些特别寒冷或炎热的地区，应考虑箱内安装加热器或冷却装置。一般要求清洗液温度不低于 15℃，因为温度较低时，将影响清洗效果。确定清洗箱的体积时，应考虑压力容器的体积、保安过滤器的体积、有关流通管道的体积等。

2) 清洗泵：选用的清洗泵应耐腐蚀，如玻璃钢泵。清洗泵压力应能克服保安过滤器的压降、膜组件的压降、管道阻力损失等，一般选用压力为 0.3～0.5MPa。

(3) 清洗的要求。

对多段反渗透装置，原则上清洗应分段进行，清洗水流方向与运行方向相同。当污染比较轻微时，可以多段一起进行清洗。

一般情况下，清洗液可不排入地沟，直接循环。当膜元件污染严重时，清洗液在最初几分钟内可排入地沟，然后再循环。

在清洗膜元件时，有关的清洗系统应用水冲洗干净，以免污染膜元件，应认真检查有关阀门的严密性。

清洗过程中应监测清洗液温度、pH 值、运行压力以及清洗液颜色的变化。系统温度一般不应超过 40℃，运行压力以能完成清洗过程即可，压力容器两端压降不应超过 0.35MPa（单个膜元件压降不超过 68.95kPa）。在循环清洗过程中，清洗液 pH 值升高较多时，需加酸使 pH 值恢复到设定值。清洗液 pH 值升高，说明酸在溶解无机盐垢。

一般情况下，清洗每一段循环时间可为1.5h，污染严重时应延长时间。清洗完毕后，应用反渗透出水冲洗，时间不少于20min。当膜污染严重时，清洗第一段的溶液不要用来清洗第二段，应重新配制清洗液。为提高清洗效果，可以用清洗液浸泡膜元件，但时间不应超过24h。

六、反渗透系统流程及操作

（一）反渗透系统流程

1. 反渗透系统的基本流程

反渗透系统的流程一般为原水经预处理后进入前置处理装置，如多介质过滤器（或高效纤维过滤器）＋活性炭过滤器或超滤系统，出水经5μm的保安过滤器后，由高压泵输送进入反渗透膜系统，产水进入后期脱盐设备处理。

反渗透装置的基本系统见图5-38。

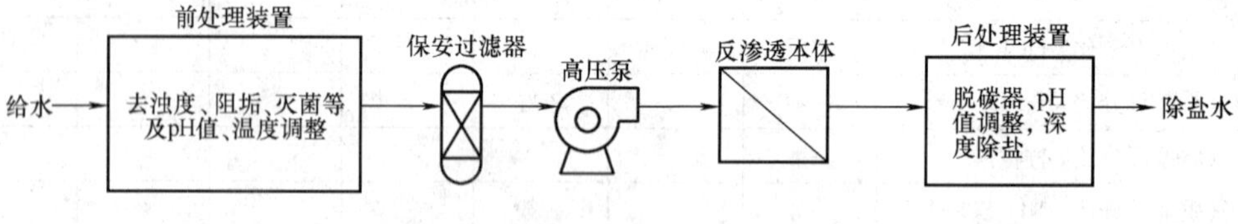

图5-38 反渗透装置的基本系统示意图

2. 反渗透装置

反渗透膜应用于水处理中，除膜本身外，还需配套的淡水室和浓水室。这种具有进出水功能的脱盐单元称为膜元件。膜元件按水处理工艺需要，将多个膜元件组合起来形成一个较大的脱盐单元，称为膜组件。多个膜组件形成反渗透装置。压力容器用于装填膜元件。在实际运行过程中，给水从压力容器一端的给水管路进入膜元件。在膜元件内，一部分给水穿过膜表面而形成低含盐量的产品水；剩余部分的水继续沿给水通道向前流动而进入下一个膜元件，由于这部分水的含盐量比进水要高，因此在反渗透系统中称为浓水。产品水和浓水最后由产品水通道和浓水通道引出压力容器。

给水在压力容器中的每一个膜元件上均产生一个压力降，如果不采取措施，这一压力降足以使膜卷伸出而对膜元件造成损害。为此在压力容器内的每一个膜元件一端均有一个防膜卷伸出装置，以防止运行时膜卷伸出。同时设计给水流量不能超过设计导则给定的数值，运行时单个膜元件的压降不允许超过规定值。膜元件与膜元件之间采用的是内连接件连接，为了防止在连接处浓水泄漏，在膜元件与膜元件之间有密封。

反渗透装置一般有单组件系统、单段系统、一级多段系统、多级反渗透系统。

（1）单组件系统和单段系统。

1）根据所需的产水量，当仅需要一支或几支膜元件时，选择单组件系统。

2）在单段系统中，两个或两个以上的膜组件并联在一起，进水、产水和浓水均由总管管路系统分别相连。其他方面与单组件系统相同，单段系统通常用于要求系统回收率小于50％的情况。

一级一段反渗透装置见图5-39。

（2）一级多段系统。

当要求系统回收率更高时，若采用一段以上排列系统，就不会超过单支元件的回收率极

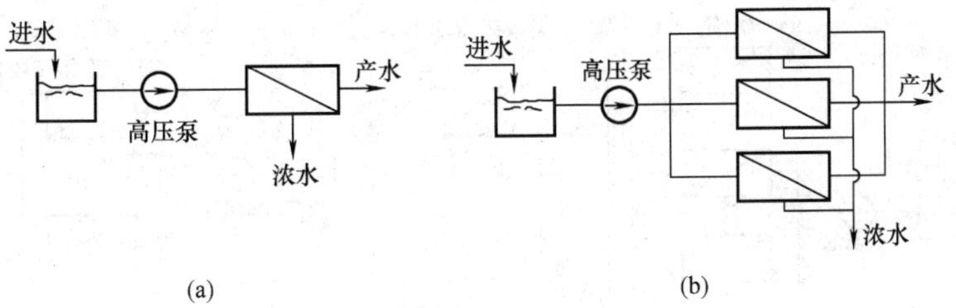

图 5-39　一级一段反渗透装置示意图

（a）一个膜组件；（b）多个膜组件并联

限，通常两段式排列系统就可实现 75%的系统回收率，而三段式排列系统则可达到更高的系统回收率，这些回收率的确定是以每一段采用含 6 支标准膜元件的组件推算出来的，如使用仅能容纳 3 支元件的较短的压力容器时，为了达到相同的回收率，段数要加倍。一般而言，系统回收率越高，必须串联在一起的膜元件数就应越多。为了平衡被拿走的产水并保持每段内原水流速的均匀性，每段压力外壳的数量按进水水流方向递减。一个典型的排列比例为2：1，排列比例的定义为两个相邻段内压力容器数量之比。

一级二段反渗透装置见图 5-40。

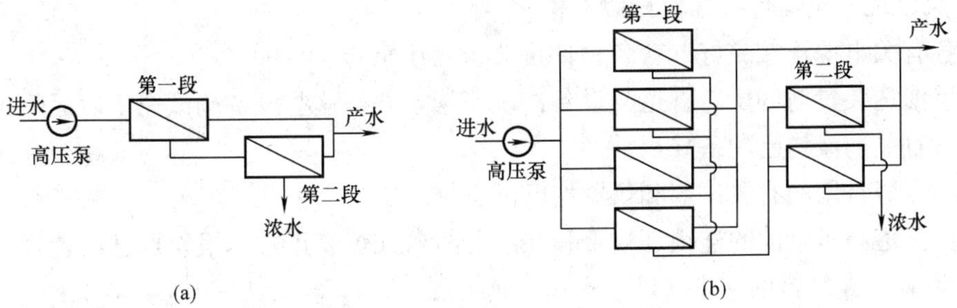

图 5-40　一级二段反渗透装置示意图

（3）多级反渗透系统。

多级膜处理系统实际上是两个传统反渗透系统的组合，第一级的产品水作为第二级的进水，两级既可以是单段式，也可以是多段式，既可以是一次通过式，也可以是浓水再循环运行模式。一般基于下列原因，设计多级反渗透膜处理系统：

1）常规的产水出水品质不够理想。

2）不允许采用离子交换作为后处理（不允许采用再生药品）。

3）需要极高的系统可靠性。

4）制药和医药生产工艺用水一般设计成产水多级系统。

水回收率 75%的二级三段反渗透装置见图 5-41。

在大多数情况下，产水电导率是产水品质最重要的参数，由于二氧化碳无法被膜所脱除，它会存在于成品水中，形成碳酸而引起电导率上升，通过将进水 pH 值加碱调节到 8.2 左右，就可以阻止 CO_2 透过反渗透膜，在此 pH 值条件下，所有的二氧化碳均会转化成碳酸，而碳酸能被膜很好地除去。对于二级反渗透系统在第一级反渗透的进水或产水中均可以加入 NaOH。在产水中加 NaOH 时，加入量非常小，这是因为第一级反渗透产水几乎不存

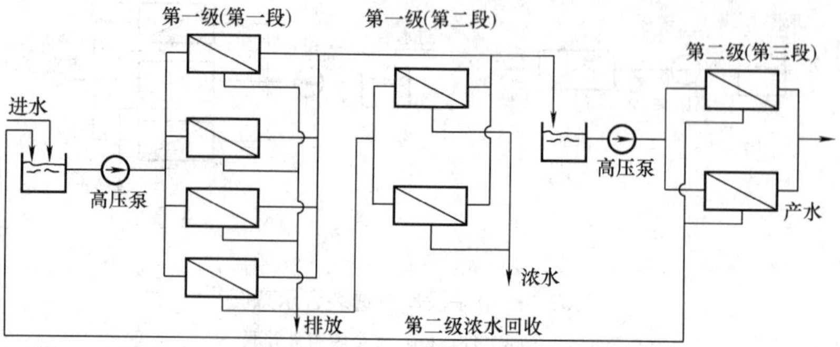

图 5-41 水回收率 75%的二级三段反渗透装置示意图

在缓冲能力，但在第一级反渗透的进水中加碱要千万小心，防止碳酸钙沉淀，在 pH 值为 8.2 左右最容易发生碳酸钙沉淀。当采用加碱处理方法时，一般情况下原水含盐量不高时采用二级反渗透工艺，系统产水电导率可达＜1μS/cm（25℃）。

（二）反渗透装置的调试

反渗透装置的调试是进入生产运行阶段前的重要环节，正确的调试是保证反渗透装置技术指标的重要基础。

1. 在反渗透系统调试前应做好的工作

（1）各有关电源连接完好（含各种计量泵、高压泵）。

（2）反渗透装置前的所有管道与设备冲洗完毕，并且这些设备调试完毕后运行正常。

（3）各有关药液均已配备妥当。

（4）运行监督用的有关试剂和仪器均已准备好。

（5）反渗透高压泵前的连锁、报警和在线分析监控仪表正常，报警点已设置好。

2. 反渗透装置的调试步骤（以卷式反渗透装置为例）

（1）利用低压水流冲洗反渗透压力容器及反渗透装置的有关部件。

（2）安装人员戴上合适的手套、安全防护眼镜并穿上安全靴，把膜元件从密封的塑料袋中取出，按照水流方向依次推入压力容器内，装在膜元件和压力容器两边端板上的密封圈应涂上甘油，以作润滑。对于直径为 8in（203.2mm）的膜元件，最好由两个人在两端抬起膜元件，再将其推入压力容器内，以防因膜元件质量太大而扭伤员工。

（3）膜元件在未使用前是装在密封的塑料袋内的，袋内有 1.4%（以质量计）亚硫酸钠消毒溶液，并有 18%（以质量计）的甘油。该消毒液可能引起眼睛受刺激和皮肤过敏，因此把膜元件从塑料袋中取出时应注意保护眼睛和皮肤，以免受到损伤。如果不小心眼睛受伤，应立即用大量的清水冲洗 15min，并送往医院。此外，对使用过的旧膜元件宜采用填埋处理，而不应采用焚化处理。

在反渗透装置调试前，应用符合反渗透进水水质要求的水（不加阻垢剂）冲洗膜元件。

（4）根据反渗透装置的脱盐率、回收率、流量等要求，调节反渗透装置各有关参数，同时对使用的仪表、仪器做必要的修正。

进行反渗透系统整体调试时，除应严格控制好质量外，还要控制好调试进度。

（三）反渗透系统操作

反渗透系统一般由保安过滤器、高压泵、膜系统、低压冲洗系统、加药系统等组成。下面以华电某电厂反渗透系统为例进行操作介绍。该厂反渗透系统设备的主要性能参数见表5-11～表5-18。

表 5-11 RO保安过滤器主要性能参数

项目		单位	参数
数量		台	2
形式/型号			滤芯式
出力		m^3/h	80
压力(设计/水压实验)		MPa	1.0/1.2
运行压降(正常/最大)		MPa	0.1/0.15
直径/壁厚		mm	600×5
材料及防腐	壳体		304SS
	骨架		PP
	滤层		PP
滤芯	滤芯过滤精度	μm	5
	滤芯数量	支	3
	长度	mm	1016
	制造商及产地		美国 PALL/美国
进水配水形式			挡板式
设备荷重		kg	800
出水装置形式			挡板式
制造商及产地			美国 PALL/美国

表 5-12 RO升压泵主要性能参数

项目	单位	参数	项目	单位	参数
型号		PWT80-50-315S/CRN90-6	型号		PWT80-50-315S/CRN90-6
规格	m^3/h	90	密封形式		机械密封
扬程	MPa	1.2	功率	kW	55 /45
泵体/叶轮材料		304SS	变频器		西门子/ABB

表 5-13 RO装置膜组件主要性能参数

项目	单位	参数	项目		单位	参数
数量及规格	m^3/h	2×60	年更换率		%	质保期内无需更换
运行温度	℃	20—25	制造商及产地			美国陶氏/美国
排列(级、段)方式		一级两段，8∶4	膜壳	型号		80L30-6W
膜元件形式		涡卷式反渗透膜		数量	根	14
脱盐率	%	≥99%(1年内)		壳体材料		FRP
		≥97%(3年内)		头部材料		增强性塑料
膜元件材料		芳香聚酰胺膜		工作压力	MPa	1.6
膜元件总数量	根/套	2×84，2×84		直径	mm	248
第一级膜元件数量		54		长度	mm	6500
第二级膜元件数量		30		制造商及产地		美国 CODELINE
使用寿命	年	5	设备运行荷重		kg/套	4500

表 5-14　　预脱盐水泵主要性能参数

项　目	单位	参　数	项　目	单位	参　数
型号		IH100-80-160	泵体/叶轮材料		304SS
规格	m^3/h	100	电动机功率	kW	15
扬程	MPa	0.35	制造商及产地		靖江优耐

表 5-15　　RO 反洗水泵主要性能参数

项　目	单位	参　数	项　目	单位	参　数
型号		IH100-80-160	泵体/叶轮材料		304SS
规格	m^3/h	100	电动机功率	kW	15
扬程	MPa	0.3	制造商及产地		靖江优耐

表 5-16　　RO 化学清洗箱主要性能参数

项　目	单位	参　数	项　目	单位	参　数
数量	台	1	材料及防腐		304SS
有效容积	m^3	5	附件(搅拌器、液位计等)		附带搅拌器、液位计
电加热形式		电加热器加热			
电加热功率	kW	20	制造商及产地		南京南自科林系统工程有限公司

表 5-17　　RO 化学清洗泵主要性能参数

项　目	单位	参　数	项　目	单位	参　数
型号		IH100-80-160	泵体/叶轮材料		316SS
规格	m^3/h	90	电动机功率	kW	18.5
扬程	MPa	0.3	制造商及产地		靖江优耐

表 5-18　　RO 清洗过滤器主要性能参数

项　目		单　位	参　数	项　目		单　位	参　数
数量		台	1	滤　芯	过滤器精度	μm	5
形式及型号			滤芯式		外径/内径	mm	600×5
出力		m^3/h	80		数量	支	3
压力(设计/水压实验)		MPa	1.0/1.2		长度	mm	1016
运行压降(正常/最大)		MPa	1.0/1.5		制造商及产地		美国 PALL/美国
设备本体材料	壳体		304SS	进水配水形式			挡板式
	骨架		PP	出水装置形式			挡板式
	滤层		PP	制造商及产地			美国 PALL/美国

1. 系统设备简介

该厂反渗透膜元件采用美国 DOW 公司生产的 BW30-400FR 标准型低压亲水性抗污染复合膜产品，膜管选用 Codeline 原产地产品。

(1) 美国 DOW 公司的 BW30-400FR 反渗透膜结构见图 5-42。BW30-400FR 的含义：BW 为苦咸水级，30 为 FT30 系列膜(分离层采用全芳香交联度聚酰胺膜)，400 为每根膜面积是 $400f^2$ ($37.15m^2$)，FR 为抗污染型。

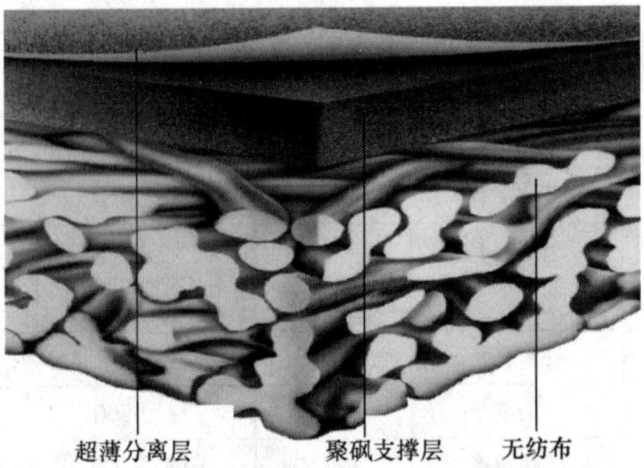

图 5-42　DOW BW30-400FR 膜三层结构

(2) 美国 DOW 公司的 BW30-400FR 反渗透膜性能指标如表 5-19 所示。

表 5-19　BW30-400FR 反渗透膜性能指标

序号	技术参数	单位	指标值
1	型号		BW30-400FR
2	膜类型		聚酰胺抗污染复合膜
3	有效膜面积	ft^2(m^2)	400(37)
4	进水流道宽度	mm	0.71
5	标准产水量	gpd(m^3/d)	10 500(40)
6	稳定脱盐率	%	99.5
7	最小脱盐率	%	99.2
8	最大给水流量	gpm(m^3/h)	85(19)
9	最大给水 SDI		5
10	最大给水浊度	NTU	1
11	最高运行压力	kPa(bar)	4137(41.4)
12	最大运行压差	kPa(bar)	103.4(1.0)
13	最高运行温度	℃(℉)	45(113)
14	连续运行 pH 值		2～11
15	短时清洗 pH 值(30min)		1～12
16	游离氯容忍量	ppm	＜0.05

(3) 反渗透保安过滤器。

1) 保安过滤器用于拦截从超滤系统中偶尔流失的破碎颗粒和杂质，以及管道、水箱中可能残留的杂质等，保护 RO 高压泵和膜不被损坏，真正起到“保安”的作用。

2) 设计采用 2 台 ϕ450 的美国 PALL 公司 3HFVK-2GAAH13-CHP0008 型反渗透保安过滤器，其内装 3 支直径为 40in 大流量特种变径纤维滤芯，运行滤速不大于 10m^3/(m^2·h)(以滤芯表面积计)；单台正常水处理能力为 80m^3/h。

3) 过滤元件为聚丙烯熔喷式滤芯，孔形呈锥形结构，过滤精度为 5μm，过滤器本体材质采用 304SS 不锈钢。

4) 保安过滤器的控制采用压差控制方式，当过滤器进、出口压力差大于设定值时，进行过滤器滤芯的更换。

(4) 该厂反渗透装置的技术指标如表 5-20 所示。

表 5-20　反渗透装置的技术指标

序号	技术参数	单位	设计值
1	套数		2
2	单套净产水量	m^3/h	60 (20℃)
3	总净产水量	m^3/h	120 (20℃)
4	单套膜元件数量	支	84
5	单套压力容器数量	支	168
6	排列方式		9∶5，一级两段排列
7	化学清洗流量	m^3/h	56～72
8	水回收率	%	≥75 (20℃，3 年)
9	脱盐率	%	≥99.0 (20℃，1 年)
10	脱盐率	%	≥97 (20℃，3 年)
11	进水 SDI		≤2

2. 反渗透启停操作

该厂预处理水经超滤处理后进入超滤产水箱，水由超滤产水泵（加入阻垢剂和还原剂）送至反渗透保安过滤器，出水经RO高压泵进入反渗透膜组件，产水进入预脱盐水箱，浓水排入回用水池。

反渗透系统的控制步序见表5-21。

表5-21　反渗透系统的控制步序

状态	高压泵	冲洗泵	进水阀	冲洗阀	浓水排放阀	产水排放阀	还原剂泵	阻垢剂泵	时间
开机冲洗		√		√	√	√			10min
静置									5s
启动	√		√				√	√	30s
正常运行	√		√				√	√	
预停（一）	√								15s
预停（二）					√	√			15s
停机冲洗		√		√	√	√			10min
停机									

注 1 "√"表示打开。

2 运行4h或停机8h自动转入低压冲洗。

某厂反渗透系统见图5-43。

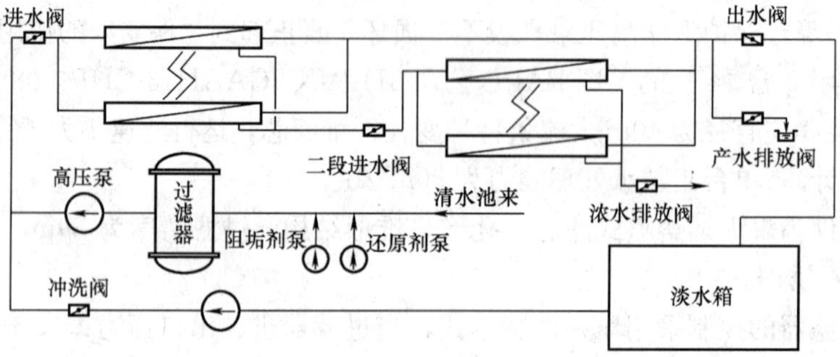

图5-43　某厂反渗透系统示意图

七、反渗透系统运行维护及注意事项

（一）反渗透运行注意事项

（1）反渗透系统首次启动时，应用低压、低流量的合格水进行冲洗，将膜元件和压力容器内的空气赶走。冲洗水不加阻垢剂，冲洗过程中所有的产水和浓水都应排放到下水道。安装了湿膜的系统至少冲洗30min；安装干膜的系统应连续冲洗6h以上或先冲洗1～2h，浸泡过夜后再冲洗1h。

（2）运行中要控制产水量和系统回收率，防止浓差极化。RO装置的运行对产水量和系统回收率的控制非常重要。盐的透过量与膜两侧的浓度差和温度有关，所以当产水量低时，脱盐率降低。当膜发生污染和结垢后，往往使膜表面粗糙，使滞流层增厚而导致极化严重。因此，要根据产品水流量表和浓水流量表控制高压泵出口阀和RO排水阀，并且要维持表计的准确性。

（3）反渗透膜元件脱盐率下降可能存在的原因。

1）压力容器中元件之间连接件的O形密封圈和出水管接头的O形密封圈泄漏；

2）膜口袋接线破裂，膜被硬颗粒划破；

3）由于高压泵启动时发生水力冲击负荷（水锤），使膜元件或其连接件破损；

4）醋酸纤维被细菌侵袭而使脱盐率降低；醋酸纤维膜本身的水解是不可避免的，其脱盐率将随时间延长而不断降低。

5）膜元件的O形密封圈与压力容器之间发生泄漏，可能有一部分进水没有经过反渗透膜元件而发生旁路。

（4）要保证有足够的浓水排放流量，严禁在低于最低浓水排放流量的情况下运行，以防止膜表面没有足够的剪切力而加剧膜表面的浓差极化现象。

（5）要严格控制好膜的进水压力不超过最高运行压力，以及膜运行时的进水与浓水侧的压差，防止膜产生不可逆的损伤。

（6）停机时的低压水冲洗能有效地保护膜元件，防止膜因长期发生渗透现象而导致膜分离层的剥离。冲洗水压力应低于30kPa，冲洗水不含化学药品，低压冲洗至浓水电导率与冲洗水接近。

（7）在任何情况下反渗透系统都不得产生高于30kPa的背压。

（8）停机后要防止浓水系统产生虹吸现象而使膜干燥，从而造成膜产水量出现不可逆的下降。

（9）膜应避免超流量、超压力的冲击，每次启停操作带来的系统压力与流量的突变对膜元件都会产生机械应力，因此每次启停应该越平稳越好。

（10）反渗透运行应控制好加药量，对于没有活性炭过滤器的反渗透系统杀菌和还原余氯显得尤为重要。还原剂的使用除需注意还原剂的有效期外，还要控制好加药量，以免因加药量过大而增加进水压力和产生硫酸盐结垢。

（11）反渗透运行应严格控制好进水标准。对于采用复合膜的反渗透系统余氯一定要控制好，以防膜氧化。进水SDI是衡量水中悬浮物、胶体含量的重要指标，其测定方法是将被测水压力升至207kPa（2.1kg/cm^2），让水通过直径47mm、孔径0.45μm的膜过滤器，记录过滤500mL水所需的时间t_0，再继续过滤15min，记录过滤500mL水所需的时间t_1，按下式进行计算，得到SDI_{15}，即

$$SDI_{15}=\frac{\left(1-\frac{t_0}{t_1}\right)100}{15}$$

淤塞指数SDI的测定装置见图5-44。

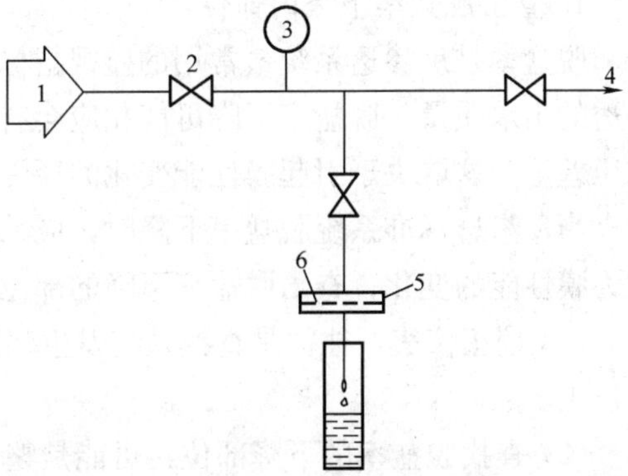

图5-44 淤塞指数SDI的测定装置

1—进水；2—阀门；3—压力表；4—放气；5—过滤器；6—微孔滤膜

（12）有机物反渗透膜的水解与水温有关，温度越高越易水解。膜通量随水温的增加而增加，但也会加快膜的水解，且会使膜变软，易于压实。对于有机膜，其运行水温一般控制为20～30℃为宜。

(13) 调试好的反渗透装置，其高压泵不要随意改变频率和膜的进水压力，以防膜被压实。

(二) 膜元件的保存方法

1. 短期保存

短期保存方法适用于停止运行5天以上、30天以下的反渗透系统，此时反渗透膜元件仍安装在RO系统的压力容器内。保存操作的具体步骤如下：

(1) 用给水冲洗反渗透系统，同时注意将气体从系统中完全排除；将压力容器及相关管路充满水后，关闭相关阀门，防止气体进入系统；每隔5天按上述方法冲洗一次。

(2) 每天用反渗透产水低压冲洗10min。

2. 长期停用保存

长期停用保存方法适用于停止使用30天以上，膜元件仍安装在压力容器中的反渗透系统。保存操作的具体步骤如下：

(1) 清洗系统中的膜元件。

(2) 用反渗透产水配制杀菌液，并用杀菌液冲洗反渗透系统。常用的杀菌剂有甲醛和亚硫酸氢钠，保护液浓度可配制成1%～1.5%。

(3) 用杀菌液充满反渗透系统后，关闭相关阀门，使杀菌液保留于系统中，此时应确认系统完全充满。

(4) 如果系统温度低于27℃，应每隔30天用新的杀菌液进行第 (2)、(3) 步的操作；如果系统温度高于27℃，则应每隔15天更换一次保护液 (杀菌液)。对于采用亚硫酸氢钠作为保护液的，可每周测定一次保护液的pH值，当保护液pH值小于3时应更换保护液。

(5) 在反渗透系统重新投入使用前，用低压给水冲洗系统1h，然后再用高压给水冲洗系统5～10min，无论低压冲洗还是高压冲洗时，系统的产水排放阀均应全部打开。在恢复系统至正常操作前，应检查并确认产品水中不含有任何杀菌剂。

(6) 对于长期停用保存的膜系统，在冬季还应考虑膜的防冻措施。

八、反渗透系统诊断

(一) 标准化脱盐率下降的原因

1. 查出脱盐率下降的部位

脱盐率是反渗透系统最常用的监视指标之一，它不仅表明反渗透膜的性能，而且影响反渗透的出水质量。脱盐率下降可能相应会有膜的其他性能变化，如标准渗透水流量或标准系统压差等，这取决于引起膜性能变化的原因。

当反渗透标准系统脱盐率下降时，应采取以下步骤：校正仪表，以避免因仪表原因而误认为膜性能的变化；查出脱盐率下降的部位；根据查出的原因，采取相应的措施。

(1) 校正仪表：往往是查找系统发生问题的第一步，包括电导率表、流量表、压力表等的校正。

(2) 查找脱盐率的下降部位：可能是整个系统脱盐率均匀地下降，也可能发生在系统前面 或后面部分，要求有针对性地查找。

1) 检查单个膜组件渗透水TDS值。每个膜组件内的膜元件串联连接，一个良好的设计要求每个膜组件都有取样口，当标准系统脱盐率下降时，可先查找每个膜组件渗透水TDS

值，作为监测需要。每个月建立一份每个膜组件渗透水 TDS 值的档案资料是必要的，以便当脱盐率下降时，便于对比，查找原因。

2）探测发生问题的膜组件。在涡卷式反渗透系统中，把 $\phi 1/4''$的塑料管伸进膜组件的渗透水管道中，分别测定不同位置每个膜元件的渗透水含盐量，判断哪个膜元件出现了问题。这需要拆下与膜组件连接的产品水或膜组件某一端的渗透堵头，以便取样管道能伸进去。小塑料管伸进去后，应先流出几分钟水，然后可利用手提式仪器测量水的含盐量。该方法的局限性在于，某处的单个膜元件渗透水 TDS 值受到其他膜元件渗透水的影响。该膜组件内最后一个膜元件的渗透水中可能含有其他膜元件产生的渗透水。必要时。可利用测试单个膜元件的方法。

3）单独测试单个膜元件，即取出单个膜元件进行测试。在压力容器组件内装入一个膜元件，该系统可以调节给水压力、回收率和给水 pH 值。回收率的调节十分重要，在此条件下获得的压差可与其他膜元件比较，设定值可参照制造商试验规范进行确定。给水通过高压泵升压到一定值，水质可以通过加酸泵调节，通过该方法能较轻易地找出脱盐率下降的原因。

2. 系统内第一个膜元件脱盐率下降的主要原因

反渗透系统第一个膜元件是指给水进入反渗透系统首先流过的膜元件；系统最后一个膜元件是指浓水离开系统前最后流过的膜元件。

（1）加酸过量。往给水中加酸，一方面是为了 CA 膜和复合膜上析出碳酸盐垢，另一方面是防止或降低 CA 膜水解。在 CA 膜反渗透系统中，对加酸有严格要求。过量的酸会急剧增加膜的水解，也会引起膜的退化，只不过通常需要很高的浓度和较长的接触时间而已。给水通过反渗透系统时，随水流方向 pH 值不断上升，因而加酸过量引起膜的退化大多数发生在反渗透系统中的第一根膜元件。加酸过量的原因可能是加酸泵调节不妥，或设备已停运，而加酸泵仍未停运等。

（2）复合膜的氧化侵蚀。残余氯或其他氧化剂与复合膜接触时，会引起复合膜的退化。水中少量漏进的氧化剂，首先与第一个复合膜接触，引起该膜的性能变化，脱盐率下降。

（3）“水锤”作用　如果反渗透系统在启动之前未充满水，将会引起第一个膜元件与更高流速的水流接触，引起过高的压降，或高压泵启动时出水阀未缓慢开启，这时有可能引起“水锤”作用，造成膜元件的机械损伤。对于卷式膜元件，可能发生膜元件的伸缩现象，使膜元件外表面膜层拆开，进而影响到里层膜面。大多数膜元件制造商利用玻璃钢层把膜元件两端的塑料反伸缩装置密封起来。这有助于使膜元件的膜袋更加坚实。

（4）加热器使用不当　加热器出水温度过高，流过膜元件时，会引起 CA 膜快速水解，以及损坏 CA 或复合膜。高温水会引起膜元件塑料部件损坏，卷式膜元件伸缩现象的发生、膜元件渗透水 O 形圈的损坏、膜袋胶水黏结张开等。过高的给水温度通过膜元件通常发生在反渗透系统启动时，即水温还未调节好就进入系统，或运行中加热器（如蒸汽或热水）温度变化，引起给水温度变化，或加热器直接渗入蒸汽或热水。

3. 系统内最后一个膜元件脱盐率下降的原因

（1）系统回收率过高。如果未按预定的回收率运行，可能会造成严重的后果。假定浓水阀门没有正确启闭，或流量表不准，本来浓水应为25m^3/h，给水量为100m^3/h，结果浓水流量仅有12.5m^3/h，这样系统回收率由75%上升到87.5%，系统浓缩由4倍上升到7倍。浓水浓度越高，结垢倾向越大；同时，较低的浓水流速降低了水的紊流状态，增加了浓差极化，这又反过来增加了结垢倾向。若浓水浓度过高，会导致一种或几种难溶盐类过饱和，从而在膜元件上结垢析出。通常引起系统回收率过高的原因可能是运行失误、流量表不准，此外给水成分改变也会造成结垢。

（2）污染和结垢。结垢是难溶盐类在膜表面上的沉积；污染是悬浮物和有机物等在膜表面上的聚集等。严重的结垢和污染会导致脱盐率下降，而这又最可能发生在系统内最后一个膜元件上，因为该处水浓度最高。结垢和污染减少了膜元件的水流空间，因而降低了水流的紊流效果，导致浓差极化的增加。膜表面浓度越大，渗透水浓度越高。如结垢和污染未及时清洗，会引起压差增加，严重时将导致膜元件的损坏，从而降低脱盐率。

（3）给水pH值过高。对CA膜，一般要求给水pH值是5.0～6.5。系统加酸过多将导致pH值过低，从而引起膜的水解；加酸不足（过高的pH值）会引起系统后面的膜水解。反渗透系统给水/浓水pH值过高的原因可能有：pH表不准；加酸泵气体阻塞；加酸泵隔膜破裂或泄漏；加酸泵容量不足等。

（4）细菌大量繁殖。当不连续运行或停机时间较长，且CA膜或复合膜反渗透系统不存在杀菌剂时，系统存在大量繁殖细菌的可能性。细菌在反渗透系统内某处生长，将会不断扩散到下游，感染下游的膜元件。虽然细菌来源于上游，但由于下游细菌的大量繁殖，膜的退化首先发生在反渗透系统的最后一段中。当反渗透系统发生严重的细菌污染时，如不及时清洗，将会堵塞膜元件水流隔网，增加膜元件的压差，严重损坏膜元件。

4. 系统内某膜元件脱盐率下降的原因

（1）O形密封圈或浓水密封圈损坏。在涡卷式膜元件中，O形密封圈用于密封膜元件渗透水的内连接管道，防止高压给水进入低压的渗透水中。O形密封圈损坏将导致渗透水浓度增加。在反渗透启停时，膜元件在压力容器内移动，有时也会损坏O形密封圈。浓水密封圈安装在膜元件的一端，防止给水旁路通过膜元件，减少交叉流在膜元件内的紊流状态，从而增加浓差极化，以及增加该膜元件的污染和结垢倾向，从而影响渗透水的质量。

（2）渗透水压力过高。涡卷式反渗透系统的渗透水压力不应大于给水压力，否则渗透水背压会吹开膜元件的膜袋，造成膜元件损坏。一般建议渗透水背压不超过138kPa。渗透水管线舌有阀门时，应在该管线上安装一个自动泄压阀，压力设定值可为138kPa。中空纤维式膜元件抗背压能力较强，可达345kPa。

（3）细菌侵蚀。这会造成系统内某膜元件脱盐率下降。

（4）给水/浓水母管堵塞或水流不畅。

（5）系统设计不当。在停机时，由于系统设计不当，引发虹吸现象，从而造成膜元件内水排空。

5. 系统内膜元件脱盐率普遍下降的主要原因

（1）氧化剂使用不当。大多数CA膜的制造商都规定连续接触游离氯的最大浓度为1.0mg/L。复合膜对氧化剂很敏感，要求给水除去氧化剂，以防止膜的退化。

(2) 直接暴晒于阳光下。反渗透系统在阳光下停机时，系统内温度会急剧上升，高温会使膜的水解速度加快，从而造成膜的损坏。当反渗透系统安装在室外时，应设遮盖。

(3) 热交换器泄漏。热交换器泄漏时，可能引起水温超过膜的最高允许温度。

(4) 清洗失误。如清洗液与膜不兼容，清洗液 pH 值过高或过低等。

(二) 标准压差增加的主要原因

给水—浓水压差反映了水流通过反渗透系统时所受的阻力，它在很大程度上取决于给水通过膜元件水流通道的流速。渗透水或浓水流速增加，系统压差也将增加。如果给水压力改变，只要渗透水和浓水水流流速维持恒定（没有发生污染和结垢），就不会改变给水与浓水的压差。因此，渗透水和浓水流速应尽可能维持恒定，以便通过观察压差来了解膜元件污堵的情况。

1. 压差增加发生在前面段中

(1) 滤芯过滤器水流旁路。反渗透装置前面的微米级滤芯过滤器的主要作用是为了截留杂质，保护反渗透系统。滤芯有时松动或滤芯间连接件未装好等，均可能造成水流旁路。水流旁路时，首先引起前面的膜元件压差增加。有时，滤芯过滤器运行好几个月也没有明显的压差增大现象，或压差增加缓慢，这时候可能存在水流旁路。一般要求滤芯 2～5 个月更换一次，以防止微生物繁殖，或压差达 103.4kPa（15psi）时更换。有时也可能因水力冲击或不兼容物质存在引起滤芯退化。

(2) 介质过滤器穿透。介质过滤器穿透的同时，一些杂质也可能穿透，或穿透旁路滤芯过滤器，引起系统前面膜元件压差增加。

(3) 泵叶轮磨损。实践中曾发生因高压泵叶轮磨损而出现不锈钢杂质污染膜元件的现象，高压泵正确使用十分重要。

(4) 膜元件的伸缩现象。水力不平衡或热交换器使用不当均可能发生该现象。

2. 压差增加发生在后面段中

(1) 无足够的阻垢剂。如果给水成分改变（如含硅量的增加），则需要降低系统回收率或调整阻垢剂的加入量（阻垢剂可延缓硅酸盐的沉积）。一些阻垢剂也可当作分散剂，使胶体化合物悬浮在水中不沉积。当给水中无足够的阻垢剂时，由于系统后面段的浓水浓度最高，因此沉淀首先发生在后面段中，引起压差增加。

(2) 系统回收率太高。系统回收率太高，会增加系统后面段的浓水浓度，相应增加结垢倾向，当这些部位（膜元件）结垢时，会增加其压差。

3. 压差增加发生在随机的某段中

(1) 浓水密封损坏。浓水密封会由于安装反向或水力损坏，导致部分给水旁路通过膜元件，降低流过膜元件的水流速度。当发生此情况时，该膜元件表面上易形成垢，引起该段压差增加。

(2) 清洗杂质污堵膜元件。在清洗反渗透系统时，如微米过滤器故障或没有使用，则有可能把较大颗粒的杂质引入反渗透系统中，污染膜元件，从而增加压差。

(3) 微生物污染也会增加某段压差。

4. 各段压差普遍增加

(1) 给水阀门不严。在停机时，给水阀门不严，水不断渗透过膜，使盐在膜表面上聚集，造成运行时浓差极化增加，可能形成污染，增加压差。

(2) 在RO系统运行中，膜表面会受到污染，从而增加各段压差，当压差值增大到一定值时，就需要清洗。

(三) 标准脱盐率下降时标准渗透水流量发生变化的原因

(1) 标准渗透水流量增高的原因：膜的氧化；膜元件的损坏而造成泄漏。

(2) 标准渗透水流量维持不变的原因：O形密封圈的泄漏；膜元件发生伸缩现象；膜表面损伤；渗透水背压而损坏膜。

(3) 标准渗透水流量降低的主要原因：胶体污染；金属氧化物污染；其他水垢形成。

(四) 标准渗透水流量下降时标准脱盐率发生变化的原因

(1) 脱盐率维持不变的主要原因：生物污染；停机时保护液使用时间太长；膜元件未保持湿润状态。

(2) 脱盐率增高的主要原因：膜的压密；有机物污染。

(3) 脱盐率降低的主要原因：胶体污染、金属氧化物沉积或其他水垢形成。

第三节 离子交换器

在水处理工艺中用来去除水中溶解盐类杂质的方法一般有三种，即膜分离法、蒸馏法、离子交换法。在工业水处理领域中以离子交换法应用最为普遍，采用离子交换法可制得：软化水、除盐水（或称纯水，通常指电导率$<10\mu S/cm$的水）、超纯水（通常指电导率$<0.1\mu S/cm$的水）。

一、离子交换树脂

(一) 离子交换树脂的结构

离子交换树脂是一类带有活性基团的网状结构高分子化合物。离子交换树脂由离子交换树脂的骨架和带有可交换离子的活性基团构成。活性基团由固定部分（定固定离子）和活动部分（可交换离子）构成。

阳离子交换树脂结构见图5-45。

(二) 离子交换树脂的分类

(1) 按活性基团的性质分类，可分为阳离子、阴离子，还可分为螯合、两性、氧化还原性等。

(2) 按树脂的单体种类分类，可分为苯乙烯系、丙烯酸系等。

(3) 按离子交换树脂孔结构和外观分类：

1) 凝胶型树脂。这种树脂为透明或半透明的凝胶状结构，所以称为凝胶型树脂。凝胶型树脂的网孔通常很小，平均孔径为1～2nm，且大小不一。在干的状态下，这些网孔并不存在，只有当浸入水中时才显现出来。凝胶型树脂还存在机械强度差，易受到水中有机物污染的缺点。

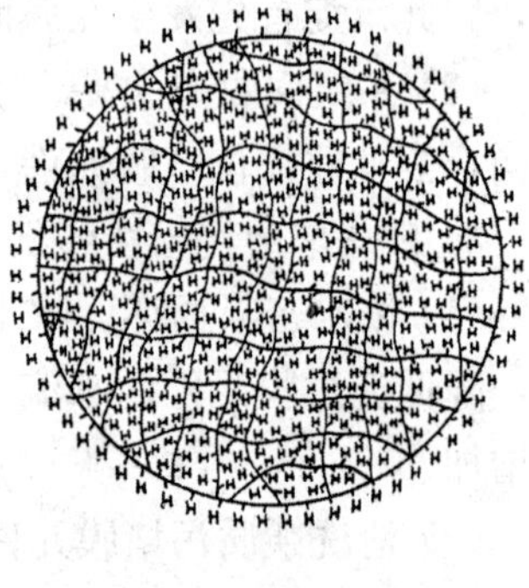

图5-45 阳离子交换树脂结构示意图

2) 大孔型树脂。在制备大孔结构高分子聚合物骨架时，向单体混合物中加入致孔剂，待聚合反应完成后，再将致孔剂抽提出来，常用的致孔剂是甲苯、汽油等，这样就留下了永久网孔。在整个树脂内部无论干或湿、收缩或溶胀状态都存在着比凝胶型树脂更多、更大的孔（孔径一般在20～100nm以上）。大孔型树脂具有较好的抗有机物污染能力，但其交换容量比凝胶型树脂小。大孔型树脂的交联度（指树脂合成时交联剂二乙烯苯的用量）可达16%～20%，而普通凝胶型树脂的交联度在7%左右，所以大孔型树脂的抗氧化能力较强，机械强度较高。

3）均孔型树脂。离子交换树脂，特别是阴树脂的有机物污染的原因之一是由于交联不均匀，致使树脂中网孔大小不一。这种均孔结构的强碱性阴树脂不易被有机物所污染，在交换容量和再生性能方面也有改善。

4）超凝胶均粒树脂。在有些水处理系统中，没有与凝胶型树脂的网孔直径相当的物质（如大分子有机物或胶体硅），而要求离子交换树脂既具有较好的机械强度及良好的耐渗透性能，又拥有较高的交换容量及良好的化学性能，如电站中压凝结水处理。超凝胶均粒树脂，其机械强度可以与大孔型树脂相比，交换容量等化学性能与凝胶型树脂相当，所以，这种树脂特别适用于运行压力、流速较高的中压凝结水处理系统。

树脂的结构见图5-46。

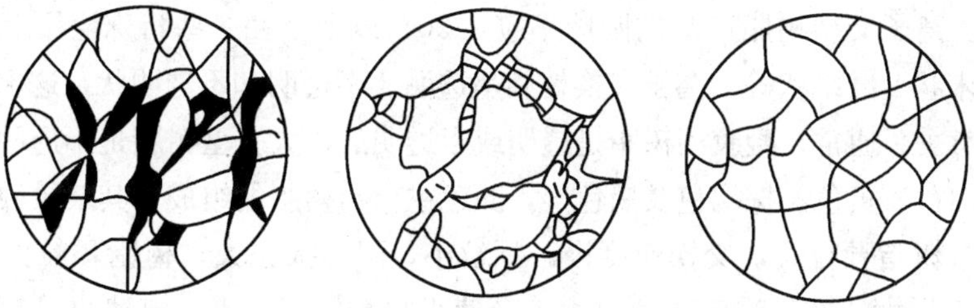

(a)　　(b)　　(c)

图5-46　树脂的结构

(a) 凝胶型；(b) 大孔型；(c) 均孔型

（三）离子交换树脂的命名

1. 全称

离子交换树脂的全称由分类名称、骨架名称、基本名称依次排列组成。基本名称为离子交换树脂；大孔型树脂在全称前加“大孔”两字。分类属酸性的在基本名称前加“阳”字；分类属碱性的在基本名称前加“阴”字。

2. 型号

离子交换树脂产品的型号由三位阿拉伯数字组成。第一位数字代表产品分类；第二位数字代表骨架组成；第三位数字为顺序号，用以区别活性基因或交联剂。

离子交换树脂分类代码含义见表5-22和表5-23。

表5-22　产品分类代号（第一位数字）

代　号	0	1	2	3	4	5	6
分类名称	强酸性	弱酸性	强碱性	弱碱性	螯合性	两　性	氧化还原性

表 5-23　　骨架组成代号（第二位数字）

代　号	0	1	2	3	4	5	6
骨架名称	苯乙烯系	丙烯酸系	酚醛系	环氧系	乙烯吡啶系	脲醛系	氯乙烯系

凡属大孔型树脂的，在型号前加“大”字的汉语拼音首位字母“D”；凡属凝胶型树脂的，在型号前不加任何字母。交联度值可在型号后用“×”符号连接阿拉伯数字表示。

离子交换树脂型号图解如下：

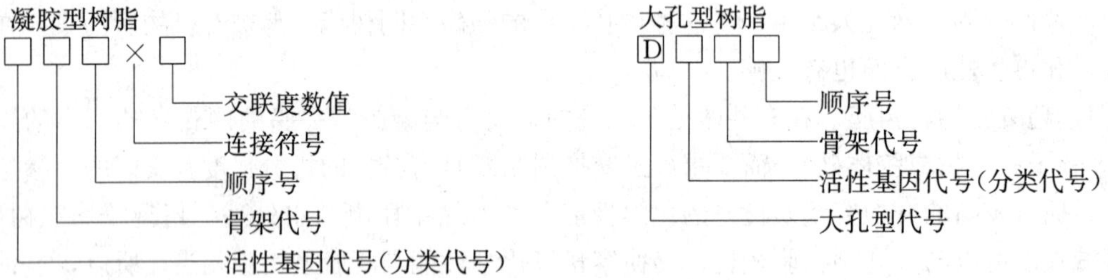

（四）离子交换树脂性能

1. 物理性能

(1) 外观。离子交换树脂产品的圆球率应在90%以上，在一些特殊应用上也有将离子交换树脂制成粉末状、纤维状等。离子交换树脂呈透明、半透明和不透明状，这主要与树脂结构中的孔隙大小有关。通常，凝胶型树脂是透明或半透明的，大孔型树脂是不透明的。离子交换树脂的颜色有白色、黄色、棕褐色及黑色等，颜色主要与树脂的组成及其杂质种类有关。

(2) 粒度。树脂颗粒大，交换速度慢；颗粒小，阻力损失大。树脂颗粒大小相差大，使水流不均和阻力增大；在反洗时流速过大，会使小颗粒树脂冲走，流速小，大颗粒树脂不会松动。表示树脂粒度的指标有效粒径、均一系数和粒径范围。有效粒径是指有 90%树脂体积未能通过的筛孔孔径，用 d_{90} 表示；均一系数是指有 40%树脂体积未能通过的筛孔孔径（用 d_{40} 表示）与 d_{90} 之比值，用 k_{40} 表示。水处理用离子交换树脂的粒径范围通常为 0.315～1.250mm，均一系数为 1.4～1.6。

(3) 密度。

1) 干真密度。公式为

干真密度＝干树脂的质量/树脂的真体积

所谓真体积，是指树脂的排液体积。求取树脂真体积不能用水作排液介质，而应用不会使树脂溶胀的溶剂作排液介质，如甲苯。离子交换树脂的干真密度一般为 1.6g/mL 左右。

2) 湿真密度。公式为

湿真密度＝湿树脂的质量/湿树脂的真体积

离子交换树脂的湿真密度一般在 1.04～1.30g/mL 之间，通常阳树脂的湿真密度比阴树脂的大。该密度指标主要对树脂的水力分层有影响。

3) 湿视密度。公式为

湿视密度＝湿树脂的质量/湿树脂的堆积体积

离子交换树脂的湿视密度不仅与其离子形态有关，还与树脂的堆积状态有关，即与大小颗粒混合程度及堆积密实程度有关，其值一般在0.60～0.85g/mL之间。湿视密度可用来计算交换器中装载的湿树脂质量。

(4) 含水率。离子交换树脂中的水分，一部分是与活性基团相结合的化合水；另一部分是吸附在树脂外表面或滞留在孔隙中的游离水。树脂含水率常用单位质量去除外表面水分的湿树脂所含水量的百分率来表示，一般在50%左右。树脂含水率越大，表示孔隙率越大，交联度越小。

(5) 溶胀性和转型体积改变率。当将干的离子交换树脂浸入水中时，其体积常常会变大，这种现象称为溶胀性。离子交换树脂有两种不同的溶胀现象，一种是不可逆的，另一种是可逆的。

树脂溶胀程度主要取决于以下因素：

1) 树脂的交联度：交联度越高，溶胀能力越低。

2) 活性基团：树脂上活性基团越易电离，树脂溶胀性越强。

3) 交换容量：交换容量大的树脂要比交换容量小的树脂溶胀能力强。

4) 溶液浓度：溶液中离子浓度越大，树脂溶胀性越小。

5) 可交换离子：可交换离子价数越高，溶胀性越小；对于同价离子，水合能力越强，溶胀性越强。

强酸阳树脂和强碱阴树脂在不同离子形态时溶胀率大小的顺序为：

强酸阳树脂 $H^+ > Na^+ > NH_4^+ > K^+ > Ag^+$

强碱阴树脂 $OH^- > HCO_3^- \approx CO_3^{2-} > SO_4^{2-} > Cl^-$

当树脂由一种离子形态转为另一种离子形态时，其体积会发生改变，此时树脂体积改变的百分数称为树脂转型体积改变率。

强酸001×7阳树脂由Na型转为H型时，其体积增加5%～8%；由Ca型转为H型时，其体积增加12%～13%。强碱201×7阴树脂由Cl型转为OH形时，其体积增加15%～20%。弱型树脂转型体积改变更明显，特别是由H型转为Na型时，体积最大可增加70%～80%；由H型转为Ca型时，其体积可增加10%～30%。

(6) 机械强度。目前，我国主要采用国家标准方法——磨后圆球率和渗磨圆球率来评价树脂的机械强度。一般树脂因机械强度而发生的年损耗率应为3%～7%。

(7) 耐热性。树脂的热稳定性一般规律是：阳树脂比阴树脂耐热性强；盐型树脂比游离酸或碱型树脂耐热性强；Ⅰ型强碱树脂比Ⅱ型耐热性强；弱碱基团比强碱基团耐热性强；苯乙烯系强碱树脂比丙烯酸系强碱树脂耐热性强。

通常情况下，阳树脂可耐100℃或更高的温度，如Na型苯乙烯系磺酸型阳树脂的最高使用温度为150℃，而H型的最高使用温度为100～120℃。对苯乙烯阴树脂，强碱性的使用温度不应超过40℃，弱碱性的使用温度不能超过80℃；丙烯酸系强碱阴树脂的最高使用温度不应超过38℃。

(8) 导电性。干燥的离子交换树脂不导电，湿树脂因有解离的离子而可以导电，阳树脂的电导率比阴树脂大，这一点可用在混合树脂分离的监测上。树脂的导电性在离子交换膜的应用方面也很重要。

2. 化学性能

（1）交换反应的可逆性。离子交换反应是可逆的，当反应进行到失效后，为了恢复树脂的交换能力，让酸碱溶液通过失效树脂以恢复其交换能力。离子交换反应的可逆性是离子交换树脂可以重复使用的重要性质。

（2）离子交换树脂的选择性。离子交换树脂吸着各种离子的能力不一，有些离子易被树脂吸着，但吸着后将其置换下来较困难；而另一些离子较难被树脂吸着，但却比较容易被置换下来，这种性能就是离子交换树脂的选择性。离子交换树脂的选择性主要取决于被交换离子的结构，一是离子带的电荷数，离子所带电荷数越多，则越易被吸着；二是对于带有相同电荷的离子，原子序数大者较易被吸着。此外，离子交换树脂的选择性还与树脂的交联度、活性基团，可交换离子的性质，水中离子浓度等因素有关。树脂在常温、稀溶液中对常见离子的选择性顺序如下：

强酸性阳离子交换树脂　$Fe^{3+}>Al^{3+}>Ca^{2+}>Mg^{2+}>K^{+}\approx NH^{4+}>Na^{+}>H^{+}$

强碱性阴离子交换树脂　$SO_4^{2-}>NO^{3-}>Cl^{-}>OH^{-}>HCO_3^{-}>HSiO_3^{-}$

（3）交换容量。交换容量是指单位质量或体积的离子交换树脂所具有的（或发挥作用的）离子交换基团数量。其单位有两种表示方法：一是质量表示法，通常用 mmol/g 表示；另一种是体积表示法，通常用 mmol/L 或 mol/m^3 表示，这里的体积指湿状态下树脂的堆积体积。

1）全交换容量的计算公式为

$$Q_V=Q_m(1-\text{含水率})\times\text{湿视密度}$$

式中　Q_V——单位体积树脂的全交换容量，mmol/L（湿树脂）；

Q_m——单位质量树脂的全交换容量，mmol/g（干树脂）。

2）平衡交换容量是指离子交换树脂完全再生后，与一定组分的水溶液作用到平衡状态时的交换容量。

3）工作交换容量。表示树脂在给定的工作条件下，实际发挥的交换容量，单位用 mmol/L 或 mol/m^3 表示。

树脂工作交换容量除了与树脂本身的性能有关外，还与工作条件有关。工作条件通常包括进水水质、终点控制标准、树脂层高、再生剂种类、再生剂用量、再生方式等。

（4）化学稳定性。在通常情况下，阳树脂的化学稳定性要好于阴树脂；强酸性树脂比弱酸性树脂稳定；强碱Ⅰ型比强碱Ⅱ型稳定性好；H 型和 OH 型比盐型易氧化。树脂化学稳定性不好，在某些因素影响下会发生降解，往往表现为交换基团脱落；交联的键断裂，低聚合度的水溶性成分溶出增多，树脂溶胀、破碎；强碱基团降解为弱碱基团，树脂碱性变弱；甚至还会有出现弱酸交换基团。

（5）耐辐射性。树脂中的杂质，特别是重金属（如 Fe、Cu、Ni、Pb 等）都会加速其辐射破坏。目前市场上有适用于核电站水处理的耐辐射树脂，被称为核级树脂，核级树脂交联度较高，且对树脂中的重金属含量有严格的要求。

（6）酸、碱性和中性盐分解能力。H 型阳离子交换树脂和 OH 型阴离子交换树脂的性能与电解质酸、碱相同，在水中有电离 H^+ 和 OH^- 的能力。

磺酸型强酸性阳离子交换树脂　$—R—SO_3H$

羧酸型弱酸性阳离子交换树脂　—R—COOH

季铵型强碱性阴离子交换树脂　—R≡NOH

叔、仲、伯型弱碱性阴离子交换树脂　—R≡NHOH、R＝NH_2OH、R—NH_3OH

弱酸性阳树脂和弱碱性阴树脂与中性盐反应生成相应的酸和碱，使交换反应无法进行下去，所以这类树脂基本无中性盐分解能力（或中性盐分解容量）。因此，可用树脂中性盐分解容量的大小来判断树脂酸碱性的强弱。

二、离子交换原理

（一）晶格理论

对于一些天然离子交换剂，如天然沸石，它具有晶体结构，此类物质的主要成分为 $Na_2O \cdot Al_2O_3 \cdot xSiO_2 \cdot yH_2O$。晶格理论认为，这类物质的晶格基本上是由—Si—O 所组成，但其中的一些 Si^{4+} 可被 Al^{3+} 或其他正电离子所替代，造成这些部位缺少正电荷，不足的电荷由 Na^+ 或 Ca^{2+} 等阳离子所补偿，从而形成了可交换的活动离子。

（二）双电层理论（最适用于水处理工艺）

双电层理论是将离子交换树脂看作具有胶体型结构的物质。这个观点认为，在离子交换树脂的高分子表面有许多和胶体表面相似的双电层，也就是说这里有两层离子，紧邻高分子表面的一层离子（—SiO^{3-}）称为内层离子，在外面是一层符号相反的离子层。通常把与内层离子符号相同的离子称为同离子，符号相反的称为反离子。所以，离子交换树脂就是树脂中原有反离子和溶液中其他反离子相互交换位置。

内层离子依靠化学键结合在高分子的骨架上。固定层中的反离子依靠异电荷的吸引力被固定着。而在扩散层中的反离子由于受到异电荷的吸引力较小，热运动比较显著，因此这些反离子有自高分子表面向溶液中逐渐扩散的现象。

当离子交换剂遇到含有电解质的水溶液时，电解质对其双电层有以下几种作用。

1. 交换作用

扩散层中的反离子在溶液中活动较自由，离子交换主要在此种反离子和溶液中其他反离子之间进行。因动平衡关系，溶液中的反离子会先交换至扩散层，然后再与固定层中的反离子互换位置。

2. 压缩作用

当溶液中盐类浓度增大时，可以使扩散层压缩，从而使扩散层中的部分反离子变成固定层中的反离子，扩散层的活动范围变小。这就说明为什么当再生液浓度太大时，不仅不能提高再生效果，有时反而使再生效果降低。

很明显，离子交换树脂的双电层厚度越大，离子交换反应就越容易进行。

影响双电层厚度的因素有许多，最主要的有两个：一是树脂本身性质，如强酸性 H 型阳树脂中的 H^+ 很容易扩散，而弱酸性 H 型阳树脂中的 H^+ 就不容易扩散；二是溶液中的离子浓度，当溶液中的离子浓度较大时，会使树脂的双电层受到压缩。因此，在浓度较大的溶液中进行离子交换比较困难。

图 5-47 为离子交换树脂的双电层结构。

（三）离子交换平衡

离子交换反应与其他的化学反应一样，具有可逆性，服从质量守恒定律。但是，这种可

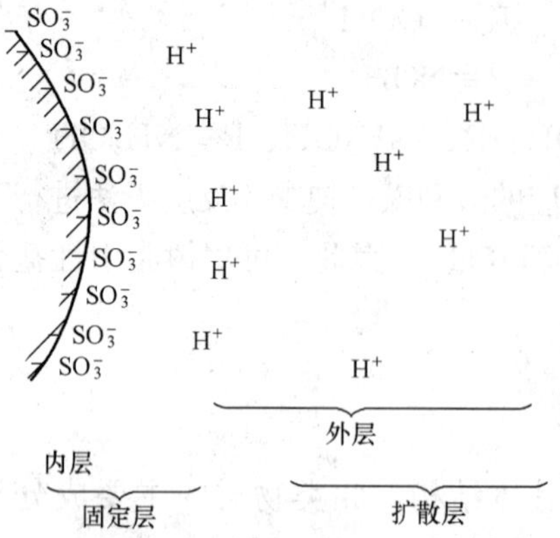

图 5-47 离子交换树脂的双电层结构

逆反应并不是在均相溶液中进行，而是在固态的树脂和水溶液接触的界面间发生的，离子交换树脂的溶胀性会使其反应前后的体积发生变化，另外树脂对水中的溶质离子有吸附和解吸的作用，因此它和溶液间的平衡与普通的化学平衡不完全相同。目前只能用质量守恒定律近似地研究离子交换平衡问题。

1. 离子交换的平衡常数

$$nRB + A^{n+} \longleftrightarrow R_nA + nB^+$$

$$K = \frac{a_{R_nA}(a_{B^+})^n}{(a_{RB})^n a_{A^{n+}}}$$

式中 K——平衡常数；

a_{R_nA}、a_{RB}——平衡时，树脂相中 A、B 离子的活度；

$a_{A^{n+}}$、a_{B^+}——平衡时，溶液相中 A、B 离子的活度。

如果用浓度与活度系数的乘积替代活度，则上式可改写成

$$K = \frac{f_{R_nA}\left[\frac{1}{n}R_nA\right]f_B\,[B^+]^n}{f_{RB}\,[RB]^n f_A\left[\frac{1}{n}A^{n+}\right]}$$

式中 $\left[\frac{1}{n}R_nA\right]$、$[RB]$——平衡时，树脂相中 A、B 离子的摩尔浓度；

$\left[\frac{1}{n}A^{n+}\right]$、$[B^+]$——平衡时，溶液相中 A、B 离子的摩尔浓度；

f_{R_nA}、f_{RB}——平衡时，树脂相中 A、B 离子的活度系数；

f_A、f_B——平衡时，溶液相中 A、B 离子的活度系数。

2. 选择性系数

对于稀溶液（包括所有天然淡水和大多数废水），离子的活度系数非常接近于 1，认为 $\frac{f_B^n}{f_A}\approx 1$，因此 $a_{A^{n+}}$ 和 a_{B^+} 可以用相应的摩尔浓度［A^{n+}］和［B^+］来代替。而树脂相中的离子浓度较高，因此不能以稀溶液来处理。若将树脂相中的活度系数并入平衡常数，则有

$$K_B^A = \frac{\left[\frac{1}{n}R_nA\right][B^+]^n}{[RB]^n\left[\frac{1}{n}A^{n+}\right]}$$

在此情况下，K_B^A 值变成可以测得的数值。K_B^A 也不是常数，它只表示在某一给定条件下达到离子交换平衡时，各种物质量浓度之间的关系。K_B^A 值的大小含有交换剂上的 B 是否易于交换成 A 的意义，因此称为选择性系数。

影响选择性系数的因素很多，如离子的种类，水溶液的浓度、组成以及离子交换树脂的结构等。

强酸阳离子与强碱阴离子交换树脂选择性系数的近似值分别见表 5-24 和表 5-25。

表 5-24　强酸阳离子交换树脂选择性系数的近似值

选择性系数	近似值	选择性系数	近似值
K_{H}^{Na}	1.5～2.0	K_{Li}^{Na}	2.0
K_{H}^{K} $K_{H}^{NH_4}$	2.5～3.0	K_{Na}^{Ca}	3～6
K_{Na}^{K}	1.7	K_{Na}^{Mg}	1.0～1.5

表 5-25　强碱阴离子交换树脂选择性系数的近似值

选择性系数	近似值	选择性系数	近似值
$K_{Cl}^{NO_3}$	3.5～4.5	$K_{Cl}^{SO_4}$	0.11～0.15
K_{Cl}^{Br}	3	$K_{CO_3}^{HSO_4}$	2～3.5
K_{Cl}^{F}	0.1	$K_{NO_3}^{SO_4}$	0.04
$K_{Cl}^{HCO_3}$	0.3～0.8	K_{OH}^{Cl}	Ⅰ型 10～20
K_{Cl}^{CN}	1.5		Ⅱ型 1.5

3. 平衡计算

(1) 等价离子的交换。

以离子交换水处理中 H-Na 离子交换为例，介绍等价离子交换的平衡计算。

$$RH + Na^{+} \longleftrightarrow RNa + H^{+}$$

令树脂相中 Na^{+} 和 H^{+} 浓度分率分别为 $\bar{x}_{Na}$ 和 $\bar{x}_{H}$，则有

$$\bar{x}_{Na} = \frac{[RNa]}{[RNa]+[RH]}$$

$$x_{H} = \frac{[RH]}{[RNa]+[RH]}$$

$$\bar{x}_{Na} + \bar{x}_{H} = 1$$

令溶液相中 Na^{+} 和 H^{+} 浓度分率分别为 x_{Na} 和 x_{H}，则有

$$\bar{x}_{Na} = \frac{[Na^{+}]}{[Na^{+}]+[H^{+}]}$$

$$x_{H} = \frac{[H^{+}]}{[Na^{+}]+[H^{+}]}$$

$$x_{Na} + x_{H} = 1$$

由此，可推导出

$$K_{H}^{Na} = \frac{[RNa][H^{+}]}{[RH][Na^{+}]} = \frac{\dfrac{[RNa][H^{+}]}{([RNa]+[RH])([Na^{+}]+[H^{+}])}}{\dfrac{[RH][Na^{+}]}{([RNa]+[RH])([Na^{+}]+[H^{+}])}}$$

或写成

$$\frac{\bar{x}_{Na}}{1-\bar{x}_{Na}} = K_{H}^{Na}\frac{x_{Na}}{1-x_{Na}}$$

因此，可以将 1 价的 A、B 离子交换表示成以下通式，即

$$RB + A^{+} \longleftrightarrow RA + B^{+}$$

$$\frac{\bar{x}_{A}}{1-\bar{x}_{A}} = K_{B}^{A}\frac{x_{A}}{1-x_{A}}$$

1 价与 1 价离子交换的理想平衡曲线见图 5-48，H-Na 离子交换实测平衡曲线见图 5-49。

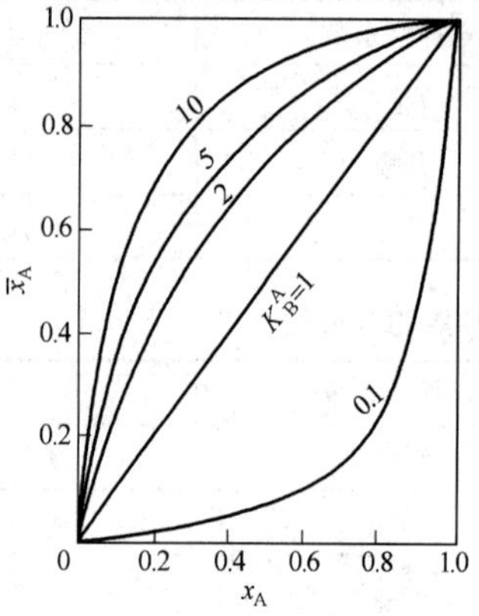

图 5-48　1 价与 1 价离子交换的理想平衡曲线

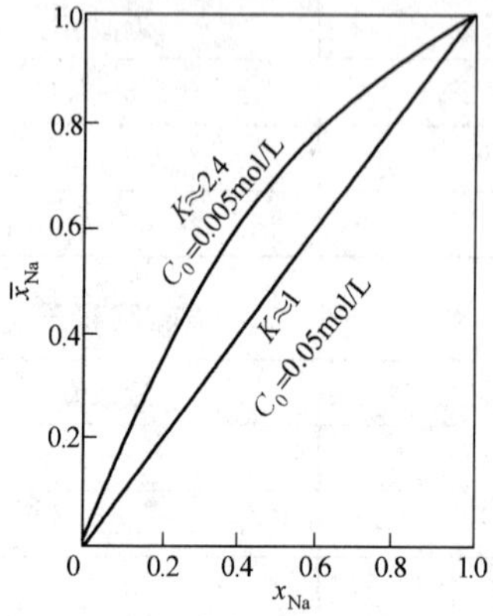

图 5-49　H-Na 离子交换实测平衡曲线

（2）不等价离子的交换。

以水的软化处理中 Na-Ca 离子交换为例，介绍不等价离子交换的平衡计算。

$$2RNa+Ca^{2+} \longleftrightarrow R_2Ca+2Na^+$$

与推导等价离子交换平衡计算相似，可得以下形式，即

$$\frac{\overline{x}_{Ca}}{(1-\overline{x}_{Ca})^2}=K_{Na}^{Ca}\frac{q_0}{C_0}\frac{x_{Ca}}{(1-x_{Ca})^2}$$

不等价离子的选择性除了与选择性系数有关外，还与树脂的全交换容量和溶液中离子的总浓度有关。对于某种确定的离子交换树脂而言，其全交换容量是定值，而溶液中交换离子的浓度在不同体系中会有很大的不同，所以不等价离子的选择性会因溶液浓度不同而有差异。

1 价与 2 价离子交换的理想平衡曲线见图 5-50，Na-Ca 离子交换实测平衡曲线见图 5-51。

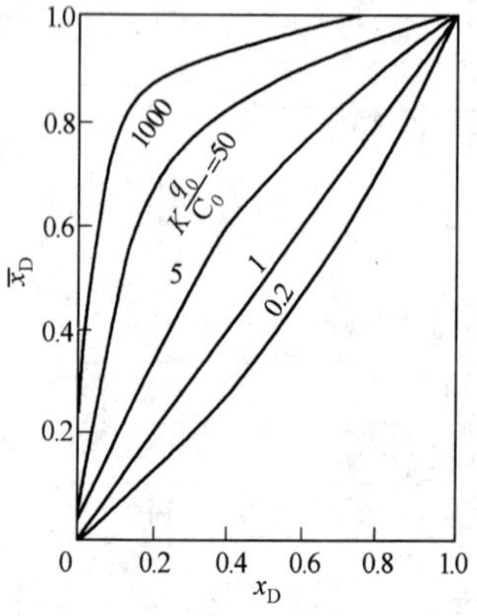

图 5-50　1 价与 2 价离子交换的理想平衡曲线

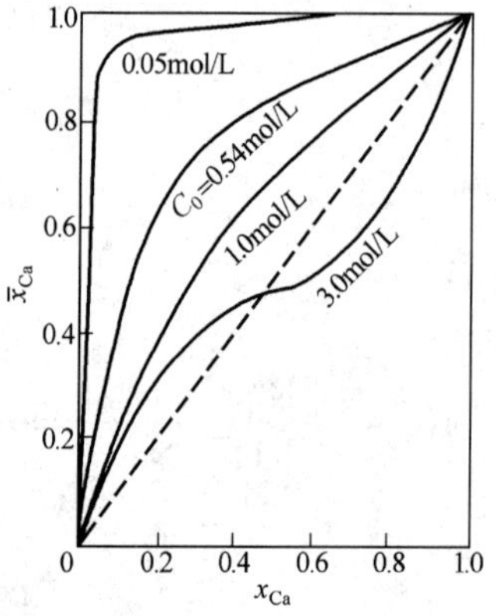

图 5-51　Na-Ca 离子交换实测平衡曲线

通过离子交换平衡计算，可以求得离子交换过程中的某些极限值，如计算离子交换树脂的最大再生度以及离子交换出水的泄漏量（出水水质）等。

（四）离子交换动力学

1. 离子交换的动力学过程

离子交换的动力学过程分为以下7步：

（1）水中离子在水中扩散，到达树脂颗粒表面的边界水膜。

（2）水中离子逐渐扩散通过此膜。

（3）水中离子进入树脂颗粒内部的交联网孔，进行内扩散。

（4）水中离子与树脂内交换基团接触，并与交换基团上可交换的离子进行交换。

（5）被交换下来的离子由树脂颗粒内部交联网孔向树脂表面扩散。

（6）被交换下来的离子扩散通过树脂颗粒表面的边界水膜。

（7）离子进入水溶液中。

离子交换过程见图5-52。

2. 影响离子交换速度的工艺条件

上述（1）和（7）两个过程完成得很快而不至影响交换速度，第（4）步属于离子间的化学反应，通常是很快完成的。所以，控制离子交换速度的过程通常是膜扩散或颗粒扩散的过程，当然也有可能是两种过程都影响交换速度的中间状态。

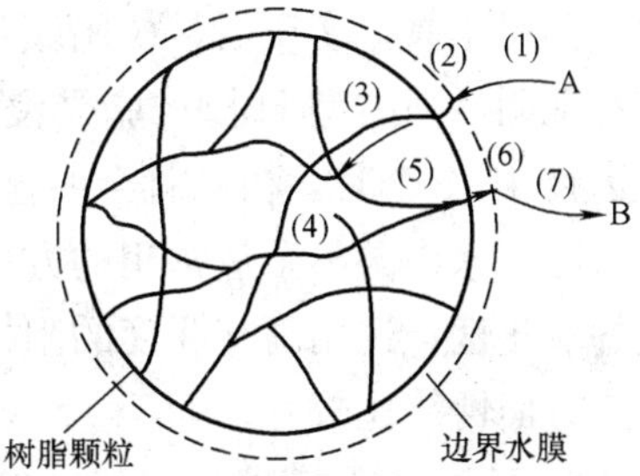

图5-52 离子交换过程示意图

影响离子交换速度的工艺条件有：

（1）溶液浓度。溶液浓度是影响扩散速度的重要因素，浓度越大，扩散速度越快。

（2）流速和搅拌速率。交换过程中的搅拌或提高水流速，只能加快膜扩散，而不能影响内扩散。

（3）水温。提高水温能同时加快内扩散和膜扩散，所以离子交换设备运行时，一般将水温保持在20～40℃范围内。

（4）树脂颗粒大小。树脂颗粒越小，交换速度越快。因为树脂的颗粒越小，内扩散的距离越短；同时颗粒越小，也等于扩大了膜扩散的表面积，从而加快交换速度。

（5）树脂的交联度。树脂的交联度越大，网孔越小，则其颗粒内扩散越慢，交换速度就越慢。

三、树脂的预处理

离子交换树脂中常含有少量低聚合物和未参与聚合或缩合反应的单体。当树脂与水、酸、碱等溶液接触时，这部分物质会析出并转入溶液中，影响出水品质。另外，树脂中常含有铁、铅、铜等无机杂质。因此，对于水质要求较高的水处理时，树脂在使用前应进行预处理，去除树脂中的可溶性杂质。

新树脂在预处理前，需先用水使树脂充分膨胀。对于干树脂则不能直接放入水中，以防树脂因体积急剧膨胀而破裂，应先用10%的食盐水浸泡1～2h后再用水稀释，使树脂体积缓慢膨胀到最大。

（一）阳树脂的预处理

用2%～4%的NaOH溶液浸泡阳树脂4～8h，用小流量水反洗至排水清澈，pH值接近中性；再用5%的HCl溶液浸泡4～8h，用水正洗至pH值接近中性或进出水Cl^-含量接近。

（二）阴树脂的预处理

用5%的HCl溶液浸泡4～8h，用软化水小流量反洗至排水清澈，pH值接近中性或进出水Cl^-含量接近；再用4%的NaOH溶液浸泡阴树脂4～8h，用水正洗至pH值接近中性。

四、树脂的污染和变质

在离子交换水处理系统的运行中，各种离子交换树脂常常会渐渐改变其性能。其原因有：①树脂的化学结构受到破坏，使树脂变质；②树脂受到外来杂质的污染。

（一）树脂的变质

1. 阳树脂的变质

阳树脂在使用中主要会受到水中氧化剂，如游离氯、硝酸根等侵蚀。当水温较高时，这种侵蚀更加严重。若水中含有重金属离子，因其能起催化作用，而使树脂加速变质。

阳树脂氧化变质后，树脂颜色会变淡，体积变大，因此易碎，并且体积交换容量降低。实践证明，强酸型H型树脂受侵害的程度最为严重，如当进水中含有0.5mg/L余氯时，只要运行4～6个月，树脂就会明显变质。

除去水中游离余氯常用的方法有活性炭过滤器和投加还原剂。另外，应严格监督工业盐酸的氧化性；选用高交联度的阳树脂和大孔强酸性阳离子交换树脂，它们在抗氧化性和机械强度方面性能比较好。

2. 阴树脂的变质

阴树脂的化学性能比阳树脂差，因此对氧化剂和高温的抵抗能力也比阳树脂差。但是，阴床在离子交换器系统中一般布置在阳离子交换器后，进入除盐系统的强氧化剂一般都消耗在阳树脂上了，无形中对阴树脂起了保护作用（一般阴树脂受到水中溶氧的破坏）。

氧化破坏主要发生在活性基团的氮原子上，原来是季胺的，可以被氧化降解至叔胺、仲胺、伯胺，以至非碱性物质。

强碱性阴树脂在氧化变质后，会使交换基团的总量和强碱性交换基团的数量逐渐减少，全交换容量和工作交换容量下降；中性盐分解容量下降，强碱基团减少，弱碱基团增多，出水SiO_2上升，除硅能力继续下降。运行时如提高水温，会使树脂的氧化速度加快，可采用真空除气（如真空式脱碳器）、减少阴床进水中的含氧量、采用隔膜法制造的烧碱、降低碱液中的$NaClO_3$含量、控制再生液的温度等方法。

（二）树脂的污染

1. 阳树脂的污染

（1）重金属污染。水中铁、铝等重金属离子会对树脂产生污染，但目前最常见的是铁污染。防止树脂发生铁污染的措施有：

1）减少阳床进水的含铁量；

2）选用含铁量低的工业盐酸再生阳树脂；

3）当树脂的含铁量超过150mg/g时，应进行酸洗（10%～15%盐酸）。

（2）油脂类对树脂的污染。一般可采用NaOH溶液循环清洗及表面活性剂清洗。

2. 阴树脂的污染

（1）有机物污染。

1）污染原因。

水中有机物的来源：由原水带入，以及水处理过程中采用的水处理药剂（如 PAM 等）和各种泵使用的油脂等；水及树脂床内微生物生长排泄出的有机物质；阳树脂的降解产物（有些是含磺酸基的苯乙烯聚合物）。

树脂污染原因：分子间引力；静电引力；有机物在树脂孔道内的缠、卡。

2）污染特征。

树脂的全交换容量或工作交换容量下降，树脂颜色常常变深；除盐系统的出水水质变坏，出水的电导率上升、pH 值下降；出水带色（黄），特别是在正洗时，正洗排水色泽很深，正洗时间延长。

阴树脂中积累的有机物，一方面占据了阴树脂的交换位置，使得阴树脂的工作交换容量降低；另一方面有机物分子上的弱酸基团—COOH 又起到了阳离子交换树脂的作用，也就是在用碱再生阴树脂时，会发生交换反应，即

$$R'COOH+NaOH \longrightarrow R'COONa+H_2O$$

但在正洗的过程中，又会发生水解反应，即

$$R'COONa+H_2O \longrightarrow R'COOH+NaOH$$

3）受污染树脂的复苏。

目前常用 NaCl-NaOH 的混合溶液来处理污染树脂，可部分释放吸附的有机物，部分恢复树脂的交换能力。混合溶液的浓度是 NaCl 为 10%～15%，NaOH 为 1%～4%（具体浓度可先通过小型试验来确定），复苏处理时最好加温；向混合液内加入氧化剂，如 NaOCl，它可将大分子的有机物氧化成为小分子的有机物而容易解析，所以复苏效果较好，但是它会把树脂一同氧化，加速树脂的降解。

4）污染的防止。

防止阴树脂受有机物的污染，主要应从以下两方面着手：

① 减少进水中有机物的含量：改善混凝澄清处理去除有机物的效果；增设活性炭床；采用膜分类技术，如超滤、反渗透，增加去除水中有机物的技术。

② 改善树脂对有机物的吸附可逆性：选用大孔型树脂；弱碱阴树脂，特别是大孔弱碱阴树脂；丙烯酸系树脂。

（2）胶体硅污染。

强碱性阴树脂一般不能交换天然水中的胶体硅酸，但当天然水通过强碱性阴离子交换后，胶体硅酸的数量仍有相当数量的减少，估计这与树脂的机械截留和吸附有关。正常情况下，交替硅酸不会污染强碱性阴树脂，但当再生条件不适当，如再生计量少、再生液温度及再生流速低时，就会存在胶体硅酸污染强碱性阴树脂的可能性。

为了防止阴树脂受到胶体硅污染，阴树脂每次再生用碱量都要足够；阴树脂失效后应立即再生，尽量不要以失效态备用；在水的预处理中采用混凝方法提高胶体硅的去除率。

另外，阴树脂还会遭受到重金属及硬度盐类的污染。

五、一级除盐系统

（一）除盐原理

去除水中离子态杂质最为普遍的方法是离子交换法。根据处理的目的不同，采用的处理

工艺也有所不同。如去除水中硬度的钠离子交换软化处理；去除硬度并降低碱度的氢—钠离子交换软化除碱处理；以及去除水中全部阳、阴离子的氢—氢氧型离子交换除盐处理。

常见的离子交换装置有固定床和连续床。固定床按液体流动方向可分为顺流式（运行时水流方向和再生液流向相同）、对流式（运行时水流方向和再生液流向相反）、分流式（运行时水和再生液都从上下两个方向进入，从中间排出）；按树脂层可分为单层床、双层床、双室双层床、混合床。连续床可分为移动床和流动床。

1. 阳离子交换原理

由于—SO_3H 基团酸性很强，所以对水中的所有阳离子均有较强的交换能力，与水中的主要阳离子 Ca^{2+}、Mg^{2+}、Na^{+} 的交换反应为

$$2RH+\left.\begin{matrix}Ca\\Mg\end{matrix}\right\}(HCO_3)_2\longrightarrow R_2\left\{\begin{matrix}Ca\\Mg\end{matrix}\right.+2H_2CO_3$$

$$2RH+\left.\begin{matrix}Ca\\Mg\end{matrix}\right\}SO_4\longrightarrow R_2\left\{\begin{matrix}Ca\\Mg\end{matrix}\right.+H_2SO_4$$

$$RH+NaCl\longrightarrow RNa+HCl$$

$$RH+NaHCO_3\longrightarrow RNa+H_2CO_3$$

$$RH+NaHSiO_3\longrightarrow RNa+H_2SiO_3$$

经氢离子交换后，水中各种溶解盐类都转变成相应的酸，包括强酸（HCl、H_2SO_4 等）和弱酸（H_2CO_3、H_2SiO_3 等），出水呈强酸性。酸性大小通常用强酸酸度来表示，又简称酸度。

2. 阴离子交换原理

$$2ROH+H_2\left\{\begin{matrix}SO_4\\Cl_2\\CO_3\\SiO_3\end{matrix}\right.\longrightarrow R_2\left[\begin{matrix}SO_4\\Cl_2\\(HCO_3)_2\\(HSiO_3)_2\end{matrix}\right.+2H_2O$$

强碱阴树脂必须在酸性水中才能彻底除硅，反应式为

$$ROH+NaSiO_3\longrightarrow RHSiO_3+NaOH$$

$$ROH+H_2SiO_3\longrightarrow RHSiO_3+H_2O$$

强碱阴离子交换树脂进水中 Na^{+} 含量必须很小，当 H^{+} 交换进行得不彻底，以至于有漏 Na^{+} 现象时，则由于水通过阴离子交换器后显碱性，因此仍有除硅效果恶化的可能性。

H 型离子交换器的漏 Na^{+} 量对强碱性阴离子交换树脂除硅的影响见图 5-53。

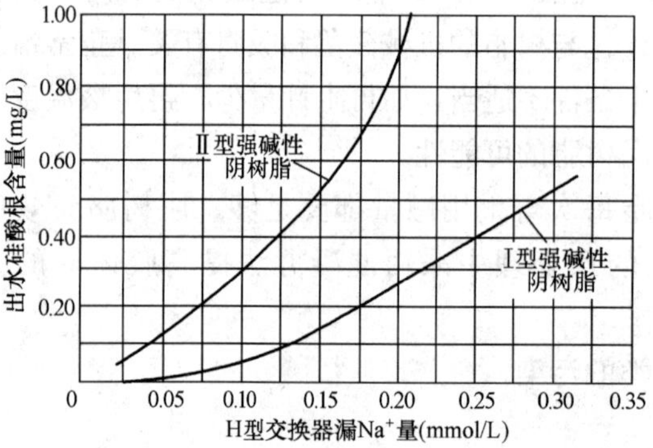

图 5-53 H 型离子交换器的漏 Na^{+} 量对强碱性阴离子交换树脂除硅的影响

3. 除 CO_2 器

如果在氢离子交换后不立即将水中的 CO_2 去除，CO_2 进入阴离子交换器后，将会使阴离子交换器的负担加重，再生用碱量

增多，还会影响阴离子交换器出水的 SiO_2 含量。

(1) 除 CO_2 器原理：水经 H 型离子交换器后，水中 HCO_3^- 转变为 H_2CO_3，连同水中原有的 CO_2，其溶解量远远超出与空气中 CO_2 含量平衡时的溶解度，因此根据亨利定律，在一定温度下气体在溶液中的溶解度与液面上该气体的分压力成正比，当液体中该气体溶解量超过其溶解度时，就会从水中逸出。

(2) 降低 CO_2 气体分压，提高水中 CO_2 逸出速度的方法如下：

1) 增大水与空气的接触面积，在除碳器中鼓入空气让水中的 CO_2 尽快与空气中的 CO_2 达到平衡，即大气式除碳器。

2) 让水温与水沸点接近，目前常用的是除碳器上部抽真空的方法，降低水的沸点，即为真空式除碳器。

(3) 大气式除碳器。

1) 除碳器结构。填料可以是瓷环（也称拉西环）、鲍尔环、阶梯环或塑料多面空心球等，过去常用瓷环，近年来逐渐改用塑料多面空心球、塑料波纹板等。大气式除碳器结构见图 5-54。

2) 工作过程。在 20℃时，当水中的 CO_2 和空气中的 CO_2 达到平衡时，水中的 CO_2 浓度约为 0.44mg/L，但在实际设备中，由于接触时间不够，它们尚未达到平衡，因此通过大气式除碳器后，一般可将水中的 CO_2 含量降至 5mg/L 以下。

4. 典型一级复床除盐系统流程

在离子交换除盐系统中，最简单的是一级复床除盐系统。其出水水质是：硬度为 0，电导率小于 5μS/cm，SiO_2 含量小于 100μg/L。

典型的一级复床除盐系统由一个强酸 H 型离子交换器、一个除碳器和一个强碱 OH 型离子交换器等串联组成，见图 5-55。

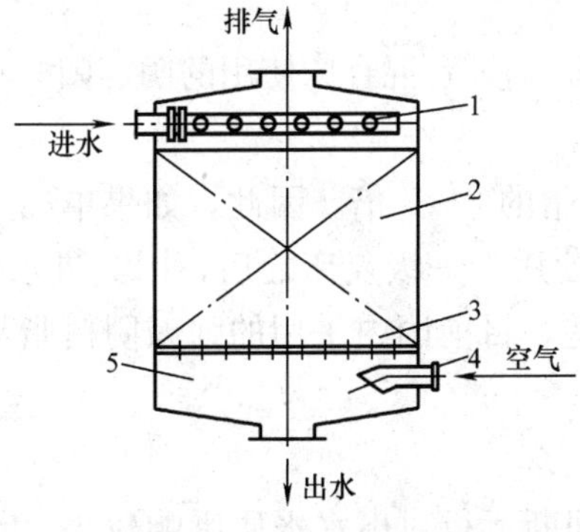

图 5-54 大气式除碳器结构示意图

1—配水装置；2—填料层；3—填料支撑；4—风机接口；5—风室

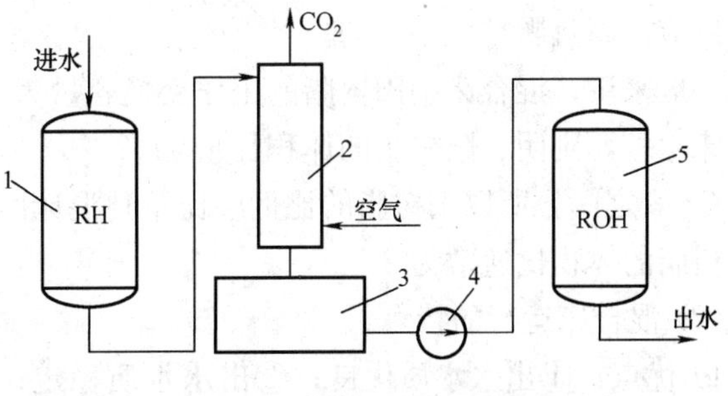

图 5-55 典型一级复床除盐系统结构示意图

1—强酸 H 型离子交换器；2—除碳器；3—中间水箱；4—中间水泵；5—强碱 OH 型离子交换器

原水在强酸 H 型离子交换器中经离子交换后，除去水中的金属离子。被交换下来的 H^+ 与水中的阴离子（HCO_3^-）结合成相应的酸，其中 HCO_3^- 生成的 CO_2 在脱碳器中被脱除。水进入强碱 OH 型离子交换器后，以酸根形式存在的阴离子与强碱阴树脂进行交换而被除去，被交换下来的 OH^- 与水中的 H^+ 中和，从而将水中的溶解盐类全部除去制成除盐水。

5. 混合床交换原理

为了获得更好的水质，可在一级复床除盐之后再加一级，即构成二级除盐。目前多采用混合床作第二级除盐。

在高参数、大容量锅炉的发电厂中，由于锅炉补给水的用量较大和原水含盐量较高，如单独使用混合床，再生将过于频繁，因此混合床都是串联在一级复床除盐系统之后使用的。

混合离子交换反应为

$$2RH+2R'OH+\left.\begin{matrix}Ca\\Mg\\Na\end{matrix}\right\}\left\{\begin{matrix}SO_4\\Cl_2\\(HCO_3)_2\\(HSiO_3)_2\end{matrix}\right.\longrightarrow R_2\left\{\begin{matrix}Ca\\Mg\\Na\end{matrix}\right.+R_2'\left\{\begin{matrix}SO_4\\Cl_2\\(HCO_3)_2\\(HSiO_3)_2\end{matrix}\right.+H_2O$$

混合床结构见图 5-56。

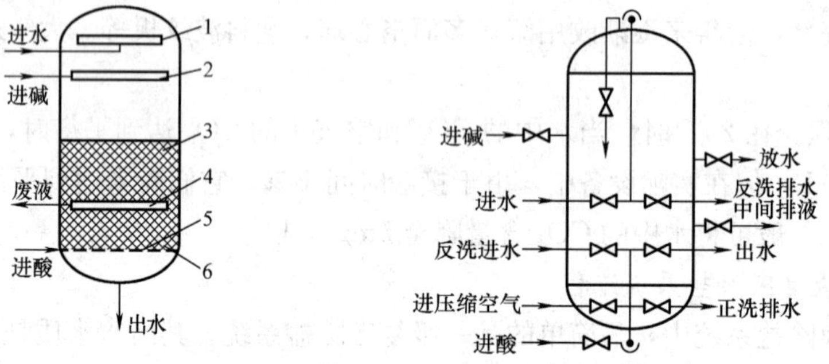

图 5-56 混合床结构示意图

1—进水装置；2—进碱装置；3—树脂层；4—中间排液装置；
5—下部配水装置；6—进酸装置

(1) 混合床中的树脂。两种树脂的湿真密度差应大于 15%，混合床使用的阴、阳树脂机械强度应该高且颗粒大小均匀。

一般来讲，混合床中阳树脂的工作交换容量为阴树脂的 2～3 倍。因此，如果单独采用混合床除盐，则阴、阳树脂的体积比应为(2～3)∶1；若用于一级复床之后，因其进水 pH 值在 7～8 之间，所以阳树脂的比例应比单独混床时高些，目前国内采用的强碱阴树脂与强酸阳树脂的体积比通常为 2∶1。

(2) 混合床运行的特点。

1) 优点：①出水水质优良；②出水水质稳定；③间断运行对出水水质影响较小；④交换终点明显；⑤混合床设备较少。

2) 缺点：①树脂交换容量的利用率低；②树脂损耗率大；③再生操作复杂，需要的时间长；④为保证出水水质，常需要较多的再生剂对阴、阳树脂进行再生。

(二) 运行监督

1. 阳离子交换器运行

阳离子交换器运行失效时的终点可根据出水 Na^+浓度、出水酸度、阴床出水 DD 进行判断。

(1) 出水 Na^+浓度：一般是以出水含钠 300～500μg/L 作为失效。

（2）出水酸度：当出水酸度比正常值下降 0.1 时，可判断失效。

（3）阴床出水 DD：一般将阴床电导率作为阳床失效控制指标，常以电导率大于 10μS/cm 作为控制终点。

2. 脱 CO_2 器运行

大气式脱 CO_2 器运行基本只要保证给出的风压和风量即可。

真空式脱 CO_2 器运行也基本只要保证维持一定的真空度即可，此时出水中残余 CO_2 小于 5mg/L。

3. 阴离子交换器运行

强碱阴离子交换器运行终点控制指标是 SiO_2、电导率、Na^+。

一级复床除盐中强碱阴离子交换器运行出水水质变化曲线见图 5-57。

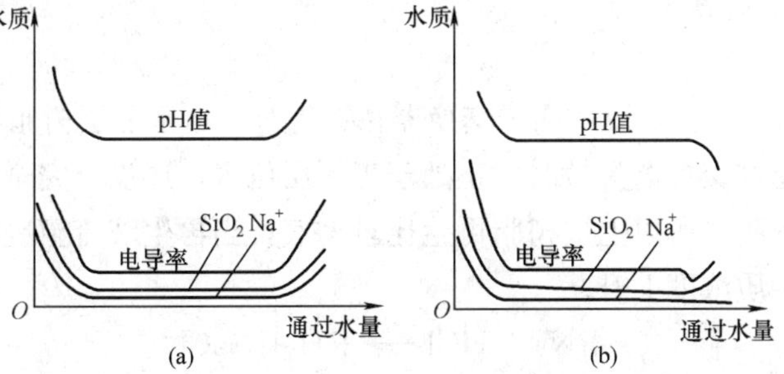

图 5-57 一级复床除盐中强碱阴离子交换器运行出水水质变化曲线

（a）强酸 H 型离子交换器先失效；（b）强酸 OH 型离子交换器先失效

4. 离子交换的经济指标

（1）工作交换容量。

$$\text{阳床工作交换容量 } E\ (\text{mol/m}^3) = \frac{(\text{进水阳离子浓度}-\text{出水阳离子浓度})\times\text{周期制水量 } Q}{\text{树脂体积 } V}$$

$$= \frac{(\text{进水碱度}+\text{出水酸度})\times\text{周期制水量 } Q}{\text{树脂体积 } V}$$

$$\text{阴床工作交换容量 } E\ (\text{mol/m}^3) = \frac{(\text{进水阴离子浓度}-\text{出水阴离子浓度})\times\text{周期制水量 } Q}{\text{树脂体积 } V}$$

（2）再生剂耗量。

$$\text{再生剂耗量} = \frac{\left(\text{进水酸度}+\dfrac{CO_2}{44}+\dfrac{SiO_2}{60}\right)\times\text{周期制水量}Q}{\text{树脂体积 } V}$$

$$\text{阳床再生酸耗 } q\ (\text{g/mol}) = \frac{\text{再生一次用酸量(kg)}\times\text{酸百分浓度(\%)}\times 1000}{EV}$$

$$\text{阴床再生碱耗 } q\ (\text{g/mol}) = \frac{\text{再生一次用碱量(kg)}\times\text{碱百分浓度(\%)}\times 1000}{EV}$$

$$\text{比耗} = \frac{q}{\text{再生剂摩尔质量(分子量)}}$$

$$\text{再生水平} = \frac{qE}{1000}$$

混床由于进水浓度低，难以测定，周期又长，其经济性对整个系统经济性影响不大，因此不再计算工作交换容量和再生剂耗量等。

（3）水耗。

$$自用水率=\frac{正洗用水量+再生用水量+置换用水量+反洗用水量}{周期制水量Q}$$

$$正洗水耗=\frac{正洗用水量}{树脂体积V}$$

可通过增设弱型树脂交换器，采用对流式交换器，对阴交换器再生用碱液进行加热，回收部分再生废液及正洗水，降低除盐系统进水含盐量（在除盐系统进水水质较差时，可以在除盐系统前增设反渗透、电渗析等预脱盐装置）等途径提高除盐系统运行经济性。

（三）离子交换器的再生

1. 顺流再生

（1）顺流再生的机理。顺流式离子交换器在运行时，由于上层树脂与水先接触，所以首先失效，而底层树脂在交换器失效时，正处于工作层位置，还没有完全失效；再生时，新鲜再生液先通过上层树脂，所以上层树脂再生比较彻底，当再生液流至底层树脂时，再生液中再生剂浓度下降，杂质浓度上升。

$$RNa+HCl \longleftrightarrow RH+NaCl$$

由上述平衡关系可知：在下层树脂中，RH型比例比上层少，而未再生的RNa型比例比上层多。

（2）交换器的结构。交换器的主体是一个密封的圆柱形压力容器，交换器上设有人孔门、树脂装卸孔和用以观察树脂状态的窥视孔。交换器内表面衬有良好的防酸、防碱腐蚀的保护层，体内还可设有多种形式的进水、出水装置和进再生液的分配装置，并装填一定高度的交换剂层，见图5-58和图5-59。

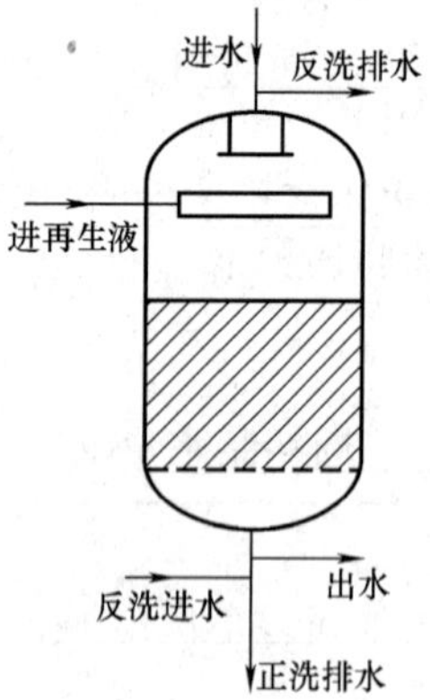

图5-58　顺流再生离子交换器的内部结构图

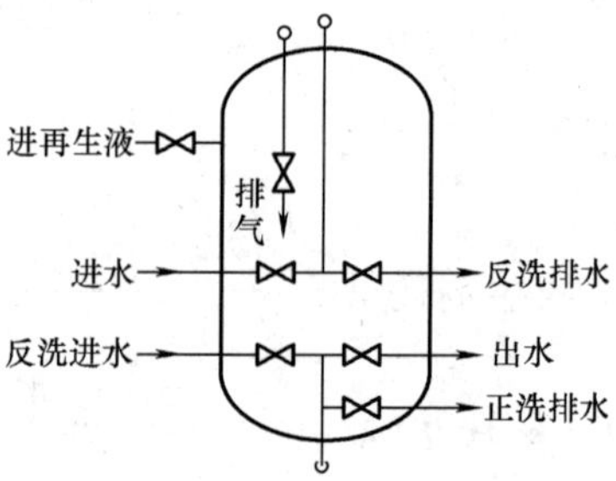

图5-59　顺流再生离子交换器的管路系统图

（3）交换器的运行。顺流再生离子交换器运行通常分为五步，即从交换器运行失效后算起分别为反洗、进再生液、置换、正洗和运行制水。

1）反洗。反洗时使树脂层膨胀50%～60%，效果较好。反洗要一直进行到排水不浑浊为止，一般需 10～15min。其目的是：松动树脂层和清除树脂层中的悬浮物、碎粒和气泡。

2）进再生液。在进再生液前，应先将交换器内的水放至树脂层上 100～200mm 高度处，然后让适当浓度的再生液以一定的流速从上而下流过树脂层。

3）置换。置换用水一般用配再生液的水，水量为树脂层体积的 1.5～2 倍，以排出液离子总浓度下降到再生液浓度的 10%以下为宜。

4）正洗。用运行时的进水从上而下清洗树脂层，流速为 10～15m/h。正洗一直进行到出水水质合格为止。

5）运行制水。

(4) 顺流再生工艺的优、缺点。

1）顺流再生工艺的优点是交换器结构简单，操作容易，易实现自动化控制，对进水悬浮物含量的要求较宽（浊度≤5NTU）等，所以早期的离子交换几乎都采用顺流再生工艺，目前在水的软化处理方面仍有广泛的应用。

2）顺流再生工艺的缺点是出水水质较差，且易受进水水质的影响，再生剂耗量高。

顺流再生离子交换器树脂层态分布见图 5-60。

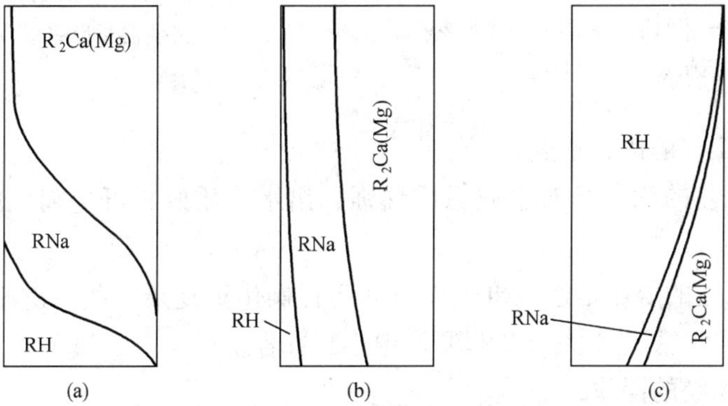

图 5-60 顺流再生离子交换器树脂层态分布示意图

(a) 失效后；(b) 反洗后（再生前）；(c) 再生后

2. 逆流再生

(1) 逆流再生的机理。进入逆流式离子交换器中的再生液流动方向与水流方向相反，是从下向上通过树脂层，这样底层树脂首先接触新鲜、无杂质的再生液，其再生度会提高很多。这时树脂层上部再生度低，但由于运行时水流从上向下流动，上层接触杂质较多的水，仍可进行比较彻底的交换，而下部再生度高的树脂接触杂质少的水，仍可进行交换，这样就使得出水质量明显提高。由于出水品质好，因此可减少再生剂用量，再生剂效率也高。逆流再生离子交换器树脂层态分布见图 5-61。

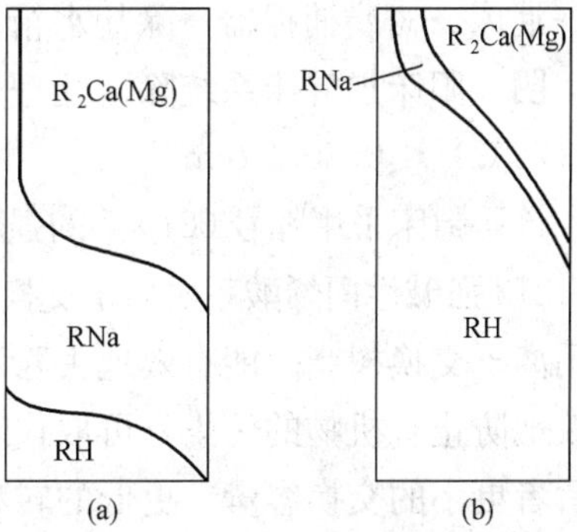

图 5-61 逆流再生离子交换器树脂层态分布示意图

(a) 失效后（即再生前）；(b) 再生后

(2) 交换器的结构。由于逆流再生工艺中再生液及置换水都是从下向上流动的，如果不采取措施，流速稍大时，就会发生和反洗那样使树脂层扰动的现象，有利于再生的层态会被打乱，这通常称为乱层。

逆流再生离子交换器与顺流再生离子交换器结构不同的地方是，在树脂层表面处设有中间排液装置，以及在树脂层上面加有压脂层，见图5-62。

气顶压逆流再生离子交换器管路系统见图5-63。

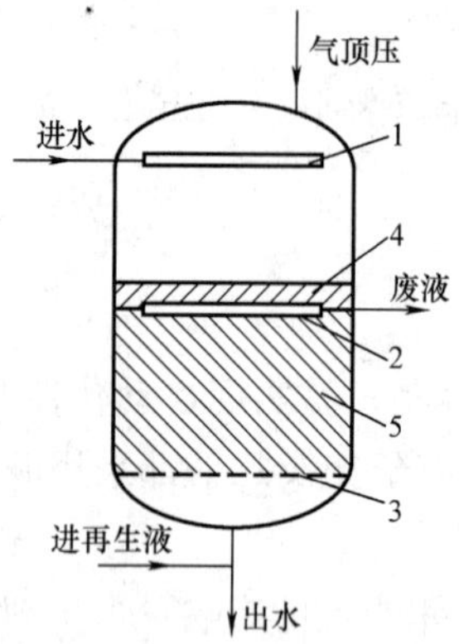

图5-62 逆流再生离子交换器内部结构

1—进水装置；2—中间排液装置；3—排水装置；4—压脂层；5—树脂层

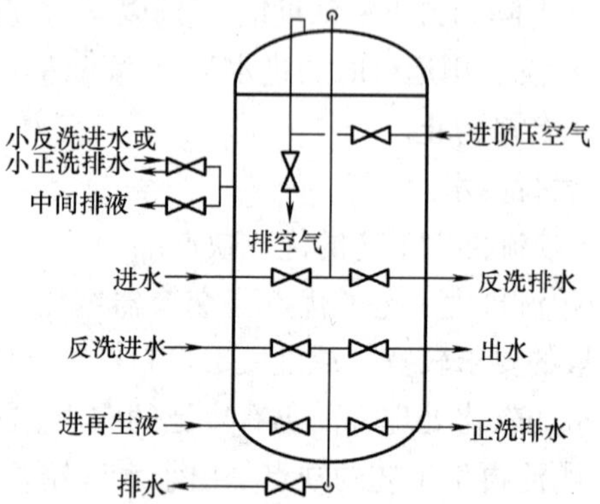

图5-63 气顶压逆流再生离子交换器管路系统

（3）逆流再生工艺的优、缺点。

1）逆流再生工艺的优点是对水质适应性强、出水水质好、再生剂比耗低、经济性好、自用水率低。

2）逆流再生工艺的缺点是逆流再生设备和运行操作更复杂一些，逆流再生工艺对进水浊度要求较严，一般浊度应不大于2NTU，中排装置容易损坏。

六、一级除盐系统的操作

（一）启停操作

下面以华电某电厂离子交换器系统为例进行操作介绍。该厂除盐系统为单元制设置，共设两套60～90m^3/h离子交换器，水源采用反渗透出水。

系统流程：脱盐水泵→阳离子交换器→除二氧化碳器→中间水箱→中间泵→阴离子交换器→混床→树脂捕捉器→除盐水箱。

阴、阳床加混床系统除盐处理后的出水水质达到以下标准：二氧化硅≤15μg/L，电导率（25℃）≤0.20μS/cm。

该厂阳床采用牌号001×7的强酸性阳树脂，阴床采用213强碱性丙烯酸系阴离子交换树脂。213强碱性丙烯酸系阴离子交换树脂是在交联丙烯酸骨架上带有季铵基[$-N(CH_3)_3OH$]的阴离子交换树脂，能有效地去除天然水中的有机物，并在再生过程中能很好地洗脱，从而有效地防止有机物的污染，可取代苯乙烯系强碱阴树脂，用于纯水、高纯水的制备，并具有比后者更小的交换容量、更低的转型膨胀率等特点。

213树脂系列包含了两个品种，其中213适用于固定床系统；213FC适用于双室床、浮动床系统。

213强碱性丙烯酸系阴离子交换树脂理化性能指标及使用时参考指标见表5-26和表5-27。

表 5-26　　213 强碱性丙烯酸系阴离子交换树脂理化性能指标

指标名称	指标	
	213	213 FC
外观	乳白色半透明球状颗粒	
出厂形式	氯型	
含水量（%）	54～64	
质量全交换容量（mmol/g）	≥4.2	
强型基团容量（mmol/g）	≥3.4	
体积全交换容量（mmol/mL）	≥1.2	
湿视密度（g/mL）	0.68～0.75	
湿真密度（g/mL）	1.05～1.10	
范围粒度（%）	(0.315～1.25mm)≥95	(0.45～1.25mm)≥95
有效粒径（mm）	0.45～0.70	0.65～0.90
均一系数	≤1.60	≤1.50
磨后圆球率（%）	≥85	

表 5-27　　213 强碱性丙烯酸系阴离子交换树脂使用时参考指标

指标名称		参考值		
		213		213FC
pH 值范围		1～14		
使用温度（℃）		≤40		
转型膨胀率（Cl→OH）（%）		≤18		
工作交换容量（mmol/L）		≥600		≥550
工业用树脂层高度（m）		0.7～3.0		
再生剂		NaOH		
再生方式		顺流	对流	—
再生剂用量（g/mol）		90～110	50～65	
再生液浓度（%）		2～4		
再生液流速（m/h）		4～6	3～5	
再生温度（℃）		≤38		
再生液接触时间（min）		>30		
置换流速（m/h）		4～6	3～5	
置换时间（min）		20～40	25～0	30～40
置换终点（碱度）（mmol/L）		—		<10
成床流速（m/h）		—		20～30
清洗流速（m/h）		10～20		20～40
清洗时间（min）		20～30		30～40
清洗终点	SiO_2（μg/L）	—		≤100
	电导率（μS/cm）	—		≤10
运行流速（m/h）		10～25		20～40
运行终点	SiO_2（μg/L）	—		≥100
	电导率（μS/cm）	—		≥10

(1) 阳正洗：脱盐水泵→阳离子交换器。

控制指标：Na≤50μg/L；YD为0μmol/L。

(2) 串洗：脱盐水泵→阳离子交换器→除二氧化碳器→中间水箱→中间泵→阴离子交换器。

控制指标：DD≤3.0μS/cm；二氧化硅≤20μg/L；Na≤80μg/L；YD为0μmol/L。

(3) 混床串洗：脱盐水泵→阳离子交换器→除二氧化碳器→中间水箱→中间泵→阴离子交换器→混床。

控制指标：DD≤0.15μS/cm；二氧化硅≤10μg/L；Na≤10μg/L。

(二) 阴、阳离子交换器的再生操作

逆流再生工艺中，再生液及置换水都是从下向上流动的，如果不采取措施，当流速稍大时，就会发生像反洗那样使树脂层扰动的现象，有利于再生的层态会因此而被打乱，这种现象通常称为乱层。在采用逆流再生工艺时，必须在设备结构和运行操作方面采取措施，以防止发生乱层现象。再生剂选用30%HCl和30%NaOH。

再生步序由以下步序组成：

(1) 小反洗：清水通过小反洗阀经中排管进入树脂层，由顶部反排管排出，目的是清洗和平整压脂层。

(2) 气顶压放水：从本体顶部引入压缩空气，将本体压脂层上部水通过中排管放掉，目的是将水位放至压脂层下中排管处，以便压缩空气直接作用在树脂层面，防止在逆流进酸碱时树脂层发生扰动。

(3) 稳压：除盐水从塔体底部进入，从中排管引出，使本体气压维持在0.03～0.05MPa范围内，防止乱层。

(4) 进酸碱：在底部进入的除盐水中加入酸碱，使其流经失效树脂层，从中排管引出，目的是恢复阴、阳离子的交换能力。

(5) 置换：停止酸碱，继续通入除盐水，目的是将床体内残留的再生液继续往上推，使再生液得到充分利用，以及将通过酸碱交换出来的杂质离子带出床体，直到排出废液达到一定标准（如H型离子交换器，控制排出废液中酸度小于10mmol/L）。

(6) 放气：停止通入除盐水和关闭压缩空气，打开排气阀，目的是将本体压力泄压至常压。

(7) 小正洗：

1) 从上部通入除盐水，从中排管排出，目的是清洗压脂层树脂。

2) 关闭中排阀，将上部塔体水位灌满。

3) 打开底部排放阀，目的是清洗整个树脂层。

(8) 阳正洗：阳床单个正洗，目的继续冲洗阳树脂至出水符合指标。

(9) 串洗：整个一级除盐复床联合正洗，目的是冲洗至一级除盐交换器出水合格。

影响逆流再生效果的主要因素如下：

(1) 再生工艺方面：小反洗时压脂层层面不平整，顶压时树脂层局部受压不平衡，以致再生时乱层；顶压放水时水位没有放至中排管，使顶压时压缩空气没有完全作用在压脂层上，以致再生时乱层；稳压时注意控制好床体背压，一般维持在0.03～0.05MPa范围内；再生液流速控制不当，一般逆流再生以HCL、NaOH作为再生液，控制流速≤5M/h；再生液浓度不当，过低和过高的再生液浓度都将影响再生效果，一般以1%～3%较合适；进再生液的时间和用量：要保证再生液与失效树脂有充分的接触和交换时间。

（2）设备方面：中排管断裂、局部堵塞或支管网套脱落、绕丝断裂等会造成再生液局部流速过高和树脂局部再生度不高；由于酸碱喷射器密封不严等原因，使再生液中带入空气，造成局部树脂不能接触到再生液，降低了树脂层的再生度；出水装置局部堵塞或存在缺陷，造成再生液偏流等现象，导致再生度降低。

（3）其他原因：

1）再生液质量：再生液中或多或少会存在杂质，如一般NaOH中会存在NaCl等杂质，阴树脂在接触碱液时会同时接触到再生液中的NaCl，因为阴树脂对Cl^-的选择交换系数比OH^-高，从而影响树脂的再生度，因此应尽量选用纯度高的再生剂。

2）树脂污染：悬浮物或污泥包裹树脂，使交换网孔堵塞；树脂受到氧化剂、有机物、胶体等的污染，使交换容量降低。

（三）混合床的再生操作

混合床的再生由以下步序组成：

（1）放水：将塔体内水放至树脂层上约300mm高度外。

（2）松动树脂：用压缩空气对树脂进行搅动，使压实的树脂层充分松动。松动时应控制压缩空气的进气量，以防树脂从上部排水管带出。

（3）反洗分层：从底部通入除盐水，控制流量为10～60t/h，反洗至阴、阳树脂分层彻底，分界面清晰，然后逐渐关闭反洗流量。

（4）静止：使树脂完全沉降；放水至树脂层上约200mm高度处。

（5）进酸碱：先调节开启碱射水，控制流量为7～8t/h，再调节开启酸射水控制流量为6～7t/h，确定补混树脂无翻动现象，水位稳定在树脂层上为200mm高度处后开始进酸碱，控制进碱浓度为2.6%～4.0%，进酸浓度为2.6%～4.0%，进酸碱剂量各为200～250L，时间20min。

（6）置换：停止进酸碱，置换时间30min。

（7）清洗：控制流量为60t/h左右，清洗时间5min。

（8）放水：将塔体内水放至树脂层上约300mm高度处。

（9）混合：用压缩空气对树脂进行搅动，充分搅动树脂，使阴阳树脂彻底混合。

（10）正洗：控制流量为60t/h左右，待塔体内灌满水后，冲洗至出水电导率≤0.2μS/cm、SiO_2≤20μg/L、Na≤10μg/L。

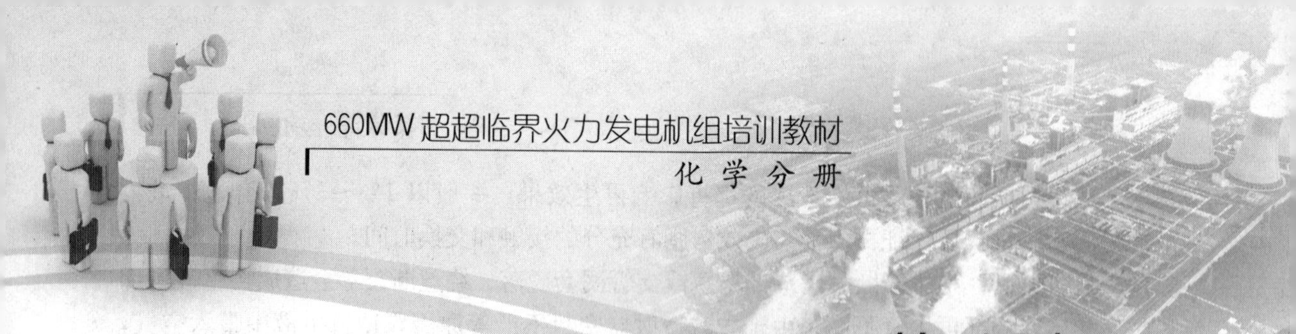

第六章

凝结水精处理

凝结水精处理装置是大型火力发电机组的重要辅助设备，该装置安全、稳定地运行对于保证锅炉给水质量起关键作用。电厂锅炉给水主要由汽轮机的凝结水和锅炉补给水组成，现代高参数机组对锅炉给水质量要求越来越高，表6-1列出了超临界火力发电机组的给水质量标准。组成锅炉给水的凝结水往往会因为种种原因而受到一定程度的污染，因此就必须对凝结水进行净化处理，由于这是对纯水进行处理，因此又称为凝结水精处理。

表6-1　超临界火力发电机组的给水质量标准（DL/T 912—2005）

项　目	标准值	期望值	备　注
氢电导率（μS/cm，25℃）	<0.20	<0.15	挥发处理
	<0.15	<0.10	加氧处理
pH值（25℃）	9.0～9.6	—	挥发处理
	8.0～9.0	—	加氧处理
溶解氧（μg/L）	≤7	—	挥发处理
	30～150	—	加氧处理

项　目	标准值	期望值	备　注
联氨（μg/L）	10～50	—	
铁（μg/L）	≤10	≤5	
铜（μg/L）	≤3	≤1	
钠（μg/L）	≤5	≤2	
二氧化硅（μg/L）	≤15	≤10	
氯离子（μg/L）	≤5	≤2	
TOC（μg/L）	≤200	—	

早期凝结水精处理装置的工作压力一般为1～1.3MPa，称为低压凝结水精处理系统。由于这种系统压力较低，为了能将处理后的水送至除氧器，设有凝结水升压泵，这样操作麻烦，安全性差。目前高参数机组大多取消了凝结水升压泵，将凝结水泵的压力升至4.0MPa，这样凝结水经过精处理装置后，还可以送至除氧器，由于这种精处理装置在较高的压力下工作，故称为中压凝结水系统。

第一节　凝结水精处理概述

一、凝结水的污染

火力发电厂中锅炉给水90%以上都是蒸汽经汽轮机后的凝结水，水质应该是极纯的，但是实际凝结水在其水汽循环中会受到一定程度的污染。凝结水精处理就是针对凝结水会受污染的情况而进行设置的。凝结水受污染主要有以下原因。

（一）凝汽器严密性差

冷却水从凝汽器不严密处进入凝结水系统中，是凝结水中盐类物质的主要来源。凝汽器的不严密部位通常是在凝汽器管与管板的连接处，因为在汽轮机的长期运行过程中，会受到工况变化的影响而产生热应力和机械应力，从而降低了凝汽器管与管板连接的严密性，使冷却水从不严密处渗入到凝结水中，增加了凝结水的含盐量。

因为凝结水受冷却水污染的现象不可能完全消除，所以在机组正常运行时，还是会有少量的冷却水渗漏到凝结水中，通常称这种现象为凝汽器渗漏。目前通过对许多大型机组的凝汽器检查得知，凝结水受冷却水的污染不可能完全消除。一般来说，用淡水作冷却水时，凝汽器的允许渗漏量为小于0.02%（凝汽器渗漏量占汽轮机额定负荷时凝结水量的百分数），严密性较好的凝汽器渗漏率可以低于0.005%；当用海水做冷却水时，凝汽器的渗漏率要求小于0.000 4%。

当凝汽器的管子因制造缺陷或腐蚀而出现裂纹、穿孔，以及管子与管板的连接不良或固接处的严密性遭到破坏时，冷却水进入凝结水中的量会明显增多，使凝结水水质劣化的现象更加显著，通常称这种现象为凝汽器泄漏。在机组低负荷运行时，由于凝结水量的减少，这种现象会变得更为明显。

随着冷却水进入凝结水中的杂质通常有钙离子、镁离子、钠离子、氢氧根离子、氯离子、硫酸根离子，以及硅化合物和有机物等。由于进入凝汽器的蒸汽杂质含量非常少，因此汽轮机凝结水中的杂质含量主要取决于冷却水漏入量和冷却水中杂质的含量。凝结水因漏入冷却水而增加的含盐量 $\Delta S=1000PS_{L}$，其中 P 为凝汽器的泄漏率%，S_{L} 为冷却水的含盐量。因为冷却水中往往含有较多的盐类和硅化合物，所以凝汽器的泄漏对机组的运行有很大的危害。

凝汽器的严密性对凝结水水质有很大影响，特别是现在日益增多的高参数机组和直流机组，对给水水质要求非常高，允许凝汽器的泄漏量非常小。实践证明，当凝汽器发生泄漏，凝结水未进行处理时，高参数机组会发生非常严重的结垢、积盐和腐蚀。

（二）金属腐蚀产物

凝结水系统的管道和设备无论是在运行还是检修保养时，都会不同程度地产生腐蚀。凝结水中所带金属腐蚀产物的主要成分是铁和铜的氧化物。凝结水中铁化合物的形态主要是四氧化三铁、三氧化二铁等氧化物，它们呈悬浮态（粒径大于0.1μm）和胶态存在，此外也有铁的各种离子。凝结水中的金属腐蚀产物进入锅炉后，将在炉管中沉积，并进一步诱发腐蚀，所以凝结水中的腐蚀产物必须消除。

（三）水汽系统漏入的空气

空气漏入水汽系统中最常见的部位是汽轮机的密封系统、给水泵密封处和低压加热器膨胀节处。空气的漏入会使给水中的溶氧量增加，空气中带入的二氧化碳会增加水中碳酸化合物的含量。

（四）补给水带入的杂质

当补给水处理系统运行不当或设备故障时，可能会把原水中的悬浮物、溶解盐类或有机物带入凝结水中，即使在正常情况下，补给水中仍会有少量的杂质被带入凝结水中。此外，停炉保护药液的残留物也可能会污染凝结水。

总而言之，机组在正常运行的过程中，凝结水会受到一定程度的污染，从而增加凝结水中的溶解盐类和固体微粒。因此，凝结水精处理是高参数火力发电机组水处理的重要内容。

二、凝结水精处理的目的

在机组运行时，凝结水水质会受到一定程度的污染，虽然消除污染源是防止凝结水污染的根本办法，但完全消除是不可能的。而凝结水精处理是大容量、高参数发电机组中一种特有的水处理方式。凝结水精处理的目的有两个，即去除凝结水中的金属腐蚀产物及微量的溶解性盐类。随着发电机组参数的提高，超临界级以上压力的机组，其蒸汽在超临界状态下已具备和水一样的溶解特性，各种盐、酸、碱和金属腐蚀产物等物质的携带能力非常强，蒸汽压力越高，携带能力越强，杂质随蒸汽的流动及压力的减低而不断析出，特别是沉积在汽轮机的不同部位，对机组的安全运行造成非常大的隐患。所以锅炉给水水质对机组安全运行越来越重要，对给水水质的要求也越来越高。在机组的长期运行中，要想稳定地达到这些要求，不对凝结水做进一步处理是很难实现的。目前国内运行的超临界及以上参数机组均设有凝结水精处理系统。

三、凝结水精处理的重要性和基本要求

（一）凝结水精处理的重要性

随着机组参数和容量的增大，对锅炉给水质量的要求越来越高，凝结水精处理成了水汽循环系统中的重要环节。这已经被各方面的实践所证实，对经济性、安全性、维护设备的健康状况等几个涉及发电厂的重要指标都产生了有益的效果，具体表现为：

（1）提高水汽品质，改善或提高汽轮机热效率；改善锅炉内部的清洁状态，提高锅炉的热效率。

（2）缩短启动时间，使机组提前满负荷运行，启停频繁的机组获益更大，可节省大量启动用水和费用。

（3）消除或减缓因凝汽器泄漏而遭受的损失，延长热力设备的使用寿命。

（4）当凝汽器泄漏时保护热力系统，保证机组有足够的时间检漏或停运。

如果说发电厂热力循环中的水汽是人体中血液的话，那么凝结水精处理就可以说是人体中的肾脏。

（二）凝结水精处理的基本要求

设置凝结水精处理装置和系统时，应综合多方面的因素考虑，并满足下列要求：

（1）基本除去凝结水中带入的一些腐蚀产物和其他固形杂质。

（2）最大限度地降低凝结水中的电解质含量。

（3）防止因凝结水精处理而带入的杂质（如混床的树脂粉末）。

（4）在除去有害物质的同时尽可能保留有用的物质（如采用氨化混床等）。

（5）适应正常状态下系统压力、温度及其变化工况的要求，在此条件下，设备及材料不受损失，凝结水精处理装置能正常运行；如果在非正常状态可能危及处理设备和材料（离子交换树脂等）时，应有保护装置自动切旁路或其他减压、降温措施。

（6）设备便于运行管理和维修。

四、凝结水精处理系统的组成

凝结水精处理系统会根据国家和地方、机组参数和容量，以及热力设备的材质和制造工艺的不同，选用不同的凝结水精处理系统。

（一）凝结水精处理系统的设计原则

（1）凝结水精处理属于热力系统的一部分，在主厂房布置时，应考虑凝结水精处理装置的合理位置，一般将凝结水精处理装置放在凝结水泵和低压加热器之间。

（2）凝结水精处理主设备布置于主厂房零米层且靠近凝汽器。

（3）体外再生装置可两台机组的精处理合用一套。再生系统应有添加及更换树脂的设施，它们布置在两台炉之间（或毗邻建筑）的单独厂房内。

（4）要防止酸、碱、树脂之类漏入凝结水系统中，且要有保护措施。

（5）中压凝结水精处理系统中，树脂输送管道上应有带滤网的安全泄放阀，防止再生系统超压而损坏设备，同时防止树脂流失。

（6）要有调节性能良好的旁路系统，如超压、超温的报警措施。

（7）装有一定数量的必要的隔离手动阀门，以便在凝结水精处理设备连续运行的同时，可以进行单台设备的检修工作。

（8）精处理设备和输送树脂的管道要有窥视镜，便于观测设备内部和管道内树脂的流动情况。

（9）由于使用酸、碱及氨等药品，应设有专门的排水设施。

（10）凝结水精处理整套装置应装设必要的在线监测仪表和就地指示表计，用于监测水质和运行终点。

（11）中压阀门一般采用电动或气动蝶阀，树脂管上用气动球阀，酸碱管道上用气动衬胶隔离阀。

（二）凝结水精处理系统的组成

凝结水精处理的工艺流程可分为两大类：第一类是带有前置过滤器的凝结水精处理系统。它原则上应由三部分组成，即前置过滤器、除盐、后置过滤器。前置过滤器主要用来去除水中金属腐蚀产物氧化铁和氧化铜的微粒，常用的有覆盖过滤器、树脂粉覆盖过滤器、电磁除铁过滤器、管式微孔过滤器、氢型阳床；除盐是去除水中的溶解盐类，一般都为阴、阳树脂混合床；后置过滤器主要用于截留除盐装置漏出的碎树脂，目前常用树脂捕捉器代替。系统还配有旁路门，以保证设备及系统等异常时机组的安全运行。第二类是不设前置过滤器的凝结水精处理系统，一般只设空气擦洗混合床。

当今新建电厂的凝结水精处理系统均以中压凝结水精处理设备为主，这种设置可以省去一级凝结水升压泵，因而减少了设备占地面积，简化了系统，有利于在主厂房内布置，节省投资，并且在运行操作上也较为简单，易于自动化控制，运行的安全可靠性更好。

五、凝结水精处理系统中旁路门的作用

在凝结水精处理系统设备的进出管道之间设置了一套旁路门，它对凝结水精处理系统（特别是中压凝结水精处理系统）的安全、经济运行有着极其重要的作用。一般旁路门应关闭，凝结水100%经精处理设备处理，但当遇到以下情况时应开启旁路门：

（1）当凝结水超温时，防止树脂损坏。

（2）当混床差压或树脂捕捉器差压过高时。

（3）机组启动阶段凝结水含铁量很高时。

第二节 凝结水前置过滤器

凝结水过滤除去了机组启动阶段和凝汽器泄漏时水中的大量悬浮杂质对混床树脂的污染，提高了机组启动过程中凝结水的回收率，减少了凝结水排放的浪费，缩短了启动时间，更有力地保障了凝结水精处理系统的安全、经济运行。

机组启动初期，凝结水含铁量较高，凝结水不进入凝结水精处理混床系统，仅投入前置过滤器，迅速降低系统中的铁悬浮物含量，使机组尽早转入运行阶段。前置过滤器设计有旁路系统。目前用得最多的凝结水过滤设备是电磁过滤器和微孔过滤器。

电磁过滤器的过滤原理是：物质在外来磁场作用下会显示磁性，这称为物质的磁化。凝结水中铁的腐蚀产物属于磁性物质，因此可以利用磁性的方法将其从水中去除。电磁过滤器一般由非磁性材料制成的筒体和环绕筒体的励磁线圈组成，在筒体内填充磁性材料组成的填料。目前常用的是涡卷钢毛复合基体的高梯度电磁过滤器，它使用一种孔隙率达95%的30～200μm钢毛作为填料，填料高度为800～1000mm；其运行流速为400～800m/h，运行终点一般以压差来控制；失效后，可通过水反洗和空气擦洗来清除填料中积存的金属腐蚀产物。电磁过滤器主要是除去凝结水中的氧化铁微粒，高梯度电磁过滤器对铁的去除率可达80%～90%，出水铁离子含量可小于10μg/L；对于铜离子的去除率不高，约50%。除铁效果与磁场强度、氧化铁形态、进水铁离子含量以及水的流速等有关。

下面以某电厂2×660MW超超临界机组的微孔过滤器设备结构及运行操作为例作一下简单的介绍。

一、前置过滤器的结构及工作原理

防止铁、铜氧化物进入水汽系统的办法是凝结水过滤处理。根据凝结水处理量大及水中杂质的特点，设置的过滤器应满足以下要求：

(1) 滤料的热稳定性和化学稳定性好，不会污染水质。

(2) 过滤面积大，以适应大流量的要求。

(3) 滤料层的水流阻力小，以便高流速运行。

(4) 滤料对除铁和铜腐蚀产物的选择性高。

(一) 前置过滤器系统的组成

前置过滤器单元包括两台前置过滤器、两套旁路、压缩空气贮存罐、反洗水泵、反洗水排水泵等配套设备和单元内必需的前置过滤器附件和测量仪表等。

机组启动初期，凝结水中含有大量的杂质、油类等物质，如含有这些物质的凝结水进入管式前置过滤器，将会给前置过滤器内的滤元造成不可恢复的破坏，使得滤元再也无法清洗干净，从而失去其原有的作用，故此时的凝结水经前置过滤器100%旁路，并排放，待凝结水进水总悬浮物在25μg/L以下时再投运前置过滤器。

当前置过滤器系统旁路压差大于0.1MPa时，旁路门打开，使100%凝结水通过旁路系统；前置过滤器进出口压差大于0.08MPa时，旁路门打开，使50%凝结水通过旁路系统，另外50%凝结水流量通过没有失效的前置过滤器，失效前置过滤器进行反洗操作。

(二) 结构形式

前置过滤器整体为直筒状，采用碳钢结构，如图 6-1 所示。这种过滤器由一个承压外壳和壳体内的若干管状滤元组成，一根滤元是一个过滤单元，可以根据处理水量的大小在其内部安装不同数量的滤元。

前置过滤器的主要技术参数如表 6-2 所示。过滤器内部滤元为管式，滤元骨架采用 316 不锈钢材质，共有 200 根管（管束）竖着固定在前置过滤器上下端之间。每根管上有若干个水孔，并且在管外缠绕着聚丙烯纤维滤料。设备构造与覆盖过滤器类似，但运行时不需要铺膜，滤元精度有 1～100μm 等多种规格，各种精度的滤元基本上都能截留大于该微孔尺寸的颗粒。滤芯由许多单根管状滤元组成，没有覆盖层，失效后，可以通过水和压缩空气依次反冲洗，洗净后可反复使用。经许多次冲洗运行后，如滤元不能恢复到适用的程度时，则需要更换新滤元。这种管式微孔滤元过滤器具有过滤面积大、流量大、压降小、截污能力强、化学稳定性好等优点。

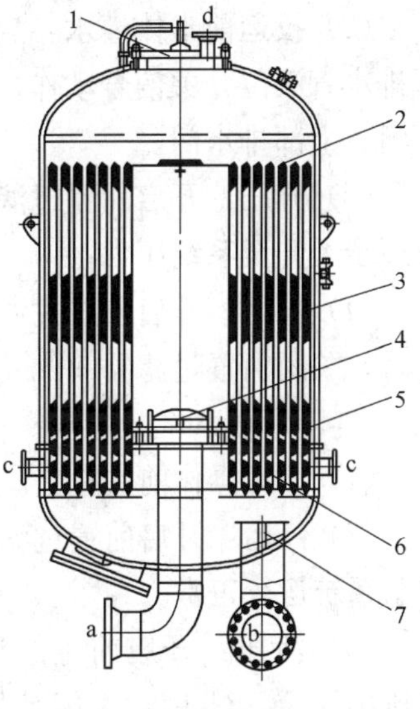

图 6-1 微孔滤元过滤器

1—人孔；2—上部滤元固定装置；3—滤元；4—进水装置；5—滤元螺纹接头；6—布气管；7—出水装置

a—进水；b—出水口；c—进气口；d—排气口

(三) 工作原理

前置过滤器是利用过滤介质的微孔把水中悬浮物截留下来的，截留途径有筛分、吸附、架桥。筛分和架桥主要发生在滤料表面；吸附既可以发生在滤料表面，也可发生在滤料内部。过滤器内安装有一定数量的滤元，水由每个滤元的外部进入，从滤元中心的多孔管中流出，杂质被截留在滤元表面，管束中的水汇流至前置过滤器底部后被送出过滤器。当前置过滤器压差达到 0.08MPa 或运行时间超过 72h 后，前置过滤器需要进行反洗，水从出水口进入管中对滤料进行反冲洗，排水从进水口排出（与运行时水的流向相反）。

表 6-2　前置过滤器的主要技术参数

项　目	单　位	前置过滤器	项　目	单　位	前置过滤器
正常/最大出力	m^3/h	750/850	滤元过滤精度	μm	1
容积	m^3	7.07	滤元数量	根/台	200
直径	mm	1700	滤元材质		聚乙烯
结构形式		立式柱形	单根滤元过滤面积	m^2	6.5
设计压力	MPa	4.45	单根滤元水反洗强度	m^3/h	0.45～0.68
运行压差	MPa	额定：0.08　最大：0.1	单根滤元气反洗强度	m^3/h	3.4～5
运行温度	℃	额定：≤50　最大：60	塔体总高度	mm	4800
防腐涂料		环氧树脂	塔体直边高度	mm	2500
滤元形式		折叠式			

二、前置过滤器运行操作

(一) 投运操作

(1) 投运操作前的检查。

（2）投运前本体灌水：启动反洗水泵，打开前置过滤器反洗进水门、上部排水门，待上部排水管液位开关信号动作，表示本体水已灌满，则停止反洗水泵，关闭前置过滤器反洗进水门、上部排水门。

（3）升压：开启前置过滤器升压门，升压时间不少于2min，并观察前置过滤器本体压力逐步上升至系统压力。

（4）投运：开启前置过滤器进水门、出水门，关闭前置过滤器升压门；检查设备运行正常后，关闭前置过滤器50%旁路门，将前置过滤器运行模式切换成自动状态。

（二）停运操作

（1）停运操作前的检查。

（2）停运：开启前置过滤器50%旁路门，关闭前置过滤器进水门、出水门，并检查凝结水系统运行正常。

（3）泄压：开启前置过滤器泄压门，泄压时间不少于2min，并观察前置过滤器本体压力下降至零后，关闭前置过滤器泄压门，静止1min，并观察前置过滤器本体压力无变化。

（三）反洗操作

（1）反洗操作前的检查。

（2）放水气洗1：启动反洗水泵；开启前置过滤器反洗进水门、上部排水门、下部排水门，边反洗边排水至前置过滤器本体水位约2/3处，时间为140s，开启前置过滤器进气门，水气混合擦洗10s后，关闭前置过滤器进气门。

（3）放水气洗2：继续边反洗边排水至前置过滤器本体水位约1/3处，时间为120s，开启前置过滤器进气门，水气混合擦洗10s后，关闭前置过滤器进气门。

（4）放水气洗3：继续边反洗边排水至前置过滤器本体水位排空，时间为120s，开启前置过滤器进气门，水气混合擦洗10s后，关闭前置过滤器进气门。

（5）加水气洗1：关闭前置过滤器下部排水门，加水至前置过滤器本体水位约1/3处，时间为120s，开启前置过滤器进气门，水气混合擦洗10s后，关闭前置过滤器进气门。

（6）加水气洗2：继续加水至前置过滤器本体水位约2/3处，时间为120s，开启前置过滤器进气门，水气混合擦洗10s后，关闭前置过滤器进气门。

（7）加水1：加水至前置过滤器水位满后，开启前置过滤器下部排水门。

（8）重复上述(2)～(4)的步骤一次。

（9）反冲洗：保持开启反洗水泵及前置过滤器反洗进水门、上部排水门、下部排水门，对前置过滤器进行冲洗，时间为30s。

（10）加水2：关闭前置过滤器下部排水门，加水至上部排水管液位开关信号动作，前置过滤器水位满后，停止反洗水泵，关闭前置过滤器反洗进水门、上部排水门，前置过滤器进入冷备用状态。

三、前置过滤器的运行控制及注意事项

（一）运行控制

（1）每小时抄表记录下列数据：机组凝结水的压力、流量、温度、钠、氢电导率；每台前置过滤器的流量、进出口压差。

(2) 前置过滤器失效指标。

1) 单台前置过滤器的进出口压差大于0.08MPa。

2) 当两台前置过滤器的进出口压差同时达到0.07MPa时，应出系反洗一台。

3) 前置过滤器运行时间为3天以上。

(二) 注意事项

(1) 系统运行时，严禁在未升压合格的情况下投运前置过滤器。

(2) 前置过滤器解列出系后，必须在泄压至“0”后方可进行反洗操作。

(3) 前置过滤器旁路因保护动作打开后必须查明原因，处理好后方可将其关闭。

(三) 异常处理

(1) 前置过滤器短时间内压差上升很快。

1) 检查主凝结水水质情况，如主凝结水水质差，应会同机组人员查找主凝结水水质恶化的原因，并采取措施恢复主凝结水水质指标在要求范围内。

2) 检查前置过滤器滤元的清洁程度，如滤元已污染，应及时出系反洗。

3) 检查前置过滤器滤元的流速是否过快，如过快，应降低流速。

(2) 前置过滤器出水水质恶化。

1) 检查主凝结水水质情况，如主凝结水水质差，应会同机组人员查找主凝结水水质恶化的原因，并采取措施恢复主凝结水水质指标在要求范围内。

2) 如前置过滤器滤元绕丝断裂，应停用由检修处理。

3) 如前置过滤器出水挡板变形或滤元与出水挡板连接处断裂，应停用由检修处理。

4) 检查前置过滤器滤元的流速是否过快，如过快，应降低流速。

(四) 前置过滤器旁路门开关原则

在凝结水精处理系统中，前置过滤器旁路门是与两台前置过滤器并列设置的一只阀门，其存在对于保证整个前置过滤器系统的安全有至关重要的作用。为了保证整个过滤器系统的安全，该旁路门必须遵循以下开关原则：

(1) 在有一台前置过滤器正常运行，正在反洗的前置过滤器反洗结束后自动投入正常运行的情况下，前置过滤器旁路门可以自动关闭。

(2) 在其他任何条件下，各条件由人工确认后，前置过滤器旁路门才能关闭。

(3) 前置过滤器旁路门在任何情况下均可以手动打开。

(4) 前置过滤器旁路门在过滤器旁路门压差高于高报警设定值时，会自动打开。

(5) DCS系统要求开旁路门时，旁路门将会自动打开。

(6) 系统紧急按钮按下时，旁路门将会自动打开。

(7) 系统如果需要停运前置过滤器，则前置过滤器旁路门会自动打开，然后前置过滤器才会退出运行。

(五) 前置过滤器系统保护与连锁

(1) 发生下列情况之一时，应打开前置过滤器50%旁路，并出系前置过滤器。

1) 单个前置过滤器设备漏水或有其他异常情况。

2) 单台前置过滤器达到失效指标解列出系。

(2) 发生下列情况之一时，应打开前置过滤器100%旁路，并出系前置过滤器。

1）前置过滤器设备漏水或有其他异常情况。

2）前置过滤器进出水母管压差达到0.1MPa。

3）凝结水温度超过50℃。

4）凝结水压力低于1.0MPa。

5）凝结水中铁≥1000μg/L。

第三节 凝结水混床

一、概述

凝结水混床主要是除去凝结水中的盐类物质，保证锅炉给水品质。一般凝结水溶解状态的矿物质含量非常低，其来源主要有以下三个方面：

（1）溶解矿物质最显著的来源是锅炉补给水。理论上补给水的质量目标应保证电导率<0.1μS/cm、硅含量<5μg/L，但当达不到所希望的目标时，凝结水混床也能除掉进入循环系统的微量溶解物，以免影响运行。

（2）溶解矿物质的另一个显著来源是凝汽器泄漏，但一般不会漏得很多，以致严重地影响到给水质量，精处理装置提供了一个允许凝汽器有少许泄漏的措施，并在万一大漏时，对锅炉及汽轮机提供短时的保护，以便能有计划地停机检修。

（3）最不为人们所认识的侵入到热力系统中去的杂质来源是空气，漏空气将使CO_2进入系统，虽然可以认为进入的CO_2能被凝汽器的空气抽气器抽去或被除氧器除去，但是事实上与空气一起漏入的CO_2将与用以调节系统pH值的化学药品相化合而形成一种稳定的盐类$(NH_4)_2CO_3$。常规好的运行系统的空气漏入量保持在很低值，如8～9m^3/L，但实际运行时比此数字大2～3倍，甚至更大。采用深层混床处理去除碳酸盐，对其交换能力的影响最小。

凝结水中的硅（SiO_2）作为极弱酸，在水中以与硅酸氢根（$HSiO_3$）离子平衡的形式存在。离子形态的硅可用强碱阴树脂在OH型循环操作中除去。既然两种形态的硅以平衡的形式存在，那么可将硅从溶液中几乎完全去除。当硅以离子状态存在，并与硅酸氢根形成平衡时，硅的化合物被称为活性硅。但硅在水中也可以聚合物的形式存在，通常称为胶体硅。这种长链的硅化合物实际上不具有带电荷的离子特性，因而不能通过离子交换工艺去除。在高压锅炉中，硅的存在是一个很难解决的问题。硅有足够的挥发性，这样高压锅炉会产生携带硅的蒸汽，当汽轮机的蒸汽压力降低时，硅会以玻璃态形式沉积在汽轮机的叶片上，从而降低汽轮机效率。胶体硅和活性硅都能产生这种问题，因为胶体硅在高温高压下也会分解、挥发。强碱阴树脂实际上能够有效地去除所有的活性硅，在很多实际使用中都可以达到ppb级。然而，胶体硅不能通过离子交换机理去除。离子交换树脂可以通过机械过滤去除一些胶体硅，但是树脂在这个过程中所起的作用并不显著。胶体硅主要是靠膜处理（反渗透和超滤在这方面都有效果）和澄清池的絮凝技术来去除。

目前用得最多的凝结水混床是球形混床，下面以某电厂2×660MW超超临界机组的中压球形混床的设备结构及运行操作为例作一下简单的介绍。

二、混床的结构及工作原理

与补给水混床相比，凝结水混床主要有以下工作特点：

(1) 运行流速高。汽轮机凝结水具有水量大和含盐量低的特点，所以宜使用高流速运行的混床，运行流速一般为100～120m/h，所以称为高速混床。

(2) 工作压力较高。目前不设凝结水升压泵的凝结水混床，其工作压力一般为2.5～3.5MPa，所以也称为中压混床。

(3) 失效树脂使用体外再生。所谓体外再生，就是将混床中的失效树脂移至一个专用的再生设备中进行再生和清洗，并将再生好的树脂送回至混床中继续运行。

凝结水混床特定的运行环境对树脂也有特殊的要求：

(1) 机械强度。因中压混床高流速运行，工作压力一般为2.5～3.5MPa，树脂颗粒会受较大的水流压力，当树脂的机械强度不足以抵抗这样大的压力时，就会发生机械性破碎。树脂破碎后不但会增加混床的压差，而且树脂再生时还会影响分离效果。因此，用于中压混床的树脂应有较高的机械强度。

(2) 树脂的粒径。水流过树脂层时的压降与树脂层的孔隙率有关，普通的树脂粒径分布范围广，小颗粒树脂会填充大颗粒树脂的孔隙，从而减少树脂间的孔隙率，而均粒树脂无小颗粒树脂来填充孔隙，所以为了在运行中降低树脂层的压降，应选取均粒树脂。

(一) 混床系统的组成

混床单元每台机组包括3台混床及混床树脂、3台树脂捕捉器、1套旁路、1套再循环系统及单元内必需的附件，还包括安装测量仪表等。

(二) 结构形式

1. 混床的结构形式

球形的高速混床具备更好的受力条件，它比传统的圆柱式混床有更好的耐受压力(4.0MPa)，从而大大延长设备的使用寿命，减少维护、检修的工作量。中压混床的主要技术参数如表6-3所示。

表6-3 中压混床的主要技术参数

项目	单位	中压混床
正常/最大出力	m^3/h	750/850
容积	m^3	17.2
设备外形		球形
直径	mm	3200
设计压力	MPa	4.45
运行流速	m/h	额定：100；最大：120
运行压差	MPa	额定：＜0.2；最大：＜0.35
温度	℃	额定：＜50；最大：＜60
防腐材料	mm	内衬橡胶

项目		单位	中压混床
树脂床层总高度		mm	1100
阴、阳树脂体积		m^3	4.05/4.05
阴、阳树脂型号			陶氏均粒凝胶型550A/650C
进水装置形式			多孔板＋水帽
出水装置形式			蝶形孔板＋双速水帽
滤帽数量		只	201
树脂捕捉器	滤元缝隙	mm	0.25
	运行压差	MPa	＜0.15

混床的直径为3200mm，其设备结构如图6-2所示。进水装置为二级配水，既能充分保

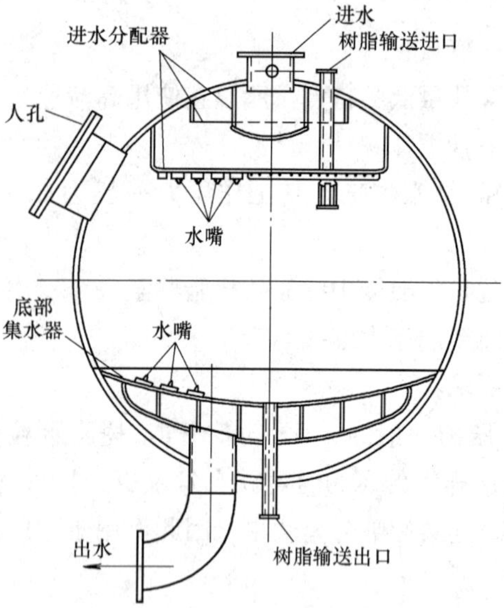

图 6-2 球形混床设备结构示意图

证进水分配的均匀性，又能防止水流直接冲刷树脂表面造成表面不平而引起的偏流，降低混床的周期制水量及出水水质。水从混床上部进入床体，透过树脂后从下部出水装置流出。出水装置设计为蝶形孔板加双速水帽，共有 201 只水帽，整个出水装置采用 304SS 制作。其作用有两个：第一，由于水帽在设备内均匀分布，使得水能均匀地流经树脂层，使每一部分的树脂都得到充分的利用，可以使制水量达到最大；第二，光滑的弧形不锈钢多孔板可减少对树脂的附着力，使树脂输送非常彻底。混床失效后，树脂从底部输出，输送完毕后，再生系统的阳塔备用树脂从混床上部输入，进入下一运行周期。

出水装置采用独特的双速水帽，其布置结构如图 6-3 所示。双速水帽布水器布置在混床蝶形孔板上，是一种双流量控制布水器。每台混床的制水流量与一般水力卸树脂的水流量相差很大，显然通过常规的流通面积不变的水帽来同时分配这两种流量不能保证混床布水的均匀性，而双速水帽可以在不同程度上解决这个问题。当混床正常制水时，水帽中的活塞下降，内部通孔开通，水流从大流通截面排走；当卸树脂时，水流从混床底部进入，将水帽中的活塞托起，把通孔堵住，迫使水流从水帽底部唯一的少量缝隙排水，造成变截面效应，因而保证了水帽可以在两种不同的流量下布水均匀。活塞上升时，水流式气流可以紧贴孔板喷出，将混床多孔板上的残留树脂全部托起，保证了卸树脂的彻底性。

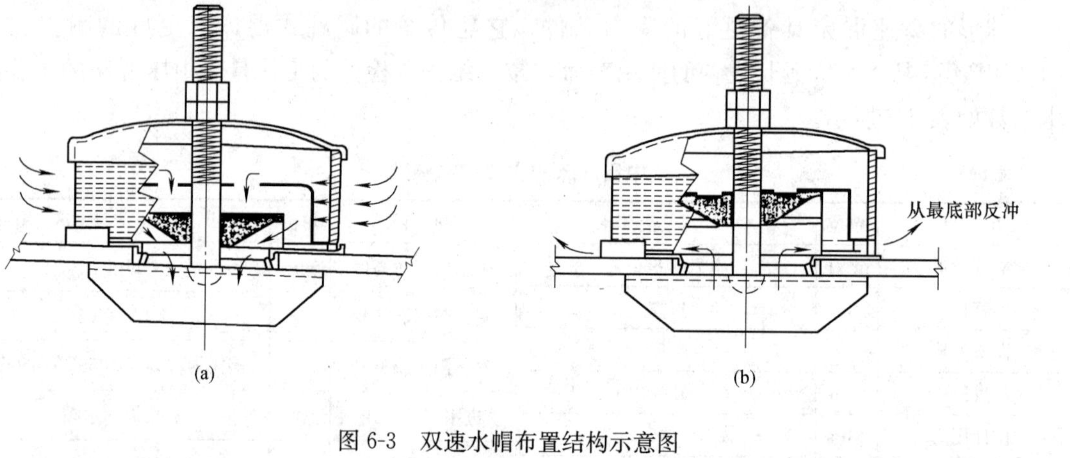

图 6-3 双速水帽布置结构示意图

（a）运行时；（b）反洗及再生时

2. 树脂捕捉器的结构

捕捉器内部滤元为篮筐式结构，滤元绕丝间隙为 0.25mm，带少量树脂的水透过滤元流出，树脂被滤元截留。设备设计成带圆周骨架的易拆卸结构，检修时在不需管道解体的情况下打开罐体检查并可以取出过滤元件，清除堵塞污赃物，方便了运行与维修。捕捉器进出口压差超过设定值时，需要反冲洗。

（三）工作原理

1. 混床的工作原理

混床主要除去水中的盐类物质（即各种阴、阳离子），还可以除去前置过滤器中漏出的悬浮物和胶体等杂质。凝结水流经装有强酸阳树脂和强碱阴树脂的混床时，凝结水中的阳离子与阳树脂反应而被除去，阴离子与阴树脂反应而被除去。以 R-H 、R-OH 分别表示阳、阴树脂，反应式为

$$R—H+Na^{+}(Ca^{2+}/Mg^{2+})\longrightarrow RNa(Ca^{2+}/Mg^{2+})+H^{+}\text{（阳树脂反应）}$$

$$R—OH+Cl^{-}(SO_4{}^{2-}/NO^{3-}/HSiO^{3-})\longrightarrow RCl(SO_4{}^{2-}/NO^{3-}/HSiO^{3-})+OH^{-}\text{（阴树脂反应）}$$

$$R—H+R—OH+Na^{+}(Ca^{2+}/Mg^{2+})+Cl^{-}(SO_4^{2-}/NO^{3-}/HSiO^{3-})$$

$$\longrightarrow RNa+RCl+H_2O\text{（总反应）}$$

树脂失效后，阳树脂用酸再生，阴树脂用碱再生。再生化学反应为上面反应的逆向反应。

用 H－OH 型混床处理凝结水，出水的电导率通常可以达到 0.06～0.08μS/cm，但混床在实际运行中有一个缺点，就是把不该除去的 NH_4OH 也除去了（用于调节给水 pH 值时投加的 $NH_3\cdot H_2O$）。由于凝结水中的 NH_4OH 含量与其他杂质相比要大得多，所以 H-OH 型混床的交换容量会被 $NH_4{}^{+}$ 大量消耗，从而缩短混床的运行周期。

2. 树脂捕捉器的作用

当混床出水装置有碎树脂漏出或发生漏树脂事故时，树脂捕捉器可以截留树脂，以防树脂漏入热力系统中，影响锅炉水水质。树脂是高分子有机物，在高温高压下容易分解出对系统有害的物质，如果漏进给水系统，势必会对热力系统造成较大影响。

3. 再循环泵的作用

混床投运时用来循环正洗。再循环泵进水时没有经过树脂捕捉器，是混床直接出水，经再循环管流入混床形成一个循环。再循环泵的作用：第一，混床投运初期水质不合格，必须使其再循环合格后方能投运；第二，启动再循环泵后用较小流量，使床层均匀压实，防止运行发生偏流，而大流量则不容易使床层均匀压实。因凝结水混床冲洗时出水循环使用，可节约大量的凝结水，减少水耗。

三、混床的运行操作

（一）停运操作

（1）停运操作前的检查。

（2）停运：关闭混床气动进水门、出水门及混床手动操作进水门、出水门。

（3）泄压：开启混床下部循环门、上部泄压门，泄压时间不少于 2min，并观察混床本体压力下降至零后，关闭混床泄压门，同时停用在线仪表，关闭混床出水仪表取样一次门。

（二）投运操作

（1）投运操作前的检查。

（2）本体灌水：开启混床自用水泵，打开混床进脂冲洗水总门、混床进脂门、混床泄

压门。

（3）升压：待混床泄压排水母管液位开关信号指示本体水已灌满，停用混床自用水泵，关闭混床进脂冲洗水总门、混床进脂门、混床泄压门，开启混床下部循环门、上部升压门，观察混床本体压力逐步上升。

（4）循环正洗：待混床本体压力与系统压力基本一致后，开启混床进水门，关闭混床升压门，开启混床循环泵进水门，启动混床循环泵，混床进行循环冲洗，同时投入在线仪表。

（5）投运：当混床出水氢电导率＜0.15μS/cm、SiO_2≤10μg/L时，停运混床循环泵，关闭混床循环门、混床循环泵进水门，开启混床出水门，混床投入运行。

四、混床的运行控制、注意事项及异常处理

（一）运行控制

（1）每小时抄表记录下列项目：

1）混床进出口压差。

2）混床进口流量。

3）混床出口氢电导率、硅含量。

4）混床出水母管钠、硅含量及pH值、氢电导率。

（2）中压混床失效指标：

1）运行混床出口氢电导率≥0.15μS/cm或SiO_2＞10μg/L。

2）运行混床压差达0.20MPa。

3）运行时间达10天。

（3）中压混床出水控制指标如表6-4所示。

表6-4 中压混床出水控制指标

项目	单位	控制指标	期望值	项目	单位	控制指标	期望值
氢电导率	μS/cm	＜0.15(AVT) ＜0.12(OT)	0.10	钠	μg/L	≤3	≤1
SiO_2	μg/L	≤10	≤5	铁	μg/L	≤5	≤3
硬度	μmol/L	0	0	铜	μg/L	≤2	≤1

（二）注意事项

（1）系统运行时，严禁在未升压合格的情况下冲洗及投运混床。

（2）混床解列出系后，必须在泄压至“0”后方可进行再生操作。

（3）混床旁路门因保护动作打开后必须查明原因，处理好后方可将其关闭。

（4）混床进行升压或泄压操作时，一定要开启混床再循环门，使再循环泵进口母管一起升压或泄压，防止中低压系统串联而损坏设备。

（三）异常处理

混床运行常见异常情况及处理方法如表6-5所示。

（四）混床旁路门开关原则

在凝结水精处理系统中，混床旁路门是与3台混床并排设置的一只阀门，其存在对于保

证整个混床系统的安全有至关重要的作用。为了保证整个混床系统的安全，在下列情况下，该旁路门必须无条件打开。

表 6-5　　混床运行常见异常情况及处理方法

序号	异常现象	原因分析	处理方法
1	混床运行周期短	再生不彻底	查找原因，重新再生
		运行流速高	调整运行流速
		树脂老化	更换新树脂
		树脂污染	复苏或更换树脂
		树脂损失量大	查出原因，补充树脂
		布水装置故障	查出原因，检修处理
		凝结水水质劣化	检查凝汽器是否泄漏
		树脂分层不好	重新分层、再生
		酸碱质量不合格	更换合格的酸碱
		出水偏流	查明原因消除
2	进出口压差过高	运行流速高	调整运行流速
		树脂污染	复苏或更换树脂
		碎树脂过多	反洗排除、补充新脂
		树脂层压实	反洗松动
3	混床压差不大，但压力升高	树脂捕捉器丝网堵塞	冲洗树脂捕捉器
4	混床出水水质不合格	混床失效	停运再生
		再生效果差	停运再生
		混脂不均	重新混脂后投运观察
		凝结水水质劣化	查明原因，联系处理
		产生偏流	查明原因，消除偏流
5	混床出水母管pH值不稳定	凝结水流量波动较大	联系汽轮机值班员，稳定流量
		氨液浓度变化	调整浓度
		加氨泵泄漏或故障	切换泵，联系检修处理
		自动加氨装置故障	联系仪表处理
6	混床出水电导率突然升高	凝结水水质劣化	查明原因，及时消除
		电导率变送器漏水	检查处理变送器
7	凝结水温度超过50℃	凝汽器冷却效果不良	联系汽轮机值班员，检查处理
		循环水量不足	提高循环水量
		机组负荷高或真空差	汇报值长，请求调整
		疏水直接进入凝汽器	联系汽轮机值班员处理
8	凝结水硬度超标	凝汽器泄漏	汇报值长，安排堵漏
		疏水系统漏入生水	排放不合格疏水
		补给水有硬度	补充合格除盐水
9	混　床流量降低	阀门开度不适当	调整阀门开度
		树脂污染	进行空气擦洗或更换树脂

(1) 两台以上混床未运行。

(2) 其中一台混床方可解列。

(3) 混床系统进出口压差高于高高设定值。

(4) 系统入口母管温度高于高设定值。

(5) DCS系统要求开旁路。

(6) 混床旁路门开按钮按下。

(7) 系统紧急停止按钮按下。

在一般情况下，该旁路门不允许自动关闭，只有在操作人员手动确认后才能关闭。

(五) 中压混床系统保护与连锁

(1) 当发生下列情况之一时，应切换运行混床。

1) 单个混床出水水质超标或接近失效点。

2) 单个混床设备漏水或有其他异常情况。

3) 单个混床进出口压差达到0.20MPa。

4) 单个混床树脂捕捉器压差达到0.15MPa。

5) 单个混床及树脂捕捉器漏树脂。

(2) 当发生下列情况之一时，应打开混床电动旁路阀100%开度，并停运混床。

1) 机组计划停运或事故停运。

2) 凝结水温度超过50℃。

3) 中压混床进出水母管压差达到0.35MPa时。

4) 凝结水压力低于1.0MPa。

5) 凝结水中铁≥1000μg/L。

6) 凝结水系统发生其他异常情况。

仅一台混床运行时，应打开混床电动旁路阀50%开度。

第四节 混床树脂的再生工艺

要使混床出水保持一定的出水水质，就必须在混床的树脂没有失效前就进行再生操作，一般多采用体外再生。

体外再生具有以下优点：

(1) 可以简化中压混床内部结构，减少水流阻力，便于混床高速运行。

(2) 混床失效树脂在专用的设备中进行反洗、分离和再生，有利于获得较好的分离效果和再生效果。

(3) 体外再生时，酸碱管道和中压混床分开，这样可以避免因酸碱阀门误动作或关闭不严而使酸碱漏入凝结水中。

(4) 在体外再生系统中可以存放已再生好的备用树脂，缩短了混床的停运时间，提高了设备的利用率。

但体外再生也有不足之处，主要有以下两点：

(1) 增加了树脂输送、再生及储存设备。

（2）树脂的损耗较大。

下面就某电厂 2×660MW 超超临界机组的混床再生工艺作一下简单的介绍。

一、混床树脂

作为离子交换树脂，就其操作或者使用而言，首先遇到的就是树脂本身的强度问题，必须经得起经常性地反复再生和失效；而混床系统树脂还会遇到树脂体外分离所产生的机械力；凝结水运行的树脂更要经受高流速、高水温及树脂输送和转型时的磨损。因此，选用树脂时的首要问题是考虑树脂本身的强度问题。

任何水处理系统，树脂的性能评价均以连续地出水量大、水质高为目标。大致有两种观点：一种认为，凝胶树脂具有明显的初始成本较低、较好的化学性能及较低的运行费用；另一种认为，大孔树脂具有优异的耐渗透压冲击性，因而大孔树脂具有较凝胶树脂更长的寿命，这就抵消了树脂本身的成本。而陶氏 MONOSpHERE 高强度均粒凝胶型离子交换树脂将上述两种观点的争论归于统一。

（一）树脂性能参数

该电厂的中压混床采用了陶氏均粒凝胶树脂，性能参数见表 6-6。

表 6-6　　陶氏均粒凝胶树脂性能参数

项目		单位	强酸性阳树脂	强碱性阴树脂
体积全交换容量		mmol/mL	>2.0	>1.1
质量全交换容量		mmol/g	>4.2	>3.4
湿视密度		g/mL	0.76～0.82	0.65～0.73
湿真密度		g/mL	1.2～1.28	1.06～1.10
含水率		%	46～51	55～65
均一系数			<1.1	
有效粒径		μm	650±50	590±50
抗压强度	平均值（g/颗）		350	500
	颗粒范围（>200g/颗）		≥95%	≥95%
转型膨胀率		%	（Na^+→H^+）<8%	（Cl^-→OH^-）<25%
最大运行温度		℃		60
pH 值			1～14	1～14
最大流速		m/h	<120	<120

（二）树脂的特点

陶氏 MONOSpHERE 高性能凝结水精处理树脂具有极高的交换容量、优异的抗磨损性，以及良好的抗热冲击、抗渗透冲击及抗氧化性。该类树脂既具有凝胶树脂的高交换容量，又具有大孔树脂的耐渗透压冲击性。

（1）树脂物理强度很高。MONOSpHERE 650C 阳树脂和 MONOSpHERE 550A 阴树脂是一对特别适用于凝结水精处理的树脂。树脂再生时，首先遇到的就是由于离子浓度的迅速变化而使树脂颗粒膨胀与收缩。如果树脂本身没有足够的物理强度，膨胀和收缩的结果将导致树脂的强度下降，随着再生次数的增加，性能较差的树脂先出现裂纹，然后破碎。大孔树脂的耐渗透压冲击性要比凝胶树脂优异得多，这是由于大孔树脂本身存在大孔，从而增加了树脂的初始面积，使整个颗粒的膨胀率更为均匀，因此大孔树脂就能“顶住”由于膨胀与收缩所产生的应力。高强度陶氏 MONOSpHERE 均球树脂显示出和大孔树脂同样优异的耐渗透压冲击性。

(2) 比大孔树脂的交换容量高出 10%～20%。陶氏 MONOSpHERE 高强度均粒凝胶阴、阳树脂与相应的大孔树脂相比，其交换容量提高了 10%～20%，陶氏 MONOSpHERE 高强度凝胶树脂的运行交换容量和传统的凝胶树脂相比没有什么差别。

(3) 特别的粒度均匀性。陶氏 MONOSpHERE 高强度均粒凝胶树脂具有另一种特征，即树脂颗粒粒度特别均匀。

(4) 很低的运行压差。因为陶氏 MONOSpHERE 高强度凝胶树脂粒度均匀，树脂即使很紧密地堆积在一起，也仍然有很大的空隙体积，这就意味着通过陶氏 MONOSpHERE 树脂的床层横截面孔隙率较大。经过试验比较，传统树脂含有很多的小颗粒树脂，这些树脂都充斥于大颗粒树脂之间的间隙中，水流通路被这些小颗粒树脂堵死。陶氏 MONOSpHERE 树脂间的间隙较大，也较均匀，所以通过树脂床的运行压差较小，而传统树脂即使具有相同的平均粒径，压差也仍然很大。但这种压差小的作用并不妨碍陶氏 MONOSpHERE 树脂床发挥其良好的过滤作用，压差降低的数值是树脂间隙体积的函数。在给定的树脂体积内，过盟的能力与树脂间的接触点或者说与树脂间的间隙体积有紧密的关系。随着树脂间的间隙空间增加，陶氏 MONOSpHERE 树脂床存在一个比较大的总空隙体积，如果树脂间的间隙是一样的，则两种树脂的过滤能力相同。

(5) 树脂损耗降低。由于传统树脂的粒度分布较宽，在反洗时，有些树脂容易损失，粒度小的阴树脂反洗时首先跑掉，它们往往通过交换器顶部的反洗口流失。阴树脂的损失意味着阴离子交换能力的损失，也意味着阴离子交换性能的损失，因为比较小的、比较容易损失的阴离子交换树脂往往承担了树脂床中大部分的交换能力。此外，要想制备质量相当高的水，混床中阴、阳树脂的比例必须保持一定，所以阴离子的损失实际上是系统中的交换能力失去了平衡。

使用陶氏 MONOSpHERE 树脂降低了阴树脂损失的两种可能：其一，陶氏 MONOSpHERE 树脂从一开始就不含有比较小、比较容易损失的阴树脂；其二，陶氏 MONOSpHERE 树脂优异的物理强度使其在运行过程中不易破碎。

(6) 反洗膨胀特性与传统树脂相似。由于树脂颗粒粒度的均匀性比传统树脂有明显的提高，因此很可能推荐使用陶氏 MONOSpHERE 树脂。这就需要改变离子交换器的高度，以适应反洗膨胀时可能带来的变化。陶氏 MONOSpHERE 树脂的反洗膨胀特性与传统树脂很相似，仅需要协调反洗速度即可。所以，使用陶氏 MONOSpHERE 树脂既不用修改现有的系统，也不需要改变现有的操作工艺条件。

由于陶氏公司的高强度均粒凝胶树脂具有非常均匀的粒度，与传统粒径分布的树脂相比，具有利用率高的特点。传统树脂的粒度范围较宽，最大粒径与最小粒径之比为 3∶1，而陶氏 MONOSpHERE 高强度均粒树脂中的最大粒径与最小粒径之比只有 1.35∶1。陶氏 MONOSpHERE 高强度均粒树脂会显著提高系统运行中四个步骤的特性。

1) 反洗。分层彻底。阴、阳树脂的反洗分离程度主要是依赖于其密度差和粒径大小。实际上，在交换柱中，每种树脂反洗后的最后位置主要是依赖于树脂的沉降速度。根据

Stokes公式，即

$$V=\frac{2ga^2(d_1-d_2)}{9\eta}$$

式中 V——最终沉降速率，cm/s；

g——重力常数，cm/s^2；

a——树脂粒径，cm；

d_1——树脂密度，g/cm^3；

d_2——水的密度，g/cm^3；

η——水的黏度，g/（cm·s）。

这种沉降速度既与树脂的密度有关，又与树脂的粒度有关。换句话说，反洗作用的结果使小密度的阴树脂沉降在大密度的阳树脂上，小颗粒树脂沉降在大颗粒树脂之上。一般来说，阴、阳树脂之间的密度差为20%，随着树脂颗粒粒度的变化，很容易理解粒度最小的阳树脂与粒度最大的阴树脂交织在一起的原因。这是因为传统树脂在反洗后，粒度小的阳树脂和粒度大的阴树脂的交界面附近出现了混层，其结果是沉降速率相同的阳树脂和阴树脂将要出现交叉再生，即所谓的交叉污染，从而降低水处理系统的运行交换容量，交叉污染也将引起下一周期的硫酸根或钠离子的泄露。

由于陶氏MONOSpHERE高强度均粒凝胶树脂的平均粒度正负相差100μm的占95%以上，所以在反洗时能完全分离。粒度最小的阳树脂和粒度最大的阴树脂的沉降速度有较大的差别。高强度阳树脂的粒度一般为650μm，阴树脂一般为550μm，由于阴树脂的粒度比阳树脂小，因此陶氏MONOSpHERE高强度凝胶阳树脂同时具有颗粒粒度差和密度差，从而保证得到完全彻底的分层效果。

树脂颗粒的颜色之差也十分明显，可完全看清分离效果。很显然，检查传统树脂的分离效果是不容易的，通过设备上的视镜看到的是一层两种树脂间的不明显的色带。而对于陶氏MONOSpHERE树脂，视镜中可清楚地看到在深色高强度阴树脂之上有一条明显的色差带，色差本身就表明树脂颗粒粒度的均匀性，并由此可以预见其分离效果良好。

2）再生。再生彻底，泄漏少。由于提高了树脂颗粒的均匀性，因此树脂的再生效率也相应地提高了。树脂再生时，颗粒大的要比颗粒小的慢得多，由于溶液中的离子在树脂内部存在一个迁移扩散过程，在同样的条件下，离子在大颗粒树脂内迁移扩散达到再生层所需要的时间相应要长。也就是说，在给定的再生剂量和接触时间里，颗粒大的树脂，其再生效率低。相反，树脂颗粒均匀性越大，在相同的条件下，每粒树脂中的大部分将被再生，即树脂颗粒粒度的均匀性越高，在固定再生剂用量和接触时间内，树脂的再生效率越高。而树脂的再生效率越高，运行中离子泄漏的机会也就越小。

针对陶氏MONOSpHERE高强度凝胶阳树脂和平均粒径相同的传统阳树脂进行泄漏对比试验，分别测定出它们的泄漏情况，以两种树脂的漏钠作评价。在运行的全过程中，陶氏MONOSpHERE高强度凝胶树脂之所以能制备出高质量的水，是因为这种树脂具有很均匀的粒度。

3）清洗。自耗水少和节约再生时间。陶氏MONOSpHERE高强度均粒凝胶树脂比传统树脂容易清洗，具有清洗水量小、清洗时间短、再生效率高等特点。由于这种树脂粒度均匀，因此有着较小且均匀的扩散距离。在相同的再生和清洗情况下，这种树脂比传统树脂更快地达到出水标准。陶氏 MONOSpHERE 高强度凝胶树脂清洗后较容易达到清洗终点标准值。如果阴、阳树脂各自再生、清洗，节约用水将更为明显。在混床系统中，使用粒度均匀的树脂预淋洗的时间可减少到原来所需时间的 1/3。

4）运行。动力学速度较快，交换容量利用率高。因为陶氏 MONOSpHERE 高强度凝胶树脂颗粒均匀，所以它们的交换动力学性能比传统树脂要快得多。这就意味着在高流速运行方面，这种树脂对运行系统将产生很好的效果。

动力学性能表示离子之间的交换速度，其很大程度上取决于树脂颗粒的粒度。由于粒度小的树脂具有较短的扩散路径和较大的表面积，因此工作交换容量（也称运行容量）高，交换速度快。随着运行流速的增加，动力学性能越显重要，交换速度高的树脂可以充分发挥本身的交换容量。而大颗粒树脂由于扩散受到影响，运行容量也相应受到影响。事实上，大颗粒树脂的交换容量总是较低，而粒度范围很宽的树脂装入交换器后，很大一部分交换容量无法利用。

二、再生系统的工作原理及结构形式

（一）树脂分离塔

1. 作用

空气擦洗去除树脂中的悬浮杂质和腐蚀产物；水反洗使阴、阳树脂分离以及去除悬浮杂质和腐蚀产物；暂时贮存少量未完全分离开的混脂层，以待下次分离。

2. 结构及工作原理

分离塔采用碳钢焊制，见图 6-4。其结构特点是上大下小，下部是一个较长的筒体，上部为锥筒形。这种结构的设计能充分利用反洗时的水流特性，使阴、阳树脂彻底分离。设备中间留有约 1m 高的混脂层，避免了树脂输送时造成阴、阳树脂交叉污染。罐体设置有失效树脂进口、阴树脂出口、阳树脂出口、上部进水口（兼作上部进压缩空气、上部排水口）和下部进水口（兼作下部进气、下部排水口）。底部集水装置设计成双蝶形板加水帽式，绕丝或水帽缝隙宽度为 0.25mm，使得水流分布较为均匀，上部配水装置为支母管式，反洗排水装置为梯形绕丝筛管制作而成，以便于正洗进水和反洗排水。分离塔还设有 7 个窥视镜，用于观察塔内的树脂状态。

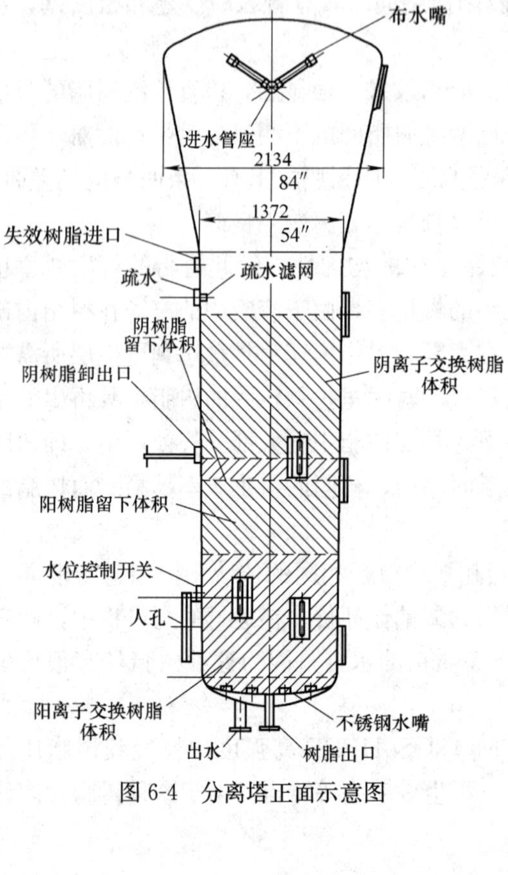

图 6-4 分离塔正面示意图

3. 分离塔特殊结构的优点

反洗时形成均匀的柱状流动，不使内部形成大的扰动；分离塔顶部锥筒形结构有足够的反洗空间，利于反洗；塔内没有会产生搅动及影响树脂分离的中间集管装置，在反洗、沉降、输送树脂时，内部搅动减少到最小；分离塔截面小，树脂交叉污染区域小；分离塔有多个窥视孔，便于观察树脂分离；底部主进水门和辅助进水调节门可以提供不同反洗强度的水流，利于树脂的分离。

高速混床失效树脂输入分离塔后，通过底部进气擦洗松动树脂，使悬浮杂质和金属腐蚀产物从树脂中脱离，通过底部进水反洗直至出水清澈。然后通过不同流量的水反洗，使阴、阳树脂分离，直至出现一层界面。阴树脂从上部输至阴塔，阳树脂从下部输至阳塔，阴、阳树脂分别在阴、阳塔再生。剩下的界面树脂为混脂层，留到下一次再生参与分离。

（二）阴再生塔

1. 作用

对阴树脂进行空气擦洗、反洗及再生。

2. 结构及工作原理

阴塔上部配水装置为挡板式，底部配水装置为不锈钢蝶形多孔板加水帽，既保证了设备运行时能均匀配水和配气，又使得树脂输出设备时彻底干净。进碱分配装置为T型绕丝支母管结构（又称鱼刺式），其缝隙既可使再生碱液均匀分布，又可使完整颗粒的树脂不漏过，并可去除细碎树脂和空气擦洗下来的污物。

分离塔阴树脂送进阴塔后，通过底部进气擦洗和底部进水反洗阴树脂，直至出水清澈，然后从树脂上部进碱再生、置换、漂洗。

（三）阳再生塔

1. 作用

对阳树脂进行空气擦洗及再生；阴、阳树脂混合；贮存已经混合好的备用树脂。

2. 结构及工作原理

阳塔上部配水装置为挡板式，底部配水装置为不锈钢蝶形多孔板加水帽，既保证了设备运行时能均匀配水和配气，又使得树脂输出设备时彻底干净。进酸分配装置为T型绕丝支母管结构（又称鱼刺式），其缝隙既可使再生酸液均匀分布又可使完整颗粒的树脂不漏过，并可去除细碎树脂和空气擦洗下来的污物。分离塔阳树脂送进阳塔后，通过底部进气擦洗和底部进水反洗阳树脂，直至出水清澈，然后从树脂上部进酸再生、置换、漂洗。阴塔树脂再生合格后，阴树脂送入阳塔中与阳树脂混合，成为备用树脂。

（四）精处理热水箱

热水箱内部有四根电加热器，可以提高碱液温度，提高阴树脂的再生效果。运行时必须充满水，加热器根据热水箱的温度定时加热。加热器启动加热到高限设定值时自动停止，当水温低于低温设定值时，加热器自动重新启动。冷水从底部进入热水箱，热水从上部出来至碱喷射器。碱喷射器出口温度通过热水箱出口三通阀控制，大约为40℃。

（五）脂捕捉器

该设备为敞开式容器，内衬耐酸碱橡胶，且设有金属网筒，网缝隙为0.80mm，能截留分离塔、阴塔或阳塔在树脂擦洗或水反洗时由于流量控制不当而跑出的树脂，以防树脂排入废液池而遭受损失，截留的树脂可以通过树脂添加斗重新加到阳塔。设备上设有液位开关，液位高报警时提醒工作人员捕捉器滤芯被堵。

（六）罗茨风机

精处理再生系统有两台罗茨风机。罗茨风机是一种容积式动力机械。一对相互啮合的叶轮将进、排气口分开，由同步齿轮传动，两叶轮在汽缸中作等速反向旋转，在旋转过程中，进气口的气体不断地被叶轮推移到排气口，从而达到强制排气的目的。

罗茨风机用于树脂的擦洗松动和树脂的混合。其气源是空气，进口有滤网，防止杂物进入。前后都有消音器，利于减少所释放的噪声。再生步骤需启动罗茨风机时，往往先要预启动，是为了吹去风管的杂物，此时开启风管上的排风门。

三、混床再生操作

为保证精处理混床的良好运行，必须确保阳树脂在阴树脂中的含量小于 0.07%和阴树脂在阳树脂中的含量（即交叉污染）小于 0.1%，减少再生过程中阴、阳离子交换树脂的交叉污染。该厂再生系统采用了“finesep 高塔分离法”技术，该技术工艺不需要化学药品和复杂装置进行阴、阳树脂分层，仅采用水力反洗分层的方式，操作简单，可延长树脂使用寿命。“finesep 高塔分离法”再生系统由树脂分离塔（SPT）、阴树脂再生塔（ART）、阳树脂再生兼树脂贮存塔（CRT）以及有关泵、风机等组成。树脂分离塔，由下部直径相对较小的圆柱形沉降区和上部倒锥形树脂收集区组成。根据均粒阴、阳树脂临界沉降速度不同的特点，再利用分离塔上部直径大于下部，形成倒锥形的特殊形状，在上部收集区，水流速度沿轴线向上方向逐步递减，避免树脂压实，有利于树脂分层，下部直径相对较小的圆柱形为树脂沉降区。用水力反洗的方法，借水力反洗时反洗强度的调节，使阴、阳树脂在树脂分离罐内达到分层和分离的目的。该厂采用的再生系统如图 6-5 所示。

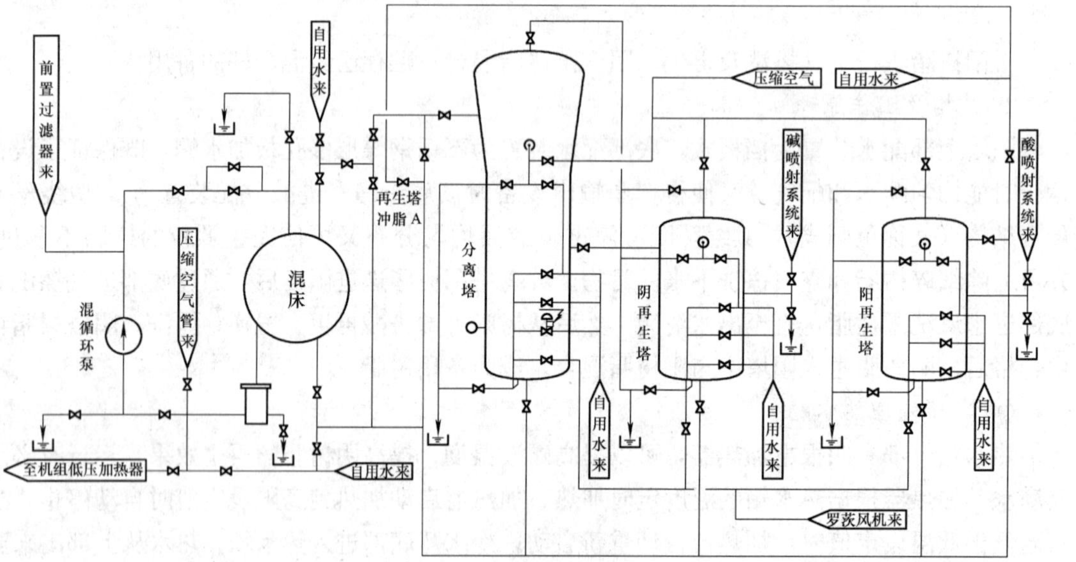

图 6-5　再生系统示意图

该厂所采用的再生工艺大体分为以下几步。

（一）树脂的初步清洗

混床失效的树脂输送到分离塔后，经空气擦洗和上进水冲洗后，洗去树脂表面的污物，并使抱团的树脂分开，以利反洗分层。擦洗次数应根据树脂的脏污程度而确定，一般反复擦洗 3～5 次。

（二）树脂的分离和分层

先以高速水流由分离塔下部进入，将失效树脂全部托起至上部收集区，然后使反洗流速降低到阳树脂的临界沉降速度，维持一段时间，使得阳树脂积聚在上部锥形和下部圆柱的分界面以下，形成阳树脂层，再慢慢降低反洗流速，使阳树脂慢慢、整齐地沉降下来。阳树脂层沉降的同时，阴树脂也要开始沉降，当反洗流速降低到阴树脂临界沉降速度时，仍以此流速维持一段时间，使得阴树脂积聚在上部锥形和下部圆柱的分界面以上，形成阴树脂层，再慢慢降低反洗流速至接近零，阴树脂也便得到分离沉降。

上述反洗分层操作可重复进行，以使分离塔中阴、阳树脂能彻底分层。这种工艺的关键是控制恰当的反洗分层流速以及能使阴、阳树脂分别沉降时的分离速度。欲掌握分离流速，则需要选用粒度均一的树脂，并预先测定其沉降速度。

为使在分离塔内获得满意的分离效果，还必须满足以下条件：反洗时有均匀的柱状流动；反洗、沉降、输送树脂时，内部搅动减到最小，将分离塔的横截面减到最小，以优化高度与直径比例，减小树脂交叉污染区的体积；选用合适的树脂。

（三）树脂的移送

树脂水力分层后，阴树脂从树脂分离塔的阴树脂排出口排出，阴树脂排出口高出阴、阳树脂交界面，目的是为防止在输送阴树脂时夹带阳树脂，即在树脂分离塔内留下一定的混脂层。同样在排出阳树脂时，在树脂分离塔内也留下一定容积的混脂层，因此树脂分离塔内树脂层的控制点要高于混脂树脂层的高度，即在树脂分离塔底部排出阳树脂时，在树脂层高控制点处设有特殊光电料位开关与底部阳树脂排出阀门连锁，当树脂层低于树脂层高控制点时，关闭底部排脂门，交界面的树脂便以混脂的方式留在罐底，并和下一套失效树脂参加该套树脂的分离。混合树脂层高为0.90～1.0m。移送树脂时，水分上下两路进入分离塔，以使床层平稳下移。“高塔分离法”再生系统保证阴、阳树脂分离后阳树脂在阴树脂中的含量体积比小于0.07%和阴树脂在阳树脂中的含量体积比均小于0.1%。

（四）阴、阳树脂的擦洗、再生及去除碎树脂

阴、阳树脂分别在阴再生塔和阳再生塔中进行擦洗再生。阴、阳树脂分别移送到阴再生塔和阳再生塔后，关闭上部进水阀，经底部排水降低水的高度至树脂层上方一定高度后，进行空气擦洗，将悬浮物从树脂表面擦洗下来（擦洗次数视树脂受污染情况而定），当树脂擦洗告一段落，水从底部排水装置继续进入再生塔内，并使树脂床层膨胀50%左右时，设备内进入一定压力的空气，使再生塔顶部形成一个有压力（约414kPa）的空气室，再快速打开中部和下部排放阀，再生塔上部空气室的压力将水连同水中的悬浮物和碎树脂快速排出体外。由于中部和底部排放装置的间隙比破碎树脂大而比整粒树脂小，因此这种设计能去除细粒、破碎树脂而截留整粒树脂。重复上述操作，一直到树脂基本被清洗干净为止。这种技术也称为“向下冲洗技术”，国内几十家电厂的凝结水精处理系统均采用该技术。再生系统SPT、CRT、ART三塔底部进水装置的结构形式为蝶形多孔板上加装双速水帽，此水帽反向水流速度远大于正向，该特性不但对完全卸出树脂极为有利，同时对空气擦洗时去除树脂表面脏物也有利。下面介绍一下该电厂高塔法的再生操作。

1. 再生操作前的检查

此处略。

2. 移脂操作

(1) 失效混床向分离塔移脂操作。

1) 分离塔放水。开启废水系统树脂捕捉器回用水排放门及分离塔上部空气门、上部排水门、下部排水门，放水10min。

2) 水力输送树脂。关闭分离塔上部空气门，启动混床再生水泵，开启分离塔进树脂门、混床来树脂门、混床出树脂总门、混床树脂进口母管冲洗水总门及失效混床上部进树脂门、下部出树脂门，水力输送树脂10min。

3) 气力输送树脂1。停用混床再生水泵，关闭混床树脂进口母管冲洗水总门、失效混床上部进树脂门，开启失效混床进气门，控制本体压力小于0.2MPa，气力输送树脂10min。

4) 水气混合输送树脂。启动混床再生水泵，开启混床树脂进口母管冲洗水总门、失效混床进树脂门，控制进水量为$20m^3/h$，维持原进气量，进行水气混合输送树脂至观察树脂输送管道监视窗树脂已基本移尽。

5) 气力输送树脂2。停用混床再生水泵，关闭混床树脂进口母管冲洗水总门、失效混床上部进树脂门，继续保持气力输送树脂，待混床本体内水基本移尽（或本体水位下降至下监视窗以下），树脂输送管道监视窗有气泡时（说明树脂输送完成），关闭失效混床进气门、下部出树脂门。

6) 树脂输送管冲洗。启动混床再生水泵，开启混床树脂出口母管冲洗水总门，冲洗树脂输送管1min；从树脂输送管道监视窗确认管道冲洗干净后，关闭混床树脂出口母管冲洗水总门、混床来树脂门、混床出树脂总门及分离塔上部空气门、上部排水门、下部排水门，停运混床再生水泵。

7) 混床泄压放水。开启混床上部泄压门、下部循环门及混床循环母管排放门，放水结束后关闭上部泄压门、下部循环门及混床循环母管排放门，失效混床向分离塔移脂结束。

(2) 阳再生塔（再生好的备用树脂）向混床移脂操作。

1) 气力输送树脂。开启混床上部泄压门、上部进树脂门、下部循环门及混床循环母管排放门、混床进树脂总门、混床来树脂门、再生塔出树脂总门、阳再生塔下部出树脂门、阳再生塔进气门，控制阳再生塔本体压力小于0.2MPa，气力输送树脂10min。

2) 水气混合输送树脂。启动混床再生水泵，开启阳再生塔下部进水门，控制进水量为$20m^3/h$，维持原进气量，水气混合输送树脂10min，观察阳再生塔内树脂已基本移尽，输送管道监视窗有大量气泡时，关闭阳再生塔进气门。

3) 水力输送树脂。开启阳再生塔上部进水门，阳再生塔上下同时进水进行树脂输送，确认阳再生塔内树脂输送干净后，关闭阳再生塔下部进水门、上部进水门、下部出树脂门。

4) 阳再生塔泄压放水。开启阳再生塔上部空气门、下部排水门、待本体压力泄至常压并本体内水放尽后，关闭阳再生塔上部空气门、下部排水门。

5) 树脂输送管冲洗。开启阳再生塔出脂管冲洗水门，冲洗树脂输送管1min，从树脂输送管道监视窗确认管道冲洗干净后，同时开启混床树脂进口母管冲洗水门继续冲洗树脂输送管1min，冲洗干净后关闭阳再生塔出脂管冲洗水门、混床树脂进口母管冲洗水门、混床进树脂总门、混床来树脂门。

6）压脂。启动混床再生水泵，开启混床树脂进口母管冲洗水门、混床上部进树脂门、混床下部循环门、混床循环母管排放门，对混床内的树脂进行冲洗压脂 1min。

7）混床灌水。关闭混床循环母管排放门、混床下部循环门，待混床灌满水后关闭混床树脂进口母管冲洗水门、混床上部进树脂门、混床上部泄压门、废水系统树脂捕捉器回用水排放门，停用混床再生水泵 X，阳再生塔向混床移脂结束。

3. 混床再生

（1）分离塔树脂一次分离操作。

1）灌水。启动混床再生水泵，开启废水系统树脂捕捉器回用水排放门、分离塔上部空气门和上部进水门，待空气管出水后，关闭分离塔上部空气门、上部进水门，停运混床再生水泵。

2）气力排水。开启分离塔下部排水门、上部进气门，从监视窗观察水位降至树脂上部约 200mm 高度处时，关闭分离塔下部排水门、上部进气门。

3）空气擦洗。启动罗茨风机，开启分离塔上部空气门、下部进风门，空气擦洗 8min，关闭分离塔下部进风门，停运罗茨风机。

4）重复上述 1）～3）步骤 1～3 次；防止树脂抱球，除去部分杂质，以利于分离。

5）分层。启动混床再生水泵，开启分离塔上部排水门及分离塔下部进水门 A、下部进水门 B，调节分离塔下部分层门开度至 10%，反洗分层 5min；关闭分离塔下部进水门 A，继续反洗分层 10min；关闭分离塔下部进水门 B，调节分离塔下部分层门开度至 40%，反洗分层 15min；调节分离塔开度至 10%，反洗分层 10min；调节分离塔下部分层门开度至 5%，反洗分层 15min；检查分离塔上部监视窗树脂的分层情况，如有明显混脂、界面不清时，应重新进行分层操作。

6）静止。如分离塔上部监视窗树脂的分层情况良好，则关闭分离塔下部分层门，停运混床再生水用泵，静止 10min 后检查阴、阳树脂层面清晰，阳树脂界面应略低于阴出脂管。

（2）分离塔移阴树脂操作。启动混床再生水泵，关闭分离塔上部排水门，开启阴再生塔上部空气门、下部排水门及分离塔中部阴树脂出口门、分离塔上部进水门，调节分离塔下部分层门开度至 5%，向阴再生塔移阴树脂；当分离塔阴树脂出口管道上监视窗内已无阴树脂时，关闭分离塔下部分层门、上部进水门，中部阴树脂出口门，塔上部空气门、下部排水门，停用混床再生水泵，分离塔移阴树脂结束。

（3）分离塔树脂二次分离操作。

1）分层。启动混床再生水泵，开启分离塔上部排水门、分离塔下部进水门 B，调节分离塔下部分层门开度至 10%，反洗分层 5min；关闭分离塔下部进水门 B，调节分离塔下部分层门开度至 40%，反洗分层 15min；调节分离塔下部分层门开度至 10%，反洗分层 10min；调节分离塔下部分层门开度至 5%，反洗分层 15min；检查分离塔下部监视窗树脂的分层情况，如有明显混脂、界面不清时，应重新进行分层操作。

2）静止。检查分离塔下部监视窗树脂的分层情况良好后，关闭分离塔下部分层门，停运混床再生水泵，静止 10min。

（4）分离塔移阳树脂操作。

1）移阳树脂。启动混床再生水泵，关闭分离塔上部排水门，开启阳再生塔中部进脂门、阳再生塔上部空气门、阳再生塔下部排水门、分离塔下部阳树脂出口门、分离塔上部进水门，调节分离塔下部分层门开度至5%，向阳再生塔移阳树脂；当树脂界面降到液位开关处时，立即关闭分离塔下部阳树脂出口门、分离塔上部进水门、分离塔下部分层门，移脂时间约为8min。

2）阳冲脂。开启分离塔处移树脂管冲洗门，冲洗移脂管2min，当分离塔移阳脂出口管道上的监视窗内已无阳树脂时，关闭分离塔处移树脂管冲洗门、阳再生塔中部树脂进口门、阳再生塔上部空气门、阳再生塔下部排水门，停运混床再生水泵，分离塔移阳树脂结束。

3）分离塔泄压放水。开启分离塔上部空气门、分离塔下部排水门，待本体泄压至常压，本体内水放至中监视窗附近，关闭分离塔上部空气门、分离塔下部排水门。

（5）阴再生塔再生操作。

1）气力排水1。开启阴再生塔中部排水门、阴再生塔上部进气门，气力排水2min，至阴再生塔中排管中无出水后，关闭阴再生塔上部进气门、阴再生塔中部排水门。

2）空气擦洗。启动罗茨风机，开启阴再生塔上部空气门、阴再生塔下部进风门，空气擦洗5min；关闭阴再生塔下部进风门，停运罗茨风机。

3）水反洗。启动混床再生水泵，开启阴再生塔下部进水门A，阴再生塔上部排水门，水反洗5min后，关闭阴再生塔下部进水门A、阴再生塔上部空气门、阴再生塔上部排水门，停运混床再生水泵。

4）气力排水2。开启阴再生塔上部进气门，使阴再生塔压力上升至0.4MPa，保持进气量不变，开启阴再生塔下部排水门、阴再生塔中部排水门，排水2min，关闭阴再生塔下部排水门，继续排水至阴再生塔中排管中无出水后，关闭阴再生塔上部进气门，阴再生塔中部排水门。

5）重复上述2）～4）步骤3～5次，直至排水清澈为止。

6）灌水正洗。启动混床再生水泵，开启阴再生塔上部进水门，阴再生塔上部空气门，待空气管出水后，关闭阴再生塔上部空气门，开启阴再生塔下部排水门，冲洗1min，关闭阴再生塔上部进水门。

7）进碱。关闭废水系统树脂捕捉器回用水排放门，开启废水系统树脂捕捉器废水排放门、阴再生塔下部排水门、阴再生塔进碱门，启动混床再生水泵，控制射水流量为9～$10m^3/h$（如再生水温低于15℃时，应投运精处理热水箱），启动碱液计量泵，控制计量泵出口流量为1200～1300L/h，进碱浓度为4%左右，进碱65～70min后停运碱液计量泵。

8）置换。保持再生时流量和温度置换时间80min，关闭阴再生塔下部排水门、阴再生塔进碱门。

9）冲洗1。关闭废水系统树脂捕捉器废水排放门，开启废水系统树脂捕捉器回用水排放门、阴再生塔下部排水门、阴再生塔上部进水门，冲洗15min，关闭阴再生塔上部进水门、阴再生塔下部排水门，停运混床再生水泵，并重复上述1）～3）步骤1～2次。

10）冲洗2。启动混床再生水泵，开启阴再生塔上部进水门、阴再生塔上部空气门，待空气管出水后，关闭阴再生塔上部空气门，开启阴再生塔下部排水门，打开在线电导率仪取样门，投运在线电导率仪，当冲洗排水电导率≤8μS/cm 时，关闭阴再生塔上部进水门、阴再生塔下部排水门，停运混床再生水泵，阴再生塔内阴树脂再生结束。

(6) 阳再生塔再生操作。

1) 气力排水 1。检查开启废水系统树脂捕捉器回用水排放门，关闭废水系统树脂捕捉器废水排放门，开启阳再生塔中部排水门、阳再生塔上部进气门，气力排水 2min，至阳再生塔中排管中无出水后，关闭阳再生塔上部进气门、阳再生塔中部排水门。

2) 空气擦洗。启动罗茨风机，开启阳再生塔上部空气门、阳再生塔下部进风门，空气擦洗 5min，关闭阳再生塔下部进风门，停运罗茨风机。

3) 水反洗。启动混床再生水泵，开启阳再生塔下部进水门 A、阳再生塔上部排水门，水反洗 5min 后，关闭阳再生塔下部进水门 A、阳再生塔上部空气门、阳再生塔上部排水门，停运混床再生水泵。

4) 气力排水 2。开启阳再生塔上部进气门，使阳再生塔压力上升至 0.4MPa，保持进气量不变，开启阳再生塔下部排水门、阳再生塔中部排水门，排水 2min，关闭阳再生塔下部排水门，继续排水至阳再生塔中排管无出水后，关闭阳再生塔上部进气门、阳再生塔中部排水门。

5) 重复上述 1) ～5) 步骤 3～5 次，直至排水清澈为止。

6) 灌水正洗。启动混床再生水泵，开启阳再生塔上部进水门、阳再生塔上部空气门，待空气管出水后关闭阳再生塔上部空气门，开启阳再生塔下部排水门，冲洗 1min，关闭阳再生塔上部进水门。

7) 进酸。关闭废水系统树脂捕捉器回用水排放门，开启废水系统树脂捕捉器废水排放门、阳再生塔下部排水门、阳再生塔进酸门，启动混床再生水泵，控制射水流量为 9～10m^3/h，启动酸液计量泵，控制计量泵出口流量为 1200～1300L/h，进酸浓度为 4%左右，进酸 65～70min 后停运酸液计量泵。

8) 置换。保持再生时流量置换时间 80min 后，关闭阳再生塔下部排水门、阳再生塔进酸门。

9) 冲洗 1。关闭废水系统树脂捕捉器废水排放门，开启废水系统树脂捕捉器回用水排放门、阳再生塔下部排水门、阳再生塔上部进水门，冲洗时间 15min，关闭阳再生塔上部进水门、阳再生塔下部排水门，停运混床再生水泵，并重复上述 1) ～3) 步骤 1～2 次。

10) 冲洗 2。启动混床再生水泵，开启阳再生塔上部进水门、阳再生塔上部空气门，待空气管出水后，关闭阳再生塔上部空气门，开启阳再生塔下部排水门，打开在线电导率仪取样门，投运在线电导率仪，当冲洗排水电导率≤8μS/cm 时，关闭阳再生塔上部进水门、阳再生塔下部排水门，停运混床再生水泵，阳再生塔内阳树脂再生结束。

(7) 阴再生塔移脂操作。

1) 水气混合输送树脂。启动混床再生水泵，开启阳再生塔下部排水门、阳再生塔中部树脂进口门、阴再生塔下部树脂出口门、阴再生塔上部进气门、阴再生塔下部进水门 A，向阳再生塔移树脂 7min，关闭阴再生塔上部进气门。

2) 水力输送树脂。开启阴再生塔上部进水门，继续向阳再生塔移树脂，观察阴再生塔下部树脂出口管上的监视窗内无阴树脂后，关闭阴再生塔上部进水门、阴再生塔下部进水门

A、阴再生塔下部树脂出口门。

3）冲脂。开启分离塔处移树脂管冲洗门，冲洗阴再生塔出脂管2min后，关闭分离塔处移树脂管冲洗门、阳再生塔上部树脂进口门、阳再生塔下部排水门，停运混床再生水泵，阴再生塔移脂操作结束。

（8）阳再生塔混合操作。

1）灌水1。启动混床再生水泵，开启阳再生塔上部进水门、阳再生塔上部空气门，待空气管出水后，关闭阳再生塔上部进水门、阳再生塔上部空气门，停运混床再生水泵。

2）气力排水。开启阳再生塔中部排水门、阳再生塔上部进气门，气力排水2min，至阳再生塔中排管无出水后，关闭阳再生塔上部进气门、阳再生塔中部排水门。

3）空气混合。启动罗茨风机，开启阳再生塔上部空气门、阳再生塔下部进风门，进行空气混合5min；检查阴、阳树脂应充分混合均匀。

4）空气混合排水。开启阳再生塔中部排水门，一边进行空气混合，一边排水，排水至树脂层上方后，关闭阳再生塔下部进风门、阳再生塔中部排水门，停运罗茨风机。

5）灌水2。启动混床再生水泵，开启阳再生塔上部进水门，待空气管出水后，关闭阳再生塔上部空气门。

6）冲洗。开启阳再生塔下部排水门，冲洗至排水电导率≤0.20μS/cm时，关闭阳再生塔上部进水门、阳再生塔下部排水门，停运混床再生水泵。

7）备用。打开阳再生塔上部空气门，泄压至常压，关闭阳再生塔上部空气门、阳再生塔电导仪取样阀、废水系统树脂捕捉器回用水排放门，混床再生合格备用。

四、混床再生注意事项及异常处理

（一）提高混床再生度的方法

随着机组参数的提高，对凝结水水质的要求也越来越高，要达到很高水质的要求，就需要混床树脂有很高的再生度。为提高混床树脂的再生度，可从以下方面采取措施：

（1）提高阴阳树脂的分离程度。再生前将混床树脂彻底分离，减少混脂率是提高树脂再生度、改善混床出水水质的先决条件。

（2）完善再生工艺。它包含提高再生液纯度、调节再生剂用量及改进再生条件（如碱液加热）等，以提高树脂的再生度。其中再生液纯度对再生度的影响是十分显著的，因此在凝结水处理工艺中，一定要选用高质量的再生液，再生水一定要用高质量的除盐水。

（二）混床再生注意事项

（1）树脂反洗分层时，应将一些脏物漂洗出去，要保证反洗流量稳定，无较大波动，以免树脂跑出来。

（2）从分离塔输送阳树脂至阳再生塔前，要确认树脂分层良好。

（3）树脂输送过程中，要注意各树脂门是否都关严，防止将树脂输送至其他设备中而造成事故。

（4）进行空气擦洗、水反洗时，要加强检查，调整好流量，防止漏树脂。

（5）再生进酸碱时，稀释水的流量不要随意调整，应通过酸碱计量泵的行程来调整酸碱浓度。

（6）再生碱稀释水的温度不宜过高，防止树脂伤害。

（三）再生系统常见异常情况及处理方法（见表6-7）

表6-7　再生系统常见异常情况及处理方法

序　号	异常现象	原　因　分　析	处　理　方　法
1	树脂非正常损失	底部出水装置泄漏	联系检修
		反洗、擦洗强度过大	调整强度
		移脂过程中损失	查清原因后处理
2	再生碱液温度过高或过低	再生水流量不适当	调整再生水流量
		精处理热水箱故障	联系电气检修
		温控器或调节门故障	联系热工检修
3	再生后正洗水质不合格	树脂分离不完全	重新分层再生
		酸碱质量不好	更换酸碱，重新再生
		再生剂不足	增加剂量，重新再生
		再生液浓度偏离正常值	调整浓度后，重新再生
		树脂污染	复苏或更换树脂
		混脂不均	重新混脂
		床层偏流	查明原因后处理
4	树脂分层不完全	反洗流量控制不当	调整反洗流量
		床层偏流	联系检修处理
		树脂中杂物多或抱团	加强空气擦洗
5	再生液浓度偏低	再生水流量过大或过小	调整再生水流量
		酸碱浓度计故障	联系仪表检修处理
		再生管道阀门开度不适	检查调整阀门开度
		浓酸、碱浓度低	更换酸碱
		计量泵故障	联系检修处理
		酸碱管道堵塞	联系检修疏通

第七章

热力设备的腐蚀与控制

第一节 腐蚀概论

一、腐蚀的定义

腐蚀是指材料在其周围环境的作用下发生的破坏或变质现象。考虑到金属腐蚀的本质，通常把金属腐蚀定义为：金属与周围环境（介质）之间的化学或电化学作用所引起的破坏或变质。

金属腐蚀的过程是发生在金属与介质界面上的复杂多相反应，因此破坏总是从金属表面逐渐向内部深入。金属在发生腐蚀的过程中，通常会发生外貌变化，如溃疡斑、小孔、表面有腐蚀产物或金属材料变薄等；金属的机械性能、组织结构也发生变化，如金属变脆、强度降低、金属中某些元素的含量发生变化或金属组织结构发生相变等。要特别指出的是，金属还没有腐蚀到破坏或严重变质的程度时，就已足以造成设备事故或损坏。

众所周知，金属材料在使用过程中常见的破坏形式除了腐蚀外，还有断裂和磨损。断裂是指金属构件受力超过其弹性极限、塑性极限而发生的破坏。断裂使构件失效，但金属材料还可重新熔炼再用。磨损是指金属表面与其相接触的物体或周围环境发生相对运行（摩擦）而产生的损耗或破坏。有时磨损了的零件可以修复。腐蚀与磨损经常同时存在，甚至难以区分。

二、金属腐蚀的分类

金属腐蚀是一个十分复杂的过程，因此金属腐蚀的分类方法也是多样的，这里只介绍几种常用的分类方法。

（一）按腐蚀机理分类

1. 化学腐蚀

化学腐蚀是指金属表面与非电解质直接发生纯化学作用而引起的破坏。其反应历程的特点是在一定条件下，金属表面的原子与非电解质中的氧化剂直接发生氧化还原反应，形成腐蚀产物。腐蚀过程中，电子的传递是在金属与氧化剂之间直接进行的，因而没有电流产生。单纯化学腐蚀的例子是较少见到的，例如锅炉烟气侧温度在露点以上的腐蚀为化学腐蚀。

2. 电化学腐蚀

电化学腐蚀是指金属表面与离子导电的介质发生电化学作用而产生的破坏。任何以电化学机理进行的腐蚀反应至少包含有一个阳极反应和一个阴极反应，并以流过金属内部的电子流和介质中的离子流形成回路。阳极反应是金属离子从金属转移到介质中并放出电子，即阳极氧化过程；阴极反应是介质中的氧化剂组分吸收来自阳极的电子的还原过程。例如，碳钢在酸液中腐蚀时，在阳极区铁被氧化为 Fe^{2+}，所放出的电子由阳极（Fe）流至钢中的阴极（Fe_3C）上，被离子吸收而还原成氢气，即

$$Fe \longrightarrow Fe^{2+} + 2e \text{（阳极反应）}$$

$$2H^{+} + 2e \longrightarrow H_2 \uparrow \text{（阴极反应）}$$

$$Fe + 2H^{+} \longrightarrow Fe^{2+} + H_2 \uparrow \text{（总反应）}$$

由此可见，电化学腐蚀的特点在于，其腐蚀历程分为两个相对独立并可同时进行的过程。在被腐蚀的金属表面上一般存在有隔离的阳极区和阴极区，腐蚀反应过程中电子的传递可通过金属从阳极区流向阴极区，因而有电流产生。这种电化学腐蚀所产生的电流与反应物质的转移，可通过法拉第定律定量地联系起来。

金属的电化学腐蚀实质上是短路的原电池作用的结果，这种原电池称为腐蚀电池。电化学腐蚀是最普通、最常见的腐蚀，如锅炉在水侧的腐蚀即属电化学腐蚀。

（二）按腐蚀形态分类

1. 全面腐蚀或均匀腐蚀

金属表面几乎全面和均匀地遭受腐蚀的称为全面腐蚀或均匀腐蚀。

2. 局部腐蚀

金属表面只有一部分遭受腐蚀而其他部分基本上不腐蚀的称为局部腐蚀。局部腐蚀又可分为：

（1）电偶腐蚀。电偶腐蚀是由两种腐蚀电位不同的金属在同一介质中相互接触而产生的一种腐蚀。腐蚀电位较正的金属为阴极，较负的为阳极。阳极金属的溶解速度较其原来的腐蚀速度有所增加，阴极金属则有所降低。这种腐蚀由不同金属组成阴、阳极，因此称为电偶腐蚀，又称为双金属腐蚀；因其在两金属接触处发生，所以又称为接触腐蚀。它是由宏观电池引起的局部腐蚀，如凝汽器的铜管及其花板、不同材质管道连接处都可能发生这种腐蚀。

（2）点蚀。点蚀又称小孔腐蚀，是一种极端的局部腐蚀形态。蚀点从金属表面发生后，向纵深发展的速度不低于横向发展的速度，腐蚀的结果是在金属上形成蚀点或小孔，而大部分金属则未受腐蚀或仅是轻微腐蚀，这种腐蚀形态称为点蚀或小孔腐蚀。它常发生在金属表面钝化膜不完整或受损的部位。

（3）缝隙腐蚀。金属在介质中，在有缝隙的地方或被其他物质覆盖的表面上发生较为严重的局部腐蚀，这种腐蚀称为缝隙腐蚀，有时也称为沉积腐蚀或垫衬腐蚀。这类腐蚀与金属表面上有少量积滞溶液有关。当金属重叠、金属表面有沉积物或垫衬时、金属上有孔隙时，都可以造成少量溶液的积滞。

（4）晶间腐蚀。在金属晶界上或其邻近区发生剧烈腐蚀，而晶粒的腐蚀则相对很小，这种腐蚀称为晶间腐蚀。腐蚀的结果是使合金的强度和塑性下降或晶粒脱落、金属碎裂、设备过早损坏。晶间腐蚀是由于晶界区有新的相形成，金属中某一合金元素增多或减少，晶间变得非常活泼而发生的。这种腐蚀不易检查发现，设备会突然损坏，造成较大的危害。工程技术上用的许多合金都会发生晶间腐蚀，如铁基合金，特别是各种不锈钢（Fe-Cr、Fe-Ni-Cr、Fe-Mn-Ni-Cr 等）、镍基合金（Ni-Mo、Ni-Cr-Mo）以及铝基合金（Al-Cu、Al-Mg-Si）等。

（5）选择性腐蚀。合金中的某一组分由于腐蚀优先地溶解到电解质溶液中去，从而造成另一组分富集于金属表面上，这种腐蚀称为选择性腐蚀。例如，黄铜的脱锌、铝黄铜在酸中脱铝都属这类腐蚀。

（6）磨耗腐蚀。磨耗腐蚀是腐蚀性流体和金属表面的相对运行引起的金属快速腐蚀。这种相对运动的速度很快，所以金属的损坏还包括机械磨损。金属腐蚀后，会以离子态离开金属表面，或生成固态的腐蚀产物受流体的冲刷而离开金属表面。磨耗腐蚀的外表特征呈槽、沟、波纹、圆孔和小谷形，还常常显示方向性。

（7）应力腐蚀。应力腐蚀包括应力腐蚀破裂和腐蚀疲劳。

应力腐蚀破裂常称SCC（Stress Corrosion Cracking），是由应力和特定的腐蚀介质共同引起的金属破裂。这种破裂开始只有一些微小的裂纹，然后发展为宏观裂纹。裂纹穿透金属或合金，其他大部分表面实际不受腐蚀。裂纹因受许多因素的综合影响而有不同的形态，微裂纹有穿晶、晶界和混合型三种。穿晶裂纹穿越晶粒延伸，晶界裂纹沿晶界延伸，混合型裂纹穿晶和晶界两种延伸同时存在。除主干裂纹之外，还有许多分支同时存在。

腐蚀疲劳是指金属在腐蚀介质和交变应力同时作用下产生的破坏。汽轮机处于湿蒸汽区的叶片可能产生腐蚀疲劳。

（8）氢损伤。金属中存在氢或与氢反应引起的机械破坏统称氢损伤。氢损伤有氢鼓泡、氢脆和氢腐蚀。

原子氢（H）是唯一能扩散至钢和其他金属的物质，分子态的氢（H_2）就不能扩散渗入金属，因此只有原子态的氢才能引起氢损伤。

氢鼓泡是腐蚀反应或阴极保护产生的氢原子引起的氢原子大部分复合成氢分子逸出，有一部分扩散到金属内部，当扩散到金属内部某一空穴内时，氢原子复合成氢分子，氢分子不能扩散，就在空穴内积聚，在金属内部产生巨大的压力，导致金属材料破坏。

氢脆是氢扩散到金属内部使金属产生脆性断裂的现象。

氢腐蚀是由于氢与金属中第二相（例如合金添加剂）交互作用生成高压气体，引起金属材料的脆性破裂。

（三）按腐蚀环境分类

1. 干腐蚀

干腐蚀可以分为失泽和高温氧化两种。

失泽指金属在露点以上的常温干燥气体中腐蚀（氧化），生成很薄的表面腐蚀产物，使金属失去光泽，为化学腐蚀机理。

2. 湿腐蚀

湿腐蚀可以分为大气腐蚀、土壤腐蚀、海水腐蚀、微生物腐蚀、电解质溶液中的腐蚀、非电解质溶液中的腐蚀。

三、金属腐蚀速度的表示法

金属受到腐蚀后，金属的外形、厚度、质量、机械性能、金相组织都会发生变化。这些性能的变化率都可用来表示金属腐蚀的速度。对于均匀腐蚀速度，常用单位时间内单位表面耗损金属的质量和耗损金属的厚度来表示腐蚀的速度。

1. 以质量表示腐蚀速度

这种表示方法是把腐蚀耗损的金属质量计算成单位时间内单位金属表面质量的变化值。失重的差值是腐蚀前的质量与清除腐蚀产物后质量间的差值；增重的差值则指腐蚀后带有腐蚀产物时的质量与腐蚀前质量间的差值。一般均用失重表示腐蚀速度，但如产物不易消除或牢固附着在试件表面时，也有用增重表示的，即

$$V^{-}=\frac{m_0-m_1}{At}$$

式中 V^{-}——腐蚀速度（以失重法表示），g/(m² · h)；

m_0——金属试件初始质量，g；

m_1——消除腐蚀产物后的金属试件质量，g；

A——金属试件表面积，m²；

t——腐蚀进行的时间，h。

或

$$V^{+}=\frac{m_2-m_0}{At}$$

式中 V^{+}——腐蚀速度（以增重法表示），g/(m² · h)；

m_2——带有腐蚀产物的金属试件经腐蚀后的质量，g。

2. 以厚度表示腐蚀速度

将金属耗损的质量换算成厚度，即

$$V_t=\frac{365\times 24V^{-}}{(100)^2\rho}\times 10=\frac{8.76V^{-}}{\rho}$$

式中 V_t——腐蚀速度（以厚度表示），mm/a；

ρ——金属的密度，g/cm³。

对于均匀腐蚀，当用厚度表示其速度时，可粗略分为三级以评定金属材料在某介质中的耐蚀性，见表 7-1。注意，它绝不能用于评定局部腐蚀。

表 7-1　　金属材料均匀腐蚀的等级

耐蚀性评定	耐蚀性等级	腐蚀厚度（mm/a）
耐蚀	1	<0.1
一般（可采用）	2	0.1～1.0
不耐蚀（不可采用）	3	>1.0

第二节　锅炉金属在水和蒸汽中的腐蚀

锅炉的工质是水和蒸汽，因此锅炉金属与水和蒸汽构成腐蚀体系，使锅炉金属发生腐蚀。

一、金属在水、蒸汽中腐蚀的基本反应过程

（一）钢在水、蒸汽中的腐蚀

1. 钢在无溶解氧纯水中的腐蚀

由热力学可知，钢铁和水接触后，在热力学上是不稳定的。在 25℃时铁与无氧纯水的反

应自由能变化是降低的，反应产生氢，随着温度升高，氢的析出更容易。其基本反应过程为

阴极过程 $H^+ + e = H \quad H + H = H_2$

阳极过程 $Fe = Fe^{2+} + 2e$

其次生反应过程形成 $Fe(OH)_2$，当温度升高到120℃时，$Fe(OH)_2$ 分解成 Fe_3O_4 和 H_2，其反应式为

$$3Fe(OH)_2 = Fe_3O_4 + H_2 + 2H_2O$$

Fe_3O_4 即为腐蚀产物或氧化物膜。

假如有微量杂质存在，即使在室温下，上述反应也能以显著速度进行。

实际上，铁在无溶解氧的纯水中往往是较耐蚀的，这是由于铁表面上形成了良好、完整的保护膜(Fe_3O_4)。若由于化学和物理的因素，影响了保护膜的形成，或破坏了原已形成的保护膜，便会发生腐蚀。因此，铁在无溶解氧的纯水中还是可能发生腐蚀的，而一切破坏保护膜和阻碍保护膜形成的因素，均是引起和促进腐蚀的因素。

2. 钢在含有溶解氧的纯水中的腐蚀

当水中溶解氧浓度增大时，氧的离子化反应速度和氧的极限扩散电流密度均会随之增大，从而使钢的腐蚀速度增大；但当氧的浓度大到一定程度时，就能使钢转变为钝态，则钢的腐蚀速度将显著降低。可见，水中溶解氧对钢的腐蚀有着相反的双重作用：一是溶解氧和钢的反应，直接在钢的表面上形成有保护性的完整的氧化物膜，即钝化膜，因而抑制钢的腐蚀作用；二是溶解氧发生去极化作用，从而引起和促进钢的腐蚀。若钢在电导率<0.1μS/cm的流动纯水中，且水的pH值为8.5左右，水中氧含量为50～600μg/L时，便能在钢的表面上形成良好的保护膜，抑制钢的腐蚀；若钢在电导率>0.2μS/cm，含氧量<50μg/L或>600μg/L的除盐水中，则钢的腐蚀就不能得到抑制。

3. 钢在含有溶解氧的含盐水中的腐蚀

由于 Cl^- 和 SO_4^{2-} 与阳极过程产物 Fe^{2+} 反应生成可溶性的 $FeCl_2$ 和 $FeSO_4$，因此严重影响保护膜的耐蚀性。而氢氧化钠溶液在一定范围内，对保护膜形成有促进作用。根据实践经验，含氧水的腐蚀性与水中 Cl^-/HCO_3^- 摩尔比值有关，Cl^-/HCO_3^- 摩尔比值越高，水的腐蚀性就越强。当水中还含有游离氯时，会进一步加强水的腐蚀性，见图7-1。

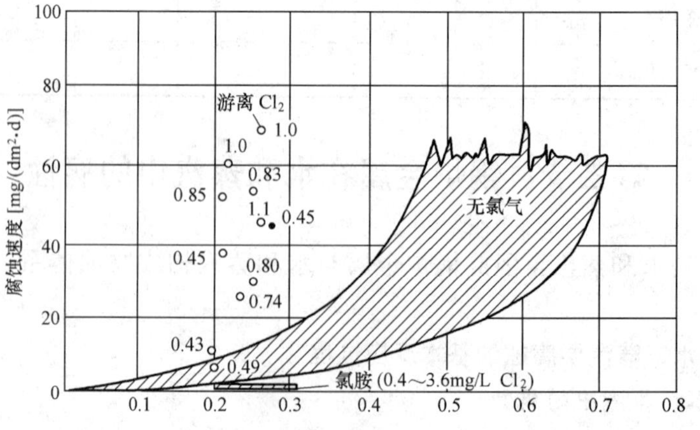

图7-1 水中 Cl^-/HCO_3^- 摩尔比对钢腐蚀速度的影响

4. 钢在无氧含盐水中的腐蚀

在无氧的含盐水中，Cl^- 和 SO_4^{2-} 同样会影响保护膜的耐蚀性，特别是高温水在低 pH 值条件下，它们会加速氢去极化的腐蚀过程，所以必须通过水的化学处理方法，减少或除去水中的 Cl^- 和 SO_4^{2-}。

（二）铜合金在水、蒸汽中的腐蚀

1. 铜在无氧纯水中的腐蚀

纯铜及其合金（黄铜和白铜）在无氧水中的腐蚀速度是很低的，仅在 10^{-4} g/(m² · h)的数量级。

2. 铜在含氧中性水中的腐蚀

图 7-2 示出铜在含氧中性纯水中溶解氧含量对铜腐蚀速度的影响。

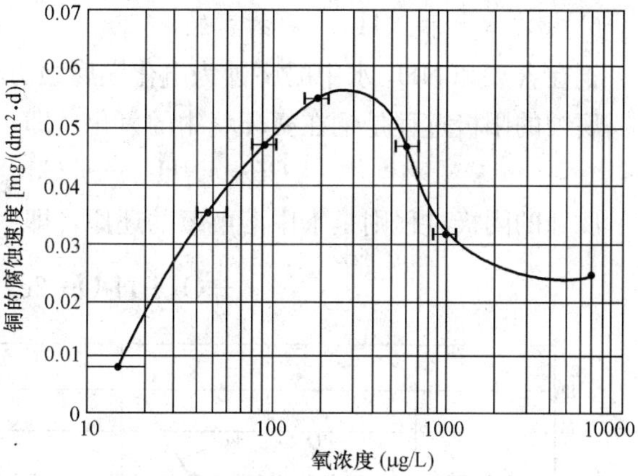

图 7-2 氧浓度与铜合金腐蚀速度的关系

由图 7-2 可见，随着水中溶解氧含量的增加，开始时铜的腐蚀速度也增大；如继续增大溶解氧的含量，则铜的腐蚀速度又趋于降低。

3. 含氧水中 pH 值对铜腐蚀的影响

图 7-3 表示在不同溶解氧含量时，水的 pH 值对铜腐蚀速度的影响。由图可见，不论是在水中溶解氧含量比较低还是比较高的条件下，把水的 pH 值提高到中性或弱碱性范围内，对降低铜的腐蚀都会有明显的效果；当水的 pH 值低于中性时，铜的腐蚀速度急剧增加。水的 pH 值对铜腐蚀的影响主要是由于铜金属表面的保护膜形成及其稳定性与水的 pH 值有很大的关系。

4. 铜在不同纯度含氧水中的腐蚀

图 7-4 示出含氧水中 pH 值和水的纯度对铜的溶解的影响。图中 A 线表示 25℃时经强酸性阳离子交换树脂交换的水，其电导率＜1.0μS/cm；B 线表示电导率为 2.5～10μS/cm 的水。由图中可见，在相同 pH 值时，铜在较纯水中的腐蚀速度较小。

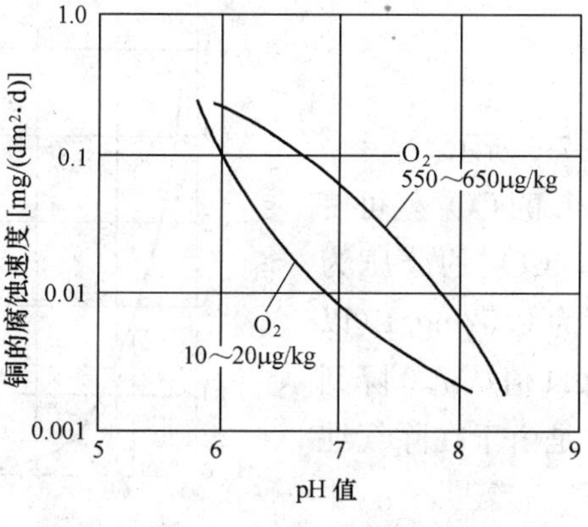

图 7-3 铜在不同含氧量的除盐水中的腐蚀速度与水的 pH 值关系

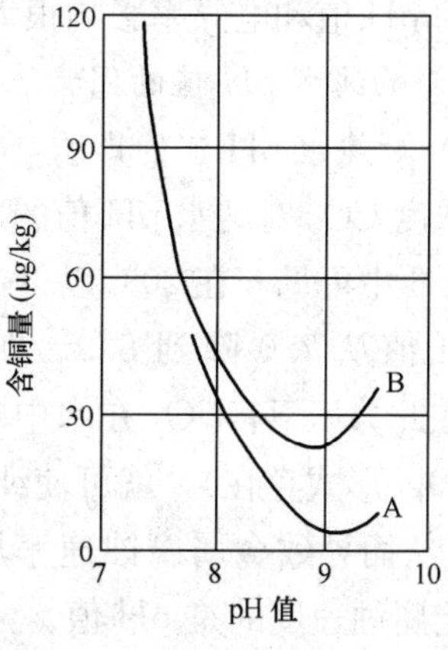

图 7-4 水的纯度和 pH 值对铜溶解的影响

5. 铜在含氧和 CO_2 水中的腐蚀

水中含有游离 CO_2，使水呈微酸性和酸性时，在有氧的情况下，铜的腐蚀速度就大大地增加。这可能是由于水中游离的 CO_2 破坏了铜表面具有保护性的初始氧化膜。随着 CO_2 含量的增大，铜的腐蚀速度也增大。

6. 铜在含氧和 NH_3 水中的腐蚀

铜在含氧和 NH_3 水中的腐蚀为电化学腐蚀历程。

腐蚀的阳极过程是铜在氨环境中的氧化，即

$$Cu+4NH_3 \longrightarrow [Cu(NH_3)_4]^{2+}+2e$$

腐蚀的阴极过程则是水中溶解氧的还原，即

$$\frac{1}{2}O_2+H_2O+2e \longrightarrow 2OH^-$$

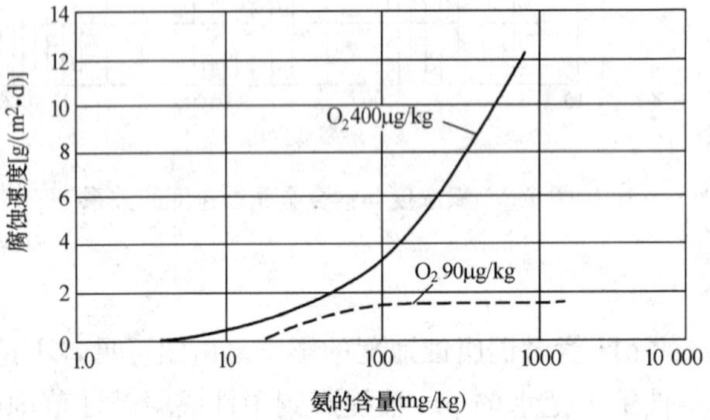

图 7-5　氨和氧的浓度对黄铜腐蚀的影响

由于腐蚀产物为可溶性的络离子，因此腐蚀过程能不受阻滞地进行下去。铜的腐蚀速度与水中氨和氧的含量有很大关系，如图 7-5 所示。

当水中氨的浓度较小时，例如氨的含量为 1～2mg/L，氨与铜形成铜氨络离子的倾向较小。这是由于极少量氨稍微提高了水的 pH 值，因此也能减少铜及其合金在水中的腐蚀。实际测定表明，加氨使水的 pH 值从 6～6.5 提高到 8～8.5 时，铜合金的腐蚀速度几乎降低了 100 倍。只有当氨含量＞10mg/L 时，铜的腐蚀速度才能出现增大的趋势。所以，控制水中氨和氧的含量能防止铜合金的腐蚀。

二、影响纯水 pH 值和电导率的因素及其对金属腐蚀的影响

金属在纯水中的腐蚀与水的 pH 值和电导率有关。由于纯水的缓冲性很弱，水中的微量杂质对水的 pH 值和电导率影响很大。

（一）影响纯水 pH 值的因素

1. CO_2 对纯水 pH 值的影响

不同浓度 CO_2 对纯水 pH 值的影响如图 7-6 所示。

由图 7-6 中可见，在 20℃以下，0.2mg/L 的 CO_2 就可使纯水的 pH 值从 7.0 降到 5.9。在空气中，CO_2 的分压为 30.4Pa。在此分压下，CO_2 在水中的溶解度为 0.52mg/L（以 $CO_2+HCO_3^-$ 形式存在），就可使纯水中的 pH 值从 7.0 降到 5.6 左右，从而导致金属腐蚀速率加快，这是由于在除气纯水中，决定腐蚀速度的是 pH 值。

一般在火电厂或石油化工厂等附近空气中的 CO_2 分压可能会高于 30.4Pa，这时纯水的 pH 值会更明显地降低。

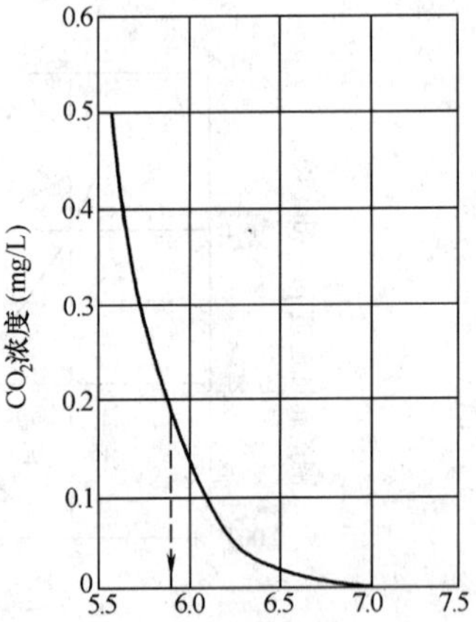

图 7-6　不同浓度 CO_2 对纯水 pH 值的影响

2. 氨对纯水 pH 值的影响

氨（NH_3）对纯水 pH 值的影响要比 CO_2 对纯水 pH 值的影响大得多。氨在 25℃纯水中对水 pH 值的影响及氨在不同温度纯水中对水 pH 值的影响分别如图 7-7 和图 7-8 所示。

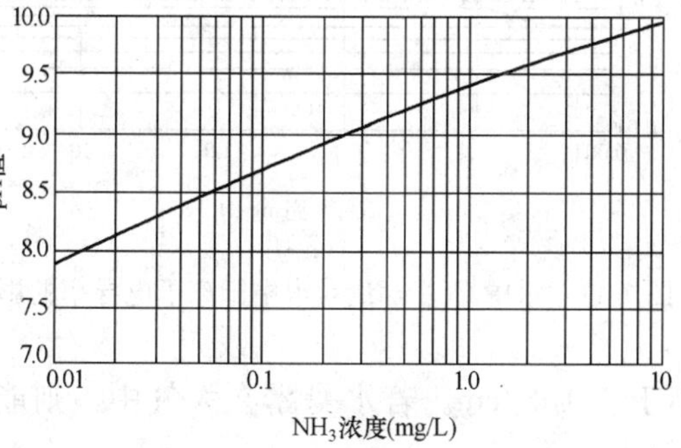

图 7-7　氨在 25℃纯水中对水 pH 值的影响

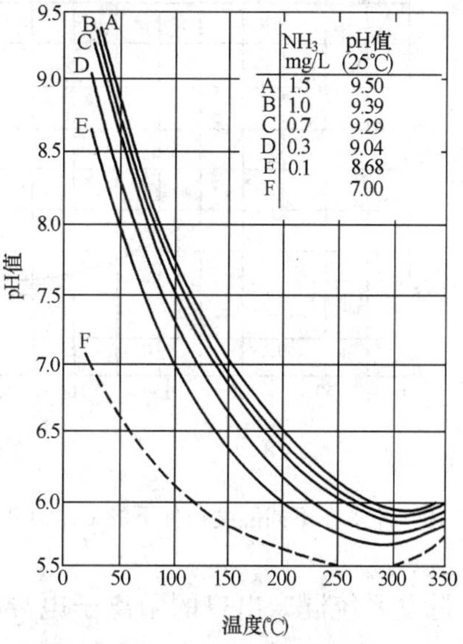

图 7-8　氨在不同温度纯水中对水 pH 值的影响

通常，为了提高锅炉给水的 pH 值，最实用的是往给水中加入适量氨水，氨可以中和水中的二氧化碳而提高其 pH 值，一般加氨量以使给水 pH 值调节到给水标准要求 pH 值为准。这样可减轻水中二氧化碳对钢和铜的腐蚀。

3. CO_2 和 NH_3 共存时对纯水 pH 值的影响

在 CO_2 和 NH_3 共存条件下，其含量对水 pH 值的影响较为复杂，如图 7-9 所示。

4. 温度对纯水 pH 值的影响

由于水的离子积和电离度随温度的变化而改变，因此纯水在不同温度下的 pH 值是不同的，如图 7-10 所示。

除盐由于电导率小（即电阻大），氢离子浓度低，因此相对来说，对于钢没有腐蚀性。当脱盐水与空气接触时，吸收空气中的二氧化碳生成碳酸，使水的电导率上升（即电阻小），于是对钢就会产生明显的腐蚀作用。

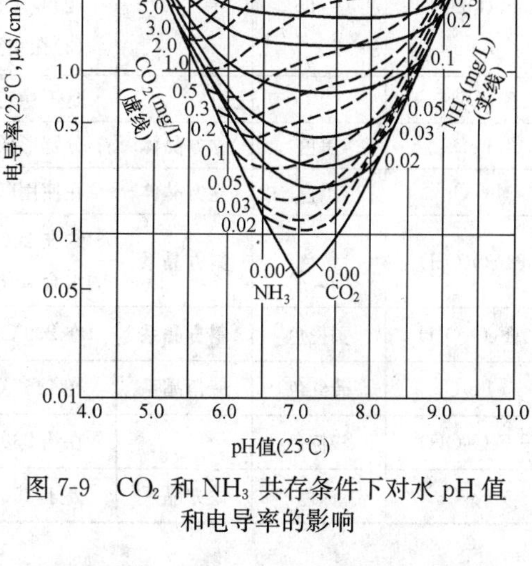

图 7-9　CO_2 和 NH_3 共存条件下对水 pH 值和电导率的影响

（二）影响纯水电导率的因素

1. 纯水中 CO_2 含量对电导率的影响

纯水中若含有微量 CO_2，便会引起电导率发生明显的变化，所以纯水暴露在大气中，其电导率会上升。水中CO_2含量对水中阳离子电导率的影响见图7-11。

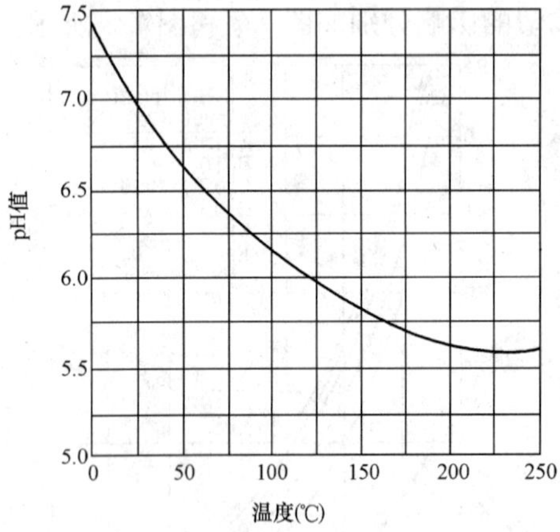

图7-10 纯水在不同温度条件下的pH值变化

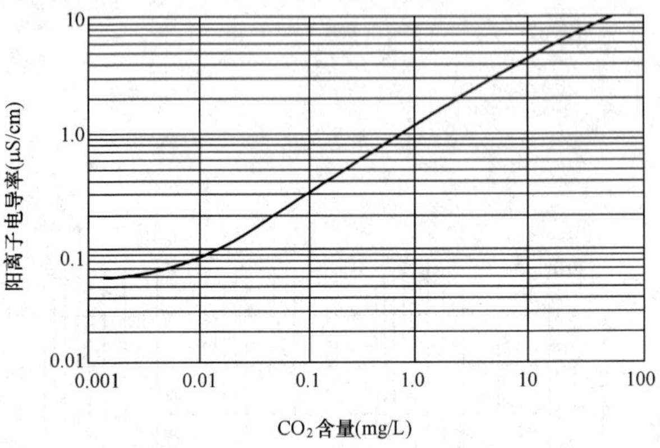

图7-11 水中CO_2含量对水中阳离子电导率的影响

除盐系统混床出口的阳离子电导率可小于0.1μS/cm。若水暴露在大气中，则能溶解0.52mg/LCO_2，使其阳离子电导率超过0.7μS/cm。

2. CO_2和NH_3对纯水电导率的影响

图7-9中示出了纯水中CO_2和NH_3共存时对水的电导率的影响。

三、金属在水汽中形成的腐蚀产物及其特征

（一）铁的腐蚀产物及其特征

铁在水中的腐蚀，常因腐蚀的条件不同形成多种不同的腐蚀产物，因其组成不同而具有不同的颜色。表7-2示出铁在水中形成的主要腐蚀产物及其特性。

表7-2 铁在水中形成的主要腐蚀产物及其特性

化合物	颜色	晶系类别	说明
$Fe(OH)_2$	白色		(1)100℃时分解为$Fe_3O_4+H_2$。 (2)脱水形成FeO。 (3)在室温下和氧化合形成γ-FeO(OH)、α-FeO(OH)、Fe_3O_4
$Fe(OH)_3$			是不稳定的铁的氢氧化物，很快脱水形成铁氧化合物
FeO	黑色	立方晶体	分解形成Fe和Fe_3O_4
Fe_3O_4	黑色	立方晶体	在使用联氨处理系统的凝结水系统中出现
α-FeO(OH)	黄色	斜方晶系	约在200℃脱水形成α-Fe_2O_3，并在低温含水的条件中存在，这种形式的水合氧化物在高pH值条件下较易产生，可在凝结水系统中出现
γ-FeO(OH)	黄橙色	斜方晶系	在200℃时脱水形成α-Fe_2O_3，在水中低温条件下已能转变为α-Fe_2O_3
α-Fe_2O_3	砖红色	三角晶系	在1457℃时分解为Fe_3O_4，这是工业系统中常见的氧化铁形式
β-FeO(OH)	浅棕色		在约230℃时脱水形成α-Fe_2O_3，有水时会加强其脱水作用
γ-Fe_2O_3	棕色	立方晶系	高于250℃时会转化为α-Fe_2O_3，有水时会促进其转化

由表 7-2 可见，低温时，铁在含氧水中的腐蚀产物是黄橙色铁锈；温度较高时，腐蚀产物为砖红色或黑褐色。热力设备运行时，所接触水温较高，金属表面的腐蚀产物为砖红色或黑褐色 Fe_2O_3 和 Fe_3O_4，而不是低温时所形成的黄橙色的 FeOOH。

18Cr-8Ni 型不锈钢常用在高温蒸汽装置上。它在除气情况下形成的氧化物类似于 Fe_3O_4，只不过铬和镍代替了氧化物中的一部分铁，其比率与不锈钢中各合金元素的比率近似，因此这类氧化物的通式为 M_3O_4（M 为金属原子，如 Fe、Cr、Ni）。

（二）铜及其合金的腐蚀产物

水温不高时，铜合金形成的腐蚀产物是淡红色的氧化亚铜（Cu_2O），它可以失去红色的光泽，以极薄的膜的形式存在。铜合金受到低温充氧的水或高温水的作用时，能够生成黑色的氧化铜（CuO），它通常是在 Cu_2O 的表面上形成的，显露出淡灰黑色的粉末形态。

在电厂水、汽系统中发现的铜的腐蚀产物主要有 Cu_2O、CuO、$Cu_6Fe_3O_7$、$Cu_4SO_4(OH)_6$、$Na_2Cu(SO_4)_2$、$CuFe(OH)_2SO_4$、$CuAlO_2$、$Cu_2(OH)_3Cl$、（Na、Ca、Fe、Cu、Ni）-混合磷酸盐等。

在热交换设备的铜合金水侧表面发现的铜的腐蚀产物主要有 Cu_2O、CuO、CuCl、$CuCl_2$、$CuCO_3$、$Cu(OH)_2$、$2CuCO_3 \cdot Cu(OH)_2$、CuS 等。

（三）镍合金在水中的腐蚀产物

镍上形成的氧化物为 NiO。在较低的温度下，镍上显露出一层薄得几乎看不见的浅黄色膜。在锅炉水温下，镍上的氧化膜是暗灰色的，稍有一些粉末状。含铬或含铁的镍合金暴露在高温水中时，会形成尖晶石氧化物 M_3O_4（M 为金属原子，如 Fe、Cr、Ni）。

第三节　热力设备系统的腐蚀

在电厂中，热力设备系统包括锅炉、汽轮机、凝汽器等。同样在现代大型石油化工厂中，为了提高生产率和能量综合利用率，也常用一般的工业锅炉，还采用废热锅炉和透平机系统，这些设备在高温高压下与水汽相接触会导致金属设备的腐蚀。现将热力设备系统的腐蚀分述如下。

一、锅炉系统设备在高温烟气或工艺气中的腐蚀

一般火电厂锅炉和工业锅炉的金属气侧腐蚀是高温烟气的腐蚀。而废热锅炉的气侧腐蚀不仅与高温工艺气体的组成、温度、压力有关，而且还与气体的流速及含尘量等有关。锅炉系统设备在高温烟气或工艺气体中的腐蚀包括冲蚀、高温腐蚀及露点腐蚀等类型。

（一）高温腐蚀

1. 高温硫腐蚀

硫腐蚀包括硫酸盐腐蚀和硫化物腐蚀。

（1）水冷壁管烟气侧的硫酸盐腐蚀。引起水冷壁管烟气侧硫酸盐腐蚀的物质是正硫酸盐 M_2SO_4 和焦性硫酸盐 $M_2S_2O_7$（M 代表钾和钠）。

炉膛内水冷壁管温度为 310～420℃，管壁表面被氧化而形成 Fe_2O_3 层。而燃料燃烧时产生的碱金属氧化物 Na_2O 和 K_2O 凝结在管壁上，与烟气中的 SO_3 反应生成 K_2SO_4 和 Na_2SO_4。它们有黏性，可捕捉灰粒而黏结成灰层，于是灰层表面温度上升，外面形成渣层。

烟气中的 SO_3 能穿过灰渣层，在管壁和灰渣层的界面与 M_2SO_4、Fe_2O_3 反应，生成 $M_3Fe(SO_4)_3$，反应式为

$$3M_2SO_4+Fe_2O_3+3SO_3 \longrightarrow 2M_3Fe(SO_4)_3$$

然后，管壁再形成新的 Fe_2O_3 层，从而使管壁不断受腐蚀。若管壁结渣中的 M_2SO_4 和 SO_3 反应，可生成 $M_2S_2O_7$ 焦性硫酸盐，它在 310～400℃的温度范围内呈熔化状态，腐蚀性很强。它和管壁上的 Fe_2O_3 发生如下反应，即

$$3M_2S_2O_7+Fe_2O_3 \longrightarrow 2M_3Fe(SO_4)_3$$

这样也就使管壁不断地遭受腐蚀。

（2）过热器和再热器烟侧的硫酸盐腐蚀。引起过热器和再热器烟侧腐蚀的物质也是 $M_3Fe(SO_4)_3$。只是在熔融时，它与金属发生的反应为

$$4Fe+2M_3Fe(SO_4)_3+O_2 \longrightarrow 3M_2SO_4+2Fe_3O_4+3SO_2$$

反应产物 SO_2 可以氧化为 SO_3，SO_3 又和飞灰中的 Fe_2O_3、反应产物 M_2SO_4 发生反应，生成 $M_3Fe(SO_4)_3$，继续腐蚀金属。因 $M_3Fe(SO_4)_3$ 只在 550～710℃之间成熔融状态时起腐蚀作用，所以在燃用固体燃料的锅炉中，汽温参数为 540～565℃的锅炉过热器和再热器出口部分的管壁发生腐蚀。

（3）硫化物腐蚀。燃料中的 FeS_2 在燃烧过程中会引起锅炉管壁腐蚀，称为硫化物腐蚀。因 FeS_2 分解产生 Fe 和 S，S 和 Fe 反应生成 FeS，管壁受到腐蚀。同时，FeS 在较高温度下，与氧发生的反应为

$$3FeS+5O_2 \longrightarrow Fe_3O_4+3SO_2$$

上述反应中生成的 SO_2 可以加速硫酸盐腐蚀。此外，燃料中的 S 在煤燃烧时生成 H_2S，它可透过疏松的 Fe_2O_3，与较致密的 Fe_3O_4 中的 FeO 作用，其反应为

$$FeO+H_2S \longrightarrow FeS+H_2O$$

其结果是使 Fe_3O_4 保护层破坏，引起腐蚀。

2. 高温气体的腐蚀

锅炉钢材在高温下会产生氧化腐蚀。温度低于 300℃时，氧化速度较小；高于 300℃后，表面开始出现氧化膜，随着温度升高，氧化速度逐渐增加，当温度高于 570℃时，氧化速度剧增。这是由于温度低于 570℃时所形成的氧化膜主要是 Fe_3O_4，氧化速度小；而温度高于 570℃后，形成的氧化物主要是 FeO，其氧化程度骤增。

废热锅炉中，若工艺气体含有硫、氯、硫化氢以及一些碱性金属，则也会对锅炉产生高温腐蚀，尤其在锅炉壁温达到 400～450℃的情况下，腐蚀速度比较明显。

高温高压的条件下，氢气会使钢材脱碳，其机械强度和塑性显著降低，甚至被损坏，这是氢侵蚀的一种形式。当氢与钢材接触时，会渗透到钢材内部，与钢材中的渗碳体起化学作用，发生脱碳，生成甲烷，并聚集在晶界原有的微观孔隙内，形成局部高压和应力集中，使晶界产生裂纹，内部出现龟裂，严重地降低钢材的机械性能。其反应为

$$Fe_3C+2H_2 \longrightarrow 3Fe+CH_4$$

为防止氢侵蚀，可以降低钢中含碳量，或加入铬、钛、钼、钨等合金元素，使它们在钢中与碳形成稳定的碳化物而不与氢作用。

(二) 露点腐蚀

烟气或废热锅炉的工艺气的热气流中，一般都含有某些酸性的腐蚀性气体成分，如SO_2、SO_3、NO等。这些气体成分在高温条件下，对锅炉的传热面并不发生严重腐蚀，但当在锅炉中温度降低到各组分的露点时，这些酸性气体就会与水蒸气作用生成酸雾，从而对锅炉传热面发生强烈的腐蚀，这种腐蚀称为露点腐蚀或低温腐蚀。影响这种腐蚀的主要因素是烟气组成的露点、管壁温度、管壁凝结的酸量及凝结的酸浓度。

如锅炉尾部受热面的壁温低于烟气的露点时，便会发生露点腐蚀。对中压以上锅炉，该腐蚀主要发生在空气预热器。

防止露点腐蚀的方法是在锅炉的设计和操作中，使锅炉的壁面温度高于酸性气体组分的露点温度。

(三) 冲蚀

若热气流中含有大量粉尘，特别是研磨性粉尘，则当气流速较大时，锅炉的受热面就会受到冲蚀，从而大大缩短锅炉的使用寿命。

为了避免发生严重的冲蚀，需要控制热气流的流速，或在易受冲蚀的部位，加上防冲蚀的耐磨层或提高部件的硬度。

二、锅炉系统设备的水汽腐蚀

(一) 锅炉系统设备的应力腐蚀破裂

1. 腐蚀特征

金属应力腐蚀破裂为脆性破裂。在爆破口的边缘处，有时有许多微裂纹。裂纹大多从介质接触表面向基体内发展，并形成连续裂纹。裂纹的形态有沿晶界的、穿晶的和混合型的，由一定的金属—环境体系决定。碳钢、黄铜、镍基合金多是沿晶界裂纹；奥氏体不锈钢多是穿晶裂纹；钛合金既有沿晶的，又有穿晶的裂纹。锅炉金属应力腐蚀破裂的裂纹既有主干，又有分支，裂纹方向垂直于拉应力方向。断口的微观特征：在断裂的显微图像上可观察到羽毛状、扇子状和冰糖块状等条纹，其特征与合金成分、金相结构、应力状态和介质等条件有关。

锅炉钢在氢氧化钠水溶液中所产生的应力腐蚀破裂称为锅炉的碱脆或苛性催化。其发生条件是：碳钢与氢氧化钠溶液体系是构成应力腐蚀破裂的敏感材料和敏感环境，其环境是锅水中存在游离氢氧化钠，并在锅水中产生局部浓缩，同时锅炉金属受局部的拉应力。锅炉金属碱脆可用电化学阳极溶解机理解释，即金属的阳极部位处于高浓度氢氧化钠溶液中，以铁酸盐形式溶解并形成晶界腐蚀所致。碱脆通常发生在锅炉汽包铆接孔及胀管处，当该处有泄露时，锅水中的游离氢氧化钠因蒸发浓缩而析出；同时该处又是应力集中部位，因此易发生碱脆。炉管、汽包及其他部位都有发生应力腐蚀破裂的可能。

2. 防护措施

(1) 在锅炉运行时，检查铆接和胀口处是否有泄露和积盐现象，以便及时维修。

(2) 控制锅水中相对碱度，使其符合水汽质量标准。通常对锅水中应力腐蚀敏感的介质含量控制在允许浓度以下。为防止奥氏体不锈钢的应力腐蚀破裂，不允许使用含氯离子的水。为防止碳钢的碱脆，使锅炉水中不含游离的氢氧化钠，可采用锅炉水的等成分磷酸盐处理，消除锅水和炉管液膜中的游离氢氧化钠。

（二）锅炉系统设备的腐蚀疲劳

能引起金属腐蚀疲劳的介质极为广泛，金属在纯水、蒸汽或海水中均可发生腐蚀疲劳。交变应力可以由周期性的机械位移或周期性的加热、冷却等所致。若在金属表面上由于氧腐蚀产生点蚀坑而导致应力集中，则在锅炉启停时的交变热应力作用下，就容易产生腐蚀疲劳裂纹。

（三）锅炉省煤器的腐蚀

省煤器是一个热交换器，通过将烟气的热量传递给水，把水加热到一定温度，因水中含有溶解氧而导致省煤器的氧腐蚀。

1. 腐蚀形态

省煤器在运行时所造成的腐蚀以其入口或低温段的氧腐蚀较严重，常在金属表面上形成明显的腐蚀产物。去除覆盖的腐蚀产物后，会发现表面有坑蚀或溃疡状腐蚀。其腐蚀产物的颜色与给水中溶解氧的含量有关，当水中溶解氧含量较大时，其腐蚀产物表面呈砖红色（α-Fe_2O_3），下层呈黑色；若水的pH值较低，含盐量较高时，其腐蚀产物呈黑色。

省煤器停用时，由于未进行防护而导致氧腐蚀所引起的蚀坑一般在水平管的下侧较多，有时形成带状呈黄棕色的锈。

2. 防护措施

（1）进行给水的热力除氧，使给水的氧含量符合水汽质量标准要求。一般在高压锅炉的给水尚需深度除氧时，则可通过添加联氨去除水中的参与含氧量。

（2）给水中注入氨，使给水的pH值符合水汽质量要求。

（3）对于直流锅炉，在给水的阳离子电导率小于0.1～0.2μS/cm的条件下，可在给水中保持100～150μg/L的氧，加入氨使给水pH值在8.2～8.5之间，这样可防止氧腐蚀。

（4）做好省煤器停用时的防护。

（四）锅炉水冷壁管的腐蚀

锅炉水冷壁管腐蚀较为复杂，它可能发生碱腐蚀、酸腐蚀和氢脆。下面简述三种类型的腐蚀特征及防护措施。

1. 水冷壁管的碱腐蚀

碱腐蚀是指在高浓度碱性溶液作用下，钢材发生显著腐蚀的现象。在常温下，碱的浓度即使很高，对钢材也不会产生腐蚀；但是在高温时，当碱的浓度达到某一数值时，就会对钢材产生碱腐蚀。试验表明，在300℃高温下，3%NaOH就会使钢材发生明显的碱腐蚀。这是由于热的浓碱溶液能将钢材表面的氧化膜溶解而生成铁酸盐，即

$$Fe(OH)_2 + 2NaOH \longequal Na_2FeO_2 + 2H_2O$$

上述反应生成的铁酸盐在锅水中水解，并重新析出碱，即

$$3Na_2FeO_2 + 4H_2O \longequal Fe_3O_4 + 6NaOH + H_2$$

因而反应又可继续自动进行，不断破坏氧化铁保护膜。

通常锅水中碱的浓度是很小的，对锅炉水冷壁管不会产生碱腐蚀。但如果管壁和锅水之间有较大的温度梯度，则在锅水中溶解的碱也会在管壁附近的液层中产生一个较大的浓度梯度。因此，在蒸发量较大的锅炉中，在水循环恶化的部位，壁温就会升高，锅炉水发生局部浓缩，尤其在管壁沉积物下，锅水中的游离氢氧化钠被蒸发浓缩，以致足以引起沉积物下的碱腐蚀。

锅炉水冷壁管非碱腐蚀，一般发生在水冷壁管向火侧热负荷高的部位和倾斜管上以及多孔沉积物下。腐蚀部位呈皿状，充满松软的黑色腐蚀产物。将腐蚀产物去除后，在管壁上出现不均匀的变薄或半圆形凹槽。腐蚀部位的金属仍保持其延性。

防止水冷壁管碱性腐蚀的基本措施是降低给水的钠含量，并对锅炉水采取全挥发性处理、低磷酸盐处理或协调磷酸盐处理（汽包锅炉），防止锅水中含有游离的氢氧化钠；以及降低给水中铜、铁等含量，减少水冷壁管沉积物的形成。

2. 水冷壁管的酸腐蚀

水冷壁管的酸腐蚀主要是由于锅水中的氯化物和硫酸盐等盐类在水冷壁管沉积物下浓缩水解而产生强酸所引起的。如氯化镁水解产生强酸（盐酸），其反应为

$$MgCl_2+2H_2O \longrightarrow Mg(OH)_2+2HCl$$

在水冷壁管的酸腐蚀部位，其表面上有较硬的 Fe_3O_4 突起物。腐蚀产物呈现层状结构，有明显的坑蚀，由能谱分析发现其蚀坑处有氯元素，蚀坑下面的金属有脱碳现象。

3. 水冷壁管的氢脆

引起水冷壁管氢脆的原因是金属在沉积物下腐蚀所产生的氢大量扩散进入水冷壁管内，在高温高压下与钢中渗碳体相结合形成甲烷，在钢内产生局部内压力，引起微裂纹，导致钢材塑性降低而发生脆性破坏或爆破，其反应为

$$Fe_3C+2H_2 \longrightarrow 3Fe+CH_4$$

破口上金属成块崩出，爆破口边缘粗钝。

对于水冷壁管的酸腐蚀和氢脆的预防措施主要是防止凝汽器泄露，特别是防止海水漏入凝结水，造成炉水 pH 值降低；其次是定期进行化学清洗，去除沉积物。

（五）锅炉过热器和再热器的腐蚀

1. 腐蚀形态

过热器管的氧腐蚀形态是在金属表面上形成点蚀坑，常发生在立式过热器管的下弯头、竖管的两侧以及水平管的下侧部位。

过热器管发生水蒸气腐蚀时，在金属表面形成鳞片状氧化铁层，有的局部成片脱落，下面金属均匀减薄。腐蚀部位金属组织呈现不同程度过热（珠光体球化）。水蒸气腐蚀是由于水、汽分层，蒸汽流量受阻或燃烧等原因造成炉管壁局部超温引起的。

过热器管的氧化剥皮是由于低合金铁素体钢在500℃以上容易产生氧化，若氧化速度较快，管内表面的氧化物层增厚，并与基体金属之间产生膨胀差异，致使氧化层从金属表面上脱落下来。氧化剥皮主要发生在二级过热器管、主蒸汽管和再热器管的高温部位。

高参数锅炉的过热器若采用不锈钢材料，则易遭受应力腐蚀破裂。

2. 防护措施

做好锅炉停用时的保护，防止过热器管的点蚀。要防止水蒸气腐蚀和氧化剥皮，应控制过热器管的局部过热。

三、汽轮机的腐蚀

（一）汽轮机的应力腐蚀破裂

1. 腐蚀特征

汽轮机的应力腐蚀破裂主要发生在叶片和叶轮上。前者主要发生在 2Cr13 型不锈钢制的

末级叶片上，具有沿晶裂纹的特征；后者主要发生在叶轮的键槽处，其断口的显微特征基本是沿晶断裂，从晶界面上可看出明显的腐蚀特征。通常引起汽轮机部件应力腐蚀破裂的杂质有氢氧化钠、氯化钠、硫化钠等。

2. 防护措施

(1) 改进汽轮机的设计，改善汽轮机的安装工艺，以消除应力过于集中的部位。

(2) 提高蒸汽品质，降低蒸汽中钠和氯离子的含量。

（二）汽轮机的冲蚀

1. 腐蚀特征

蒸汽系统的冲蚀是由于蒸汽形成的水滴或由其他途径（例如通过排气管喷水或轴的水封）进入汽轮机的水所引起的。在汽轮机的低压级，蒸汽中的水分以分散的水珠形态夹杂在蒸汽流里流过，对喷嘴和叶片产生强烈的冲蚀。

冲蚀特征是叶片金属表面上有浪形条纹。冲蚀程度轻时，表面变粗糙；严重时，会冲击出密集的毛孔，甚至产生缺口。

2. 防护措施

汽轮机的疏水口要畅通，保持喷水不直接冲击末级叶片，此外要防止抽气口有水分倒流入汽轮机；应在末级叶片易冲刷部位安装防冲蚀保护层。

（三）汽轮机的酸腐蚀

1. 腐蚀特征

汽轮机的酸腐蚀主要发生在汽轮机内部湿蒸汽区的铸铁、铸钢部件上，使部件表面的保护膜脱落。其金属表面状态类似酸洗后的状态，呈银灰色，腐蚀后的钢材成蜂窝状。发生汽轮机酸腐蚀的原因是不良的水、汽质量。氯化物在锅水中可与水中的氨形成氯化铵，溶解携带于蒸汽中，并在汽轮机液膜中分解为盐酸和氨，由于两者分配系数的差异，使液膜成为酸性。

2. 防护措施

(1) 提高补给水的质量。要求采用一级除盐再经混床处理的纯水作为高压锅炉的补给水。

(2) 给水采用分配系数较小的有机胺（如吗啉）以及联氨进行处理，可提高汽轮机液膜的 pH 值。

（四）汽轮机的磨蚀

1. 腐蚀特征

在汽轮机喷嘴表面、叶片及其他蒸汽通道的部件上，会发生不同程度的磨蚀。磨蚀常发生在汽轮机的高压、高温段。磨蚀发生的原因是由于蒸汽中夹带了异物（主要是剥落的金属氧化物）而导致固体颗粒的磨蚀。例如固体颗粒从锅炉过热蒸汽管、再热器管及主蒸汽管的内壁剥落下来，然后带入汽轮机，引起对汽轮机的磨蚀。

2. 防护措施

过热器管和主蒸汽管等高温管道采用抗氧化材料，管道要进行蒸汽吹洗或化学清洗。

（五）汽轮机的点蚀

被氯化物污染的蒸汽会使汽轮机发生点蚀。它易发生在汽轮机的低压部位，如汽轮机喷嘴和叶片表面上，有时也出现在转子叶轮和转子体上。点蚀会导致应力腐蚀和腐蚀疲劳。

点蚀的防护原则是提高蒸汽质量和严格控制蒸汽中的氯离子含量，并做好汽轮机停用时的防护。

第四节 热力设备系统的腐蚀控制

一、给水除氧

给水中的溶解氧通常是造成热力设备腐蚀的主要原因，它可以导致锅炉在运行期间和停用期间的氧腐蚀。为防止和减轻锅炉运行期间的氧腐蚀，必须对锅炉给水进行除氧，如汽包锅炉运行采用碱性水化学工况，对给水一定要进行除氧处理，通常采用热力除氧和化学除氧。热力除氧可将给水中的大部分溶解氧除去，化学除氧可以进一步除去给水中残留的溶解氧。一般中压以上的锅炉大都以热力除氧为主；对低压锅炉可以单独进行热力除氧、解吸除氧、化学除氧或其他方法除氧。

（一）热力除氧

1. 热力除氧原理

从气体溶解定律（亨利定律）可知，任何气体在水中的溶解度都与此气体在气水界面上的分压力成正比。在敞口设备中将水温升高时，各种气体在此水中的溶解度将下降，这是因为随着温度的升高，气水界面上的水蒸气分压增大和其他气体分压降低的缘故。当水温达沸点时，就不再具有溶解气体的能力，因为此时气水界面上的水蒸气压力和外界压力相等，其他气体的分压都为零，各种气体均不能溶于水中。所以，水温升至沸点会促使水中原有的各种溶解气体都分离出来（此分离过程称为解吸），这就是热力除氧法所依据的原理。

热力除氧法不仅能除去水中的溶解氧，而且可除去水中其他各种溶解气体（包括游离CO_2），因此热力除氧器也可称为热力除气器。

在热力除氧器中，为了使氧解吸出来，除了必须将水加热至沸点以外，还需要在设备上创造必要的条件使气体能顺利地从水中分离出来。因为水中的溶解氧必须穿过水层和气水界面，才能自水中分离出去，所以要使解吸过程能较快地进行，就必须使水分散成小水滴或小股水流，以缩短扩散路程和增大气水界面。热力除氧器就是按照将水加热至沸点和使水流分散这两个原则设计的一种设备。

2. 热力除氧器

热力除氧器按照其进水方式的不同，可以分为混合式和过热式两类。在混合式除氧器内，需要除氧的水与加热用的蒸汽直接接触，使水加热到相当于除氧器压力下的沸点；过热式除氧器的运行方式为，先将需要除氧的水在压力较高的表面式加热器中加热，直至其温度超过除氧器压力下的沸点，然后将此热水引入除氧器内，这样一部分水会自行汽化，其余的水就处于沸腾温度下。

混合式热力除氧器按照其工作压力的不同，又可分为真空式、大气式和高压式三种。真空除氧器是在其压力低于大气压的情况下工作；大气式的是在稍高于大气压的情况下工作；高压式的是在压力较高的情况下工作。

电厂中用得最广的为混合式除氧器。常用的这类除氧器按构造基本上可分为淋水盘式、喷雾填料式、真空式、旋膜填料式。

(1) 淋水盘式热力除氧器。淋水盘式热力除氧器的结构如图 7-12 所示。

它主要由除氧头（或称除氧塔）和贮水箱构成。除氧头的功能主要是除氧，其运行过程是将欲除氧的凝结水、补给水和各种输水分别从除氧头顶部两侧引入，经配水盘和几层筛状多孔淋水盘后，被分散成很多股细的流水逐层淋下。加热蒸汽从除氧头下部通入，经过蒸汽分配器向上流动，与由上向下淋的水相接触，并进行热交换，将水加热，同时形成较大的汽、水界面进行除氧。从水中解吸出来的气体经排气管带出，已除氧的水落入贮水箱。

(2) 喷雾填料式热力除氧器。喷雾填料式热力除氧器的结构如图 7-13 所示。

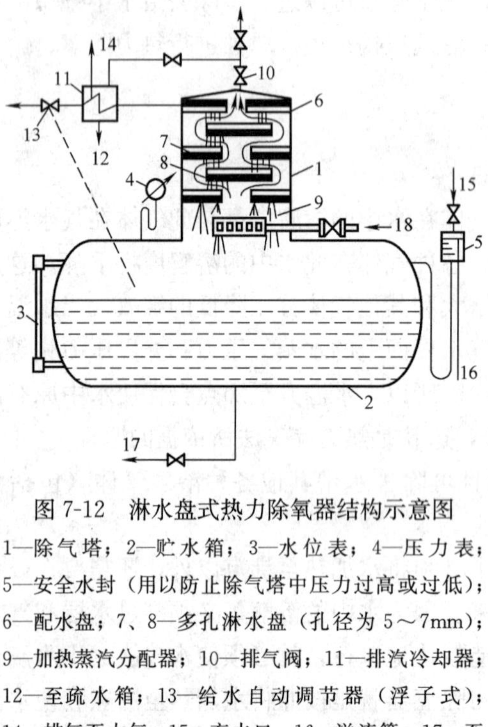

图 7-12 淋水盘式热力除氧器结构示意图

1—除气塔；2—贮水箱；3—水位表；4—压力表；5—安全水封（用以防止除气塔中压力过高或过低）；6—配水盘；7、8—多孔淋水盘（孔径为 5～7mm）；9—加热蒸汽分配器；10—排气阀；11—排汽冷却器；12—至疏水箱；13—给水自动调节器（浮子式）；14—排气至大气；15—充水口；16—溢流管；17—至给水泵；18—加热蒸汽

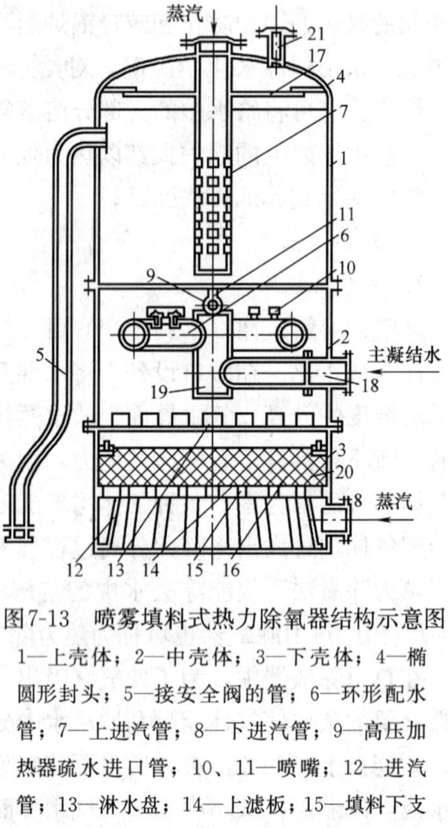

图 7-13 喷雾填料式热力除氧器结构示意图

1—上壳体；2—中壳体；3—下壳体；4—椭圆形封头；5—接安全阀的管；6—环形配水管；7—上进汽管；8—下进汽管；9—高压加热器疏水进口管；10、11—喷嘴；12—进汽管；13—淋水盘；14—上滤板；15—填料下支架；16—滤网；17—挡水板；18—进水管；19—中心管段；20—Ω 形填料；21—排汽管

喷雾除氧原理是将水喷成雾状，增大汽、水界面，从而增大汽、水接触面积，以利于氧从水中逸出。喷雾填料式热力除氧器的运行过程是，使水通过喷嘴喷成雾状，由喷嘴下面的上进汽管引入加热用蒸汽，通过蒸汽和水雾的混合，实现水的加热和初步除氧过程。水经过填料（Ω 形、圆环形和蜂窝式等）表面呈水膜状态。填料层下面设有下进汽管，在这里又引入蒸汽，当这部分蒸汽向上流动时，和填料层中的水相遇进行二次除氧，从而使水中的含氧量降至 7μg/L 以下。

(3) 真空式除氧器。真空式除氧器的除氧原理与热力除氧器一样，也是利用水在沸腾状态时气体的溶解度接近于零的特点，而除去水中溶解性气体的。因为水的沸点与压力有关，可在常温下利用抽真空的方法使水呈沸腾状态，让水中的溶解气体解吸出来。显然，当水温一定时，压力越低（即真空度越高），水中残留气体的含量越少。

常用的真空式除氧系统有蒸汽喷射和水喷射两种。

总之，热力除氧器的除氧效果取决于除氧器的结构和运行工况，应保证合理的结构设计，其运行工况应保证水被加热至沸腾状态；进入除氧器的水量要稳定；从除氧头解吸出来的氧和其他气体能通畅地排出。

（二）化学除氧

锅炉给水的深度除氧均在热力除氧的基础上辅以化学除氧。

化学除氧是基于在热力除氧的水中加入能与氧反应而减少水中溶解氧的化学物质，使水中的溶解氧含量降低的一种处理方法。这种化学物质称为化学除氧剂。化学除氧剂应具备以下条件：

（1）能迅速地与溶于水中的氧反应。

（2）反应产物和除氧剂本身在水汽循环中是无害的。

（3）具有使金属表面钝化的作用。

（4）对生产人员的健康影响最小，最好是无影响。

（5）使用时便于控制。

下面主要介绍联氨(N_2H_4)和亚硫酸钠两种化学除氧剂的特点，并简述已使用的新型化学除氧剂的特点。

1. 亚硫酸钠(Na_2SO_3)

亚硫酸钠是一种还原剂，它可将水中的溶解氧还原，生成硫酸钠，其反应为

$$2Na_2SO_3+O_2 \longrightarrow 2Na_2SO_4$$

此法会增加锅炉水的含盐量。同时，亚硫酸钠的水溶液在高温时，可能分解而产生有害物质，其反应为

$$4Na_2SO_3+O_2 \longrightarrow 3Na_2SO_4+Na_2S$$

$$Na_2S+2H_2O \longrightarrow 2NaOH+H_2S$$

$$Na_2SO_3+H_2O \longrightarrow 2NaOH+SO_2$$

当二氧化硫和硫化氢等气体被蒸汽带入汽轮机后，会腐蚀汽轮机叶片，也会腐蚀凝汽器、加热器铜管和凝结水管道，故亚硫酸钠仅使用于中压锅炉，使用时要控制锅水中 SO_3^{2-} 的含量不大于 40mg/L。

2. 联氨

联氨又称肼，也是一种还原剂，在常温下是一种无色液体。在大气压力为 0.1MPa 时，其沸点为 113.5℃，凝固点为 1.4℃；在 25℃时，其密度是 1.004g/cm^3；凝固时，体积缩小。它具有挥发性，有毒、易燃，易溶于水和乙醇等；其水溶液具有弱碱性，遇热分解。在无催化剂的情况下，N_2H_4 的热分解速度取决于温度。如在 300℃和 pH 值为 9 时，N_2H_4 完全分解需 10min。实际上，剩余的 N_2H_4 在进入锅炉内部以后才发生分解，即

$$3N_2H_4 = N_2+4NH_3$$

（1）联氨的除氧过程。联氨在碱性水溶液中是一种很强的还原剂，可将水中的溶解氧还原，即

$$N_2H_4+O_2 \longrightarrow N_2+2H_2O$$

反应产物 N_2 和 H_2O 对热力系统没有任何害处。在高温（>200℃）水中，N_2H_4 还可将 Fe_2O_3 还原成 Fe_3O_4、FeO，以至 Fe，其反应式为

$$6Fe_2O_3+N_2H_4 \longrightarrow 4Fe_3O_4+N_2+2H_2O$$

$$2Fe_3O_4+N_2H_4 \longrightarrow 6FeO+N_2+2H_2O$$

$$2FeO+N_2H_4 \longrightarrow 2Fe+N_2+2H_2O$$

联氨还能将 CuO 还原为 Cu_2O 或 Cu。联氨的这些性质对防止锅炉内产生铁垢和铜垢有一定的作用，所以它被广泛用于高压锅炉给水的化学除氧。市售的联氨是40%水合联氨。

（2）联氨除氧的合理条件。联氨和水中溶解氧的反应速度受温度、pH值和联氨过剩量的影响。为时联氨和水中的溶解氧的反应进行迅速和完全，必须维持以下条件。

1）联氨有足够的过剩量。联氨和氧的化学反应速度与水中联氨及溶解氧的浓度成正比，即

$$\frac{-d[N_2H_4]}{dt}=k[N_2H_4][O_2]$$

式中 $-d$——反应速度，mmol/(L·s)；

$[N_2H_4]$——水中联氨的浓度，mmol/L；

$[O_2]$——水中溶解氧的浓度，mmol/L；

k——反应速度常数。

理论上联氨与氨的反应是等物质量的。在实际控制中，为了加快反应速度，联氨的剂量通常为理论值的2～4倍；当有催化剂存在时，过剩量可以小些。

2）维持一定的pH值。当pH值在9～11之间时，反应速度最快。因此用除盐水作为补给水时，在给水加联氨前必须先加氨处理，使给水的pH值提高到8.5以上。

3）有足够高的反应温度。常温下，联氨与溶解氧的反应速度是比较慢的，当温度升高时，反应速度急剧增加。故在除氧器出口处加入联氨，此处给水温度达150℃以上，联氨同溶解氧的反应时间仅数分钟。

（3）联氨的加入量与加药地点。联氨的加入量要通过试验来决定，一般要使省煤器入口给水中联氨的过剩量为20～50mg/L。

由于加入联氨的最初阶段，联氨不仅同水中的溶解氧和铜、铁氧化物发生反应，而且也会同金属表面的氧化物反应，因此加药量要大些，一般按除氧器出口给水需100μg/L N_2H_4 计算加药量。此时，应加强分析监督，待给水中有过剩联氨时，才减少加入药量。可以采用工业联氨在线仪表进行自动控制。

联氨大都加在给水泵的低压侧，即除氧器出口管处，这样通过给水泵的搅动，有利于药液和给水的混合；联氨也可加到除氧器的贮水箱中，此法可延长联氨和给水中氧的反应时间。后一种方法有两个缺点：第一，多消耗联氨，因为在贮水箱中有时还继续在除氧，如将联氨加在此箱中，就不能利用它的除氧作用，故联氨的用量较多；第二，如果贮水箱中没有采取特殊的混合装置，联氨和水就不易在此贮水箱中混合均匀。但是在生产返回水较多的热电厂中，由于给水中有机物的含量常常很高，而有机物会减慢联氨和氧的反应速度，因此将联氨加在除氧器的贮水箱中是有利的。

（4）联氨除氧的优、缺点。

1）优点是联氨与氧的反应及过剩联氨在高温下的分解都不会产生固体物，因而不会使锅水的含盐量增加，同时又可防止铁垢和铜垢的生成。

2）缺点是联氨在低温时与水中溶解氧的反应速度慢，同时联氨被认为对人可能有致癌作用。因此，在使用操作时，应特别注意防护问题。尽管联氨有毒性，但至今仍是国内应用较多的除氧剂，所以近年来国内外对高效低毒或无毒害的新型化学除氧剂有较多的研究与开发，并试用于工厂实际，已取得效果，将会有广泛的应用前景。

3. 新型化学除氧剂

用联氨进行化学除氧是一项成熟的生产工艺。由于联氨尚有令人不满意之处，因此近年来开发了一些新型的化学除氧剂，如二甲基酮肟、乙醛肟和异抗坏血酸已在国内某些电厂或大型化肥厂试用。

（1）二甲基酮肟。二甲基酮肟又称丙酮肟，相对分子质量为73.11，为白色棱晶、斜晶或粉末状，有芳香味，具有刺激性，含量大于96%，相对密度为0.911 3，熔点为60℃，沸点为134.8℃，在空气中挥发很快，易溶于水、醇、醚和石油醚等，在稀酸中易水解。它是一种强的还原性物质，在常温下能使 $KMnO_4$ 褪色。它与氧的反应为

$$2(CH_3)_2CNOH+O_2 \longrightarrow 2(CH_3)_2CO+N_2O+2H_2O$$

其加入量为100μg/L以下。它与联氨相似，也能使氧化物还原而防止形成铁垢和铜垢，如

$$2(CH_3)_2CNOH+6Fe_2O_3 \longrightarrow 2(CH_3)_2CO+N_2O+4Fe_3O_4+H_2O$$

（2）异抗坏血酸。异抗坏血酸化学除氧剂常试用钠盐，称为抗坏血酸钠，又名异维生素C钠，简写为NaErA，是一种食品添加剂。异抗坏血酸是一种强还原剂，其化学名为D－2，3，5，6－四羟基－2－己烯酸－γ－内酯钠盐，其分子式为 $C_6H_7NaO_6 \cdot H_2O$，相对分子质量为216.12，是白色或微黄色固体，无臭稍咸，易溶于水，其水溶液的pH值为5.5～8.0。它可以与溶解氧反应，也可与铁和铜的氧化物反应。在同一温度下，其除氧反应速度是联氨的17 000倍，在锅炉中最终分解产物是 CO_2。

异抗坏血酸作为化学除氧剂使用，在大型化肥厂应用已获得良好效果，一般给水中控制指标为30～60μg/L。其优点是除氧速度比联氨快，且无毒；缺点是价格高于联氨3倍多。

（3）其他除氧剂（碳酸肼、乙醛酮）。

1）与氧作用：

碳酸肼 $$(N_2H_3)_2CO+2O_2 \longrightarrow 2N_2+3H_2O+CO_2$$

乙醛酮 $$2CH_3HCNOH+O_2 \longrightarrow 2CH_3HCO+N_2O+H_2O$$

2）与铜和铁的氧化物反应：

碳酸肼 $$(N_2H_3)_2CO+8CuO \longrightarrow 4Cu_2O+3H_2O+2N_2+CO_2$$

$$(N_2H_3)_2CO+12Fe_2O_3 \longrightarrow 8Fe_3O_4+3H_2O+2N_2+CO_2$$

新型除氧剂必须具有高效的除氧作用和强的还原作用，能防止铜垢和铁垢，且对金属具有钝化作用。目前，有关新型除氧剂的除氧和还原作用仍在进一步研究中。

（三）凝汽器的真空除氧

汽轮机的凝汽器在运行时有较高的真空度，可把需要除氧的低温补给水引入凝汽器进行预除氧，即进行真空除氧。此时，应改进凝结水的引入装置，使凝结水能均匀分散，以利于

除氧；还必须防止凝结水的过冷却，即使仅有1～2℃的过冷却，也会导致水中溶解氧大大地增加。此外，要改善真空系统各部位的严密性，防止空气漏入。

二、给水pH值的调节

为防止锅炉给水对金属材料的腐蚀，除了消除其中的氧气外，还必须调节给水的pH值。对于中、高压以上锅炉给水pH值的调节常采用氨或胺（氨的有机衍生物）处理，其实质是中和水中的CO_2，并使氨或胺过剩一定量，以提高给水的pH值至符合有关水质标准的要求。

（一）给水加氨处理

1. 原理

为了提高给水的pH值，通常使用的是往给水中加氨水（称为加氨处理），它可以中和给水中的CO_2，从而提高给水的pH值，其反应为

$$NH_3+H_2O = NH_4OH$$

$$NH_4OH+H_2CO_3 \longrightarrow NH_4HCO_3+H_2O$$

$$NH_4OH+NH_4HCO_3 \longrightarrow (NH_4)_2CO_3+H_2O$$

由上述反应式可见，加氨以后，水中的CO_2大都变为NH_4HCO_3，部分变为$(NH_4)_2CO_3$。这些反应产物在锅炉内又分解为CO_2和NH_3，这些挥发性气体随蒸汽一起流经过热器和汽轮机后进入凝汽器，在其中被抽气器抽走一部分，其余的与排气一起又进入凝结水中。

考虑到在相同温度下，CO_2的分配系数比NH_3的分配系数大得多，即在汽相中CO_2浓度较高，所以当蒸汽冷凝成凝结水时，水相中的NH_3/CO_2的值比气相中大；而当水蒸发成蒸汽时，汽相中NH_3/CO_2的值比水相中小。因此在给水中进行加氨处理时，热力系统中有些部位可能出现氨量过剩，有些部位可能出现氨量不足，从而影响氨的处理效果。

2. 加药

（1）药品。加氨处理可以使用的药品有液氨或氢氧化铵（氨的水溶液）。

（2）加药地点。由于NH_3是挥发性物质，因此不论在热力系统的哪一部位加药，都可以使整个水汽系统中有NH_3。通常把NH_3（氨水或液氨）加在补给水、给水或凝结水中，也可以将NH_3直接加在汽包或蒸发器中。因为加药部位水的pH值要高一些，所以如为了提高补给水的pH值，可将NH_3加在补给水中；如给水的pH值较低，可将NH_3和N_2H_4一起加在除氧器出口的给水中。

（3）加药量。经验证明，加氨量以使给水pH值调节到8.8～9.3（有铜系统）、9.0～9.6（无铜系统）为宜，实际所需的加药量要通过运行调整来决定。

（4）加药方法。氨和铵盐都是易溶于水的，通常所用的氢氧化铵就是氨的浓溶液，所以只要把它们配成稀溶液，例如含量不超过5%，就可加入，通常采用0.3%～0.5%的溶液。

（5）加药设备。加药设备可采用：单独设置加药泵；与N_2H_4一起用同一加药泵加入；在软化水母管上设置节流板，利用此板前后的压力差加入；利用第二级钠离子交换器前后的压力差加入。

3. 注意事项

加氨处理通常存在的问题是是否会引起黄铜的腐蚀。因为当水中有氨存在时，它可以和

Cu^{2+}、Zn^{2+}形成铜氨、锌氨络离子，即$Cu(NH_3)_4{}^{2+}$、$Zn(NH_3)_4{}^{2+}$，这样会使原来不溶于水的$Cu(OH)_2$保护膜转化为溶于水的络离子，破坏其保护作用，从而使黄铜遭受腐蚀。实践证明，当水中除了有氨外，还含有氧化性物质时，例如溶解氧，就有可能发生这种腐蚀。所以在进行加氨处理时，首先应能保证水汽系统中的含氧量非常低，且加氨量不宜过多。为了保持给水的pH值在8.8～9.3的范围内，给水中的含氨量通常为0.5～1.0mg/L。

由于在热力系统中分布的不均匀性和热力系统各部分运行条件的不同，应该注意在水汽系统中的热力设备有没有因NH_3含量过多而造成铜管发生腐蚀的。通常，最易发生这种腐蚀的设备为凝汽器的空气冷却区和射汽式抽气器的冷却器，因为在这里常富集着O_2、CO_2和NH_3等不凝结气体。

4. 防腐效果

用氨来调节给水的pH值是目前许多电厂常采用的防腐措施，运行经验证明，这对于防止铁和铜腐蚀的效果是显著的。正确进行氨处理后，热力系统中铁和铜的腐蚀减轻不仅会减缓各种热力设备的腐蚀损伤，而且更重要的是降低了热力系统中各种汽水的含铁量和含铜量，从而减少了锅炉内部形成的水垢和水渣。

(1) 含铁量降低。加氨处理后，给水、蒸汽和输水的含铁量降低得比较显著。例如许多电厂给水的含铁量，在加氨前高达100μg/L左右，加氨后均降低到40μg/L以下；输水的含铁量，在加氨前高达1000～2000μg/L，加氨后可降至100μg/L以下。由于凝结水在加氨前的含铁量不大，故加氨后降低的量也不显著，但如其在加氨前的含铁量较大，那么加氨后的含铁量也会显著降低。例如某电厂在加氨前的凝结水含铁量约为80μg/L，加氨后降至30μg/L。

(2) 含铜量降低。在正常情况下，加氨可以减轻CO_2对铜的腐蚀，所以对于凝结水和各种疏水，加氨后的含铜量会比加氨前的降低。例如某电厂经加氨处理后，其凝结水含铜量由原来的10～15μg/L降至4～5μg/L；加热器疏水含铜量由原来的40～50μg/L降至2～5μg/L。

如果在进行氨处理时，某处有空气漏入，或是加氨量过大，就会出现某一部分疏水的含铜量比加氨前增大的现象。此时，应研究是否引起了铜的腐蚀，找出含铜量增加的原因并消除。

(3) 设备的腐蚀损伤减缓。运行经验证明，加氨处理对于减缓加热器、给水泵、空气抽气器、疏水管道等的腐蚀损伤有显著的作用。例如某电厂的加热铜管，在加氨处理前，运行5000～8000h就会在U形管下部发现腐蚀泄露，加氨处理后，运行14 000h尚未发生泄露，检查时发现铜管表面有一层黑色的保护膜。

(二) 给水加氨处理

加氨处理若控制不当（例如加氨量过高或者氨在局部区域集聚，水中同时含有氨和较多的溶解氧等)，热力系统中的黄铜就可能被腐蚀。为此，还可用向水中加胺类的办法来提高水的pH值。胺是氨的有机衍生物，用于给水处理的胺按目的不同分为中和胺和成膜胺两类。

1. 中和胺

中和胺用于调节给水的pH值，它呈碱性，易挥发，能中和给水中的酸性物质，且不会与Cu^{2+}、Zn^{2+}形成络合离子，从而不会导致铜的腐蚀。常用的中和胺有吗啉（或称莫福林)、环几胺等。中和胺的分配系数小，使用时的损失量也小，但药品价格太贵。

2. 成膜胺

锅炉水处理中使用的成膜胺一般是具有10～20个碳原子的直链有机化合物，其分子式为$C_nH_{2n+1}\cdot NH_2$。其中使用较广泛的有十八烷胺、十六烷胺和癸胺。成膜胺能够吸附在金属表面上形成只有一个单分子层厚的保护膜，此膜隔离了侵蚀性水（含氧或二氧化碳）与金属表面的接触，从而起到防止金属腐蚀的作用。此外，成膜胺有较强的渗透性，能够透过金属表面上的铁锈等沉积物，在基体表面上形成保护膜，阻止金属继续腐蚀。

三、给水氧化性水化学工况

前面所叙述的为防止金属腐蚀所进行的给水除氧和加氨（或胺）的水质调节处理，也称为给水还原性水化学工况。这种给水水质调节处理的方法虽然应用很广泛，但是对于超临界压力机组和亚临界压力直流锅炉机组，该方法的防腐蚀效果并不能完全保证机组的长期安全、经济运行。德国和包括前苏联在内的一些欧洲国家为此进行了多年的试验、研究与改进，开发出了给水氧化性水化学工况，用于许多电厂，并取得了较好的效果。下面对给水氧化性工况作简要介绍。

（一）原理

在通常条件下，水中的氧是一种对钢铁有腐蚀性的物质。但是研究证明，当水中的电解质浓度非常小，以至水的电导率低于0.15μS/cm时，水中的溶解氧就不再对钢铁具有腐蚀性，相反，溶解氧能促使钢表面形成保护膜，从而抑制腐蚀。试验证明，在水的电导率为0.1μS/cm的条件下，水中的溶解氧浓度越大，钢铁的腐蚀速度越小。当水中溶解氧高达0.1mg/L时，由于保护膜的形成，钢铁的腐蚀速度就迅速下降。

氧化性水工况的给水处理方法并不是着眼于消除水中的溶解氧与使水呈强碱性，而是在水质极纯且呈中性或弱碱性的条件下，向水中加入适量的气态氧（O_2）或过氧化氢（H_2O_2），从而使钢铁表面生成保护膜，以防止给水系统的腐蚀。

研究证明，对于氧化性水工况，如加入的氧化剂不同，在钢铁表面形成保护膜的机理也不同。若加入到水中的是气态氧（O_2），氧便与钢铁直接作用而在钢表面生成氧化膜；若加入到水中的是过氧化氢（H_2O_2），则水中首先生成过氧氢根合铁（Ⅲ）离子$Fe(O_2H)^{2+}$，接着此络离子热分解，并在钢铁表面生成氧化膜。

（二）水质控制要求

实行氧化性水工况有两种不同的水质控制规范，各有其一定的适用范围。

1. 给水中性水规范

在实行给水中性水规范时，对给水水质有严格的要求，具体如下：

（1）电导率。电导率是表示水中含盐量的一个指标，对于含盐量很低的水，为了提高测定其电导率的灵敏度，应先将水样通过H离子交换柱。实行中性水规范时，要求给水水质很纯，也就是它的电导率应很低（＜0.15μS/cm）；如水质不纯，会破坏保护膜，例如当水中Cl^-含量超过10μg/L时，碳钢表面就不能形成保护膜。

（2）pH值。为了保证水质呈中性，其pH值（25℃）应控制在7.0～7.5的范围内。

（3）溶解氧。为了保证在钢铁表面能生成保护膜，水中溶解氧的含量应控制在50～250μg/L的范围内。

研究证明，给水中性水规范适用于高压加热器和低压加热器管子都用钢材制作的机组，不适用于含有铜制材料的机组。

2. 给水氧—氨联合处理

这是氧—氨联合处理的给水水质调节法，也称加氧加氨的给水水质调节法。它是在纯度很高的水中既加氨，又加氧。加氨可提高水的 pH 值，增加水的缓冲性；但加氨量控制很严，只把水质调节到微碱性，避免在凝汽器空冷区等处由于氨的富集而导致铜管氨蚀。加氧使金属表面能生成氧化物保护膜，因而可抑制腐蚀。

加氧加氨的给水水质调节法对水质纯度等方面的要求极严格，它要求进入锅炉省煤器前的给水水质达到下列标准：

（1）水的电导率（25℃）。省煤器前的给水水样经过装有强酸 H 型交换剂的小交换柱后，其电导率应低于 0.10μS/cm。

（2）水的 pH 值。水的 pH 值（25℃）应为 8.0～8.5。

（3）水中含氧（O_2）量。水中的溶解氧（O_2）含量应控制在 100～200μg/L。

给水联合水规范适用于低压加热器管子用铜材制作、高压加热器管子用钢材制作的机组。在运行实践中，若发现某些钨铬钴合金部件有腐蚀、磨蚀问题时，应通过改变材质予以解决。

（三）氧化性水化学工况的优越性

给水加氧处理有以下几方面的效果：

（1）锅炉和高压加热器的腐蚀和结构速率降低，延长了锅炉化学清洗的间隔时间。

（2）减少了锅炉压力损失。给水中夹带的腐蚀产物易沉积在锅炉水冷壁管热负荷高的地方和节流孔板处，且垢层表面粗糙不平，使水流阻力损失增加，对直流锅炉的安全、经济运行有较大的影响，实行给水加氧处理后，这种状况有了明显改善。

（3）延长了凝结水除盐设备的运行周期，减少了再生次数。这样，不仅节省了再生剂的年耗用量，而且减少了再生废液的年排放量，相应地废液处理的工作量和耗费也可减少。

第五节 热力设备腐蚀、结垢和积盐的检查监督

一、汽包内检查部位和检查内容

（一）采样部位

采样部位为下降管、给水槽、冲洗护板和汽包壁，选择该部位水渣最厚与最薄的内壁。水渣面积采样为 20mm×20mm，每个采样点的量不少于 4g，试样应有代表性。

（二）汽包内检查

（1）汽包内壁：观察水汽侧颜色，有无黄点和水渣分布情况。

（2）旋风子：观察内外表面水渣、结垢和腐蚀程度，有无脱落及其他缺陷。

（3）给水槽：观察内外表面水渣、结垢和腐蚀程度。

（4）百叶窗：观察铁锈厚度、颜色，有无黄点、盐垢及盐类附着物。

（5）蒸汽孔板：观察铁锈厚度、颜色，有无黄点、盐垢及盐类附着物。

（6）排污加药管：观察孔堵塞与否及外表腐蚀情况。

（7）下降管：观察水渣集结程度、厚度、颜色及分布。

（8）上升管：观察有无集渣、腐蚀坑。

（9）导汽管口：观察颜色，有无黄点、盐垢及盐类附着物。

二、水冷壁管的检查方法和要求

（一）割管

割管根数不少于2根，每根长度为1.5m左右。

（二）割管部位

（1）若发生爆管，在爆破口处割取。

（2）经外观检查，在有变色、胀粗、鼓包处割取。

（3）在明显减薄处割取。

（4）无上述情况，则应从热负荷最高处或水循环不良处割取，对分段蒸发炉，盐段、净段都应割取。

（三）割管时注意事项

（1）用焊枪割取管段时，要比所需长度加长0.4m，割下的管段不能溅上水，如管内潮湿时，要吹干。

（2）除去灰尘，并标出向火侧、背火侧，以及管段在炉膛内新的位置及标高。

（3）从样管段中间处，割约50mm长，用车床将外壁车至壁厚3mm（注意割取管样时，不得使用冷却剂）；割取中间位置的管样，不能用砂轮。

（4）沿管轴方向对剖开（最好用刨床剖开），分成向火侧与背火侧两半，除去截口上的毛刺。

（四）水冷壁检查内容和测定方法

1. 检查内容

一般在用酸洗法测定垢量后，要检查管样的腐蚀状况，记录腐蚀坑的形状，测定其面积和深度，由监视管段计算出腐蚀速度，并保留所测管样，必要时照相。

2. 腐蚀坑深度、附着物（垢）厚度的测定方法

（1）腐蚀坑深度的测定：可用X光机、超声波测厚仪、百分表、金相显微镜来测量或由背面钻透，用千分卡测量。

（2）附着物厚度的测定：可用百分表、千分卡、直尺来测量。

由于测量方法有很多种，记录上应注明使用的测量方法，若为估计值，也需加以说明。

三、水冷壁的下联箱检查

检查水冷壁下联箱的水渣、结垢情况，分析与了解该运行周期排污及加药等运行中存在问题。

（1）检查联箱内及管口处的颜色、结垢与结渣厚度、堆积水渣数量。

（2）测量节流孔尺寸，与上次检修时对比，计算通流面积变化的情况，检查该运行周期结垢的情况。

（3）有的锅炉还可能割联箱堵头检查。这可用刀刮下堵头上的水渣，烘干称量，并进行化学分析。

四、过热器、再热器及过热器联箱的检查

大修时应对过热器、再热器的下弯头进行割管检查，其检查内容如下：

（1）过热器及再热器管内的颜色，有无黄点及黄点分布位置。

（2）有无盐垢、盐类附着物以及集结位置；立式过热器的下弯头处有无积水，测定积水的量及积水的成分，同时根据平时汽、水品质及汽包检查情况，决定是否对过热器和再热器易积盐的部位割管，检查其积盐情况。

（3）通过对过热器联箱（中间联箱、过热器出口联箱）和减温器内盐类附着物的检查，鉴定该周期蒸汽品质的监督情况及对检修期的保护效果；找出汽水共腾或减温器水质不合格所造成的问题。

五、省煤器的检查

（1）对低温省煤器入口管进行割管检查（其中一根必须是监视管），测定堆积量和腐蚀坑的数量、深度，并计算出腐蚀速度。

（2）如低温段腐蚀严重，则还应割高温省煤器管进行检查。

（3）检查省煤器联箱内的颜色，有无黄点及分布位置；联箱内腐蚀部位占联箱面积的百分数。

（4）清理并称量联箱内铁渣的沉积量。

六、汽轮机等的检查部位和内容

（一）汽轮机本体的检查部位

（1）对主汽门、调速汽门、高中压转子及各级隔板、缸壁的积盐和腐蚀情况进行检查，并取样化验各主要部位积盐的成分，对积盐严重的部位，应刮垢并计算积盐量。

（2）对中低压缸的腐蚀，应仔细检查，如发现有损坏，应进行详细记录并照相。

（二）除氧器的检查

对除氧器内部装置的腐蚀情况进行检查，如腐蚀严重，则应更换；如内部装置发生脱落、倾斜，应使其复位；防腐层如破坏，则应予以修补。

（三）凝汽器的检查

（1）检查铜管（或不锈钢管）汽侧有无冲刷现象，铜管（或不锈钢管）与隔板处有无附着物，必要时取样化验，抽管检查空冷区有无氨蚀。

（2）检查水侧入口端有无冲蚀现象，铜管（或不锈钢管）有无结垢，并测定垢的厚度及成分。

（3）抽管检查铜管（或不锈钢管）水侧整个管段有无异物堵塞及冲击腐蚀和其他类型的腐蚀。

（4）大修期间酌情对铜管进行涡流探伤，若需要更换铜管时，应选用保证质量合格的产品，并抽样进行涡流探伤、24h 氨熏试验。

七、热力设备大修化学检查评价标准

热力设备大修化学检查评价标准见表 7-3～表 7-6。

表 7-3　　汽轮机转子、隔板和叶片的结盐和腐蚀评价

项目	类别		
	一类	二类	三类
结盐	基本不结盐或结盐量小于 1mg/（cm^2·a）	有少量结盐，结盐量为 1～10mg/（cm^2·a）	结盐较多，结盐量大于 10mg/（cm^2·a）

续表

项目	类别		
	一类	二类	三类
腐蚀	基本没有腐蚀	低压缸有轻微腐蚀，初凝区隔板有轻微腐蚀	下隔板有较严重的腐蚀，不锈钢部件出现针孔或初凝区隔板有严重腐蚀

注 * 按两次检修间隔的自然年计算。

表 7-4　凝汽器铜管腐蚀、结垢评价

项目	类别		
	一类	二类	三类
均匀腐蚀	<0.005mm/a	0.005～0.02mm/a	>0.02mm/a
局部腐蚀	无	管壁点蚀，沟槽深度不超过 0.3mm	点蚀，沟槽深度大于 0.3mm 或已有部分管子穿孔
结垢	基本无	≤0.5mm	>0.5mm

表 7-5　水冷壁向火侧结垢速率的评价

项目	类别		
	一类	二类	三类
结垢速率 [g/ (m^2 · a)]	<40	40～80	>80

表 7-6　省煤器、水冷壁、过热器、再热器管内腐蚀的评价

项目	类别		
	一类	二类	三类
腐蚀	基本没有腐蚀	有轻微腐蚀，点蚀深度不超过 1mm	有局部溃疡性腐蚀或点蚀深度大于 1mm

第六节　锅炉补给水处理设备的腐蚀与防护

工业锅炉、电厂锅炉和废热锅炉的工质是水和汽，所需的锅炉补给水都要经一定的化学处理，否则其设备就会发生腐蚀，为此要做好防护措施。

一、酸腐蚀

酸腐蚀是指金属在酸性的水溶液中，以 H^+ 作为去极化剂，在阴极上析出氢气时所发生的腐蚀，即所谓氢去极化腐蚀。它是一种全面腐蚀，可以是均匀或非均匀的腐蚀，一般腐蚀速度较快。

酸腐蚀实例：如 H 型离子交换器在运行和再生过程中，金属表面都与强酸性水溶液接触而发生析氢的腐蚀。再例如脱碳器、OH 型离子交换器在运行时都会发生析氢腐蚀（或称酸腐蚀）。

酸腐蚀防止方法通常采用防腐衬里，如橡胶衬里，以隔离钢表面金属与酸性水的接触。

二、氧腐蚀

氧腐蚀又称氧去极化腐蚀。在水的化学处理过程中，水中含有溶解氧，成为腐蚀反应中

阴极过程的去极化剂，致使钢制设备发生腐蚀，其反应为

$$Fe \longrightarrow Fe^{2+}+2e(阳极过程)$$

$$\frac{3}{2}O_2+H_2O+2e \longrightarrow 2OH^-(阳极反应)$$

$$Fe+\frac{1}{2}O_2+H_2O \longrightarrow Fe(OH)_2(腐蚀电池反应)$$

因水中含有溶解氧，故 Fe $(OH)_2$ 将进一步被氧化成 Fe $(OH)_3$，其反应为

$$4Fe(OH)_2+O_2+2H_2O \longrightarrow 4Fe(OH)_3$$

上述产物随着条件不同（如温度、pH 值、溶解氧含量），也可得到更为复杂的腐蚀产物，例如铁的锈瘤即为 $mFe(OH)_2 \cdot nFe(OH)_3 \cdot pH_2O$ 或 $mFeO \cdot nFe_2O_3 \cdot pH_2O$。氧腐蚀的产物是铁的氧化物，这样会恶化锅炉的水质。

输配水管道、Na 型离子交换器等设备都与中性含氧的水相接触而发生氧腐蚀，其腐蚀形态常见的有溃疡腐蚀、电偶腐蚀、沉积物下腐蚀。水中的 SO_4^{2-} 和 Cl^- 会加速氧腐蚀。

为防止氧腐蚀，通常采用涂料或橡胶衬里的防护措施。

第八章 水汽质量及直流锅炉给水处理

与同容量亚临界火电机组的发电效率相比，在理论上采用超临界参数可以提高效率2%～2.5%，采用超超临界参数可提高4%～5%。目前世界上先进的超临界机组的发电效率已经超过50%。同时，先进的大容量超临界机组具有良好的运行灵活性和负荷适应性，大大地降低了CO_2、粉尘和有害气体（主要为SO_x、No_x）等污染物的排放，具有显著的环保、洁净的特点。实际的运行业绩表明，超临界机组的运行可靠性指标已经不低于亚临界发电机组。

另外，对于洁净煤发电技术来说，超临界发电技术还具有良好的技术继承性。正因为如此，超超临界发电技术的研究与开发越来越得到各国电力工业的重视，又进入新的一轮发展时期，其主导着电力的发展方向。

超临界机组或超超临界机组的直流锅炉，其温度条件比常规亚临界机组要高许多。直流锅炉对水质的要求有以下特点：①与汽包锅炉相比，对锅炉给水水质要求相对较高；②在产生蒸汽过程中不允许炉水浓缩；③必须配备凝结水精处理设备。

我国多年来超临界机组的运行经验证明，做好水处理和水质控制工作是运行好超临界机组的重要一环，而对于超超临界机组，由于压力和温度进一步提高，要求更高。多个先进国家的运行经验证明，解决好材料和化学两个专业方面的问题，是保证超超临界机组设计和运行成功的关键。

第一节 超超临界参数的水汽特性及品质控制

火电厂超超临界机组和超临界机组指的是锅炉内工质的压力。锅炉内的工质都是水，水的临界压力是22.115MPa，温度为347.15℃。在此压力和温度下，若水和蒸汽的密度相同，称为水的临界点；炉内工质的压力低于这个压力就是亚临界锅炉，大于这个压力就是超临界锅炉，炉内蒸汽温度不低于593℃或蒸汽压力不低于31MPa时被称为超超临界。当压力提高到临界压力（22.115MPa）时，汽化潜热为0，汽和水的密度差也等于零，水在该压力下加热到临界温度（374.15℃）时即全部汽化成蒸汽，超临界压力时情况相同，当水被加热到相应压力下的相变点（临界温度）时即全部汽化，因此超临界压力下水全部变成蒸汽，不再存在汽水两相区。但是随着温度、压力参数的提高，水汽的溶解与沉积特性也发生了显著变化，对机组设备运行的影响也随之改变。因此，研究超超临界条件下的水质控制技术，对于保证设备的安全、经济运行至关重要。

一、超超临界机组水汽特点

（一）超临界条件下蒸汽的物理特性

（1）在超临界参数下，水汽工质在管子内壁面附近的流体黏度、比热容、导热系数和比体积等参数发生了显著变化，可能导致水冷壁管内发生类膜态沸腾，水中的盐类等杂质在受热面浓缩。

图 8-1 为水和蒸汽的物理性质与温度的关系。

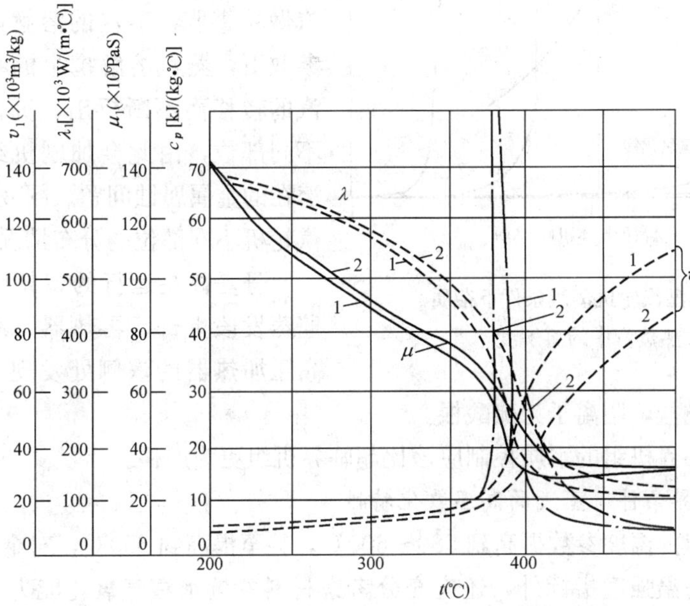

图 8-1 水和蒸汽的物理性质与温度的关系

1—p 为 25MPa；2—p 为 30MPa

（2）工质的黏度、密度、导热系数等物理参数随压力和温度变化，但受压力的影响较小，受温度的影响较大。在 250～550℃的范围内，工质密度和动力黏度随温度变化最大。当工质温度在 300～400℃范围内时，管内壁面处的工质黏度约为管中心工质黏度的 1/3，由此产生黏度梯度，引起流体边界层的层流化；在边界层中的流体密度降低，产生浮力，促使紊流传热层流化；边界层中的流体导热系数也随着降低，又使导热性差的流体与管壁接触，当进口温度较低时，壁面处的流体速度远小于管中心的流体速度，这又促使流动层流化。因此，在管子热负荷较大时就可能导致传热恶化，同时由于盐类等杂质的浓缩，受热面结垢，进一步加剧传热恶化。

（3）当超临界参数锅炉的工作参数进一步提高，过热器出口的压力达到 31MPa 或更高时，水冷壁中工质压力可达到 37MPa 或更高。根据超临界压力下工质的物理特性可知，水冷壁中工质大比热容特性将随压力升高而减弱，对应压力的大比热容值减小，但仍需注意防止类膜态沸腾引起的传热恶化。

（二）超临界条件下常见物质在蒸汽中的溶解与沉积特性

在超临界条件下，蒸汽具备和水同样的溶解特性。各种盐、酸、碱和金属腐蚀产物等物

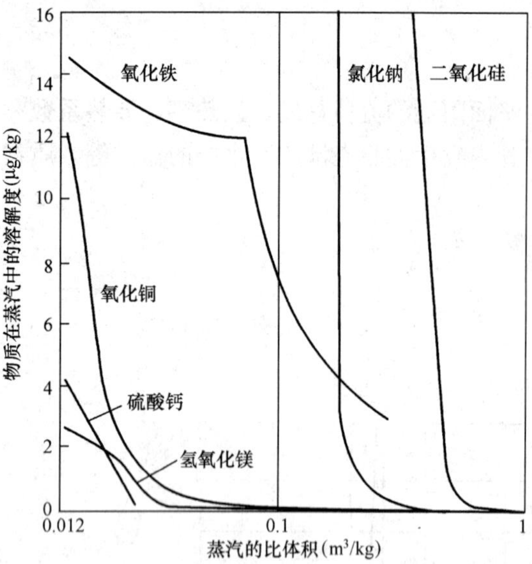

图 8-2 典型汽轮机蒸汽条件下杂质在过热蒸汽中的溶解度

质在蒸汽中的溶解度随蒸汽压力不同而异（见图 8-2），可以从 μg/kg 变化到 mg/kg 级。图 8-3 中的竖线表示最常见的可溶解携带的物质及其浓度范围。压力越高，蒸汽的溶解携带能力越强。从图 8-2 中可见，这些常见物质在过热蒸汽中的溶解度随压力降低或比体积增加而迅速地降低，随着蒸汽做功膨胀，蒸汽的溶解能力下降，在高参数下，蒸汽溶解携带的物质就会随着蒸汽的转移而不断析出，沉积在后续设备的不同部位，由此会加剧机组蒸汽通流部分潜在的金属腐蚀问题。图 8-3 为各种物质在汽轮机不同部位的分布情况。

丹麦曾在运行的超超临界机组的水冷壁蒸发段上部、再热器、汽轮机叶片以及高压加热器的汽侧处发现有沉积物，沉积物的主要成分为钠盐，阴离子为硫酸根。

因此，超超临界机组的水质控制应该比超临界机组更为严格。

（三）超超临界条件下蒸汽的高温氧化特性

超超临界机组的温度参数提高到 580～600℃，甚至提高到 650℃，对金属材料提出了更高的要求，除了高温强度指标外，还应充分考虑材料的抗水蒸气氧化能力和抗氧化层剥落能力。

众所周知，高温水蒸气氧化是金属腐蚀的一种特殊形式。在高温条件下，因为氢质子的影响，水蒸气对不锈钢材料表现为一种强氧化性。在 450～570℃温度条件下，水蒸气与纯铁反应生成四氧化三铁，并释放出氢气；在 575℃以上时，水蒸气与纯铁反应除了生成四氧化三铁以外，还会在四氧化三铁层下生成氧化亚铁相。氧化亚铁相的增长速度比四氧化三铁相快得多。

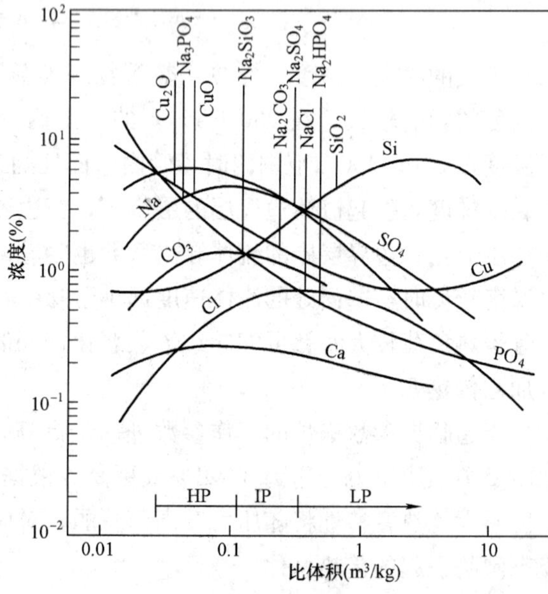

图 8-3 不同蒸汽比体积条件下杂质在汽轮机中的沉积特性

图 8-4 是不同牌号不锈钢材料在水蒸气中高温氧化 1000h 的试验结果。图示结果可见，在温度超过 570℃的条件下，不锈钢氧化的速度逐渐加快，在 600～620℃之间，金属的氧化速度

有一个突变点。这个突变点表明，不锈钢在氧化过程中随着温度的增加很可能产生了新相。此时不锈钢的氧化层会迅速增厚，当氧化层达到一定的厚度时，就会在运行条件变化（如温度）时剥落，成为氧化皮。

根据国内外机组运行的经验，奥氏体不锈钢材料虽然有良好的抗氧化能力，但粗晶粒钢在一定的运行条件下，会发生氧化层很薄时就剥落的情况，造成堵塞管短期过热，甚至爆管事故。

为了及时发现过热器和再热器高温氧化的变化情况，可以通过监测蒸汽中的氢含量，监测高温氧化的变化和发展。

二、超超临界机组水汽品质控制

（一）机组水汽系统的工作特点

超临界工况下水汽的理化特性决定了超临界和超超临界锅炉必须采用直流锅炉。直流锅炉没有汽包，无法通过锅炉排污去除杂质。直流锅炉的特点决定了由给水带入的杂质在机组的热力系统中只有以下三个去处：

（1）部分溶解于过热蒸汽中，其中绝大部分随蒸汽带入汽轮机而沉积在汽轮机上。

（2）不能溶解于过热蒸汽的那部分杂质将沉积于锅炉的炉管中。

（3）极少量的杂质溶解于凝结水中而进入下一个汽水循环。

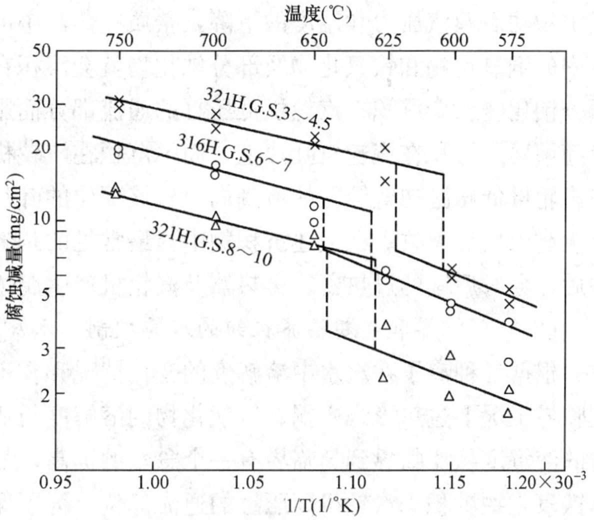

图 8-4 不同牌号不锈钢材料在水蒸气中高温氧化 1000h 的试验结果

无论杂质沉积于锅炉热负荷很高的锅炉水冷壁管内，还是随蒸汽带入汽轮机沉积在汽轮机上，都将对机组的安全性和经济性运行有很大的危害。

根据超临界和超超临界机组的特点，尽量纯化水质，减少水中的盐类杂质，降低给水中的含铁量，控制腐蚀产物的沉积量，是超超临界机组水处理和水质控制的主要目标。

（二）超临界和超超临界工况下的水化学特点

通常由给水带入炉内的杂质主要是钙、镁、钠离子，硅酸化合物，强酸阴离子和金属腐蚀产物等，根据这些杂质在蒸汽中的溶解度与蒸汽参数的关系图得知，各种杂质离子在过热蒸汽中的溶解度是有很大差别的，且随蒸汽压力的增加而变化的情况也不同。给水中的钙、镁杂质离子在过热蒸汽中的溶解度较低，且随压力的增加变化不大；而钠化合物在过热蒸汽中的溶解度较大，且随压力的增加而稳步增加；硅化合物在亚临界以上工况下的溶解度已接近同压力下水中的溶解度，且随压力的增加溶解度也渐渐增加；强酸阴离子（如氯离子）在过热蒸汽中的溶解度较低，但随压力的增加变化较大；硫酸根离子在过热蒸汽中的溶解度较低，且随压力的增加变化不大；铁氧化物在蒸汽中的溶解度随压力的升高呈不断升高趋势。

铜氧化物在过热蒸汽中的溶解度随着压力的增加而不断增加，当过热蒸汽压力大于

17MPa时，铜在过热蒸汽中的溶解度有突跃性的增加。由于铜会在汽轮机通流部分沉积，使通流面积减少，影响汽轮机的出力，因此对于超临界和超超临界机组凝结水和给水中铜的含量应引起足够的重视，建议最好采用无铜系统，并严格控制凝结水、给水系统运行中的pH值，减少腐蚀产物的产生。

（三）超临界和超超临界机组的结垢、结盐特点

超临界和超超临界工况下，当给水水质不纯时，由给水带入的钙、镁离子和部分铁氧化物将沉积在水冷壁管上而影响锅炉的安全运行。绝大部分的钠化物、硅化合物、强酸阴离子、铜氧化物和部分的铁氧化物将溶解于过热蒸汽中而被带入汽轮机。随着过热蒸汽在汽轮机中做功后蒸汽压力和温度的下降，杂质在蒸汽中的溶解度也会不断下降，原溶解于过热蒸汽中的铜氧化物和铁氧化物及部分钠化物就会沉积在汽轮机高压缸的通流部分，硅化合物和部分钠化物就会沉积在汽轮机低压缸的通流部分而影响汽轮机的效率。强酸阴离子部分可能会随阳离子沉积在汽轮机叶片上，而不沉积在汽轮机叶片上的部分强酸阴离子就有可能溶解在汽轮机低压缸初凝结区的液滴内，对该部位的叶片及金属部件产生应力腐蚀、点蚀或使其产生腐蚀疲劳裂纹。在上述沉积物中，最常见的是Na_2SO_4和NaOH，这类物质溶解在蒸汽中后，会对后续的过热器、再热器及汽轮机产生腐蚀影响。

（四）超临界和超超临界机组的水质控制和水质标准

根据各种离子在汽水中溶解度的变化情况和在不同部位沉积的可能性，由于超临界和超超临界工况下过热蒸汽中铜、铁氧化物的溶解度与亚临界相比有较大的提高，尤其是铜氧化物的溶解度从亚临界到超临界有一个急剧的提高，如给水中不加以严格限制，将会造成大量铜铁氧化物沉积于汽轮机高压缸的通流部位。为了保证机组的安全运行，在对给水水质的要求上，铜、铁氧化物的标准将比亚临界直流锅炉有更高的要求。另外由于超临界和超超临界机组中奥氏体钢的使用量比亚临界机组有较大的提高，且与相同再热蒸汽温度的亚临界机组相比，低压缸末几级叶片的湿度增加，为了防止发生奥氏体钢的晶间腐蚀和汽轮机末几级叶片的腐蚀，对阴离子的含量也提出了较高的要求。

另外，为了解决钠盐的沉积、腐蚀对过热器、再热器及汽轮机产生的影响，必须控制蒸汽中的钠含量小于1μg/kg，才有可能控制二级再热器中形成的氢氧化钠浓缩液对奥氏体钢的腐蚀和锅炉停用时存在的干状态的Na_2SO_4引起的再热器腐蚀。要想控制蒸汽中的钠含量小于1μg/kg，必须控制凝结水精处理出水水质的钠含量小于1μg/kg。因此，超临界和超超临界机组的水质控制对凝结水精处理系统也提出了更高的要求。同时，如何确保凝汽器微泄漏的情况下系统仍能达到相应的水质应是考虑的主要因素。

目前国内外对超临界和超超临界机组的水质控制指标见表8-1～表8-3。

表8-1　　超临界机组的给水水质标准

项目	中国		美国EPRI		德国VGB		日本		苏联		某超临界机组的厂级标准	
	AVT	OT	AVT	OT	AVT	OT	AVT	OT	AVT	OT	AVT	OT
pH值（25℃）	9.0～9.5	8.0～9.0	9.0～9.6	8.0～9.0	9.0～10.0	8.0～9.0	9.0～9.7	6.5～9.3			9.2～9.6	8.0～9.0
氢电导率（25℃，μS/cm）	≤0.15	<0.15	<0.2	<0.15	<0.2	<0.2	<0.25	<0.2	<0.3	<0.3	<0.2	<0.1

续表

项目	中国		美国 EPRI		德国 VGB		日本		苏联		某超临界机组的厂级标准	
	AVT	OT	AVT	OT	AVT	OT	AVT	OT	AVT	OT	AVT	OT
溶解氧（μg/L）	<7	30～200	<5	30～150	<100	30～150	<7	20～200	<10	100～400	<5	30～200
全铁（μg/L）	≤5	≤5	<10	<5	<20	<20	<10	<10	<10	<10	<10	<10
全铜（μg/L）	≤2	≤2	<2		<3	<3	<2	<2	<5	<2	<2	<2
联氨（μg/L）	<30						>10		20～60			
SiO_2（μg/L）	≤10	≤10			<20	<20	<20	<20	<15	<15	<15	<15
Na（μg/L）	≤3	≤3			<20	<20			<5	<5	<5	<5
Cl（μg/L）											<2	<2
SO_4^{2-}（μg/L）											<2	<2

表 8-2　凝结水精处理的出水控制指标（建议值）

主要控制项目	控制指标（建议值）	主要控制项目	控制指标（建议值）
氢电导率（25℃，μS/cm）	<0.08	SiO_2(μg/L)	<2
Na(μg/L)	<0.5	Fe(μg/L)	<1
Cl(μg/L)	<0.5	Cu(μg/L)	<1
SO_4^{2-}(μg/L)	<0.5	悬浮物(μg/L)	<5

表 8-3　国内汽轮机生产厂家对蒸汽品质的建议值

指　　标	汽轮机生产厂家		
	上海汽轮机厂	哈尔滨汽轮机厂	东方汽轮机厂
氢电导率（25℃，μS/cm）	<0.20	<0.20	<0.20
Na(μg/L)	<5	<5	<5
Cl(μg/L)	<5		<3
SiO_2(μg/L)	<10	<15	<15
Fe(μg/L)	<20	<10	<10
Cu(μg/L)	<5	<5	<5
SO_4^{2-}(μg/L)			<3
有机碳的质量分数			$<10^{-4}$

第二节　超超临界参数机组水汽质量标准

由于水在超临界参数状态下的物理、化学性质与临界参数以下有较大的差别，机组的运行条件更加恶劣，为了防止发生各种类型的腐蚀和积盐，就需要更严格地控制水汽质量。我国已投运的超临界机组，运行时间最长的已达 10 年，正在建设的超临界机组有十几台。我国研制的超临界机组也已经投入商业运行，超临界发电机组已经成为我国电力发展的方向。但是，引进机组采用不同国家制造厂提供的标准，各标准之间存在较大差异，GB/T 12145—1999《火力发电机组及蒸汽动力设备水汽质量》中虽然有超临界机组水汽质量的内容，但不够全面。国家标准考虑到机组制造商、机组运营商、订货和运行各个方面的不同要求，对超临界机组水汽质量的指标要求比较宽松。新制定的DL/T 805.4—2004《火电厂汽水化学导则 第4部分：锅炉给水处理》中虽然有超临界机组水汽质量的内容，但主要偏重亚临界以下参数的机组，没有规定超临界机组有关蒸汽、凝结水和补给水的质量标准。为了保证超临界机组安全、经济运行，需制定更为严格、合理的超临界机组水质标准。

DL/T 912—2005《超临界火力发电机组水汽质量标准》(以下简称本标准) 主要参考最新的国外标准：欧洲 prEN 12952—12—1998《给水和炉水质量标准》；英国 BS 2486—1997《蒸汽锅炉和水加热器的水处理推荐规范》；日本 JIS B 8223—1999《锅炉给水和炉水的质量标准》；德国大电厂技术协会 VGB-R450L：1988《68bar 以上锅炉的给水、炉水及蒸汽质量标准》。另外，本标准的编写还参考了引进的超临界机组的实际运行情况。

本标准规定了超临界压力火力发电机组在正常运行和停（备）用机组启动时的水汽质量控制指标，适用于超临界压力火力发电机组。

下列术语、定义和缩略语适用于本标准。

(1) 氢电导率 (Cation Conductivity)：水样经过氢型强酸阳离子交换树脂交换后测得的电导率。

(2) 无铜系统 (The System Without Copper Alloys)：与水汽接触的部件和设备不含铜合金材料的系统；反之称为有铜系统。

(3) 挥发处理 (All Volatile Treatment，AVT)：锅炉给水除氧、加氨和联氨的处理。

(4) 加氧处理 (Oxygenated Treatment，OT)：锅炉给水加氧的处理。

(5) 标准值 (Standard Value)：标准中所列标准值均为极限值，超出标准值，机组会出现腐蚀结垢问题。

(6) 期望值 (Expectation Value)：标准中所列期望值均为最佳控制值，在期望值下运行，可有效控制机组水汽系统的腐蚀结垢。

以下为本标准的相关内容。

1. 给水质量标准

为了防止水汽系统的腐蚀，需对给水进行加药、除氧或加氧等处理和调节，其给水控制指标应符合表 8-4 的规定。

表 8-4　给水溶解氧含量、联氨浓度和 pH 值标准

处理方式	pH 值 (25℃)		溶解氧 (μg/L)	联氨 (μg/L)
	有铜系统	无铜系统		
挥发处理	8.8～9.3	9.0～9.6	≤7	10～50
加氧处理①	8.5～9.0	8.0～9.0	30～150	—

① 低压给水系统（除凝汽器外）有铜合金材料的应通过专门试验，确定在加氧后不会增加水汽系统的含铜量，才能采用加氧处理。

为减少蒸发段的腐蚀结垢，保证蒸汽品质，给水质量应符合表 8-5 的规定。

表 8-5 给水质量标准

项目	氢电导率（25℃，μS/cm）		二氧化硅（μg/L）	铁（μg/L）	铜（μg/L）	钠（μg/L）	TOC①（μg/L）	氯离子①（μg/L）
	挥发处理	加氧处理						
标准值	<0.20	<0.15	≤15	≤10	≤3	≤5	≤200	≤5
期望值	<0.15	<0.10	≤10	≤5	≤1	≤2	—	≤2

① 根据实际运行情况不定期抽查。

2. 凝结水质量标准

挥发处理时，凝结水精处理装置前的凝结水溶解氧浓度应小于 30μg/L。

经过凝结水精处理装置后，凝结水的质量应符合表 8-6 的规定。

表 8-6 经过凝结水精处理装置后水的质量标准

项　目	氢电导率（25℃，μS/cm）		二氧化硅（μg/L）	铁（μg/L）	铜（μg/L）	钠（μg/L）	氯离子①（μg/L）
	挥发处理	加氧处理					
标准值	<0.15	<0.12	≤10	≤5	≤2	≤3	≤3
期望值	<0.10	<0.10	≤5	≤3	≤1	≤1	≤1

① 根据实际运行情况不定期抽查。

3. 蒸汽质量标准

为了防止汽轮机内部积盐，蒸汽质量应符合表 8-7 的规定。

表 8-7 蒸汽质量标准

项　目	氢电导率（25℃，μS/cm）	二氧化硅（μg/kg）	铁（μg/kg）	铜（μg/kg）	钠（μg/kg）
标准值	<0.20	≤15	≤10	≤3	≤5
期望值	<0.15	≤10	≤5	≤1	≤2

4. 补给水质量标准

补给水的质量以保证给水质量合格为标准。补给水质量可参照表 8-8 中的指标进行控制。

表 8-8 补给水质量标准

项　目	电导率（25℃，μS/cm）	二氧化硅（μg/L）
标准值	≤0.20	≤20
期望值	≤0.15	≤10

5. 减温水质量标准

锅炉蒸汽减温水的质量以保证蒸汽质量合格为标准。减温水的质量应符合给水标准的规定。

6. 停（备）用机组启动时的水汽质量标准

（1）锅炉启动时的给水质量标准。锅炉启动时，给水质量应符合规定，在热启动时 2h 内、冷启动时 8h 内达到正常给水标准值，见表 8-9。

表 8-9　　锅炉启动时的给水质量标准

项　目	氢电导率（25℃，μS/cm）	二氧化硅（μg/L）	铁（μg/L）	溶解氧（μg/L）	硬度（μmol/L）
标准值	≤0.65	≤30	≤50	≤30	≈0

（2）汽轮机冲转前的蒸汽质量标准。锅炉启动后，汽轮机冲转前的蒸汽质量应符合规定，并且在8h内达到正常蒸汽质量标准，见表8-10。

表 8-10　　汽轮机冲转前的蒸汽质量标准

项　目	氢电导率（25℃，μS/cm）	二氧化硅（μg/kg）	铁（μg/kg）	铜（μg/kg）	钠（μg/kg）
标准值	≤0.50	≤30	≤50	≤15	≤20

7. 水汽质量劣化时的应急处理

（1）水汽质量劣化时的处理原则。当水汽质量劣化时，应迅速检查取样是否有代表性，检测和化验结果是否准确，并综合分析系统中水汽质量的变化，确认判断无误后，应立即采取措施，使水汽质量在允许的时间内恢复到标准值。

水汽质量劣化时的三级处理：

一级处理：有造成腐蚀、结垢、积盐的可能性，应在72h内恢复至标准值。

二级处理：肯定会造成腐蚀、结垢、积盐，应在24h内恢复至标准值。

三级处理：正在加快腐蚀、结垢、积盐，如果水质没有好转，应在4h内停炉。

在异常处理的每一级中，如果在规定的时间内尚不能恢复正常，则应采取更高一级的处理方法。

（2）锅炉给水水质异常时的处理。锅炉给水水质异常时的处理按标准进行，见表8-11。

表 8-11　　锅炉给水水质异常时的处理标准

项目	处理方法		<0.20	0.20～0.30	0.30～0.40	>0.40
溶解氧（μg/L）	挥发处理		≤7	>7	>20	—
pH值（25℃）	挥发处理	有铜系统	8.8～9.3	<8.8或>9.3	<8.0	—
		无铜系统	9.0～9.6	<9.0或>9.6	<8.0	—
	加氧处理		8.0～9.0	<8.0	—	—

注　给水pH值低于7.0时，应立即停机。

（3）凝结水精处理装置前水质异常时的处理。凝结水精处理装置前水质异常时的处理按标准进行，见表8-12。

表 8-12　　凝结水精处理装置前水质异常时的处理标准

项目	标准值	处　理　等　级		
		一级处理	二级处理	三级处理
氢电导率（25℃，μS/cm）	<0.30	0.30～0.40	0.40～0.50	>0.50
钠（μg/L）	<10	10～20	20～35	>35

注　用海水冷却的电厂，当凝结水中的含钠量大于400μg/L时，应紧急停机。

8. 水质指标的解释和依据

(1) 挥发处理。本标准中的挥发性处理是指还原性全挥发处理，即 AVT (R)。pH 值 (25℃)、溶解氧和联氨指标与 DL/T 805.4—2004 中的还原性挥发处理［AVT (R)］规定值完全相同，各指标解释和依据也相同。

(2) 氧化性处理。即加氧处理，pH 值 (25℃)、溶解氧和联氨指标与 DL/T 805.4—2004 中的规定值相同，各指标解释和依据也相同。

(3) 二氧化硅、铁、铜、钠的规定值与 DL/T 805.4—2004 中的规定值也相同，只是钠指标增加了期望值，各指标解释和依据也相同。

(4) TOC。水中的有机物含量以有机物中的主要元素碳的含量来表示，称为有机碳。测定原理是在 950℃的高温下，使水样中的有机物气化燃烧，生成 CO_2，通过红外线分析仪，测定其生成物 CO_2 的量，即可得出总有机碳含量 (TC)。检测水中碳酸盐、重碳酸盐等的含量可得出总无机碳含量 (IC)，则 TOC=TC−IC。控制有机物的目的是防止有机物热分解产生有机酸。与 GB/T 12145—1999 相比，本标准中去掉了含油指标，增加了 TOC 指标，这主要是因为 TOC 所包含的内容更广。

(5) 氯离子。本标准中增加了给水氯离子的浓度指标，即标准值≤3μg/L，期望值≤2μg/L。这是因为氯离子对水汽系统的腐蚀影响很大。国外很多标准都认为，为了防止汽轮机发生应力腐蚀破裂，蒸汽中氯离子的最高允许浓度为 3μg/kg。由于超临界机组的给水应与蒸汽同一质量，因此对此进行规定。国内调研发现，精处理系统运行不正常会使给水中的氯离子浓度增加，因此有必要增加氯离子的浓度指标，以便有效减少氯离子对水汽系统的腐蚀。

第三节 锅炉给水处理

在发电机组的热力系统中，水和水蒸气介质处于高温、高流速状态下，而且由于机组的经常启动和停、备用，金属材料又处于经常的机械应力作用下，这些因素都促进了腐蚀过程的进行。

水溶液的氧化还原电位可以表明介质的氧化性和还原性。金属的电位—pH 图表明，在一定的 pH 值之下，金属的稳定性与该金属在介质中的电极电位有密切关系。pH 值和氧化还原电位超出热力学稳定范围，都会造成金属的腐蚀。锅炉给水的处理就是依据金属的电位—pH 图，调节水质的 pH 值和氧化还原电位，使其在热力学稳定范围内。

加氧处理目前主要用于亚临界以上的直流锅炉。锅炉给水采用加氧处理技术是利用给水中溶解氧对金属的钝化作用，使金属表面形成致密的保护性氧化膜，以降低给水的铁含量，防止炉前系统发生流动加速腐蚀 (FAC)，降低锅炉炉管的结垢速率，减缓直流锅炉运行压差的上升速度，延长锅炉化学清洗的周期和凝结水精处理混床的运行周期。

一、几种给水处理方式的比较

(一) 还原性全挥发处理［AVT (R)］的特点

AVT (R) 是在物理除氧后，再加氨和还原剂使给水呈弱碱性的还原处理。20 世纪 80 年代以前，在世界范围内几乎所有的锅炉给水都采用 AVT (R)。对于有铜系统的机组，兼顾了抑制铜、铁腐蚀的作用；对于无铜系统的机组，通过提高给水的 pH 值抑制铁腐蚀。但是后来试验发现，水质在达到一定的纯度后，加除氧剂只对铜合金有腐蚀抑制作用，对钢铁不但没有好处，有时反而会使给水和湿蒸汽系统发生 FAC。所以，不加还原剂，使给水呈弱氧化性状态，或加氧使水处于氧化性状态，反而会使无铜系统的机组给水的含铁量减少，使 FAC 现象减轻或被抑制。

对于有铜系统，总是优先采用 AVT（R）；对于无铜系统，如果出现给水的含铁量较高（>10μg/L）、高压加热器疏水调节阀门经常卡涩、水汽系统的弯头处有冲刷减薄等现象，则不宜采用 AVT（R），最好采用 OT 或 AVT（O）。

（二）弱氧化性全挥发处理［AVT（O）］的应用条件及其局限性

20 世纪 80 年代末期，随着人们环保意识和公共卫生意识的逐渐加强，对 AVT（R）所使用的联氨越来越质疑。为此，在世界范围内开展了两方面的研究：一是开发无毒的新型除氧剂来代替联氨；二是取消除氧剂，改为弱氧化性处理，即 AVT（O）。后者更符合国际水处理的研究方向，即尽量少向水汽系统加化学药品，加药越简单越好。我国在 20 世纪 90 年代开始研究 AVT（O），并于 1994 年在电力系统试用。

AVT（O）其实就是不加除氧剂的 AVT（R）。在该处理方式下，给水处于弱氧化性的气氛中，通常 ORP 在 0～80mV 之间。由于 OT 对水质要求严格，对于没有凝结水精处理设备或凝结水精处理运行不正常的机组，给水的氢电导率难以保证小于 0.15μS/cm 的要求，就无法采用 OT。而采用 AVT（R）时，给水的含铁量又高，这时可以采用 AVT（O）。这种处理方式通常会使给水的含铁量降低，省煤器管和水冷壁管的结垢速率也相应降低。例如，陕西某电厂 50MW 的机组 1994 年采用 AVT（O）至 2003 年 7 月，省煤器管的结垢量仅为 $72g/m^3$，水冷壁管的结垢量仅为 $190g/m^3$，依此推算锅炉的酸洗周期为 15～20 年。

因此，除凝汽器外，对于无其他铜合金材料的机组，锅炉给水处理应优先采用 AVT（O）。如果有凝结水精处理设备，给水的氢电导率能保证小于 0.15μS/cm，最好采用 OT。如果低压给水系统含铜合金部件，一般不宜采用 AVT（O），否则会使水汽系统含铜量增高，严重时汽轮机会结铜垢。

（三）采用加氧处理（OT）的特点

在我国早期引进的超临界机组中，给水处理全部采用 AVT，这些机组在 AVT 工况下运行时均遇到了下列问题或其中的部分问题，如高的给水含铁浓度，高的锅炉炉管结垢速率，高的锅炉运行压差上升速度，短的锅炉清洗周期，部分水相节流调节阀结垢严重而影响调节性能，高压加热器和省煤器管发生流动加速腐蚀损坏而引起泄漏，汽轮机严重结垢、积盐，短的凝结水精处理混床运行周期等。

对超临界和超超临界机组来讲，合适的给水处理方式是控制热力系统内腐蚀产物的主要手段。目前，对于炉前系统腐蚀产物的控制方法，国内外毫无例外地首推给水加氧处理（OT）技术。加氧处理是利用纯水中溶解氧对金属的钝化作用，使给水系统金属表面形成致密的保护性氧化膜，达到热力系统防腐、防垢的最佳效果。目前国外已经投运的超超临界机组的给水处理均采用加氧处理，该方法可以使省煤器入口的铁含量小于 1pg/L。国内超临界机组几乎全部采用了给水加氧处理工艺，均取得了良好的效果。因此，可以说加氧处理是超超临界机组正常运行工况下唯一适合的给水处理工艺。

二、选择给水处理方式的原则

（1）根据材质选择给水处理方式。

1）除凝汽器外，若水汽系统不含铜合金材料，则首选 AVT（O）；如果有凝结水精处理设备，并正常运行，则最好通过试验后采用 OT。

2）除凝汽器外，若水汽系统含铜合金材料，则首选 AVT（R）；也可通过试验，确认给水的含铜量不超标后采用 AVT（O）。

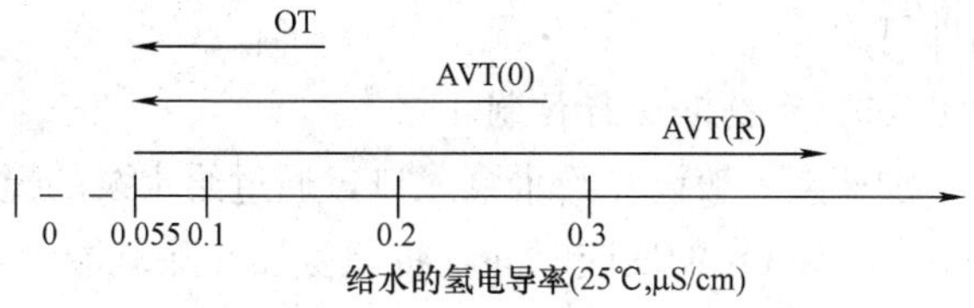

图 8-6 给水水质与给水处理方式的选择关系

（2）根据给水水质选择给水处理方式。AVT（R）、AVT（O）和 OT 三种给水处理方式对水的纯度要求不同，可根据图 8-6 来选择给水处理方式。

（3）根据机组的运行状况选择给水处理方式。如果机组因负荷需求经常启停，或机组本身不能长期稳定运行，则最好选择 AVT（R）。

第四节 给水全挥发性处理

锅炉的给水系统包括汽轮机凝结水、加热器疏水等的输送管道和加热设备，其材质基本上是碳钢和铜合金。给水中的溶氧和游离二氧化碳会对碳钢和铜合金产生腐蚀。目前，应用比较广泛的化学处理措施是通过加 N_2H_4 消除经热力除氧后给水中的残留溶解氧，以及加氨水消除给水中的游离二氧化碳来防止腐蚀，以提高给水 pH 值，降低氧化铁在给水中的溶解度，尽量减少腐蚀产物带入炉内。

直流锅炉和压力更高的汽包不允许炉水中有盐类，因此不能采用磷酸盐处理而采用全挥发性处理（AVT），或称零固形物处理。这种用氨类和联氨来调节给水和炉水 pH 值的处理方法称为挥发性处理

一、联氨处理

（一）联氨除氧的原理

联氨是一种还原剂，特别是在碱性溶液中，其还原性很强，因此能与氧反应，并且能将金属的高价氧化物还原为低价氧化物，所以既在给水系统中起到了有利的防腐作用，还可以防止锅炉内结铁垢和铜垢，反应方程式为

$$N_2H_4 + O_2 \longrightarrow N_2 + 2H_2O \text{（联氨除氧的性质）}$$

当水中温度大于 200℃时，N_2H_4 可将 Fe_2O_3 还原成 Fe_3O_4，即

$$6Fe_2O_3 + N_2H_4 \longrightarrow 4Fe_3O_4 + N_2 + 2H_2O$$

N_2H_4 还能将 CuO 还原成 Cu_2O，即

$$4CuO + N_2H_4 \longrightarrow 2Cu_2O + N_2 + 2H_2O$$

（二）联氨除氧的条件

联氨与氧反应的速度和程度取决于化学反应的动力学条件，它受溶液温度、pH 值和联氨过剩量的影响。为了保证联氨与溶解氧反应迅速和完全，应维持下列条件：

（1）使水有足够的温度。当水温超过 150℃时，反应速度很快。

（2）联氨在水溶液 pH=9～11 时，反应速度最快。

（3）使水中有足够的联氨过剩量。根据运行经验，联氨过剩量控制在 10～30μg/L 范围内即可。

（三）加药和运行控制

加药点一般设在给水泵入口，通过给水泵的搅动，使药液和给水充分混合。有时为了延缓 N_2H_4 和 O_2 的反应时间，将联氨加在除氧器中，但这种办法耗药多，并不易混匀，一般不采用。

运行中给水联氨过剩量的控制：给水中联氨的过剩量一般维持在 10～30μg/L 范围内，可通过调节溶药箱中的药液浓度或调节计量泵来实现。

（四）联氨处理的注意事项

联氨是有毒物品，在搬运和使用时，应戴好橡胶手套和防护眼镜，在有良好通风和水源的地方操作。

联氨有挥发性、有毒、易燃烧，需要密封保存，靠近浓联氨的地方不允许有明火 。

二、给水加氨处理

（一）给水加氨处理的原理

给水系统中不仅要防止溶解氧腐蚀，还要防止因游离二氧化碳存在使 pH 值过低引起的酸性腐蚀。

实验证明，碳钢在水的 pH 值为 10～11 时腐蚀速度较低；黄铜在 pH 值为 5.6～8 时腐蚀速度最低。为了使两种材料都能控制在较低腐蚀速度的 pH 溶液中，通过加氨来调节给水 pH 值，一般有铜部分 pH 值为 8.5～8.8，无铜部分 pH 值为 9.0～9.5。

NH_3 和 CO_2 都是挥发性物质，在热力系统中，由于它们在气液两相中的分配系数不同，所以在热力系统各部分 NH_3 和 CO_2 的比值不同，其分布情况比较复杂，大致情况如下：

（1）在热力除氧中，被除去的 NH_3 和 CO_2 的比值小，也就是说出水 pH 值比进水高。

（2）凝结器中凝结水的 pH 值要比过热蒸汽高，因为抽气器抽走的 CO_2 比 NH_3 多。

（3）射汽式抽气器中蒸汽凝结水的 pH 值比凝结器中凝结水低。

（4）在加热器中，因疏水中 NH_3 多，蒸汽中 CO_2 多，所以汽相的 pH 值和疏水的 pH 值与进汽的 pH 值都不一样，汽相的 pH 值比进汽低，疏水的 pH 值比进汽高。

由于以上原因，用 NH_3 处理时，会出现某些地方 NH_3 过多，另一些地方 NH_3 过少的矛盾。因此，不能 NH_3 处理作为解决给水因游离二氧化碳使 pH 值过低的唯一措施，而是应该首先尽可能降低给水中碳酸化合物的含量。以此为前提，进行加 NH_3 处理，以提高给水 pH 值，这样的 NH_3 处理才会有良好的效果。

（二）加药和运行中的调整控制

通常采用的加 NH_3 的方法基本和联氨一样，加药设备可以单独设置，也可以和 N_2H_4 用同一药泵加入。

由于 NH_3 为挥发性物质，因此无论在热力系统的哪一部位加药，整个水汽系统中都有 NH_3。通常加药点在给水或凝结水中。

（三）注意事项

加 NH_3 处理常使人担心的问题是引起黄铜腐蚀。因为当水中有 NH_3 存在时，它可以和 Cu、Zn 形成铜氨、锌氨络合物，这样会使原来不溶与水的 Cu（OH）$_2$ 保护膜转化成易溶于水的络离子，破坏其保护作用，从而使黄铜遭受腐蚀。尤其是凝汽器的空抽区，NH_3 量急剧浓缩，要比水、蒸汽中含 NH_3 量高出 10 倍。实践证明，该部位的氨蚀十分严重。所以在进行 NH_3 处理时，首先应能保证水汽系统中的 O_2 含量很低，加 NH_3 量不宜过多，一般维持给水中 NH_3 含量在 0.4～1.0mg/L 范围内。另外，NH_3 是一种强挥发性物质，操作时应注意安全。

第五节 给 水 加 氧 处 理

高参数、大容量锅炉给水氧—氨联合处理（Combined Water Technology，CWT）是西德在 20 世纪 70 年代末，在原来的给水中性加氧处理（NWT）基础上发展起来的一种新的给水处理技术。在 60 年代后期，西德在中性的给水中加入过氧化氢，后又改为加入氧气，使给水中的溶解氧含量保持在 100～300μg/L 之间，使金属表面形成三氧化二铁的氧化膜，从而起到防腐蚀的作用，当时称此为中性处理。后来发现此方法有缺点，主要是水的缓冲性很弱，水中的微量二氧化碳及其他的酸性物质会引起金属侵蚀，于是便逐渐发展成为加入少量氨和氧的联合处理。此方法后来除了在德国得到广泛应用外，还先后在苏联、日本、美国、意大利、丹麦、荷兰、韩国等国家得到采用并获得成功。

我国从 1988 年首次在望亭发电厂亚临界燃油直流锅炉机组上成功地进行了 CWT 的工业试验，取得了令人满意的结果，后来又分别在黄埔发电厂亚临界燃煤直流锅炉机组和石洞口发电厂超临界燃煤直流锅炉机组上取得了 CWT 运行的成功应用。国内汽包炉上最早开始应用试验的厂家是北仑发电厂、扬州第二发电有限公司与双辽发电厂。上海吴泾第二发电有限公司从 2002 年开始也进行了 CWT 的工业试验。

一、给水加氧处理的目的和适用范围

（一）目的

给水处理采用加氧处理的目的是通过改变给水处理方式，降低锅炉给水的含铁量和抑制炉前系统，特别是锅炉省煤器入口管和高压加热器管的流动加速腐蚀（Flow Accelerated Corrosion，FAC），达到降低锅炉水冷壁管氧化铁的沉积速率和延长锅炉化学清洗周期的目标。

（二）适用范围

给水加氧处理工艺的核心是氧在水质纯度很高的条件下对金属有钝化作用。为保证水质纯度（氢电导率小于 0.1μS/cm），系统必须配置凝结水精处理混床。采用加氧处理工艺的另一条件是低压加热器管材最好不是铜材，因为在氧化条件下铜氧化膜的溶解度较高，氧化铜腐蚀产物最终将转移到汽轮机高压缸中沉积下来。但如果热力系统氧化铁腐蚀产物造成较为严重的结垢问题，即使低压加热器管是铜材，也可通过专项试验确定加氧处理水质的具体控制参数，在尽可能减少铜氧化物溶解的前提下，采用给水加氧处理，取得抑制铁氧化物的结果。

二、给水加氧的原理

（一）全挥发处理（AVT）方式下氧化膜的特点

根据氧化膜的生成机理，电厂水汽循环系统的腐蚀又可分为电化学反应和化学反应。水与碳钢反应生成氧化膜的机理依据温度条件有所不同，在常温到300℃的范围内，水与碳钢通过电化学反应生成氧化膜；在400℃以上，蒸汽与碳钢通过化学反应生成氧化膜。

由于在低温条件下，水作为氧化剂没有能量使Fe^{2+}氧化为Fe^{3+}，并随后转化为具有保护作用的氧化膜覆盖层，氧化膜处于活性状态。四氧化三铁的溶解度约在150℃时最大。提高溶液的pH值有利于降低氢氧化亚铁的溶解度。

在凝结水系统、低压加热器和第1级高压加热器入口的水温和化学介质条件下，当局部水流动条件恶化时，铁的溶解会转变为侵蚀性腐蚀，即发生流动加速腐蚀。在300～400℃高温区，水分子具有能力使Fe^{2+}氧化为Fe^{3+}，因此在省煤器的出口段到水冷壁的金属表面形成了内层薄而致密、外层也较为致密的四氧化三铁氧化膜。此温度区应是化学反应与电化学反应的混合区或过渡区。随着温度的升高，氧化膜生成的反应控制过程逐渐由电化学反应转向以化学反应为主。

通过上述关于无氧条件下形成氧化膜的特点讨论可看出，除高温段外，中、低温段的金属氧化膜是不够致密的，其四氧化三铁的溶解度较高，即使热力系统的水质接近理论纯度，或通过提高pH值尽量降低氢氧化亚铁的溶解度，但因在使用联氨处理的条件下形成的双层Fe_3O_4氧化膜由致密的内伸Fe_3O_4层和多孔、疏松的Fe_3O_4外延层构成，疏松的Fe_3O_4外延层不耐水流的冲击，所以给水系统的局部也会发生流动加速腐蚀，同时给水系统氧化膜释放出的微量铁离子仍会造成给水含铁量高，以及使下游热力设备产生氧化铁的污堵和沉积问题。

由于铁氧化物不断在热负荷高的部位沉积，在水流作用下生成了表面粗糙的波纹状垢层，该类垢层除降低锅炉受热面的传热效率外，还增加了流体阻力，造成锅炉压差不断上升。

（二）给水氧化处理的原理

1. 电化学理论

在热力设备水汽系统中发生的腐蚀大都属于电化学腐蚀，处于该介质中的金属受腐蚀的倾向主要取决于金属的自然腐蚀电位，腐蚀电位越高越不易被腐蚀，反之亦然。在加氧处理工况下，碳钢的自然腐蚀电位为0.10～0.3V，而在全挥发工况条件下为－0.6V。根据电位—pH图，碳钢在加氧处理工况下发生的主要反应为$4Fe^{2+}+O_2+2H_2O \longrightarrow 4Fe^{3+}+4OH$，水中的溶解氧提高了$Fe\text{-}H_2O$体系的电位，铁进入$Fe_2O_3$钝化区，防止了腐蚀。而全挥发处理工况下，发生的反应为$3Fe^{2+}+4H_2O \longrightarrow Fe_3O_4+8H^++2e$，铁由于提高了pH值，进入$Fe_3O_4$钝化区而抑制了腐蚀。

2. 金属氧化膜形态

加氧处理工况下，由于水中溶解氧的存在，碳钢表面能够迅速形成致密的“双层保护膜”，内层是黑色的磁性Fe_3O_4层，外层是晶粒，表面平整呈红棕色的Fe_2O_3层，外层保护膜具有良好的表面特性，因而阻止了碳钢的进一步腐蚀。而在AVT工况下，碳钢表面形成了晶粒粗大、凹凸不平的黑色磁性Fe_3O_4膜，此氧化膜不仅热阻大、沿程水阻大，而且在

高温纯水中比 Fe_2O_3 有更大的溶解性，易形成流动加速腐蚀（FAC），因而耐蚀性能差。

3. 加氧的作用

加氧可以促使 Fe^{2+} 氧化为 Fe^{3+}，其原因是氧分子在腐蚀电池的阴极反应中接受电子还原成为 OH^-，在水作为氧化剂没有能量使 Fe^{2+} 转化为 Fe^{3+} 时，氧分子在阴极的还原反应提供了 Fe^{2+} 转化为 Fe^{3+} 所需的能量。O_2 在阴极的还原反应促进了相间反应速度，同时 Fe^{3+} 作为氧的传递者，充当 F^{2+} 转化为 Fe^{3+} 反应的催化剂，加快了氢氧化亚铁的缩合过程。因此，在铁/纯水系统中，氧的去极化作用直接导致金属表面生成 Fe_3O_4 和 Fe_2O_3 的双层氧化膜，从而完全中止了热力系统金属的腐蚀过程。两种不同结构的氧化铁组成的双层氧化膜比单纯的 Fe_3O_4 双层膜更致密、更完整，因而更具保护性。热力系统中氧的电化学作用还表现在当热力系统金属表面氧化膜破裂时，氧在氧化膜表面参与阴极还原反应，将氧化膜破损处的 Fe^{2+} 氧化为 Fe^{3+}，使破损的氧化膜得到修复。随着温度进一步升高，金属腐蚀过程由电化学反应控制向化学反应控制转移，氧分子的作用逐渐减弱。

三、给水加氧处理的条件

给水加氧处理的条件如下：

(1) 给水氢电导率应小于 0.15μS/cm。

(2) 凝结水系统应配置全流量精处理设备。

(3) 除凝汽器冷凝管外，水汽循环系统各设备均应为钢制元件。

(4) 对于水汽系统有铜加热器管的机组，应通过专门试验，确定在加氧后不会增加水汽系统的含铜量，才能采用给水加氧处理工艺。

锅炉水冷壁管内的结垢量超过 200～300g/m^2 时，在给水采用加氧处理前宜进行化学清洗。

（一）凝结水精处理出水水质

锅炉应用给水加氧的前提是机组配置有全流量凝结水精处理设备。凝结水精处理设备的运行条件和出水品质的好坏，是锅炉给水加氧处理是否能正常进行的重要前提条件。直流锅炉要求给水的氢电导率小于 0.15μS/cm，因而凝结水精处理必须保证出水的氢电导率小于 0.10μS/cm；汽包炉要求给水的氢电导率小于 0.10μS/cm，因而凝结水精处理必须保证出水的氢电导率小于 0.075μS/cm。

（二）加氧控制系统

氧化剂采用气态氧，由高压氧气瓶提供的氧气经减压阀减压后，通过针形流量调节阀加入系统。加氧点为两处：一处为凝结水精处理出口母管；另一处为除氧器出口母管。系统中选用精密的止回阀来防止发生给水倒流。加氧控制方式采用手动调节和自动调节并联控制。与直流锅炉给水加氧不同的是，汽包锅炉给水加氧要求加氧量调节自动控制。一般以除氧器下降管加氧点为自动控制点，此法的优点是除氧器的排汽门开度不必严格控制。自动控制参数由给水流量、下降管氧含量和省煤器入口氧含量共同决定。

（三）锅炉结垢量

在应用给水加氧处理前，原则上锅炉应进行化学清洗，除去热力系统（省煤器、水冷壁和高压加热器及给水管线）中的腐蚀产物。这是由于以下原因：

(1) 给水加氧处理工艺没有除垢的作用，只是在原来的四氧化三铁氧化膜上通过部分四氧化三铁转换为三氧化二铁，形成了双层保护膜，双层氧化膜的厚度变化不大。

(2) 水冷壁管的氧化膜表面的波纹状垢在加氧后消失，可能与组成表面波纹状垢的大颗粒四氧化三铁被转化为细小的颗粒或被剥离有关，但水冷壁管上氧化铁垢层的厚度并没有明显减薄。

(3) 原先热力系统金属表面沉积的黑色四氧化三铁粉会转换为棕红色的 α-Fe_3O_4，仍覆盖在热力系统金属的表面，同时易造成在高温区氧气对金属仍有钝化作用的误解。

(4) 如果没有去除沉积在热力系统中的铜氧化物，在加氧处理开始后，铜的腐蚀产物会转到汽轮机高压缸中沉积。

因此，对热力系统预先进行化学清洗非常必要，化学清洗除去了热力系统中的铜、铁腐蚀产物，在此基础上应用给水加氧处理，可在炉前系统获得最薄的保护性氧化膜，在水冷壁保持较低的氧化铁沉积速率。如因机组应用给水加氧处理前暂时没有条件进行化学清洗，则在即使成功应用了给水加氧处理工艺之后，也有必要尽早安排锅炉的化学清洗。

四、给水加氧处理系统

1. 加氧系统组成

加氧系统由氧气储存设备、氧气流量控制设备和氧气输送管线组成，见图 8-7。应选用纯度大于 99%的氧气作为氧化剂。

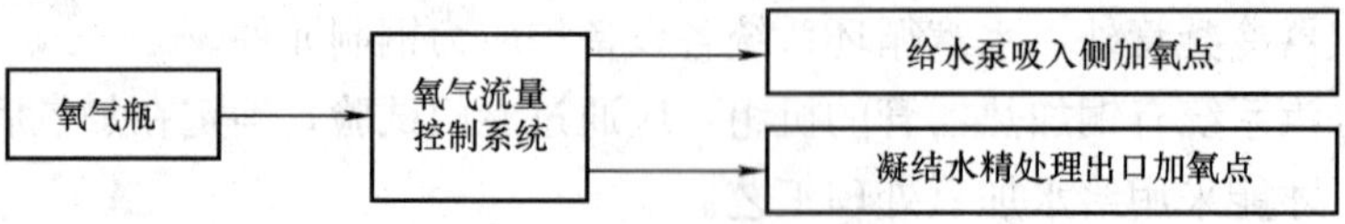

图 8-7 加氧系统示意图

2. 氧的储存设备

氧气的储存设备一般可选用承压 14.7MPa、容积 40L 的钢瓶。

3. 氧气管线系统

氧气管线系统包括氧气母管和气路支管。氧气母管采用黄铜管或不锈钢管，母管与氧气瓶的连接采用专用卡具。氧气在母管出口减压后，经氧量控制装置与气路支管连接。气路支管应采用不锈钢管。

4. 加氧点

加氧点的位置设在凝结水处理设备出口和给水泵的吸入侧。

5. 给水的加氨系统

给水加氧处理时，为了中和微量酸性物质，增加水汽系统的缓冲性，需加少量的氨，以保持水汽系统中的 pH 值符合表 8-13 的要求。加氨点应选在凝结水精处理设备出口处，加氨量应由加氨自动装置控制。

6. 给水加氧处理的实施

(1) 给水加氧处理运行与监督。给水加氧处理时，运行中监督和检测的水汽质量项目列于表 8-13。各项控制指标应符合表 8-14 的规定。各项指标的测定方法依照国家标准执行：pH 值的测定见 GB/T 6904—2008、氨的测定见 GB/T 12146—2005、全硅的测定见 GB/T 12148—2006、铁的测定见 GB/T 14427—2008，纯水电导率、硅、钠及铜的测定见相关标准。

含氧量的测定采用在线或便携式溶解氧表。

最重要的控制指标是给水氢电导率，通过对其监测，及时发现水质污染的状况，并消除引起污染的原因，保持加氧处理所要求的高纯水质。

表 8-13　　直流锅炉给水加氧处理汽水品质监测项目

取样点	pH 值（25℃）	氢电导率（25℃）	溶解氧	二氧化硅	铁	铜	钠
省煤器入口	C	C	C	gs	w	w	gs
主蒸汽	—	C	C	gs	w	w	gs
凝结水泵出口	—	C	gs	—	—	—	C
凝结水精处理出口	—	C	—	gs	gs	gs	C
补给水混床出水	—	C	—	gs	—	—	—
除氧器入口	—	—	C	—	—	—	—
高压加热器疏水	—	—	gs	—	gs	gs	—

注　C—连续监测；w—每周一次；gs—根据实际需要定时取样监测。

表 8-14　　给水加氧处理水汽质量标准　　（μg/L）

项目取样点	pH 值（25℃）	氢电导率（25°，μS/cm）		铁		铜		溶解氧	二氧化硅	钠
		标准值	期望值	标准值	期望值	标准值	期望值			
省煤器入口	8.0～9.0	<0.15	≤0.10	<10	≤5	<5	≤3	30～300	<10	<5
主蒸汽	—	<0.15		<5	≤3	<3	≤1	—	<10	<10
凝水泵出口	—	<0.3		—	—	—	—	—	—	<10
精处理出口		≤0.10		<5	≤3	<3	≤1	—	<10	<1
补给水混床出水		≤0.15			—	—	—	—	<10	—

（2）机组启动时的水质处理。机组正常启动时，一般通过加氨将给水 pH 值提高至 9.0～9.5。当机组运行稳定、给水的氢电导率降到小于 0.15μS/cm，并有继续降低的趋势时，开始加氧。为加快循环回路中溶解氧的平衡，加氧初始可提高给水中的含氧量，但最高不得超过 300μg/L。

除氧器和高、低压加热器的运行方式：正常运行时，除氧器排汽门可根据机组的运行情况，采用微开方式或全关闭定期开启的方式。高、低压加热器排汽门应采用微开方式，以确保加热器疏水的含氧量大于 30μg/L。

（3）水质异常时的处理原则。当水汽质量偏离控制指标时，应迅速检查取样的代表性或确认测量结果的准确性，并分析循环回路中水汽质量的变化情况，查找原因，采取相应的措施，详见表 8-15。

表 8-15　　水质异常时的处理措施

省煤器入口氢电导率（25℃，μS/cm）	应采取的措施
0.10～0.15（不含 0.15）	正常运行，迅速查找污染原因，在 72h 内使氢电导率降至 0.10μS/cm 以下

续表

省煤器入口氢电导率（25℃，μS/cm）	应采取的措施
0.15～0.2（不含0.2）	立即提高加氨量，调整给水pH值到9.0～9.5，在24h内使氢电导率降至0.10μS/cm以下
≥0.2	停止加氧，转换为不加联氨的全挥发性处理方式运行

（4）机组的停运和保护措施。机组在停运前1～2h，停止加氧，并提高加氨量，使给水pH值大于9.0，同时打开除氧器排汽门，提供辅助除氧。停运时，锅炉可按照规程规定采用带压放水、余热烘干或提高pH值的湿法保护等措施。

7. 锅炉给水处理的转换

（1）必要条件：

1）凝结水有100%的精处理装置，且运行正常；

2）机组正常运行中给水的氢电导率≤0.15μS/cm；

3）化学仪表达到联合处理工艺所要求的分析能力；

4）加氧装置已安装，并已完成调试；

5）必要的准备工作已就绪。

（2）转换前的准备工作：事先对机组情况进行调查，内容包括机组系统情况、化学运行情况、锅炉管结垢的量和成分、化学仪表分析能力等，以便根据调查结果做出必要的调整。

（3）热力系统材料的调查。热力系统材料包括锅炉水汽系统的“四管”（省煤器管、水冷壁管、过热器管和再热器管）、汽轮机、高/低压加热器等设备部件的材料和状态，以及有关阀门的阀座、密封环的材料和状态，并建立档案。

（4）水质查定。对整个系统取样点的水质情况进行全面的查定，并作好记录，建立基础数据，以便用于日后评定加氧处理效果。

（5）加氧系统的设计、安装及调试。根据要求设计氧气存储设备、控制设备和管路系统，氧气的存储量以满足机组在高负荷工况下正常运行7天为宜。加氧系统的安装要以操作和维修方便为原则。氧气存储设备应安装在防火和便于更换氧气瓶的地方；加氧的控制设备应尽量安装在运行人员操作方便的地方。加氧系统的调试包括系统密封性检查、加氧流量的控制等内容。

（6）给水加氨系统。加氨设备能够保证给水pH值在8.0～9.5的范围内调节。加氨量的控制宜采用自动计量装置（一般控制给水的电导率在0.8～1.2μS/cm的范围内）。

（7）汽水取样和检测系统的改进。增设必要的取样点，如高、低压加热器的疏水取样点；加装必要的监测仪表，如溶氧表、电导表等。

（8）垢量检查及锅炉化学清洗。实施转换前，应利用检修机会对锅炉省煤器和水冷壁的沉积物量、沉积物成分进行全面的检查。对于有铜系统，在实施加氧转换前应先进行酸洗，除去热力系统中的铜沉积物。

（9）实施转换。

1）停止加入联氨。转化为加氧方式之前，应提前停止加入联氨。在停加联氨期间，应加强对给水、凝结水中溶解氧、含铁量和含铜量的监测。水质应达到稳定，当给水的氢电导率≤0.15μS/cm，pH值在9.0～9.5范围内时，即可实施转换工作。

2）加氧。对于无铜系统机组（凝汽器管除外），在凝结水精处理出口或给水泵吸入侧的加氧点进行加氧，也可以在上述两点同时加氧。对于有铜系统机组（即低压加热器为铜合金管），应在给水泵吸入侧的加氧点进行加氧。

3）控制加氧量。加氧初始阶段，一般控制凝结水或给水含氧量在150～300μg/L范围内。同时应监测各取样点水样的氢电导率、含铁量和含铜量的变化情况。如果给水和蒸汽的氢电导率随氧的加入而升高，但未超过0.2μS/cm，并且凝结水的氢电导率变化不大，则可保持给水中含氧量在300μg/L左右。若给水和蒸汽的氢电导率超过0.2μS/cm，则适当减小加氧量，以保持给水和蒸汽的氢电导率小于0.2μS/cm。当蒸汽中的溶解氧达到30～150μg/L时，调节加热器的排汽门，并监测疏水的含氧量直到大于30μg/L为止。对低压加热器为铜合金的系统，应经过专门的调整试验，选择适宜的pH值和含氧量的控制范围，确保不会增加水汽系统的铜含量。

4）调整除氧器、加热器排汽门。应微开或定期开启除氧器排汽门，排汽门的开度或开启的周期应根据实际情况具体确定。为维持疏水足够的含氧量，高、低压加热器的排汽门开度也应根据实际情况具体确定。

5）调整给水pH值。在完成上述转换后，可以调整给水pH值至8～9。对于无铜系统机组，应确定出使给水含铜量达到最小的pH值范围。

8. 对疏水系统的影响

在给水全挥发处理（AVT）条件下，加热器疏水系统的管材和壳体的汽液分界区在运行中可能发生水流加速腐蚀，在停备用期间易受氧腐蚀。高压加热器的腐蚀产物随疏水进入除氧器，特别是在机组启动时，大量的锈蚀产物会进入热力系统，沉积在锅炉受热面上。

给水处理采用加氧处理，可使加热器疏水系统的水相金属表面生成保护性氧化膜，有效地抑制水流加速腐蚀和停备用腐蚀。直流锅炉采用给水加氧处理的氧含量控制范围为30～150μg/L，在关小加热器排汽门的前提下，可满足疏水中氧含量大于30μg/L的要求。但在汽包锅炉中，由于给水氧含量一般控制在10～60μg/L范围内，由蒸汽带入的氧含量很小，即使在加热器排汽门关小的情况下，也很难满足疏水系统的氧含量要求。因此，为确保疏水系统得到保护，必须尽量提高疏水的氧含量，必须在运行时完全关闭排汽门。

为防止停运期间的氧腐蚀，在机组停机和启动期间又需要打开排汽门，一方面防止停运期间的氧腐蚀，另一方面确保机组启动阶段排出二氧化碳等不凝性气体。如运行期间加热器的排汽门关不严，氧含量达不到10～20μg/L，则应考虑调整给水pH值，以保证蒸汽pH值可满足疏水系统防腐蚀的需要。

9. 对蒸汽系统的影响

国外所进行的调研结果表明：加氧处理工艺问世近30年来，全世界85%的直流锅炉和5%以上的汽包锅炉已成功应用了给水加氧处理工艺。至今还没有关于采用给水加氧处理会明显引起热力系统高温段金属表面氧化皮增厚或脱落问题的报道，目前最新发展的超超临界机组的给水处理工艺也是采用加氧处理，如此长时期的工业实践和大面积的推广应用就是加氧处理技术成熟性的最好证明。

我国在研究应用给水加氧处理技术的实践中，曾遇到有的机组因怀疑主汽门的卡涩与加入的氧气有关而中断采用给水加氧处理工艺的情况。经调研，主汽门卡涩问题在国内较普遍，氧化皮问题在所调查的电厂中也有不同程度的影响，从采用和未采用给水加氧处理的电厂对比结果看，给水处理的方式与主汽门卡涩没有直接的关联。据有关电厂介绍，加强监测和缩短检修周期，并彻底除去主汽门本体的氧化皮，是目前控制主汽门卡涩较有效的办法。从治本的角度，应选用抗氧化和抗脱落性能更好的材料。

给水加氧处理对高温段金属氧化的影响到底有多大，可根据氧气和水蒸气分压来判断。假设1kg水蒸气的分压为1Pa，由给水加氧处理所带入蒸汽中的氧气一般小于150μg/L，氧气与水蒸气的分压比为10^{-8}～10^{-7}Pa，与高温水蒸气的氧化作用相比，如此微量的氧气的氧化作用微乎其微。美国EPRI在机组蒸汽系统高温氧化方面的研究结果明确了高温氧化皮问题与温度和材质有关，与水工况无关（包括给水加氧处理工况）。

五、给水加氧处理是否会引起氧腐蚀问题

加氧处理之所以可使炉前系统金属的表面产生钝化，除水质高纯度这一先决条件外，还必须有水流动的条件，即在流动的高纯水中加入氧气才能在金属表面产生保护性氧化膜。

氧腐蚀发生的一般原理是在不流动的水中，溶解氧在局部发生了浓度差，浓差电池引起金属氧化膜局部破坏，形成点状腐蚀。过去水处理工艺较落后时，运行中的锅炉水冷壁如有大量盐类沉积物，水中的溶解氧会加速沉积物下的腐蚀。现在，在电厂机组热力系统发生的氧腐蚀一般都与停机时系统内不能充分干燥有关。暴露在空气中的金属表面有湿分时，氧腐蚀立即发生。因此，机组停运时，及时隔绝空气或保持热力设备干燥是停备用保养是否有效的关键。

在采用给水加氧的条件下，原则上经化学清洗的锅炉受热面没有盐类沉积物或大量的氧化铁沉积物。直流锅炉蒸汽中的氧含量为50～150μg/L，汽包锅炉蒸汽中的氧含量为10～50μg/L。采用加氧处理的机组，在启动时首先采用无氧工况运行，待水质条件达到加氧处理的要求后，方可开始加氧。在加氧工况下，系统的氧化还原电位一般在＋50～＋300 mV之间，金属处于完全钝化状态，加氧前已存在的点腐蚀不会进一步扩展。

六、给水加氧处理的效果评定

评定应用给水加氧处理技术所产生的效果主要有氧化还原电位、给水铁含量、水冷壁结垢速率和锅炉压差等指标，还可用凝结水精处理混床的运行周期和运行成本等经济效益指标进行评定。

（一）给水系统的氧化还原电位（ORP）

氧化还原电位指标是表明热力系统处于氧化性介质还是还原性介质的一个重要参数。一般水汽系统的氧化还原电位在AVT方式下约为－350 mV。停止加入联氨后，给水的氧化还原电位可达到－50～0mV，加入氧气后给水的氧化还原电位应达到50～350mV。

（二）热力系统含铁量

给水处理采用加氧处理工艺后，热力系统运行中的铁含量大大降低，氧化铁腐蚀产物的粒径大大减小。尤其是给水系统的局部流动加速腐蚀得到了控制，保护性双层氧化膜使炉前系统的金属表面完全钝化。因此，给水系统的平均铁含量可从3～8 μg/L降低到0.5～3μg/L；疏水系统，特别是高压加热器疏水的铁含量大大降低，疏水系统得到完全保护。

（三）锅炉的结垢速率

锅炉的结垢量由两部分构成，即自身腐蚀产物和给水带入的铁氧化物的沉积。机组投运

后，水冷壁管的金属表面在一定的热负荷条件下会形成氧化膜，氧化膜的厚度与热负荷强度有关。热力系统的铁氧化物也会随给水源源不断地带入水冷壁受热面，在热负荷高的区域沉积下来，形成氧化铁垢，后者是结垢速率升高的主要因素。锅炉给水采用加氧处理，最大限度地降低了铁氧化物在受热面的沉积速率，使水冷壁的结垢速率降低。因此，加氧处理一般都可使铁氧化物在受热面的沉积速率降低80%以上。

用管段垢量来评定结垢速率时，要求管段运行时间长，才能得到准确结果。因为结垢和时间并非线性关系，开始阶段结垢较快，然后逐渐慢下来，因此用氧化铁沉积速率可更科学地评定其效果。

（四）锅炉压差

给水处理采用OT方式运行后，由于省煤器和水冷壁金属表面形成了致密、光滑、平整的垢层，直流锅炉的锅炉压差不再上升。

（五）凝结水精处理混床的运行周期

在AVT方式下，凝结水精处理氢型混床在出水氢电导率小于0.1μS/cm时的全流量运行周期一般为3～7天，因为AVT方式下的加氨量较高，混床中的阳树脂很快失效。在给水加氧处理条件下，由于氨含量降低了5～10倍，阳树脂的运行周期大大提高，因此凝结水精处理混床的运行周期可延长3～5倍。由于与系统的加氨量有关，因此汽包锅炉给水加氧处理后的凝结水精处理运行周期延长这一效益比直流锅炉小些。

（六）经济效益指标

应用给水加氧处理获得的直接和间接经济效益非常可观，大大降低了机组的运行成本，如应用给水加氧处理的机组提高了设备的安全性和可靠性，减少了因介质因素引起的非计划停机的几率。经济效益指标可计算部分的主要指标有：

(1) 延长了锅炉的酸洗间隔所节约的化学清洗费用。

(2) 所减少的加药量费用。

(3) 增加的凝结水精处理的制水量。

第九章

化学水汽、加药系统及化学监督

为了防止锅炉及其热力系统的结垢、腐蚀和结盐等故障，要求水汽质量达到一定的标准。水汽、加药系统就是通过水质调整用仪表或化学分析法，测定各种水汽质量，看其是否符合标准，以便必要时采取措施。本章主要介绍水汽质量监督的取样和一些相关的加药设备及加药原理。

第一节 水汽集中取样分析装置

在电厂热力设备生产过程中，无论是人工采样化验，还是采用在线化学仪表进行水汽质量监测，从机组的热力系统取样点取出具有代表性的水汽样品是非常重要的，这是进行水汽质量化学监督的前提条件，否则就失去了监测的意义。为了取得具有代表性的水汽样品，必须做到以下几个方面：合理地选择取样地点；正确地设计、安装和使用取样装置（包括取样器和取样冷却装置）；正确保存样品，防止样品污染。

一、水汽取样的目的

进行水汽质量监督时，从锅炉及其热力系统的各个部分取出具有代表性的水汽样品是很重要的，这是正确进行水汽质量监督的一个前提。所谓代表性的样品，就是说这种样品能反映系统中水汽质量的真实情况；否则，即使采用很精密的测定方法，测得的数据也不能真正说明水汽质量是否达到了标准，它不能被用来作为评价设备和系统内部结垢、腐蚀和结盐等情况的可靠资料。为了取得代表性的水、汽样品，必须做到以下几个方面：

（1）合理地选择取样地点。

（2）正确地设计、安装和使用取样装置（包括取样器和取样冷却装置）。

（3）正确保存样品，防止样品污染。

二、水汽样品的采集

（一）水的取样

锅炉及其热力系统中的水大多温度较高，在取样时应加以冷却，因为高水温既不利于取样，也不便于测定，所以应将取样点的样品引至取样冷却器内冷却，一般冷却到25～30℃。

取样的管道要用不锈钢或紫铜管制成，不能用普通钢管和黄铜管，以免样品在取样时被取样管道中的金属腐蚀物污染。

取样管道上，靠近取样冷却器处装有两个阀门，前面一个为截止阀，后面一个通常为针形节流阀。取样器工作时，前一个阀门全开，用后一个阀门调节样品的流量，一般调至 20～30L/h。样品的温度用调节冷却水流量的方法调整。将样品的流量和温度都调好后，就可以使样品不断地流着，取样时不再调动。

为了保证样品的代表性，机组每次启动时，都必须冲洗取样器。冲洗时，把两个阀门全部打开，让样品大流量流出，以便取样器和冷却器都得到冲洗。经这样冲刷一段较长时间，并排水澄清后，才可将样品流量调至正常流量。在机组正常运行期间，也应定期进行这样的冲洗。

（1）给水取样。给水取样点一般设在锅炉给水泵的出口、省煤器前的高压给水管上，最好在给水管垂直的管道上接一小管，给水样品就可由此小管流出，然后将此样品引至取样冷却器。

（2）凝结水取样。凝结水的采样点一般设在凝结水泵出口端的凝结水管道上，在取样点处的凝结水管道上接一小管，最好在凝结水垂直管道上装取样点，凝结水样品就可由此小管流出。凝结水泵的入口端因压力低于大气压，所以不宜在此装设取样管。因为凝结水温度较低，故无须设置取样冷却器。

（3）除氧器出口取样。为了监督除氧器的运行情况，除氧器出口给水也应取样。为保证样品的代表性，取样点应设在距离出口大于 1m 的水流畅通处，从取样点引至取样冷却器的导管长度应为 5～8m，做此导管不能采用碳钢管。

（4）锅炉水的取样。锅炉水样品一般从汽包的连续排污管中取出，为保证样品的代表性，取样点应尽量靠近排污管引出汽包的出口，并尽可能装在引出汽包后的第一阀门之前。此管可采用均匀钻孔的细钢管，水平装设在汽包内正常水位下 200～300mm 处，应尽量远离给水管和加药管，以免取出的水样受锅炉水回流的影响。

（5）疏水取样。疏水一般在疏水箱中取样，取样点通常设在距疏水箱底 200～300mm 高度处，用小管取出，然后引至取样冷却器中。

（二）蒸汽的取样

为了便于监督测定，蒸汽取样时，应将样品通过取样冷却器，使其凝结成凝结水。蒸汽取样器中蒸汽的流量一般为 20～30kg/h。对样品引出导管及冷却器的要求，与水的取样相同。为了取得正确的蒸汽样品，免受取样中附着的杂志污染，在机组启动时应冲洗蒸汽取样装置。冲洗时，应将所有阀门全部打开，进行长时间、大流量的冲洗；发现样品装置污染严重时，甚至还应该经常开着，使蒸汽凝结水不断流出。

1. 饱和蒸汽水样的采集

考虑到蒸汽的流动性，要取得具有代表性的样品有一定的难度，因为锅炉所产生的饱和蒸汽中常携带少量的锅炉水水滴。当饱和蒸汽沿管道流动时，这些水滴在管内不一定分布得很均匀，或蒸汽流速较低时，其携带的水滴便有一部分黏附在管壁上，形成水膜。饱和蒸汽的这种特点使其取样比较困难，如果将一根管子插在蒸汽管道的中心或者连在管子上，就不能取得代表性样品。因为在前一种情况下取出的蒸汽样品中湿度较低，结果样品的含钠量（或含硅量）也就偏低；后一种情况相反，取得的样品湿度较大，含钠量会偏高。因此，如何取得具有代表性的蒸汽样品就成为分析结果是否准确的关键之一。为了取得具有代表性的饱和蒸汽和蒸汽样品，其取样过程必须同时满足以下几个条件：

（1）饱和蒸汽中的水分在管内应均匀分布。实践证明，当管内饱和蒸汽的流速加快到一定程度时，管壁上的水膜就会被气流扯碎，此流速称为饱和蒸汽的破膜速度（其大小与饱和蒸汽压力有关），当管道内饱和蒸汽流速超过饱和蒸汽的破膜速度5～6倍时，饱和蒸汽中的水分就会均匀分布，所以应将取样点设置在具有这样流速的管道中。

（2）取样器进口的蒸汽流速与管道内的流速应相等。如果这两种流速不相等，那么饱和蒸汽在取样器附近会发生汽流转弯现象，汽流中一些惯性较大的水滴将被甩出或抽入取样器，从而使取出样品的杂质含量偏低或偏高。所以只有当这种流速相等时，取出的样品才具有代表性。

（3）取样器应装设在蒸汽流动稳定的管道内，并且应远离阀门、弯头等地点。此外还应力求减少取样器本身对汽流的干扰，这是为了避免因蒸汽内汽流不稳定，而使水分布不均匀，并防止取样器入口处有水滴附着，影响样品的正确性。如果可能，应将取样器装设在垂直下行的蒸汽管道上；如不可能，应装设在蒸汽流动自上而下的部分；只有在不得已的情况下，才装在水平管道上。取样器的进样口必须对着蒸汽流动方向，且取样器的样品入口部分应光滑，以减少对汽流的振动。

饱和蒸汽取样器有以下几种：

（1）探针式取样器。探针式取样器是用一根较细的不锈钢管制成，管口处的管壁削成与管轴方向成30°角，见图9-1。

（2）乳头式取样器。乳头式取样器本体是一根不锈钢管，管上开有几个小孔，每个小孔上焊着一个用不锈钢制成的乳头，见图9-2。蒸汽由乳头上的小孔进入取样管。乳头的直径不应大于2mm，以免在运行中被杂质堵塞；乳头的个数与蒸汽管道的直径有关，管道直径大的，乳头个数就要多几个，应使蒸汽进入乳头孔中的流速与蒸汽管道中的汽流速度相等。这种取样器应装在饱和蒸汽流速超过破膜流速5～6倍的管道内。

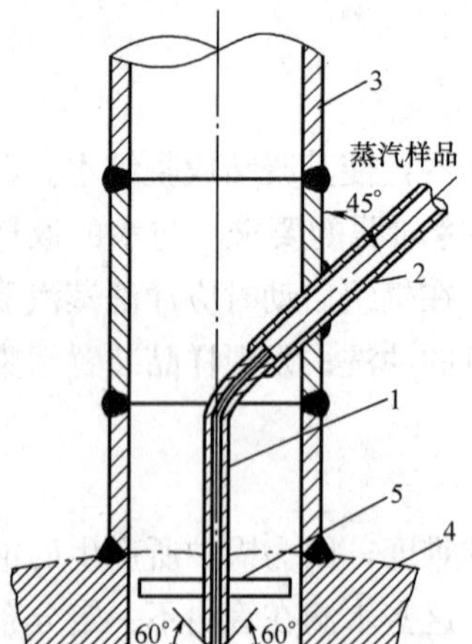

图9-1 探针式取样器

1—取样管；2—取样导管；

3—饱和蒸汽管；4—汽包；

5—定位支架

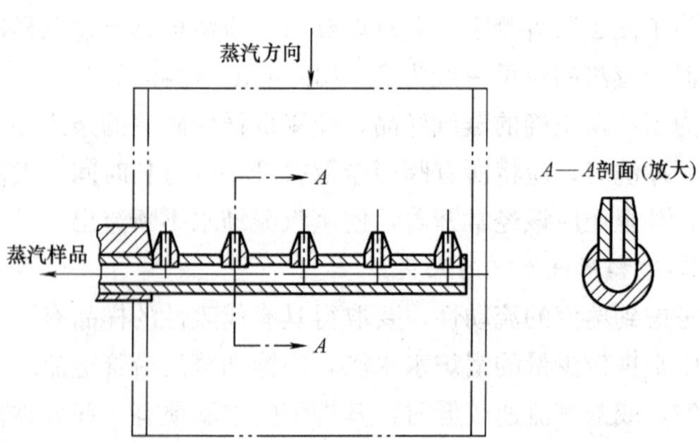

图9-2 乳头式取样器

（3）带混合器的单乳头取样器。带混合器的单乳头取样器由渐缩管、混合室、单乳头取样管及渐扩管组成，见图 9-3。

(4) 缝隙式取样器。缝隙式取样器的结构是在一个不锈钢管上焊上两块不平行的不锈钢板，使钢板间形成一条缝隙，缝口宽度为 3～5mm；缝中的管壁上开有许多进汽小孔，孔径为 2mm，孔距为 10～20mm，见图 9-4。

2. 过热蒸汽水样的采集

过热蒸汽与饱和蒸汽不同，过热蒸汽是单相介质，没有水分，所以较容易取得代表性的样品。它的取样点可设在过热蒸汽母管上，一般采用乳头式的取样器，也有采用缝隙式取样器。取样时只要保证取样孔中的蒸汽流速与装取样器的管道中的蒸汽流速相等，就可取得代表性样品。

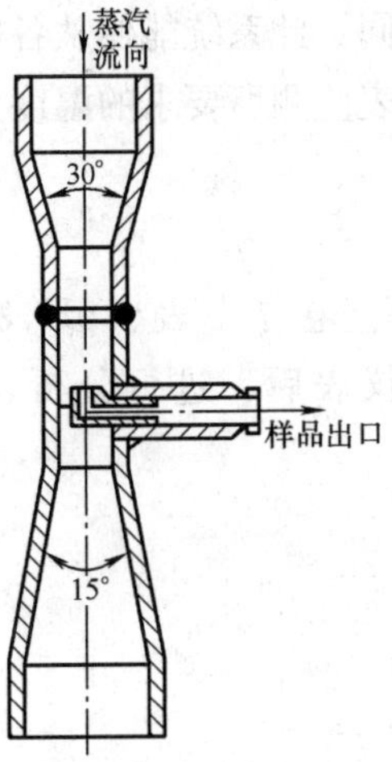

图 9-3 带混合器的单乳头取样器

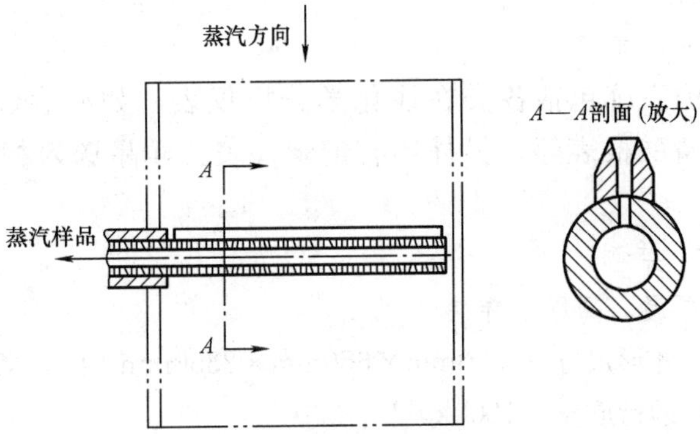

图 9-4 缝隙式取样器

三、水汽取样分析装置

从电厂热力设备生产过程中采集的水汽样品多为高温、高压介质，必须采用降温减压及冷却装置将其温度、压力降至仪表规定的允许范围内，才能输入仪表发送器。水样的冷却是在线化学仪表正常投运的前提条件，目前电厂采用的汽水取样装置一般是由高温、高压取样架（湿盘）和仪表架（干盘）组成的。对高温、高压水汽样品必须进行安全、可靠的降温、减压，并配置有水样温度超温报警、水样断水保护等功能。为了减少水样污染滞后现象，采样管与仪表间的距离要尽量缩短，整个取样装置采用不锈钢材质，包括高压阀、减压调节阀、冷却器、水样过滤器等。仪表架配置有电源柜、仪表的发送器、显示器、水样温度表、浮子流量计、水样恒温装置、人工取样等。

（一）水汽取样装置的特点

（1）将不同参数的样品集中进行减温、减压处理，使样品的压力、温度等参数适合人工取样及满足分析仪表的要求。

（2）各类分析仪表、记录表都集中在此装置上，可以连续取样和监测，并自动记录。

（3）设置人工取样盘，可作人工取样分析。

（4）取样冷却系统及设备结构紧凑、合理，能确保采集水汽样品的数量和质量。

（二）水汽取样装置的主要性能指标

（1）高压管路系统最大工作压力为32MPa。

（2）冷却器出口样品温度小于45℃。

（3）减压阀出口样品流量不小于1000mL/min。

（4）减压阀出口压力在0.1～1.0MPa范围内可调整。

（5）恒温装置出口样品温度为25℃±2℃；或采用温度自动补偿仪表。

（三）水汽取样装置的组成

1. 取样系统

取样系统由高压阀、减压阀、中压阀、恒温热交换器、冷却器、离子交换树脂柱、温度计、流量计等组成。视样品的参数不同，所有的器件也有所不同。此系统能使从各取样点来的样品经减压、减温等项处理后，达到人工取样分析及在线仪表监测所要求的温度、压力和流量范围。

2. 监测系统

监测系统包括各类在线化学分析仪表，如硅表、钠表、电导率表、pH表、溶解氧表和磷酸根表等，另外还有记录仪表。样品送入相应的仪表后，进行分析、监测及记录。

（四）举例

1. 高温、高压取样架

（1）外形尺寸：3500mm×650mm×2350mm（长×高×深）。

（2）运行质量：1200kg。

（3）冷却水：流量为35m^3/h，水压为0.3MPa。

2. 低温仪表取样装置

（1）外形尺寸：3880mm×1000mm×2200 mm（长×高×深）。

（2）运行荷重：1500kg。

（3）冷却水：流量为2.5m^3/h，水压为0.3MPa。

（4）电源：电压为380/220V，功率为18kW。

3. 高压阀

高压阀性能参数见表9-1。

表9-1 高压阀性能参数

项　目	参　数	项　目	参　数
型号	SS-6DBSW8T	密封试验压力（MPa）	42
形式	球头阀尖	材质	不锈钢、P92
公称直径（mm）	12		
公称压力（MPa）	38	连接方式	焊接式
最高耐温（℃）	650	数量（只）	32

4. 中压阀

中压阀性能参数见表 9-2。

表 9-2 中压阀性能参数

项　目	参　数	项　目	参　数
型号	GM－32H	密封试验压力（MPa）	32
形式	针形	材质	1Cr18Ni9Ti
公称直径（mm）	12	连接方式	球头连接
公称压力（MPa）	25	数量（只）	84
最高耐温（℃）	550		

5. 冷却水系统阀门

冷却水系统阀门性能参数见表 9-3。

表 9-3 冷却水系统阀门性能参数

项　目	参　数	项　目	参　数
型号	LZ1W-4、ZJW-40	密封试验压力（MPa）	3.2
形式	节流阀、角阀	材质	1Cr18Ni9Ti
公称直径（mm）	18	连接方式	平接头连接
公称压力（MPa）	2.5	数量（只）	29
最高耐温（℃）	160		

6. 减压器（样水系统）

该设备采用的是外螺旋插针式减压阀。它是集内螺纹减压阀、插针式减压阀和迷宫式的特点而设计的新一代减压阀，见图 9-5。

7. 恒温装置

(1) 型号：HCF-2250。

(2) 恒温方式（电子、机械）：机械式，单点分列。

(3) 供电电源：380/220V，50Hz。

(4) 消耗功率：15kW。

(5) 总制冷量：7kW。

(6) 恒温点数：2 套，共 26 点。

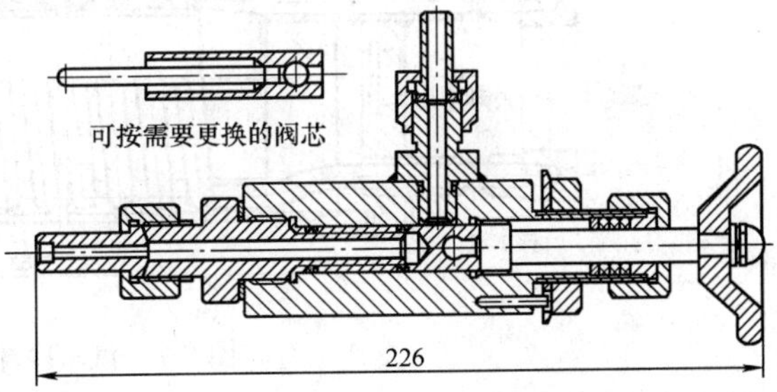

图 9-5 外螺旋插针式减压阀

该装置是根据二次间接热交换的原理设计制造的，见图 9-6。样品水连续从螺旋盘管内流过，而螺旋盘管浸泡在工作槽体内的介质水中，通过制冷系统、加热系统和机械搅拌系统的自动模糊控制，保证工作槽体内介质水的温度恒定，螺旋盘管内的样品水通过热交换达到恒定温度状态输出。该装置能保证经过恒温后的样水温度维持在 25℃±2℃范围内，从而使在线化学仪表的测量精度得到充分保证。

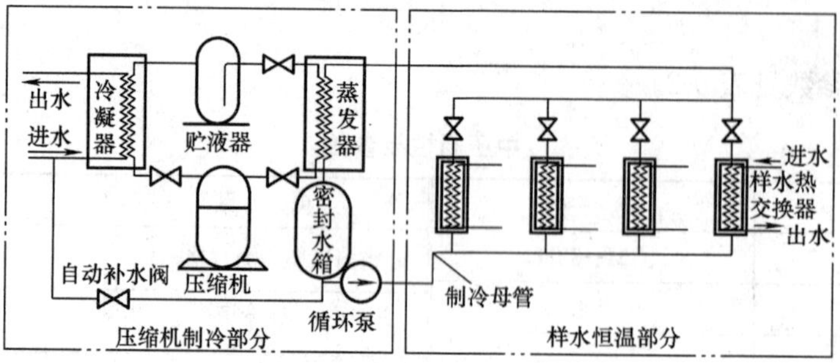

图 9-6 恒温装置工作原理图（可分布布置）

8. 冷却器

冷却器性能参数见表 9-4。

表 9-4 冷却器性能参数

项　目	参　数		项　目	参　数	
型　号	QYL-2010、QYL-3910		样品接口管径（mm）	$\phi12\times2$	$\phi12\times2$
热交换面积（m^2）	0.20	0.39	冷却水管管径（mm）	$\phi25\times3.5$	$\phi25\times3.5$
样品最高压力（MPa）	25	28	冷却器材质	1Cr18Ni9Ti	1Cr18Ni9Ti
样品最高温度（℃）	550	650	连接方式	球头连接	球头连接
样品最大流量（mL/min）	2500	2500	数 量	12 只	17 只

本设备采用的汽水冷却器样管材质为 1Cr18Ni9Ti 不锈钢无缝钢管，内部采用双层不锈钢盘管，冷却面积可达 0.39m^2，见图 9-7。为了解决冷却器内部死水区问题，在双层盘管上加装一层导流套，使冷却水与样管充分接触。该汽水冷却器是老式 QYL 系列的更新换代产品，根据冷却面积可分为 QYL-3910 和 QYL-2010 型两种。

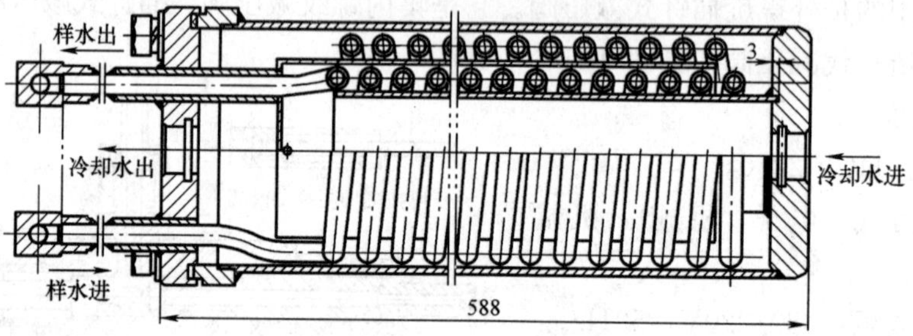

图 9-7 汽水冷却器样管

9. 过滤器

（1）型号：GLQ-1。

（2）工作压力：4MPa。

（3）样品水流量：1500mL/min。

（4）滤网目数：40 目不锈钢滤网。

（5）材质：有机玻璃。

（6）连接方式：平接头。

（7）数量：26 只。

10. 限流恒压阀

(1) 型号：ZMX-4。

(2) 公称直径：4mm。

(3) 公称压力：4MPa。

(4) 材质：1Cr18Ni9Ti。

(5) 连接方式：螺纹连接。

(6) 数量：30 只。

11. 样水流量监测控制系统

(1) 微动流量传感器。

1) 型号：MFM-1.1。

2) 测量范围：0～2000mL/min。

3) 精度：±1%。

4) 测量原理：叶轮式霍尔器件。

5) 输出信号：脉冲信号。

6) 数量：54 只。

(2) 自动稳流监控仪。

1) 型号：FMC-1000。

2) 测量范围：0～2000mL/min。

3) 精度：±0.25%。

4) 输出信号：4～20mA，开关量。

5) 调节范围：50～500mL/min。

6) 数量：54 只。

(3) 自动稳流关断阀。

1) 型号：DTF-J-2.4。

2) 公称直径：4mm。

3) 公称压力：4MPa。

4) 材质：1Cr18Ni9Ti。

5) 连接方式：螺纹连接。

6) 防水等级：全密封，IP65。

7) 调节范围：50～500mL/min。

8) 驱动装置：EDM。

9) 数量：54 只。

12. 循环冷却水水质

(1) 水源：闭式循环冷却水（单元制机组一套）。

(2) 水质：除盐水。

(3) 水压：0.4～0.6MPa。

(4) 最高水温：38℃。

(5) 水量：35m^3/h 单机。

四、水汽集中取样架仪表配置及样点参数

水汽集中取样架仪表配置及样点参数见表 9-5。

表 9-5　　水汽集中取样架仪表配置及样点参数（每台机组）

序号	取样点名称	取样点参数		配置仪表						
		压力（MPa）	温度（℃）	SC/CC	pH	O_2	pNa	SiO_2	N_2H_4	M
1	凝结水泵出口	4.5	60	✓/✓	✓	✓		✓		✓
2	除氧器入口	1.6	159.5							✓
3	除氧器出口 1A/B/C 三点并一点	1.294	190.9			✓				✓
4	除氧器出口 2A/B/C 三点并一点	1.294	190.9							✓
5	省煤器入口	29.75	297	✓/✓	✓	✓		✓	✓	✓
6	启动分离器蒸汽 A/B 两点并一点	28.15	428	/✓						✓
7	启动分离器疏水（大气式扩容器排放）	2.0	250							✓
8	启动分离器疏水（疏水泵出口）	1.0	150	✓/						✓
9	主蒸汽 A/B 两点并一点	26.15	605	✓/✓		✓	✓	✓		✓
10	再热蒸汽入口 A/B 两点并一点	6.11	377	/						✓
11	再热蒸汽出口 A/B 两点并一点	5.92	604	/✓						✓
12	高压加热器疏水 A/B/C 三合一	8.125	280	✓/		✓				✓
13	低压加热器疏水 A/B/C 三合一	4.5（0.75）	159							✓
14	闭式循环冷却水	1.0	60	✓/	✓					✓
15	发电机定子冷却水	1.0	60	✓/	✓					✓
16	凝结水补给水	1.0	常温	✓/						✓
17	辅助蒸汽（两机共用）	2.5	369							✓
18	暖风器疏水 A/B 两点并一点	2.5	400							✓
	总数			8/5	4	5	1	3	1	18

注 1 每台机组的 3 个硅测点合用一块 4 通道硅表。

2 除氧器出口 1、除氧器出口 2、高压加热器疏水、低压加热器疏水、暖风器疏水均在就地合并。

3 启动分离器蒸汽、主蒸汽、再热蒸汽入口、再热蒸汽出口均在高温、高压框架入口处合并，并设置独立的预冷装置接口和美国进口 SWAGILOK 产品的阀门。

4 CC 为氢电导率；SC 为电导率；pH 为 pH 表；pNa 为钠表；SiO_2 为硅表；O_2 为氧表；N_2H_4 为联氨表；M 为人工取样。

五、水汽取样装置操作

（一）水汽取样流程

从锅炉、汽轮机取出的水汽样品首先进入预冷装置（部分高温样品），然后一起进入二

级冷却器冷却，出样经减压后（冷却、减压后样品的压力小于0.1MPa，温度小于35℃）分两路，一路经过恒温装置（恒温至25℃±2℃）恒温后进入在线仪表，另一路进入手工取样。仪表检测信号、报警信号等由微机记录、显示。

（二）取样装置的投运操作

1. 投入冷却水系统

（1）开启冷却水入口总门。

（2）开启预冷装置冷却水进出口门和二级冷却器冷却水进出口门。

（3）投入恒温装置。

（4）开启取样系统冷却水出口总门。

2. 排污

进入手工取样和分析仪表旁路的样品水从前面的排污管排出，取样管道系统冲洗水由后面的排污管进行排污。

3. 流量调节

（1）依次缓慢开启各样品回路的进样阀，调整减压阀使流量符合要求，手工取样为500mL/min，各化学仪表中的流量取决于表计。

（2）注意样品水温度应不大于45℃，若高于45℃，应检查冷却水的压力、温度和流量是否符合技术指标。

4. 投入仪表

（1）在所有回路样品水冲洗2h后，样水可以进入各仪表，pH表和钠表的投入应在恒温装置投入正常工作后。

（2）注意每个回路都有超温保护系统，当温度超过50℃时，温度开关关闭，超温保护电磁阀动作，切断样品流路，并打开压力释放阀。若样品流量减小，原因可能是减压阀堵塞，应关闭其他阀门，冲洗、清理减压阀。

（三）取样装置的停运

（1）停运各化学表计。

（2）关闭样品进口阀，注意高压阀不要频繁操作。

（3）关闭各冷却器的冷却水进出口。

（4）停运恒温装置。

（四）操作注意事项

（1）高压针形阀不宜频繁操作。

（2）冷却器中的冷却水不得中断，以防水样温度过高而损坏设备。

（3）运行中发现取样点的水样流量下降，这主要是因为螺旋减压阀结垢，可将减压阀的螺杆部分拆下清洗，但拆洗螺旋减压阀之前应关闭一次阀门。

（4）在停运及检修过程中，各种在线化学分析仪表的测量系统应保持有水流，或电极部分保持一定的水位，防止电极干枯，以免重新启动时发生故障。

（5）操作时应戴手套，防止高温、高压蒸汽烫伤。

（6）高压取样阀、排污阀要关严。

（7）减压阀调节好位置后，不要随意调节。

(8) 当取样系统发生异常时，应采取正确措施，保证人身和设备安全。

第二节　给水加药系统和设备

锅炉给水系统中流动着的水虽然较纯净，但其中往往含有氧和二氧化碳，这两种气体常常是引起给水系统中金属腐蚀的主要因素。因为给水系统中的设备和管道大都是由钢铁制成的，所以都存在溶解氧腐蚀和游离二氧化碳腐蚀。为了防止给水系统金属的腐蚀，通常采用的方法是除掉给水中的溶解氧，并且提高给水的 pH 值。这种常用的给水处理方法称为给水碱性水规范。使用这种方法时，常在给水中加入联氨和氨等化学药品，因为这些药品都有挥发性，所以这种给水处理方法又称为挥发性处理。此外，近年来对于超临界压力或超超临界压力的机组，有的采用了新的给水处理技术，即所谓给水氧—氨联合处理规范。因此，给水系统中增加了加药系统，通过化学加药进行水质调整，来达到防止金属腐蚀这一目的。

一、给水加氨

为了防止给水对金属的侵蚀性，必须调节水的 pH 值。因为随着水的 pH 值增大，钢铁的腐蚀明显减少。但是热力系统中的低压加热器及其疏水冷却器、凝汽器都使用了铜合金材料，因此还必须考虑水的 pH 值对水中铜的腐蚀影响。水的 pH 值在 9 以上时，铜的腐蚀随 pH 值增大而明显增大。从铁、铜等不同材质金属的防腐蚀效果全面考虑，一般把给水的 pH 值调节在 8.8～9.3 的范围内。调节给水 pH 值的方法是在给水中加氨或胺，常称为加氨处理。

（一）氨的特性

NH_3 是一种挥发性物质，这一点和 CO_2 相似。当给水进行氨处理时，NH_3 进入锅炉后会随蒸汽挥发出来，通过汽轮机后，随排汽进入凝汽器。在凝汽器中一部分 NH_3 被抽气器抽走，余下的转入凝结水中，随后当凝结水进入除氧器后又会除掉一部分 NH_3，余下的 NH_3 仍然在给水中。在热力系统中，NH_3 和 CO_2 流程虽然相同，但这两种物质的分配系数有很大差别。当采用氨处理给水时，在热力系统各部位中 NH_3 和 CO_2 的分布就大不相同，所以会出现某些地方 NH_3 过多，另一些地方 NH_3 过少的矛盾。因此，不能用氨处理作为解决给水因游离 CO_2 而 pH 值过低问题的唯一措施，而应首先降低给水中碳酸化合物的含量，以此为前提，进行加氨处理，以提高给水的 pH 值，这样氨处理才会有良好的效果。

（二）给水加氨原理

氨（NH_3）溶于水称为氨水，呈碱性，其反应式为

$$NH_3+H_2O \longrightarrow NH_4OH$$

给水 pH 值过低的原因是它含有游离 CO_2，所以加 NH_3 就相当于用氨水的碱性来中和碳酸的酸性。碳酸是二元酸，它和氨水的中和反应有以下两步，即

$$NH_4OH+H_2CO_3 \longrightarrow NH_4HCO_3+H_2O$$

$$NH_4OH+NH_4HCO_3 \longrightarrow (NH_4)_2CO_3+H_2O$$

计算表明，若加入 NH_3 的量恰好将 H_2CO_3 中和至 NH_4HCO_3，则水的 pH 值约为 7.9；

若中和至 $(NH_4)_2CO_3$，则水的 pH 值为 9.2。通常，加氨的目的是将水的 pH 值调节在 8.5 以上，所以需加的氨量多于完成第一步中和反应所需的量。

（三）加药

1. 药品

氨处理可以使用的药品有液氨或氢氧化铵（氨的水溶液）。

2. 加药点

由于 NH_3 为挥发性物质，因此不论在热力系统的哪个部位加药，都可以使整个水汽系统中有 NH_3。通常把 NH_3（氨水或液氨）加在补给水、给水或凝结水中，也可以将 NH_3 直接加在汽包或蒸发器中。因为加药部位水的 pH 值要高一些，所以如为了提高补给水的 pH 值，可将 NH_3 加在补给水中；如给水的 pH 值较低，可将 NH_3 和 N_2H_4 一起加在除氧器出口的给水中。

3. 加药量

经验证明，加药量以使给水 pH 值调节到相对应运行工况下的 pH 值为准，实际所需的加药量要通过运行调整来决定。

4. 加药方法

（1）氨和铵盐都是易溶于水的，所以只要将它们配成稀溶液，例如含量不超过 5%就可加入，通常采用 0.3%～0.5%。

（2）加药装置根据水汽取样装置的控制信号连续地对凝结水、给水进行加药，以减少热力系统的腐蚀，满足机组对水工况的要求。

（3）配药采用药箱低液位作为配药开始的信号输入，配药终点将以氨溶液箱设置的电导率值确认。

5. 注意事项

加氨处理时要注意是否会引起黄铜的腐蚀，因为当水中有氨存在时，它可以和 Cu^{2+}、Zn^{2+} 形成铜氨、锌氨络离子｛$Cu(NH_4)^{2+}$、$Zn(NH_4)^{2+}$｝，这样会使原来不溶于水的 $Cu(OH)_2$ 保护膜转化成易溶于水的络离子，破坏其保护作用，从而使黄铜遭受腐蚀。所以在进行氨处理时，首先应能保证水汽系统中的含氧量非常低，且加氨量不宜过多。

二、给水加联氨

在高压以上的机组中，给水除氧需同时采用热力除氧和化学除氧两种方法。热力法可将给水中的绝大部分溶解氧除掉，化学法可消除热力法难以完全除尽的残留溶解氧。化学除氧需在给水中投加还原剂类化学药品，此类药品必须具备能迅速地和氧完全反应，且反应产物和药品本身对锅炉的运行无害等条件，通常采用加联氨。

（一）联氨的特性

联氨（N_2H_4）又名肼，是一种还原剂，常温下为无色液体，易挥发；联氨能在空气中燃烧，当空气中联氨蒸汽的含量达到 4.7%（按体积计）时，遇火便会发生爆燃现象。

（二）给水加联氨原理

联氨是一种还原剂，特别是在碱性水溶液中，它是一种很强的还原剂。它可将水中的溶解氧还原，其反应式为

$$N_2H_4 + O_2 \longrightarrow N_2 + 2H_2O$$

（三）加药

1. 药品

不论是 N_2H_4、$N_2H_4 \cdot H_2O$，还是其盐类，都具有还原性，但通常使用的处理剂是40% $N_2H_4 \cdot H_2O$ 溶液。

2. 加药点

联氨大都加在给水泵的低压侧，即除氧器出口管或凝结水混床出口管处。

3. 加药量

加药量以保证反应完成和辅助热力除氧的不足为宜。通常按省煤器入口给水中剩余的 N_2H_4 含量来控制，给水中的过剩 N_2H_4 控制在 20～50μg/L 范围内。

4. 加药方法

(1) 将联氨溶液（40%）配成稀溶液（0.1%），用加药泵送至加药点。

(2) 加药装置根据水汽取样装置的控制信号连续地对凝结水、给水进行加药，以减少热力系统的腐蚀，满足机组对水工况的要求。

(3) 配药采用药箱低液位作为配药开始的信号输入，配药终点将以氨溶液箱设置的电导率值确认。

5. 注意事项

联氨具有挥发性、有毒、易燃烧，所以在保存、输送和化验等方面，应特别注意。

三、给水加氧

（一）原理

氧化性水工况的给水处理方法是在水质极纯，且呈中性或弱碱性的条件下，加入适量的气态氧(O_2)或过氧化氢(H_2O_2)，从而使钢铁表面生成保护膜，以防止给水系统腐蚀。

（二）加氧点

加氧点可选择在凝结水混床出口母管上或者给水泵入口处，以选择后者更易控制；也有两处都加氧的做法。

四、给水加药系统运行控制

（一）加氨和联氨的运行控制

(1) 凝结水精处理混床出水母管的加氨调节按凝结水流量信号和凝结水混床出口母管加药点后电导率信号（信号取自水汽集中取样系统）予以自动调节；除氧器水箱出口下降管的加氨量按给水流量信号和省煤器入口电导率信号（信号取自水汽集中取样系统）予以调节。

(2) 机组酸洗后初次启动，在水质还未达到加氧的要求前，给水需要根据流量信号采用加联氨处理，控制给水中的联氨浓度为 30μg/L。当机组正常运行，实施了加氧处理后，即使水质有波动而不加氧，此时也不宜再加联氨，给水工况应按 AVT（O）工况控制，除非机组以后的运行不考虑加氧。

(3) 闭式循环冷却系统冷却水泵入口处加药根据水质手动启动加药泵（可以远程手动启、停），加药时间可根据要求人工整定。

(4) 停炉保护加药泵采用手动启动（可以远程手动启、停）。

（二）加氧的运行控制

凝结水精处理出口加氧根据凝结水流量和凝结水混床出口母管加药点后氧表信号（信号取自水汽集中取样系统）进行自动控制；除氧器水箱出口下降管的加氧量按给水流量信号和省煤器入口氧表信号（信号取自水汽集中取样系统）予以调节。

（三）运行工况切换

由于两种工况控制的加氨量不同，在盘上应有两种［即 AVT（R）与 OT］工况的切换开关，即 AVT（R）时只能启动加氨和加联氨，而 OT 时可启动加氨和加氧，且两种工况的控制目标（pH 值）随切换开关而自动调整。在给水氢电导率高（可设定）或低负荷工况时，自动关闭加氧阀，系统自 OT 工况切换到 AVT（O）。

五、给水加药设备

某电厂机组加药系统和设备见图 9-8。

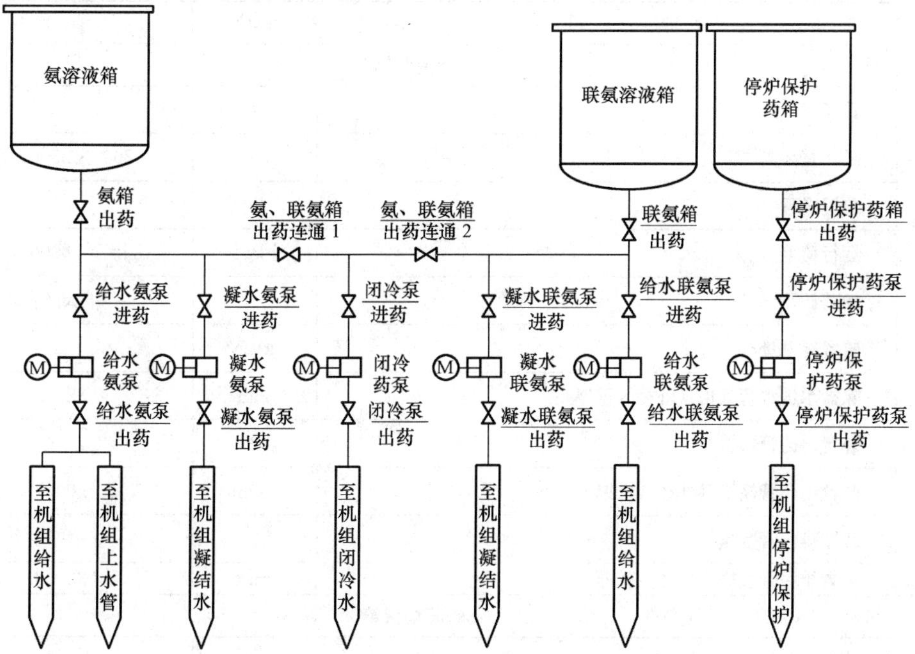

图 9-8 某电厂机组加药系统和设备

（1）凝结水加氨每机两个 $2m^3$ 药箱、两台加药泵。

（2）给水加氨两机合用两台加药泵，药液取自凝结水加氨箱；凝结水加氨系统和给水加氨系统之间用串联隔离阀连通。

（3）凝结水、给水加联氨两机合用两个 $2m^3$ 药箱，两机合用两台联氨加药泵；两机合用 1 台 1000L/h 的停炉保护加药泵，加在除氧器出口；联氨加药箱配电加热器。

（4）闭式冷却水加药两机合用两泵，药液取自凝结水、给水加药箱和给水加联氨箱，手动调节。

（5）加氧装置按每台机组一套设计。每套加氧装置用带自动切换装置的 8 个钢瓶，加氧系统由氧气储存设备（包括氧气自动切换系统）、氧气流量控制、分配部件、接头、相应输氧管线等组成。加氧管路连接采用套管焊接形式。

（6）加药泵出口门采用两个串联隔离阀，选用美国 SWAGELOK 产品的阀门；其形式为 2 台泵出口连通管→阀门＋阀门→止回＋阀门，止回＋阀门设在加药点处。

（7）加药箱上设密封呼吸器，加药箱的顶盖上设一直径 30cm 可开启的带螺丝孔密封盖。

（8）加药泵出口母管上要设置缓流段，缓流段长 15cm，直径 8cm；缓流段下部设排放口及排放阀。

（9）计量泵出口的安全阀超压后的排放阀、管单独设置，并单独返回到药箱；氨泵进口管与联氨泵进口管之间设连通隔离阀。

六、设备技术参数

（1）给水、凝结水加氨装置（两台机组）的技术参数见表 9-6。

表 9-6　给水、凝结水加氨装置（两台机组）的技术参数

序号	项　　目	单位	参　　数
1	加氨装置		
	数量	套	1
	长×宽×高	mm	8000×2500×2400
	装置净重	kg	4000
	运行荷重	kg	8000
	加药调节方式		自动/手动
	装置耗电量	kWh	15
	除盐水进水管规格（外径×壁厚）	mm	32×2.5
	装置出药管数量	个	4
	装置出药管规格（外径×壁厚）	mm	20×2.5
	装置排污管数量	个	1
	装置排污管规格（外径×壁厚）	mm	32×3.5
2	氨溶液箱		
	数量	台	4
	材质/厚度	mm	不锈钢/4
	单台有效容积	m^3	2
	搅拌器形式		立式
	搅拌器电动机功率/电压	kW/V	1.1
	变频器功率	kW	电动机额定功率的 1.5 倍
	液位计形式		磁翻板（带远传信号）
	就地液位计		就地玻璃液位计
3	氨加药泵		
	数量	台	2/4（给水/凝结水）
	工作出力	L/h	125/125（给水/凝结水）
	形式		液压隔膜

续表

序号	项　目	单位	参　数
3	隔膜		PTFE
	通流部分材质		PTFE
	最大流量	L/h	146/140
	最大出口压力	MPa	3.2/8.4（给水/凝结水）
	稳压器数量	个	6
	泵电动机额定功率/电压	kW/V	1.1/1.5
	变频器额定功率	kW	泵的 1.5 倍
	泵流量调节方式		变频调节
4	Y 型过滤器数量	个	6
	材质		不锈钢
5	阀门（包括电磁阀）数量	套	1
6	附件（含减压阀、隔离阀、安全阀、缓冲器、软管等）数量	套	1
7	校验柱数量	套	1
8	就地控制箱及箱内、外电器设备（包括变频器）数量	套	1
9	就地导电度表数量	只	4
10	就地流量、压力表数量	套	1

（2）给水、闭冷水加联氨装置（两台机组）的技术参数见表 9-7。

表 9-7　　给水、闭冷水加联氨装置（两台机组）的技术参数

序号	项　目	单位	参　数
1	加联氨装置数量	套	1
	长×宽×高	mm	4000×2500×2400
	装置净重	kg	2000
	运行荷重	kg	4000
	加药调节方式		自动/手动
	装置耗电量	kWh	15
	除盐水进水管规格（外径×壁厚）	mm	32×2.5
	装置出药管数量	个	4
	装置出药管规格（外径×壁厚）	mm	20×2.5
	装置排污管数量	个	1
	装置排污管规格（外径×壁厚）	mm	32×3.5
2	联氨溶液箱数量	台	2
	材质/厚度	mm	不锈钢/4
	单台有效容积	m^3	2
	搅拌器形式		立式
	搅拌器额定电动机功率/电压	kW/V	1.1/380

续表

序号	项　　目	单位	参　　数
2	电动机防护等级		IP55
	变频器额定功率	kW	电动机额定功率的1.5倍
	液位计形式		磁翻板（带远传信号）
	就地液位计		就地玻璃液位计
3	联氨加药泵数量	台	2/2/2（给水/凝水/闭冷水）
	工作出力	L/h	50/50/50（给水/凝水/闭冷水）
	形式		液压隔膜
	隔膜		PTFE
	通流部分材质		PTFE
	最大流量	L/h	75/75/80
	最大出口压力	MPa	6.5/6.5/1.5（给水/凝水/闭冷水）
	稳压器数量	个	6
	泵电动机额定功率/电压	kW/V	1.5/1.5/0.55
	变频器额定功率	kW	电动机额定功率的1.5倍
	泵流量调节方式		变频/变频/手动
4	停炉保护加药泵数量	台	1
	工作出力	L/h	1500
	形式		液压隔膜
	隔膜		PTFE
	通流部分材质		PTFE
	最大流量	L/h	1500
	最大出口压力	MPa	2.5
	稳压器数量	个	1
	泵电动机额定功率	kW	4.0
	泵流量调节方式		手动冲程调节
5	Y型过滤器数量	个	1
	材质		不锈钢
	规格（进口/出口）		DN32/DN25
6	阀门（包括电磁阀）数量	套	1
7	附件（含喷射器、阀门、减压阀、隔离阀、安全阀、缓冲器、软管等）数量	套	1
8	就地控制箱及箱内、外电器设备（包括变频器）数量	套	1
9	就地导电度表数量	只	2
10	就地流量、压力表数量	套	2

（3）给水、凝结水加氧装置（每机 1 套，分两种压力等级）的技术参数见表 9-8。

表 9-8　　给水、凝结水加氧装置（每机 1 套，分两种压力等级）的技术参数

序号	项　　目	单位	参　　数
1	凝结水、给水加氧装置数量	套	1
	外形尺寸（长×宽×高）	mm	1500×1000×2000
	运行荷重	kg	2500
	净重	kg	1500
2	汇流排架（配 3 个 40L 钢瓶）数量	套	1
	形式		汇流排
	结构材质		A3
	公称管径	mm	10
3	安全阀数量	个	1
	型号		AQF
	公称直径	mm	10
	公称压力	MPa	10
	安全排放压力	MPa	2.5/6.5
	结构材质		不锈钢
4	减压阀数量	个	3
	型号		JYF
	公称直径	mm	10
	公称压力	MPa	10
	结构材质		不锈钢
5	止回阀数量	个	2
	型号		ZHF
	公称直径	mm	10
	公称压力	MPa	10
	结构材质		不锈钢
6	质量流量计数量	个	2
	型号		ZLJ
	公称直径	mm	10
	公称压力	MPa	10
7	阀门（包括电磁阀）数量	套	1
8	附件（含氧气瓶接头、减压阀、配套软管等）数量	套	8
9	就地控制箱及箱内、外电器设备数量	套	1
10	就地仪表数量	套	1
11	加氧质量流量控制器数量	套	2

（4）每台机组的加药点及参数见表 9-9。

表 9-9 每台机组的加药点及参数

序号	加药点名称	加药点参数	
		压力（MPa）	温度（℃）
1	除盐凝水加氨点	4.0	常温
2	除盐凝水加氧点	4.0	常温
3	除盐凝水加联氨点	4.0	常温
4	除氧器出口加联氨点（三并一）	1.2	190.9
5	除氧器出口加氧点（三并一）	1.2	190.9
6	除氧器出口停炉保护加药点（三并一）	1.2	190.9
7	闭冷水加联氨点	1.0	常温
8	锅炉上水管加氨点	1.0	常温
	总数 8 点（14）		

第三节 直流锅炉的化学监督

本节主要介绍直流锅炉化学监督的项目和意义，以及与确定锅炉水水质标准有关的锅炉热化学试验等。

一、直流锅炉日常化学监督的项目及其意义

各种水汽质量标准，在 GB 12145—2008《火力发电机组及蒸汽动力设备水汽质量》和 DL/T 912—2005《超临界火力发电机组水汽质量标准》中都作了规定。现将这些标准进行简要介绍。

（一）蒸汽

为了防止蒸汽通流部分，特别是汽轮机内积盐，必须对直流锅炉生产的蒸汽品质进行监督。蒸汽品质需监督的项目及意义如下：

（1）含钠量。因为蒸汽中的盐类主要是钠盐，所以蒸汽中的含钠量可以表征蒸汽含盐量的多少，应给以监督。为了便于及时发现蒸汽品质劣化的情况，应连续测定蒸汽的含钠量。

（2）含硅量。蒸汽中的硅酸会沉积在汽轮机内，形成难溶于水的二氧化硅附着物，它对汽轮机运行的安全性与经济性常有较大的影响，因此含硅量也是蒸汽品质指标之一，应给以监督。参数越高的机组，蒸汽溶解携带能力越强，对蒸汽品质要求越严格。因为在高参数汽轮机内，高压级的蒸汽通流截面很小（这是由于蒸汽压力越高，蒸汽比体积越小的缘故），所以即使在其中沉积少量的盐类，也会使汽轮机的效率和出力显著降低。

（3）电导率。将蒸汽凝结水的样品（25℃）通过氢离子交换器后测定的电导率大小，可用来表征蒸汽含盐量的多少。之所以通过氢离子交换器后测定电导率大小，是防止蒸汽中氨的干扰。

（4）其他。对于压力较大的锅炉（压力大于 15.7MPa），还应定时检查蒸汽中铁、铜的含量，铁含量不大于 20μg/kg，铜含量不大于 5μg/kg，以防止汽轮机内沉积金属氧化物。

（二）给水

为了防止锅炉给水系统腐蚀、结垢，并保证锅炉水质合格，对锅炉给水的水质必须进行

监督。给水水质需监督的项目及意义如下：

(1) 溶解氧。在全挥发性处理时，为了防止给水系统和锅炉省煤器等发生氧腐蚀，同时为了监督除氧器的效果，应监督给水中的溶解氧。在加氧处理时，为了确保加氧处理的效果，必须监督给水中的溶解氧。

(2) 联氨。给水全挥发性处理加联氨时，应监督给水中的过剩联氨，以确保完全消除热力除氧后残留的溶解氧，并消除因发生给水泵不严密等异常情况时偶然漏入给水中的氧。

(3) pH值。为了防止给水系统腐蚀，给水pH值应控制在8.5～9.2范围内。若给水pH值在9.2以上，虽对防止钢材的腐蚀有利，但是因为提高给水pH值通常用加氨法，所以给水的pH值高就意味着水汽系统中的含氨量较多，这就会在氨容易集聚的地方引起铜制件的氨蚀，如凝汽器空气冷却区、射汽式抽气器的冷却器汽侧等处。给水最佳pH值的数值应通过加氨处理的调整试验决定，以保证热力系统铜腐蚀产物最少为原则。最佳pH值时，给水含氨量通常为1～2mg/L。

(4) 总二氧化碳。给水中各种碳酸化合物的总含量称为总二氧化碳量。碳酸化合物随给水进入锅炉内后，全部分解而放出二氧化碳，这些二氧化碳会被蒸汽带出。通常，当蒸汽中的二氧化碳较多时，即使进行水的加氨处理，热力系统中的某些设备和管路仍会发生腐蚀，并导致铜、铁腐蚀产物的含量较大。为了避免发生上述不良后果，必须监督给水中的总二氧化碳量。

(5) 全铁和全铜。为了防止在锅炉中产生铁垢和铜垢，必须监督给水中铁和铜的含量。给水中铁和铜的含量还可以作为评价热力系统金属腐蚀情况的依据之一。

(6) 含盐量（或含钠量）、含硅量及碱度。直流锅炉给水中的绝大部分钠盐和全部硅酸化合物都能被蒸汽溶解，为了保证蒸汽的含盐量（或含钠量）、含硅量以及碱度不超过允许值，应监督给水的含盐量（或含钠量）、含硅量及碱度。

(三) 汽轮机凝结水

汽轮机凝结水水质标准中各项目的意义如下：

(1) 硬度。当冷却水漏入或渗入凝结水时，会使凝结水中含有钙、镁盐类。为了防止凝结水中的钙、镁盐量过大，导致给水硬度不合格，对凝结水的硬度应该进行监督。

(2) 溶解氧。在凝汽器和凝结水泵的不严密处漏入空气，是凝结水中含有溶解氧的主要原因。凝结水含氧量较大时，会引起凝结水系统的腐蚀，还会使随凝结水进入给水的腐蚀产物增多，影响给水水质，所以应监督凝结水的溶解氧。

(3) 电导率。对于汽轮机凝结水水质，除应测定上述标准中规定的指标外，为了能及时发现凝汽器的泄漏，还应测定凝结水的电导率。如发现电导率比正常测定值大得多时，那就表明凝汽器发生了泄漏，所以各台机组都应安装连续测定凝结水电导率的装置。为了提高测定的灵敏度，通常将凝结水样品通过强酸氢离子交换柱后，用工业电导仪连续测定。

(四) 疏水箱的疏水

锅炉及热力系统中有些疏水，先汇集在疏水箱中，然后定时送入锅炉中的给水系统。为了保证给水水质，这种疏水在送入给水系统以前，应监督其水质。按规定，疏水的含铁量应不大于50μg/L，硬度应不大于5μmol/L。若发现其水质不合格时，必须对进入此疏水箱的各路疏水分别取样，并进行测定，找出不合格的水源。

（五）返回凝结水

从热用户返回的凝结水，收集于返回水箱中。为了保证给水水质，应定时取样检查，监督此水箱中的水质，确认其水质符合规定后，方可送入锅炉的给水系统。按规定，返回水的含铁量应不大于100μg/L，硬度应大于5μmol/L，含油量应不大于1mg/L。当热电厂内设有返回凝结水的除油、除铁处理的设备时，返回水经处理后，应监督其水质，符合上述规定后，方可送入给水系统。

（六）内冷水

内冷水是用于冷却发电机定子或转子线圈的水，一旦水质不良，将导致线棒腐蚀，妨碍发电机的正常运行，因此对内冷水的监督非常重要。影响发电机内冷水系统铜导线腐蚀的主要因素是pH值和溶解氧，通过控制内冷水pH值和溶解氧含量，可以有效控制铜导线的腐蚀。一般采用调节内冷水pH值的方式控制铜导线的腐蚀，水质指标为pH(25℃)＝7.0～9.0，电导率≤2.0μS/cm，铜离子≤40μg/L。

二、直流锅炉的热化学试验

（一）热化学试验的目的

直流锅炉热化学试验的目的是寻求获得良好蒸汽品质的运行条件。就是按照预定的计划，使锅炉在各种不同工况下运行，以求取得最优运行条件。因为锅炉的蒸汽品质要受锅炉结构和锅炉运行工况等许多因素的影响，所以其获得良好蒸汽品质的运行条件无法预测，只有通过这样的试验来决定。通过热化学试验能查明锅炉水水质、锅炉负荷及负荷变化速度、汽包水位等运行条件及其对蒸汽品质的影响，从而可确定其下列运行标准：

(1) 锅炉水水质标准，如含盐量（含钠量）、含硅量等。

(2) 锅炉最大运行负荷和最大负荷变化速度。

直流锅炉的热化学试验无需经常进行，发生下述情况之一时，才有必要进行：

(1) 新安装的直流锅炉（投入运行已有一段时间，其运行已正常）。

(2) 当锅炉的工作条件有很大变化时，例如改变给水水质、改变燃料品种或者要超额定负荷运行。

(3) 已经发生过热器和汽轮机积盐，需要查明蒸汽品质不良的原因。

（二）热化学试验前的准备工作

(1) 了解设备的情况。为了便于及时找出蒸汽品质劣化的原因和处理试验中发生的问题，试验前应先详细了解锅炉的结构和有关的热力系统。例如，应了解锅炉的水汽系统、过热蒸汽调温系统、给水系统以及锅炉受热面的布置特点等。

此外，在热化学试验前，应对锅炉及热力系统中有关设备进行检查，并消除其缺陷，如凝汽器的严密性是否良好、除氧器和蒸发器的运行是否可靠等。

(2) 掌握试验前的水汽质量。为了能拟订好试验计划，并在试验过程中做到心中有数，应先查看水汽监督的记录及有关技术档案，以了解清楚试验以前的水汽质量（包括蒸汽品质，锅炉水、凝结水及补给水的水质）和蒸汽通流部分积盐的状况。

(3) 增设必要的取样点。根据热化学试验的不同要求，在试验前，有时需要加装一些取样点，以便使各段受热面后均有取样点，对蒸汽品质有较全面的认识，并且便于互相核对，以确定蒸汽样品的代表性。

(4) 检查和调整取样装置。热化学试验以前，对各取样点均应进行仔细的检查。检查内容包括：取样器是否选用得当、取样器的安装位置是否合理、取样标记牌是否挂的正确、取样冷却器有无泄漏和污染等。检查时如发现问题，应及时解决。

在预备试验开始前1～2天，各取样器应先投入工作，让样品连续不断地流出，清洗取样设备。新安装的取样装置（包括取样器及导管、取样冷却器等）应进行长时间、大流量地冲洗，有必要时（如对新安装的蒸汽取样装置）应进行排汽冲洗，以免遗留污物或发生堵塞现象，影响正确取样。各取样器出口样品的流量应调节在设计规定的范围内；冷却水量应调节到使样品的温度稳定在25～30℃范围内。

检查和调整各取样装置，对于保证取到的水汽样品具有代表性，使热化学试验的结果正确、可靠是一个很重要的环节。

(5) 准备好试验用品。水汽取样和进行测定所需要的各处试剂、仪器和仪表等，应先准备好。例如在化验工作中需要应用的无钠水和无硅水，应先将其制备装置安装好，并通过试用确认其水质合格方可。

(6) 校正和检查所有仪表。为了使试验结果可靠，在热化学试验前，应检查的仪表包括热工仪表和水质分析仪表。对不合格的仪表要进行校正或更换。

这项工作必须给以重视，因为仪表发生故障或有很大偏差会使试验结果不可靠，甚至使试验不能进行。

(7) 拟定好试验计划。根据试验的要求，制订热化学试验工作大纲和计划。计划中应详细阐明：进行每项试验时锅炉的运行工况，试验持续的时间，试验中水和汽的取样地点、次数以及测定的项目、方法等。

由于试验中要将锅炉控制在一定的条件下运行，所以试验前应向有关部门提出试验计划，以便早作安排。

(8) 绘制必要的系统图。需用的图有热化学试验的取样点分布图（图上最好标明测定项目）、水汽系统图等。

(9) 其他准备工作。试验前要安排好试验场地，以便将取得的水汽样品集中进行测定，并及时地分析、讨论和处理试验中发生的问题。试验场地的水源、照明等都应有保证，此外在人员方面还应有明确的分工。

当上述各项工作已经准备就绪，而且锅炉负荷可以按计划进行调度时，才能开始进行试验。

(三) 热化学试验的方法

在进行正式试验以前，为了检查准备工作，并训练参加试验的工作人员，应先进行预备试验。预备试验就是在锅炉正常的运行工况和通常给水水质条件下，和正式试验的情况一样，按规定的取样点和取样间隔时间进行取样测试，并记录锅炉运行工况等。预备试验要进行1～2昼夜。通过预备试验，如发现锅炉、监督仪表和取样、测试设备等有缺陷，则应将其消除，然后才可进行正式试验。

直流锅炉热化学试验的项目包括改变给水水质、改变锅炉负荷、改变蒸汽参数（压力和温度）等，按每次试验的目的不同，可对某些项目有所侧重。虽然试验项目较多，但各项试验的方法大体相同，所以不难拟订具体方案。现将试验方法简略介绍如下：

进行每项试验前，应使锅炉的其他运行工况符合该项试验的要求，并稳定地运行 8h 以上。以改变给水水质的试验为例，先使锅炉在额定负荷、额定参数的工况下运行 8h 以上，然后采用改变锅炉的供水系统或者在锅炉给水中添加不同盐类的办法，改变给水水质，使之得到各种不同水质的给水。在每一种给水水质条件下，进行 1～2 昼夜的试验。

进行每次试验时，都应在省煤器前的给水管中、过热器出口的主蒸汽管中以及水汽系统各段受热面后取样，根据得出的数据，便可研究给水中各种杂质在锅炉中沉积的数量、部位和被蒸汽带出的情况。水汽测定的项目为硬度、Na^+、Fe、Cu、SiO_2、pH 值以及给水中的溶解氧，取样的间隔时间通常为 10～15min。此外，试验时还要记录锅炉的运行工况，例如给水量、减温水喷水量、送出的蒸汽量、锅炉水汽系统各部分受热面前后和锅炉出口的蒸汽压力、温度等，每次记录的间隔时间与取样间隔时间相同。

试验结束后，应立即将所得到的数据汇总，并整理成表格或曲线图，进行仔细的分析研究，最后应提出试验报告。试验报告中除阐明试验结论外，必要时还应提出改进水质、汽质的措施。

三、直流锅炉检修时的化学监督

（一）检查内容

根据 DL/T 561—1995《火力发电厂水汽化学监督导则》，热力设备各部位的重点检查内容见表 9-10。

表 9-10 热力设备各部位的重点检查内容

<table>
<tr><th colspan="2">部　　位</th><th>内　　容</th></tr>
<tr><td rowspan="3">锅炉设备</td><td>水冷壁</td><td>监视管段（不得少于 0.5m）内壁积垢、腐蚀情况；向、背火侧垢量及计算结垢速率，对垢样做成分分析；水冷壁进口下联箱内壁腐蚀及结垢情况</td></tr>
<tr><td>省煤器</td><td>进口段及水平管下部氧腐蚀程度、结垢量、有无油污</td></tr>
<tr><td>过热器及再热器</td><td>立式弯头处有无积水，腐蚀结盐程度，腐蚀产物沉积情况，测其 pH 值</td></tr>
<tr><td rowspan="4">汽轮机及辅助设备</td><td>汽轮机本体</td><td>目视各级叶片的结盐情况，定性检测有无铜；调速级、中压缸第一级叶片有无机械损伤或麻点；中压缸一、二级围带氧化铁累积程度；检查每级叶片，测定隔板表面 pH 值（有无酸性腐蚀），计算单位面积结盐量，对垢样做成分分析</td></tr>
<tr><td>凝汽器管</td><td>管外壁有无腐蚀或磨损减薄；内壁结垢、黏泥及腐蚀程度；有无泄漏点，胀口有无伤痕</td></tr>
<tr><td>除氧器</td><td>内部有无腐蚀损坏，喷头有无脱落，填料有无布置不匀；给水箱底部有无沉积物，箱体有无腐蚀，防腐层是否完好</td></tr>
<tr><td>高、低压加热器</td><td>吊芯有无腐蚀、泄露，必要时抽管采垢样分析</td></tr>
</table>

（二）注意事项

（1）正确采集具有代表性的垢和腐蚀产物试样。在一般情况下，垢和腐蚀产物试样是在热力设备检修或停机时，以人工刮取或割管后称取的方法获得的。为了获得有代表性的试样，采集试样时应遵守以下规定：

1）在确定取样部位的基础上，若热负荷相同，则可在对称部位取样，或多点采集等量的单个试样，混合成平均样。但对同一部位，若垢和腐蚀产物的颜色、坚硬程度明显不同，则应分别采集单个试样。

2）在条件允许的情况下，采集试样的质量应大于4g。对于呈片状、块状等不均匀的试样更应多取，一般所取试样的质量应大于10g。

3）采集不同热力设备中的试样时，应使用不同的采样工具。

4）割管采样时，若试样不易刮取，可采用挤压采样法。

5）刮取的试样应装入专用的广口瓶中存放，并贴上标签，标签上注明设备名称、设备编号、取样部位和取样日期。

（2）锅炉割管时的注意事项。

1）管样不允许敲打、摔、震，以免损伤内表面；若用焊枪割管时，要比所需长度长0.4m，割下的管段应避免溅上水，如管内潮湿时要吹干。

2）去除外表面灰尘，标明向火侧、背火侧及管段在炉膛内的位置及标高。

3）割管时不能用冷却剂和砂轮。

4）沿管轴方向对剖开，分成向火侧与背火侧两半。

（三）分析方法

分析方法按部颁《火力发电厂垢和腐蚀产物分析方法》规定，计算结果误差总和在100×(1±5)%以内。

（四）化学检查评价标准

根据DL/T 561—1995《火力发电厂水汽化学监督导则》，热力设备评价标准见表9-11～表9-14。

表9-11 汽轮机转子、隔板和叶片的结垢、腐蚀评价

项目＼类别	一类	二类	三类
结盐	基本不结盐或结盐量①小于1mg/(cm²·a)	有少量结盐，结盐量为1～10mg/(cm²·a)	结盐较多，结盐量大于10mg/(cm²·a)
腐蚀	基本没有腐蚀	低压缸有轻微锈蚀，初凝区隔板有轻微腐蚀	下隔板有较严重的锈蚀，不锈钢部件出现针孔或初凝区隔板有严重腐蚀

① 按两次检修间隔的自然年计算。

表9-12 凝汽器铜管腐蚀、结垢评价

项目＼类别	一类	二类	三类
均匀腐蚀	腐蚀速率<0.005mm/a	腐蚀速率为0.005～0.05mm/a	腐蚀速率>0.05mm/a
局部腐蚀	无	管壁点蚀，沟槽深度不大于0.3mm	点蚀，沟槽深度大于0.3mm或已有部分管子穿孔
结垢	基本无	≤0.5mm	>0.5mm

表 9-13　　水冷壁向火侧结垢速率的评价

类别 项目	一类	二类	三类
结垢速率[g/(m² · a)]	<40	40～80	>80

注　此表用于 12.7MPa 及以上汽包锅炉和直流锅炉；样管为上次大修安装的监视管。

表 9-14　　省煤器、水冷壁、过热器、再热器管内腐蚀的评价

类别	一类	二类	三类
特征	基本没有腐蚀	有轻微腐蚀，点蚀深度不大于 1mm	有局部溃疡性腐蚀或点蚀深度大于 1mm

第十章 锅炉的化学清洗和停用保护

为了确保锅炉运行中有良好的水汽质量，以及避免炉管的结垢与腐蚀，除了要做好补给水的净化和锅炉机组内的水质调整处理以外，锅炉的化学清洗和停用保护也是很重要的工作。

第一节 锅炉的化学清洗

锅炉的化学清洗就是用某些化学药品的水溶液来清除水汽系统中的各种沉积物，并使金属表面形成良好的防腐保护膜。锅炉的化学清洗一般包括碱洗（或碱煮）、酸洗、漂洗和钝化等几个工艺过程。

一、锅炉化学清洗的必要性

随着锅炉参数和容量的日益提高，对受热面清洁度和锅炉内水质的要求更加严格。近年来，化学清洗的各个工艺日趋完善，所以锅炉的化学清洗现在已成为安全运行的重要措施之一。目前，新建锅炉在启动前一般都应进行化学清洗，已经投入运行的锅炉也应在必要时进行化学清洗。

（一）新建锅炉化学清洗的必要性

新建锅炉在制造、储运和安装过程中，不可避免地会形成氧化皮、腐蚀产物和焊渣，并且会带入沙子、尘土、水泥和保温材料碎渣等含硅杂质。管道在加工成型时，有时使用含硅、铜的冷热润滑剂（如石英砂、硫酸铜等），或者在弯管时灌砂，也都可能使管内残留含硅、铜的杂质。此外，设备在出厂时还可能涂覆有油脂类的防腐剂。这些杂物如果在锅炉投运前不除掉，就会产生下列危害：

（1）锅炉启动时，汽水品质（特别是含硅量）不容易合格，影响机组的启动时间。

（2）妨碍炉管管壁的传热，造成炉管过热和损坏。

（2）在锅炉内形成碎片或沉渣，堵塞炉管，破坏水汽的正常流动工况。

（4）加速受热面沉积物的累积，使介质浓缩腐蚀加剧，导致炉管变薄、穿孔和爆破。

新建锅炉启动前进行的化学清洗不仅有利于锅炉的安全运行，而且能改善锅炉启动时期的水汽质量，使之较快达到正常标准，从而大大缩短新机组启动到正常运行的时间。因此，新建锅炉启动前的化学清洗是十分必要的。

（二）运行锅炉化学清洗的必要性及要求

锅炉投入运行以后，即使有完善的补给水处理工艺和合理的锅炉内水工况，也仍然不可避免地会有杂质进入给水系统，使热力系统遭受腐蚀。如不进行化学清洗除掉这些污脏物，将会在受热面形成水垢，影响炉管的传热和水汽流动特性，加速介质浓缩腐蚀和炉管的损坏，恶化蒸汽品质，危害机组的正常运行。因此，锅炉运行一段时间以后，必须进行化学清洗。

运行锅炉进行化学清洗的间隔应根据锅炉类型、参数、燃料品种、补给水品质以及内部的实际污脏程度来决定。通常可以根据锅炉的运行年限确定清洗时间，即锅炉运行一定时间以后就需进行化学清洗，也可以根据管内的结垢量来确定化学清洗时间，另外还可以综合考虑运行年限和锅炉结垢量两个因素确定。

为了查明炉管内沉积物的量，通常采用割管检查的方法。割管位置应该选择最容易发生结垢和腐蚀的部位，通常包括受热面热负荷最高的部位，如喷燃器附近；对于有燃烧带的锅炉，可选择燃烧带上部距炉膛中心最近的位置；另外还有冷灰斗和焊口处等部位。此外，由于炉管的向火侧比背火侧热负荷高得多，结垢和腐蚀也就严重得多，因此应该选择炉管的向火侧来检查结垢量，并以此作为依据来确定是否需要进行化学清洗。可参考 DL/T 794—2001《火力发电厂锅炉化学清洗导则》所确定的条件进行清洗，见表 10-1。此外，也可根据运行经验定期进行化学清洗。

表 10-1　　确定化学清洗的条件

炉　型	汽包锅炉			直流锅炉
主蒸汽压力（MPa）	<5.88	5.88～12.74	>12.74	
垢量（g/m^2）	600～900	400～600	300～400	200～300
清洗间隔年限（a）	12～15	10～12	5～10	5～10

注　垢量是指在水冷壁管热负荷最高处向火侧 180°部位割管取样，用洗垢法测定的。

（三）化学清洗的范围

锅炉化学清洗的范围因锅炉的类型、参数和清洗种类（新炉启动前或旧炉运行后的清洗）的不同而有所差别。这是因为在不同条件下，锅炉水汽系统各部分污染的情况不一样，所以在每次清洗时，首先应决定清洗范围。现分别将其概况介绍如下：

对于新建锅炉，由于锅炉机组水汽系统的各部分都可能较脏，所以化学清洗的范围较广，一般情况如下：高压及高压以下的锅炉，清洗范围包括锅炉本体的水汽系统；高压及高压以上的锅炉，除了包括锅炉本体的水汽系统外，还应考虑清洗过热器和炉前系统，即从凝结水泵出口起至除氧器止的这段汽轮机凝结水通道，以及从除氧器水箱至省煤器前的全部给水管道。

运行锅炉的化学清洗范围一般只包括锅炉本体的水汽系统。

二、锅炉中的沉积物

（一）锅炉中沉积物的种类

在火力发电厂热力系统内聚集的沉积物一般有水垢、盐垢、水渣和腐蚀产物。

（1）水垢。水垢是由水溶液中直接析出并附着在金属表面的沉积物。按其主要化学成分，水垢可分为钙镁水垢、硅酸盐水垢、氧化铁垢、磷酸盐铁垢和铜垢等。

（2）盐垢。盐垢是锅炉蒸汽中含有的盐类（杂质）在热力设备中的蒸汽通流部分析出并形成的固体附着物。

(3) 水渣。水渣是指在锅炉水中生成的松散沉积物（包括淤泥、黏泥）。例如碱式磷酸钙、蛇纹石、磷酸镁和氢氧化镁等。

(4) 腐蚀产物。腐蚀产物是由金属与周围介质发生化学或电化学反应的产物。这些腐蚀产物也是聚集于热力设备管壁上的一种固体附着物。

（二）锅炉中沉积物的分布

(1) 碳酸盐水垢。碳酸盐水垢容易在锅炉省煤器、加热器、给水管道以及凝汽器冷却水通道和冷却塔中生成。

(2) 硫酸盐—硅酸盐水垢。硫酸盐—硅酸盐水垢主要在热负荷较高的受热面上，如锅炉炉管、蒸发器和蒸汽发生器内生成。

(3) 硅酸盐水垢。此水垢有的多孔，有的很坚硬、致密，常均匀地覆盖在热负荷很高或水循环不良的炉管内壁。

(4) 氧化铁垢。氧化铁垢最容易在高参数和大容量的锅炉水冷壁内生成，但在其他锅炉中也可能发生。这种铁垢主要生成在以下部位：热负荷很高的炉管管壁上，如喷燃器附近的炉管；对敷设有燃烧带的锅炉，在燃烧带上、下部的炉管内；燃烧带局部脱落处或炉膛内结焦时的裸露炉管内等。

(5) 磷酸盐铁垢。磷酸盐铁垢通常发生在分段蒸发锅炉的盐段水冷壁管上。

(6) 铜垢。铜垢主要发生在局部热负荷很高的炉管内。有时在汽包和联箱内的水渣中也发现有铜，这些铜是从局部热负荷很高的管壁上脱落下来，被水流带到水流速度较缓慢的汽包和联箱中，与水渣一起聚集在那里而形成的。

(7) 盐垢。盐垢主要发生在热力设备的蒸汽通流部分，如附着在过热器和再热器中。

（三）锅炉中腐蚀和结垢速率的评价

在《火力发电厂水汽化学监督导则》中把省煤器、水冷壁、过热器管内腐蚀的评价分为三类：一类，基本没有腐蚀；二类，有轻微腐蚀，点蚀深度≤1mm；三类，有局部溃疡性腐蚀或点蚀深度>1mm。水冷壁向火侧结垢速率的评价见表 10-2。

表 10-2　　水冷壁向火侧结垢速率的评价

项目＼类别	一类	二类	三类
结垢速率[$g/(m^2 \cdot a)$]	<40	40～80	>80

注　此表用于 12.7MPa 及以上汽包锅炉和直流锅炉；样管为上次大修安装的监视管。

（四）沉积物的鉴别方法

沉积物简易的鉴别方法就是通过某些元素或官能团的特征反应，定性或半定量地鉴别其中一些成分，为进一步选择定量分析方法和得到准确的分析结果提供有价值的依据。

1. 物理方法

物理方法鉴定是通过对垢和腐蚀产物的颜色、状态、坚硬程度、有无磁性等进行观察和试验，大致判断垢和腐蚀产物的某些成分。

三氧化二铁呈赤色，四氧化三铁和氧化铜为黑色，钙镁水垢、硫酸盐水垢和碳酸盐水垢为白色；硅垢和硫酸盐水垢一般较坚硬，钙镁水垢则较疏松；四氧化三铁垢和铁垢均有磁性。

2. 化学方法

化学方法鉴定是根据垢和腐蚀产物与某些化学试剂发生的特征反应来鉴别某些成分，方法如下：称取0.5g试样，置于100mL烧杯中，加50mL蒸馏水，配成悬浊液，然后进行水溶液试验（见表10-3）和加酸试验（见表10-4）。

表10-3　　水溶液试验

试验项目	试验方法	现象和可能存在的成分
pH值	用澄清液20～30mL，用pH玻璃电极法测定pH值	若pH>9，说明有氢氧化钠、磷酸钠等强碱性物质存在；若pH<9，说明试样中无强碱性物质存在
硝酸银试验	取数滴澄清液，置于黑色滴板上，加2～3滴酸性硝酸银（5%溶液）	若有白色沉淀物生成，说明有水溶性氯化物存在
氯化钡试验	取数滴澄清液，置于黑色滴板上，加2～3滴氯化钡溶液（10%溶液），再加入两滴盐酸溶液（1+1）	若有白色沉淀物生成，而且加酸不溶解，说明有水溶性硫酸盐存在

表10-4　　加酸试验

试验方法	现　象	可能存在的成分
取少量此悬浊液的试液注入试管中，加1～2mL盐酸	产生气泡，碳酸盐含量越高，气泡越多	碳酸盐
取少量此悬浊液的试液注入试管中，加1～2mL盐酸和硝酸	溶解缓慢，可看到白色不溶物	硅酸盐
取少量此悬浊液的试液注入试管中，加1～2mL冷盐酸，若难溶，加1～2mL硝酸，加热后溶解	溶解后溶液呈淡黄色，加5%硫氰酸铵溶液数滴，溶液变红色，或者加入5%亚铁氰化钾溶液数滴，溶液变蓝色	氧化铁
取少量此悬浊液的试液注入试管中，加1～2mL冷盐酸，若难溶，加1～2mL硝酸，加热后溶解	溶解后溶液呈淡黄色、绿色或淡蓝色，取一部分溶液注入另一试管，加浓氨水生成氢氧化铜和氢氧化铁沉淀物；继续加氨水，氢氧化铜溶解，生成铜氨络离子，蓝色加深；另取数滴溶液，加数滴5%亚铁氰化钾，生成红棕色沉淀	氧化铜
取少量此悬浊液的试液注入试管中，加1～2mL盐酸	取一部分酸溶液，加入10%钼酸铵溶液，生成黄色磷钼黄沉淀物，加浓氨水至溶液呈氨碱性，黄色沉淀物溶解	磷酸盐
取少量此悬浊液的试液注入试管中，加1～2mL盐酸和硝酸	取一部分酸溶液，加入10%氯化钡溶液数滴，溶液浑浊，有白色沉淀物生成	硫酸盐

三、锅炉化学清洗的基本原理

锅炉化学清洗的原理是：用酸溶解金属表面聚积的铁氧化物及水垢。

锅炉化学清洗的基本过程是以化学或电化学反应为主，辅以机械作用的过程。化学或电化学反应过程有以下几种可能：

（1）酸对氧化铁或氧化钙的化学溶解。

（2）氧化铁（Fe_2O_3）被还原成易溶于酸的氧化亚铁（FeO）。

（3）在酸液中，氧化铁的电位高于铁的电位，形成由氧化皮和铁构成的局部腐蚀原电池（其中铁为阳极，氧化铁为阴极），氢在氧化皮下析出，加速氧化皮的脱落。

采用有机酸或络合酸清洗时，除有氢离子的作用外，还有络合剂对沉积物中金属离子的络合作用。

现着重将盐酸清洗、柠檬酸清洗、EDTA清洗、蒸汽加氧吹洗的原理分述如下。

（一）盐酸清洗

一般市场上销售的工业盐酸为淡黄色透明液体，浓度为28%～30%，相对密度约为$1.17g/m^3$，暴露在空气中冒烟，有刺激气味。盐酸用于化学清洗的浓度一般为5%～10%。

由于多数金属的氯化物都易溶，因此盐酸能很好地溶解碳酸盐水垢、铁锈、铜锈、铝锈等。在相同温度下，盐酸和氧化铁的反应速度比硫酸快1.3倍，比柠檬酸快42倍，比甲酸快70倍，比醋酸快150倍。除不锈钢设备不能采用盐酸清洗外（因为氯离子会使不锈钢产生应力腐蚀和晶间腐蚀破裂），锅炉的大多数金属设备均可使用盐酸溶液清洗。

盐酸清洗时，不但可将沉积物和垢溶解，还可使附着物从金属表面脱落下来。一般钙镁水垢易溶于盐酸中。盐酸与锅炉垢物和氧化皮接触时，酸与金属基体交界处垢层中的某些物质发生较强的反应，有助于垢层和氧化皮成片脱落，其反应为

$$CaCO_3 + 2HCl \longrightarrow CaCl_2 + H_2O + CO_2\uparrow$$

$$MgCO_3 + Mg(OH)_2 + 4HCl \longrightarrow 2MgCl_2 + 3H_2O + CO_2\uparrow$$

$$FeO + 2HCl \longrightarrow FeCl_2 + H_2O$$

$$Fe_2O_3 + 6HCl \longrightarrow 2FeCl_3 + 3H_2O$$

$$Fe_3O_4 + 8HCl \longrightarrow FeCl_2 + 2FeCl_3 + 4H_2O$$

在清洗以硅酸盐为主要成分的水垢时，还应加入一定量的氟化物，以增加去垢能力。

（二）柠檬酸清洗

柠檬酸清洗是在锅炉大型化，盐酸清洗引起奥氏体（不锈）钢应力腐蚀破裂的情况下发展起来的一种酸洗技术。因柠檬酸不含氯离子，不会引起奥氏体不锈钢的应力腐蚀破裂，一般用于火电厂炉前系统和过热器的清洗。在清洗中用得最多的有机酸就是柠檬酸，它溶解氧化铁和氧化铜。其原理是：一方面柠檬酸溶液的酸性可以促进氧化铁的溶解；另一方面柠檬酸又能络合铁，从而把氧化铁除去，直到没有氧化铁为止。但是络合后的络合物——亚铁柠檬酸酸性盐难溶解，会再沉淀出来。如果用含氨的柠檬酸溶液清洗，就能生成溶解性很大的柠檬酸亚铁铵和柠檬酸高铁铵络合物。含单氨基的柠檬酸在pH值为3.5时，对去除铁的氧化物是有效的。如同时存在铜锈，可在铁的化合物被溶解以后，调整pH值到9，再加入氧化剂以去除铜，同时钢的表面在清洗过程中也自然形成了一层钝化膜，这可防止装置在投运前二次生锈。当锅炉先用盐酸清洗留下铁盐时，常用较稀的柠檬酸溶液来漂洗，以便钝化时形成完整的钝化膜。

柠檬酸的学名为2-羟基丙烷-1，2，3-三羧酸，是一种有机酸和络合剂，其分子式为$C_3H_4(OH)(COOH)_3 \cdot H_2O$或$H_3C_6H_5O_7 \cdot H_2O$，相对分子质量为210.14，为无色斜方形晶体，有可口的酸味，易溶于水，随溶液pH值的增加，其解离程度提高。

关于柠檬酸清洗的反应机理，一般可用下列三个步骤来表示：

第一步：柠檬酸与氨水反应，生成柠檬酸铵盐，即

$$C_3H_4(OH)(COOH)_3 + NH_4OH \longrightarrow C_3H_4(OH)(COOH)_2 \cdot COONH_4 + H_2O$$

第二步：溶解反应，即

$$Fe + 2H^+ \longrightarrow Fe^{2+} + H_2\uparrow$$

$$Fe_2O_3 + 6H^+ \longrightarrow 2Fe^{3+} + 3H_2O$$

$$Fe_3O_4 + 8H^+ \longrightarrow Fe^{2+} + 2Fe^{3+} + 4H_2O$$

第三步：综合络合反应，即

$$Fe + NH_4H_2C_6H_5O_7 \longrightarrow FeNH_4C_6H_5O_7 + H_2\uparrow$$

或

$$Fe + 2H_3C_6H_5O_7 \longrightarrow Fe_3(C_6H_5O_7)_2 + 3H_2\uparrow$$

$$Fe + H_3C_6H_5O_7 \longrightarrow Fe_3HC_6H_5O_7 + H_2\uparrow$$

$$Fe_2O_3 + 2NH_4H_2C_6H_5O_7 \longrightarrow 2FeC_6H_5O_7 + H_2O + 2NH_4OH$$

$$Fe_3O_4 + 3NH_4H_2C_6H_5O_7 \longrightarrow FeNH_4C_6H_5O_7 + 2FeC_6H_5O_7 + 2H_2O + 2NH_4OH$$

柠檬酸和柠檬酸根与铁离子发生的反应是络合反应，所以柠檬酸清洗是一种络合溶剂清洗，它能溶解铁的氧化物，并随酸液浓度增加和温度升高，增加氧化铁皮的溶解速度。

（三）EDTA清洗

EDTA用于清洗金属化合物垢，主要是借助于它的络合作用，但对于某些金属化合物垢来说，pH值的高低（即氢离子浓度的大小）是否适宜，直接关系到能否对该垢进行有效的络合溶解。从图10-1可以看出，pH值越高，EDTA以Y^{4-}形式存在的比例越高。因为参加与金属离子络合作用的是Y^{4-}，而不是EDTA以其他形式存在的离子，所以从这一方面来看，显然是pH值越高，越有利于络合清洗。当pH值很低时，络合溶解能力下降，此时以酸的中和溶解为主。但是，从络合溶解能力上考虑，也不是pH值越高越好，这是因为pH值过高，可能生成更稳定的难溶金属氧化物。例如三价铁在pH值过高时（pH≥12），所生成的溶度积很小的$Fe(OH)_3$很稳定，不能被EDTA络合溶解。所以EDTA作为清洗液进行络合清洗时，不仅要考虑酸增加使Y^{4-}减少的一面，还要考虑碱度增加导致水解产生难溶沉淀的一面。适宜的pH值范围因金属离子不同而有所差异，如铁盐垢的pH值以不超过9.5为好，而钙、镁盐垢的pH值则不宜太低。

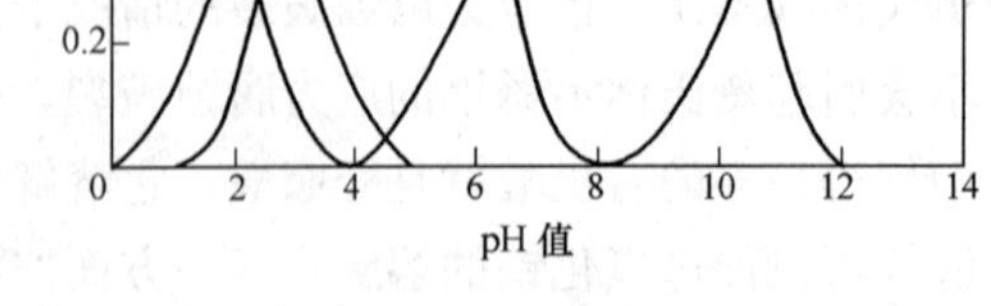

图10-1 EDTA清洗示意图

EDTA清洗垢的反应机理如图10-2所示。不同的金属离子在不同的pH值条件下，还可以生成酸式络合物（MHY）或碱式络合物［M（OH）］。

用EDTA清洗锅炉有三种方式：①用EDTA铵盐进行强制循环的清洗方式；②用EDTA钠（二钠）盐按自然循环的方式清洗；③协调EDTA的自然循环清洗方式。

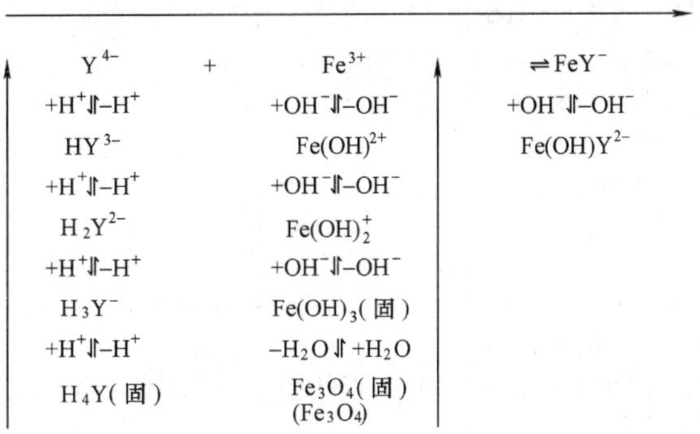

图10-2 EDTA清洗垢的反应机理

用EDTA清洗需要较高的温度，一般为120～140℃。强制循环清洗方式工艺过于复杂；自然循环清洗方式是利用锅炉点火后的自然循环，不需安装临时设施，因此可简化系统，缩短洗炉工期，但洗炉与钝化要完全分开；协调EDTA清洗方式是控制洗炉过程由弱酸开始，经EDTA与垢物不断络合溶解，pH值自动升高，最后以碱洗结束，这样可实现在无铜垢的情况下，除垢、钝化过程一步完成。

（四）蒸汽加氧吹洗

在高温蒸汽流和氧气的共同作用下，使锅炉蒸汽管路及其设备在制造、运输、保管、安装过程中产生的污物和大气腐蚀产物从管路中排出，并在金属表面形成保护膜的方法，称为蒸汽加氧吹洗。

蒸汽加氧吹洗采用的蒸汽流速、清洗时间取决于清洗回路的污染程度。通常氧气的添加量为0.3～1g/kg。使锅炉过热器、再热器及主蒸汽、再热蒸汽管路除了靠过热蒸汽高速流动进行机械吹扫外，还可使炉内一般的腐蚀产物在适当的温度条件下和氧发生反应，由热力学不稳定的低价铁氧化物转变为高价铁氧化物，从而使其结构的坚固性被破坏。其化学反应为

$$4FeO + O_2 \longrightarrow 2Fe_2O_3$$

$$6FeO + O_2 \longrightarrow 2Fe_3O_4$$

$$6Fe(OH)_2 + O_2 \longrightarrow 2Fe_3O_4 + 6H_2O$$

当过热蒸汽以较高流速吹扫时，便能使沉积物和金属管道内的氧化皮加速剥落，并在裸露的金属表面生成稳定、致密的耐蚀保护膜（厚2～15μm）。其化学反应为

$$4Fe + 3O_2 \longrightarrow 2Fe_2O_3$$

$$3FeO + 2O_2 \longrightarrow Fe_3O_4$$

四、锅炉化学清洗药品的选择及应用

化学清洗药品的选择应根据垢的成分、锅炉设备的构造和材质、清洗效果、经济性、药物对人体的危害及废液排放处理要求等因素进行综合考虑后决定。一般应通过试验确定清洗介质及清洗参数。可选用的清洗介质有盐酸、氢氟酸、硫酸、柠檬酸、硝酸、EDTA、蒸汽加氧吹洗等。一般优良的清洗剂必须具备除垢效果好、腐蚀性较低、对被清洗的金属材质无损坏、钝化膜质量好、货源充足、价格便宜、操作简便、废液易于处理、无毒、无公害等特点。清洗介质的选择见表10-5。

表 10-5 清洗介质的选择

序号	清洗工艺名称	清洗介质	添加药品	适于清洗垢的种类	适用型及金属材料	优缺点
1	盐酸清洗	4%～7%HCl		$CaCO_3$含量>3%、Fe_3O_4含量>40%、SiO_2含量<5%	汽包锅炉、碳钢	清洗效果好，价格便宜，货源广，废液易于处理
2	盐酸清洗（清洗硅酸盐垢）	4%～7%HCl	0.5%氟化物	Fe_3O_4含量>40%、SiO_2含量>5%	汽包锅炉、直流锅炉	对含硅酸盐的氧化铁垢清洗效果好，价格便宜，货源广
3	盐酸清洗（清除碳酸盐垢和硫酸盐硬垢）	4%～7%HCl	清洗前必须用Na_3PO_4、NaOH碱煮，然后在清洗液中加0.2%NH_4HF_2或0.4%NaF及0.5%$(NH_2)_2CS$（无CuO时不加）	$CaCO_3$含量>3%、$CaSO_4$含量>3%、Fe_3O_4含量>40%、SiO_2含量>20%、CuO<5%	汽包锅炉、碳钢及低合金钢	对坚硬的硅酸盐、氧化铁垢（CuO<5%）有足够的清洗能力，价格便宜，货源广，清洗工艺简单，易于掌握，但废液较难处理
4	盐酸清洗、氨液除铜	4%～7%HCl、1.32%～1.5%、$NH_3\cdot H_2O$	盐酸清洗后用1.3%～1.5%$NH_3\cdot H_2O$及0.5%～0.75%$(NH_4)_2S_2O_8$清洗除铜	Fe_3O_4含量>40%、CuO>5%	汽包锅炉、碳钢及低合金钢	适用于含CuO>5%的氧化铁垢的清洗，除铜效果好，但工艺步骤多
5	盐酸清洗、硫脲除铜钝化	4%～7%HCl	0.2%NH_4HF_2或0.4%NaF及6～8倍铜离子浓度的$(NH_2)_2CS$	Fe_3O_4含量>40%、CuO>5%	汽包锅炉、碳钢及低合金钢	适用于含CuO>5%的氧化铁垢的清洗，工艺简单，效果好
6	盐酸清洗、硫脲除铜钝化还原铁工艺	4%～7%HCl	0.2%KCNS（Fe^{3+}含量<500mg/L时不加）0.2%NH_4HF_2或0.4%NaF及6～8倍铜离子浓度的$(NH_2)_2CS$	Fe_3O_4含量>40%、CuO>5%	汽包锅炉、碳钢及低合金钢	适用于含CuO>5%的氧化铁垢的清洗，工艺简单，效果好
7	盐酸清洗、微酸性除铜钝化①	4%～7%HCl、0.2%～0.3%柠檬酸	盐酸清洗后漂洗时，在0.2.%～0.3%柠檬酸溶液中添加1.5%～2%$NaNO_2$，并保持100～200mg/L$CuSO_4$、50～100mg/LCl^-	Fe_3O_4含量>40%、CuO>5%	汽包锅炉、直流锅炉	适用于含CuO和Fe_3O_4垢的清洗，在pH值为4～5的条件下漂洗，除铜效果好，但当pH值控制不当时，易引起$NaNO_2$分解，造成二次污染
8	柠檬酸清洗	2%～4%柠檬酸	在柠檬酸溶液中添加氨水调pH值至3.5～4	Fe_3O_4含量>40%	直流锅炉、过热器，奥氏体钢	清洗系统简单，不需对阀门采取防护措施，危险性小，但清除氧化铁垢能力较差

续表

序号	清洗工艺名称	清洗介质	添加药品	适于清洗垢的种类	适用型及金属材料	优缺点
9	协调 EDTA 清洗	EDTA 浓度根据小型试验确定	根据垢样确定	$CaCO_3$ 含量＞3%、Fe_3O_4 含量＞40%、SiO_2 含量＜5%	汽包锅炉，奥氏体钢	清洗系统简单，时间短，清洗水量少，但药品价格昂贵，废液必须回收，废液回收率为 80%左右
10	氢氟酸开路清洗	1%～1.5%HF		Fe_3O_4 含量＞40%、SiO_2 含量＞20%	直流锅炉、过热器，奥氏体钢	对氧化铁垢溶解能力强，反应速度快，清洗时间短，废液处理麻烦

① 先用盐酸将水的 pH 值调至 5，当水温升至 56℃时，依次加入 $NaNO_2$ 和 $CuSO_4$，并搅拌均匀。

采用上述几种清洗介质的工艺有各自的特点和问题，现简述如下。

（一）盐酸清洗的特点及存在问题

1. 清洗特点

（1）清洗系统简单，临时工作量小，工艺操作方便，对公用系统要求不高。

（2）盐酸清洗废液处理简单，合格快。

（3）清洗费用比其他工艺低。

（4）清洗适用范围小，仅限于锅炉本体。

2. 存在的问题

（1）HCl 对低合金的汽包钢（如 BHW-35、BHW-38）比较敏感，且汽包内部设施应在清洗后再装入。

（2）盐酸不能清洗奥氏体钢制造的设备，因为氯离子能促使奥氏体钢发生应力腐蚀破裂。

盐酸对于以硅酸盐为主的水垢清洗效果较差，必须补加氟化物至清洗剂中才能收到满意的效果。

（3）酸洗至锅炉点火吹管的间隔时间长（＞30 天），而且缺少对设备的保护措施，易产生二次锈蚀。

（二）盐酸＋柠檬酸清洗的特点及存在问题

1. 清洗特点

（1）用盐酸清洗锅炉本体（省煤器、汽包、水冷壁和部分过热器），用柠檬酸清洗过热器及炉前给水系统，需设两个独立的清洗系统，其清洗工艺复杂。

（2）清洗时间长，一般需 10 天左右。

（3）酸洗条件对公用系统要求不严，可提前清洗。

2. 存在问题

（1）临时设备工作量较大，酸洗至吹管时间间隔长，一般都超过 21 天，个别机组长达 3 个月。

（2）酸洗后，大都没有妥当的保护措施，从而在金属表面上易产生二次锈蚀。

（3）清洗废液种类较多，且COD处理复杂。

（三）EDTA清洗的特点及存在问题

目前，国内EDTA清洗工艺有协调EDTA清洗及EDTA铵盐清洗两种清洗方式。四川地区普遍采用协调EDTA清洗工艺，仅清洗锅炉本体，以pH5.6的钠盐形式开始清洗，结束时pH值在8.0～10.0之间，锅炉点火加热，维持温度在130～150℃范围内，自然循环清洗。华东地区则采用EDTA铵盐清洗，pH值始终控制在9.0～9.5之间，蒸发受热面采用点火加热，过热器及炉前给水系统采用酸洗泵循环，高压加热器加热，温度在120～130℃之间，循环清洗。

1. 清洗特点

（1）EDTA清洗介质使用及操作安全，清洗效果好。

（2）临时工作量小，可缩短清洗至吹管的间隔时间。

（3）钝化和清洗可一步完成，无需单独钝化。

（4）废液处理工作量小。

2. 存在问题

（1）点炉加热存在温度不均匀问题。若温度高（140℃以上），EDTA就开始分解；若温度低，清洗效果就差，而且省煤器几乎不循环。

（2）药品回收后，不可避免地存在杂质污染，重复利用次数受到限制，一般使用2～3次后应进行精处理，否则影响清洗效果。

（3）用EDTA清洗过热器，药品的回收率仅40%。

（4）EDTA对硅酸盐垢不起作用，机组启动时还应采取洗硅措施。

（5）EDTA回收利用硫酸或盐酸。若使用硫酸回收，由于有难溶性的硫酸盐存在，影响回收药品的质量；若使用盐酸回收，又会引入大量氯离子，因此需对药品进行多次水洗，减少氯离子对奥氏体钢的腐蚀。

（四）柠檬酸清洗的特点及存在问题

柠檬酸清洗液的浓度一般控制在3%～4%之间，温度为90～98℃，pH值为3.5～4.0。

1. 清洗特点

（1）工艺控制要求严格，系统连接复杂。

（2）柠檬酸清洗以络合作用为主，适用于奥氏体钢和蛇形钢的清洗。

2. 存在问题

（1）柠檬酸清洗废液处理较复杂。虽可采用焚烧法处理，但因弱酸性废液在高温下对锅炉受热面仍有一些腐蚀，对锅炉安全运行有一定影响；若采用氧化剂处理，处理费用大。

（2）药品昂贵，操作不当时还会产生柠檬酸铁沉淀。

（3）无溶解硅酸盐垢的能力，机组启动时应有洗硅措施。

（五）蒸汽加氧吹洗的特点及注意事项

1. 吹洗特点

该法可取代基建炉过热器、再热器的化学清洗，可节省化学清洗药品费用50%左右，并使清洗工艺简化，减少废液处理，有利于环境保护。

加氧工艺操作简单，与锅炉吹管过程同步进行，不仅不另耗时间，还可减少锅炉吹管次数。以前大型基建炉吹管均近上百（多则 300 多）次，采用加氧吹洗工艺后可减少吹管次数 30%～70%，缩短吹洗工时 3～4 天，节约燃料，降低水耗，减少噪声干扰时间，有利于环境保护。

清洗后的金属表面无需另行钝化，并在设备内表面形成了牢固的保护膜，有利于改善机组启动时的蒸汽品质，可提高机组的安全性和经济性。

2. 注意事项

（1）在加氧吹洗的过程中，应控制一定的氧气浓度以及过热蒸汽的压力和温度，才能使炉内一般的腐蚀产物由热力学不稳定的低价铁氧化物变成高价铁氧化物，当系统内沉积物的相组成发生变化时，其结构的坚固性也被破坏了，当具有一定压力、温度的过热蒸汽以较高的流速通过时，便能将沉积物机械地去除。清洗后的金属表面在高温氧化剂的作用下，会形成高强度的耐蚀保护膜。如氧气浓度不够，则起不到加氧吹洗的作用；如氧气浓度太高，又会造成保护膜疏松和龟裂。

（2）加氧时应严格按工艺要求进行，确保人身和设备安全，防止火灾及管路、阀门爆炸。

（3）吹管靶板安装的位置应尽量靠近正式管道，不可安装在临时排气管出口处；吹管系统的连接应避免存在盲肠管段。

（4）冬季吹扫应有防冻措施。

五、化学清洗中缓蚀剂的选择及应用

缓蚀剂即减缓锅炉腐蚀的添加剂，它是具有抑制金属腐蚀作用的无机物和有机物的总称。酸洗缓蚀剂的作用是减缓酸洗过程中金属的腐蚀，保证被清洗金属在酸洗除垢的同时不遭受酸液的腐蚀破坏。

在整个化学清洗过程中，选择和应用缓蚀剂是一个很重要的环节。它不仅直接影响到化学清洗的效果，而且还会影响被清洗装置（如锅炉）的安全和寿命，以及酸洗的成本。

选用缓蚀剂要考虑多方面的条件，包括化学清洗介质的种类、介质的浓度、pH 值、温度范围、介质流动情况、介质中氧化性离子的浓度、化学物质的性质及其对环境的污染、被清洗设备的金属材料和金属的初始表面状态等。

选用缓蚀剂时，应模拟初步确定的工艺条件进行动态、静态腐蚀试验；加入缓蚀剂后，应保证酸洗时金属的腐蚀速度不大于 $10g/(m^2 \cdot h)$。

评定缓蚀剂对金属腐蚀的抑制作用，即缓蚀剂的保护效果，通常以缓蚀率（缓蚀效率）ε 来表示，即

$$\varepsilon = \frac{v_0 - v}{v_0} \times 100\% = \left(1 - \frac{v}{v_0}\right) \times 100\%$$

式中 v_0——未加缓蚀剂时金属的腐蚀速度；

v——添加缓蚀剂时金属的腐蚀速度。

显然，若腐蚀完全停止（$v=0$）时，$\varepsilon=100\%$；若缓蚀剂完全没有作用（$v=v_0$）时，$\varepsilon=0$。一般情况下，缓蚀率＞96%才能使用。

现对用于锅炉酸洗的一些国产缓蚀剂产品的缓蚀性能进行介绍。

（一）盐酸清洗的缓蚀剂

与盐酸配用的缓蚀剂有百余种之多，按其主要组分大致分为如表10-6所示的几类。

表10-6　锅炉酸洗用盐酸酸洗缓蚀剂的种类

主要组分	缓蚀剂名称及代号
硫脲类化合物	天津若丁、SH405、ST821
苯胺类化合物	沈ID、工读3号、7801
酰胺类化合物	1011
咪唑啉类化合物	1017、IS-129、IS-156、AX-1A、SH707、TPRI-Ⅰ、TPRI-Ⅱ
吡啶类化合物	4501、7251、7623、1901、7701、801（铜、铜合金）
季铵盐类化合物	SH501、IMC-4、IMC-5
杂环酮胺类化合物	SH415、SH747（铜、铜合金）、SH416

钢材在加有不同盐酸酸洗缓蚀剂的5%HCl中的腐蚀速率和这些缓蚀剂的缓蚀率如表10-7所示。

表10-7　国产大型锅炉酸洗用盐酸酸洗缓蚀剂的性能

缓蚀剂种类			IS-129	IS-156	7793	801	抚顺改型若丁	IMC-5	TPRI-Ⅰ
静态腐蚀速度[$g/(m^2 \cdot h)$]			0.43～0.65	0.2～0.22	0.47～0.52	0.58～0.65	0.66～0.70	20号钢<1 2Cr13<1	0.54
缓蚀率(%)			97.1～98.1	99	97.73～98	97.2～97.4	97～97.13	99	97.5
不同铁离子浓度下的腐蚀速度[$g/(m^2 \cdot h)$]	铁离子浓度(mg/L)	0	0.42	0.44	0.38	0.63	0.68	0.9	
		100	0.76	0.76	0.81	0.76	0.82	1.4	
		300	1.33	1.45	1.24	1.33	1.30	2.2	
		500	1.85	2.11	1.80	1.65	2.07	3.3	
		1000	3.25	3.14	3.24	—	3.27	5.0	4.06
出现局部腐蚀的铁离子浓度(mg/L)			>1000时有点蚀		>500时有点蚀		>1000时有点蚀		

（二）柠檬酸清洗的缓蚀剂

柠檬酸酸洗的条件与盐酸不同，主要是酸洗温度高、循环速度快，因此缓蚀剂必须适用于这种条件。我国在柠檬酸酸洗中常用的几种缓蚀剂的性能如表10-8所示。

表10-8　国产用柠檬酸酸洗缓蚀剂的性能

缓蚀剂	含量(%)	腐蚀速度[$g/(m^2 \cdot h)$]	缓蚀率(%)
乌洛托品	0.4	61.5	25.5
硫脲	0.1	9.75	88.2
邻二甲苯硫脲(分析纯)	0.12	2.9	96.7
若丁	0.12	0.53	99.3
工业邻二甲苯硫脲	0.12	0.80	99.1
硫脲+邻二甲苯硫脲	0.06+0.06	7.37	91.0
柠檬1号	12CrMoV	0.304	96.5
	钢研201	0.35	99.3

注　以20号钢为试验对象。

（三）EDTA 清洗的缓蚀剂

国内广泛应用 EDTA 清洗技术，促进了 EDTA 清洗缓蚀剂的研究工作。20 世纪 80 年代初开始，最初的缓蚀剂配方有仿依比特－30A(二正丁基硫脲)、MBT＋吡啶季铵盐＋OP-15、MBT＋乌洛托品＋OP-15、对十二烷基吡啶氯化物＋OP-15 及 MBT＋联氨＋硫脲＋乌洛托品等。这些缓蚀剂在现场应用时，需将每个组分单独加入，且缓蚀效果不理想，不利于现场操作，都没能得到发展。

鉴于上述情况，国家电力公司热工研究院开发生产了 TPRI-6 型缓蚀剂，并在襄樊电厂两台 300MW 基建炉清洗中得到应用。结果表明，其性能达到了预期目标，填补了国内高性能 EDTA 清洗专用缓蚀剂的空白。

该缓蚀剂属阴极型缓蚀剂，主要成分为咪唑啉，其结构为

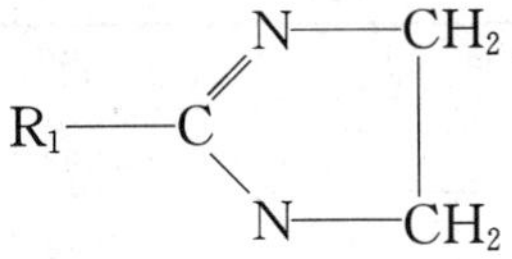

咪唑啉外观为棕黑色黏稠液，不溶于水，易溶于乙醇、丙酮中。TPRI-6 型缓蚀剂是用咪唑啉和其他组分复配而成的缓蚀剂。由于咪唑啉带有公用电子对，对金属表面具有强烈的吸附作用，会生成致密的保护膜。只要在清洗介质中加入很少量的 TPRI-6 型缓蚀剂，就能使金属得到保护。

现将几种较常用的 EDTA 清洗缓蚀剂的对比试验情况列于表 10-9。

表 10-9　EDTA 清洗缓蚀剂的对比试验情况

序号	缓蚀剂	剂量(%)	时间(h)	温度(℃)	总铁含量(mg/L)	Fe^{3+}含量(mg/L)	腐蚀速度[g/(m^2·h)]
1	MBT TSX-04 N_2H_4 乌洛托品	0.03 0.30 1500mg/L 0.30	14	130	8960	320	1.5
2	YHH-1	0.8	16	90～134	5320	410	4.6
3	TPRI-6	0.6	17	110～137	4610	480	0.46

由试验结果得出：加有 TPRI-6 型缓蚀剂的金属腐蚀速度为 0.46g/(m^2·h)；加有 YHH-1 型缓蚀剂的金属腐蚀速度为 4.6g/(m^2·h)，是加有 TPRI-6 型缓蚀剂的金属腐蚀速度的 10 倍；加有表 10-9 中序号 1 缓蚀剂的金属腐蚀速度为 1.5g/(m^2·h)，但从现场使用来说，由于该缓蚀剂需在现场复配，购置药品、储存、加药都不方便，而 TPRI-6 型缓蚀剂就不存在这些问题。

（四）缓蚀剂应用性能评价指标及试验方法

1. 缓蚀剂的应用性能评价指标

(1) 通用指标。缓蚀剂的性能通用指标包括溶解分散性、热稳定性、氧化性物质 Fe^{3+} 浓度的影响等，详见表 10-10。

表 10-10　　缓蚀剂性能评价通用指标

序号	项　目	指　标	等　级
1	溶解分散性	试验时间内不分层，无沉淀	合格
2	热稳定性	24h 静态腐蚀速率小于 1.5g/(m^2·h)，金属表面无局部腐蚀或点蚀	合格
3	氧化性物质 Fe^{3+} 浓度的影响	清洗液中 Fe^{3+} 浓度为 300mg/L，金属表面无局部腐蚀或点蚀	合格

(2) 腐蚀速率指标。评价缓蚀剂的腐蚀速率时，试片材质应与被清洗设备的材质相同。试验方法可以采用失重法，也可以采用电化学试验方法。各缓蚀剂的静态和动态腐蚀速率评价指标见表 10-11～表 10-15。

表 10-11　　盐酸缓蚀剂的腐蚀速率指标

序号	项　目	指　标	等　级
1	静态腐蚀速率①	＜1.5g/(m^2·h)	合格
2	动态腐蚀速率②	＜8.0g/(m^2·h)	合格

① 静态试验条件：5%HCl+0.3%缓蚀剂在 55℃±2℃温度条件下试验 6h。

② 动态试验条件：5%HCl+0.3%缓蚀剂，初始 Fe^{3+} 浓度为 300mg/L，流速为 0.5m/s，温度为 55℃±2℃，试验时间为 6h。

表 10-12　　氢氟酸缓蚀剂的腐蚀速率指标

序号	项　目	指　标	等　级
1	静态腐蚀速率①	＜1.0g/(m^2·h)	合格
2	动态腐蚀速率②	＜6.0g/(m^2·h)	合格

① 静态试验条件：2%HF+0.3%缓蚀剂在 50℃±2℃温度条件下试验 4h。

② 动态试验条件：2%HF+0.3%缓蚀剂，初始 Fe^{3+} 浓度为 300mg/L，流速为 1.0m/s，温度为 50℃±2℃，试验时间为 4h。

表 10-13　　EDTA 缓蚀剂的腐蚀速率指标

序号	项　目	指　标	等　级
1	静态腐蚀速率①	＜1.5g/(m^2·h)	合格
2	动态腐蚀速率②	＜3.0g/(m^2·h)	合格

① 静态试验条件：8%EDTA+0.3%缓蚀剂，初始 pH 值为 9.0～9.5，在 135℃±5℃温度条件下试验 6h；8%EDTA+0.3%缓蚀剂，初始 pH 值为 5.0～6.0，在 90～95℃温度条件下试验 6h。根据所使用的清洗条件选择上述试验条件，并在报告中注明所采用的试验条件。

② 动态试验条件：8%EDTA+0.3%缓蚀剂，初始 pH 值为 5.0～6.0，初始 Fe^{3+} 浓度为 300mg/L，流速为 0.5m/s，温度为 90～95℃，试验时间为 6h。

表 10-14　　氨基磺酸缓蚀剂的腐蚀速率指标

序号	项　目	指　标	等　级
1	静态腐蚀速率①	＜1.0g/(m^2·h)	合格
2	动态腐蚀速率②	＜6.0g/(m^2·h)	合格

① 静态试验条件：8%氨基磺酸+0.3%缓蚀剂，在 55℃±2℃温度条件下试验 4h。

② 动态试验条件：8%氨基磺酸+0.3%缓蚀剂，初始 Fe^{3+} 浓度为 300mg/L，流速为 0.5m/s，温度为 55℃±2℃，试验时间为 4h。

表 10-15 柠檬酸缓蚀剂的腐蚀速率指标

序号	项　目	指　标	等　级
1	静态腐蚀速率①	＜1.0g/(m^2·h)	合格
2	动态腐蚀速率②	＜6.0g/(m^2·h)	合格

① 静态试验条件：5%柠檬酸+0.3%缓蚀剂，用氨水调整 pH 值为 3.5～4.0，在 95℃±2℃温度条件下试验 6h。

② 动态试验条件：5%柠檬酸+0.3%缓蚀剂，用氨水调整 pH 值为 3.5～4.0，初始 Fe^{3+} 浓度为 300mg/L，流速为 0.5m/s，温度为 95℃±2℃，试验时间为 6h。

2. 试验方法

(1) 静态腐蚀试验方法。

1) 取 3 个准备好的试片，分别记录试样编号、表面积及质量备用。

2) 100℃以下静态腐蚀试验。按 15mL/cm^2（按试片表面积计）的加入量将清洗液（缓蚀剂量为清洗液量的 0.3%）加入试验容器中，然后将试验容器放入已升至试验温度的恒温水浴内，盖上盖子，接好回流冷凝器。待试验容器内清洗液达到试验温度后，将试片挂上，并放入清洗液中，开始计时。

3) 100℃以上静态腐蚀试验。按 15mL/cm^2（按试片表面积计）的加入量将清洗液放入高压釜中，将试片挂入清洗液中，然后将高压釜盖安装严密，开启高压釜加热装置。待釜内清洗液达到试验温度后，开始计时。

4) 当试验到达预定时间 t 后，停止加热。

5) 对于 100℃以下静态腐蚀试验，到达预定时间后，立即将试片取出；对于 100℃以上静态腐蚀试验，当清洗液温度降至 100℃以下时，再将试片取出。试片取出后，立即用蒸馏水彻底冲洗试片表面，观察外观，并对表面现象作详细记录；然后用软橡皮擦去表面的附着物，并用丙酮洗净，用冷风吹干，放入玻璃干燥器内干燥，放置 1h 后取出称重，精确至 0.1mg。

6) 腐蚀速率计算公式为

$$V_{corr}=\frac{m_0-m_1}{St}$$

式中 V_{corr}——腐蚀速率，g/(m^2·h)；

m_0——试片试验前质量，g；

m_1——试片试验后质量，g；

S——试片表面积，m^2；

t——反应时间，h。

(2) 动态腐蚀试验方法。

按试验装置总容积的 1.2 倍配制清洗液。将配制的清洗液加入试验装置的水箱中，关闭流量调节阀 K2，打开自循环调节阀 K1，启动泵，开始自循环，开启加热装置；当达到预定温度后，将试片挂入监测管中（记录好试样编号、表面积以及质量），每根监测管挂入 3 个试片，试片之间保持绝缘，打开流量调节阀 K2，关闭自循环调节阀 K1，调节到要求的流量，试验开始计时；试验过程中测量并记录清洗剂浓度、Fe^{3+} 浓度，测量方法依据 DL/T794和 DL/T957；达到预定试验时间后，停止加热，停泵，排净试验装置内的清洗液，将试片取出，按规定的方法冲洗试片，擦净试片表面的腐蚀产物，干燥，称量。

注：药剂使用有特殊要求时，应按使用说明配置清洗液。

腐蚀速率计算公式与动态腐蚀试验相同。

（3）氧化性物质 Fe^{3+} 的影响评价试验方法。

1）配制加入 0.3%缓蚀剂和预定浓度清洗剂的清洗液 4000mL。

2）向烧杯中分别倒入 450mL 清洗液，按表 10-16 中规定加入硫酸铁，然后用清洗液补至 500mL。将烧杯放入恒温水浴中，并加热至试验温度。

表 10-16　　硫酸铁用量

Fe^{3+}浓度（mg/L）	100	300	500	700	1000
硫酸铁加入量（g）	0.179	0.537	0.895	1.253	1.79

3）记录试片编号、表面积以及质量，分别用尼龙绳悬挂于表 10-16 中所示五种不同 Fe^{3+} 浓度的缓蚀清洗液中，在试验温度下浸泡预期时间后，测定其腐蚀速率，并观看其表面状态，依据 GB/T 18590，判断有无点蚀产生。未出现点蚀的最高 Fe^{3+} 浓度为该种缓蚀剂允许的 Fe^{3+} 浓度的极限值。

4）腐蚀速率计算公式与动态腐蚀试验相同。

（4）溶解分散性评价试验方法。

1）配制清洗液 1000mL，测定清洗液浓度。

2）接通恒温水浴电源，使其升温至规定的试验温度（EDTA 缓蚀剂的溶解分散性试验在 95℃±2℃条件下进行）。

3）向带塞比色管（或透明塑料瓶）中分别加入 90mL 清洗液，然后用微量注射器分别加入 0.2、0.3、0.4、0.5mL 缓蚀剂溶液，再用清洗液补至 100mL，并贴好标签，盖上塞子，摇晃 1min，放入已达试验温度的恒温水浴中，比色管（或透明塑料瓶）中清洗液的液面和恒温水浴的液面相近。

4）观察浸在恒温水浴中比色管（或透明塑料瓶）内清洗液的外观变化，记录清洗液初始状态和浸入水浴中 1、4、8、12、24h 后的情况。

（5）热稳定性评价试验方法。

1）配制 0.3%缓蚀剂的预定浓度清洗液 3000mL。接通恒温水浴电源，使其升至试验温度。

2）向烧杯中分别加入 500mL 清洗液，分别用尼龙绳将试片挂入清洗液中，在试验温度下分别浸泡 4、8、12、24h，然后取出试片，立即用蒸馏水彻底冲洗试片表面，观察外观，并对表面现象作详细记录。每次试验必须用 3 个试片进行平行试验，然后用橡皮擦去金属试片表面的附着物，并用丙酮洗净，用冷风吹干，放入玻璃干燥器内干燥，放置 1h 后取出称重，精确至 0.1mg。

3）计算在不同浸泡时间内的腐蚀速率。每次平行试验中相对误差不超过 10%。

4）腐蚀速率计算公式与动态腐蚀试验相同。

六、锅炉化学清洗的工艺

在化学清洗时，为了实现除污脏物的效果好、对设备的腐蚀小、清洗时间短和清洗成本低，必须合理选择清洗剂和添加剂，同时还要注意选择合适的清洗方式和恰当的工艺条件。清洗剂和各种添加剂的选择已在前面作了介绍，这里只介绍清洗方式和其他清洗工艺条件的选择问题。

（一）清洗的方式

化学清洗有静置浸泡和流动清洗两种方式。通常采用流动清洗（或称动态清洗），它的优点是：①锅炉各个部位清洗溶液的温度、浓度和金属的温度都很均匀；②溶液的流动可以起搅动作用，有利于清洗和排除清洗废液中的沉渣或悬浮物；③根据出口清洗液的分析结果很容易判断清洗的进度和终点。

静态浸泡法的效果不如动态清洗好，对金属的腐蚀也不一定比动态清洗轻。它的优点是准备工作比较简单，用酸量少。当锅炉需要短时间内投入运行，或者清洗的范围只限于水冷壁管，通过小型试验证明静置浸泡法能取得较好的清洗效果时，可采用静置浸泡法。

动态清洗法可以分为闭式循环法和开路法。闭式循环法是将要清洗的部位组成循环回路，由输送机械将清洗液送入系统，循环一定时间，然后排放废液。这种方法用于盐酸、柠檬酸、EDTA 洗炉等。开路法是清洗液一次通过被清洗的金属表面，不循环。开路法只用于氢氟酸洗炉，因为氢氟酸溶解铁的氧化物速度比较快。

（二）清洗药品的浓度

清洗时的清洗剂和溶解促进剂等药品的浓度，是随锅炉内沉积物的状况不同而异的，合适的浓度主要应由小型试验中清除沉积物的效果来确定，至于缓蚀剂等防腐药品的浓度，应以保证腐蚀速度最小为原则。

（三）清洗液的温度

清洗液的温度对清洗效果有较大影响。例如，对于铁的氧化物等沉积物，酸洗时清洗液的温度高对清除这种沉积物有利，因为它们的溶解度和溶解速度随温度升高而增大，当清洗温度下降时，已溶解的沉积物还可能再沉淀出来；但缓蚀剂抑制腐蚀的能力却随温度的上升而下降，当超过一定的温度时，甚至可能使其完全失效。因此，清洗液的温度要选取得合适。清洗温度的上限主要取决于缓蚀剂的允许温度。

（四）清洗液的流速

采用流动清洗方式时，应适当控制清洗液的流速，不宜过大或过小。清洗液流速大，虽然可使沉积物的溶解速度增快，但缓蚀剂抑制腐蚀的能力却下降，所以清洗流速不能过大；而清洗液的流速过小，又不能保证溶液在清洗系统各部分充分流动，清洗效果就差。允许的最大和最小流速可通过动态小型试验确定。

（五）清洗的时间

清洗时间通常是指清洗液在清洗系统中循环流动的时间。因为清洗的化学反应随清洗剂的不同而异，所以清洗所需的时间也随清洗液的种类而不同。进行清洗时，实际时间应根据化学监督的数据来控制。

七、化学清洗前的准备工作

因为化学清洗是一项技术要求很高的工作，而且大都是隔若干时间进行一次，所以事先做好准备工作是很重要的。首先应将参加清洗工作的有关人员组织起来，明确分工，然后对清洗用品和场地等进行准备。准备工作大概有以下几方面：

（1）编制“化学清洗作业指导书”。在化学清洗前，根据锅炉形式、垢量情况等，制订适合的清洗方案，同时根据清洗方案编制切实可行的“化学清洗作业指导书”是非常必要的。

（2）化学清洗用药品。在化学清洗工作开始前，应将所需的药品准备齐全，数量备够，同时验收合格。如清洗用的酸以及中和废酸用的碱等，都要有一些余度。但清洗工作应该在保证清洗质量的前提下，尽可能减少化学药剂用量，以降低清洗成本，减轻排放废液对环境的污染。

（3）化学清洗用水源、热源、电源。化学清洗过程中，有时在短时间内需要大量的水（包括除盐水和清水等），若在清洗过程中出现供水中断的情况，就会严重影响清洗效果，并延长整个清洗工作的时间。所以，在化学清洗工作开始前，应准确掌握清洗用水，如补给水、清水等的水质、需要消耗量和可供给量，特别是除盐装置的制水能力和除盐水箱的贮水量，并应事先拟订出除盐水制备和消费计划。

由于清洗液需要加热到一定的温度，因此热源必须有保证。清洗时，常用的热源为蒸汽，故对蒸汽的压力、温度、用量和取用点等应计划周到。

另外，要了解清洗用泵的电源情况，防止供电中断。在使用临时性循环泵时，要准备好备用泵。

（4）废液排放系统。排放的废液和废气应符合环境保护部门的规定，并且要特别注意不会发生灾害（如火灾）。为此，应准备好处理废液的设施和制定处理废液、废气的措施。必要时，还应做好废液分析的准备工作。

（5）安装好清洗系统。按既定的方案安装好清洗系统后，应仔细检查此系统的严密性，特别要注意临时安装的各种管道和设备的严密性，以防酸洗时发生泄露。在正式进行清洗前，要对清洗系统中的各台泵进行试运行，认为合格后方可使用；要对整个清洗系统进行水压试验，发生泄露处应立即加以消除，以免在酸洗过程中发生泄露，不好处理。因为在酸洗过程中，若使清洗中断，进行补焊，就很容易造成爆炸和火灾等严重事故。

为了保证清洗过程中的安全，在安装清洗系统时，还应注意以下几点：

1）临时设置的药箱不宜布置在电缆沟道上面及其附近。

2）重要机件和设备的上面最好没有酸洗系统管道的焊口，焊接部位应在容易看到的地方，以便检查、发现和补焊泄露处。

3）临时管道下面的机器要用尼龙布盖上。

（6）安全措施。为了保护操作人员的安全，防止发生人身与设备事故，必须采取以下安全措施：

1）清洗现场各处必须有充分的照明设施，并有必要的通信联络设备。

2）在通道的临时管道上，还要设有临时架桥。

3）有关设备、阀门上应挂标示牌。

4）操作人员应了解安全规定和所用药品的性能。

5）准备好一些必要的安全用具（如口罩、面罩、工作服）和安全用药（如小苏打、硼酸、医用凡士林等）。

6）酸洗过程中如有氢气产生，则应挂“严禁烟火”等警示牌。

7）在工艺操作中，应将酸洗及氨洗等工序安排在白天进行。

八、化学清洗的步骤

化学清洗应该按一定的步骤进行，一般有水冲洗、碱洗或碱煮、酸洗、漂洗和钝化等步骤，现分述如下。

（一）水冲洗

在用化学药品清洗前，应先用清水将清洗系统进行冲洗。做这项工作的目的：对于新建锅炉，是为了除去新锅炉安装后脱落的焊渣、铁锈、尘埃和氧化皮等；对于运行后的锅炉，是为了除去运行中产生的某些可被冲掉的沉积物。此外，水冲洗还有检查清洗系统是否有泄露之处的作用。

水冲洗的流速越大越好，因为流速大既能将设备冲洗干净，又能节约清洗用水。实际冲洗水流速度往往受到现场条件的限制，但水冲洗的流速一般应保持大于0.6m/s。

当清洗系统比较复杂时，为了保证有足够的水流速度和更好的冲洗效果，可将其分成几部分进行。

水冲洗进行到排水清澈透明，就可结束。

（二）碱洗或碱煮

碱洗就是用碱液清洗；碱煮就是在锅炉内加碱液后，将锅炉点火进行烧煮。这两种方法的采用常因锅炉的具体情况不同而异，现按不同的锅炉，分述如下。

1. 新建锅炉

新建锅炉一般采用碱洗，目的是为了清除锅炉在制造和安装过程中，制造厂涂覆在内部的防锈剂及安装时沾染的油污等附着物，给下一步酸洗创造有利条件。

碱洗所采用的洗液一般含有0.2%～0.5% Na_3PO_4、0.1%～0.2%Na_2HPO_4（或者0.5%～1.0%NaOH、0.5%～1.0% Na_3PO_4）和0.05%左右的洗涤剂。因为游离NaOH对奥氏体钢有腐蚀作用，故如果清洗范围内有用奥氏体钢制成的部件，碱洗时一般不用NaOH。

碱洗溶液应采用除盐水或软水配制。配制方法一般按边循环边加药的方式进行，即先在清洗系统内充以除盐水并进行循环，同时将除盐水加热到90～98℃，然后连续、缓慢地往清洗液箱内加入事先已配制好的浓药品。这种方式可以保证药液混合均匀。碱洗时，流速一般应大于0.3m/s，碱液循环流动的时间为8～24h。碱洗结束后，先放尽清洗系统内的碱洗废液，然后用除盐水（或软化水）冲洗清洗回路，一直冲洗到出水pH≤8.4，水质清澈为止，接着进行酸洗。

2. 运行后的汽包锅炉

对于运行后的汽包锅炉，一般可采用碱洗；当锅炉内沉积物较多或含硅量较大时，应采用碱煮；当锅炉内沉积物含铜较多时，在碱洗后还应进行氨洗。现将碱煮和氨洗的工艺列述如下：

（1）碱煮。碱类能松动和清除部分沉积物，碱煮使用的药品主要是Na_3PO_4和NaOH，这两种药品大都混合使用。碱液中药品的总浓度可为1%～2%或者更大些，有时还含有0.05%～0.2%的合成洗涤剂。

碱煮的方法：当锅炉内加入碱液后，将锅炉点火，使锅炉内水煮沸，并且汽压升到1～

2MPa，在维持压力和排汽量为额定蒸发量的5%～10%的条件下，煮炉12～14h（时间长短根据锅炉内部的污脏程度来决定）。碱煮过程中应反复进行几次补水—底部排污。

当药剂的浓度下降到为开始时浓度的1/2时，应适当补加药剂。碱煮后待水温降到70～80℃时，即可将碱煮废液全部排出，然后进行必要的锅炉内检查，并将堆积于联箱等处的污物清除掉。检查完毕后，接好酸洗系统，先进行水冲洗，接着进行酸洗。

（2）氨洗。氨洗的目的是为了除铜，因为如不将这些铜除去，在酸洗时就会在钢材表面产生镀铜现象，促进金属腐蚀。氨洗除铜的原理主要在于：铜离子能在氨水中生成稳定的络离子。由于沉积物中铜主要是以金属铜的形式存在，因此为了促进铜的溶解，通常要在NH_4OH溶液中添加氧化剂过硫酸铵{$(NH_4)_2S_2O_8$}。

氨洗时的工艺条件如下：溶液中含1.5%～3%NH_3和0.5%～0.75%$(NH_4)_2S_2O_8$，温度为25～30℃，时间为1～1.5h。氨洗后，再用除盐水(或软化水)冲洗。

（3）运行后的直流锅炉。运行后的直流锅炉一般采用碱洗。当锅炉内沉积物中含铜较多时，在碱洗后，应接着进行氨洗。

（三）酸洗

酸洗时，药液的酸洗方式有两种：

（1）边循环边加药。这种方法是用碱洗—水冲洗合格后留在清洗系统中的除盐水来配酸液，具体做法是用清洗泵（耐酸泵）将此除盐水在清洗系统中循环，并将它加热到所需温度，然后在继续循环过程中慢慢地将事先配好的浓药液加入。其加药顺序为：先加缓蚀剂溶液，待循环均匀后再加清洗液溶液。此法一般用于高参数的锅炉。

（2）在清洗箱中配制清洗液。这种方法是将清洗用的所有药品都加到清洗箱中配制成一定浓度的溶液，并加热到所需的温度，然后用清洗泵将它灌注到清洗系统中。这种方法常用于低压或中压小容量的锅炉。

在酸洗过程中，应经常测定清洗液的温度，并在各取样点采样，一般每0.5h取样一次(开始时可适当增加次数)，测定样品的含铁量、酸浓度；当用柠檬酸清洗时，还应测定其pH值。若酸浓度太低（例如柠檬酸浓度应不小于2%），可适当补加酸与缓蚀剂。当循环清洗到达既定时间后或清洗液中Fe^{2+}含量无明显变化时，就可结束酸洗。

酸洗结束后，不应用放空的办法将废酸液排走，因为空气进入锅炉内会使其发生严重的腐蚀，而应用除盐水（若无除盐水也可用软化水）排挤酸液并进行冲洗。为了提高冲洗效果，应尽可能提高冲洗流速。冲洗一定要进行到排出水的pH值为5～6、含铁量小于20～50mg/L为止。要尽可能缩短时间，以防酸洗后的金属表面生锈。

（四）漂洗

当用盐酸或柠檬酸作为清洗剂时，在酸洗结束并用除盐水（或软化水）冲洗后，一般要用稀柠檬酸溶液进行一次冲洗，这种冲洗通常称为柠檬酸漂洗。这是利用柠檬酸有将铁离子络合的能力，以除去酸洗和水冲洗后残留在系统内的铁离子，以及水冲洗时在金属表面可能产生的铁锈。经验证明，漂洗可以使酸洗后的金属表面很清洁，从而为钝化处理创造有利条件；而且当有漂洗措施时，酸洗后水冲洗的时间可以适当缩短，冲洗时的用水量也可以减少。

漂洗时一般采用0.1%～0.2%的稀柠檬酸溶液，添加若丁（浓度为0.05%）或二邻甲苯硫脲（浓度为 0.01%），并用氨水将其 pH 值调节为 3.5～4.0，溶液温度维持为 60～90℃，循环冲洗 2～3h，漂洗就可结束。

漂洗结束后，不再进行水冲洗，直接加氨迅速将洗液的 pH 值调节到 9～10，并按下面介绍的方法，加亚硝酸进行钝化处理。

（五）钝化

经酸洗、水冲洗或漂洗后的金属表面暴露于大气中时非常容易受到腐蚀，因此应立即进行防腐处理，其方法是用某些药液处理，使金属表面上生成保护膜，这种处理通常称为钝化。

1. 亚硝酸钠钝化法

此法通常是用 0.5%～2.0%的 $NaNO_2$ 溶液，并加氨水将其 pH 值调节为 9～10，温度维持为 60～90℃，使溶液在清洗系统内循环 6～10h，然后将废液排去，钝化过程即结束，也可以循环后再浸泡 1h。在进行这种钝化处理时，一般是先往系统中加氨水，将水的 pH 值迅速提高，当提高到大于 9 时，就可将 $NaNO_2$ 溶液加入。此法能使酸洗后的新鲜金属表面形成致密且呈钢灰色的（或银灰色的）保护膜。

排去钝化液后，还应用除盐水冲洗，以免残留的 $NaNO_2$ 在锅炉运行时引起腐蚀。

2. 联氨钝化法

此法是用除盐水配制浓度为 300～500mg/L 的联氨溶液，并加氨调节 pH 值为 9.5～10（或使氨浓度为 10～20mg/L），温度维持为 90～100℃，使溶液在清洗系统内循环 24～30h。当采用此法时，溶液温度较高、循环时间较长，钝化的效果往往要好一些。此法处理后，金属表面通常生成棕红色或棕褐色的保护膜。

钝化处理结束后可将钝化液放干净，也可将它留在设备中作为防腐剂，直到机组启动前。由于此溶液中有除氧剂，且水的 pH 值较高，因此可以起到防止金属表面生锈的作用。

3. 碱液钝化法

此法是采用 1%～2%的 Na_3PO_4 或者 Na_3PO_4 与 NaOH 的混合液进行钝化。这种溶液还可将酸洗时残留在循环回路中的酸液中和掉。

其方法为：在清洗溶液箱内配制碱液，并加热到 70～90℃后，用清洗泵从水冷壁下部联箱打入锅炉中。当它在酸洗回路中循环了 10～12h 后，再用除盐水（或软化水）进行冲洗，直至排出水的碱度和磷酸根与锅炉运行时所容许的标准相近为止。冲洗后将各部存水全部放干净，钝化处理就完成了。

这种方法钝化后，金属表面会产生黑色保护膜。这种保护膜的防腐性能不如上述两种，故目前高压以上的锅炉都不采用这种方法，一般只用于中、低压汽包锅炉。

九、化学清洗后废液的处理

化学清洗后，应认真进行废液处理，以保证排放的废液符合国家制定的标准，防止污染环境。清洗废液和一般工业废水不同，其化学耗氧量（COD）高达数万 mg/L，铁等金属离子含量很高，颜色、气味也不相同，有的成分还是致癌物质。此外，清洗废液短期大量排出，必须采用较简单的工艺迅速处理。所以，清洗废液处理的技术难度较大。

（一）金属阳离子的处理

由于废液中的金属大都是铁离子，而且主要以 Fe^{2+} 的形式存在。为了除去 Fe^{2+}，可以向废液中通入空气，使 Fe^{2+} 氧化为 Fe^{3+}，同时提高废液的 pH 值，使 Fe^{3+} 形成难溶的

$Fe(OH)_3$沉淀，废液中的悬浮物也和$Fe(OH)_3$一起被除掉。此外，提高废液的pH值也可使其他阳离子浓度下降，当pH值大于10时，Fe^{3+}、Fe^{2+}、Cu^{2+}、Ni^{2+}等离子的溶解度不超过1mg/L。当然，对于Al^{3+}、Zn^{2+}、Cr^{3+}等离子，当pH值过高时，又会以溶解形式的阳离子存在，从而影响处理效果。所以，要注意控制pH值。

（二）有机酸废液处理

柠檬酸废液可以用燃烧法处理。先将柠檬酸废液排至煤场，使其与煤混合后，送入炉膛内焚烧。其他有机酸废液也可用燃烧法处理。

（三）EDTA废液处理

EDTA清洗时，可以采用对其进行化学处理以后再回收的方法。例如，在EDTA清洗废液中加入盐酸或硫酸，调节pH值为1～2，EDTA就会以晶体析出，这些析出的EDTA可以再作清洗剂用。

（四）酸洗废液中有机物的处理

在酸洗废液中，除柠檬酸、EDTA等清洗剂为有机物外，缓蚀剂和有的添加剂也是有机物，均要处理。处理的方法是用氧化剂进行氧化，通常采用的氧化剂是过氧化氢和含有—O—O—基的过氧化物。

（五）亚硝酸钠废液处理

亚硝酸钠可以用下列方法处理。

1. 氯化铵处理法

将亚硝酸钠废液排入废液处理池，加氯化铵处理，其反应式为

$$NH_4Cl+NaNO_2 \longrightarrow NaCl+N_2+2H_2O$$

处理时，应维持pH值为5～9，温度维持为70～80℃。

2. 次氯酸钙处理法

将亚硝酸钠废液排入废液处理池，加次氯酸钙处理，其反应式为

$$Ca(ClO)_2+2NaNO_2 \longrightarrow 2NaNO_2+CaCl_2$$

处理在常温下进行，同时通压缩空气进行搅拌。

3. 尿素分解法

尿素用盐酸酸化后，可以使亚硝酸钠转变为氮气，其反应式为

$$CO(NH_2)_2+2NaNO_2+2HCl \longrightarrow 3H_2O+CO_2+2NaCl+2N_2$$

（六）联氨废液处理

将联氨废液排入废液处理池，加次氯酸钠处理，其反应式为

$$2NaClO+N_2H_4 \longrightarrow N_2+2NaCl+2H_2O$$

处理时，测定水中残留氯的含量，当残留氯含量不大于0.5mg/L时，即可排放。

十、化学清洗过程中的监督控制和清洗后的质量要求

（一）化学清洗的监测项目

化学清洗的测试项目见表10-17。

表 10-17　　化学清洗的测试项目

工艺过程	取样点	测试		终点	说明
		项目	间隔时间		
碱洗	汽包锅炉盐段和净段，直流锅炉出入口	碱度	2h	含油量及酚酞碱度基本稳定	结束时留样测定碱度、二氧化硅和沉积物含量
碱煮				直到水样碱度和正常炉水碱度相近为止	
碱洗后水冲洗	清洗系统出入口	pH值	15min	pH<9.0	30min取一次平均样
循环配酸	系统出入口	酸度	20～30min	出入口酸浓度一致，并达到指标要求的浓度	浸泡、循环清洗
		酸度	3min	0.5%～1.0%HF	直流锅炉开式酸洗
酸洗		酸度、含铁量	30min	酸度平衡，Fe^{3+}量出现峰值后，Fe^{2+}量趋于平稳	汽包锅炉循环酸洗结束时留样测定沉积物含量和总铁的平均值
		酸度、含铁量	3min、20min	HF浓度为0.5%～1.0%，出入口含铁量几乎相等	直流锅炉采用开式酸洗
		酸度、含铁量	30min	酸度、含铁量（Fe^{3+}、Fe^{2+}）趋于平衡	浸泡酸洗
酸洗后水冲洗	清洗系统出口	pH值、电导率、含铁量	15min	pH值为4.0～4.5 电导率≤50μS/cm Fe<50mg/L	接近终点
稀柠檬酸漂洗	清洗系统出口	$H_3C_6H_5O_7$、pH值、含铁量	30min	$H_3C_6H_5O_7$<0.2% pH值为3.5～4.0 全Fe<300mg/L	结束时留样测定沉积物含量
钝化	清洗系统出口	浓度、pH值	1h	按钝化工艺的要求进行测试	结束时留样测定沉积物含量

（二）化学清洗后的质量要求

1. 化学清洗质量标准

(1) 清洗后的金属表面应清洁，基本上无残留氧化物和焊渣，无明显金属粗晶析出的过洗现象，不应有镀铜现象。

(2) 用腐蚀指示片测量的金属平均腐蚀速度应小于8g/(m^2·h)，腐蚀总量应小于80g/m^2，除垢率不小于90%为合格，除垢率不小于95%为优良。

(3) 清洗后的表面应形成良好的钝化保护膜，不应出现二次锈蚀和点蚀。

(4) 固定设备上的阀门、仪表等不应受到损伤。

2. 化学清洗质量的检查方法

(1) 检查锅炉能打开部位的清洗效果。对汽包、联箱和直流锅炉的启动分离器等能打开的部位应进行检查，看是否清洗干净，同时清除沉积在其中的沉渣。另外，还要检查过热器、再热器的弯管底部和水冷壁节流圈附近是否有沉渣和堵塞。

(2) 割管检查金属表面的状态。要割取有代表性的管样，检查有无点蚀，表面是否有良好的保护膜。鉴别钝化膜的质量，可以进行直观检查，也可以借助电子探针、X射线衍射仪、电子显微镜、椭圆仪等进行微观检查，还可以用湿热箱观察法、极化曲线法和硫酸铜溶液法进行试验。

(3) 测定金属腐蚀速度。可以根据监视管内腐蚀指示片的失重计算腐蚀速度，或者利用电化学快速腐蚀速度测定仪连续指示或记录；根据化学清洗质量标准控制。

(4) 锅炉启动时检查汽水品质。锅炉清洗后，检查启动时的汽水品质也是评定除污效果的一个重要指标。汽水品质达到正常运行标准所需要的时间越短，说明清洗效果越好。目前，一些国家认为，机组启动后汽水品质（硅、铜、铁等的含量）在18h内达到运行标准可视为优良。

第二节 锅炉的停用保护

一、锅炉停用保护的必要性

在锅炉停用时期，如不采取保护措施，锅炉水汽系统的金属内表面就会遭到溶解氧的腐蚀。因为当锅炉停用后，外界空气必然会大量进入锅炉水汽系统内，此时锅炉虽已放水，但在炉管金属的内表面上往往因受潮而附着有一薄层水膜，空气中的氧会溶解在些水膜中，使水膜中饱含溶解氧，所以很容易引起金属的腐蚀。若停用后未将锅炉内的水排放或者因有的部位水无法放尽，使一些金属表面仍被水浸润着，则同样会因大量空气中的氧溶解在这些水中，而使金属遭到溶解氧腐蚀。

当停用锅炉的金属表面上还有沉积物或水渣时，停用时的腐蚀过程会进行得更快。这是因为有些沉积物和水渣具有吸收空气中湿分的能力，水渣本身也常含有一些水分，故沉积物（或水渣）下面的金属表面上仍然会有水膜。另外，在未被沉积物（或水渣）覆盖的金属表面上或者沉积物的孔隙、裂隙处的金属表面上，水的含氧量较高（空气中的氧含量扩散进来）；沉积物（或水渣）下的金属表面上，水的含氧量较高；沉积物下的金属表面上，水的含氧量较低。这使金属表面产生了电化学不均匀性：溶解氧浓度大的地方，电极电位高而成为阴极；溶解氧浓度小的地方，电极电位较低而成为阳极，在这里金属便遭到腐蚀。此外，沉积物中有些盐类物质还会溶解在金属表面的水膜中，使水膜中的含盐量增加，因而也能加速溶解氧的腐蚀。所以，在沉积物和水渣的下面最容易发生停用腐蚀。

停用时锅炉金属的腐蚀与运行中发生溶解氧腐蚀的情况一样，属于电化学腐蚀。腐蚀损伤呈溃疡性，但是它往往比锅炉运行时因给水除氧不彻底所引起的氧腐蚀严重得多。这不仅是因为停用时进入锅炉内氧的量多，而且还因为停用时在锅炉的各个部位都能发生腐蚀。为了区别停用腐蚀与运行中氧腐蚀，现将它们发生的部位对比如下：运行时过热器管不会发生氧腐蚀，但停用时立式过热器下弯头处因常常会积水而腐蚀往往很严重；运行中的氧腐蚀只是在省煤器的进口管段较严重，而停用时整个省煤器管内均会腐蚀；运行中仅在除氧器工作失常的情况下，氧腐蚀才会扩展到汽包和下降管中，而上升管（水冷壁管）是不会发生氧腐蚀的，但发生停用腐蚀时，这些部位的金属表面都会遭到腐蚀损害。

停用腐蚀的危害性不仅由于它在短期内会使大面积的金属发生严重的损伤，而且还会在锅炉投入运行后继续发生不良影响，其原因如下：

（1）停用时因金属的温度低，其腐蚀产物大都是疏松状态的 Fe_2O_3，它们附着在管壁上的能力不大，因此很容易被水流带走。所以当停用机组启动时，大量腐蚀产物就转入锅炉内水中，使锅炉内水中的含铁量增大，这会加剧锅炉炉管中沉积物的形成过程。

（2）停用时腐蚀金属表面上产生的沉积物（金属腐蚀产物）及所造成的金属表面的粗糙状态，会成为运行中腐蚀的促进因素。因为从电化学观点来看，腐蚀产生的溃疡点坑底的电位比坑壁及其周围金属的电位更低，所以在运行中它将作为腐蚀电池的阳极而继续遭到腐蚀；而且停用腐蚀所生成的腐蚀产物是高价氧化铁，在运行时能起阴极去极化作用，它被还原成亚铁化合物，这也是促使金属继续遭到腐蚀的因素。假如锅炉经常停用、启动，运行腐蚀中生成的亚铁化合物在锅炉下次停用时，又被氧化为高铁化合物，这样腐蚀过程就会反复地进行下去，所以经常启动、停用的锅炉，腐蚀尤为严重。

由上述可知，停用腐蚀的危害性非常大，防止锅炉水汽系统的停用腐蚀，对锅炉的安全运行有重要的意义。为此，在锅炉停用期间，必须对其水汽系统采取保护措施。

二、选择停用保护方法的原则

为了防止热力设备的停用腐蚀，必须采取保护措施。所采取的保护方法很多，按照其作用原理，大体上可以分为以下四类：

第一类是阻止空气进入热力设备水汽系统内部。这类方法包括充氮法、保持蒸汽压力法等。

第二类是降低热力设备水汽系统内部的湿度。这类方法有烘干法、干燥剂法等。

第三类是使金属表面形成具有防腐作用的薄膜。这类方法有成膜胺保护等。

第四类是加缓蚀剂，使金属表面生成保护膜，或者除去水中的溶解氧。所加缓蚀剂有联氨、氨液和气相缓蚀剂等。

在选择停用保护方法时，应主要考虑以下原则：

（1）机组的参数和类型。

1）机组的类别。对于锅炉来讲，直流锅炉对水质要求高，只能采用挥发性的药品保护，如联氨和氨或充氮保护；汽包锅炉使用缓蚀剂，则根据锅炉参数不同，使用挥发性药品或非挥发性药品。

2）机组的参数。对于中低压参数的机组，因它们对水质要求较低，可以使用磷酸钠作缓蚀剂；对于高参数机组，因其对水质要求高，使用联氨和氨作为缓蚀剂，同时高参数机组的水汽系统结构复杂，机组停用放水后，有些部位容易积水，不宜采用干燥剂法。

3）过热器的结构。因立式过热器的底部容易积水，如果不能将过热器存水吹净和烘干，就不宜使用干燥剂法。

（2）停用时间的长短。停用时间不同，所选用的方法也不同。对热备用锅炉，必须考虑能够随时投入运行，因此要求所采用的方法不能排掉锅炉水，也不宜改变锅炉水的成分，以免延误投入运行的时间，一般采用保持蒸汽压力法、保持给水压力法等。对于短期停用的机组，要求短期保护以后能投入运行。锅炉一般采用湿法保护，其他热力设备可以采用湿法保护，也可以采用干法保护。对于长期停用的锅炉，要求所采用的保护方法防腐蚀作用持久，一般加十八胺后热炉放水，或用联氨、充氮保护。

（3）现场的条件。选择保护方法时，要考虑采用某种保护方法的现实可能性。如果某一方法虽然从机组的特点和停用时间考虑是合理的，但现场不具备条件，也不能采用。现场条件包括设备条件、给水的水质、环境的温度和药品的来源等。例如，在冬季应估计到锅炉内存水或溶液是否有冰冻的可能性，如锅炉车间温度会低于0℃，那么就不宜采用碱液法或氨液法等。

上面所说的三条原则中，机组的参数和类型、停用时间的长短是首要的。只有充分考虑机组的特点，才能选择出恰当的保护方法和合适的药品；只有区分停用时间的长短，才能选择出既得到满意的防腐蚀效果，又方便机组启动的方法。

三、停用保护的方法

锅炉停用保护的方法较多，大体上可分为满水保护和干燥保护两类，现简要介绍几种常用的方法。

（一）满水保护法

这类方法是用具有保护性的水溶液充满锅炉，借以杜绝空气中的氧气进入锅炉内。此类方法根据所用水溶液组成的不同，分为以下几种。

1. 联氨法

联氨法是用除氧剂联氨配成保护性水溶液充满锅炉。其具体做法，按锅炉类型分别叙述如下：

（1）汽包锅炉。在锅炉停用后不进行放水，而是用加药泵将氨水和联氨注入（添加氨水的目的是调节水的pH值），使锅炉水汽系统各部分都充满加有氨和联氨的水，而且各处的浓度都很均匀。它们的加入量应使锅炉内水中的过剩联氨浓度为200mg/L，pH值（25℃）大于10。如果锅炉是在大修后或放水检查后进行保护，则应先往锅炉内灌满给水或经除氧的除盐水，然后再往水中加联氨和氨水。当没有给水或经除氧的除盐水时，可先充灌未除氧的除盐水，然后将锅炉点火，并将汽压升至稍高于大气压，放出一定量的蒸汽，使锅炉内的水得以除氧，最后再加入联氨和氨水。

（2）直流锅炉。在直流锅炉停运过程中，当锅炉的停运程序已进行到带启动分离器阶段后，应加大给水处理设备的联氨和氨的加药量，使锅炉水中的过剩联氨为200mg/L、pH值（25℃）＝10，直到锅炉停运后，还应使这种水溶液一直留在锅炉内。

无论是汽包锅炉还是直流锅炉，若采用此法进行停用保护，在将联氨与氨溶液加入锅炉内前，都应检查所有有关阀门及水汽系统其他附件的严密性，以免药液泄露；当锅炉内充满保护性溶液后，应关闭所有阀门并再次进行水汽系统严密性的检查，最好用泵将锅炉内的保护性水溶液升压至0.98MPa，以防止空气漏进而消耗联氨。或者在锅炉最高位置加装适当大小的水封箱，箱中装有保护性溶液，以保证锅炉各部分均充满着这种保护溶液。

若保护时期较长，则应定期（如每3～7天一次）取样分析锅炉水汽系统各部分的联氨浓度和pH值，发现联氨浓度或pH值下降时，应补加联氨或氨水；若保护时期很短，在保持阀门等附件严密性很好的情况下，为了简化操作也可不取样分析。

在冬季采用满水保护法时，因气温低，锅炉内有冰冻的可能，因此应有防冻措施。例如，将锅炉间断点火，使锅炉内的水保持一定温度。

联氨法宜用于停用时间较长或者备用的锅炉，它适用于保护锅炉本体、过热器以及炉前热力系统。对于中间再热式机组的再热器，不能采用联氨法或其他满水保护法，因为再热器是与汽轮机系统连接在一起的，如用上述方法汽轮机内就会有进水的危险性，一般是用干燥的热空气进行停用保护。

采用联氨溶液保护的锅炉，在启动前应将保护用药液排放到地沟中去。因为联氨有毒，排放时应加以稀释或加次氯酸钠处理以保安全，排放后应对锅炉内进行冲洗。在锅炉点火后、汽轮机暖机前，锅炉应先向空排汽，排汽到蒸汽中的含氨量小于2mg/kg时才可送汽。这是为了防止凝汽器等设备的铜管被联氨在高温、高压下分解产生的氨腐蚀。

2. 氨液法

氨液法是基于在含氨量很大的水（800～1000mg/L）中，钢铁具有不会被氧腐蚀的性能。氨液停用保护法是将凝结水或补给水配制成浓度为800mg/L以上的稀氨液，用泵打入锅炉水汽系统内，并使其在系统内进行循环，直到各采样点取得样品的氨液浓度趋于相同，然后将锅炉的所有阀门关严，以免氨液漏掉。在保护期间每星期应分析氨液浓度一次，若发现氨浓度显著下降，应寻找原因，采取防止措施，并补加新氨液。

锅炉充氨液前，应将存放水放掉，立式过热器内存水应用氨液顶出。因为氨液对铜制件有腐蚀作用，事先应拆除或者隔离可能与氨液接触的铜制件。氨液容易蒸发，故水温不宜过高，系统要严密。

锅炉启动前，应将全部氨液排出后再进水，在锅炉点火并升汽压后，用蒸汽冲洗过热器并向空排汽，直到蒸汽中的含氨量小于2mg/kg，才可将锅炉出口蒸汽并入主蒸汽母管或向汽轮机送汽。采取这种措施的目的是为了防止由于蒸汽含氨量太高而引起铜制件的腐蚀。

氨液法适用于保护长期停用的锅炉。若在冬季锅炉房气温低，有冰冻可能时，采用此法时也应有防冻措施。

3. 保持给水压力法

保持给水压力法是在锅炉内充满着除氧合格的给水，并用给水泵顶压，使锅炉内水的压力为1.01～1.52MPa（表压），然后将水汽系统的所有阀门关闭，以防止空气渗入锅炉内而达到防腐目的。保护期间应严密监督锅炉内的压力（最好利用压力自动记录表），如果发现水的压力下降，应再送给水顶压；保护期间应每天分析水中的溶解氧一次，若含氧量超过给水所允许的标准，应换水。

此法一般适用于短期停用的锅炉。冬季采用此保护时，应有防冻措施。

4. 保持蒸汽压力法

对于容量锅炉（如链条锅炉）或经常启、停的锅炉，可在停用后，用间断升火的办法，保持锅炉蒸汽压力为0.506～1.01MPa（表压），以防止空气渗入锅炉水汽系统内。在保护期间，锅炉水磷酸根应维持运行时的标准，每班分析锅炉水的PO_4^{3-}和含氧量一次，并记录锅炉压力。当锅炉水中的溶解氧不合格时，应升火排气。

此法操作简单，启动方便，适用于热备用的锅炉。

5. 碱液法

碱液法是采用加碱液的方法，使锅炉中充满 pH 值达 10 以上的水，以抑制溶解氧对锅炉金属的腐蚀，所用的碱为氢氧化钠或磷酸三钠。

配制碱液时，应使用给水或软化水，水中加药量与配制碱液的水质有关。碱液的体积根据锅炉容积来确定。

锅炉水汽系统加入碱液以前，应先将所有阀门关严，防止进碱后碱液外漏。对于结有水垢的锅炉，应先将水垢清除干净，然后再进碱液，以防水垢被碱液浸泡后脱落，堵塞管道。

碱液的配制和送入锅炉的方法依据现场条件而定，一般有以下几种：

（1）在进行锅炉内加药处理的设备处安装临时溶药箱，配制浓碱液，然后利用原有的药泵将此碱液送入锅炉内。

（2）安装一个容量为 $2\sim3m^3$ 的溶药箱配制碱液，然后用一台专门设置的泵将此碱液送入锅炉内。

（3）安装一个容量为 $30\sim40m^3$ 的溶药箱，或利用疏水箱配制，然后用一台专门设置的泵将碱液送入已把水放空的锅炉内。

在采用上述（1）、（2）的方法时，为了保证锅炉内充满碱液，并且浓度均匀，应按以下步骤操作：

锅炉进行排水，使汽包水位降至最低水位；送入全部浓碱液；继续向锅炉内进水，使整个锅炉和过热器都充满溶液；利用泵将锅炉内的水进行循环流动。循环方式一般由溶液箱分成两路：一路进入过热器出口联箱；另一路进入省煤器入口联箱。这两路水均从水冷壁下联箱流出，又送回溶药箱往复循环，直到锅炉各取样点取出水样的碱液浓度接近相同为止。

锅炉在停用保护期间，应经常进行系统严密性的检查，最好每天检查一次，如发现泄漏，应及时消除；每月应从各取样点取样 1～2 次，检查其碱的浓度，如发现浓度显著下降，应查明原因，并加以消除，然后补加碱液。

锅炉启动时，当将碱液排出后，应将过热器进行彻底的冲洗，因为残留的碱液会严重地影响蒸汽品质，可能导致过热器管和汽轮机叶片积盐。所以，采用碱液保护的锅炉，启动前最好用单元式冲洗法冲洗过热器。

对于装有立式过热器的锅炉，只有在过热器能进行彻底冲洗的情况下，才能采用碱液停用保护法。如果锅炉结构复杂，内部存有的碱性水既不易放出，又难用水冲洗的情况下，就不能采用碱液法。所以碱液法一般只适用于保护长期停用的低压和中压的小容量汽包锅炉。对于高参数锅炉，因其结构复杂，碱液难以放尽和冲洗干净，且考虑到浓碱液可能腐蚀合金钢，所以很少采用。

采用此法保护的锅炉，在冬季有冰冻可能时，应有防冻措施。

6. 磷酸三钠和亚硝酸钠混合溶液的保护法

此法是基于亚硝酸与磷酸三钠溶液能在金属表面形成保护膜，从而防止了金属的腐蚀。

其方法为：用含 0.1%～1%的 $NaNO_2$ 与 0.1%～1%的 Na_3PO_4 的混合溶液灌满锅炉中被保护的部分，即可达到保护的目的。当锅炉投运前，应将这种溶液排放干净，并进行彻底冲洗。

此法可用于保护容易排干净存水的锅炉，也可在中、低压锅炉检修期间用于保护其过热器。

(二) 干燥保护法

这种方法是使锅炉金属表面经常保持干燥，以防腐蚀，具体有以下几种：

1. 烘干法

烘干法为在锅炉停运后，当锅炉水温降至100～120℃时就进行放水（常称热炉放水）。当水放尽后，利用炉内余热或利用点火设备再在炉内点微火，或将部分热风引入炉膛中，将锅炉内金属表面烘干。此法只适用于锅炉在检修期间的防腐。在检修期间如需要清除锅炉水汽系统内的沉积物，应安排在检修将近结束时进行。锅炉检修完毕并进行水压试验后，如不能立即投入运行，应立即采取其他的停用保护措施。

2. 充氮法

此法是将氮气充入锅炉水汽系统内，并使其保持一定的正压（大于外界的大气压），以阻止空气的渗入。由于氮气很不活泼，无腐蚀性，因此可以防止锅炉的停用腐蚀。

其方法为：在锅炉停炉降压至0.30～0.49MPa时，将充氮管路接好，当锅炉内压力降至0.049MPa时，开始由氮气罐或氮气瓶经充氮临时管路向锅炉汽包和过热器等处送氮气，所用氮气的纯度应大于99%。充氮时，可将锅炉水汽系统中的水放掉，也可以不放水。充氮后，锅炉水汽系统中氮气的压力应为0.049MPa以上。对于未放水的锅炉或锅炉中不能放尽水的部分，充氮前最好在锅炉内存水中加入一定剂量的联氨，并用氨将水的pH值调节至10以上，并定期监督水中溶解氧和过剩联氨量等。充氮时，锅炉水汽系统的所有阀门应关闭，并应严密不漏，以免因泄露而使氮气消耗量过大和难以维持氮气压力。

在充氮保护期间，要经常监督锅炉水汽系统中氮气的压力和锅炉的严密性，若发现氮气消耗量过大，应查找泄露处并及时采取措施处理。

锅炉启动时，在上水和升火过程中即可将氮气排入大气中。

充氮法具有操作简便、启动方便的优点，适用于短期停用锅炉的保护。

3. 干燥剂法

干燥剂法是采用吸湿能力很强的干燥剂，使锅炉水汽系统保持干燥，防止腐蚀。

其方法为：锅炉停用后，当锅炉水水温降至100～120℃时，将锅炉各部分的水彻底放空，并利用炉内余热或利用点火设备在炉内点微火烘烤，将金属表面烘干，清除掉沉积在锅炉水汽系统内的水垢和水渣（因为它们具有吸湿能力，且会促进金属的腐蚀），然后在锅炉内放入干燥剂，并将锅炉上的阀门全部关严，以防外界空气进入。

常用的干燥剂有：无水氯化钙（粒径为10～15mm）、生石灰或硅胶（硅胶应先在120～140℃下干燥）。

放置干燥剂的方法是：将药品分盛在几个搪瓷盘中（以防药品潮解成稀泥状，但硅胶也可放入布袋中），沿汽包长度均匀排列在汽包内，此外各个联箱和老式锅炉的泥包也应放入干燥剂，然后即封闭汽包和联箱，关闭全部阀门。经7～10天后检查干燥剂的情况，如已经失效，应换新药。此后，每隔一定时间（一般为一个月）检查和更换一次失效的药品。

此法防腐效果良好，但只适用于低压和中压、小容量汽包锅炉的长期停用保护。由于高压、大容量汽包锅炉的水汽系统结构较复杂，汽包容积在整个锅炉水容积中所占的比例较小，锅炉内各部分的水往往难以完全放尽等原因，一般不用此法。

4. 气相缓蚀剂法

气相缓蚀剂具有保护性基团，同时又有一定的挥发性，一种气相缓蚀剂的优劣要看这两种性能的综合表现。常用的气相缓蚀剂有碳酸铵、碳酸环己胺等。一般气相缓蚀剂应具备下列基本条件：

（1）化学稳定性高。

（2）有一定的蒸汽压，以保证充满被保护设备的各个部位，同时又能保留较长的时间。

（3）在水中有一定的溶解度。

（4）有较高的防腐蚀能力。

目前，国内外开始应用气相缓蚀剂保护停用锅炉。国内应用于停炉保护的气相缓蚀剂是碳酸环己胺。加入气相缓蚀剂的方法是：在锅炉停炉以后，采用热炉放水，负压抽干的方法，排除锅炉内的存水，然后加入气相缓蚀剂。对于碳酸环己胺，可以以加热的压缩空气（40～50℃）为载体，将粉末状药品加入锅炉，充气时间2～3h，锅炉排出的气体pH值达10时，停止充气。此法适用于保护中压以上参数的锅炉，可以作短期和长期停用锅炉的保护。

5. 十八胺保护法

近年来，十八烷基胺开始在热力设备停用保护中应用。十八胺又称薄膜胺，在停炉期间加入热力系统，随蒸汽挥发进入整个水汽系统，与金属表面接触后，形成一层憎水性薄膜，防止设备停用期间水、氧和二氧化碳与金属表面接触而产生腐蚀的情况。与其他停炉保护方法相比，十八烷基胺有保护范围宽（对炉本体、过热器、汽轮机组等整个热力系统都有保护作用）、操作简单（对检修炉、机组尤为突出）的特点。国外在20世纪50年代有人就提出了这个技术，但由于固体十八胺投药方式没有解决，难以推广。1987年莫斯科动力学院推出了成分为液态十八胺的防腐剂（称阿明防腐剂）后，很快得到广泛应用。1993年华中电管局赴苏考察时，已有80多台大型机组应用，效果较为明显。一般停、备用时期超过10天即可应用该技术。

十八烷基胺属于成膜胺。该产品分子中含有一个以电负性较大的N原子为中心的非极性基团和由CH组成的非极性基团（烷基）。极性基团吸附于金属表面，非极性基团远离金属表面，这样便在金属表面形成了一层光亮、致密的疏水薄膜，阻止了水中溶解氧对金属的作用，抑制了腐蚀反应的发生，因而应用于锅炉的停炉防腐蚀。该方法适用于机炉滑停工况，应用时结合锅炉带压放水保护效果较好，在停炉时向系统内投加药剂。开始投加的时间主要受十八胺分解温度（450～500℃）的制约，为保障加药效果，在机组停运后，锅炉参数向下滑至主蒸汽温度450℃以下时，将准备好的药剂用泵一次性打入热力系统。整个水汽系统的十八胺最低浓度为2～4mg/L（实际加药量可增加3～5倍）。

十八胺在金属表面成膜的效果十分明显，一定浓度的十八胺能在碳钢及合金钢表面形成一层光亮、致密的黑色膜。成膜的条件主要是温度和十八胺的浓度，浓度越高成膜效果越好。金属表面粗糙度对成膜效果也有影响。有垢管道仍有良好的成膜效果，耐蚀性也明显提高。实验室的高压釜试验证实，金属在液相和汽相中均可成膜，且汽相膜优于液相成膜。国外用十八胺对大型火电机组及核电站进行保护，效果良好，停运保护时间有的高达半年以上。锅炉结垢量及汽轮机腐蚀磨损均有下降，酸洗时间延长，机组启动时间缩短，效率提高。

使用时应注意以下几点：

(1) 加药时，稀溶液的温度应维持在55～65℃，防止十八胺析出而堵塞管道。尤其是在冬季应特别注意，并且加完药后应用热水对加药管道进行冲洗。

(2) 最好选择多个加药点，使药液均匀到达热力系统的每个部位，一般可根据现场情况选择2～3点，但主要加药点应选择在除氧器出口（给水泵入口），可利用现成的氨、联氨或磷酸钠加药点。加药点应避免选在系统的排气点前方。加药时间的控制十分关键，主要受两个因素的制约：一是要保证十分胺与金属的接触时间足以形成较好的保护膜；二是机组滑参数停机时允许的加药时间，尤其是高参数机组受机组本身条件的限制，加药时间不能太长。在一定加药量的前提下，加药时间过长，瞬间浓度太低，循环中系统损失量大，不利于膜的形成；加药时间过短，没有一定的循环时间，不能使整个水汽系统都接触药液，同样也无法取得满意的效果。一般加药时间不少于0.5h，加药后再保证有一定的系统循环时间，然后停机。

(3) 药剂的溶解。用55～65℃热水（给水或复水）使十八胺在不断搅拌下溶成糊状，然后再以55～65℃热水将其稀释成1.5%～2.0%的溶液。为防堵塞管道，药剂倒入溶药箱前应进行过滤。

我国的科研工作者在十八胺的应用研究中取得了丰硕的成果。目前流行的十八胺停用防腐保护技术都是将固体十八胺转化为液态药品提供给用户，这些技术在缩短机组启动时间、延长锅炉化学清洗周期等方面效果显著，取得了较好的保护效果。很多电厂已经在机组小修时使用十八胺做停用防腐保护。目前有以下三种十八胺液态防腐剂在火电厂得到了应用：

(1) 纯十八胺乳液。纯十八胺与除盐水经机电设备通过物理方法加工而成，为黏稠的乳状物，一般浓度为5%～10%，不含添加剂，缺点是药剂容易出现分层，保存时间短。分层的主要原因是十八胺小颗粒在水中不断地重新结晶长大，最后使乳液出现分层、结块现象。

纯十八胺乳液的保存时间一般不超过两个月，一般需要现买现用，所以临时停机时用不上，在电厂使用不方便。

(2) 含有一定添加剂的十八胺乳液。为了提高十八胺乳液的稳定性，延长乳液的保存时间，有的乳液中添加了一些助溶剂或稳定剂。助溶剂通常为乙醇等有机溶剂，稳定剂一般为表面活性物质。添加剂的成分、含量都是各乳液生产单位保密的内容，不对用户公开。

因为电厂用户不能得到添加剂成分、含量的准确信息，无法判断添加剂对机组的影响，所以添加剂的加入使得应用这种十八胺乳液的安全性受到怀疑。

(3) 改性十八胺类药剂。目前的改性十八胺类药剂是以咪唑啉衍生物为主的复合配方药剂，其中的咪唑啉衍生物含量约为10%。咪唑啉学名为间二氮杂环戊烯，一般是由脂肪酸与多乙基多胺反应得到的产物，常见的产品为油酸与二乙基三胺反应制得的琥珀色黏稠液体，其中混有单油酰胺、二油酰胺等副产物，是一种阳离子表面活性剂，在石油工业中也用作缓蚀剂。

与十八胺相比，由于咪唑啉在分子中增加了亲水基团，因此水溶性良好，在电厂应用方便，保存时也不用担心分层。咪唑啉与金属的成膜主要是化学吸附反应，在成膜特性上与十八胺有明显的不同。

以咪唑啉衍生物为主的改性十八胺类药剂已经在国内多家电厂得到了应用，也取得了较好的使用效果，但其中的有机物，特别是副产物是否会在高温、高压环境中分解出有机酸，目前的应用研究还不充分。

另外，有人研发出一种固体十八胺乳化加药装置，它采用的是一项新的发明专利技术，将化学纯的固体十八胺直接提供给用户。使用时，通过十八胺乳化加药装置将十八胺固体和水制成由细小的脂肪胺固体颗粒悬浮于水中形成的乳液，并由固体十八胺乳化加药装置内配备的加压输送泵加压，以一定的压力和流量由管道注入热力系统。这项新技术具有以下特点：

(1) 安全：将化学纯的十八胺与纯水混合分散后直接加到锅炉系统，不需要任何分散添加剂，几乎不带入杂质，最大限度地防止了可能出现的有机酸对汽轮机叶片的腐蚀，高度安全可靠。

(2) 方便：纯十八胺固体可以长期存放，用户使用时药剂体积小、质量轻、搬运方便、劳动强度低、操作简便。

(3) 经济：综合成本仅为十八胺乳液的1/5～1/3。

(4) 易标准化：由于药剂成分明确，十八胺停用防腐保护的实施过程可以全程监控，将有力地推动十八胺停用防腐保护技术向着标准化、规范化的方向发展。

目前此项技术还未大面积推广。

十八胺用于一些定期检修（小修、中修、大修）的停炉保护，效果比较明显，可使热力设备停运期间的二次锈蚀情况大为改观，并且不影响检修工作的开展。由于在机组检修后冷态启动时，需要一定的暖机时间，而使用这一方法蒸汽导电度的下降速度也较慢，刚好能适应，但需要特别注意的是在加药时水质要严格控制，以免造成锅炉水的急剧浓缩，导致蒸汽品质严重恶化；另外为避免树脂被污染，机组冷态启动后，应把握好机组冷态启动时凝结水精处理的投运时机。

第十一章 电厂废水处理

第一节 水 污 染

水是人类维系生命的基本物质，是工农业生产的重要资源。随着工业的发展，水污染及其带来的危害使水资源越来越紧张。水可受许多方面的污染，其中主要污染源有：大气降水及地面径流；农业污染；各类生活和工业排放污水、废水；垃圾、固体废弃物及其渗出液；船舶废水、固体废弃物及船舶漏油等。

水的污染源虽有许多方面，但污水、废水排放引起的水体污染主要有需氧有机物污染、水体富营养化、毒物污染、放射性污染等基本类型。

一、需氧有机物污染

从有机物能否被微生物吸收利用角度出发，可以大致把存在于废水中的有机物分为三大类：

（1）可生物降解转化的微生物。废水中含有的淀粉、脂肪、蛋白质、核酸及其水解产物的单酸、甘油、脂肪酸、氨基酸，以及后续发酵产生的低分子有机酸、醇和酮等，均属于生物可降解的有机物。这些有机污染物主要是人类和动物的排泄物、动植物的残体以及工业发酵的残渣和废渣等。

（2）难生物转化的有机物。废水中含有的烃类、硝基化合物、有机农药及有机染料等，在低浓度下可被微生物缓慢吸收利用；在较高浓度下因产生抑制作用而难以吸收利用。此外，纤维素虽无毒，但生物转化率很慢。这类有机污染物广泛存在于废水、制药废水、造纸废水中。

（3）不能生物转化的有机物。废水中含有的塑料、橡胶等高分子聚合物，基本上不能被微生物吸收利用。

可生物转化的有机物被水中的微生物吸收利用时，要消耗水中的溶解氧。当溶解氧降低到一定程度后，就会影响水中生物的生存。溶解氧耗尽后，水中有机物就会腐败，致使水发臭和变黑，造成水质恶化。这种由于废水中的有机物而引起的水体污染，称为需氧有机物污染。我国绝大多数水的污染都属于这种类型。需氧有机物的来源多，排放量大，所以污染范围广，大多数污水含有这类物质。对于需氧有机物污染的控制，一般是从根本上控制减少排放量或借助微生物的生物化学作用，把有机污染物作为微生物的营养基础予以吸收利用，使其转化为无害或易于分离的物质。

二、水体富营养化

生活污水和某些工业废水中常含有一定数量的磷、氮等营养物质，农田径流中也常夹带大量残留的氮肥、磷肥。这类营养物质排入水中，会造成藻类的大量繁殖，这种现象被称为“富营养化”。通常此类水体中的藻类以硅藻、绿藻转化为以蓝藻为主，而不少蓝藻有胶质膜，不适于作鱼料，而且有一定的毒性。富营养化是水衰败的一种表现。藻类过度繁殖将造成水中溶解氧急剧变化。在有阳光的时候，藻类通过光合作用产生氧气；在夜间，藻类的呼吸作用和死亡藻类的分解作用消耗了部分氧气，造成在一定时间内水体严重缺氧。此外，当藻类在冬季大量死亡时，水中的有机物会猛增，导致腐败，使水质严重恶化。据研究，如进入水中的磷和氮大部分参与生物代谢，则贫营养水体的临界负荷为总磷 0.2～0.5 g/(m^3·a)，总氮 5～10g/（m^3·a）。

氮和磷是植物和微生物的主要营养物质，水中磷、氮含量的高低与水体富营养化程度有密切的关系，当磷和氮的浓度分别超过 0.2mg/L 和 0.02mg/L 时，就会引起水体的富营养化变化，从而使水面上聚集大面积的水华或赤潮。就污水对水体的富营养化作用来说，磷的作用远大于氮。此外，BOD、温度、维生素类物质也会触发和促进水体的富营养化。

1. 天然营养化

自然界的许多湖泊在数千万年前，或者更远年代的幼年时期还处于贫营养状态，然而随着时间的推移和环境的变化，湖泊一方面从天然水中接纳氮、磷等营养物质；另一方面因土壤的侵蚀和淋浴，也使大量的营养元素流入水中，逐渐增加了湖泊水体的肥力，大量的浮游植物和其他水生植物的生长就有了可能，这就为食草的甲壳类动物、昆虫和鱼提供了丰富的食料。当这些动物死亡后，它们的机体沉淀在水底，积累形成底泥沉积物。残存的动植物肢体不断分解，由此释放出的营养物质又被新的生物体所吸收。经过千万年的天然演化，原来的贫营养湖逐渐演化成富营养湖。湖泊营养物质的这种天然富集造成水中营养物质的浓度不断增高，从而发生水质变化的过程，通常称为天然营养化。

2. 人为营养化

随着工农业生产的大规模发展，人口集中的城市排放出大量含有氮、磷营养物质的生活污水，增加了水体营养物质的负荷量。同时，为了提高农作物产量所使用的化学肥料经过雨水冲刷和渗透后，使一定数量的植物营养物质最终送达至水体中。据估计，农业地区输出的总磷可达森林地区输出量的10倍，城市径流的总磷量是农业地带径流量的7倍，城市、农业、森林的地表径流都可能是某种水体富营养化的重要因素。

总之，天然营养化和人为营养化的共同点在于它们都是由于水体中氮、磷营养物质的富集，引起藻类及其他浮游生物迅速繁殖，造成水体溶解氧下降，致使鱼类或其他生物大量死亡，水质严重恶化。水体出现富营养化现象时，主要表现为浮游生物大量繁殖，因占优势的浮游生物的颜色不同，水面往往呈现蓝色、红色、棕色、乳白色等，这种现象在江河湖泊中称为“水华”，在海洋中称为“赤潮”。

3. 富营养化的危害

藻类本身使水管堵塞，鱼类生存空间缩小，使水体生色，透明度降低，其分泌物又能引起水臭、水味，在给水处理中造成各种困难。更重要的是，富营养化还可能破坏水体中生态系统的平衡，藻类过量的繁殖将会使有机物的生长速度远远超过消耗速度，从而造成水体中有机物积蓄，其后果是促进细菌类微生物繁殖，一系列异养生物的食物链都会发展，使水体耗氧量大大增加，生长在光照所不及的水层深处的藻类因呼吸作用也大量消耗氧。这样，就有可能在一定时间内使水体处于严重缺氧状态，严重影响鱼类生存；藻类种类逐渐减少，并由绿藻和硅藻转变为蓝藻，而不少蓝藻都有胶质膜且有毒性；沉于水底的死亡藻类在厌氧分解过程中促使大量厌氧菌繁殖，产生有害气体及生物毒素，伤害水生生物；富氮磷的水体开始使硝化细菌繁殖，在缺氧状态下又转向反硝化过程。综上所述，富营养发生后，将先引起水底有机物的消耗速度超过其生长速度，处于腐化污染状态，并逐渐向上层发展，在严重时可使一部分水体区域完全变为腐化区。这样，由富营养化引起有机物大量生长的结果倒过来又走向其反面，藻类、植物及水生物、鱼类衰亡，甚至灭绝。这些现象可能周期性地交替出现，破坏水域的生态平衡，并且加速湖泊等水体的衰亡过程。

4. 富营养化的防治

水体的富营养化是水环境的一个突出问题，对于水体富营养化防治的各种方法归纳如下：

(1) 防止方法：对废水作深度处理，去除氮、磷；排水改道引流（如引作灌溉）；改变水体的水文参数，如流速、含水量、温度等；使用不同的含磷洗涤剂。

(2) 治理方法：使用化学药剂或引入病毒杀澡；打捞藻类；人工曝气；疏浚底泥；引水（不含营养物质）进行稀释。

三、毒物污染

废水中能对生物引起毒性反应的化学物质称为毒性物质，简称毒物。工业上使用的有毒化学物质已超过1000种。

毒物对生物的效应有急性中毒和慢性中毒两种。急性中毒的初期效应十分明显，严重时导致死亡；慢性中毒的初期效应虽然不十分明显，但其经过长期积累可引发突变、致癌等。大多数毒物的毒性与浓度和作用时间有关，浓度越大，作用时间越长，致毒后果越严重。此外，毒物的反应与环境温度、pH值、溶解氧含量和有机物种类等也有一定的关系。毒物是重要的水质指标，各种水质标准中对主要的毒物都规定了限值。废水中的毒物主要分为有机毒物和无机毒物两类。

1. 无机毒物

无机毒物分为金属和非金属两类。金属毒物主要为重金属（相对密度大于4）。重金属主要指汞、铬、镉、铅、镍以及类金属砷等生物毒性显著的元素，也包括具有一定毒害性的一般金属，如锌、铜、钴、锡等。

在天然水中一般重金属含量都很低，例如：汞的含量介于0.001～0.01mg/L之间，铬的含量小于0.001mg/L，一般不会对生物造成危害。但重金属在排入天然水中后不可能减少或消失，却可能通过沉淀、吸附以及食物链而不断富集，从而达到对生态环境以及人体健康有危害的浓度。汞在工业中的使用比较广泛，是重要的污染物之一。汞进入水中后，易沉于水底，长期存留，并在厌氧微生物的作用下烷基化。实验证明，当体内汞含量达到20～30mg时，就会出现中毒症状。闻名于世的水俣病就是由汞造成的。镉是一种广泛的金属污染物，也是一种能被生物富集的污染物。污水中的镉能被植物吸收，因此受镉污染地区的土壤、粮食、蔬菜、水果都可能镉含量超标。铅对微生物活动有强烈的抑制作用，水中铅的浓度为0.1～0.5mg/L时，就会引起微生物停止对有机物的分解作用。

重金属作为有色金属，在人类的生产和生活方面有着广泛的应用，从而使得在水中存在各种各样的重金属污染。采矿和冶炼是向环境排放重金属的最主要污染源，此外电镀行业、冶金行业、化学工业等排放的废水中往往也含有各种重金属。

作为毒物的重金属一般具有以下特点：①毒性在以离子态存在时最严重，故称为重金属离子毒物；②不能被生物降解，有时候还可能被转化成毒性更强的物质；③在生物体内富集，故对生物和人体均有毒害作用。

重要的非金属毒物有砷、硒、氰、氟、硫、亚硝酸根离子等。砷中毒会引起神经紊乱，诱发皮肤癌等；硒中毒会引起皮炎、嗅觉失灵等；氰中毒则会引起细胞窒息、组织缺氧、脑部受损等，最终引起死亡；氟对植物的危害最大，可以导致死亡；硫中毒则会引起呼吸麻痹和昏迷；亚硝酸盐在人体内会与仲胺生成亚硝胺，从而具有强烈的致癌作用。

2. 有机毒物

各种有机农药、有机染料以及环芳烃、芳香胺等往往对人体以及生物具有毒性，有的会引起急性中毒，有的导致慢性中毒，有的已证明是致癌、致畸、致突变物质。在水质标准中规定的有机毒物主要有挥发酵、苯胺类、硝基苯类、烷基汞类、苯并（a）芘、DDT、六六六等。这些有机物虽然也造成需氧性污染危害，但其毒性更加突出。

酚类化合物是一种比较典型的有机有毒污染物，水体受酚类化合物污染后会影响水产品的产量和质量。酚类物质浓度达到0.1～0.2mg/L时鱼肉有酚味，浓度高时则会引起鱼类大量死亡。酚类的毒性可抑制微生物的自然生长速度，甚至会使其停止生长。

四、放射性污染

1. 放射性与电离辐射

凡具有自发地放出射线特性的物质，即称为放射性物质。这些物质的原子核处于不稳定状态，在其发生核转变的过程中，自发地放出由粒子或光子组成的射线，并辐射出能量，同时本身转变为另一种物质，或是成为原子物质的较低能态，其所放出的粒子或光子将对周围介质核肌体产生电离作用，造成放射性污染和损伤。

射线的种类很多，主要的有以下三种：①α射线。其本质是氦的原子核，具有高速运动的α粒子。其在空气中的行径很短，天然放射性物质α粒子的一般射程只有2～10cm，它的穿透力虽弱，但电力作用很强。②β射线。它是一种电子流，其粒子质量是α粒子的万分之几，在空气中的行径最长可达十余米，穿透能力较α粒子强，但电力作用较之小得多。③γ射线。它是波长在10^{-8}cm以下的电磁波，其运行速度等于光速（3×10^{5}km/s），不带电荷，但具有很强的穿透力，对生物组织造成的损伤最大。

放射性的电离辐射具有以下特征：①绝大多数放射性核素的毒性按致毒物自身质量计算，均高于一般的化学毒物；②放射性剂量的大小只有辐射探测器方可探测，非人的感觉器官所能感知；③射线的辐照具有穿透性，特别是γ射线可穿过一定厚度的屏障层；④放射性核素具有蜕变能力；⑤放射性活度只能通过自然衰变而减弱。

2. 放射性水污染

废水中的放射性物质一般浓度很低，主要由原子能工业及应用放射性同位素的单位引起。对人体有着重要影响的放射性物质有^{90}Sr、^{137}Cr、^{131}I等，主要引起慢性辐射和后期效应，如诱发癌变等。放射性物质的危害强度与剂量、性质和身体状况有关，半衰期短的，其作用在半衰期内消失；半衰期长的，长期接触有蓄积作用，危害很大。

放射性废水的排放要保持在合理实施的最低水平，实际的排放浓度必须低于核定的浓度限值。

五、其他水污染

1. 悬浮物污染

生活污水和绝大部分的工业生产污水都为固体物质污染。各类废水中均有悬浮杂质，这些杂质在常温下呈固态，分为无机物和有机物两类，在水中有三种分散状态，即溶解态（直径小于1nm）、胶体态（直径介于1～100nm）、悬浮态（直径大于100nm）。水中含盐量多，将影响生物细胞的渗透压和生物正常生长，并且是造成废水浑浊和色度的主要原因。

2. 感官污染

废水中的异色、浑浊、泡沫、恶臭等现象能引起感官上的不快。一般天然水是清澈透明的，而带有金属化合物或有机化合物（如有机燃料）等有色污染物的污水呈各种颜色，增加了水的色度。臭和味可定性反映某种污染物的多寡。天然水是无臭无味的，水的臭味来源于还原性硫和氮的化合物、挥发性有机物和氯气等污染物。此外，水中的不同盐分也会给水带来不同的异味，如氯化钠带咸味，硫酸镁带苦味，铁盐带涩味。浊度：胶体态和悬浮态的污染物造成水的浑浊。

3. 酸碱污染

酸碱污染主要是由于废水中的无机酸碱以及酸雨的降落所造成的。生活污水一般呈中性或弱碱性，而工业污水常含有较多的酸、碱。水样的酸碱性在水质标准中以pH值来反映，$pH<7$为酸性，$pH>7$为碱性。一般要求处理后的废水pH值在6～9之间。天然水的pH值一般在6～9之间，受酸碱污染后pH值会发生较大的变化。酸性废水的危害主要表现在对金属及混凝土结构材料的腐蚀上；碱性废水易产生泡沫，使土壤碱化。当pH值超过相应规定范围时，会抑制细菌和其他微生物的生长，影响水的生物自净作用，使水质恶化，土壤酸化或碱化，破坏生态平衡。对于渔业来说，pH值不得低于6或高于9.2，当pH值低于5.5时，一些鱼类就不能生存；农业用水的pH值应为5.5～8.5。此外，酸性废水还会腐蚀船舶和水下建筑物，使水不适于作为饮用水或其他工业用水。

4. 热污染

许多工业排出的废水都有较高的温度，尤其是工业冷却水，这些废水排入水中后会使水的温度升高，引起热污染，一般用温度来反应热污染。热污染的危害性体现为：氧气在水中的溶解度随水温的增加而减少，另外会加速耗氧反应，从而影响水生生物的生存，加速水体的富营养化。

5. 油类污染

油类污染物有石油和动植物油脂两类。工业含油废水所含的油大部分为石油或其组分，含动植物油的污水主要为生活污水，它们均难溶于水，其中粒径较大的分散油易聚集成片，漂浮于水面；粒径介于100～1000nm的微小油珠易被表面活性剂和疏水固体包围，形成乳化油，稳定地悬浮在水中。

油类污染物经常覆盖在水面，形成油膜，隔绝大气与水面的联系，破坏水的复氧条件，从而降低水的自净能力；它还能附着在土壤颗粒的表面和动植物体表，影响养分的吸收。

6. 生物污染

生物污染物主要指废水中的致病性微生物，包括致病细菌、病毒等。除致病体外，废水中若生长有铁菌、硫菌、藻类、水草和贝壳类动物时，会堵塞管道和用水设备，有时还腐蚀金属。生物污染物的特点是数量大、分布广、存活时间长、繁殖速度快。

第二节 污水处理的基本方法

污水的处理技术就是采用多种方法，将污水中所含有的污染物质分离出来，或转化为稳定和无害的物质，从而使污水得到净化。

污水中的各种污染物质可分为悬浮污染物、胶体污染物和溶解性物质。污水常用处理方法有物理法、化学法和生物法。

物理法就是用物理作用，分离污水中主要呈悬浮状态的污染物质。常用的方法有沉淀、上浮、筛滤、气浮、过滤、反渗透等；常用处理设备有沉淀池、沉沙池、滤池等。

化学法就是利用化学反应作用，来分离污水中的溶解性和胶体污染物。常用的方法有混凝、中和、氧化还原、电解、吸附、电渗析、离子交换等，这些方法多用于工业废水的处理。

生物法就是利用微生物的代谢作用，除去废水中有机物污染的一种方法，又称为废水生物化学处理法。按参与作用的微生物，生物法可分为好氧生物处理法和厌氧生物处理法两类。好氧生物处理主要有活性污泥和生物膜法等；厌氧生物处理法主要用于污泥处理。

以上各种方法都有其各自的特点和适用条件。由于污水中存在的污染物质是各种各样的，所以往往需要采用几种方法组成处理系统，才能达到要求的处理程度。工业废水中由于污水中所含污染物的种类和性质千差万别，因此带来了处理方法的多样性。

一、污水处理的级别与系统

1. 污水一级处理

污水一级处理是指对污水中的沉淀性物质、油脂类，在初次沉淀池内利用沉淀、上浮等物理作用所进行的处理。经过一级处理后的污水，其悬浮物（SS）的去除率为40%左右，有机物（BOD）的去除率为30%左右，仍不宜排放，还必须经过二级处理，因此对于二级处理来说，一级处理属于预处理。

2. 污水二级处理

污水二级处理是指用活性污泥、生物膜法对污水进行处理。经过二级处理后，BOD和SS的去除率分别为90%和88%以上，BOD含量可以降到20～30mg/L。生物处理的几种方法，一般都能达到这种要求。一般来说，经二级处理后，污水能达到排入水体的标准。

3. 污水三级处理

污水经二级处理后，仍含有氮、磷及难以被微生物降解的有机物、病原体、矿物质等，三级处理的主要对象是营养物质（氮、磷）及其他溶解物质，以防止水体发生富营养化和受到难降解有毒化合物的污染。

三级处理与高级处理的目的有所不同，高级处理是以污水回收或再利用为目的，而三级处理的目的是将出水排入水质要求高的收纳水体。由于三级处理与高级处理的出水用途不同，其处理的方法和处理流程也不同。完善的三级处理包括除磷、脱氮，以及去除难降解的有机化合物、溶解盐类和病原体等处理过程。

在污水处理过程中产生的污泥也必须得到相应的处理，否则将会造成新的污染。污泥常用的处理方法是厌氧消化法，为了便于运输，消化后污泥需进行脱水处理。

二、污水处理技术概述

污水处理的目的就是将污水中的污染物以某种方法分离出来，或将其分解转化为无害的稳定物质，从而使污水得到净化。一般要求达到防止毒害和病菌传播，除掉异臭和恶感才能满足不同要求。污水处理技术按其作用原理不同，可分为物理清除法、化学处理法和生物处理法，处理方法的选择必须考虑到污水的水质和水量、用途或排放去向等。

1. 物理法

物理法是指通过物理作用，以分离、回收污水中不溶解的呈悬浮状态的污染物质（包括油膜和油珠），在处理过程中不改变其化学性质。物理法操作简单、经济，常用的有重力分离法、离心分离法、过滤法、蒸发法和结晶法等。

(1) 重力分离（即沉淀）法。重力分离法是指利用污水中呈悬浮状态的污染物和水比重不同的原理，借重力沉降（或上浮）作用，使水中的悬浮物分离出来。沉淀（或上浮）处理设备有沉沙池、沉淀池和隔油池。

在污水处理与利用中，沉淀法与上浮法常常作为其他处理方法前的预处理。如用生物处理法处理污水时，一般需事先经过预沉池去除大部分悬浮物，减少生化处理设备的处理负荷，而经生物处理后的出水仍需要经过二级沉淀池的处理，进行泥水分离，以保证出水水质。

(2) 过滤法。过滤法是指利用过滤介质截流污水中的悬浮物。过滤介质包括钢条、筛网、砂布、塑料、微孔管等，常用的过滤方法有格栅、栅网、微滤机、砂滤机、真空滤机、压滤机等。

(3) 气浮（浮选）。汽浮是指将空气通入污水中，并以微小气泡的形式从水中析出成为载体，污水中相对密度接近于水的微小颗粒状污染物质（如乳化油）黏附在气泡上，并随气泡上升到水面，形成泡沫——气、水、悬浮颗粒（油）三相混合体，从而使污水中的污染物得以从污水中分离出来。根据空气通入的方式不同，汽浮分为加压溶气气浮池法、叶轮气浮池法和射流气浮池法等。为了提高气浮池的效果，有时需向污水中投加混凝剂。

(4) 离心分离法。离心分离法是指含有悬浮物质的污水在高速旋转时，由于悬浮颗粒（如乳化油）和污水的质量不同，因此旋转时受到离心力大小不同，质量大的被甩到外围，质量小的则留在内堰，通过不同的出口分别排出，从而回收污水中的有用物质（如乳化油），并净化污水。常用的离心设备按离心力产生的方式不同可分为两种，即由水流本身旋转产生离心力的旋流分离器，由设备旋转同时带动液体旋转产生离心力的离心分离机。

1) 旋流分离器分为压力式和重力式两种。因它具有体积小、单位容积处理能力高的优点，近几十年来广泛应用于污水处理预处理中。

2) 离心分离机的种类很多，按分离因素分，有常速离心分离机和高速离心分离机。常速离心分离机用于分离高低浆液效果可达 60%～70%，还可用于沉淀池的沉渣脱水等；高速离心分离机适用于乳状液的分离。

(5) 反渗透。反渗透是指利用一种特殊的半透膜，在一定压力下将水分子压过去，而溶解在水中的污染物则被膜截流，污水被浓缩，而被压透过膜的水就是处理过的水。目前此法常用于海水淡化、含重金属的废水处理及污水的深度处理等方面。

2. 化学法

化学法是指向污水中投加化学试剂，利用化学反应来分离、回收污水中的污染物质，或将污染物质转化为无害物质。常用的化学方法有沉淀法、混凝法、中和法和氧化还原法等。

(1) 化学沉淀法。化学沉淀法是指向污水中投加某种化学物质，使它与污水中的溶解物质发生互换反应，生成难溶于水的沉淀物，以降低污水中溶解物的方法。这种处理常用于含重金属、氟化物等工业生产污水的处理。进行化学沉淀的必要条件是能生成难溶盐，加入污水中促使产生沉淀物的化学药剂称为沉淀剂。按使用沉淀剂的不同，化学沉淀法可分为石灰法（又称为氢氧化物沉淀法）、碳化物法和钡盐法。例如处理含锌污水时，一般投加石灰沉淀剂，pH控制在9～11范围内，使其生成氢氧化锌沉淀；处理含汞污水可采用硫化钠沉淀剂进行共沉处理；处理含铬污水可采用碳酸钡、氯化钡、硝酸钡、氢氧化钡等作为沉淀剂，生成难溶的铬酸钡沉淀，去除污水中的铬离子。

(2) 混凝法。混凝法的作用机理为：水中呈胶体状态的污染物质通常都带有负电荷，胶体颗粒间互相排斥形成稳定的混合液，若向水中投加带有反电荷的电解质（即混凝剂），则可使污水中的胶体颗粒改变为呈电中性，失去稳定性，并在分子引力的作用下，凝聚成大颗粒而下沉。通过混凝法可去除污水中分散的固体颗粒、乳状油和胶体物质等，所以该法可用于降低污水的浊度和色度，去除多种高分子物质、有机物、某些重金属毒物（汞、镉、铅）和放射性物质等，也可去除能够导致富营养化的物质，如磷等可溶性无机物，此外还能够改善污泥的脱水性能。混凝法在工业污水处理中使用非常广泛，即可以作为独立处理工艺，又可与其他处理方法配合使用，作为预处理、中间处理或最终处理。在三级处理中，近年来常采用混凝法。目前常采用的混凝剂有硫酸铝、碱式氯化铝、铁盐（主要指硫酸亚铁、三氯化铁、硫酸铁）等。当单独使用混凝剂不能达到应有的净水效果时，为加强混凝过程、节约混凝剂用量，常可同时投加助凝剂。

(3) 中和法。中和法用于处理酸性废水和碱性废水。向酸性废水中投加碱性物质，如石灰、氢氧化钠、石灰石，使废水变为中性；对碱性废水可通入含有二氧化碳的烟气进行中和，也可用其他的酸性物质中和。

(4) 氧化还原法。废水中呈溶解状态的有机或无机污染物在投加氧化剂或还原剂后，由于电子的迁移而发生氧化或还原反应，使其转化为无害的物质。根据有毒物质在氧化还原反应中能被氧化或还原的不同，污水的氧化或还原又可分为氧化法和还原法两类。

在废水处理中，可用氧化剂有：在接受电子后转变成带负电荷的中性原子，如空气中的O_2、Cl_2、O_3等；带正电荷的离子接受电子后形成带负电荷的离子，如漂白粉在碱性介质中，次氯酸根中的Cl^+接受电子变成Cl^-；带正电荷的离子接受电子后转变成带有较高正电荷的离子，如H_2O_2、H_2SO_5、$H_2S_2O_3$等，其中S的表现氧化态由+8价或+7价还原成+6价，形成SO_4^{2-}；电解时的阳极，因为电解是在电流的作用下离子电荷中和的过程，阴离子趋向阳极而放电，交出离子，所以在阳极上发生氧化作用。可用的还原剂有：在给出电子时转变为带有正电荷的中性离子，如铁屑；带负电荷的离子，如B^{5-}等，它们能失去自己的过量电子；金属和非金属的带正电荷离子在给出电子后，本身转变成带有较高正电荷的离子，如硫酸亚铁中的Fe^{2+}在给出一个离子后转变成Fe^{3+}；电解时的阴极，阳离子在此取得电子后而还原。

氧化还原法在污水处理中的应用实例有：空气氧化处理含硫污水；碱性氯化法处理含氰污水；臭氧氧化还原法对于进行污水的除臭、脱色、杀菌和除酚、氰、铁、锰，降低污水的COD和BOD等均有显著效果。还原法目前主要应用于含铬废水的处理。

3. 物理化学法

在工业污水的回收利用中，经常遇到物质由一相转移到另一相的过程，例如用汽提法回收含酚污水时，酚转移到气相中，其他如萃取、吸附、离子交换、吹脱等物理化学法都是传质过程。利用这些操作过程处理或回收利用工业废水的方法称为物理化学法。工业废水应用物理化学法处理或回收利用之前，一般均需先经过预处理，尽量去除废水中的悬浮物、油类、有害气体等杂质，以便提高回收效率及减少损耗。常采用的物理化学法有以下几种：

(1) 萃取（液—液）法。萃取法是指将不溶于水的溶剂投入污水中，使污水中的溶质溶于溶剂，然后利用溶剂与水的比重差将溶剂分离出来。再利用溶剂与溶质的沸点差，将溶质蒸馏回收再生后，溶剂循环利用。如含酚废水处理，常用萃取剂有醋酸丁酯、苯等，经萃取酚的回收率可达90％以上。常采用的萃取设备有脉冲筛板塔、离心萃取机等。

(2) 吸附法。吸附法是利用多孔性的固体物质，使水中的一种或多种物质被吸附在固体表面而去除的方法。常用的吸附剂有活性炭。此法可用于吸附污水中的酚、汞、铬、氰等有毒物质，另外还有除色、脱臭等作用，目前多用于污水的深度处理。吸附操作分为静态和动态两种。静态吸附是在污水不流动条件下的操作；动态吸附则是在污水流动条件下进行的吸附操作。污水处理中多采用动态吸附操作，常用的吸附设备有固定床、移动床和流动床三种方式。

(3) 离子交换法。离子交换法是指用固体物质去除污水中的某些物质，即利用离子交换剂的离子交换作用来置换污水中的离子化物质。随着离子交换树脂的生产和使用技术的发展，近年来在回收和处理工业污水的有毒物质方面，由于其效果良好、操作方便而得到一定的应用。在污水处理中使用的离子交换剂有无机离子交换剂和有机离子交换剂两类。采用离子交换法处理污水时，必须考虑树脂的选择性。树脂对各种离子的交换能力不同，其大小主要取决于各种离子对该树脂亲和力（又称选择性）的大小。目前离子交换法广泛用于污水处理中去除杂质，例如去除（或回收）污水中的铜、镍、镉、锌、汞、金、银、铂、磷酸、硝酸、氨、有机物和放射性物质等。

(4) 电渗析。电渗析法是在离子交换技术基础上发展起来的一项新技术。它与普通离子交换法的不同之处是省去了用再生剂再生树脂的过程，因此具有设备简单、操作方便等优点。电渗析的基本原理是在外加直流电场的作用下，利用阴阳离子交换膜对水中离子交换的选择透过性，使一部分溶液中的离子迁移到另一部分溶液中去，以达到浓缩、纯化、合成、分离的目的。在电渗析过程中，离子减少的隔室称为淡水室，其出水为淡水；离子增加的隔室称为浓水室，其出水为浓水；与电极板接触的隔室称为极室，其出水为极水。

4. 生物法

污水的生物处理法就是利用微生物新陈代谢的功能，使污水中呈溶解和胶体状态的有机物被降解转化为无害物质，使得污水得以净化。属于生物处理法的工艺根据参与的微生物种类和供养情况，可分为好氧生物处理法和厌氧生物处理法。

(1) 好氧生物处理法。此方法是在有氧的条件下，借助于好氧微生物（主要是好氧菌）的作用来进行。依据好氧微生物在处理系统所呈的状态不同，又可分为活性污泥法和生物膜法两类。

1) 活性污泥法。这是当前最广泛使用的一种生物处理法。该法是将空气连续注入曝气池的污水中。经过一段时间，水中即形成微生物的絮凝体—活性污泥，它能够吸附水中的有机物，生活在污泥中的微生物以有机物为食料，获得能量并不断生长繁殖。从曝气池流出含有大量活性污泥的污水混合液，进入沉淀池沉淀分离后，清水被净化排放，沉淀分离出的污泥作为种泥，一部分回流曝气池，剩余的部分从沉淀池排放，称为剩余污泥。活性污泥法有多种池型及运行方式，常用的有普通活性污泥法、完全混合表面曝气池、吸附再生法等。废水在曝气池内停留时间一般为4～6h，能去除废水中的有机物（BOD）达90%左右。

2) 生物膜法。生物膜法是指使污水连续不断地经过固体填料（碎石、煤渣、塑料等），在填料上大量繁殖微生物，形成生物膜。生物膜上的微生物能够起到与活性污泥同样的净化作用，吸附和降解水中的有机污染物，从填料上脱落下来的衰老生物膜随处理后的污水流入沉淀池，经沉淀后泥、水分离，污水得以净化排放。生物膜法多采用的处理构筑物有普通生物滤池、高负荷生物滤池、塔式生物滤池、生物转盘、生物接触氧化池及生物流化床等。除此之外，土地处理系统和氧化塘也属于生物处理法的自然生物处理范畴。

(2) 厌氧生物处理法。此方法是在无氧的条件下，利用厌氧微生物来进行的。它已有百年的悠久历史，但由于与好氧法相比存在处理时间长，氧化分解不彻底、不完全，分解产物对环境造成二次污染，对低浓度有机污水处理效率低等缺点，使其发展缓慢。过去厌氧法常用于处理污泥及高浓度有机废水，近30年来，出现世界性能源紧张，促使污水处理向节能和实现能源化方向发展，从而促进了厌氧生物处理法的发展，一大批高效新型厌氧生物反应器相继出现，包括厌氧生物滤池、升流式厌氧污泥床、厌氧流化床等。它们的共同特点是反应器中生物固体浓度很高，污泥龄很长，因此处理能力大大提高，且对高浓度有机污水处理率高等。厌氧生物处理经过多年的发展，现已成为污水处理的主要方法之一。

三、污水处理流程

污水中的污染物质是多种多样的，不能预期只用一种方法就能够把污水中所有的污染物质都去除干净，一种污水往往需要通过几种方法组成的处理系统才能达到处理要求的程度。污水处理流程的组合一般应遵循先易后难，先简后繁的规律，即先去除大块垃圾和漂浮物质，再依次去除悬浮固体、胶体物质及溶解性物质，即首先使用物理法，然后使用化学法和生物法。

对于某种污水采取由哪几种处理方法组成的处理系统，要根据污水的水质、水量，回收有用物质的可能性和经济性，排放水的具体规律，并通过调查研究和经济比较后决定，必要时还应进行一定的科学试验。调查研究和科学试验是确定处理流程的重要途径。下面介绍污水处理的典型流程：

以去除污水中的BOD为主要对象的，一般其处理系统的核心是生物处理设备（包括二次沉淀池）。原水先经格栅、沉沙池，除去较大的漂浮物质及沙砾杂质，然后进入初次沉淀池，去除呈悬浮状态的污染物后，进入生物处理构筑物（或采用活性污泥曝气池、生物膜构筑物）处理，使污水中的有机污染物在好氧菌的作用下氧化分解，生物处理构筑物的出水进入二次沉淀池进行泥、水分离，澄清的水再经消毒直接排放；二次沉淀排放的剩余污泥再经浓缩、污泥消化、脱水后，进行污泥综合利用；污泥消化过程产生的沼气可回收利用，用做热源能或沼气发电。

以去除污水中的BOD同时达到脱磷除氮目的的污水处理流程一般有厌氧—缺氧—好氧生物处理工艺。

炼油厂废水中含油、硫、碱以及酚等有机污染物质，因此其典型处理流程包括了中和池、脱硫塔、气浮以及生物处理设施，从隔油室和气浮池排除的浮油经脱水后可回收，油渣则进行焚烧处理。生物处理产物的污泥也进行浓缩、脱水及干化处理。处理后的出水是可以直接排放的，经进一步过滤后回用到循环水系统。

四、污泥处理与利用

污泥是污水处理的副产品，也是必然产品。在城市污水和工业废水处理过程中，会产生很多沉淀物和漂浮物，有的是从污水中直接分离出来的，如沉沙池中的沉渣、初沉池中的沉淀物、隔油池和浮选池中的沉渣等。有的是在处理过程中产生的，如化学沉淀污泥与生物化学法产生的活性污泥和生物膜。一座二级污水处理厂产生的污泥量占处理污水的0.3%～0.5%（含水率以97%计）。如进行深度处理，污泥量还可增加0.5～1.0倍。污泥的成分非常复杂，不仅含有很多有毒物质，如病原微生物、寄生虫及重金属离子等，还可能含有可利用的物质，如植物营养素氮、磷、钾及有机物等。这些污泥若不妥善处理，就会造成二次污染，必须予以充分的重视。所以，污泥在排入环境前必须进行处理，以避免对环境造成污染，并使有用物质得到充分利用。一般污泥处理的费用占全污水处理运行费用的20%～50%。污泥处理的一般方法与流程：污泥—浓缩—污泥消化（或自然干化）—预处理—机械脱水—干燥焚烧—最终处理。

1. 污泥的脱水与干化

从二次沉淀池排出的剩余污泥，其含水率高达99%～99.5%，污泥体积大，在堆放及运输方面都不方便，所以污泥的脱水、干化是当前污泥处理方法中较为重要的方法。

二次沉淀池排出的剩余污泥一半先在浓缩池中进行静止沉降。污泥在浓缩池内静止停留12～24h，可使含水率从99%降到97%，体积缩小到原来的1/3。

污泥进行自然干化（或称晒泥）是借助于渗透、蒸发与人工撇除等过程而脱水的。一般污泥含水率可降到75%左右，使污泥体积缩小许多倍。污泥机械脱水以过滤介质（一种多孔性质）两面的压力差作为推动力，污泥中的水分被强迫通过过滤介质（称为滤液），固体颗粒被截留在介质上（称为泥饼），从而达到脱水的目的。常用的脱水机械有真空过滤脱水机（真空转鼓、真空吸滤）、压滤脱水机（板框压滤机、滚压带式压滤机）、离心脱水机等，一般采用机械法脱水，其含水率可降到70%～80%。

2. 污泥消化

(1) 污泥的厌氧消化。将污泥置于密闭的消化池中，利用厌氧微生物的作用，使有机物分解稳定，这种有机物厌氧分解的过程称为发酵。由于发酵的最终产物是沼气，污泥消化池也称沼气池。当沼气池温度为30～35℃时，正常情况下每立方米污泥可产生沼气10～15m^3，其中甲烷含量为50%左右。沼气可作为燃料和制造CCl_4等的化工原料。

(2) 污泥的好氧消化。利用好氧和兼氧菌，在污泥处理系统中曝气供氧，微生物分解生物可降解的有机污泥和细胞原生质，并从中获得能量。

近年来人们通过实践发现污泥厌氧消化工艺的运行管理要求高，比较复杂，而且处理构筑物要求密闭、容积大、数量多且复杂，所以认为污泥厌氧消化法适用于大型污水处理厂污泥量大，回收沼气量多的情况。污泥好氧消化法设备简单，运行管理比较方便，但运行能耗及费用较高，适用于小型污水处理系统污泥量不大，回收沼气量少的场合。当污泥受工业废水影响，进行厌氧消化有困难时，也可采用好氧消化法。

3. 污泥的最终处理

含有有机物多的污泥经脱水及消化处理后，可用作农田肥料；当污泥中含有有毒物质，不宜作肥料时，应采用焚烧法进行彻底无害处理、填埋或筑路。

脱水后的污泥，如需进一步降低其含水率，可进行干燥法处理或加以焚烧。经过干燥处理，污泥含水率可降到20%左右，便于运输，可作为肥料使用。当污泥含有有毒物质不宜作肥料时，应采用焚烧法将污泥烧成灰烬，做彻底的无害化处理，也可用于填地或作为填充筑路材料使用。

第三节　工业废水处理

工业废水种类繁多，成分复杂，且各类工厂的水质、水温等相差悬殊。工业废水的水温与pH值随生产工艺而异，废水污染物浓度普遍较高，有些有机废水可用生物法处理，而有些废水中含有难以降解的高分子有机物，采用生物降解困难。

一、概述

工业废水处理系统主要接纳、处理、收集经常性废水、非经常性废水、锅炉排污水，即收集处理化学锅炉补给水处理系统、机组凝结水精处理系统的再生废水，锅炉化学清洗排水，空气预热器、除尘器、锅炉火侧冲洗排水，停炉保护排水，机组运行前冲洗水，试验室、主厂房取样系统的排水。

经该处理系统处理后的水质符合GB 8978—1996中有关第一和第二类污染物允许排放的标准，经设于回用水池高位溢流口的排放口排放。

回用水系统中的水回用于脱硫岛工艺箱的补充水源，锅炉冲灰系统冲洗地坪、灰渣水补水及冷却塔的循环水补充水。处理后的水质满足GB 50335—2002《污水再利用工程设计规范》中再生水用作冷却用水的水质控制指标，可作为机组循环水的补充水。

二、水质污染指标的基本概念

水质污染指标用于表示废水的水质特征，并用于评价处理方法的优劣。水质指标一般可概括为物理指标、化学指标和生物指标。

物理指标主要包括总固体、悬浮物、溶解物、浊度、色度、放射性、电导率；化学指标主要有化学耗氧量（COD）、生物需氧量（BOD）、有机氮等；生物指标主要有细菌等。

（一）水的物理性质指标

1. 温度

温度是最常用的水质物理指标之一。由于水的物理特性，水中进行的化学过程和微生物都同温度有关，所以它经常是必须加以测定的。天然水的温度为－1～＋30℃，地下水的温度则较稳定，一般为8～12℃。

工业废水的温度同生产过程有关，有时温度甚高，往往会改变水中生物的生活条件，造成所谓的热污染。水的温度测定应在现场进行。

2. 臭味与气味

被污染的水常会使人感觉到有不正常的气味，根据水的气味可以推测水中所含杂质或有害成分，是判断适合饮用与否的重要指标之一。

3. 颜色与色度

天然水经常表现出各种颜色，根据水的表现颜色可以推测水中所含杂质的种类和数量。

色度是指对黄褐色的天然水或处理后的各种用水进行颜色定量测定时所规定的指标。目前世界各国统一用氯铂酸钾 K_2PtC_6 和氯化钴 $CoCl_2 \cdot H_2O$ 配制的混合溶液作为色度的标准溶液，这种溶液具有同天然水相似的黄褐色，规定1L水中含有2.491mg/L时所产生的颜色深浅为1°，以此作为色度的基本标准。在测定色度时，把欲测的水样与一系列不同色度的标准溶液进行比较，即可测得水样的色度。

由于氯铂酸钾的价格很贵，一般采用重铬酸钾 $K_2Cr_2O_7$ 和硫酸钴 $CoSO_4 \cdot H_2O$ 按一定比例和操作步骤配制的代用色度标准溶液。有时为在野外工作携带方便，也可制成标准色的玻璃片或者图片进行比色测定。

此外，为对不同颜色的水进行色度测定，也有选用其他试剂配制各种颜色标准溶液的。多数清洁的天然水色度为15°～25°。

4. 浊度

水的浑浊度以浊度作为指标。浑浊现象从来就是在表观上判断水是否遭受污染的主要特征之一，水的浑浊度越高，其中所含杂质越多。

浑浊度的标准单位是以不溶性硅，如高岭土等在蒸馏水中产生的光学阻碍现象为基础，即规定1mg/L SiO所构成的浑浊度为1°。这样的单位标准单位称为“硅单位”，我国采用这种标准硅单位浑浊度。国际上通用的基本标准单位为“NTU”或“FTU”。

5. 固体物质

固体物质的组成包括有机物质（又称为挥发性固体）和无机性物质（又称为固定性固体）。固体物质又可分为悬浮固体（SS）和溶解固体（DS）两类，二者在组成上又都包含挥发性固体和固体性两种。悬浮固体是水样通过过滤后，在103～105℃温度下把滤纸截留物烘干所得的固体量，是常用的重要水质指标。在沉淀设备中，悬浮物的去除率是反映沉淀效果的重要指标。溶解固体是水样过滤后滤过液蒸干的残余固体量。溶解固体含量与悬浮固体含量两者之和即为总固体含量（TS）。

悬浮固体（SS）是污水的一项重要水质指标，原污水中的悬浮固体包括浮于水面的漂浮物质、悬浮于水中的悬浮物质和沉于底部的可沉物质。

主要由有机物质形成的可沉物质称为污泥；若主要是无机性物质，则称为沉渣。污水中有机污泥的含水率很高，其相对密度近于1。可以认为污泥的体积与其中固体物质含量的百分率成反比，如含水率 P_1（%）的污泥体积为 V_1，则当含水率降低到 P_2（%）时，其体积 V_2 按下式计算，即

$$V_2 = V_1 \frac{100 - P_1}{100 - P_2}$$

6. 电导率

水中各种溶解盐类都是以离子状态存在，具有导电能力，所以水溶解的电导率可以间接表示出溶解盐类的含量。电导是电阻的倒数，电导率是指一定体积溶液的电导，具体来说，就是将两片面积为 $1cm^2$ 的平板电极插入溶液，而两电极相距1cm时溶液的电导，也可以说是 $1cm^2$ 溶液的电导。电导率的单位是，对于天然水之类的稀溶液，其电导率较低，常用此单位的1%作为单位，即欧姆/厘米或 μS/cm。天然淡水或处理后的水，其电导率为50～500μS/cm；而高矿化水可达500～1000μS/cm以上。某些含盐量高的工业废水可达10 000μS/cm以上。各种离子1mg/L相当的电导率见表11-1。

表11-1　各种离子1mg/L相当的电导率（25℃）　（μS/cm）

离子	Na^+	K^+	NH_4^+	Ca^{2+}	Mg^{2+}	CL^-	F^-	NO_3^-	HCO_3^-	CO_3^{2-}	SO_4^{2-}
电导率	2.13	1.84	5.24	2.60	3.82	2.14	2.91	5.10	0.715	2.82	1.54

（二）水的化学性质指标

1. 无机有毒物质

工业废水中有时含有某些具有强烈生物毒性的杂质，这类杂质是治理环境污染的主要内容。无机有毒物质可以重金属为代表，重金属是原子序数在21～83范围内的金属，其中许多金属是有明显生物毒性的，同时在这一范围内还包括砷、碘、溴碘等非金属，它们也有不同程度的毒性。

2. 有机有毒物质

有机有毒物质酚类化合物，酚主要存在于煤气、石油、木材、药剂、油漆等的工业废料中，涉及面很广。

常见的有机物指标简要叙述如下：

（1）化学需氧量（COD）。化学需氧量是指在一定条件下，水中的各种有机物与外加的强氧化剂作用，最终将有机物氧化为二氧化碳和水时所消耗的氧量，以mg/L计。常用的氧化剂是重铬酸钾和高锰酸钾。

COD的测定较BOD的测定要简单、迅速，而且不受水质限制，但不能像生化需氧那样，直接从卫生意义上说明问题，不能完全反映有机物的含量和降解的实际情况。由于重铬酸钾的强氧化作用，水中绝大部分的有机物质（除苯、甲苯等烃类化合物以外）均能被氧化（但不包含硝化所需的氧量），因此化学需氧量可以近似反映水中有机物质的总量。但废水中的无机性还原物质也会消耗强氧化剂，使COD增高。

化学需氧量的测定需时较短，因此使用广泛。

以高锰酸钾在酸性或碱性条件下，按规定程序对水中有机物进行化学氧化，测定其消耗量，所用单位是 mg/L $KMnO_4$，或者直接按摩尔换算为 mg/L O_2。这项水质指标具有明显的相对性，有机物的种类不同，所得结果也有很大差别，这是因为 $KMnO_4$ 在此条件下所能氧化的只是一些比较容易氧化的有机物，一般约占水中有机物的 1/2。所以，高锰酸钾耗氧量目前较多用于污染不太大的天然水和清水。

如果用重铬酸钾 $K_2Cr_2O_7$ 或碘酸钾 KIO_3 作氧化剂，在强酸的沸腾回流条件下对有机物进行氧化，并且投入银离子作催化剂，氧化率可以大大提高。这时的氧化剂消耗量称为化学耗氧量，其所用单位一般都换算成 mg/L O_2。化学耗氧量包括的内容范围是不含氮有机物和含氮有机物中的碳的部分，实际是反映有机化合物中碳的耗氧量。对大多数有机物可氧化到 85～90%以上，由于它反映的耗氧量接近于水中的总量，所以主要用于生活水和含有机物量较多的工业废水。

(2) 生化需氧量（BOD）。有机物是复杂的化合物，构成的主要元素是碳、氢、氧、氮等，微生物对有机物会发生降解作用。但是，微生物对它们降解的难易程度有很大的不同，一般用模拟生物过程的方法来表示污水中的有机物含量。在水污染控制领域内，广泛使用生化需氧量这一指标来表示污水及水体受有机物污染的程度。

生化需氧量表示在有氧的条件下，当温度在 20℃时，由于微生物（主要是细菌）的活动，使可降解的有机物氧化到稳定状态时所需的氧量，以 mg/L 为单位。水温对生物氧化反应速度有很大的影响，一般以 20℃为标准。

BOD 包含微生物氧化成二氧化碳和水时消耗的氧量，以及微生物内源呼吸所消耗的氧量。BOD 越高，表示水中有机物含量越多。

在有氧条件下，有机物生物降解的整个过程可分为两个阶段。在第一阶段，有机物在好氧微生物的作用下被降解，并转化为二氧化碳、水和氨。在自然条件下（温度在 20℃时），通常该阶段的有机物生物降解可在 20 天内接近完成。在第二阶段，主要是氨转化为亚硝酸盐的硝化反应，这一阶段需要的时间比较长，在温度为 20℃的自然条件下，大致需要 100 天时间最终完成。

如第一阶段已经完成，即使产物是氨，不再进一步氧化，也不会对水体的环境卫生造成影响。因此一般认为，水体只要保持第一阶段所需的氧，就能达到标准要求，硝化过程所需的氧量不再计算。目前世界各国都以 5 天作为测定生化需氧量的标准时间，一般记为 BOD_5；以 20 天作为测定生化需氧量的标准时间，一般记为 BOD_{20}。生活污水的 BOD_5 约为 BOD_{20} 的 70%左右；对于工业废水来说，其 BOD_5 与 BOD_{20} 的差值可以较大或比较接近，不能一概而论。

BOD_5 作为有机物浓度指标，基本上反映了能被微生物分解氧化的有机物含量，较为确切地说明了问题，但是仍存在一些缺点。当污水中含有大量难以生物降解的物质时，BOD_5 测定的误差较大；反馈信息较慢，每次测定需 5 天时间，不能迅速、直接地指导工作；污水中若存在抑制微生物生长的物质或不含有微生物生长所需的营养物质，则将影响测定结果。

如果废水中有机物含量的组成相对稳定，则化学需氧量与第一阶段生化需氧量之间应有一定的比例关系，可以粗略表示不能被需氧微生物分解的有机物含量，一般来说 COD>

$BOD_{20}>BOD_5>COD_{Mn}$。

BOD_5 和 COD 的比值是衡量废水可生化性的一项重要指标，比值越高，可生化性越好，一般比值大于 0.3 时宜进行生化处理。当 $BOD_5/COD>0.5$ 时，认为该废水的可生化性较好。

(3) 总有机碳（TOC）。有机物都含有碳，通过测定废水中的总碳量可以表示有机物含量。总有机碳的测定方法是向已知含氧量的氧气气流中注入定量的水样，并将其送入以铂为接触媒体的燃烧管内，在 900℃高温下燃烧，用红外气体分析仪测定在燃烧过程中产生的二氧化碳含量，再折算出其中的含碳量，就是总有机碳。为排除无机碳酸盐的干扰，应将水样酸化，再通过压缩空气吹脱其中的碳酸盐。TOC 的测定时间仅需几分钟。TOC 最宜用来表示污水中微量有机物的含量。

(4) 总需氧量（TOD）。有机物中的主要元素是 C、H、O、N、S 等，在高温燃烧后，将分别产生二氧化碳、水、二氧化氮、二氧化硫，所消耗的氧量称为总需氧量（TOD）。TOD 一般大于 COD。

TOD 的测定方法是向已知含氧量的氧气气流中注入定量的水样，并将其送入以铂为接触媒体的燃烧管内，在 900℃高温下燃烧，水样中的有机物即被氧化，消耗掉氧气气流中的部分氧气，剩余氧量可用电极测定并自动记录。氧气气流原有氧量减去剩余氧量即得到总需氧量。TOD 测定仅需几分钟。

TOD 和 COD 是评价水样中有机物污染的综合参数。在水质条件基本相同的条件下，BOD 与 TOC 或 TOD 之间存在一定的相关关系。

(5) 理论需氧量。根据有机物氧化的反应化学方程式，可以计算出其需氧量的理论值，即所谓的理论需氧量（ThOD）。

(6) 生物指标。水质标准中的卫生学指标有细菌总数和总大肠菌群数；生物指标主要有细菌总数及大肠杆菌、病原菌数等。

直接测定水中的病原菌有很多困难，通常测定水中的细菌总数和大肠杆菌。细菌总数是指 1mL 水样中所含各种细菌的总数；大肠杆菌指数是指 1L 水样中含大肠杆菌的个数。

三、系统简介

现以某电厂处理系统为例进行介绍。

1. 工艺流程简述

进入废水池（池中设有曝气搅拌装置）的废水由液下泵输送进入 pH 值调整池，根据水质的 pH 值加入酸碱进行粗调；废水自 pH 值调整池溢流进入混合池，分别在混合池中加入混凝剂和助凝剂，使废水中的悬浮物加速絮凝、结团；从混合池出来的含絮凝团的废水通过水泵进入斜板澄清池，废水中的絮凝团在澄清池中通过斜板作用沉淀下来（即污泥），并由阀排出，经排泥泵输送至污泥浓缩池；斜板澄清池中的上清液通过溢流管溢流至最终中和池，加入酸碱进行细调，然后溢流至清净水池。在清净泵出口处设有浊度仪和 pH 表，如出水不合格，则返回至废水池再处理；如果出水各种指标达标，则通过清净泵输送至无阀过滤器，过滤后进入回用水池。

2. 工业生产废水的种类及水量与水质分析

某电厂废水处理设备的处理对象属于无机性排水，水质指标主要有 pH 值、悬浮固形物

（SS）含量、耗氧量（COD）等，见表 11-2。

表 11-2 工业废水水量及水质表

类别	废水名称	需处理废水量（m^3/d）	废水水质			
			pH 值	SS（mg/L）	Fe（mg/L）	COD（mg/L）
经常性排水	补给水、过滤器反洗水及再生排水	9	2～12	<30		
	凝结水精处理装置的再生排水	100	2～12	<10	0.5～2	10～20
	化验室废水、取样系统排水	5	2～12	<10	5～100	1～2
非经常性排水	锅炉化学清洗水	$4000m^3$/次	2～12	100～2000	500～3000	1000
	空气预热器清洗水	$1600m^3$/次	2～6	4000	500～3000	1000
	除尘器冲洗水	$1000m^3$/次	2～6	3000	500～3000	1000
	锅炉炉火侧冲洗水	$1500m^3$/次	2～6	3000	500～3000	1000
	停炉保护排水	$1000m^3$/次	6～8	100～1000	300～500	
	运行启动冲洗水	$4000m^3$/次	6～8	100～1000	300～500	

3. 经常性废水排放处理

经常性废水共分为以下三类：

第一类废水：即预处理设施排污，此类废水的含泥量为 0.5%，经工业废水处理系统浓缩池处理后，上部溢水收集至回用水池，再送回净水系统；其底部排泥经脱水机脱泥后，泥饼送厂外处置地填埋。

处理流程如下：

预处理设施排污→浓缩池→回用水池（上部溢水）→去净水系统

排泥↓→脱水机→污泥去厂外处置地

第二类废水：主要是指那些仅需调节 pH 值的废水，如锅炉补给水处理的再生废水和凝结水精处理装置的再生废水。这类废水在就地废水池中被收集后，送至废水处理系统的 4、5 号废水贮存池（有效容积 $V=1000m^3$/只），由最终中和池将其 pH 值调节到 6～9，送至回用水池。

处理流程如下：

化学设备就地再生废水收集池→4、5 号废水贮存池→pH 值调整池→混合池→斜板澄清器→最终中和池→清净水池→无阀过滤器→回用水池

第三类废水：主厂房排水属不定时废水，若悬浮物和 pH 值超标，此类废水先收集在机组排水槽中，然后送到废水贮存池，经 pH 值调节、絮凝、反应、澄清、最终中和后排放或回用，可重复用的点为灰和煤系统。

处理流程如下：

凝结水精处理系统其他废水和主厂房排水→机组排水槽→废水贮存池→pH 值调整池→混合池→斜板澄清器→最终中和池→清净水池→无阀过滤器→回用水池

污泥↓→浓缩池→脱水机→泥饼去处置场

4. 非经常性酸碱废水排放处理

非经常性废水属锅炉设备检修废水，即锅炉房杂用水经常性排水及锅炉化学清洗水、空气预热器清洗等非经常性排水，分别收集在1、2、3号废水贮存池（有效容积$V=1000m^3$/只）中。

该类废水含有悬浮物、铁渣等重金属离子，在絮凝澄清系统内，投加了混、助凝剂等药物进行处理。经一系列加药处理后的排放水，其出水水质必须符合《城镇污水处理厂污染物排放标准》（GB 18918—2002）中一级B级排放标准的规定，即出水pH值控制在6～9之间，浊度≤30NTU，COD_{Cr}≤60mg/L。

处理流程如下：

非经常性废水→机组排水槽→废水贮存池→pH值调整池→混合池→斜板澄清器→最终中和池→清净水池→无阀过滤器→回用水池

污泥↓→浓缩池→脱水机→泥饼去处置场

5. 工业废水处理系统需要采用的药品

(1) 酸：31%HCl溶液。

(2) 碱：30%NaOH溶液。

(3) 凝聚剂：$Al_2(SO_4)_3 \cdot 18H_2O$。

(4) 脱水助剂和凝聚助剂：聚丙烯酰胺系列。

(5) 氧化杀菌剂：10%次氯酸钠溶液及非氧化性杀菌剂。

6. 机组排水槽

在两台机组的炉后部分设一公用机组排水槽，其有效容积为$600m^3$。机组排水槽主要接纳在锅炉启动、酸洗等时间内的化学清洗排水、空气预热器冲洗排水、机组启动时的排水等。此部分废水经污水泵输送至工业废水贮存池，通过处理以达到排放标准。

四、工业废水系统主要设备

现以某电厂处理系统为例进行介绍。

(1) 化学废水贮存单元主要设备名称及性能参数见表11-3。

表11-3 化学废水贮存单元主要设备名称及性能参数

序号	名称	规格型号	单位	数量	备注
1	废水贮存池	$1000m^3$，池深3.5m	只	5	作环氧树脂防腐
2	废水提升泵	$Q=100m^3/h$，$H=25m$	台	7	提升废水
3	罗茨风机	$Q=35.8m^3/h$，$p=0.058MPa$	台	2	用于废水池曝气搅拌
4	超声波液位计	量程0.25～5m，精度3mm	台	5	4～20mA远传，液位控制

(2) 化学废水处理系统主要性能参数见表11-4。

表11-4 化学废水处理系统主要性能参数

序号	名称	规格型号	单位	数量	备注
1	pH值调整池	$V=17m^3$，池深3.5m	只	1	作环氧树脂防腐
2	pH值调整池搅拌机	$\phi=500mm$，100r/min	台	1	螺旋桨式，钢制衬胶
3	混合池	$V=17m^3$，池深3.5m	只	1	作环氧树脂防腐

续表

序号	名　称	规格型号	单位	数量	备　注
4	混合池搅拌机	ϕ=500mm，88r/min	台	1	螺旋桨式，钢制衬胶
5	最终中和池	V=33m³，池深 3.9m	只	1	作环氧树脂防腐
6	最终中和池搅拌机	ϕ=500mm，88r/min	台	1	螺旋桨式，钢制衬胶
7	清净水池	V=90m³，池深 3.9m	只	1	作环氧树脂防腐
8	污水池	V=18m³，池深 3.5m	只	1	作环氧树脂防腐
9	斜板澄清器	处理能力：100m³/h 规格：5217mm×1828mm×4648mm	只	1	钢衬环氧树脂
10	无阀过滤器	处理能力：50m³/h 反洗强度：15L/（m²·s）	台	2	滤料层高 700mm
11	斜板澄清器进水泵	100WFB-A Q=100m³/h，H=25m	台	2	
12	清净水泵	100WFB-A Q=75m³/h，H=21m	台	2	用于提升至无阀过滤器进水
13	污水泵	80WFB-A Q=50m³/h，H=12m	台	2	污水池内收集化学区域沟道排水
14	斜板澄清器排泥泵	Q=10m³/h，H=30m	台	2	螺杆泵

（3）酸、碱贮存加药系统主要性能参数见表 11-5。

表 11-5　　酸、碱贮存加药系统主要性能参数

序号	名　称	规格型号	单位	数量	备　注
1	酸缓冲箱	V=0.63m³	只	1	钢制衬胶
2	废水酸计量箱	V=1.0m³	只	1	钢制衬胶
3	卸酸泵	65CQB50-125F Q=25m³/h，p=0.20MPa	台	2	氟塑料磁力泵
4	酸计量泵	JYM/1.0 Q=50L/h，p=0.30MPa	台	2	变频控制
5	碱缓冲箱	V=0.63m³	只	1	钢制衬胶
6	废水碱计量箱	V=1.0m³	只	1	钢制衬胶
7	卸碱泵	65CQB50-125F Q=25m³/h，p=0.20MPa	台	2	氟塑料磁力泵
8	碱计量泵	JYM/1.0 Q=50L/h，p=0.30MPa	台	2	变频控制

（4）混凝剂加药装置主要性能参数见表 11-6。

表 11-6　　混凝剂加药装置主要性能参数

序号	名　称	规格型号	单位	数量	备　注
1	溶液箱	V=2.0m³，ϕ=1300mm	只	2	钢制衬胶
2	搅拌机	ϕ=500m，60r/min，0.75kW	台	2	钢制衬胶
3	计量泵	Q=360L/h，p=0.70MPa	台	2	变频控制
4	磁翻板液位计	L=1300mm	台	2	4～20mA 远传，液位控制

（5）助凝剂加药装置主要性能参数见表11-7。

表11-7 助凝剂加药装置主要性能参数

序号	名称	规格型号	单位	数量	备注
1	溶液箱	$V=2.0m^3$，$\phi=1300mm$	只	2	钢制衬胶
2	搅拌机	$\phi=500m$，60r/min，0.75kW	台	2	钢制衬胶
3	计量泵	$Q=360L/h$，$p=0.70MPa$	台	2	变频控制
4	磁翻板液位计	$L=1300mm$	台	2	4～20mA远传，液位控制

（6）回用水系统主要性能参数见表11-8。

表11-8 回用水系统主要性能参数

序号	名称	规格型号	单位	数量	备注
1	回用水池	$V=1000m^3$，池深4.5m	只	1	钢筋混凝土
2	回用水泵	80WFB-C-2 $Q=60m^3/h$，$H=60m$	台	3	
3	超声波液位计	量程为0.25～5m，精度为3mm	台	1	4～20mA远传，液位控制

（7）控制仪表主要性能参数见表11-9。

表11-9 控制仪表主要性能参数

序号	名称	规格型号	单位	数量	安装地点	备注
1	电磁流量计	DN150	台	2	废水贮存池、废水回用水泵出口	一体式
2	在线pH计	量程为0～14	台	4	废水处理总进、pH值调整池、最终中和池、清净水泵总出	两只沉入式，两只带流通池式
3	在线浊度仪	量程为0～100NTU，精度为0.001NTU	台	1	清净水泵总出	监测出水水质
4	超声波液位计	量程为0.25～5m，精度为3mm	台	2	混合池、清净水池	4～20mA远传

（8）排放口设置仪表主要性能参数见表11-10。

表11-10 排放口设置仪表主要性能参数

序号	名称	规格型号	单位	数量	备注
1	明渠流量计	DN150	套	1	排放废水量，巴歇尔槽明渠计量
2	在线COD仪		套	1	
3	COD仪取样泵	25WFB-25 $Q=1.0m^3/h$，$H=20m$	台	1	排放口取样

五、工业废水处理操作

以某电厂处理系统为例进行介绍。工业废水收集、处理设备主要由废水池、pH值调整池、混合池、污水池、斜板澄清池、最终中和池、清净水池、过滤器、回用水池及污泥处理系统组成；配套加药设备主要由酸、碱计量箱，酸、碱计量泵，混凝箱、混凝泵，助凝箱、助凝泵，脱水剂箱、脱水剂泵组成；并配有在线 pH 计、浊度仪、流量表。工业废水经处理后，达到国家排放标准，排放至回用水池。

（一）投运前的检查

系统投运前的检查项目见表 11-11。

表 11-11 系统投运前的检查项目

序号	设备名称	检查项目	应处状态
1	稳压电源	废水系统各有关稳压电源	投入
2	气源	废水系统各有关电磁阀盘控气阀	开足
3	辅机	废水液下泵、清净泵、进水泵、排泥泵、pH 值调整池搅拌机、混合池搅拌机、最终中和池搅拌机、酸计量泵、碱计量泵、混凝泵、助凝泵	热备用
4	表计	有关液位计、pH 计、流量表、浊度仪	投入
5	计量箱	废水酸计量箱、废水碱计量箱、助凝箱、混凝箱	高位
6	自动控制装置	有关自动控制装置	投入
7	废水池	各废水池连通阀连通，废水输送泵出水阀	关闭
		废水池回水阀、废水输送泵出水阀、废水池总进风阀、废水池污水进水阀	开足
8	斜板澄清器	废水进水泵出水阀、废水排泥泵进水阀、废水排泥泵出水阀、废水排泥泵总出阀	开足
		废水排泥泵冲洗进水阀、废水斜板澄清池排泥阀	关闭
9	pH 值调整池	废水 pH 值调整池废水进水阀、废水 pH 值调整池浓酸进酸阀、废水 pH 值调整池浓碱进碱阀	开足
10	最终中和池	废水最终中和池浓酸进酸阀、废水最终中和池浓碱进碱阀	开足
11	清净池	废水清净泵出水阀	开足
		废水清净水总出阀、废水池回水总回流阀、废水清净水调节阀	关闭
12	过滤器	废水过滤器进水阀	开足
13	罗茨风机	废水罗茨风机出风阀	开足
14	混凝箱	废水混凝箱加水阀、废水混凝箱排放阀	关闭
		废水混凝箱出药阀	开足
15	助凝箱	废水助凝箱加水阀、废水助凝箱排放阀	关闭
		废水助凝箱出药阀	开足
16	混凝泵	废水混凝泵进药阀、废水混凝泵出药阀	开足
17	助凝泵	废水助凝泵进药阀、废水助凝泵出药阀	开足
18	废水酸计量箱	废水酸计箱放酸阀、废水酸计箱加酸阀	关闭
		废水酸计箱出酸阀	开足
19	废水碱计量箱	废水碱计箱放碱阀、废水碱计箱加碱阀	关闭
		废水碱计箱出碱阀	开足
20	酸计量泵	废水酸计量泵进酸阀、废水酸计量泵出酸阀	开足
21	碱计量泵	废水碱计量泵进碱阀、废水碱计量泵出碱阀	开足

（二）废水处理软手动投运操作

（1）将各泵浦、搅拌机电源开关打至“遥控”，控制方式打至“手动”。

（2）若需操作某一设备时，可用鼠标单击某设备图标，CRT 便弹出一“开、关框图”，用鼠标单击“开”或“关”，即可开、关某设备或取消某设备的操作。

（3）当废水池到达约 1/2 水位时，即可投入废水处理设备。

（4）启动罗茨风机，向废水池内进风进行曝气操作，用废水池进气阀调节进风量，当进风量不够时，可以启动两台罗茨风机。

（5）启动废水输送泵，向 pH 值调整池进水，控制流量为 50t/h 左右，并根据进水 pH 值大小启动酸计量泵或碱计量泵进行粗调，控制 pH 值为 6.5～8.5。加入一定量的混凝剂，控制废水中的混凝剂含量为 20～30mg/L。

（6）当 pH 值调整池水位满过搅拌机叶轮时，启动 pH 值调整池搅拌机，废水溢流进入混合池后，当水位满过搅拌机叶轮时，启动混合池搅拌机，并根据 pH 值调整池进水流量加入一定量的助凝剂，控制废水中的助凝剂含量为 1～3mg/L。

（7）当混合池水位达到高位时，启动进水泵，向斜板澄清池进水，并调整流量为 50 t/h 左右，废水经过斜板澄清池澄清后出水溢流进入最终中和池。

（8）当最终中和池水位满过搅拌机叶轮时，启动最终中和池搅拌机，并根据混合池 pH 值大小启动酸计量泵或碱计量泵进行细调，控制 pH 值为 6.5～8.5。

（9）当最终中和池 pH 值指示达 6.5～8.5 时，启动清净泵，控制出水流量为 50t/h 左右；当清净泵出口总管 pH 计指示达 6.5～8.5，浊度小于 20 NTU 后，开启清净水总出水阀，关闭废水池回水总回流阀，出水进入全自动过滤器；过滤后的清水进入工业废水回用水池，如 pH 值或浊度不合格，应开启废水池回水总回流阀，关闭清净水总出水阀，让废水再回到废水池进行处理。

（10）斜板澄清池每运行 4h 或影响出水水质时，应开出斜板澄清池排泥阀，启动排泥泵 1X，向污泥浓缩池排泥。

（11）排泥结束后，开启排泥泵冲洗进水阀，关闭斜板澄清池排泥阀，排泥泵继续运行 3min 后，停用排泥泵，并关闭排泥泵冲洗进水阀。

（三）废水处理软手动停用操作

（1）当废水池水位低时，停用液下泵、进水泵、酸计量泵、碱计量泵、混凝泵、助凝泵、pH 值调整池搅拌机、混合池搅拌机、最终中和池搅拌机。

（2）待清净池低水位时，停用清净泵。

（3）关闭清净水总出水阀和废水池回水总回流阀。

（4）手动将废水酸碱计量箱液位加至高位。检查混凝箱、助凝箱液位，液位低于 0.2m 时，将药箱配至高位。

（四）废水处理程控操作

（1）将各泵浦、搅拌机电源开关打至“遥控”，控制方式打至“自动”。

（2）打开计算机 CRT 画面，鼠标点击参数设置，检查设定参数在可用范围内。

（3）点击 CRT 画面，选择废水输送泵中任何一台为自动，废水处理即进入自动运行状态。

(4) 待废水池低水位信号发信，废水处理即停止运行。

(5) 投入自动程控时，当清净水总出水管上 pH 计所测数值为 6.5～8.5，浊度小于 20 NTU，符合排放标准时，清净水总出水开，废水池回水总回流阀关；当不符合排放标准时，废水池回水总回流阀开，清净水总出水关。

(6) 废水系统处理时，液下泵、进水泵、清净泵的流量应保持基本一致。

(五) 工业废水处理的运行监督及异常处理

(1) 工业废水排放标准：pH 值为 6～9，悬浮物≤70mg/L，化学耗氧量≤100mg/L (重铬酸钾法)。

(2) 各机械搅拌机严禁在无液时空转，以防损坏机件。

(3) 在废水设备运行中应加强对各转动机械设备的检查，如泵浦、搅拌机等。

(4) 流量计和 pH 计、浊度仪等仪表电源应长期处于投运状态，切不可关闭其中任何一台仪表电源。

(5) 废水处理程控时，若出现紧急情况，可按“停止”按钮，使系统退出运行，当现场某一设备出现紧急情况时，可将该设备软手操停运。

(六) 污泥处理系统

污泥处理系统的组成：污泥浓缩池 1 座（含刮泥机一台），排泥泵 2 台，脱水剂加药装置 1 套，离心脱水机 1 台，电动刀闸 1 只，泥斗 1 只，工业冲洗水设施等。

本系统设置污泥浓缩池一座，设计泥水停留时间为 10～12h（污泥浓缩池的进水流量为 $30m^3/h$)。浓缩池主要接纳预处理收集系统来的排泥水，以及工业废水处理系统和脱硫废水处理系统排放的污泥废水。经浓缩后的污泥输送至离心脱水机，进行泥水分离，上清液回流至预处理收集池，干泥饼用专用车辆运至环保规定处理场。

污泥脱水机设计处理量为 $0～10m^3/h$；设计要求进泥含泥率为 1%～4%。

1. 污泥的来源及其分类

在工业废水和生活污水的处理过程中，会产生大量的固体悬浮物质，这些物质统称为污泥。污泥既可以是废水中早已存在的，也可以是废水处理过程中形成的。前者如各种自然沉淀中截留的悬浮物质；后者如生物处理和化学处理过程中，由原来的溶解性物质和胶体物质转化而成的悬浮物质。

(1) 根据污泥的性质不同，可分为以下几种：

1) 初次沉淀污泥：来自初次沉淀池，其性质随废水的成分而异。

2) 剩余活性污泥与腐殖污泥：来自活性污泥法和生物膜法后的二次沉淀池。前者称为剩余活性污泥，后者称为腐殖污泥。

3) 消化污泥：初次沉淀污泥、剩余活性污泥和腐殖污泥等经过消化稳定处理后的污泥称为消化污泥。

4) 化学污泥：用混凝、化学沉淀等化学法处理废水，所产生的污泥称为化学污泥。

5) 有机污泥：有机污泥主要含有有机物，典型的有机污泥是剩余生物污泥，如活性污泥和生物膜厌氧消化处理后的消化污泥等，此外还有抽泥及废水固相有机污染物沉淀后形成的污泥。

6) 无机污泥：无机污泥主要以无机物为主要成分，也称泥渣，如废水利用石灰中和沉淀、混凝沉淀和化学沉淀的沉淀物。

(2) 污泥 (Sludge) 是由水和污水处理过程所产生的固体沉淀物质。由于各类污泥的性质变化较大，分类是非常必要的，其处理和处置也是不尽相同的。根据其来源，可以划分为：

1) 市政污泥［Civil Sludge，也叫排水水泥 (Sewage Sludge)］：主要指来自污水厂的污泥，这是数量最大的一类污泥。此外，自来水厂的污泥也来自市政设施，可以归入这一类。

2) 管网污泥：来自排水收集系统的污泥。

3) 河湖淤泥：来自江河、湖泊的淤泥。

4) 工业污泥：来自各种工业生产所产生的固体与水、油、化学污染、有机质的混合物。

在非特指环境下，污泥一般指市政排水污泥。

2. 各类污泥脱水方法简介

(1) 自然干化脱水。

利用自然力（蒸发、渗透等）对污泥进行脱水的方法称为自然脱水。自然脱水的构筑物为污泥干化场（也叫干化床或晒泥场）。污泥干化场的脱水包括上部蒸发、底部渗透、中部放泄等多种方法，其中自然蒸发受自然条件影响较大，气温高、干燥、风速大、日晒时间长的地区效果好，寒冷、潮湿、多雨的地区则效果差；渗透作用主要与干化场的深水层结构有关。根据自然条件和渗水层特征，干化期由数周至数月不等，干化污泥的含水率可降到65%～75%。

干化场一般由大小相等、宽度不大于10m的若干区段组成，围以土堤，堤上设干渠和支渠用以输配污泥，支渠沿每块干化场的长度方向设几个放泥口，用于向干泥场均匀配泥。每块干化场的底部均设有30～50cm的渗水层，渗水层的结构为上层细沙、中层粗砂、底层碎石或碎砖。渗水层下为0.3～0.4m的防水层，设排水管，每块干化场设1～2排排水管，最后废水汇集于排水总渠。此外，在每块干化场的两侧设置若干排水井，用以收集从干化场不同高度放泄的上清水。

污泥干化场设计的主要内容为确定有效面积、进泥周期、围堤高度、渗水层结构、污泥输配系统及排水系统等。考虑到土堤等所占面积，干化场实际需要的面积应比设计面积增大20%～40%。

优点：①基建费用低，设备投资少；②操作简便，运行费用低。

缺点：①占地面积大，卫生条件差；②受污泥性质和气候影响大；③劳动强度大。

适用范围：①渗滤性能好的污泥脱水；②气候比较干燥的地区；③用地不紧张的地区；④环境卫生条件允许的地区。

(2) 机械脱水。

利用机械力对污泥进行脱水的方法称为机械脱水。机械力的种类有压力、真空力、离心力等，对应的脱水方式称为过滤脱水和离心脱水，相应的设备为压力过滤机、真空过滤机和离心机。

过滤脱水是在外力（压力或真空）作用下，污泥中的水分透过滤布或滤网，固体被截留，从而实现对污泥脱水的过程。分离的污泥水送回废水处理设备进行重新处理，截留的固体以泥饼形式剥落后运走。污泥的过滤性能主要取决于滤饼和滤布（或滤网）的阻力。在过滤压力、面积、滤布材料已定的情况下，单位时间的滤过水量与滤液的黏性和滤饼的阻力成反比，也就是说，滤液的黏性和滤饼的比阻决定了污泥的脱水性能，一般来说，污泥颗粒小，粒径不均匀颗粒和有机溶质较多时，黏性和比阻就大，相应的过滤性能较差；反之，过滤性能就好。

过滤脱水的方法有真空过滤和压力过滤。真空过滤主要有转筒式、绕绳式和转盘式过滤机；压力过滤主要有板框式压滤机和带式压滤机。此外，在此基础上还发展了许多改型的过滤设备。

1）板式压滤机。板式压滤机又可分为板框压滤机、箱式压滤机和两者组合成的压滤机。

方法：①间歇运行；②液压过滤。

优点：①滤饼含固率高；②固体回收率高；③药品消耗少，滤液清澈。

缺点：①间歇操作，过滤能力较低；②基建设备投资大。

适用范围：①其他脱水设备不适用的场合；②需要减少运输、干燥或焚烧费用，降低填埋用地的场合。

板框压滤机：利用滤板与滤框交替排列，其间放置滤布并夹紧，污泥从进泥孔送入后加压，滤液经滤板上的集水槽排出。

箱式压滤机：只有滤板，无滤框。污泥用低压泵从中心部分送入，滤液通过两侧滤布从滤板的集水槽排出。

2）带式压滤机。带式压滤机工艺是与高分子絮凝剂用于污泥调理结合的。将浓缩后的污泥加入一定浓度的高分子絮凝剂（PAM），在絮凝池中混合反应，污泥中的悬浮微粒絮凝成团状后，再输送到带式压滤机，污泥依次经过重力脱水区、上下网带楔形加压区和压榨区而脱水。

带式压滤机能连续生产、处理能力大、电耗少、机器制造容易、附属设备少、自动化程度高、操作管理简便，应用广泛。

带式压滤机一般是根据污泥量、污泥性质和机器生产能力来确定带宽和台数。目前最大带宽为3m，选用时最好参照污泥性质和机型类似的工程实例。

采用带式压滤机脱水的费用主要来自高分子絮凝剂，以处理含水率为96%的城市废水厂混合污泥为例，总处理费用为8～10元/m^3污泥，其中絮凝剂占92%～94%。

3）真空过滤机。转筒式真空过滤机主要由半圆形污泥槽和过滤转筒两大部分组成。转筒半浸没在污泥中，转筒外覆盖滤布，筒壁分成的若干隔间，分别由导管连于回转阀座上。根据转动时各隔间所处位置的不同，与固定阀座上的抽气管或压力管连通。当隔间位于过滤段时，与抽气管连通，污泥水通过滤布被抽走，固体被截留在滤布上；当转到脱水段时，仍与抽气段接通，水分继续被抽走，泥层逐渐干燥，形成滤饼；当转到排泥段时，由真空抽吸改为正压吹脱段，滤饼被吹离滤布，并用刮刀刮下，通过转运小车或皮带运输机运走。真空过滤机的转筒圆周速度为0.75～1.1mm/s，真空度为40～81.3kPa（过滤段）和66.7～94.6kPa（过滤段），形成的泥饼厚度视污泥浓度和转筒速度不同，一般为2～6mm。

真空过滤机的特点是适应性强、连续运行、操作平稳、全过程自动；缺点是多数污泥须经调理才能过滤，且工序多、费用高，此外过滤介质（滤网或滤布）紧包在转筒上，再生与清洗不充分，容易堵塞。

4）离心脱水机。利用离心力的作用实现对污泥脱水的过程称为离心脱水。完成离心脱水的设备为离心机。离心机的种类很多，其中以中低速转筒式离心机在污泥脱水中应用最为普遍。

污泥脱水主要是采用卧螺离心机。污泥由空心转轴送入转筒后，先在螺旋输送器内预加速，然后经螺旋筒体上的进料孔进入分离区，在离心加速作用下，污泥颗粒被甩贴在转毂内壁上，形成环状固体层，并被螺旋输送器推向转毂锥端，由出渣口排出，水则在泥层内侧，由转毂大端端盖的溢流孔排出。卧螺离心机按进污方向不同，分为顺流式和逆流式两种机型。顺流式卧螺离心机的进泥方向与固体输送方向一致，即进泥口和排泥口分别在转筒两端；逆流式卧螺离心机的进泥方向与固体输送方向相反，即进泥口和排泥口同在转筒一端。逆流式由于污泥在中途转向，对转筒内产生水力搅动，因此泥饼含固量稍低于顺流式。顺流式离心机的转筒和螺旋转子通过介质全程存在磨损，而逆流式只在部分长度上存在磨损。

离心机的优点是设备小、效率高、分离能力强、操作条件好；缺点是制造工艺要求高、设备易磨损、对污泥的预处理要求高，而且必须使用高分子聚合电解质。

3. 污泥处理的投运与停用操作

某电厂工业废水处理中污泥脱水采用的是顺流式高速离心机。

（1）污泥脱水系统主要设备见表11-12。

表11-12　　污泥脱水系统主要设备

序号	名　称	规格型号	单位	数量	备　注
1	污泥浓缩池	$V=350m^3$，$\phi=10\,000mm$，$H=4.5mm$	只	1	钢筋混凝土
2	刮泥机	Y802-1，$\phi=10\,000mm$，0.04r/min			中心驱动式
3	排泥泵	$Q=10m^3/h$，$H=30m$	台	2	螺杆泵
4	离心式脱水机	UCD305-00-02，4500r/min，5～80℃	台	1	配套控制柜
5	脱水机泵	215-N6，$Q=360L/h$，$p=0.70$ MPa	台	2	4～20mA远传 安装于污泥浓缩池
	超声波泥位计	DPS300	套	1	
	电动刀闸	—	台	1	脱水机出泥口
	电磁流量计	DN50，精度为±0.5%	台	1	脱水机进泥量
6	污泥脱水机排泥斗	XPGD1750-500190，$V=4m^3$	只	1	

（2）投运前的检查项目见表11-13。

表 11-13 投运前的检查项目

序号	设备名称	检查项目	应处状态
1	稳压电源	污泥系统各有关稳压电源	投入
2	气源	污泥系统各有关电磁阀盘控气阀	开足
3	辅机	原水泵、泥水泵、排泥泵、污泥脱水机、排泥斗、污泥浓缩池刮泥机、脱水剂泵	热备用
4	自动控制装置	有关自动控制装置	投入
5	预处理集水池	原水泵出口阀、泥水泵出口阀	开足
6	污泥浓缩池	排泥泵进口阀，排泥泵出口阀，排泥泵总出水阀	开足
		污泥浓缩池出泥阀，污泥浓缩池排放阀，排泥泵冲洗进水阀	关闭
7	脱水机间	脱水机冲洗进水阀	开足
8	脱水剂箱	脱水剂箱出药阀	开足
		脱水剂箱液位	高位
		脱水剂箱加水阀、脱水剂箱排放阀	关闭
9	脱水剂泵	脱水剂泵进药阀、脱水剂泵出药阀	开足

(3) 污泥处理的软手动投运操作。

1) 将各泵浦、刮泥机电源开关打至“遥控”，控制方式打至“手动”。

2) 若需操作某一设备时，可用鼠标单击某设备图标，CRT 即弹出一“开、关框图”，用鼠标单击“开”或“关”，即可开、关某设备或取消某设备的操作。

3) 当预处理集水池达到约 1/2 水位时，即可投入污泥处理设备。

4) 启动原水泵，将其清水送至澄清池进口或废水池。

5) 当预处理集水池有一定泥位时，启动泥水泵，将其污泥水送至污泥浓缩池。

6) 当污泥浓缩池水位至 1/2 处时，启动刮泥机。

7) 当污泥浓缩池泥位上升至一定高度，底部泥区较高时，刮泥机超负荷运行后会自动报警，应立即停刮泥机，开启污泥脱水机先预热（让脱水机空载启动并达到稳定运行，预热时间为 2～3min），当脱水机达到额定全速后，开启污泥浓缩池/出泥阀，排泥泵 2A、2B/冲洗进水阀，用水反冲污泥浓缩池 1～2min。

8) 关闭排泥泵冲洗进水阀，启动排泥泵，向污泥脱水机进污泥水进行脱水制泥，同时启动脱水剂泵，往污泥脱水机内加入脱水剂。

9) 手动调节排泥泵旁通阀，以调节脱水机进水量 $Q=0\sim10t/h$，$p=0.15\sim0.20MPa$。脱水剂加药量控制在 3～5mg/L 范围内。

10) 污泥水经污泥脱水机脱水后，泥饼进入排泥斗后外运，水回流至污泥浓缩池溢流出口管中。

(4) 污泥处理的手动停运操作。

1) 当预处理集水池泥位低时，停用泥水泵。

2) 当预处理集水池水位低时，停用原水泵。

3) 当污泥浓缩池泥位低时，投运污泥浓缩池刮泥机（保持常运行，长期停运时要每周定期启动一次），停用脱水剂泵，开启排泥泵冲洗进水阀，关闭污泥浓缩池出泥阀，冲洗排泥泵及管道5～10min。

4）停用排泥泵，关闭排泥泵冲洗进水阀。

5）开启污泥脱水机冲洗进水阀，对污泥脱水机冲洗10min。

6）关闭污泥脱水机冲洗进水阀，停用污泥脱水机。

7）检查脱水剂箱液位，低于0.2m时，将药箱配至高位。

（5）离心脱水机的工作程序。

1）启动离心机后显示“decanter startup”（离心机启动状态），开机前显示“decanter off”（停止状态）。

2）正常情况下，离心机启动150s后即可达到“ready”（就绪状态），上位机同时收到运行信号，此时可以开启进泥泵和加药泵，进泥泵开启的同时要给离心机的PLC反馈信号，离心机进入生产状态“decanter product”。在离心机未达到“decanter ready”状态时不可以进泥，否则会造成机器损坏的后果。

3）停止离心机必须按下列步骤进行：先停进泥泵和加药泵，离心机进入反冲洗“decanter flushing”状态，离心机自动冲洗300s。

4）离心机冲洗完毕后，可以停止离心机。离心机停止后，进入过运行“decanter postrunning”状态，主电动机即刻断电，转毂惯性运行，副电动机还要带电运行600s，此时离心机进入停止状态“decanter off”。

（6）污泥脱水机的运行注意事项。

1）脱水机启动未达到全速稳定运行时，不可进水或进泥水。

2）若脱水机出现机体振动过大、电流突然升高、声音异常等情况时，应紧急停止运行；运行过程中要加强检查。

3）脱水机切勿频繁启停操作，启停时间间隔保持1h以上。

4）脱水机的正常运行处理干泥量为150～300kg/h，切勿超负荷运行。

5）脱水机脱水制泥时，应加强对脱水机、排泥泵、加药系统的检查，并检查出水水质、出泥干燥度等，以便调节进泥量和加药量，达到最好的制泥效果。

6）脱水机每运行8h，加润滑油一次（约4g）。

4. 加药设备操作

（1）混凝箱配药操作。

1）检查混凝箱排放阀在关的位置。

2）向混凝箱的溶解箱内加入75kg（固体聚合氯化铝PAC）混凝剂。

3）开启混凝箱加水阀，向混凝箱内加水，液位计从0上升至1.1m，关闭混凝箱加水阀。

4）开启混凝箱的搅拌机进行搅拌，直至固体完全溶解为止。

5）停止混凝箱的搅拌机，即配制成5%浓度的混凝剂。

（2）助凝箱配药操作。

1）检查助凝箱排放阀在关的位置。

2）向助凝箱的溶解箱内加入3kg（固体聚丙烯酰胺PAM）助凝剂。

3）开启助凝箱加水阀，向助凝箱内加水，液位计从0上升至1.1m，关闭助凝箱加水阀。

4）开启助凝箱的搅拌机进行搅拌，直至固体完全溶解为止。

5）停止助凝箱的搅拌机，即配制成0.2%浓度的助凝剂。

6）若助凝剂为液体，则根据原液的浓度按比例稀释至0.2%。

(3) 脱水剂箱配药操作。

1）检查脱水剂箱排放阀在关的位置。

2）向脱水剂箱的溶解箱内加入3kg（固体聚丙烯酰胺PAM）脱水剂。

3）开启脱水剂箱加水阀，向脱水剂箱内加水，液位计从0上升至1.1m，关闭脱水箱加水阀。

4）开启脱水剂箱的搅拌机进行搅拌，直至固体完全溶解为止。

5）停止脱水剂箱的搅拌机，即配制成0.2%左右的脱水剂。

6）若脱水剂为液体，则根据原液的浓度按比例稀释至0.2%。

第十二章

电厂燃料

火电厂是生产电能的工厂，燃料是它的能源，燃料在炉膛内燃烧，释放其化学能转化为热能，锅炉循环水吸收热能后形成蒸汽，蒸汽过热后携带热能推动汽轮机转动，将热能转化为动能，再由汽轮机带动发电机转动，将动能转化为电能。因此，火电厂的生产过程实质上是一个能量转换的过程。作为能源使用的燃料很多，如煤、石油、天然气，但根据我国的能源政策和资源条件及能源开发情况，目前绝大多数的火电厂都是以燃煤为主，在今后相当长的时期内，煤仍然是火电厂主要燃料的状况不会改变。

电厂燃料费用约占发电成本的70%。随着电力工业的迅速发展、装机容量的日益大型化，电煤需求量急剧增加，煤质监督的任务也越来越繁重、艰巨。煤炭质量不但影响发电成本，还直接关系锅炉机组的安全运行，加强燃煤的质量监督，提高质量管理水平，对降低发电成本，提高火电厂经济效益，保证系统安全运行有着十分重要的意义。

第一节　煤质化验

一、煤中全水分

煤中的水分不能燃烧，煤中水分越高，可燃物就越少，发热量越低，而且在燃烧时水分蒸发还要消耗大量热量（1kg水分大约要消耗2.5MJ的热量）从而导致炉膛温度下降，煤粉着火困难。水分增加还导致煤粉失去松散性，煤粉斗和给粉机出现煤粉黏结现象。

另外，水分增加时，燃烧产生的水蒸气体积增加，因而使烟气量增多，增加了排烟热损失和引风机耗电量；较多的水分随一、三次风送入炉膛，会直接影响煤粉着火和燃烧的稳定性；烟气中水蒸气分压增高，促进了烟气中三氧化硫形成硫酸蒸汽的作用，增加了锅炉尾部低温处硫酸的凝结沉积，造成空气预热器腐蚀、堵灰和烟囱内衬的剥落。

水分还是露天存煤引起氧化的主要原因，特别是对于黄铁矿含量高的煤，加剧了其氧化自燃的倾向。

一般认为煤中的水分超过8%时，会给输煤系统的运行造成麻烦；若水分（M_t）超过12%～17%，则会严重影响运行的可靠性。对烧褐煤的锅炉，M_t可达22%。

水分还会影响发电厂煤炭数量的验收，如煤矿与电厂签订的合同中，规定全水分为6%，而实际电厂收到的煤全水分为8%，如煤矿发给电厂的煤为1万t，则电厂少收煤量212t。

水分对煤的收到基低位发热量计算结果也有影响。

综上所述，煤中全水分含量的测定有着重要的意义。

（一）方法提要

GB/T 211—2007 规定了煤中全水的试剂、仪器设备、操作步骤、结果计算及精密度。

在氮气流中干燥的方式（方法 A1 和方法 B1）适用于所有煤种；在空气流中干燥的方式（方法 A2 和方法 B2）适用于烟煤和无烟煤；微波干燥法（方法 C）适用于烟煤和褐煤。

1. 方法 A（两步法）

（1）方法 A1：在氮气流中干燥。在温度不高于 40℃ 的环境下，将一定量的粒度＜13mm 的煤样干燥到质量恒定，再将煤样破碎到粒度＜3mm，于 105～110℃下，在氮气流中干燥到质量恒定，然后根据煤样两步干燥后的质量损失计算出全水分。

（2）方法 A2：在空气流中干燥。在温度不高于 40℃ 的环境下，将一定量的粒度＜13mm 的煤样干燥到质量恒定，再将煤样破碎到粒度＜3mm，于 105～110℃下，在空气流中干燥到质量恒定，然后根据煤样两步干燥后的质量损失计算出全水分。

2. 方法 B（一步法）

（1）方法 B1：在氮气流中干燥。称取一定量的粒度＜6mm 的煤样，于 105～110℃下，在氮气流中干燥到质量恒定，然后根据煤样干燥后的质量损失计算出全水分。

（2）方法 B2：在空气流中干燥。称取一定量的粒度＜13mm（或＜6mm）的煤样，于 105～110℃下，在空气流中干燥到质量恒定，然后根据煤样干燥后的质量损失计算出全水分。

（3）方法 C（微波干燥法）。称取一定量的粒度＜6mm 的煤样，置于微波炉内。煤中水分子在微波发生器的交变电场作用下，高速振动产生摩擦热，使水分迅速蒸发。根据煤样干燥后的质量损失计算出全水分。

（二）主要仪器设备（方法 A 和方法 B）

（1）空气干燥箱：带有自动控温和鼓风装置，能控制温度在 30～40℃和 105～110℃范围内，有气体进、出口，有足够的换气量，如每小时可换气 5 次以上。

（2）通氮干燥箱：带自动控温装置，能保持温度在 105～110℃范围内，可容纳适量的称量瓶，且具有较小的自由空间，有氮气进、出口，每小时可换气 15 次以上。

（3）浅盘：由镀锌铁板或铝板等耐热、耐腐蚀材料制成，其规格应能容纳 500g 煤样，且单位面积负荷不超过 $1g/cm^2$。

（4）玻璃称量瓶：直径 70mm，高 35～40mm，并带有严密的磨口盖。

（三）结果的计算

煤样的全水分按下式计算，即

$$M_t = \frac{m_1}{m} \times 100$$

式中 M_t——煤样的全水分，%；

m——煤样的质量，g；

m_1——干燥后煤样减少的质量，g。

报告值修约至小数点后两位。

（四）水分损失补正

如需进行水分补正，按照以下公式进行，即

$$M'_t = M_1 + \frac{100 - M_1}{100} \times M_t$$

式中 M'_t——煤样的全水分，用质量分数表示，%；

M_1——煤样在运送过程中的水分损失百分率，%；

M_t——不考虑煤样在运送过程中的水分损失时测得的水分，用质量分数表示，%。

当 $M_1>1\%$时，表明煤样在运送过程中可能受到意外损失，不可补正，但测得的水分可作为实验室收到煤样的全水分。在起草报告结果时，应注明“未经水分损失补正”，并将容器标签和密封情况一并报告。

（五）方法的精密度

全水分测定的重复性限见表12-1。

表12-1　全水分测定的重复性限　（%）

全水分 M_t	重复性限	全水分 M_t	重复性限
<10.00	0.4	≥10.00	0.5

二、煤的工业分析

煤的工业分析也叫技术分析和实用分析，是水分、灰分、挥发分和固定碳四个项目的总称。工业分析是一切工业用煤的基础资料，也是了解和研究煤质最基本的特性参数。对于发电用煤，为了使煤粉易于燃烧，保持炉膛热强度，提高锅炉热效率，要求燃煤挥发分不低于10%，灰分不大于35%；对于建材工业用煤，要求所用煤粉挥发分高达25%，甚至高达30%以上，且灰分宜小于20%，这样才可保证回转窑炉燃烧，并制成高标号水泥；对高炉喷吹用煤，要求全水分低于8%，灰分小于15%，这样才能炼制出符合要求的生铁；对于民用煤，则要求是挥发分低于10%，灰分不高于30%～35%的无烟煤。由此可见，任何用煤部门都离不开工业分析资料。

（一）水分测定

1. 方法提要

GB/T 212—2008规定了煤的三种测定方法。其中方法A适用于所有煤种，方法B仅适用于烟煤和无烟煤，微波干燥法适用于褐煤和烟煤水分的快速测定。

(1) 方法A（通氮干燥法）称取一定量的一般分析试验煤样，置于105～110℃干燥箱中，在干燥氮气流中干燥到质量恒定，然后根据煤样的质量损失计算出水分的质量分数。

(2) 方法B（空气干燥法）称取一定量的一般分析试验煤样，置于105～110℃鼓风干燥箱内，于空气流中干燥到质量恒定，然后根据煤样的质量损失计算出水分的质量分数。

2. 主要仪器设备

(1) 小空间干燥箱（方法A）：箱体严密，具有较小的自由空间，有气体进、出口，并带有自动控温装置，能保持温度在105～110℃范围内。

(2) 鼓风干燥箱（方法B）：带有自动控温装置，能保持温度在105～110℃范围内。

(3) 玻璃称量瓶：直径40mm，高25mm，并带有严密的磨口盖，见图12-1。

3. 结果的计算

空气干燥煤样的水分按下式计算，即

$$M_{ad}=\frac{m_1}{m}\times 100$$

式中 M_{ad}——空气干燥煤样的水分，%；

m——称取的空气干燥煤样的质量，g；

m_1——煤样干燥后失去的质量，g。

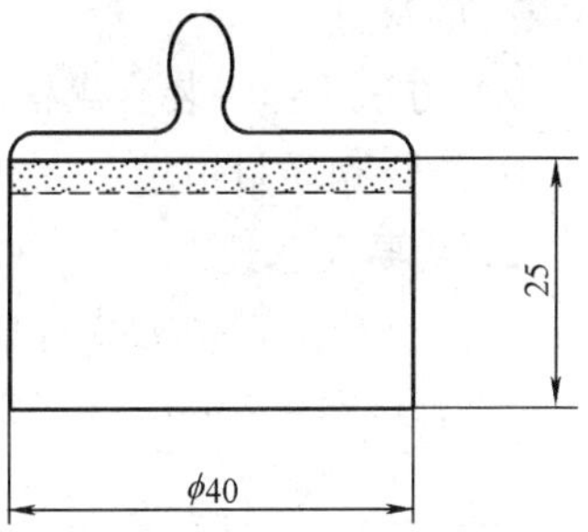

图 12-1 玻璃称量瓶

4. 水分测定的精密度

水分测定的重复性限见表 12-2。

表 12-2 **水分测定的重复性限** (%)

水分 M_{ad}	重复性限
<5.00	0.20
5.00～10.00	0.30
>10.00	0.40

（二）灰分测定

灰分同水分一样，都是煤中的有害杂质之一，煤中灰分越多，可燃物成分相对越少，发热量就越低，因此燃用高灰分煤会给电厂生产带来一系列困难，如下：

（1）燃烧不正常。灰分增加，炉膛温度下降，理论燃烧温度降低（如灰分从 30%增加到 50%，每增加 1%的灰分，理论燃烧温度平均降低 5℃），煤的燃尽度差，排灰量增大，机械不完全燃烧热损失增加，飞灰和灰渣带走的物理热损失增加，同时由于炉膛温度降低，使煤粉着火困难，引起燃烧不良，严重时会引起熄火。

（2）事故率增加。煤的含灰量越多，锅炉受热面的沾污、积灰越多，从而导致排烟温度升高，排烟热损失增加，降低了锅炉运行的经济性。当煤的折算灰分（A_z）大于 15%时，还会造成输煤、制粉、引风、除尘等设备的磨损，从而引起锅炉设备的漏风、堵灰等事故率增加，因此从燃烧稳定和运行安全、经济考虑，固态排渣炉燃用的煤的灰分不宜超过 40%。

（3）污染环境。燃用灰分多的煤，灰量成倍或数倍地增加，使电厂排放的粉尘、灰渣急剧增加，严重地污染和破坏生态环境。

（4）对锅炉设备造成很大磨损，缩短了设备的使用寿命。特别是制粉系统，钢材消耗量比烧好煤高 3 倍左右。

（5）增加了基建投资和厂用电量。灰分增多，使输煤和制粉、除尘等设备容量增加，储灰场容量加大，投资增加；用煤量、排灰量增加，导致输煤、制粉、除尘系统耗电量增大。

1. 方法提要

灰分测定有两种方法，即缓慢灰化法和快速灰化法。

（1）缓慢灰化法：称取一定量的一般分析试验煤样，放入马弗炉中，以一定的速度加热到 815℃±10℃，灰化并灼烧到质量恒定。以残留物的质量占煤样质量的质量分数作为煤样的灰分。

（2）快速灰化法：包括两种快速灰化法，即方法 A 和方法 B。

1）方法 A：将装有煤样的灰皿放在预先加热至 815℃±10℃的灰分快速测定仪的传送带上，煤样自动送入仪器内完全灰化，然后送出。以残留物的质量占煤样质量的质量分数作为煤样的灰分。

2）方法B：将装有煤样的灰皿由炉外逐渐送入预先加热至815℃±10℃的马弗炉中灰化，并灼烧到质量恒定。以残留物的质量占煤样质量的质量分数作为煤样的灰分。

2. 主要仪器设备

(1) 马弗炉：炉膛具有足够的恒温区，能保持温度为815℃±10℃。炉后壁的上部带有一个直径为25～30mm的插热电偶的小孔，炉门上有一个直径为20mm的通气孔。

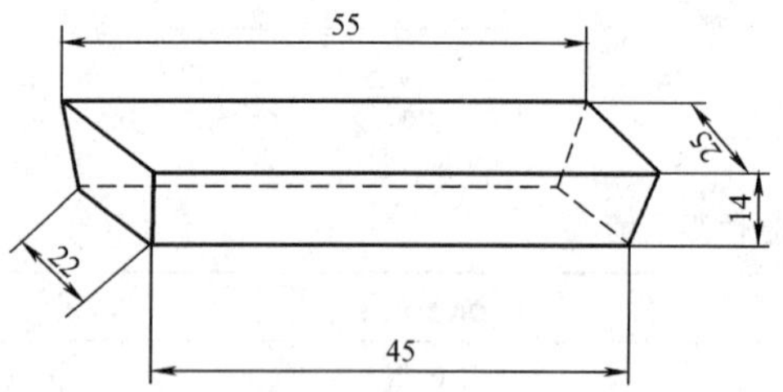

图12-2 灰皿

分析样品进入恒温区后，应在关闭炉门的条件下，对其进行灰分测定，并至少每年测定一次。高温计（包括毫伏计和热电偶）至少每年校准一次。

(2) 灰皿：瓷质，长方形，底长45mm，底宽22mm，高14mm，见图12-2。

3. 结果的计算

空气干燥煤样的灰分按下式计算，即

$$A_{ad}=\frac{m_1}{m}\times 100$$

式中 A_{ad}——空气干燥煤样的灰分，%；

m——称取的空气干燥煤样的质量，g；

m_1——灼烧后残留的质量，g。

4. 灰分测定的精密度

灰分测定的重复性限和再现性临界差见表12-3。

表12-3 灰分测定的重复性限和再现性临界差 (%)

灰 分	重复性限 A_{ad}	再现性临界差 A_d
<15.00	0.20	0.30
15.00～30.00	0.30	0.50
>30.00	0.50	0.70

(三) 挥发分的测定

挥发分是发电厂用煤的重要指标，挥发分的高低对煤的着火和燃烧有较大影响。挥发分高的煤易着火，火焰大，燃烧稳定，但火焰温度较低；相反，挥发分低的煤，不易点燃，燃烧不稳定，化学和机械不完全燃烧热损失增加，严重时，甚至还能引起熄火。煤粉细度、送风方式、风粉条件都与挥发分有关。挥发分高的煤易燃烧完全，煤粉可以磨得粗些；挥发分低的煤，不易燃烧完全，煤粉要磨得细些。

煤的挥发分与煤粉锅炉燃烧器的结构形式和一、二次风的选择，炉膛形状及大小燃烧带的铺设，制粉系统的选型和防爆措施的设计等有密切关系，所以在供应煤时，应尽可能根据原设计的挥发分供给，否则就会造成许多麻烦。

除此之外，煤的挥发分还与煤的存放及制粉系统的安全运行有密切关系，煤粉阴燃的温度随煤的挥发分含量增高而降低，如V_{daf}为15%～30%的煤阴燃温度为270～300℃，V_{daf}为

40%的煤阴燃温度为 210℃，因此当煤中挥发分高时，制粉系统煤粉积集容易使煤粉着火自燃。

挥发分高的煤在贮存时易发生氧化与自燃，因此高挥发分煤的存放时间不宜过长，通常为 1～2 个月为宜，组堆也不宜过高。挥发分高的煤加速了煤的氧化和变质，使发热量降低，灰分增加。

由于煤的挥发分与煤化程度关系密切，随着煤化程度加深而降低的规律性十分明显，中国以及国际上都以挥发分为煤分类的主要依据。

1. 方法提要

称取一定量的一般分析试验煤样，放在带盖的瓷坩埚中，在 900℃±10℃下，隔绝空气加热 7min。以煤样减少的质量占煤样质量的质量分数，减去该煤样的水分含量作为煤样的挥发分。

2. 主要仪器设备

(1) 挥发分坩埚：带有配合严密盖的瓷坩埚，形状和尺寸如图 12-3 所示。坩埚总质量为 15～20g。

(2) 马弗炉：带有高温计和调温装置，能保持温度在 900℃±10℃，并有足够的 900℃±5℃恒温区。炉子的热容量为起始温度为 920℃时，放入室温下的坩埚架和若干坩埚，关闭炉门后，在 3min 内恢复到 900℃±10℃。炉后壁有一个排气孔和一个插热电偶的小孔。小孔的位置应使热电偶插入炉内后，其热接点在坩埚底和炉底之间，且距炉底 20～30mm 处。

分析样品进入恒温区后，应在关闭炉门的条件下对其进行灰分测定，并至少每年测定一次。高温计（包括毫伏计和热电偶）至少每年校准一次。

(3) 坩埚架：用镍铬丝或其他耐热金属丝制成。其规格尺寸应能使所有的坩埚都在马弗炉恒温区内，并且坩埚底部紧邻热电偶接点上方，见图 12-4。

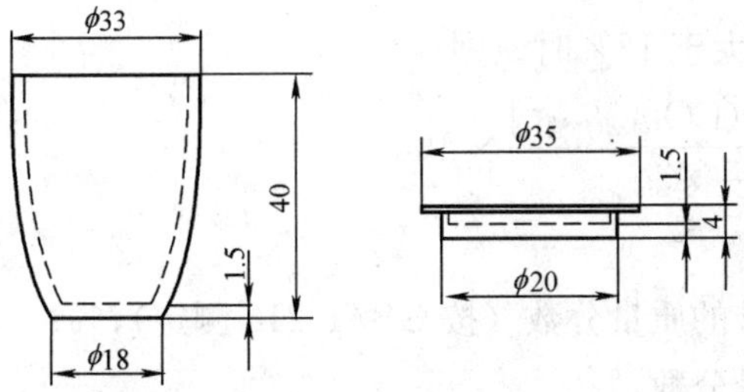

图 12-3 挥发分坩埚形状和尺寸示意图

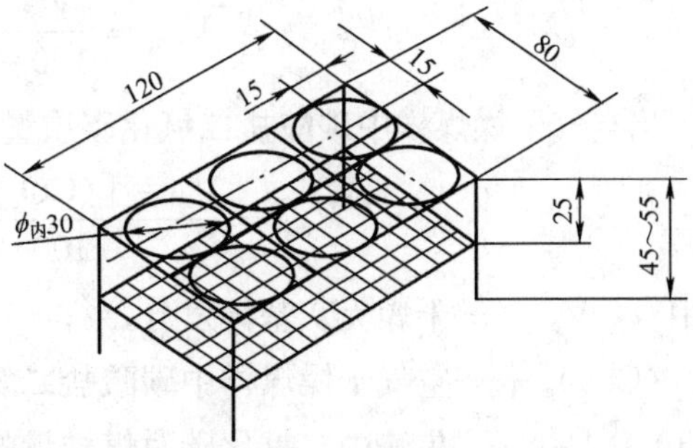

图 12-4 坩埚架形状和尺寸示意图

(4) 坩埚架夹，其外观见图 12-5。

3. 结果的计算

挥发分空气干燥煤样的挥发分按下式计算，即

$$V_{ad}=\frac{m_1}{m}\times 100-M_{ad}$$

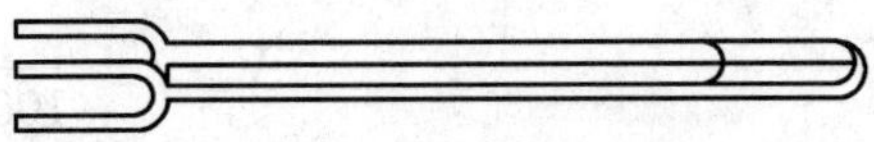

图 12-5 坩埚架夹外观示意图

式中 V_{ad}——空气干燥煤样的挥发分，%；

m——空气干燥煤样的质量，g；

m_1——煤样加热后减少的质量，g；

M_{ad}——空气加热后减少的质量，%。

4. 挥发分测定的精密度

挥发分测定的重复性限和再现性临界差见表12-4。

表12-4 挥发分测定的重复性限和再现性临界差 (%)

挥发分	重复性限 V_{ad}	再现性临界差 V_d
<20.00	0.30	0.50
20.00～40.00	0.50	1.00
>40.00	0.80	1.50

（四）固定碳的计算

空气干燥基固定碳按下式计算，即

$$FC_{ad}=100-(M_{ad}+A_{ad}+V_{ad})$$

式中 FC_{ad}——空气干燥基固定碳，%；

M_{ad}——空气干燥煤样的水分，%；

A_{ad}——空气干燥煤样的灰分，%；

V_{ad}——空气干燥煤样的挥发分，%。

空气干燥基挥发分换算干燥无灰基挥发分见GB/T 212—2008中有关规定，公式为

$$V_{daf}=\frac{V_{ad}}{100-M_{ad}-A_{ad}}\times 100$$

当空气干燥煤样中碳酸盐二氧化碳质量分数为2%～12%时，则

$$V_{daf}=\frac{V_{ad}-(CO_2)_{ad}}{100-M_{ad}-A_{ad}}\times 100$$

当空气干燥煤样中碳酸盐二氧化碳质量分数大于12%时，则

$$V_{daf}=\frac{V_{ad}-[(CO_2)_{ad}-(CO_2)_{ad(焦渣)}]}{100-M_{ad}-A_{ad}}\times 100$$

式中 V_{daf}——干燥无灰基挥发分，%；

$(CO_2)_{ad}$——空气干燥煤样中碳酸盐二氧化碳的质量分数（按GB/T 218测定），%；

$(CO_2)_{ad(焦渣)}$——焦渣中二氧化碳对煤样量的质量分数，%。

空气干燥基挥发分换算干燥无灰基挥发分见GB/T 212—2008中有关规定，公式为

$$V_{dmmf}=\frac{V_{ad}}{100-(M_{ad}+MM_{ad})}\times 100$$

当空气干燥煤样中碳酸盐二氧化碳质量分数为2%～12%时，则

$$V_{dmmf}=\frac{V_{ad}-(CO_2)_{ad}}{100-(M_{ad}+MM_{ad})}\times 100$$

当空气干燥煤样中碳酸盐二氧化碳质量分数大于12%时，则

$$V_{dmmf}=\frac{V_{ad}-[(CO_2)_{ad}-(CO_2)_{ad}(焦渣)]}{100-(M_{ad}+MM_{ad})}\times 100$$

式中 V_{dmmf}——干燥无矿物质基挥发分，%；

MM_{ad}——空气干燥基煤样的矿物质质量分数（按 GB/T 7560 测定），%。

三、煤中全硫

就电力用煤而言，煤中硫可分为可燃硫和不燃硫，两者之和称为全硫。硫分是一种极其有害的杂质，对煤的贮存、燃烧和环境保护都会带来极不利的影响。锅炉燃用高硫煤对电力生产主要产生下列不良后果：

（1）引起锅炉高、低温受热面的腐蚀，特别是高、低温段空气预热器，往往运行不到一年，就发现有腐蚀穿孔且伴随堵灰现象。

（2）加速磨煤机部件及输煤管道的磨损，尤其是含黄铁矿多的煤，更为严重。因为黄铁矿的莫氏硬度仅次于石英，为 6～6.5。对钢球磨煤机，磨制灰分大的煤比灰分小的煤，其吨煤钢球消耗量约大 4 倍。

（3）促进煤氧化自燃。对变质程度较浅的煤在煤厂组堆或煤粉贮存时，若含有较多的黄铁矿，就会由于黄铁矿受氧化放热而加剧煤的氧化自燃。

（4）增加大气污染。煤中硫燃烧后，绝大多数形成 SO_2 随烟气逸出烟囱，增加了对周围环境的污染。煤中硫每增加 1%，则燃用 1t 煤就多排放约 20kg 的 SO_2 气体。

GB/T 214—2007 规定了测定煤中全硫的艾士卡法、库仑法、高温燃烧中和法的方法原理、试剂和材料、仪器设备、试验步骤、结果计算及精密度等，适用于褐煤、烟煤、无烟煤和焦炭，也适用于水煤浆干燥煤样。

（一）艾士卡法

1. 原理

将煤样与艾士卡试剂混合灼烧，煤中硫生成硫酸盐，然后使硫酸根离子生成硫酸钡沉淀，根据硫酸钡的质量计算煤中全硫的含量。

2. 试剂和材料

（1）艾士卡试剂：以 2 份质量的化学纯轻质氧化镁与 1 份质量的化学纯无水碳酸钠混匀，并研细至粒度小于 0.2mm 后，保存在密闭容器中。

（2）盐酸溶液：（1+1）水溶液。

（3）氯化钡溶液：100g/L。

（4）甲基橙溶液：2g/L。

（5）硝酸银溶液：10g/L。

（6）瓷坩埚：容量 30mL 和 10～20mL 两种。

（7）滤纸：中速定性滤纸和致密无灰定量滤纸。

3. 仪器设备

（1）分析天平：感量 0.1mg。

（2）马弗炉：带温度控制装置，能升温到 900℃，并可通风。

4. 结果计算

测定结果按下式计算，即

$$S_{t,ad}=\frac{(m_1-m_2)\times 0.1374}{m}\times 100$$

式中 $S_{t,ad}$——一般分析煤样中全硫质量分数，%；

m_1——硫酸钡质量，g；

m_2——空白试验的硫酸钡质量，g；

0.137 4——由硫酸钡换算为硫的系数；

m——煤样质量，g。

5. 方法的精密度

艾士卡法全硫测定的重复性限和再现性临界差见表 12-5。

表 12-5 艾士卡法全硫测定的重复性限和再现性临界差 (%)

全硫含量范围 S_t	重复性限 $S_{t,ad}$	再现性临界差 $S_{t,d}$
≤1.50	0.05	0.10
1.50～4.00	0.10	0.20
>4.00	0.20	0.30

（二）库仑滴定法

1. 原理

库仑滴定法的原理：煤样在催化剂作用下，于空气流中燃烧分解，煤中硫生成硫氧化物，其中二氧化硫被碘化钾溶液吸收，以电解碘化钾溶液所产生的碘进行滴定，根据电解所消耗的电量计算煤中全硫的含量。

2. 试剂和材料

（1）三氧化钨（HG10-1129）。

（2）变色硅胶：工业品。

（3）氢氧化钠（GB/T 629）：化学纯。

（4）电解液：碘化钾（GB/T 1272）、溴化钾（GB/T 649）各 5g，冰乙酸（GB/T 676）10mL，溶于 250～300mL 水中。

（5）燃烧舟：长 70～77mm，素瓷或刚玉制品，耐温 1200℃以上。

3. 仪器设备

所用仪器为库仑测硫仪。

4. 结果计算

当库仑积分器最终显示数为硫的毫克数时，全硫含量按下式计算，即

$$S_{t,ad}=\frac{m_1}{m}\times 100$$

式中 $S_{t,ad}$——一般分析煤样中全硫质量分数，%；

m_1——库仑积分器显示值，mg；

m——煤样质量，mg。

5. 方法的精密度

库仑滴定法全硫测定的重复性限和再现性临界差见表 12-6。

表 12-6 库仑滴定法全硫测定的重复性限和再现性临界差 (%)

全硫含量范围 S_t	重复性限 $S_{t,ad}$	再现性临界差 $S_{t,d}$
≤1.50	0.05	0.10
1.50～4.00	0.10	0.20
>4.00	0.20	0.30

（三）高温燃烧中和法

1. 原理

高温燃烧中和法的原理：煤样在催化剂作用下于氧气流中燃烧，煤中硫生成硫氧化物，被过氧化氢溶液吸收形成硫酸，用氢氧化钠溶液滴定，根据消耗的氢氧化钠标准溶液量，计算煤中全硫含量。

2. 主要试剂和材料

（1）氧气。

（2）三氧化钨。

（3）混合指示剂：将 0.125g 甲基红溶于 100mL 乙酸中，另将 0.083g 亚甲基蓝溶于 100mL 乙醇中，分别贮存于棕色瓶中，使用前按等体积混合。

（4）过氧化氢溶液：体积分数为 3%。

（5）氢氧化钠标准溶液：c（NaOH）＝0.03mol/L。

（6）羟基氰化汞溶液：称取约 6.5g 羟基氰化汞，溶于 500mL 去离子水中，充分搅拌后，放置片刻，过滤，往滤液中加入 2～3 滴混合指示剂，用稀硫酸溶液中和至中性，贮存于棕色瓶中，此溶液有效期为 7 天。

（7）硫酸标准溶液：$c(1/2H_2SO_4)$＝0.03mol/L。

3. 主要仪器设备

（1）管式高温炉：能加热到 1250℃，并有 80mm 长的高温恒温带 1200℃±10℃，附有铂铑—铂热电偶测温和控温装置。

（2）异径燃烧管：耐温 1300℃以上，总长约 750mm；一端外径约 22mm，内径约 19mm，长约 690mm；另一端外径约 10mm，内径约 7mm，长约 60mm。

（3）吸收瓶：250mL 或 300mL 锥形瓶。

（4）气体过滤器：用 G1～G3 型玻璃熔板制成。

（5）干燥塔：容积 250mL，下部（2/3 容积）装碱石棉，上部（1/3 容积）装无水氯化钙。

（6）贮气桶：容量 30～50mL。

（7）酸、碱滴定管：25mL 和 10mL 两种。

（8）镍铬丝钩：用直径约 2mm 的镍铬丝制成，长约 700mm，一端弯成小钩。

（9）带 T 形管的橡皮塞（见图 12-6）。

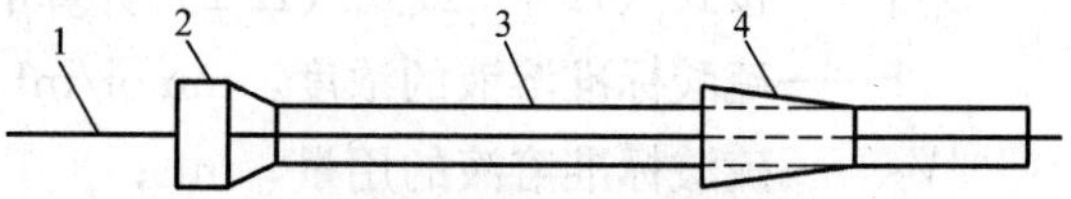

图 12-6 带 T 形管的橡皮塞
1—镍铬丝推棒，直径约 2mm，长约 700mm，一端卷成直径约 10mm 的圆环；2—翻胶帽；3—T 形玻璃管，外径为 7mm，长约 60mm，垂直支管长约 30mm；4—橡皮塞

(10) 燃烧舟：瓷或刚玉制品，耐温 1300℃以上，长约 77mm，上宽约 12mm，高约 8mm。

4. 结果计算

(1) 用氢氧化钠标准溶液的浓度计算，即

$$S_{t,ad}=\frac{(V-V_0)\times c\times 0.016\times f}{m}\times 100 \tag{12-1}$$

式中 $S_{t,ad}$——一般分析煤样中全硫质量分数,%；

V——煤样测定时，氢氧化钠标准溶液的用量，mL；

V_0——空白测定时，氢氧化钠标准溶液的用量，mL；

c——氢氧化钠标准溶液的浓度，mmol/mL；

0.016——硫的摩尔质量，g/mmoL；

f——校正系数（当 $S_{t,ad}$<1%时取 0.95，当 $S_{t,ad}$为 1%～4%时取 1.00，当 $S_{t,ad}$>4%时取 1.05）；

m——煤样质量，g。

(2) 用氢氧化钠标准溶液的滴定度计算，即

$$S_{t,ad}=\frac{(V_1-V_0)T}{m}\times 100 \tag{12-2}$$

式中 $S_{t,ad}$——一般分析煤样中全硫质量分数,%；

V_1——煤样测定时，氢氧化钠标准溶液的用量，mL；

V_0——空白测定时，氢氧化钠标准溶液的用量，mL；

T——氢氧化钠标准溶液的滴定度，g/mL；

m——煤样质量，g。

(3) 氯的校正。

氯含量高于 0.02%的煤或用氯化锌减灰的精煤应按以下方法进行氯的校正：

在氢氧化钠标准溶液滴定到终点的试液中加入 10mL 羟基氰化汞溶液，用 c（$1/2H_2SO_4$）=0.003mol/L 的硫酸标准溶液滴定到溶液由绿色变成钢灰色，记下硫酸标准溶液的用量，按式计算全硫含量：

$$S_{t,ad}=S^n_{t,ad}-\frac{c\times V_2\times 0.016}{m}\times 100$$

式中 $S_{t,ad}$——一般分析煤样中全硫质量分数,%；

$S^n_{t,ad}$——按式（12-1）或式（12-2）计算的全硫质量分数,%；

c——硫酸标准溶液的浓度，mmol/mL；

V_2——硫酸标准溶液的用量，mL；

0.016——硫的毫摩尔质量，g/mmoL；

m——煤样质量，g。

5. 方法的精密度

高温燃烧中和法全硫测定的重复性限和再现性临界差见表 12-7。

表 12-7　高温燃烧中和法全硫测定的重复性限和再现性临界差　(%)

全硫含量范围 S_t	重复性限 $S_{t,ad}$	再现性临界差 $S_{t,d}$
<1.00	0.05	0.15
1.00～4.00	0.10	0.25
>4.00	0.20	0.35

四、煤的发热量

发热量是煤炭作为燃料利用的一个重要的煤质特性指标，它对于电力安全生产和经济运行均具有重要的意义，主要表现在以下方面：①在煤炭管理上，入厂煤属于商务贸易，它的计价、编制电厂燃料的消耗定额和供应计划、核算发电成本和计算能源利用效率等都要以发热量作为主要依据；②在设计锅炉机组时，煤炭发热量可用来计算炉膛热负荷、选择磨煤机容量和计算物料平衡等必不可少的煤质参数；③在锅炉机组运行时，煤炭发热量是锅炉热平衡、配煤燃烧及负荷调节等的主要依据，同时也是计算发供电煤耗经济指标的依据之一。此外，煤的发热量还能表征煤的变质程度，因此在《中国煤炭分类》中以恒湿无灰基高位发热量作为烟煤和褐煤的辅助分类指标。

（一）概述

单位质量的燃料在完全燃烧时所放出的热量称为燃料的发热量。发热量是动力煤最重要的特性，它决定了煤的价值，也是进行热效率计算不可缺少的参数。煤的发热量 Q 也称煤的热值，是指单位质量的煤完全燃烧后所释放的热能，单位用 kJ/g 或 MJ/kg 表示。煤的发热量是煤按热值计价的基础指标。

取 1g 粒度小于 0.2mm 的空气干燥煤样置入氧弹的燃烧皿中，向氧弹充入氧气，使氧弹中的氧初压为 2.6～3.0MPa，然后将氧弹放入充有定量水的内筒中，利用电流将煤样点燃，煤样燃烧后产生的热量通过氧弹传给内筒中的水，使水的温度升高。根据内筒中水的温升和氧弹系统的热当量（水温升高 1℃，系统所需热量），可以计算出煤在氧弹中燃烧后释放的热量，即弹筒发热量，$Q_{b,ad}$。

由于煤样是在高压氧气的弹筒里燃烧的，发生了煤在空气中燃烧时不能进行的热化学反应，因此煤的弹筒发热量要高于煤在空气和工业锅炉中燃烧时实际产生的热量，实际应用中要把弹筒发热量折算成符合煤在空气中燃烧的发热量。

煤的高位发热量是指煤在空气中大气压条件下燃烧后所产生的热量，实际上是由实验室中测得的煤的弹筒发热量减去硫酸和硝酸生成热后得到的热量，又称为定容高位发热量。

$$Q_{gr,V,ad} = Q_{b,ad} - (95S_{b,ad} + kQ_{b,ad})$$

煤的低位发热量是指煤在空气中大气压条件下燃烧后产生的热量扣除煤中水分（煤中有机质中的氢燃烧后生成的氧化水，以及煤中的游离水和化合水）的汽化热（蒸发热）后，剩下的实际可以使用的热量，也叫定容低位发热量。

$$Q_{net,V,ad} = Q_{gr,V,ad} - (206H_{ad} + 23M_{ad})$$

所以，“弹筒低位发热量”这一说法是不存在的，因为很明显，弹筒、高位、低位发热量三者之间是递减的。

收到基低位发热量为29 309kJ/kg的煤称为标准煤。标准煤实际是不存在的，只是人为规定的。提出“标准煤”的主要目的是把不同的燃料划归统一的标准，便于分析、比较热力设备的经济性。

（二）发热量的计算

计算高位发热量的公式为

$$Q_{gr,ad}=Q_{b,ad}-(94.1S_{b,ad}+\alpha Q_{b,ad})$$

式中 $Q_{gr,ad}$——空气干燥煤样的恒容高位发热量，J/g；

$Q_{b,ad}$——空气干燥煤样的弹筒发热量，J/g；

$S_{b,ad}$——当$S_{t,ad}$低于4%时或发热量高于14.60MJ/kg时，用$S_{t,ad}$代替；

94.1——空气干燥煤样中每1.00%硫的校正值，J；

α——硝酸生成热校正系数（当$Q_{b,ad}\leqslant$16.70MJ/kg时取0.001 0，当16.70MJ/kg$<Q_{b,ad}\leqslant$25.10MJ/kg时取0.001 2，当$Q_{b,ad}>$25.10MJ/kg时取0.001 6）。

计算低位发热量的公式为

$$Q_{net,ar}=(Q_{gr,ad}-206H_{ad})\times\frac{100-M_t}{100-M_{ad}}-23M_t$$

式中 $Q_{net,ar}$——煤的收到基恒容低位发热量，J/g；

$Q_{gr,ad}$——煤的空气干燥基恒容高位发热量，J/g；

M_t——煤的收到基全水分，%；

M_{ad}——煤的空气干燥基水分，%；

H_{ad}——煤的空气干燥基氢含量，%。

第二节 煤化验仪器

一、微波水分测试仪

（一）仪器型号

5E-MWⅢ微波水分测试仪。

（二）技术参数

（1）适用范围：

1）用于测定煤和焦炭中的全水分和内水分。

2）微波法不适用于测量高品质的无烟煤、导电性强的焦煤和带有金属的物体。

3）红外烘烤法可测量各种煤和焦炭中的水分。

（2）样品数量：8个。

（3）测量范围：0.1%～100%。

（4）测试时间：微波加热15～30min；红外加热30～60min。

（5）样品质量：内水分为1.7～2.3g，粒度小于0.2mm；全水分为9～12g，粒度小于6mm。

（6）精密度见表12-8。

（7）准确度见表12-9。

表 12-8 精 密 度 (%)

项 目	指标	
	水分范围	重复性限
内水分 (M_{ad})	<5	≤0.20
	5~10	≤0.30
	>10	≤0.40
全水分 (M_t)	<10	≤0.40
	≥10	≤0.50

表 12-9 准 确 度 (%)

项 目	指标	
	水分范围	允 差
内水分 (M_{ad})	<5	±0.30
	5~10	±0.45
	>10	±0.60
全水分 (M_t)	<10	±0.60
	≥10	±0.75

(8) 电源：220× (1±10%) V，50Hz，功率<1.5kW。

(9) 净重：35kg。

(10) 外形尺寸：510mm×383mm×640mm。

(三) 工作原理

微波法原理：称取一定量的试样至于微波炉内，控制炉内磁控管发射非电离微波，让试样均匀收到微波辐射，使试样中的极性水分子随微波电场方向的改变而超高速振动，从而引起分子间的摩擦，使试样中水分迅速蒸发，根据试样的质量损失计算出水分。

红外加热法原理：采用热重分析。它将远红外加热设备与称量用的电子天平结合在一起，在一定的温度下对试样进行自动称量，直到试样的质量变化小于规定的值即达到恒重，根据试样的质量损失计算出水分。

(四) 日常操作

粒度小于 6mm 煤样全水分的测定具体步骤如下：

(1) 打开仪器电源，预热 30min（主要是预热天平）。

(2) 检查炉内温度是否接近室温，若温度较高，可执行“散热”程序加快降温；检查空坩埚是否清洁、干燥，并将坩埚放置在转盘孔上。

(3) 进入“系统设置”，按键选择、修改参数。第一项选择“全水分测试”；第二项选择“红外烘干”；第三项选择“人工编号”；第四项设置加热参数“830”；第五项选择“打印报表”；第六项选择“波特率 9600”。

(4) 预热时间到后，在主菜单中按“2”后即进入测试界面，开始测试。显示“输入试样编号”，一般 0 号空坩埚作为测试校验用，不装样。编号后，就确定了试样位置，按“确认”键，关闭炉门，按“确认”键回答，然后自动称空坩埚，待称完空坩埚后，按“确认”键。打开炉门，将试样放入编号指定位置的坩埚里。样量：全水分为 9~12g。关好炉门，并按“确认”键，进入自动测定过程：自动称样并显示试样质量，自动控制加热箱加热，开风扇，转盘转动，显示测试时间，直至测试时间到，停止加热。接着自动称样并显示干样质量，打印报表，测试过程结束，蜂鸣器发出提示声，显示测试结果，等待处理并执行散热。最后，按“确认”键保存数据，或按“退出”键不保存数据，退回到主菜单。

(5) 待所有试验做完后，关闭仪器电源。

操作注意事项如下：

(1) 取样要均匀，并且要轻轻摇动坩埚，使试样均匀分布在坩埚底面。

(2) 最好 0 号坩埚作为坩埚校正用，不放试样。

（3）每次实验开始时都要将转盘、坩埚温度降为室温。

（4）颗粒很小的试样要加盖坩埚盖。

（五）日常维护

（1）定期（1～3天）用毛刷清扫微波炉和转盘上的煤粉和灰尘，避免其影响测试精度。

（2）定期（3个月）给转盘升降机构加注润滑油，保持升降的灵活，以提高使用寿命。

（3）天平维护：本仪器配制了原装进口的Sartorius天平，一般情况下可长期使用。如需检查，可按说明书卸下后进行，操作要小心，不可用手压天平秤杆的顶端，否则会损坏天平。

（4）仪器应置于干燥、清洁的环境中使用。若长期不用，应罩好，以防止灰尘及腐蚀性气体侵入。

（5）仪器搬运时应小心轻放，放好后应重新调节仪器及天平水平。如搬运距离较远，则需将天平拆卸，然后重新安装。

（六）故障分析

（1）微波炉不加热。

1）8A的熔断器被烧断；

2）微波炉门没有关好；

3）60A固态继电器坏；

4）60A固态继电器的控制信号没有加上，接插件接触不好或主板（KY7.820.050）损坏；

5）微波炉的磁控管或热断路器损坏。

（2）称量故障。

1）天平参数设置不正确，按天平说明书将天平参数设置为：

①自动上电。

②环境稳定。

③波特率：9600。

④奇偶性校验：无校验（空格）。

2）显示“天平串口出错!”，通常是因为秤杆碰上防风罩或秤杆偏离秤杆孔中心位置并已靠边，使天平无法清零；串口线接触不好；主板（KY7.820.050）损坏。

3）转盘已松，使秤杆上的秤盘碰上了转盘坩埚孔的边，致使天平不能准确称量。

（3）机械和电气故障。

1）转动复位或转动后，转盘不停止或转盘停下时转孔位置不对。

①分度盘上沾满灰尘，从而影响计数光槽或复位光槽判断，应清除灰尘。

②计数光槽或复位光槽损坏，或其光槽板接线接触不好。

2）转盘无法转动。

①转盘没有上升到位，上升到位光槽（最高位）损坏或其光槽板接线接触不好。

②步进电动机的控制线没有加上，主板上J6接插件接触不好，或步进电动机的连线连接不好。

③主板（KY7.820.050）损坏。

3）转盘不下降。

①计数光槽移动了位置或分度盘松动，使硬件保护起作用，锁死电动机下降。

②计数光槽板接线接触不好或计数光槽损坏。

③电动机电源没有连接好或控制信号没有加上、电路板损坏。

4）上升、下降电动机不停止。

上升到位（最高位）光槽或下降到位（最低位）光槽损坏，或其光槽板接线接触不好。

5）升降电动机不动作。

电动机电源没有连接好或控制信号没有加上、电路板损坏。

二、全自动工业分析仪

（一）仪器型号

5E-MAG6600 全自动工业分析仪。

（二）技术参数

（1）电源要求。

1）分析仪：220V±22V、50Hz±1Hz、25A（最大）、9.0kW（最大）。

2）计算机：220V±22V、50Hz±1Hz、400W（标准值）。

3）显示器：220V±22V、50Hz±1Hz、200W（最大）。

（2）气体要求。

1）氧气：纯度为99.5%，减压后压力为0.1MPa。

2）氮气：纯度为99.5%，减压后压力为0.1MPa。

3）减压器：高端0～25MPa；低端0～0.4MPa。

4）环境要求：温度为10～35℃；相对湿度为35%～85%；大气压为86～106kPa。

（3）坩埚数量：水灰部分浅壁坩埚20个；挥发分部门深壁坩埚20个。

（4）测试方式：水灰部分可同时测试19个试样；挥发分部门每隔7min送2个样品到高温炉。

（5）试样总量：煤样0.8～1.2g；焦炭0.6～0.8g。

（6）炉温范围：100～1000℃。

（7）分析精度：符合GB/T 212—2008《煤的工业分析方法》的规定。

（8）外形尺寸：Ⅰ部分为580mm(长)×550mm(宽)×889mm(高)；Ⅱ部分为580mm(长)×550mm(宽)×523mm(高)。

（9）分析仪质量：Ⅰ部分为80kg；Ⅱ部分为50kg。

（三）工作原理

仪器检测原理为热重分析法。它将远红外加热设备与称量用的电子天平结合在一起，在特定的气氛条件、规定的温度下，于规定时间内对受热过程中的试样进行称重，以此计算出试样的水分、灰分及挥发分等工业分析指标。

（四）日常操作

全自动工业分析仪对煤样的工业分析步骤如下：

（1）将清洁、干燥过的坩埚（包括坩埚盖）对应放入仪器的转盘坩埚孔中，开启计算机、分析仪电源开关，预热30min以上，打开氧气瓶和氮气瓶阀门，调节减压阀，使减压后的气体压力为 0.1MPa。

(2) 用鼠标左键双击屏幕上的"5E 全自动工业分析系统"图标，进入测试主界面，点击"设置"菜单下的"系统设置"，出现"系统设置"界面，在此界面下灰实验方法选"经典法"，挥实验方法选"方法 A"，打印方式选"工业分析测试结果"，编号方式选"自动编号"，测定内容选"测煤/焦碳"，将"测水分"、"测灰分"、"测挥发分"前的框打上钩，水灰残重称量参数中的"循环称残留物，直至恒重"打上钩，设置精度设为"0.0005"，测量间隔设为"2 分钟"。再设置控温、控时：测水分的恒温温度设为"107℃"，恒温时间设为"45 分钟"；测灰分第一次恒温温度设为"500℃"，恒温时间设为"30 分钟"，第二次恒温温度设为"815℃"，恒温时间设为"30 分钟"；测挥发分的恒温温度设为"900℃"，恒温时间设为"7 分钟"。以上参数设置好后，点击"确定"保存退出。

(3) 点击"功能"菜单下的"硬件调试"，点击相应的按钮，试运行分析仪的各部件是否正常，最后点击"转动复位"按钮，看转盘是否回复零号位置。

(4) 点击"开始测试"，进入测试数据输入界面，单击"位置输入"下方圆形转盘上的绿色小圆圈，该小圆圈中心会出现一红色小点，表示选中该位置。绿色小圆圈代表仪器转盘上的坩埚号，0 号为校正坩埚位置，必须放校正坩埚，不能放入试样。在"数据输入"下方输入对应的"试样名称"和"化验员"，点击"下一步"进入测试工作界面。

(5) 测试工作界面分上、下两部分，上半部分是水灰试样的数据表格，下半部分是挥发分试样的数据表格，两个表格下方分别显示了水灰、挥发分测试的实时状态信息以及添加的试样总数、错误提示、当前电炉实际温度、天平读数、分析时间。

(6) 在第 (4) 步骤中选中的位置处放入空坩埚，单击"称水灰空坩埚"按钮，系统开始称量空坩埚；称完空坩埚后，程序提示放入试样，单击弹出对话框的"确定"按钮，等转盘复位停止转动时，依次在坩埚中放入试样（按仪器前面板上的红色"转动"按钮，可以转动转盘）；放完试样后，点击"称水灰样重"按钮，系统开始称水灰样重；称完后单击提示的"确定"按钮，仪器开始自动升温，进行水分和灰分测试。

(7) 挥发分测定与水灰测定的操作基本相同，只是点击的按钮为界面下半部分测试挥发分的按钮。

(8) 测试结束后，画面出现测试结果。

(五) 故障分析

1. 高温炉部分故障分析及解决办法（见表 12-10）

表 12-10 高温炉部分故障分析及解决办法

现　象	原　因	解决办法
高温炉不升温	无 220V 交流电源	接通 200V 交流电源
	断路器跳闸	合上断路器
	断路器损坏	更换断路器
	电炉丝烧断	更换高温炉
	热电偶损坏	更换热电偶
	控制板或测试卡损坏	更换控制板或测控卡

续表

现　象	原　因	解决办法
高温炉不升温	变压器没有输出电压	更换变压器或重新焊接
	固态继电器损坏（指示灯不亮）	更换固态继电器
	压敏电阻损坏（指示灯亮）	更换压敏电阻
	胶木接线柱松脱	紧固使接触良好
高温炉实际已升温，但指示不变或不升	热电偶损坏或连线的极性接反	更换热电偶或极性（一般在更换热电偶后出现）

2. 旋转及升降部分故障分析及解决办法（见表 12-11）

表 12-11　旋转及升降部分故障分析及解决办法

现　象	原　因	解决办法
转盘不转、转动不均匀或错位	步进驱动器坏或连线脱落	更换步进驱动器或固定好连线
	电动机三相连接未插接或断或接触不良	接好三相线
	步进电动机损坏或间隙太大	更换旋转电动机
	转盘轴紧固螺丝未紧固	紧固螺丝
	转盘轴断	更换转盘轴
	控制板坏	更换控制板
	光槽有问题：①被灰尘遮住；②连线接触不良；③光槽损坏	查出问题或更换光槽
	步进电动机转动过快	驱动器开关设定
转盘转动不能停	光槽损坏	更换光槽
	光槽各处连线松脱	接好连线
	控制板损坏	更换控制板
转盘轴不能升降	光槽损坏	更换光槽
	升降电动机损坏	更换升降电动机
	升降轴紧固螺丝松	紧固螺丝
	升降支轴变形将电动机板卡死	调整升降支轴
	控制板损坏	更换控制板
升降有异响	转轴变形，与塑胶产生摩擦	调转盘轴与塑胶之间的间隙或更换转盘轴
	升降轴紧固螺丝松	紧固螺丝
	升降杆内杂屑过多	清洗后加润滑油
	升降电动机老化	更换升降电动机

3. 气路部分故障分析及解决办法（见表 12-12）

表 12-12　气路部分故障分析及解决办法

现　象	原　因	解决办法
电磁阀不通断	电磁阀损坏	更换电磁阀
	控制板损坏	更换控制板

续表

现　象	原　因	解决办法
漏　气	电磁阀损坏	修好或更换电磁阀
	电磁阀进、出口不密封	用生料带缠好
	两通阀松脱或损坏	接好或更换两通阀
	流量计前硅胶管松脱	接好
	流量计密封圈老化	更换密封圈

4. 测试程序异常情况分析及解决办法（见表12-13）

表12-13　测试程序异常情况分析及解决办法

现　象	原　因	解决办法
进入程序后开始测试时，出现“炉温过高，不能实验”字样	AD590损坏（在冷炉温条件下，此时热电偶读温为200℃左右，温度补偿为180℃左右）	更换AD590
	实际炉温高于200℃（在热炉温条件下）	降低炉温
进入程序时显示温度大于950℃，模拟升温毫无反应	单片机放大倍数丢失	进入测试程序重新校正放大倍数
	信号线接触不好	查出原因或更换信号线
	电路板卡有问题	更换电路板卡

5. 测试结果异常情况分析及解决办法（见表12-14）

表12-14　测试结果异常情况分析及解决办法

现　象	原　因	解决办法
测水结果偏高（与国标规定测试方法对比）	炉温偏高	降低恒温度点
	气氛过低，造成氧化	调高气体流量
	升温过久，电阻丝有问题	检查并解决
	恒温时间过久	减少恒温时间
	天平称量有误	查出问题并解决
测水结果偏低（与国标规定测定方法对比）	炉温偏低	提高恒温度点
	恒温时间过短	增加恒温时间
	升温过快或温升基点高	检查并解决
	天平称量有误	查出问题并解决
测水结果平行性有异	坩埚错位	查出问题并解决
	坩埚或秤杆与转盘炉体接触	调整
	煤样有问题：①没有摇匀样品；②煤样粒度严重不匀；③放错煤样	查出问题并解决，重做实验
挥发分结果偏高或偏低（与国际规定测定方法对比）	气氛有问题	调整气体流量
	结果偏高	提高温度补偿值
	结果偏低	降低温度补偿值
	称量有误，分析仪预热时间不够	查出问题并解决
	煤样有问题	用马弗炉测定对比
	水分测定有误	重测水分

续表

现象	原因	解决办法
挥发分结果有异常值（比标准值高出许多）	坩埚或盖有裂纹或变形	更换坩埚或盖
	未盖坩埚盖	重做实验
	坩埚错位或接触转盘	查出问题并调整好
	秤杆接触炉体	查出问题并调整好
灰分结果偏高或偏低（与国标规定测定方法对比）	气氛有问题	调整气体流量
	恒温时间、恒温点有问题	调整恒温时间、恒温点
	标量有问题	查出问题并解决
	煤样有问题	查出问题并解决
灰分结果有异常值	坩埚错位或接触转盘	查出问题并调整好
	秤杆接触炉体	查出问题并调整好

6. 称量异常情况分析及解决办法（见表 12-15）

表 12-15 称量异常情况分析及解决办法

现象	原因	解决办法
称量有误	有振动	调整好
	有风吹	查出问题并解决
	天平精度有问题	重校天平
	不水平	调平天平
	有磁场干扰	查出问题并解决
天平有结果显示而电脑无显示结果	串口有问题	重选串口
	信号线接触不良或断开	查出问题并接好

三、红外测硫仪

（一）仪器型号

5E-IRSⅡ红外测硫仪。

（二）技术参数

（1）分析方法：红外吸收法。

（2）分析范围。

1）全硫含量：0.01%～10%。

2）样重：煤、焦炭为 100～500mg，常用量为 300mg，含量超过 5%时适当减量。

（3）分析时间：一个样 100s（典型值），因样品和样重而异。

（4）重复性限见表 12-16。

表 12-16 红外测硫仪全硫测定的重复性限 (%)

硫含量 $S_{t,ad}$	重复性限
<1	0.05
1～4	0.10
>4	0.20

注 $S_{t,ad}$表示空气干燥煤样中的全硫含量。

(5) 准确度：标准试样的分析结果与标准值之差在不确定范围内。

(6) 炉温 1300℃，设置范围为 900～1350℃，误差不超过设定值的±1%。

(7) 超温报警温度：1380℃。

(8) 恒温室温度：48℃±1℃。

(9) 质量：60kg（红外测硫仪主机箱）。

(10) 外形尺寸：510mm(长)×650mm(宽)×600mm(高)。

(三) 工作原理

红外吸收法是基于 SO_2、H_2O、CO_2 等气体分子吸收红外光的性质（另一类气体分子，如 O_2、N_2 等则几乎不吸收红外光）。根据朗伯—比尔吸收定律，气体吸收单色光的程度（吸光度）与该气体的浓度成正比，即：

$$L_n(I_0/I) = KLC$$

式中 I_0——发射光（被吸收前）的强度；

I——接收光（被吸收后）的强度；

$L_n(I_0/I)$——吸光度，表示吸收的程度；

K——吸光系数，与红外光波长和气体性质有关的常数；

L——气室的长度，对于实际设备是一个确定值；

C——气体的浓度。

由吸收定律可见，只要测得红外光被吸收前后的强度 I_0 和 I，就可以完全确定气体的浓度。在红外测硫仪中，使用一个红外传感器（又称红外池）来完成此任务。试样燃烧后的气体从分析气室中流过，当红外光射入气室时，一部分能量被气体中的 SO_2 分子吸收，光的强度减弱，而未吸收的部分从气体透过。本仪器使用不分光红外检测，为了减少干扰，用一个滤光片将气体分子特征吸收光谱以外的光挡住。检测元件将红外光强弱变化转换成电压信号，红外光越弱，输出电压（V_0）越低；反之，红外光越强，输出电压越高。此信号经计算机采样和处理就可以得到气体的浓度，再由浓度、试样重量等计算出硫含量。

(四) 操作

(1) 准备：在主界面单击“功能”—“工作测试”，或在工具栏单击“工作测试”，进入工作测试界面，试样分析在该界面下进行。等待高温炉和恒温室的温度升到设定值（约需 0.5h）并恒温 1h 以上，待仪器稳定后进行试验。

(2) 称样：用试样舟（坩埚）称取试样，试样应尽量摊放均匀，避免堆积在一个部位。样重 100～500mg，称重准确到 0.1mg。

(3) 添加试样、输入参数。

(4) 开始分析：当仪器状态稳定时，工作测试界面的“就绪”指示变为绿色，同时点亮面板上的“启动”按钮，提示“准备就绪”，可以开始试验。单击工具栏上的“开始分析”键或按下“启动”按钮，就启动了一次分析。操作员用送样杆将试样舟圆头朝前慢慢推入燃烧管，直到舟挡处为止（一定要推到底）。仪器自动检测试样的装入，当气体浓度稍有变化时即开始采样和计算，此时提示信号消失，屏幕显示浓度曲线、硫含量以及输出电压等。当过程超过“最短分析时间”时限且浓度低于比较水平时，或过程到达“最长分析时间”时，限时便自动结束，显示最终结果。分析结束后，用送样杆将试样舟从炉内拉出。

重复以上操作，完成全部试样的分析。

（五）维护

(1) 更换干燥剂。一般更换干燥剂后可做 100～200 次试验，当干燥剂结块、变色或结果明显不符时应予更换。一般在左侧管干燥剂失效时只更换该管的干燥剂，更换后与右侧干燥剂管交换位置安装。更换干燥剂时，在大、小接头密封圈的表面均匀涂抹一层硅脂，以保证气密性，密封圈损坏或老化时应予更换。应避免密封圈粘染干燥剂。

不能用普通脱脂或其他有机材料来代替石英棉；更换下来的干燥剂应单独放置，不能与煤样等混放。

(2) 更换过滤器。每 0.5～1 年更换一次，或过滤器积灰导致气流受阻时（如抽气流量明显降低）更换。

(3) 清除积灰。取下左侧玻璃管，将专用的试管刷插入上部大接头的气孔，将管道中的积灰清除，每半月进行一次。

(4) 检查气密性。每月一次或更换气路部件后进行。

系统漏气将导致结果偏低、分析时间延长或结果异常。当安装调试、更换气路部件（如燃烧管、密封圈、气体管道等）或发现结果异常时，都应检查气密性，可按以下步骤进行。

1) 检查全气路：即进样口（内、外燃烧管）→集气室→左干燥剂管→右干燥剂管→过滤器→真空泵→过滤器→流量控制器→抽气流量计。

卸下平台、滑动门及上面板，向外摆出氧气吹扫管（氧枪），开启真空泵；用备用的软橡胶板盖住进样口并压紧。若抽气流量计的浮子能下沉到底部，说明整个气路不漏气。若浮子不下沉或下沉不到底，说明系统中有漏气，则分段查找漏气点。试验时，应用手握住两个干燥管不让它上升。

2) 检查“左干燥剂管”小接头以后的部分，即左干燥剂管小接头→右干燥剂管→过滤器→真空泵→过滤器→流量控制器→抽气流量计。

卸下左侧玻璃管，将备用硅胶管的一端套住小接头，用手指堵住硅胶管的另一端，打开真空泵。若抽气流量计的浮子不下沉或下沉不到底，说明这部分有漏气，则用类似的方法再分小段检查（如卸下右侧玻璃管，检查右干燥剂管小接头以后的部分等），直至找到漏气点。若浮子很快下沉到底部，则说明漏气在左干燥剂管小接头之前，恢复原状后，再进行下一步。

3) 检查左干燥剂管与大、小接头之间是否密封、燃烧管部件的集气室是否密封、集气接头是否拧紧、连接部件是否接好，甚至内、外燃烧管是否有破裂等。对检查到的漏气点采取措施排除故障。

（六）故障分析

故障原因及排除方法见表12-17。

表12-17 故障原因及排除方法

故障类型	故障现象	故障原因	排除方法
高温炉	高温炉不升温	1. 电源未接通。 2. 硅碳管断裂。 3. 温度设置不正确	1. 按接线图检查从电源线→调压器→加热电源进线→电源滤波器→漏电断路器→保护继电器→固态继电器→硅碳管的接线情况，确保连接良好。检查漏电断路器是否合上，若发现跳闸，应分清是过载还是漏电故障。 2. 更换硅碳管。 3. 重新设置温度
	炉温达不到设定值或不稳定	1. 电源电压过低。 2. 硅碳管老化。 3. 热电偶失效或安装位置不当。 4. 控温系数不合适	1. 适当调高加热电源电压。 2. 更换硅碳管，或适当调高加热电压。 3. 重装或更换热电偶，保证热电偶顶端与硅碳管之间有间隙。 4. 重新输入或适当调整控温系数
	超温报警	1. 炉温设置过高或超温报警温度调得过低。 2. 热电偶回路开路或断偶	1. 重新设置炉温或调整报警温度。 2. 检查热电偶冷端至测量板的连线、插座等是否接好，或更换热电偶
恒温室	恒温室不升温或温度不能到达设定值	1. 加热回路未接通。 2. 温度设置不正确。 3. 平板加热器损坏	1. 按接线图检查从AC220V电源→固态继电器→平板加热器的接线情况，确保连接良好。 2. 重新设置恒温室温度。 3. 更换加热器
	恒温室温度不稳定	1. AD590失效或安装不当。 2. 控温系数不正确	1. 更换或重装AD590，AD590应与铝板表面充分接触。 2. 重新输入或适当调整控温系数
真空泵	抽气流量减小或流量不稳，噪声增大	1. 真空泵中进入了杂物。 2. 工作电压过高。 3. 气流受堵	1. 小心拆卸真空泵，清除杂物（一般不必清洗）。正常时，真空泵的最大抽气流量应不低于5L/min（在出口不接限流装置，只接流量计的条件下），否则应更换真空泵。 2. 调整直流工作电压至22V±0.2V。 3. 疏通气路，若是细过滤器引起，则更换细过滤器
红外池	红外池输出电压很低或为零	1. AC24V电源未接通或电压过低。 2. 切光电动机故障或切光片固定螺钉松动。 3. 红外光源DC6V电源开路或故障	1. 接通AC24V电源，检查AC24V电源是否正常，排除电源故障。 2. 小心拆卸红外池，拧紧切光片固定螺钉；更换损坏的切光电动机。 3. 接通6V电源，检查6V电源是否正常，排除电源故障

续表

故障类型	故障现象	故障原因	排除方法
红外池	红外池输出电压不稳，波动超过10mV	1. 切光电动机转速不稳或内部切光片松动。 2. 恒温室温度不恒定	1. 检查AC24V电源电压是否正常；小心拆卸红外池，拧紧切光片固定螺钉；更换损坏的切光电动机。 2. 见恒温室故障处理。正常时红外池输出电压波动一般不超过10mV，最大也不超过15mV
分析时间	分析时间变长或很难进入就绪状态	1. 高温炉温度偏低。 2. 干燥剂失效。 3. 煤样太多。 4. 红外池输出电压不稳定	1. 重新标定温度。 2. 更换干燥剂。 3. 一般应不超过300mg，含量超过5%时应适当减轻质量。 4. 解决红外池相关的问题

四、智能定硫仪

（一）仪器型号

SDSM-Ⅵ智能定硫仪。

（二）技术参数

（1）测硫范围：0～10%。

（2）测试时间：3～6min。

（3）升温时间：不超过35min。

（4）恒温点：煤样1150℃。

（5）恒温精度：±3℃，恒温区≥90℃。

（6）控温范围：0～1250℃。

（7）电解池容积：400mL。

（8）电解电极面积：1×1.5cm²。

（9）指示电极面积：1×0.5cm²。

（10）供电电源：220（1±10%）V，50Hz±1Hz。

（11）高温炉瞬时最大功率：3kW。

（12）仪器外形尺寸：800mm×540mm×500mm。

（13）试样：粒度<0.2mm，质量为50mg±0.2mg。

（14）重复性限与再现性：见表12-18。

表12-18 智能定硫仪重复性限与再现性 （%）

全硫含量 S_t	重复性限 $S_{t,ad}$		再现性 $S_{t,d}$	
	国标规定	本产品	国标规定	本产品
<1	0.05	≤0.05	0.10	<0.10
1～4	0.10	≤0.10	0.20	<0.20
>4	0.20	≤0.20	0.30	<0.30

（三）工作原理

该仪器根据库仑滴定法原理进行测定，具体过程为：煤样在1150℃高温条件下于净化过的空气流中燃烧，煤中各种形态的硫均被燃烧分解为二氧化硫（SO_2）和三氧化硫（SO_3）而逸出，生成的 SO_2 和少量的 SO_3 被空气流带入电解池内与水化合生成亚硫酸（H_2SO_3）后，立即被电解液中的碘（溴）氧化成少量的硫酸（H_2SO_4），使溶液中的碘（溴）减少而碘离子（溴离子）增加，破坏了碘—碘化钾电对的电位平衡，系统便立即以自动电解碘化钾溶液生成的碘来氧化滴定 H_2SO_3。

（四）日常操作

（1）开启定硫仪主机、计算机电源，进入测控程序，待程序初始化处理结束后，再开启高温炉电源。

（2）观察温度指示是否上升，若在2min之后温度无明显上升，应停机查找原因，若炉温在30min内还升不到1000℃，应观察炉膛颜色是否正常，若炉膛明显过亮，应及时检查热电偶是否正常；若炉温在15min左右就上升到1000℃以上，应停机检查固态继电器等是否有问题。

（3）当炉温升到1150℃时，仪器将自动进入恒温状态，此时将试样放入石英舟内（称样时应尽量使样品重量在50mg左右，并尽可能使试样在瓷舟内均匀铺开），输入质量、水分等，即可开始试验。

（4）一般每个试验的时间为3～6min。

（5）试验时间间隔应尽可能短，若时间过长，仪器将自动关闭气泵、搅拌等，且有可能要求再做废样。试验过程中，应随时注意流量计的指示，保证流量始终为1000mL/min左右。

（6）试验结束后，送样杆自动从炉膛退出，操作员记录数据，清理瓷舟。

（五）日常维护

（1）整套仪器应置于干燥的环境中使用，并防止灰尘或腐蚀性气体侵入；若长期不用（15天以上），须做好防尘措施，并定期通电一次（梅雨季节15天，干燥季节1个月），且每次通电不少于30min。

（2）电解液的pH值小于1时，需重新配制，一般大约做200个试验后需要更换电解液。电解液更换后须做几个废样，才能正式做试验。

（3）电解池的清洗：电解池使用一段时间后或在电解池中出现污垢，或在电解池底部或边缘产生一些氧化污垢时，需对电解池进行清洗。

（4）烟尘过滤器的拆卸与清洁：仪器试验一段时间后（一般为80～100次），若发现流量计的浮子有所下降，经调整到规定值以后，没做几个试验又发现有所下降，此时须更换烟尘过滤器的脱脂棉。

（5）变色硅胶（干燥剂）的更换：变色硅胶使用一段时间后，吸湿率会下降而影响试验结果，因此有70%的硅胶变色时必须更换。

（6）当净化管中的氢氧化钠有近1/3溶解时，应立即更换，以免结块堵塞气流。因为如果出现溶解结块，则会在玻璃管进气口两边吸附一层氢氧化钠，时间长了，就会堵塞进气口。

(7) 送样电动机、联动杆等经使用一段时间后，可能不太灵活或产生阻塞和迟滞现象，因此应定期加适量的润滑油。

(8) 应定期检查气路流通情况，一般使用1星期检查一次，连续工作3天也需检查一次。方法是：开启电磁泵，用手掐紧烟尘过滤器前端的导气管，观察流量计的变化情况。对进气流量的检查：拔下送样嘴下部的导气管接入流量计入端，观察流量计指示是否能稳定在1000mL以上，否则应更换气泵皮碗。

(9) 导气管应定期进行检查，特别是石英管出气口处，若有老化应及时更换。

(10) 电解池的电解极片板发现不干净或有污垢时，应及时用棉球酒精擦洗，以保持清洁。

(六) 故障分析

故障原因及排除方法见表12-19。

表12-19　　故障原因及排除方法

故障现象	原因与排除方法
高温炉已开启，但不升温	1. 定硫仪电源未接好，应接好电源。 2. 定硫仪熔断器熔断，需更换。 3. 硅碳管损坏，或其连接导线接触不良，应检查线路或更换硅碳管。 4. 固态继电器损坏，应检查更换。 5. 控制器失灵，请专业人员修理
升温时，炉膛已发热、发光，但显示为0	1. 热电偶极性接错或损坏，应接正确或更换。 2. 控制电路有故障，应请专业人员修理。 3. 测控程序软件有问题，应重新启动计算机或重新安装软件
送样时，送样杆不到位	1. 送样系数设置不对，应检查软件。 2. 送样机构过紧或过松，应检查送样机构。 3. 送样滑槽中有异物，应检查送样机构。 4. 送样机构阻力太大，应加润滑油
磁力搅拌器声音过大或转速不正常	1. 速度未调节好，应重新调整。 2. 旋转头松动，应平衡拧紧。 3. 电动机损坏，应更换同型号电动机
流量计流量不稳定或达不到1000mL/min	1. 电磁泵漏气，应更换电磁泵皮碗。 2. 软管老化，应更换软管。 3. 烟尘过滤器中脱脂棉堵塞，需更换。 4. 流量计损坏，应修理或更换。 5. 导气管中有变色硅胶，造成堵塞，应将其清除
电解液颜色变深	1. 电极被沾污，应洗干净。 2. 搅拌速度太慢，应检查磁力搅拌器。 3. 电解池插头接触不良，应检查插头。 4. 电解液失效，应重新配置电解液。 5. 控制器故障，请专业人员修理

续表

故障现象	原因与排除方法
含硫量测值偏低	1. 气体流量不够，应调到1000mL/min。 2. 载气系统漏气，应检查载气系统。 3. 炉温不够，应检查炉温及恒温温度。 4. 送样不到位，设置送样距离不够，应重设。 5. 电解液失效，应重配电解液。 6. 电解极片变形或错位，应校正。 7. 电解液过少，应加液。 8. 搅拌速度太慢，应调快

五、量热仪

（一）仪器型号

5E-AC8018等温式全自动量热仪。

（二）技术参数

（1）温度分辨率：0.000 1℃。

（2）测试时间：<16min/个（快速法），<18min/个（普通法）。

（3）试样重量：0.9～1.1g（煤）。

（4）精密度：RSD≤0.10%。

（5）准确度：在标准样品的允许范围之内。

（6）电源：220V±22V、50Hz±1Hz。

（7）外形尺寸：1807mm×582mm×445mm。

（8）质量：90kg。

（9）功率：计算机<650W，测试单元（双控）<3000W。

（10）测试范围：15.000（3500Cal/g）～35.000MJ/kg（8400Cal/g）。

（11）环境温度：工作环境温度为5～35℃，且每小时环境温度变化不得超过5℃。

（三）工作原理

本仪器采用恒温式外筒，氧弹置于内筒水中，将一定的试样置于密封的氧弹中，在充足的氧气条件下，令试样完全燃烧，试验燃烧所放出的热量被氧弹周围的水所吸收。其水的温升与试样放出的热量成正比。

$$Q = E(t_n - t_0)/m$$

式中 Q——试样的发热量，J/g；

m——试样质量，g；

t_0——量热系统的起始温度，℃；

t_n——量热系统吸收试样放出热量后的最终温度，℃；

E——量热系统的热容量，J/K。

（四）日常操作

1. 样品测定

（1）在燃烧皿中称取空气干燥基煤样0.9～1.1g，称准至0.000 2g。对于燃烧时容易飞溅的试样（高挥发分煤），可用已知质量和热值的擦镜纸包紧后再测试，或先压成饼再切成直径为 2～4mm 的小颗粒使用；对于不易燃烧的样品，在燃烧皿底部垫上一层已在 800℃高温下灼烧过 30min 的石棉绒或用擦镜纸包裹；对于热值低于 15MJ/kg 的试样，应加一定量的苯甲酸；对于硫含量太高或热值高于 35MJ/kg 的试样应适量减少样重。

(2) 把燃烧皿装在氧弹的支架上，取一段长约 10cm 的点火丝，把两端分别接在电极柱上，弯曲点火丝，使弯曲点与试样保持良好接触或与易燃烧和易飞溅试样保持微小距离，并注意勿使点火丝接触燃烧皿，以免短路导致点火失败，甚至烧毁燃烧皿，同时还应注意两电极间和燃烧皿与另一电极间短路。

(3) 用量筒往氧弹内加入 10mL 蒸馏水，小心拧紧弹盖，注意避免点火丝和燃烧皿的位置因受震动而改变。

(4) 将氧弹装在仪器氧弹挂钩上，放入内筒中，盖上量热仪盖子；打开“设置”菜单下的“系统设置”窗口，选择好测试内容“发热量”，返回主界面；在测试主界面输入“编号”、“样重”，如有添加物，则需要输入“添加物重”等数据，然后按“开始试验”即可。

(5) 氧弹自动下降，并自动向氧弹中缓缓充入氧气，直到压力为 2.8～3.0MPa（严禁超过 3.2MPa），压力读数稳定并保持在设定时间内。当钢瓶中的氧气压力低于 4.0MPa 时，应更换新的氧气瓶。

(6) 试验完成后，自动放内筒水，自动放废气，上升氧弹。

(7) 取出氧弹，再取出氧弹头，仔细观察氧弹内试样是否溅出或有炭黑存在，如有则此试验作废重做。将氧弹各部件清洗干净并擦干，坩埚洗过后可放在电炉上烤干，但需室温冷却后方可使用。注意：清洗氧弹的水要与室温接近，以免氧弹的温度与恒温筒内的水温相差太大而影响下次试验结果。

(8) 全部试验完毕后，退出测试程序，关主机、显示器、仪器电源，关氧气瓶阀门。

(9) 每次试验应控制室温，温度波动不得超过 1℃，并作好原始记录。

2. 热容量标定

(1) 与样品测定相同，只是将“系统设置”中“测试内容”改为“苯甲酸标定热容量”，样品使用量热标准苯甲酸。

(2) 热容量标定值的有效期一般为 3 个月，超过此期限应重新标定。但有下列情况之一时，应立即重测：

1) 更换内筒水测温部件；

2) 更换量热体系大部件，如氧弹盖等；

3) 标定热容量与测定发热量时，内筒水温相差 5℃；

4) 热量计经过较大搬动。

(3) 热容量标定一般进行 5 次重复试验，计算 5 次重复试验结果的平均值和标准差，其相对标准差不应超过 0.20%；若超过 0.20%，则再补做一次试验，取符合要求的 5 次结果的平均值作为该仪器的热容量。若任何 5 次结果的相对标准差都超过 0.20%，则应对试验条件和操作技术进行仔细检查，并纠正存在的问题后，重新进行标定，舍弃已有的全部结果。

(4) 如果热量计量热系统没有显著改变，重新标定的热容量值与前一次的热容量值相差不应大于0.25%，否则应检查试验程序，解决问题后再重新进行标定。

（五）故障排除

故障原因及排除方法见表12-20。

表12-20　　故障原因及排除方法

故障现象	故障原因	排除方法
读温不准	1. 探头接线端子与读温卡接触不良或松动。 2. 温度传感器部分没有位于金属护套上开孔段。 3. 温度传感器及金属护套表面有污垢或堵塞小孔。 4. 温度传感器的玻璃套管破裂而导致进水。 5. 读温卡的A/D受到干扰，但单片机未能判断出来	1. 重新接好接线端子。 2. 重新调整温度传感器部分的位置。 3. 将污垢清除干净。 4. 更换温度传感器。 5. 重新启动量热仪主机
	1. 接线端子处断裂。 2. 连接导线中间导线断路。 3. 温度传感器损坏。 4. 读温卡与主板之间的信号线未连接或接触不好。 5. 读温卡损坏	1. 重新焊接 2. 连同温度传感器一起更换。 3. 更换温度传感器。 4. 重新连接信号线。 5. 更换读温卡
	1. 搅拌效率差。 2. 点火电极仍然有电压。 3. 内筒接地不好。 4. 煤热值低	1. 更换波轮搅拌电动机，或更换内筒轴套及钢珠。 2. 查看点火继电器接线，或更换点火继电器。 3. 检查内筒接地并解决。 4. 加添加物
	1. 阀芯上O形密封圈处有污垢。 2. O形密封圈老化或开裂。 3. 阀芯或氧弹头严重磨损	1. 拆开氧弹头，取出阀芯，清除污垢。 2. 更换密封圈。 3. 更换阀芯或氧弹头
	1. 氧弹头与芯座未拧紧。 2. O形密封圈老化或开裂。 3. 上绝缘套老化或失效	1. 拧紧氧弹头与芯体之间的螺纹。 2. 更换O形密封圈。 3. 更换绝缘套（由专业维修人员操作）
点火失败	1. 隔热屏与坩埚架短路。 2. 点火电极或坩埚架表面烧蚀严重，导致点火丝接触不好。 3. 点火丝未装好，接触坩埚或坩埚架。 4. 点火控制信号线没有接好或松脱。 5. 点火控制器（继电器）坏了。 6. 点火电极与氧弹接触不良。 7. 点火丝电阻过大（大于8Ω）	1. 重新装配隔热屏和坩埚架。 2. 用细砂纸打磨点火电极杆和坩埚架；如有必要，更换点火电极杆和坩埚架。 3. 重新安装好点火丝。 4. 打开翻盖，重新接好点火控制信号线。 5. 更换继电器。 6. 重新调整或更换点火电极。 7. 更换点火丝或换用裸铜丝

续表

故障现象	故障原因	排除方法
	1. 内外筒的探头线在读温卡处接反。 2. 串口选择错误。 3. 探头内的温度传感器在金属护套的透水眼之上。 4. 搅拌器的叶片松脱。 5. 搅拌叶片位于同一水平面。 6. 搅拌电动机出现故障	1. 重新连接探头线。 2. 重新选择正确的串口。 3. 打开翻盖，重新调整温度传感器的位置。 4. 重新固定搅拌叶片。 5. 矫正搅拌叶片（搅拌叶片应与水平面成45°角）。 6. 更换搅拌电动机
	1. 棉线或点火丝没有接触煤样。 2. 未充氧或氧气压力太低。 3. 苯甲酸压得太紧，表面太光滑	1. 调整棉线重新安装点火丝。 2. 充氧或更换氧气。 3. 更换苯甲酸
	1. 减压阀损坏或氧气瓶氧气压力不够。 2. 1号或2号气阀堵住	1. 更换减压阀或氧气钢瓶。 2. 清洗或更换气阀
	1. 螺帽松动。 2. 阀芯内弹簧未装好。 3. 电磁阀损坏	1. 拧紧螺帽。 2. 打开电磁阀，把弹簧装好。 3. 更换电磁阀
点火失败	1. 有杂质堵塞。 2. 阀芯及弹簧没装好。 3. 接头处松动。 4. 电磁阀损坏	1. 打开电磁阀，清除异物。 2. 打开电磁阀，重新装好阀芯和弹簧。 3. 拧紧接头，必要时重新缠绕生料带。 4. 更换电磁阀
	1. 内筒向夹层渗水。 2. 外筒向夹层渗水。 3. 内筒进水溢出	1. 换内筒。 2. 换外筒。 3. 吹干夹层
	1. 系统水少。 2. 进水阀开启时间短或没有动作。 3. 节流阀损坏	1. 给系统加水。 2. 重设进水阀时间或更换进水阀。 3. 更换节流阀
	1. 称量不准或操作有误。 2. 内、外筒之间的夹缝有水。 3. 环境因素影响过大。 4. 电源有强干扰。 5. 搅拌效率差。 6. 节流阀进水过快。 7. 实验主期时间都超过10min。 8. 实验主期时间长，1g苯甲酸主期时间超过9min。 9. 水位探针松动	1. 天平至少预热1h后称量，按规则细心操作。 2. 取下内筒，将水清除干净。 3. 按国家标准控制环境。 4. 更换电源。 5. 更换波轮。 6. 调节节流阀进水时间。 7. 点火继电器有击穿现象。量点火两极是否存在电压，需小于0.5V，则更换点火继电器。 8. 排除上述5～7点原因后，更换内筒读温探头 9. 紧固水位探针或更换

续表

故障现象	故障原因	排除方法
点火失败	1. 热容量发生变化。 2. 换错氧弹或未按对应的氧弹选择热容量。 3. 试样未充分燃烧。 4. 实验主期时间都超过 10min。 5. 实验主期时间长，1g 苯甲酸主期时间超过 9min。 6. 水位探针松动	1. 重新标定热容量，最好每天试验前先做 1～2 个热容量来验证热容量是否发生变化。 2. 重新选择正确的热容量。 3. 按工作流程的要求做实验。 4. 点火继电器有击穿现象。测量点火两极是否存在电压，须小于 0.5V，否则更换点火继电器。 5. 排除第 4 点原因后，更换内筒读温探头。 6. 紧固水位探针或更换

第十三章　电力用油

第一节　电力用油的分类和质量标准

一、电力系统中的常用油品及其作用

电力系统的用油设备中，通常使用的油品主要有：

（1）汽轮机油。汽轮机油又称“透平油”，属润滑油类，主要用于汽轮发电机组的油系统中，起润滑、冷却散热、调速和密封作用。该类油品用量较大。

（2）绝缘油。绝缘油是重要的液体绝缘介质，又称“电气用油”，其中包括变压器油、油开关油等。变压器油主要用于油浸式电力变压器、电流和电压互感器等电气设备中，起绝缘、冷却散热等作用；油开关油（简称“开关油”）用于油浸式高压断路器中，主要起熄灭电弧和绝缘作用。该类油品的用量也较大。

（3）合成油和绝缘气体。近年来某些用油设备已采用性能较好的人工合成油和绝缘气体（SF_6 等）来代替上述的矿物绝缘油和汽轮机油。例如，在机组内使用抗燃油；在冲油电气设备中使用合成的有机绝缘油和六氟化硫绝缘气体等。

二、电力系统中油质不合格造成的危害

运行设备中的油品需妥善管理，若油质监督、维护不良，会使油品严重劣化，从而产生各种危害。

（1）加速油品的劣化，缩短油品和设备的使用寿命。这是由于油质不合格而造成的“慢性病”，在事故未发生之前，它往往不被人们所重视，但实践表明这种慢性病的危害是较大的。运行油中的劣化产物如不能及时除去，会加速油品自身的劣化，也会加速用油设备中部分材料的老化变质。这一方面造成油质不合格的恶性循环；另一方面将大为缩短油品和设备的使用寿命，严重者会酿成重大事故。

（2）造成用油设备的腐蚀。长期使用的运行油中的酸性产物若未能及时除去并超过规定含量，则会造成机组油系统和用油电气设备中与油接触的部件腐蚀。当机组油系统进水后，因油质劣化所生成的油—水乳状液不易分离，可能导致轴和轴承的表面锈蚀或磨损，调速系统动作不灵，乃至卡死，造成停机、停电的危险。

（3）油路被堵，可能造成严重的事故。因油质劣化生成较多的油泥、沉淀物，或因外界掺入的固体杂质未能及时除去，有可能使油路不畅通，甚至被堵塞，油品不能及时到达设备的有关部位，不能起到良好的润滑、绝缘、冷却散热作用，有可能造成各种严重的事故。

三、电力用油的分类

电力用油通常是指绝缘油（或变压器油）、电缆油、汽轮机油及燃料油等，其中绝缘油和汽轮机油尤为重要。根据组成和性质不同，现将绝缘油和汽轮机油的分类及名称列于表13-1中。

由表13-1不难看出，名称与代号有密切联系，其性质取决于油品质的不同。10、25、45号变压器油的凝固点分别为－10、－25、－45℃。不同牌号的变压器油适用于不同地区，高牌号变压器油适用于北方地区。

汽轮机油的牌号是根据油品的运动黏度确定的，如20号汽轮机油，其50℃的运动黏度为18～22mm^2/s。20号汽轮机油用于3000r/min的汽轮机或水轮机，更高牌号油主要用于高负荷、低转速的汽轮机等。

表13-1　　绝缘油和汽轮机油的分类及名称

类　别	名　称	代　号
绝缘油（或变压器油）	10号变压器油	DB-10
	25号变压器油	DB-25
	45号变压器油	DB-45
汽轮机油	20号汽轮机油	HU-20
	30号汽轮机油	HU-30
	40号汽轮机油	HU-40
	45号汽轮机油	HU-45
	55号汽轮机油	HU-55

四、电力用油质量标准

（一）变压器油的质量标准

GB 2536—1990《变压器油》规定了变压器油的质量标准和试验方法，见表13-2。

表13-2　　变压器油质量标准和试验方法

项　目		质　量　指　标			试验方法
		DB-10	DB-25	DB-45	
外观		透明，无沉淀和悬浮物①			
运动黏度（20℃，mm^2/s）		≤30			GB 265—1988
运动黏度（50℃，mm^2/s）		≤9.6			
凝点（℃）		≤－10	≤－25	≤－45	GB 510—1983②
闪点（闭口，℃）		≥140	≥140	≥135	GB/T 261—2008
酸值（mgKOH/g）		≤0.03			GB 264—1983
水溶性酸或碱		无			GB 259—1988
氢氧化钠试验（级）		≤2			SH/T 0267—1992
氧化安定性③	氧化后沉淀物（%）	≤0.05			SY 2670
	氧化后酸值（mgKOH/g）	≤0.2			

续表

项目	质量指标			试验方法
	DB-10	DB-25	DB-45	
介质损失角正切（90℃,%）	≤0.5			SH/T 0268—1992
击穿电压[④]（kV）	≥35			GB/T 507—2002

① 把产品注入100mL量筒中，在20℃±5℃下测定。如有争议，按GB/T 511—2010规定测定机械杂质含量应为无。

② 以新疆原油生产的变压器油测定凝点时，允许用定性滤纸过滤。

③ 氧化安定性测定为保证项目，不作为出厂每批控制目标，每年至少测定两次。

④ 击穿电压测定为保证项目，不作为出厂每批控制目标，每年至少测定两次。用户使用前必须进行过滤，并重新测定。

（二）汽轮机油的质量标准

国家标准中规定了汽轮机油的质量标准和试验方法见表13-3。

表13-3　汽轮机油的质量标准和试验方法

项目	质量指标					试验方法
	HU-20	HU-30	HU-40	HU-45	HU-55	
运动黏度（50℃，mm^2/s）	18～22	28～32	37～43	43～47	53～57	GB 265—1988
酸值（mgKOH/g）	≤0.03	≤0.03	≤0.03	≤0.03	≤0.05	GB 264—1983
闪点（闭口,℃）	≥180	≥180	≥180	≥195	≥195	GB/T 267—1988
凝点[①]（℃）	≤−15	≤−10	≤−10	≤−10	≤−5	GB 510—1983
灰分（%）	≤0.005	≤0.005	≤0.01	≤0.02	≤0.03	GB 508—1985
水溶性酸或碱	无	无	无	无	无	GB 259—1988
机械杂质	无	无	无	无	无	GB/T 511—2010
透明度[②]	透明	透明	透明	透明	透明	
氢氧化钠试验（级）	≤2	≤2	≤2	≤2	≤2	SH/T 0267—1992
破乳化时间（min）	≤8	≤8	≤8	≤8	≤8	SH/T 0256—1992
氧化安定性[③] 酸值至2.0mgKOH/g所需时间（h）	≥1000	≥1000	实测	实测	实测	GB/T 12581—2006

① 凝点指标根据生产和使用实际情况，经与用户协商确定，可不受本标准限制；但供军用时均按标准执行。

② 将产品注入洁净的100mL量筒中，油品均应透明。如有争议，将油温控制在20℃±5℃下目测。

③ 氧化安定性为保证项目，对出厂油品一年至少测定一次。测定时可加入0.03%符合表13-4中要求的十二烯基丁二酸。

表13-4　十二烯基丁二酸技术要求

项目	质量指标	试验方法
外观	琥珀色黏稠状液体	目测
酸值（mgKOH/g）	≤340	GB 264—1983
碘值（gI/100g）	50～90	SH/T 0243—1992
pH值	≥4.2	
腐蚀（铜盆，100℃，3h）	合格	SY2620

续表

项　　目	质 量 指 标	试 验 方 法
液相锈蚀试验（蒸馏水）	无锈	SY2674
坚模试验	无锈	SY2674

注 1 pH 值、腐蚀和液相锈蚀试验均用加有 0.02%本产品的 0 号汽轮机油测定。

2 取 50mL 加热到 70～80℃的调好的试样，与 50mL 加热到 70～80℃的蒸馏水一并放入分液漏斗中，振荡 5min 后静置分层，然后将水层取出，用 25 型雷磁酸度计测定。

3 将按 SY2674 要求进行蒸馏水法试验为无锈的铜棒放入 330mL 二次蒸馏水中，在 60℃±1℃下继续以 1000r/min±50r/min 的转速搅拌 24h，停止搅拌后取出铜棒，检查有无锈点。

第二节　电力用油的性质

一、油品的密度

（一）油品密度的含义

单位体积油品的质量称为油品密度，其单位为 g/cm^3 或 kg/m^3，以 ρ 表示。油品密度受温度影响较大，使用中应标明温度。在温度为 t℃时的油品密度，以 ρ_t 表示。我国统一规定，石油及其产品 20℃时的密度为“标准密度”，以 ρ_{20} 表示。

（二）影响油品密度的主要因素

1. 化学组成

油品的密度与其烃类和非烃类化合物的含量密切相关。同碳数烃类的密度是：烷烃最小，芳香烃最大，环烷烃居中。非烃化合物的密度较大。若油品中芳香烃或非烃化合物的含量越大，则油品的密度也越大；若油中混入水分、机械杂质或产生游离碳（油在高温或电弧作用下产生的碳质物）以及油品劣化较严重时，其密度皆较新油大。

国产油品的密度（ρ_{20}）一般为 0.8～0.9g/cm^3。汽轮机油的密度比变压器油稍大。

2. 温度

油品的密度受温度的影响最大。温度升高时，油品的体积明显增大，密度减小；反之，则密度增大。因此，在表示油品密度时，应标明其温度。未标明温度时，一般指标准温度（20℃）下的密度。

测定油品的密度不是在 20℃下进行时，所测得的密度称为视密度（ρ'_t），可按下式换算成标准密度，即

$$\rho_{20} = \rho'_t \pm \Delta\rho \tag{13-1}$$

式中 ρ_{20}——试油的标准密度，g/cm^3；

ρ'_t——试油在 t℃时的视密度，g/cm^3；

$\Delta\rho$——试油在 t℃时的密度修正值，g/cm^3。

$\Delta\rho$ 可由 YS-4-1—1978 中表 4-1-2 查得。若温度与视密度恰好不是表中行和列所示的数值，则可由邻近数值按比例计算求得。当试油温度高于 20℃时，则式（13-1）采用“+”号；低于 20℃时，则用“—”号。

二、闪点

（一）油品闪火的含义和必要条件

在规定的条件下加热油品，随着油温的升高，油蒸气在空气中（油面上的混合气体中）的含量达到一定浓度，当与火源接触时，则在油面上出现短暂的蓝色火焰，还往往伴随轻微的爆鸣声，此现象称为油品的“闪火现象”。此时的最低油温称为油品的“闪点”（又称“闪火点”或“闪光点”）。由此可知，油品的“闪火”是油蒸气的剧烈氧化反应，是一种轻微的爆炸现象。

油品闪火的必要条件是：混合气体中的油蒸气含量必须达到一定的浓度范围。若低于此浓度范围，油气不足（可燃物少）；高于此浓度范围，则氧气不足（助燃物少）。在这两种情况下油品均不能发生闪火现象，因而只有当油蒸气的浓度达到一定范围，在外界引火时，才能发生闪火现象。该浓度范围称为爆炸界限或闪火界限。其下限浓度称为爆炸下限，即闪火时油蒸气的最低浓度；其上限浓度称为爆炸上限，即闪火时油蒸气的最高浓度。因此，油品的闪点也可认为是相当于爆炸下限的油品温度。

可燃气体的组成、结构和性质不同，其闪火界限也各不相同，如表 13-5 所示。

表 13-5　　可燃气体（或蒸汽）与空气混合时的闪火界限

可燃物	在混合气体中的含量（体积%）		
	不闪火	闪火	不闪火
一氧化碳	16.4	16.6～74.8	75.1
氢	9.4	9.5～66.3	66.5
甲烷	6.0	6.2～12.7	12.9
乙烯	4.0	4.2～14.5	14.7
乙炔	3.2	3.5～55.2	55.4
丙烷	2.1	2.2～7.4	7.5
乙烷	1.8	1.9～4.7	4.8
丁烷	1.6	1.7～5.7	5.8
苯	1.4	1.5～5.6	5.7
甲苯	1.3	1.4～5.4	5.5
戊苯	1.3	1.4～4.5	4.6

（二）影响油品闪点的主要因素

1. 化学组成

含挥发性组分多的液态石油产品（如汽油、煤油等），其闪点特别低。这是因为该类油品在加热时易挥发，在较低的温度下就能达到闪火下限。高沸点组分的油品，其闪点特别高，如各种汽轮机油的闪点皆大于 180℃。如果低沸点油品混入高沸点油中，则高沸点油的闪点将大大降低。例如，变压器油在使用时，因高温和电场作用会分解产生可燃气体，并部分溶于油中，从而使其闪点大为降低。

2. 大气压力

油品的闪点随大气压力的增大而升高。油品的闪点通常是以 101.33kPa（760mmHg）

为标准，若测定时的大气压力超过 101.33kPa±2kPa（760mmHg±15mmHg）时，则应按下式进行校正，即

$$t_0 = t + \Delta t \tag{13-2}$$

$$\Delta t = 0.259(101.33 - p) \tag{13-3}$$

式中 t_0——101.33kPa 时的闪点,℃；

t——在气压为 p 时的闪点,℃；

Δt——校正系数,℃；

p——测定油品闪点时的气压，kPa。

校正系数除按式（13-3）计算外，也可从表 13-6 中查得近似值。

表 13-6　　校正系数（Δt）的近似值

大气压力（kPa）	Δt（℃）	大气压力（kPa）	Δt（℃）
84～87.5	+4	95.3～99	+1
87.6～91.4	+3	103～106.8	−1
91.5～95.2	+2		

此外，油品的闪点受测定仪器和试验条件的影响较大。

（三）石油产品的燃点和自燃点

测定油品的开口闪点时，当达到闪点后，仍继续加热，油蒸气浓度增大，当外界引火后，其火焰超过 5s 仍不熄灭，此时油品便燃烧起来，发生此现象时的最低油温即为燃点。若油品达到闪点后，继续加热，在外界不引火的情况下，油蒸气因温度过高、剧烈氧化而自行燃烧，此时的最低油温即为“自燃点”。燃料油等需测定自燃点。

三、油品的黏度

油品的黏度与一般液体的黏度概念相同，即表示油品在外力作用下作相对层流运动时，油品分子间产生内摩擦阻力的性质。油品的内摩擦力越大，流动越困难，黏度也越大。

黏度的表示方法较多，大体可分为两类：按黏度定义直接测得的黏度称为绝对黏度，如动力黏度、运动黏度等；若在一定条件下与已知黏度的液体比较所测得的黏度称为相对黏度或条件黏度，如恩氏黏度等。

（一）动力黏度

动力黏度起源于牛顿内摩擦定律。假设面积各为 S 的两油层作相对运动，其速度梯度为 $\frac{dv}{dx}$ 时，层间所产生的内摩擦力 F 与 S 和 $\frac{dv}{dx}$ 成正比，即

$$F = \eta S = \frac{dv}{dx} \tag{13-4}$$

式(13-4)中的 η 为比例常数或动力黏度系数，简称动力黏度。其物理意义是：假设式(13-4)中 S 和 $\frac{dv}{dx}$ 皆等于 1，则 $\eta = F$，因而 η 值便相当于在此条件下油品所产生的内摩擦力（切应力），其单位为 Pa·s[lg/(cm·s)=0.1Pa·s]。

（二）运动黏度

运动黏度又称动黏度，是油品的动力黏度与同温度（t℃）下密度的比值，其单位为 cm^2/s。

$$V_t = \frac{\eta_t}{\rho_t} \tag{13-5}$$

式中 V_t——油品在 t℃时的运动黏度，cm^2/s；

η_t——油品在 t℃时的动力黏度，g/（cm·s）；

ρ_t——油品在 t℃时的密度，g/cm^3。

（三）恩氏黏度

恩氏黏度是在某温度（20、50、100℃）下，200mL 试油从恩氏黏度计中流出的时间（τ_t）与在 20℃时流出同体积蒸馏水所需时间（K_{20}）的比值，其符号为 E_t。

$$E_t = \frac{\tau_t}{K_{20}} \tag{13-6}$$

国际上常用运动黏度进行油品的仲裁、校核试验。目前我国常用运动黏度和恩氏黏度来表示油品的黏度。

四、低温流动性和凝点

油品的低温流动性是指油品的黏度随外界温度的降低而增大，其流动性变差的特性。当温度降低至某一范围时，油品可失去正常的流动性，这对油品的使用影响较大。

（一）凝点和倾点

凝点和倾点是评价油品低温流动性的条件指标。

凝点是油品在规定的条件下失去流动性时的最高温度。油品由复杂的烃类混合物组成，不可能像纯物质那样有单一的固定凝点，因此在测定时的条件性很强。油品凝点的测定是在规定的试验条件下，将试管内的试油冷却至一定温度后倾斜 45°角，1min 内油面不移动的最高油温即为油品的凝点。油品在凝点时不是所有组分都变成了固体，只是从整体上来看失去了流动性。我国通常用此指标评价油品的流动性，油品的凝点越低，则其低温流动性越好。

倾点又称流动点，是用来评定油品流动性的指标。在实验条件下，油品能从标准容器中流出的最低温度即称为倾点。油品的倾点通常比上述的凝点高 2～3℃。

油品的凝点对油品的贮存、运输和使用都非常重要。各种油品都可能在低温时使用，特别是在冬季，低温下使用油品的机会更多。在低温下油品流动性能差，使用和管理部门都应充分重视这一点。例如，汽轮机油在运行中，温度总在 40℃以上，一般情况下是安全的，但是如果在冬季停车，汽轮机油因静止将逐渐降温，最后接近环境温度，因而可能失去流动性，汽轮机再启动时容易扭坏大轴。若因为环境温度过低，停用的变压器内的油也将失去流动性，这时变压器就不能立即投入运行，否则变压器内会积热过多，热量散不出去，从而威胁设备的安全运行。若高压油开关内的油失去流动性，会造成开关跳闸动作缓慢，电弧不能及时熄灭，使接触点熔化，造成设备损坏。

（二）油品失去流动性的原因

油品在低温下失去流动性的原因较为复杂，归纳起来主要有以下两种观点：

（1）黏温凝固：主要是油品的黏度增大而引起的。含蜡很少或几乎不含蜡的油品随温度降低，其黏度增大，当增大至一定程度时，则流动的油品变成了凝胶体，从而失去了流动性。此现象可视为凝固，即称黏温凝固。

（2）构造凝固：主要是由溶于油中的石蜡形成网状结晶而引起的。将含蜡油品冷却至一定温度时，油中会有针状或片状蜡晶粒析出，并逐步形成三维网状晶体结构，而油则被吸附在晶体上形成凝胶体，使整个油品失去了流动性，即称构造凝固。

油品在炼制过程中，不可能将其蜡状物全部除尽，因此构造凝固是油品失去流动性的主要原因。

五、抗乳化性能与破乳化时间

（一）油品的抗乳化性能

抗乳化性能通常是指油品本身抵抗油—水乳状液形成的能力。油品抗乳化能力的大小一般以油—水乳状液分层的快慢——破乳化时间来表示。若分层越快，即破乳化的时间越短，则表明该油品的抗乳化能力越强，其抗乳化性能越好；反之，则表明油品的抗乳化性能越差。

破乳化时间是评定汽轮机油抗乳化性能的质量指标，又称“抗乳化度”，是一个条件性指标。测定该时间是在规定的条件下进行，先将蒸汽通入试油中，让其形成乳状液，随后再测定该乳状液达到完全分层所需的时间（min），即为该油的破乳化时间。

新油中不含水分，不可能形成乳状液，但油品在贮运和使用中，水汽有可能混入油中，特别是经常与水汽接触的某些用油设备，如火电厂的汽轮机，在运行中水汽不可避免地会掺入汽轮机油中，乳化严重的汽轮机油将造成许多危害。乳状油进入轴承润滑系统有可能析出水分，破坏油的正常润滑作用，增大部件的摩擦，引起局部过热，严重时会损坏机件；严重乳化的油有可能沉积于调速、循环系统的管路中，致使运行油不能畅通流动，起不到良好的润滑、调速作用，若不及时处理，会造成重大事故；油—水乳状液还会锈蚀有关金属部件（如汽轮机的调速机件、轴和轴瓦的光滑表面等），锈蚀严重时，危害极大。为保证机组的良好润滑、正常调速，要求循环的汽轮机油能在油箱停留的时间内使乳状液自行分离，分离后的水可沉降至油箱底部被排出，油可继续使用。出厂的新汽轮机油的破乳化时间不得超过8min，否则即为不合格。

（二）乳状液的稳定因素和破乳化方法

1. 乳状液的稳定性

乳状液的稳定性主要取决于以下几个因素：

（1）乳状液保护膜的强度：这主要取决于所含乳化剂的性质和数量。若乳化剂的表面活性比较强，或乳化剂的含量比较大，则形成的乳状液保护膜比较牢固，强度较大。该乳状液比较稳定，不易被破坏。

（2）水相分散程度：水在油中的分散程度越高，则乳状液越稳定。而水的分散程度又与形成乳状液的能量有关，若搅拌越剧烈、流动循环越快，则水的分散程度越高，形成的乳状液越稳定。

（3）油品的黏度和温度：油品的黏度越大，或温度越低时，所形成的乳状液越稳定。

（4）形成时间：形成乳状液的时间越长，乳化剂越易浓集于油—水界面处，其乳液膜更牢固，即乳状液“老化”。此时的乳状液相当稳定，不易破坏。

2. 汽轮机油的破乳化方法

汽轮机油在运行中将不可避免地会形成一定数量的乳状液，如何进行破乳化是十分重要而又较复杂的问题。根据对乳状液的形成及其稳定性的分析，可归纳出几种主要的破乳化方法：

（1）物理方法：加热、沉降、离心分离、机械过滤、高压电脱水等方法皆能起到破坏汽轮机油乳状液的作用，达到油—水分离的目的。

加热：乳状液受热时，因其中油和水的膨胀系数不同，密度差会增大，从而加速了乳液膜的破坏；受热时还可降低其黏度，有利于水珠的聚集和沉降，使得油—水分离。

离心分离：乳状液在离心机中会受到较大的离心作用，从而使乳液膜变形直至破坏，油—水得到分离。

机械过滤：预热的乳状液在较高的压力下通过各种过滤器的滤料，乳液膜被破坏，从而达到油—水分离的目的。

高压电脱水：乳状液在高压电场的作用下，油中的水滴感应带电，并发生电泳现象，乳状液产生位移、碰撞、变形等，从而破坏乳液膜，达到油—水分离的目的。

（2）化学方法：在乳化的汽轮机油中加入适当的破乳化剂后，可降低或破坏乳状液的稳定性，致使油—水分离，起到破乳化的作用。通常应根据乳状液的类型选择 HLB 值不同的破乳剂。

六、酸碱组分和抗腐蚀性

油品中的酸碱组分主要是由外界混入或自身氧化生成的无机酸、碱和有机酸、碱。这些物质在外界条件（温度、氧和水汽等）的作用下，对用油设备有关部件会产生腐蚀作用，危害较大。

（一）水溶性酸或碱

水溶性酸或碱是评定油品中水溶性酸、碱组分的重要指标，又称水抽出物试验或酸、碱反应。油中的水溶性酸、碱组分是指油中能溶于水的无机酸、碱，低分子的有机酸和碱性含氮化合物等。这些组分主要来自油品的氧化和外界的污染。新油或再生油的该组分主要是在新油的炼制或废油的再生中，因水洗、中和、吸附不净而残存于油中的酸、碱。若油中残存的皂化物水解，也可产生酸、碱。

运行绝缘油和汽轮机油通常不存在水溶性碱，多存在水溶性酸。油中的水溶性酸能腐蚀金属部件、固体绝缘材料，加速油品自身的氧化，导致沉淀物的生成，降低绝缘油的电气性能和油品的抗乳化性能等，并能直接影响到新油和设备的安全运行和使用寿命。新油的质量标准中规定：应不存在水溶性酸或碱。当运行油中出现了水溶性酸，并超过一定标准（pH $\leqslant$4.2）时，应及时处理或换油。

（二）酸值

中和 1g 试油中含有的酸性组分所需的氢氧化钾毫克数，称为油品的“酸值”。有的国家又称总酸值，并将总酸值同总碱值合称为中和值，其单位均为 mgKOH/g。酸值是评定油质和判别油品氧化程度的指标之一。

（三）抗氧化性

抗氧化性是油品使用中的重要性质之一。通常用腐蚀试验和锈蚀试验（汽轮机油）等来评定油品该性能的好坏。新的油品应不具有腐蚀性；运行的油品因自身氧化、外界污染和水、汽的侵入等均可能产生一定的腐蚀作用。

油中的水分在氧的作用下，必然会对金属（特别是黑金属）部件产生锈蚀作用，若油中同时存在酸性产物（特别是水溶性酸），则更会加速其腐蚀作用。该类反应有以下通式，即

$$2M+O_2+2H_2 \longrightarrow 2M(OH)_2$$

$$M(OH)_2+2RCOOH \longrightarrow (RCOO)_2M+2H_2O$$

若油中不含水，但存在具有腐蚀性的酸性物质和油品氧化生成的过氧化物等，同样可以腐蚀金属，反应式为

$$M+ROOR \longrightarrow MO+ROR$$

$$MO+2RCOOH \longrightarrow (RCOO)_2M+H_2O$$

以上四个反应式中，M为二价金属；RCOOH为有机酸；ROOR，为过氧化物或氢过氧化物；MO为金属氧化物。

由以上分析可知，要防止油品对用油设备的腐蚀，就必须提高油品的抗氧化安定性，减少水、汽侵入油中，也可在油中加入防锈（腐）添加剂等。

七、油中杂质

（一）水分

电力用油是不允许含有水分的，但是油品在运输、贮存过程中，由于保管不善，往往会从空气中渗入水汽。运行中的油品，尤其是经常接触水汽的用油设备，水分侵入油品的机会更多，如汽轮机油，其中所含水分主要由设备侵入。此外，油品在使用过程中，因缓慢氧化，也有不少水分生成。变压器内干燥不彻底，充油时也会混入水分。

油品吸收水分的能力与水在油品中的溶解能力有关，而溶解能力又与油品的组成及外界条件（如温度、空气、湿度）有关。

不同烃类，对水的溶解能力不同。一般芳香烃、不饱和烃对水分的溶解能力最大，而正构烷烃的溶解能力最小，因此含芳香烃较多的油品吸收水分较多。

空气湿度越大，即空气中的水蒸气分压越大，油品吸收水分的量也越多。

如果水在油品中的溶解度随温度增加而有规律地增加，则其关系可用式（13-7）表示，即

$$\lg X_t = \lg X_o - \frac{K_1}{T} \tag{13-7}$$

式中 X_t——温度为t时水在油品中的最小溶解度，%；

X_o——某一测定温度（100℃）时水的最小溶解度，%；

T——与t对应的热力学温度，K；

K_1——常数。

油品中绝大多数成分为非极性烃类化合物，不能与水形成氢键，因此水在油品中的溶解度不会很高，故不可能随温度升高而无限制增加。

油品中若存在水分，对油品的使用十分不利，会加速油品的氧化，进而引起设备的腐蚀。绝缘油含水会降低其绝缘性能；汽轮机油含水会破坏油膜的生成，降低其润滑性能。因此，对油品的运输、贮存和使用都应加强监督和管理。

(二) 灰分

将一定量的试油在规定的试验条件下完全燃烧所剩的固体残渣以质量%表示，即称为油品的灰分。新油的燃烧残渣主要是加工炼制过程中未除尽的有机金属盐、硫酸钠、白土微粒，以及加入新油中的金属盐添加剂等。该指标可初步判别油在炼制中的纯净程度，一般要求新油的灰分不大于0.005%（汽轮机油）。

使用中的电力用油所含杂质较新油多，油中的腐蚀产物、部分氧化产物、溶解或混入的固体材质以及金属磨损物等均会增加运行油的灰分含量。测定运行油的该指标可初步判别其污染和氧化程度。

(三) 机械杂质

一定量的试油在规定熔剂（汽油、乙醇—苯、正庚烷或苯等）中的不溶物含量以%表示，即称为油品的机械杂质。这些不溶物主要是砂、尘、锈、碳粒、金属磨损物及油品的部分氧化产物等。

油中的机械杂质在机组油系统中将破坏油膜、磨损设备机件，并有可能导致调速器的部件卡涩、失灵；在电气设备中，特别是当有水分存在时，机械杂质会急剧地降低油和设备的电气性能，直接威胁设备的安全运行。因此，对运行中的电力用油规定不得含有机械杂质。若含有时，应采取过滤等措施予以除去。

(四) 游离碳

运行的开关油在高温电弧作用下，因氧化、分解所产生的固体碳质物称为游离碳。

新绝缘油不应含游离碳，而运行的开关油容易产生游离碳。当油断路器被大电流开断后，油中的游离碳含量会急剧增加；油的物理性质也有所改变，如密度增大，闪点急剧降低。因油品组成不同，生成碳质物的条件也不相同，故构成的炭粒也不一样，有的较坚硬、细小，有的较粗松，其直径也各不相同。细小的炭粒多悬浮于油中，不易沉降分离；粗松的炭粒具有多孔结构，表面积大，易吸收水、汽。存在于油中的炭粒对油品和设备均有一定危害，会加速油品的乳化；增加油品的吸湿性，降低其电气性能；若沉积在断路器的某些部件上，有可能造成更大的危害。

第三节 电力用油的抗氧化安定性

一、油品的氧化现象

(一) 油品氧化的含义

从广义理解石油产品的氧化，应包括燃烧、高温氧化和自动氧化等。石油产品的燃烧是剧烈的氧化形式之一，有火焰产生，温度较高，是化学能变成热能的过程；高温氧化通常是在人为控制条件下，使石油及其产品与氧发生的氧化反应，可制得各种石油化工产品；自动氧化是油品在使用、贮存中，自动与空气中的氧分子发生缓慢的化学反应，其反应温度较低，一般约在油品烃类的沸点以下，反应产物极为复杂。上述三种氧化反应中，前两种是有利的，可为人类服务；而自动氧化是有害的，应予以减缓或防止。

运行中油品质量的严重下降除了是由油品本身自动氧化引起外，油品在热、电作用下的分解、碳化等，以及外界杂质的污染也是重要原因之一。通常把上述原因引起油质变坏的现象统称为油品的劣化或老化。

油品在使用条件下的自动氧化又可分为两类：一类是在厚油层中的氧化，如在变压器、油断路器、油桶、油箱和油罐中油品的氧化，其氧化的温度较低；另一类是在薄油层中的氧化，氧化的温度较高，如机件摩擦面间油膜的氧化等。由于这两类氧化反应所受外界条件的影响不同，其氧化产物也有差异。通常将厚油层中油品本身抵抗氧化作用的能力称为油品的抗氧化安定性；将薄油层中油品本身抵抗氧化的能力称为油品的热氧化安定性。

（二）氧化后油质的变化

许多事实表明，若使用的油品质量较差或运行中维护不良，油品的氧化程度将逐步加深，其外观性质变化也较明显。如颜色逐步变深，荧光逐步减弱直至消失，透明度不断下降，油泥、沉淀物增多，有腐烂、油焦气味。油品氧化后，其物理、化学性质也有较显著的变化，如酸值和破乳化时间明显增大，密度和黏度也有所增大，产生水溶性酸，绝缘油的电气性能明显下降等，如表13-7和表13-8所示。

表13-7　某汽轮机油运行中的油质变化

运行时间（d）	0（新油）	360	900	1500	2400
密度 ρ_{20}（g/cm³）	0.8829	0.8839	0.8845	0.8846	0.8846
闪点（℃）	202	202	201	200	200
恩氏黏度（50℃）	4.36	4.42	4.52	4.55	4.61
酸值（mgKOH/g）	0.0051	0.0198	0.0230	0.0285	0.0350
沉淀物（%）	无	无	0.08	0.10	0.10
水溶性酸或碱	无	无	微酸性	酸性	酸性
破乳化时间	5min23s	13min	18min2s	19min	20min40s

表13-8　废变压器油的主要性质

序号	恩氏黏度（50℃）	水溶性酸或碱	酸　值（mgKOH/g）	皂化值（mgKOH/g）	击穿电压（kV）
1	1.82	酸性	0.27	0.98	46.2
2	2.01	酸性	0.64	1.62	17.2

二、油品的氧化产物及其危害性

（一）油品的氧化产物

油品烃类的氧化产物按性质大体上可分为以下三类：

（1）酸性产物：羧酸、羟基酸、酚类和沥青质酸等。

（2）中性产物：过氧化物、醇、醛、酮、酯、胶质、沥青质等。过氧化物不稳定，易分解成醇、醛、酮等；醇、醛、酮类物质进一步氧化生成部分酸性产物；胶质、沥青质等易从油中析出而形成油泥和沉淀物。

（3）水和挥发性产物：油品氧化后会有微量的水生成，还有 CO_2、CO、低分子酸和低沸点烃等挥发性产物生成。

(二) 油品氧化产物的危害性

绝大多数氧化产物对油品和设备都有较大的危害：

(1) 腐蚀设备的有关部件，缩短其使用寿命，影响设备的安全、经济运行。

(2) 降低绝缘油和电气设备的电气性能，严重者有可能造成重大的设备和人身事故。

(3) 油泥、沉淀等氧化产物可增大油品的黏度，堵塞油路，有损于油的冷却散热、润滑和调速作用。

(4) 部分氧化产物可降低汽轮机油的抗乳化性能，严重者会造成调速器的失灵，烧毁轴承等重大事故。

此外，氧化产物会加速油品自身的氧化和固体绝缘材料的老化，因此在运行中防止油品的氧化、及时除去其氧化产物是十分重要的。

三、影响油品氧化的因素

油品氧化除受本身化学组成的影响外，还受以下外界因素的影响。

(一) 温度

(1) 对氧化速度的影响：油品的氧化速度随温度升高而加快。许多实验证明，在室温以下，油品氧化极缓慢；若超过室温，温度继续升高时，其氧化速度将加快；超过50～60℃后，其氧化速度大为增加。

(2) 对氧化产物的影响：随油品氧化温度的升高，其中间产物醇、醛、酮等可进一步发生氧化、缩合、聚合等反应，从而加速二次氧化产物胶质、沥青质等的生成。

(3) 对氧化曲线的影响：同一油品在温度较低时，为自动抑制型氧化；温度较高时，为自动催化型氧化。

由上述可知，油温升高是油品氧化的重要影响因素。因此，应尽量保持油品在低温下使用，以减缓油品的氧化。

(二) 氧气

氧气存在是油品氧化的根本原因。单位体积的油品中，氧化气体中氧气浓度增加（见表13-9）或氧化气体总压力增加均能加速油品的氧化，其氧化曲线为自动催化型。

表 13-9　　氧气浓度对油品的影响

氧化温度(℃)	空气氧化			氧气氧化		
	酸值(mgKOH/g)	皂化值(mgKOH/g)	沉淀物(%)	酸值(mgKOH/g)	皂化值(mgKOH/g)	沉淀物(%)
90	0.108	0.253	无	0.189	0.305	无
120	0.188	0.243	无	0.290	0.641	无
150	0.653	1.003	微量	2.85		0.229

注　本表数据为同一试油在不同温度下的两种情况的氧化，其他条件均相同。

增大油与空气的接触面，同样会加速油品的氧化，增加二次氧化产物的量，如表13-10所示。在油品中，应尽量减少油与氧的接触面，最好不与空气接触，因此在《相关标准》中规定，容量在8MVA及以上的浸油式变压器应安装隔膜密封或充氮保护，以使变压器油不直接与空气接触，减缓油品的劣化。

表13-10 某润滑油与空气接触面积不同时的氧化情况

氧化条件	与空气的接触面积（cm^2）	氧化后沉淀物（%）
150℃下，通空气氧化15h	9	0.01
	25	0.08

（三）催化剂

事实表明，部分金属及其盐类等物质均能加速油品的氧化，通常将这类物质称为油品氧化的催化剂。从表13-11可知，铅、铜、铁等金属的催化作用较强，铝和镍的催化作用较弱，多种金属（或合金）比单一金属的催化作用强。

催化剂也能影响油品氧化产物的分布。它有可能加速二次氧化产物的生成。

表13-11 部分金属对油品氧化的催化作用

项目	新油	氧化油（120℃，氧化70h）				
		无金属	铅	铜	铁	锌
酸值（mgKOH/g）	0.06	0.06	11.84	0.17	0.07	0.06
胶质（%）	无	无	29.3	2.5	0.6	0.8
沉淀物（%）	无	无	2.64	0.03	微量	无

（四）电场和日光

电场的影响：从表13-12可知，若在油品的氧化过程中施加电压，则氧化油的沉淀物和皂化值均有增加。在分别测定油和沉淀物中的酸值时，发现电场有使油中的有机酸转变成沉淀物的趋势，故油中酸值较小。

日光的影响：实验证明，日光中的紫外光能加速自由基的生成，因而油在日光照射下可加速其氧化反应的速度。例如位于户外的用油电气设备上的高压套管（透明、玻璃制）和油位指示器内的绝缘油，因经常被日光照射，氧化速度较快。

表13-12 电场对油品氧化的影响

氧化条件	油氧化后			
90℃，180d	沉淀（%）	皂化值（mgKOH/g）	酸值（mgKOH/g）	沉淀中的酸值（mgKOH/g）
有电场，U=25V	2.54	2.45	0.009 8	0.988
无电场	1.10	1.81	0.049 0	0.369

（五）固体绝缘材料

变压器油在使用中必然会与环氧树脂、云母片、电缆纸、丝绸带等材料接触，而这些绝缘材料由于本身的化学组成等情况不同，因此对油品氧化的影响也各不相同。经试验表明，多数绝缘材料长期与油接触时，会对油品的氧化产生不同程度的催化作用。

四、抗氧化添加剂

（一）抗氧化剂的基本特性

能在油中起抗氧化作用的物质较多，但并不是所有这些物质都能作为抗氧化剂使用，还必须具有以下主要特点：

（1）抗氧化能力强，油溶性好，挥发性小。

（2）不与油中组分起化学反应，长期使用不变质，不损害油品的优良性质和使用性能，不溶于水。

（3）不腐蚀金属及设备中的有关材料，在用油设备的工作温度下不分解、不蒸发、不易吸潮等。

（4）感受性好，能适用于各种油品。

（二）抗氧化剂的分类

油品抗氧化剂的种类较多，可按其作用机理、元素组成、官能团等进行分类。现按其作用机理可大致分为以下两类：

（1）抑制剂：如酚类、胺类等。它通常可与活性自由基作用，使油品氧化反应的链中断，从而延长油品氧化反应的诱导期。

（2）分解剂：又称过氧化物分解剂，如二烷基二硫带磷酸锌等。它能使油品氧化中生成的过氧化物分解，并生成稳定的产物，从而减缓油品的氧化。

第四节 绝缘油的电气性能

绝缘油是常用的液体绝缘材料（电介质）之一，具有液体电介质的基本特性。绝缘油的电气性能是指该油品在外界电场作用下所发生的基本物理过程的特性，如电导、极化、介质损耗、击穿等。其中介质损耗和击穿电压是评定绝缘油的重要质量指标之一，也是判断用油电气设备在运行中是否存在故障的参考指标。

一、绝缘油的介质损耗

（一）介质损耗及介质损耗因素

运行绝缘油在电压作用下有电导引起的电导损耗和由某种极化（偶极松弛极化、夹层极化等）引起的计划损耗。在直流电压下，由于没有周期性的极化过程，绝缘油的能量损耗仅由电导所引起，可用电导率表示，不需引入介质损耗这个概念。在交流电压作用下，纯净绝缘油的能量损耗主要是电导损耗，而含杂质的绝缘油除电导损耗外，还有极化损耗。通常将电介质在交流电压下引起的这两种能量损耗称为介质损耗。若在强电场作用下，还可由油中或油面上的气体电离等引起附加损耗。

在交流电压作用下，通过绝缘油的电流可分为两部分：①无能量（电能）损耗的无功电容电流（充放电）I_C；②有能量（电能）损耗的有功电流 I_R，其合成电流为 I。电流向量图如图 13-1 所示。从该图可知，I 与端电压 U 的相位差并不是 90°，而是比 90°小一个 δ 角，此角称为绝缘油的介质损耗角。δ 角的正切（$\mathrm{tg}\delta$）即为介质损耗角正切。

（二）影响介质损耗的因素

（1）水分：绝缘油中的水分是影响其介质损耗的主要因素。实验表明，即使是没有被氧

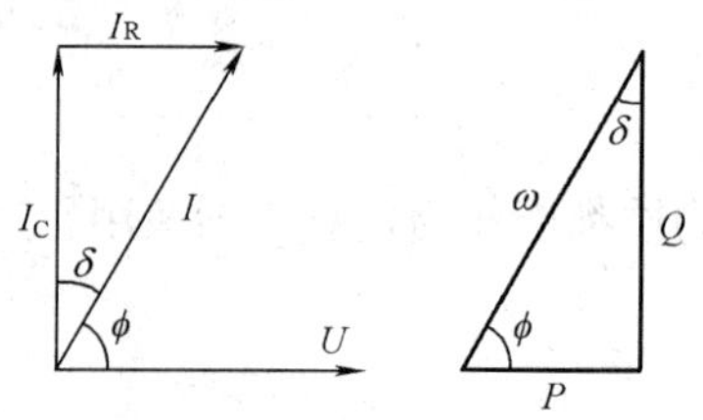

图 13-1 绝缘油在交流电压作用下的电流向量图和功率三角形

化的新油，只要其中有微量水分（0.002%），就可使其 tgδ 增大。这是因为水是强极性液体，在电场作用下易离解，从而增大绝缘油的电导电流，故其介质损耗有明显增大的趋势。

（2）氧化产物和杂质：运行中的绝缘油氧化后，必然会产生部分极性氧化产物，同时绝缘油被外界杂质污染后，也会增加极性物质，这些物质均能增大绝缘油的介质损耗。

（3）温度：纯净绝缘油为中性（或弱酸性）液体，其介质损耗主要为电导损耗。当温度升高时，其电导电流将增大，故 tgδ 随温度的升高而增大。由此可知，在较高温度下测定绝缘油的 tgδ 比在低温下测定更为灵敏。

（4）试验电压及其频率：较低的试验电压对绝缘油的介质损耗影响不大。当试验电压升高并超过绝缘油的起始游离电压时，该油的 tgδ 将急剧增大。这主要是由油中气泡或杂质发生了游离所致。

试验频率对绝缘油的 tgδ 有一定影响。一定频率范围内 tgδ 随其频率的增高而增大，当绝缘油所需的极化时间与交流半周期的时间相等时，其介质损耗最大。若频率再增高，则因时间太短，极化不完全，故其介质损耗又随频率的增高而减小。测定绝缘油的 tgδ 时，结合我国电气设备的实际使用情况，一般选用 50Hz 的工业频率，简称工频。

二、绝缘油的击穿

（一）击穿电压和绝缘强度

绝缘强度是绝缘油在高压电厂下所具有的重要电气特性指标。把绝缘油放在装有一对电极的油杯中，两极间加上电压，当电压增大到一定数值时，电流突然增大并产生火花，这一现象即为绝缘油的击穿。这时绝缘油失去了绝缘能力，变为导体。击穿时的电压称为击穿电压，此时的电场强度称为绝缘油的绝缘强度。击穿电压和绝缘强度的大小都可以用来表示绝缘油的绝缘性能。在均匀电场中的绝缘强度和击穿电压有以下关系，即

$$E = \frac{U}{d} \tag{13-8}$$

式中 E——绝缘油的绝缘强度，kV/m；

U——绝缘油的击穿电压，kV；

d——平板电极间的距离，m。

从式（13-8）可知，若 d 一定，则 U 越大，E 也越大，表明油的绝缘性能越好。通常用击穿电压来表示绝缘油的绝缘性能。

（二）影响因素

（1）水分：一般新绝缘油的击穿电压在 45kV 以上。水分对绝缘油的击穿电压影响很大，若含水量为 0.03%，油的击穿电压将下降 25%，原因是油中的水滴将会在两极间形成能导电的“水桥”，从而造成油品的击穿。

（2）温度：干燥绝缘油的击穿电压受温度影响不大，但受潮绝缘油受温度的影响较大。在 0℃左右，油中水分呈胶体状，其导电水桥最易形成，电泳电导较大，故击穿电压最低；

随温度升高，水从悬浮黏稠状变成溶液，较为分散，不易形成水桥，击穿电压升高；到60～80℃时，其击穿电压增至最大值；再升高温度时，水蒸发，易形成水泡，其击穿电压下降。0℃以下时，油中水分凝结成冰粒，使水桥效应减弱，其击穿电压升高。

(3) 固体杂质：悬浮于绝缘油中的纤维、绝缘纸、游离碳等在电场中有可能极化，并沿电场方向拉伸作定向排列，构成杂质小桥，导致油的击穿。

(4) 电极形状及电极间距离：测定电介质的击穿电压所采用的电极形状通常有三种，即平板形、半球形、球形。选用电极的形状不同，测得的击穿电压值差异较大，这主要是由电场的均匀性不同所致。我国测定绝缘油的击穿电压采用平板电极。电极间距离（简称极间距）对绝缘强度影响极大，对绝缘油的击穿电压也影响较大。极间距越小，则击穿电压越低；反之则越高。因此，在涉及击穿电压时，应注明极间距和电极形状。

第五节　变压器油的作用和维护

一、变压器油的作用

(1) 绝缘作用。变压器油具有比空气更高的绝缘强度，绝缘材料浸在油中，不仅可以提高绝缘强度，而且还可免受潮气的侵蚀。

(2) 散热作用。变压器油的比热容大，常用作冷却剂，变压器运行时产生的热量使靠近铁芯和绕组的油受热膨胀上升，通过油的上下对流，热量通过散热器散出，保证变压器正常运行。

(3) 消弧作用。在油断路器、变压器的有载调压开关上，触头切换时会产出电弧，由于变压器油导热性能好，且在电弧的高温作用下能分解出大量气体，产生较大压力，因此提高了介质恢复强度，使电弧很快熄灭。

二、变压器油的监督和维护

(一) 新油的验收

用油单位首次购买新油时，需确认油的质量，必要时送至权威部门分析鉴定，并与运行设备内的同牌号油品进行混油试验，合格后方可购买。

新油交货验收时，首先应向供油商索取该油品的检验报告，按GB/T 7597—2007《电力用油（变压器油、汽轮机油）取样方法》的规定进行油样的采集，国产油按GB 2536—1990《变压器油》或SH 0040—1991《超高压变压器油》的标准进行质量验收。在油质分析中要严加注意微小的细节，以保证分析数据的真实性和可靠性。

(二) 运行变压器油的质量标准、监督项目及周期

不同运行设备中的变压器油的检测周期和监督项目是不同的，最佳的检测周期取决于设备的形式、用途、结构及运行条件等。检测周期的确定主要考虑安全可靠性和经济性。表13-13和表13-14根据GB/T 7595—2008《运行中变压器油质量》的规定，列出了不同设备类型电气设备通用、最低要求的质量标准和检测周期。

表 13-13 运行变压器油质量标准

项目序号	分析项目	设备电压等级（kV）	质量标准		检验方法
			投入运行前的油	运行油	
1	外观		透明、无杂质或悬浮物		外观目测
2	水溶性酸（pH 值）		>5.4	≥4.2	GB/T 7598—2008
3	酸值（mgKOH/g）		≤0.03	≤0.1	GB/T 7599 GB/T 264
4	闪点（闭口，℃）		≥140（10、25 号油）	与新油原始测定值相比不低于 10	GB/T 261—2008
			≥135（45 号油）		
5	水分（mg/L）	330～500	≤10	≤15	GB/T 7600—1987 GB/T 7601—2008
		220	≤15	≤25	
		100 及以下	≤20	≤35	
6	界面张力（25℃，mN/m）		≥35	≥19	GB/T 6541—1986
7	介质损耗系数（90℃）	500	≤0.007	≤0.020	GB/T 5654—2007
		≤330	≤0.010	≤0.040	
8	击穿电压（kV）	500	≥60	≥50	GB/T 507—2002 DL/T 429.9—1991
		330	≥50	≥45	
		66～220	≥40	≥35	
		35 及以下	≥35	≥30	
9	体积电阻率（90℃，Ω·m）	500	$\geq 6\times10^{10}$	$\geq 1\times10^{10}$	GB/T 5654—2007 DL/T 421—2009
		≤330		$\geq 5\times10^{10}$	
10	油中含气量（体积分数，%）	330～500	≤1	≤3	DL/T 423—2009 DL/T 450—1991
11	油泥与沉淀物（质量分数，%）		≤0.02（以下可以忽略不计）		GB/T 511—2010
12	油中溶解气体含量（色谱分析）		按 DL/T 596—1996 中第 6、7、9 章		GB/T 17923—1999 GB/T 7252—2001

注 水分分析时取样温度为 40～60℃。

表 13-14 运行变压器油常规检验周期

设备名称	设备规范	检验周期
电力变压器	220～500kV	每年至少 2 次
	110kV 及以下	每年至少 1 次
所、厂用变压器	35kV 及以上或 1000kVA 及以上	每年至少 1 次
配电变压器	560kVA 及以下	三年至少 1 次
互感器	220kV 及以上	每年至少 1 次
	35～110kV	三年至少 1 次
套管	110kV 及以上	三年至少 1 次

在运行变压器油的监督中还应注意以下几点：

(1) 当设备制造厂有较严格、明确的规定时，一般按制造厂的要求检验。

(2) 有些设备所带负荷较高或高温、潮湿季节运行的设备，可以适当地增加分析次数。

(3) 当运行油的颜色变深或某些指标接近控制极限时，应根据具体情况增加分析次数，并分析原因。

当发现油的闪点明显下降时，应及时分析油中溶解气体的含量，并分析原因。

三、防止运行油劣化的措施

变压器油在运行中会逐渐氧化变质，缩短其使用寿命，而且对充油电器设备的安全运行构成威胁。为防止油的老化、延长油的使用寿命，应对运行油采取有效的防劣化措施。GB/T 14542—2005《运行变压器油维护管理导则》规定：电力变压器必须采取下述一项防劣措施，1000kVA 及以上设备应装净油器，8000kVA 及以上的设备应装密封式储油柜。

(1) 添加抗氧化剂。

能减缓油品抗氧化安定性的少量物质称为油品的抗氧化添加剂，油中添加抗氧化剂是减缓油质劣化的有效方法。在国内的变压器油中普遍使用的是 T501 抗氧化剂（2，6一二叔丁基对甲酚）。

抗氧化剂的作用机理是：从油品烃类氧化的连锁反应解释，抗氧化剂之所以能减缓油品的氧化，关键是抑制剂能“吃掉”活性自由基，分解剂能终止氧化的链反应。

T501 为第三类抗氧化剂，它能与油在氧化过程中产生的 R· 和 RO_2· 作用生成非活性自由基或稳定化合物，从而抑制油分子的氧化过程。

在油中添加抗氧化剂之前，一般需要经历以下步骤：

1) 抗氧化剂感受性试验。通过多年的实践证明，国产油对 T501 的感受性较好，并且油出厂时多数添加了 T501 抗氧化剂。对于进口油及来历不明的油，应进行添加效果试验。

2) 抗氧化剂添加量的确定。在一定的范围内，油的抗氧化安定性随着添加量的增加而增强。通过小型实验表明，抗氧化剂含量大于 0.6%时，油的抗氧化安定性提高得并不多；低于 0.3%时，许多油不能达到较长的使用寿命。综合考虑，国际规定新油及再生油的 T501 含量应为 0.3%～0.5%，运行油的抗氧化剂含量不低于 0.15%。

添加 T501 抗氧化剂的方法：运行油补加抗氧化剂一般在设备停运或检修期间进行。添加前，运行油需要进行处理，除去油中的水分、杂质、油泥，其 pH 值应处理至 5.0 以上，酸度不大于 0.03mgKOH/g。添加方法为热溶法，即用设备油或新油将 T501 抗氧化剂配成 5%～10%的母液，放置室温后，用滤油机送入设备并混匀；也可以从热虹吸器内添加。

添加抗氧化剂的油如果监督、维护得好，一般可以使用 15～20 年。运行油添加抗氧化剂前后均应按运行质量指标进行油质分析，如发现异常，应及时分析、处理。

定期分析油中的抗氧化剂含量，掌握其消耗情况；当抗氧化剂含量低于 0.15%时，应及时补加至 0.3%。

(2) 安装虹吸器（净油器）。

净油器是一种渗滤过滤装置，具有结构简单、维护工作量小、对油的防劣效果好等特点，是电力系统防止变压器油劣化的有效防劣措施之一。

净油器按循环方式分为热虹吸净油器和强制循环净油器两类。热虹吸净油器使用的是一种吸附净油法，也称连续再生法，它是利用变压器油的自然循环进行油的净化。当热油在热虹吸器内循环流动时，与吸附剂充分接触，油中的水分、酸性组分、油泥等氧化产物和污染物被吸附、过滤掉，从而达到净油的目的。

(3) 充氮保护和隔膜密封。

1) 充氮保护。开放式变压器的油枕（储油柜），其油面是直接与大气相通的，因此油中含有大量水分和氧气，加速了油的劣化。由于充氮保护与隔膜密封油枕相比缺点较多，目前国内变压器较少采用。

2) 隔膜密封。隔膜密封是在油枕的油面上放一个耐油的气袋使油与大气隔绝，变压器通过气袋内部容积进行呼吸。由于隔膜密封具有结构简单、维护方便等优点，目前电力系统已广泛采用。运行中应经常检查气室呼吸情况、油位情况等，定期进行油中水分分析，防止隔膜袋损坏。

(4) 关于变压器的补油和混油问题，GB/T 7595—2008《运行中变压器油质量》及GB/T 14542—2005《运行变压器油维护管理导则》中都有明确的规定，主要有以下几个方面：

1) 不同牌号的油品，原则上不易混合使用，必须混合时，应通过有关试验来确定是否可以混合。

2) 补油时最好采用同一油源、同一牌号、统一添加剂类型的油品，避免混合时使油发生化学变化，并且补充油的各项指标不应低于设备内的运行油。

3) 补油时油量大于充油量的5%或设备内运行油的特性指标（pH值、酸值等）接近国际规定的运行油极限时，可能会导致补油后析出油泥，因此在补油前应按补油比例进行油泥析出试验，若无沉淀产生，油介质损耗不大于运行油，则方可混合。

4) 进口油或来历不明的油与不同牌号的运行油相混合时，应进行各种油样及混合油样的老化试验。老化后，混合油的质量不低于单一油中质量最差的油时方可使用。

5) 混合前的单一油的质量必须合格。混油试验后，油样的混合比应与实际使用的比例相同，如果使用比例是未知的，则采用1∶1比例混合。

第六节　汽轮机油的作用和维护

一、汽轮机油的作用

(1) 调速作用。供给调速系统的油实际是一种液压介质，它为汽轮机调节和保安系统气门提供动力。油动机通过压力油来操纵调速气门，适当调节调速气门开度，为机组提供合适的主蒸汽量，使机组的负荷和转速稳定。

(2) 润滑作用。汽轮机油系统的轴承为滑动轴承，主要起支撑和稳定作用。在大轴转动时，轴和轴承会发生干摩擦，甚至损坏。通过在汽轮机的轴和轴承间加入汽轮机油，使金属表面形成润滑油层。在大轴转动时形成油膜，从而使固体摩擦被液体摩擦代替，起到良好的润滑作用。

(3) 冷却散热作用。高速运转的机组通过转子和汽缸的热传导及各种摩擦，会产生大量的热。运行中的汽轮机油通过不断地在系统中流动，不断地带走热量，经冷油器排出，从而起到冷却散热作用。

(4) 冲洗和减振作用。通过油的流动，将系统各部件中的杂质带走，通过净油设备除去。同时由于汽轮机油在摩擦面上形成油膜，因此对设备的振动起到一定的缓冲作用。

二、运行汽轮机油的监督及维护

(一) 新油的验收

用油单位首次购买该厂家油品时，需了解油的质量如何，必要时应送至权威部门分析鉴定，并与运行设备内的同牌号油品进行混油试验，合格后方可购买。

新油交货验收时，首先应向供油商索取该油品的检验报告，油样的采集按 GB/T 7597—2007《电力用油（变压器油、汽轮机油）取样方法》的规定进行，国产防锈汽轮机油按 GB 11120—1989《L-TSA 汽轮机油》的标准进行质量验收。对从国外进口的汽轮机油应按合同规定的指标进行验收。在油质分析中要严加注意微小的细节，以保证分析数据的真实性和可靠性。油质合格后，方可入库备用。

(二) 运行汽轮机油的质量监督

1. 运行汽轮机油的质量监督

运行汽轮机油的质量标准为 GB/T 7596—2008《电厂运行中汽轮机油质量》，分析项目、检验方法及质量标准见表 13-16。

表 13-16　运行汽轮机油的分析项目、检验方法及质量标准

项　目	设备规范	质量标准	检验方法
外观		透明	外观目视
运动黏度(40℃，mm^2/s)		与新油原始测值偏差不大于 20%	GB/T 265—1988
闪点(开口杯,℃)		与新油原始测值偏差不低于 15%	GB/T 267—1988
机械杂质		无	外观目视
颗粒度	250MW 及以上	≤8	SD/T313 或 DL/T 432—2007
酸值[mgKOH/g(加防锈剂油)]		0.3	GB/T 264
液相锈蚀		无锈	GB/T 11143—2008
破乳化度(min)		≤30	GB/T 7605—2008
水分(mg/L)		≤100	GB/T 7600—1987
起泡性试验(mL)	24℃	500/10	GB/T 12579—2002
	93.5℃	50/10	
	后 24℃	500/10	
空气释放值(min)		≤10	SH/T 0308—1992

注 1 颗粒度参考国外标准控制极限 NAS1638 规定的 8～9 级或 MOOG 规定的 6 级；油的 300MW 汽轮机润滑系统和调速系统共用一个油箱，也用矿物汽轮机油，此时油中颗粒度指标应按制造厂提供的指标。

2 在冷油器处取样，对 200MW 及以上的水轮机油中水分质量指标为≤20mg/L。

3 对 200MW 机组油中颗粒度测定，应创造条件，开展检测。

4 未加防锈剂的油酸值指标为≤0.2mgKOH/g。

2. 运行汽轮机油的监督周期

GB/T 7596—2008《电厂运行中汽轮机油质量》规定的监督周期只是作为一般性的规定，各单位在监督中应结合本单位实际情况，制订详细的监督周期。如果机组运行正常，无超温等不正常现象，检验周期可适当延长。当机组存在缺陷或油质异常时，应及时缩短周期，加强监督，并采取有效措施。

三、运行汽轮机油的维护

（一）汽轮机油防劣措施

为延长油的使用寿命及保证设备的安全运行，应对运行汽轮机油采取防劣措施。目前现场采用的方法有安装连续再生装置（净油器）、安装油净化器、投入滤油器、添加抗氧化剂等。

（1）安装连续再生装置（净油器）。它是一种吸附过滤装置，利用净油器填充的吸附剂除去劣化产物。由于目前汽轮机油添加的防锈剂等也容易被吸附剂吸附，因此不宜采用。

（2）安装油净化器。200MW及以上机组均安装了大型净化器。它具有较大的油容积，对油中水分、杂质的清除效果较好，并兼有重力分离、过滤与吸附净化作用。由于设备及管理的原因，投入率较低，目前逐渐被固定、移动式滤油设备所代替。

（3）添加抗氧化剂。汽轮机油添加抗氧化剂是减缓油质劣化的有效方法。目前普遍采用的T501对新油或轻度劣化的油作用十分显著。在添加抗氧化剂时（尤其是运行多年而未加过抗氧化剂的油），与变压器添加T501一样，需要先进行抗氧化剂的感受性试验，然后根据小型试验确定添加量。

运行汽轮机油添加抗氧化剂一般应在机组停备或检修时进行，添加前需除去系统及油中的水分和杂质。然后，采用热溶法配成5%～10%的母液，冷却后通过滤油机送入主油箱，利用滤油机的循环使抗氧化剂与运行油混合均匀。

（4）添加防锈剂。汽轮机油不可避免地与水、汽接触，进入油中的水分会使油乳化，并使油系统金属表面发生腐蚀。在运行汽轮机油中添加防锈剂，可以有效地防止油系统的腐蚀。目前国内普遍采用的防锈剂为十二烯基丁二酸，即T746防腐剂，它是一种表面活性剂，对金属具有良好的防锈作用。

（二）混油与补油

关于汽轮机油的补油和混油问题，GB/T 7596—2008《电厂运行中汽轮机油质量》及GB/T 14541—2005《电厂用运行矿物汽轮机油维护管理导则》中都有明确规定。

第七节 抗燃油的维护

一、抗燃油的特性

抗燃油是相对于矿物汽轮机油而言的，它不是一个特定的产品，而是一类产品的特定概念。了解抗燃油的基本概念，掌握电厂中常用磷酸酯抗燃油的特性指标，对油物监督分析人员是非常必要和有益的。

抗燃油顾名思义就是难以自然燃烧的油。它是合成的非矿物油，属于液压油的范畴。所谓的“抗燃”是一个相对概念，从某种意义上说，其自燃点高于石油基矿物油的液体都可称为抗燃油。

抗燃油的突出特点是，比石油基液压油蒸汽压低，没有易燃和维持燃烧的产物，而且不沿油流传递火焰，甚至其分解产物构成的蒸汽燃烧时，也不会引起整个液体的着火。

二、运行抗燃油的监督

（一）运行抗燃油的质量标准

DL/T 571—2007《电厂用磷酸酯抗燃油运行与维护导则》中规定了国产抗燃油的运行质量标准，见表13-17。进口抗燃油的运行标准原则上可参照国产高压抗燃油的运行标准执行。

表 13-17　运行抗燃油的质量标准

项　目	ZR-881 中压油	ZR-881 高压油	试验方法
外观	透明①	透明②	DL 429.1
颜色	橘红	橘红	DL 429.2
密度（20℃，g/cm^3）	1.13～1.17	1.13～1.17	GB/T 1884
运动黏度（40℃，mm^2/s）	28.5～35.2	37.9～44.3	GB 265
凝点（℃）	≤−18	≤−18	GB 510
颗粒污染度（SAE749D 级）	≤5	≤3	SD 313
水分（质量分数，%）	≤0.1	≤0.1	GB 7600
酸值（mgKOH/kg）	≤0.25	≤0.2	GB 264
氯含量（质量分数，%）	≤0.015	≤0.010	DL 433
泡沫特性（24℃，mL）	≤200	≤200	GB/T 12579
电阻率（20℃，Ω·cm）	—	$\geqslant 5.0\times10^9$	DL 421

① DL/T 571—2007 把抗燃油油压在 4MPa 左右定为中压。

② DL/T 571—2007 把抗燃油油压≥11MPa 定为高压。

（二）运行抗燃油的检验项目与周期

现场运行人员应注意运行油的外观、颜色变化，并记录油温、油位及泵出口过滤器和旁路再生装置的压差变化。在机组正常运行情况下，抗燃油的试验项目及检测周期见表13-18。

表 13-18　抗燃油的试验项目及检测周期

试验项目 \ 运行时间	第一个月	第二个月
颜色、外观、酸值	每周一次	每月一次
氯含量、电阻率、闪点、水分	每两周一次	三个月一次
密度、凝点、自燃点、运动黏度、泡沫特性、颗粒污染度、矿物油含量	每月一次	半年一次

注 1　补油后应测颗粒污染度。

2　每次检修后、启动前应作全面分析，启动 24h 后测定颗粒污染度。

在新油合格的情况下，若系统运行正常、稳定，抗燃油中除酸值、水分、电阻率、颜色等指标因油脂的氧化劣化或水汽影响易发生变化外，其他指标一般在短期内变化很少。因此，在抗燃油的监督中，可适当地缩短容易发生变化项目的检测周期，其他项目的检测周期则可根据机组的运行工况适当地延长。例如，若抗燃油中混入了矿物油，则应增加颗粒度检测。总之，监督运行抗燃油的目的是为了确保机组液压系统的正常工作。

三、抗燃油的维护管理措施

(1) 使用相容性材料。在抗燃油液压系统的安装、检修过程中，要特别注意材料的相容性问题，如果用了不相容的垫圈等密封材料，抗燃油就会因材料而溶解，导致其颜色迅速变深，理化指标变差，甚至导致系统油品泄漏等问题。

使用体外滤油机时，也要注意滤油机上所用的垫圈材料、滤油机进油、出油管路材料的相容性问题，否则会出现油品越滤越差的状况。

(2) 严格控制油品的清洁度和水分。一般来说，肉眼所看到的最小黑点约 40μm，所以抗燃油的颗粒污染度是否合格不能靠肉眼来判断，而应用专用的仪器进行检测。

油品中存在的微小颗粒污染物和水分除会造成调速系统中精密部件（如伺服阀）的磨损、调速阀门的卡涩等事故外，还会对油品产生催化裂解作用，使油品在投运较短的时间内，颜色加深，酸值急剧上升，腐蚀相关运行设备，缩短抗燃油的使用寿命。

(3) 减少或防止空气的侵入。抗燃油携带过量的气体，一方面会加速抗燃油的老化，使空气释放性和泡沫性变差；另一方面，由于抗燃油的空气在系统的节流部件会释出，造成调节系统的调节缓慢及振动和压力的不稳。空气的存在还会造成流体温度升高，因气蚀而使泵受损。如油中侵入大量空气，应主要检查泵入口处的密封是否正常。

(4) 保持合适的运行油温。抗燃油的热稳定性、黏温性较差。油温过低（低于 20℃），油品的黏度过大，会使系统中的油泵和电动机过载；油温过高，则会加速抗燃油的水解及老化。

要保持抗燃油运行温度在合适的范围内，除应注意调节冷油器冷却水阀门的开度外，还应在安装、检修时，采用合理、适当的保温工艺，即应避免油管路与主蒸汽管路靠得太近，防止油系统中出现局部过热区。若保温不足，油品会因局部过热或热辐射而急剧劣化，严重时，会使管路内的抗燃油形成结块而堵塞滤网。

(5) 加强过滤器、滤网的维护管理。

1) 油系统中采用的精密过滤器、滤网应定期检查和维护。防止过滤元件堵塞，压力过大而使过滤器破损。如对于工作压力为 15MPa 的系统，其油泵出口前后压差超过 0.7MPa 时，就应立即更换，回油污染指示器压差超过 0.2MPa 时应及时更换滤芯。

2) 目前，抗燃油系统普遍使用的防颗粒污染装置，其中所采用的均匀固定孔径的金属过滤器、滤网等设备，过滤效率低，截污能力差，抗燃油中的颗粒污染难以有效地控制，建议使用渐变孔径滤材，以提高过滤器的过滤效率。

第八节 油品的净化处理

油品在长期使用、保管及运输等过程中，会逐渐裂化变质和受到外界污染等，从而使油品的性能下降至某些指标达不到要求。但变质的只是油中的部分烃类，或是由可以去除的外界污染物（如水分、机械杂质等）造成的，而其余大部分成分（占 75%～99%）是有益的，具有良好的性能和使用价值，如果采取适当的措施，就可将这些变质物质及外界污染物去除，使某些质量不合格的油品性能得到恢复和改善。这种去除油中有害杂质，使油品性能重新恢复或改善的过程即是油品的净化再生过程。

油品的净化一般是指通过简单的物理方法（如沉降、过滤等）去除油中污染物的过程。通常把由于氧化等原因使油品的理化性能及电气性能严重变化达到不能继续使用程度的油称为“废油”，而把废油处理成合格油的工艺过程称为油品的再生处理。油品的净化再生方法有很多，在实际工作中，应根据油品的种类、污染程度及质量要求等选用不同的净化再生方法。

一、沉降法

沉降法也称重力沉降法，其原理是利用水分及机械杂质等比油品的密度大，在重力的作用下杂质可沉降到容器的底部而达到从油中分离的目的。沉降法是一种较为简单的油品净化方法，用这种方法只能除去油中大部分的水分和能自然沉降的机械杂质。

沉降过程一般是在装有加热装置、保温措施及排污阀的沉降罐内进行。首先，将油加热到一定沉降温度，然后开始静置沉降。在沉降过程中即使温度降低，也不宜再投加热，因为再投加热会产生热对流，而使原来已形成的沉淀分离破坏。

二、压力过滤器

利用油泵的压力使油通过过滤介质（滤纸或其他过滤材料），使油中混杂物等被截流或吸附，从而达到油品净化目的的方法称为压力过滤净化法。目前常用的板框式滤油机即是利用该原理而生产的一种净油设备。

过滤介质有滤纸（粗孔、细孔及碱性等）、致密的毛织物和树脂微孔滤膜等。滤纸是压力式滤油机常采用的过滤介质，它不仅能除去油中的机械杂质，还能去除油中的部分水分（滤纸需经干燥处理才会有较好的除水效果）。树脂微孔滤膜是近年来发展起来的过滤材料，它对去除油中的微细杂质（0.8～5μm）和游离碳等效果较好。

三、真空过滤法

真空过滤法是在高真空和一定温度下，使油雾化或形成油膜，以脱除油中气体和水分的一种油品净化方法。由于真空滤油机也带有滤网，可滤去油中杂质等污染物，因此该方法称为真空过滤法。该种油品净化方法应用十分广泛，尤其适用于对含水量和含气量（包括可燃气体）有很高要求的高压电气设备用油的净化处理，即该方法更适用于对油品的深度脱水脱气的处理。如果油中含水及机械杂质较多，最好先用离心机或压力式滤油机去除大量水分和机械杂质，然后再用真空过滤法处理。

真空滤油机由一级滤网（粗滤）、进油泵、加热器、真空泵、出油泵、二级滤网（精滤）、真空泵及冷凝器等组成。

四、离心分离法

油的离心分离净化是基于油、水等杂质的密度不同，在旋转时产生的离心力不同，从而使油、水等杂质迅速分离的一种油品净化方法。当滤油机毂体旋转时，油最轻，聚集在旋转毂的中心，水的密度稍大，被甩在油的外层，油中固体杂质最重，被甩在最外层，在毂中的不同分层处被抽出。

离心式滤油机主要是靠高速旋转的毂体来工作的，它是一些碗形的金属片，上下叠置，中间有薄层间隙，金属片装在一根主轴上，运行时由电动机带动主轴高速旋转（1000～

6000r/m），产生离心力使油、水和杂质分开。

五、吸附法

该方法是利用较大活动表面的吸附剂对油中的氧化产物及水等有较强的吸附作用，使有害物质吸附到吸附剂上，从而达到使油品净化再生的目的。一般吸附净化再生的方法有两种，即接触法和过滤法。

六、油品的在线净化处理

为了延长油品的使用寿命，保障设备的安全运行，一般用油设备都装有在线的油品净化再生装置。

（一）呼吸器

冲油电气设备一般均装有呼吸器，它通常与储油柜配合使用，其内部装有性能良好的吸附剂（如硅胶、氟石分子筛等），其底部设有油封。吸附剂在使用前应按规定进行烘干处理，失效时应及时更换。

由于一般呼吸器作用有限，特别是对油温经常变化的设备，除湿效果不好，在110kV及以上的电力变压器上常装有冷冻除湿器（电热式除湿器）。这种除湿器既能防止外界水分侵入，又可清除设备内部的水分。

（二）净油器

净油器是利用吸附剂对油进行连续再生的一种装置，适用于不同形式的电力变压器。净油器的使用效果只取决于所用吸附剂的性能与用量，对于超高压设备，由于吸附剂粉尘有可能进入油流，应慎重使用。

净油器是一种渗流过滤装置，分为温差环流净油器（即通常所说的热虹吸器）和强制循环净油器两种。温差环流净油器安装在油浸自冷及油浸风冷变压器的油箱壁上。净油器的尺寸根据设备用油量而定，吸附剂用量为油量的0.5%～1.5%（质量比）。强制循环净油器使用在强迫循环的电力变压器上。净油器的吸附应选用吸附性能和机械性能良好的粗孔硅胶，沸石分子筛或活性氧化铝等在使用前应过筛（粒度一般为4～6mm）和活化，装入净油器后应排除内部积存的空气。净油器在安装和使用中应仔细检查其油流出口滤网是否坚固、完好，如发现滤网支撑塌陷或网孔破损，应立即修理或更换，以防吸附剂颗粒漏入油系统，造成不良后果。

（三）滤油器

滤油器是装在汽轮机油系统中的净油设备，包括滤网式、缝隙式、滤芯式和铁磁式等类型。机组设计时，应根据油中污染物的种类和含量，以及油系统的重要部件对油清洁度的要求，合理配备合适的滤油器。滤油器的截污能力取决于过滤介质的材料及其孔径，金属质滤料包括滤网、细丝烧结板等，这种金属质滤元使用后可清扫再用。非金属滤料包括滤纸、编织物等，它不仅可以清除机械杂质，还对水分及酸类有吸附作用。

滤油器在使用中应加强检查和维修，应定期检查滤元上的附着物，以便及时发现机组、油系统及油中初始出现的问题。如发现滤油器滤元上有截污、腐蚀、破损或压降过大等情况，应查明原因，进行清扫或更换。精密滤元一般每年至少更换一次。

（四）连续再生装置（净油器）

连续再生装置是一种滤渗吸附装置，它利用硅胶、活性氧化铝等吸附剂去除运行油老化过程中产生的酸类等氧化物，对防止调节系统部件的腐蚀有良好的作用。

净油器与油系统连接采用旁路循环方式，即一端连在主油泵出口油路或冷油器入口侧，另一端与油路相连，返回油箱。借主油泵油压，迫使旁路油进入冷油器，进入冷油器的油量按主油路油量的2%～4%控制。装入净油器的吸附剂应筛选和活化，装入时要排除内部积存的空气；吸附剂失效时应及时更换。

第十四章

化学运行异常处理及预案、措施

本章节主要介绍电厂化学生产、监督过程中实际发生的异常现象、处理方法及日常运行中的预案、措施。

第一节　化学运行设备异常分析及处理

一、冷却塔循环水浊度超标的分析及处理

(1) 冷却塔补水浊度招标（指标≤10NTU，正常情况下≤1NTU）。

处理方法：

1）立即降低冷却塔补水量，如在机组冷却循环水量允许的工况下，可以暂停补水。

2）立即调整沉淀池的运行工况，降低出力运行、增加排污、调整加药量、投运备用设备，争取在最短时间内保证沉淀池出水浊度合格。

3）当沉淀池出水恢复正常合格指标后，立即对循环冷却塔进行大量补水，同时加大冷却塔循环水排污量。

4）加强对冷却塔循环水浊度及其他相关指标的监督分析，直至指标恢复正常合格，调整循环冷却塔的补水量及排污量。

(2) 加入非氧化杀菌剂后，有大量的黏泥产生。

处理方法：加大循环冷却塔的补水量及排污量进行换水，加强对冷却塔循环水浊度及其他相关指标的监督分析，直至指标恢复正常，调整循环冷却塔的补水量及排污量。

(3) 冷却塔补水旁通阀处在开启位置（操作有误），有大量的原水直接漏入冷却塔（现象：冷却塔内水位异常上升）。

处理方法：

1）应及时关闭原水补水旁通阀门，防止水质进一步恶化。

2）加大循环冷却塔的补水量及排污量进行换水。

3）加强对冷却塔循环水浊度及其他相关指标的监督分析，直至指标恢复正常，调整循环冷却塔的补水量及排污量。

二、冷却塔循环水浓缩倍率超标的分析及处理

(1) 冷却塔循环水长期排污量偏小。

处理方法：及时开大排污量进行换水，调整冷却塔循环水排污量，将浓缩倍率控制在设计要求指标内。

(2) 冷却塔循环水长期排污量偏大（如果浓缩倍率过低，可能会造成冷却水系统的管道结垢腐蚀，危害较大）。

处理方法：及时调整排污量（必要时可暂停排污），同时加大稳定剂的加入量，提升冷却塔循环水浓缩倍率至设计要求指标内。

三、冷却塔阻垢率较低的分析及处理

(1) 加药设备有缺陷。

处理方法：及时联系检修处理，以保证需要的加药量。

(2) 稳定剂加药量不够。

处理方法：

1）根据冷却塔循环水量及时调整加药量。

2）必要时化验分析稳定剂质量，以保证药品质量。

四、原水泵进口管道大漏的分析及处理

现象：发现正常运行的原水泵进口压力不断下降，运行流量不稳定且大幅度晃动，应及时向循泵房询问循泵运行是否正常，如循泵运行正常，则可能是原水泵进口管道出现了大量漏水，为保证原水泵不被损坏，应先停用原水泵，并现场检查原水泵进口管道的运行情况。

(1) 原水泵进水阀门法兰大漏。

处理方法：立即停用原水泵，关闭原水泵进水阀门，并联系检修进行处理；启动备用原水泵，恢复沉淀池的正常运行。

(2) 循管至原水泵的阀门或法兰大漏。

处理方法：立即停用原水泵，关闭原水泵进水，并联系检修进行处理；同时开出备用循管的进水水源，启动备用原水泵恢复沉淀池的正常运行。

(3) 原水泵进水管道或法兰有多处大漏，漏点隔绝后所有沉淀池都不能正常运行。

处理方法：及时开启冷却塔补水旁通阀门，由循环水直接补充至冷却塔；联系检修人员进行抢修工作时，一定要监督好冷却塔的水质，防止水质恶化。

在处理漏水异常的同时，要加强泵房内排水坑的排水工作，防止水位不断上升而影响运行中的设备。

五、化学综合泵房内有大量水流入的分析及处理

现象：监盘发现综合泵房的排水坑内水位不正常上升，两台排水泵全部自启动，但排水坑内水位还有上升现象，可以判断是化学综合泵房有大量水漏入，立即现场检查设备情况，并查找泄漏点。

(1) 原水泵出口法兰大量漏水。

处理方法：立即停用原水泵，隔绝泄漏点，防止因漏水而影响正常运行设备的安全，及时联系检修进行处理。

(2) 生活水泵出口法兰大量漏水。

处理方法：立即投用备用生活泵，停用有泄漏的生活水泵，关闭泵浦的进出口阀门，联系检修进行处理。

(3) 工业水泵进口法兰大量漏水。

处理方法：立即投用备用工业水泵，停用有泄漏的泵，关闭泵浦的进出口阀门，同时要求机组人员监视好循泵冷却水压力，必要时可以切至备用水源，保证循泵安全运行；及时联系检修进行处理。

(4) 泄漏点无法隔绝，两台排水泵来不及排水，水位还在不断上升。

处理方法：立即汇报值长及相关领导，同时联系检修人员，增加潜水泵进行紧急抽水工作，保证泵房内运行设备的安全；同时做好泵房内设备故障的事故预想。

六、工业水系统管道大量漏水的分析及处理

现象：当发现工业水系统出现流量大幅上升，系统运行压力较低时，应及时向各机组脱硫运行人员询问用水量是否正常，如无异常操作，则可能是工业水系统管道出现了大量漏水，应立即现场检查设备的运行情况。

(1) 工业水泵法兰大量漏水。

处理方法：立即投用备用工业水泵，停用有泄漏的泵，关闭泵浦的进出口阀门，同时要求机组人员监视好循泵冷却水压力，必要时可以切至备用水源，保证循泵安全运行；及时联系检修进行处理。

(2) 工业水出口母管有大量漏水。

处理方法：立即关闭工业水泵出水阀、工业水泵出水连通阀、工业水母管出水阀，同时启动备用工业水泵，调整好工业水备用系统管道的系统压力，保证系统正常运行。

在处理漏水异常时，要加强泵房内排水坑的排水工作，防止水位不断上升而影响运行中的设备。

七、沉淀池出水水质恶化的分析及处理

沉淀池出水质量恶化主要是出水中悬浮物增多，浊度超标。首先要保证取样和分析正确无误，确认是沉淀池出水恶化。

(1) 絮凝剂浓度达不到要求（5%），使絮凝反应不完全。

处理方法：重新配制，保证絮凝剂的浓度要求。

(2) 当沉淀池清水区中有细小絮状物上升时，说明加药量不足。

处理方法：及时提高并调整加药量，适当进行排污。

(3) 当沉淀池清水区有大颗粒矾花普遍上浮，但颗粒间水色仍透亮时，可能是加药量过大。

处理方法：适当减少加药量或缩短排泥的间隔周期和增加每次排泥的时间。

(4) 当沉淀池斜管上沉淀有大量的矾花时，可能是有部分斜管被堵塞，局部流速过快而将矾花一起带出斜管。

处理方法：及时停运沉淀池，彻底将斜管冲洗干净。

(5) 加药口的混合器损坏，加药后不能将药物充分混合。

处理方法：联系检修人员更换混合器。

(6) 混凝区的折板损坏后混凝效果不好。

处理方法：联系检修更换折板。

进水水质变差后，一般可降低出力运行，待进水质量有所好转时再逐渐提高出力；冬季沉淀池进水水温较低时，可适当提高加药量或降低出力运行，从而保证出水水质。

八、沉淀池及滤池电动门发生多次电动头烧坏的分析及处理

(1) 电动门本身存在质量问题，阀门多次开关后使电动头烧坏。

处理方法：及时联系检修更换电动头。

(2) 阀门开关过程中阻力过大，使电动头过载动作。

处理方法：及时联系检修更换电动头，并检查阀门开关时是否阻力过大。

(3) 电动门露天布置，防水性能差，雨天使电动头进水，电动头在开关过程中被烧坏。

处理方法：联系检修在电动头处加装有防水性能的装置。

九、滤池出水水质恶化的分析及处理

滤池出水质量恶化主要是出水浊度超标，首先要保证取样和分析正确无误，确认是滤池出水恶化。

(1) 滤池进水水质不合格。

处理方法：及时调整沉淀池出水水质，并将滤池进水水源切至出水合格的沉淀池，保证滤池进水水质。

(2) 滤池进水流量过大。

处理方法：合理调整好滤池的进水流量，并控制在滤池的额定出力之内。

(3) 滤池过滤室水位过低。

处理方法：及时调整好过滤室水位和阀门位置，保证滤池的过滤流程正常。

(4) 滤池反洗时反洗强度过大，使滤料乱层。

处理方法：反洗时控制好反洗强度[12～15L/(m^2·s)]，并调整好滤池挡板开度，保证滤池反洗效果。

(5) 反洗强度不够，滤层受污染，结块、穿透，存在偏流现象。

处理方法：及时进行擦反洗，并增加反洗的次数，反洗时控制好反洗强度，并调整好滤池挡板开度，保证滤池反洗效果。

十、滤池运行差压异常升高的分析及处理

(1) 热工仪表误差。

处理方法：联系热工人员校表，以保证仪表数据可靠、正确。

(2) 滤池出水水帽堵塞，出力降低。

处理方法：进行大流量反冲洗或多次擦洗，或者停用滤池联系检修处理。

十一、滤池出水或反洗时有滤料带出的分析及处理

(1) 滤池反洗时反洗强度过大，在反洗中使滤料从排气管带出。

处理方法：检查和调整滤池挡板开度，控制适当的反洗强度。

(2) 滤池反洗时放水时间不够，水位较高，在进气反洗时使滤料从排气管中带出。

处理方法：调整好放水时间，控制好进气前的滤层水位。

(3) 滤池滤层中的进气管变形损坏、滤池的出水挡板变形损坏、滤池出水水帽不锈钢绕丝断裂、反洗连通管变形损坏，使滤料落入出水区。

处理方法：停用滤池，并联系检修处理。

十二、污泥脱水机启动不出的分析及处理

(1) 污泥脱水机主电动机失电。

处理方法：及时联系电气检查并送电。

(2) 污泥脱水机控制面板有故障信号。

处理方法：查明故障原因并处理后，进行故障复位，再重新启动。

(3) 污泥脱水机启动时或运行中电动机跳脱，但电源正常，说明鼓出口或出水平衡管有堵塞。

处理方法：先断开电源，再打开脱泥机鼓盖，检查机内是否堵塞，如堵塞应及时进行清理；出水平衡管有堵塞，用压力水进行冲洗或由检修人员拆下清洗。

十三、污泥脱水机运行时的异常分析及处理

现象一：污泥脱水机运行时污泥无法凝聚，使出水浑浊，出泥太稀。

(1) 加药泵故障。

处理方法：投运备用加药泵。

(2) 助凝剂浓度低。

处理方法：重新配药。

(3) 加药量不足。

处理方法：提高加药量。

(4) 污泥均匀池内的泥水含泥率低于正常范围，使污泥脱水机的扭矩较低，出泥太稀。

处理方法：适当降低污泥脱水机的差速，及时调整污泥均匀池内的泥水含泥率到正常范围。

现象二：污泥脱水机运行时有明显的响声。

(1) 机内鼓出口有堵塞情况。

处理方法：在没有跳机的情况下，可切至冲洗程序进行冲洗；在冲洗无效时，应立即停运并断开电源，打开脱泥机鼓盖，及时进行清理。

(2) 污泥均匀池内的泥水含泥率过高，使污泥脱水机的扭矩较高。

处理方法：适当降低进水流量和加药量，提高污泥脱水机的差速，及时调整污泥均匀池内的泥水含泥率到正常范围。

十四、超滤叠片过滤器运行差压异常升高的分析及处理

(1) 过滤器差压计“+”、“−”侧排污门污堵或有空气。

处理方法：联系热工人员对过滤器差压计“+”、“−”侧排污门进行疏通、排气，消除故障。

(2) 沉淀池、滤池出水水质影响。

处理方法：调整预处理设备的出水水质；增加叠片过滤器的反洗次数；保证出水水质。

(3) 叠片过滤器反洗不彻底，过滤器叠片受污染。

处理方法：增加水压和背压；延长叠片过滤器反洗时间；清洗叠片。

十五、超滤运行差压异常升高的分析及处理

(1) 超滤跨膜差压计“+”、“−”侧排污门污堵或有空气。

处理方法：联系热工人员对过滤器差压计“+”、“−”侧排污门进行疏通、排气，消除故障。

(2) 进水浊度超标，叠片过滤器受污染。

处理方法：增加叠片过滤器的反洗次数；保证出水水质。

(3) 超滤膜受污染，有机物滋生。

处理方法：进行化学清洗，调整杀菌剂加药量。

十六、反渗透出水水质恶化的分析及处理

现象：反渗透出水电导率升高，脱盐率明显下降，出力降低。

(1) 膜管内出水口密封圈损坏，使浓水漏入淡水侧，造成脱盐率下降的假象。

处理方法：取样分析每根膜管的出水电导率，确认膜管损坏的位置，然后停用设备，联系检修人员拆下检查、更换膜管内出水口密封圈。

(2) 进水水质差，SDI>3，特别是启动频繁时，运行人员监控不力，造成膜结垢，脱盐率下降，出力降低。

处理方法：进行膜清洗，恢复其脱盐率，运行中加强 SDI 的测定。

(3) 冬天水温低于 10℃，脱盐率下降。

处理方法：水温低于 10℃时，投用加热设备或降低出力运行。

十七、反渗透运行一、二段及出水端差压异常升高的分析及处理

(1) 反渗透前的保安过滤器运行不正常或有损坏（保安过滤器长时期运行没有压差），杂质进入系统内。

处理方法：检查、更换保安过滤器的滤芯（一般保安过滤器的滤芯使用不得超过 3 个月，否则有可能滋生有机物），同时进行膜组件的清洗，恢复其差压至正常范围内。

(2) 前期超滤制水杀菌剂的加入量没达到要求，有机物进入膜组件。

处理方法：调整超滤制水杀菌剂的加入量达到要求，膜组件污堵严重时要进行膜组件的清洗，恢复其差压至正常范围内。

十八、固定床再生不出或再生效果差的分析及处理

(1) 设备有缺陷。如中排管损坏（严重时会有大量树脂跑出），使再生时造成偏流、树脂乱层或树脂保护层不能形成。

处理方法：检测中排出口是否有树脂跑出，然后消除缺陷，重新再生。

(2) 操作失误。如再生过程中顶压没调整好，树脂乱层；进酸、碱时，浓度、时间、流速达不到规定要求。

处理方法：按操作规定进行重新再生（进酸、碱时浓度一般控制在 2%～4%；接触时间 30min；流速 3～5m/h）。

(3) 树脂污染严重，造成再生度达不到要求。

处理方法：对树脂进行复苏处理或更换新树脂。

(4) 树脂缺损严重，（每次再生反洗流量控制不当），使顶压失去作用，再生时造成偏流、树脂乱层或树脂保护层不能形成。

处理方法：添加补充树脂。

十九、体内再生混床再生不出或再生效果差的分析及处理

(1) 再生时，阴、阳树脂分层界面不清。

处理方法：调整反洗分层时的进水压力及流速，当阴、阳树脂界面清晰时，要缓慢降低流速至静止状态。

(2) 进酸、碱时，浓度、时间、流速达不到规定要求。

处理方法：按操作规定进行重新再生（进酸、碱时浓度一般控制在2%～4%；接触时间30min；流速3～5m/h；进碱的流速一般要高于进酸的流速）。

(3) 树脂污染严重，造成再生度达不到要求。

处理方法：对树脂进行复苏处理或更换新树脂。

(4) 树脂缺损严重（每次再生反洗流量控制不当），树脂配比失调。

处理方法：添加补充树脂。

二十、除盐水箱水质污染的分析及处理

现象：除盐水箱出水电导率异常升高（控制指标≤0.4μS/cm）。

(1) 补混/反进阀泄漏，阴离子交换器的出水直接进入除盐水箱。

处理方法：取样分析，将阴离子交换器出水与补混出水作对比分析，对照在线电导率表，判断补混/反进阀泄漏，由检修人员消缺处理。

(2) 阳、阴、混合离子交换器失效。

处理方法：分析离子交换器出水水质，查明原因后再生失效的离子交换器，除盐水箱水质污染严重时，在不影响供水的前提下，对除盐水箱进行彻底换水。

二十一、机组主凝结水水质恶化的分析及处理

现象一：水质分析时，发现主凝水有硬度。

(1) 取样不准确。

处理方法：立即重新取样复测。

(2) 分析试剂受污染或失效。

处理方法：立即用除盐水作对比测试。

(3) 当主凝结水的氢电导率、钠离子同步上升时，可以判断凝汽器泄漏。

处理方法：立即汇报当班值长及相关领导，同时按三级处理标准要求，开出处理单进行处理（如加木屑、停机堵漏）。

现象二：水质分析时，发现主凝结水溶解氧不合格。

(1) 人工分析方法不准确，使分析数据出现误差。

处理方法：核对现场在线表计数据，同时可以在同一系统上（前置过滤进出口、精处理混床进出口、除盐凝结水管取样口）进行复测溶解氧来判断主凝结水溶解氧是否合格。

(2) 凝汽器真空部分不严密；凝泵轴封不严密等设备缺陷，造成主凝水溶解氧不合格。

处理方法：联系机组值班人员切换凝结水泵，并要求联系检修人员查漏消缺。

二十二、前置过滤器运行差压异常升高的分析及处理

(1) 主凝水水质恶化。

处理方法：加强对主凝水水质的监督分析。

(2) 滤元污染。

处理方法：调整前置过滤器的反洗强度，增加反洗次数。

(3) 超出力运行。

处理方法：调整前置过滤器运行流量。

二十三、前置过滤器设备故障的分析及处理

现象一：程控无法操作。

(1) 程控电脑故障。

处理方法：联系热工处理。

(2) 执行机构机械故障。

处理方法：联系检查、检修处理。

(3) 气动阀控制气源故障。

处理方法：检查、恢复控制气源。

现象二：运行差压突降、出水水质恶化。

原因分析：操作不当造成水流剧烈冲击，滤元断裂。

处理方法：主凝结水切换50%旁路运行，联系检修人员及时更换滤元，恢复正常运行方式。

二十四、中压混床运行差压异常升高的分析及处理

(1) 运行流速高，超出力运行。

处理方法：调整适当运行流速。

(2) 树脂使用年份长，在再生过程中，由于擦洗强度不当，造成树脂粉碎。

处理方法：再生时漂洗碎树脂，补充新树脂。

二十五、中压混床出水水质恶化的分析及处理

现象：混床运行周期没到，出水电导率超标或二氧化硅超标。

(1) 再生效果差；阴、阳树脂在再生时进酸、碱浓度、时间、流速达不到规定要求或树脂污染严重，达不到理想的再生度。

处理方法：失效混床出系再生；将受污染的树脂进行复苏处理或更换新树脂。

(2) 再生塔内树脂移入运行混床后混合不均，使混床出水电导率不合格。

处理方法：重新混脂后投运观察。

二十六、中压混床再生不出或再生效果差的分析及处理

(1) 树脂非正常损失（出水装置损坏泄漏或反洗流量、擦洗强度过大），阴、阳树脂比例严重失调。

处理方法：检查修复损坏装置；调整反洗流量及擦洗强度，补充缺损树脂。

(2) 再生时树脂分层不完全，阴、阳树脂分界面不清晰，导致再生效果差。

处理方法：重新分层，调整分层反洗流量，直至阴、阳树脂分界面清晰（特别注意：分层时反洗水流的压力及流速控制）。

二十七、给水水质不合格的分析及处理

现象一：取样分析发现给水硬度不合格。

原因分析：取样水是否污染；分析试剂是否过期或者污染；分析测定高、低压加热器疏水是否合格；凝结水精处理旁通阀是否泄漏（凝汽器可能泄漏）。

处理方法：立即重新取样复测，多取几只水样进行分析；重新配制、更换合格的分析试剂；对不合格疏水进行排放。如果以上都正常，对凝结水精处理进口流量与前过流量、混床流量进行核对，若不平衡，则表明旁路系统有泄漏，对主凝结水进行分析，汇报当值长、专业。联系检修准备凝汽器捉漏处理。

现象二：取样分析发现给水 pH 值不合格。

原因分析：与在线 pH 计进行核对，实验室 pH 计工作是否正常，给水加氨是否正常。

处理方法：对实验室 pH 计进行校验定位，检查给水加药泵设备是否正常，氨箱浓度是否正常。

现象三：取样分析发现给水溶解氧不合格。

原因分析：取样管道有无泄漏，取样分析是否正确，分析试剂是否失效，除氧器运行工况是否正常，凝结水含氧量高。

处理方法：确认取样管道有无泄漏，重新配制溶解氧分析试剂，按照正确的取样分析方法进行测定，如果以上都正常，了解机组除氧器运行工况，加强监测凝汽器溶解氧含量。

现象四：取样分析发现给水硅、钠含量超标。

原因分析：水样是否污染，分析试剂是否过期或者污染，在线仪表工作是否正常，混床是否失效。

处理方法：多取几只水样进行分析，配制更换合格的分析试剂，先排除试剂影响。再分析测定运行混床，如果失效，进行再生。

二十八、蒸汽品质恶化的分析及处理

现象一：氢导超标。

(1) 氢离子交换柱树脂失效。

处理方法：更换再生过的氢离子交换柱。

(2) 仪表指示不准。

处理方法：联系仪表班校验仪表。

(3) 减温水不合格。

处理方法：通知机组停止使用减温水，对减温水系统进行冲洗处理。

现象二：蒸汽硅钠含量不合格。

(1) 试剂过期或者污染。

处理方法：更换分析试剂。

(2) 在线仪表工作不正常。

处理方法：更换在线仪表。

(3) 锅炉运行工况剧烈变化。

处理方法：联系值长，调整锅炉运行工况。

(4) 减温水不合格。

处理方法：通知机组停止使用减温水，对减温水系统进行冲洗处理。

二十九、高温取样架取样管道泄漏的处理

(1) 当高温高压取样系统发生泄漏时，若泄漏量大，无法判断问题样管时，必须先联系机组人员轮流关闭除氧器出口、省煤器进口、主蒸汽、再热蒸汽取样一次阀，在室外通过观察蒸汽泄漏减弱程度，倾听刺耳声音减弱程度来判断哪一样管泄漏，待找出泄漏样点，蒸汽散尽后，方可进入高温高压取样间检查。

(2) 如要检修冷却器，除了关闭取样一次阀外，还需确认冷却器温度下降后，方可进行拆卸工作。

(3) 在任何情况下都不得先关断冷却器的冷却水。

(4) 高温高压取样部分操作时应注意人身安全；操作人员应按规定戴好防护手套、穿长衫等；操作高温高压阀门时应缓慢。

三十、脱硫废水运行时三联箱溢水的分析及处理

660MW 脱硫废水系统在废水池安装了两台罗茨风机，罗茨风机常运行保证了废水中的石膏黏泥不至于发生沉淀而堵塞废水泵进口管道。但是，在罗茨风机的搅拌作用下，大量的石膏黏泥废水被送往三联箱，正常情况下三联箱搅拌机保持常运行，以防止废水中的石膏黏泥沉淀。在废水处理过程中，一旦三联箱任意一台搅拌机发生故障，那么废水中的石膏黏泥就会逐渐沉淀，最终堵塞此箱的出水槽，从而导致三联箱溢水。

应急处理：停止废水输送，将溢水箱的废水放尽，用压力水将石膏黏泥冲掉，疏通出水槽，然后可以暂时继续运行，但不解决问题。

最终处理：

(1) 联系脱硫专业，控制废水中的石膏黏泥含量。

(2) 在三联箱上部加装溢流管回废水池。

(3) 在废水处理过程中，运行人员加强巡检，保证搅拌机运行正常。

三十一、前置过滤器旁路电动门电路板烧坏的分析及处理

原因分析：前置过滤器旁路电动门位于前过 3B/正排排放管斜上方，正排管在前置过滤器反洗排放过程中，由于没有缓冲余地，大量的排放水正好溅到前置过滤器旁路电动门上，造成电动门电路板烧坏。

处理方法：将前置过滤器旁路正排阀门排放管接到地沟排水管内，减缓排放压力；另外，为防止其他排水溅到前置过滤器旁路电动门上，可以在电动门操作面板上加装防护罩，防止前置过滤器旁路电动门的电路板受潮而损坏。

三十二、氨站氨蒸发器多次发生积霜现象的分析及处理

现象：氨站氨蒸发器多次发生积霜。

(1) 蒸发器没有切到“自动”运行，或者“连锁”未投入。

处理方法：蒸发器退出运行，点操关闭储氨箱出氨阀，蒸发器进氨阀，蒸发器出氨调整阀。

(2) 氨站氨蒸发器在运行过程中水温控制不当或者加热器发生故障，致使水温偏低（低于 65℃），而蒸发器到低低值无法自启，蒸发器出气压力到低值 0.15MPa 没有连锁切换关闭系统阀门，由于水温低，液氨得不到完全挥发，从而发生积霜现象。

处理方法：

1) 联系热工处理蒸发器温控开关。

2) 手动投运蒸发器，待水温≥65℃后，点操开启蒸发器出氨调整阀，将蒸发器内液氨挥发掉，期间注意控制好蒸发器的出气压力。

3) 机组投运蒸发器，一定要切“自动”、“连锁”。

三十三、氨站设备安全门动作使氨气吸收箱中氨浓度超标的分析及处理

脱硝氨站在运行过程中，由于氨气缓冲箱压力控制不当而造成氨气缓冲箱安全门动作，使氨气吸收箱中氨浓度超标。

应急处理：

(1) 联系机组释放氨气缓冲箱压力至 0.20MPa 以下。

(2) 将吸收箱内氨水置换冲洗数次，启动污水泵将污水池内废水打至老化水废水池，然后判断安全门是否落座。

(3) 经过以上操作，若氨气吸收箱中氨浓度依旧超标，则证明安全门没有完全落座，或者安全门有内漏。通知机组停运脱销系统，待检修消缺。

(4) 对吸收箱内氨水继续进行处理，直至浓度符合标准。

最终处理：

(1) 脱硝氨站在运行时，联系机组控制氨气缓冲箱压力不得超过 0.25MPa（安全门动作值），最好不超过 0.20MPa。一旦发现氨气缓冲箱压力超过 0.20MPa 时，联系机组开大机组喷氨门，将缓冲箱压力释放至 0.20MPa 以下。

(2) 氨气吸收箱水位保持高位 1.6m。

(3) 氨站喷淋系统、吸收系统定期工作要执行，保证异常处理时设备能运行正常。

三十四、氨站设备发生泄漏的处理

氨泄漏的处理原则：迅速撤离泄漏污染区人员至上风处，并立即进行隔离（150m），严格限制出入，切断火源；应急处理人员应戴自给正压式呼吸器，穿防毒服；尽可能切断泄漏源；合理通风，加速扩散；对高浓度泄漏区喷含盐酸的雾状水中和、稀释、溶解；构筑围堤或挖坑，以收容产生的大量废水。

处理方法：

(1) 发现氨泄漏应立即向消防队报警，并汇报值长、专业、厂部。

(2) 在进入氨泄漏区域时，应使用防毒面具或类似设备。

(3) 扑灭氨设备周围所有的烟、明火和火花。

(4) 采用便携式氨检测器，检查并确认空气中的氨浓度低于 35ppm（体积浓度）。

(5) 张贴通告通知其他人本区域有氨泄漏。

第二节 预 案

一、化验室火灾现场处置方案

(1) 事故类型和危害程度分析：

化学化验室中大容量的电器设备较多（如高温电炉等），易发生火灾。化验室是防火重点区域，一旦发现火灾，如果扑救不及时，就会造成设备的损坏及化学药品的污染。

(2) 应急处置基本原则：确保人身安全和设备、化学药品的安全。

(3) 处置程序：

1) 任何员工一旦发现火情，若局部着火，不危及人员安全，可以马上扑灭的，应立即进行扑灭，并向保卫部汇报。

2) 局部着火，可以扑灭但有可能蔓延扩大的，在确保人员安全的情况下，通知周围人员参加灭火，防止火势蔓延扩大，同时向保卫部汇报。

3）火势很大，扑救火灾确有困难时，立即拨打119，请求启动火灾应急预案。

4）若有人员被困，首先组织人员和工具，尽快解救被困人员，若有人员受伤，医务人员应立即进行救护，受伤严重者立即送往医疗服务中心或地方医院救治。

5）视情况转移易燃、易爆药品。

6）火灾扑灭后，要派专职消防队队员对火灾现场监护24h，防止余火复燃，没有发生异常后，方可宣告灭火任务完成。

7）火灾扑灭后，要清点受损化学药品和设备，并做好详细记录。

(4) 注意事项：灭火过程中，应使用灭火器，尽量不使用水，以防化学药品的现场污染。

二、盐酸人身伤害现场处置方案

(1) 事故类型和危害程度分析：盐酸属危险化学品，一旦泄漏易引起人身伤害。

(2) 应急处置基本原则：确保人身安全，防止事态扩大。

(3) 处置程序。

皮肤接触伤害：

1）立即脱去被污染的衣物；

2）用大量流动清水冲洗15min；

3）严重时拨打120急救或去医院就医。

眼睛接触伤害：

1）立即提起眼睑；

2）用大量流动清水或生理盐水彻底冲洗15min；

3）严重时拨打120急救或去医院就医。

(4) 注意事项：本品不燃，具有强腐蚀性、强刺激性，可致人体灼伤。

三、盐酸泄漏现场处置方案

(1) 事故类型和危害程度分析：盐酸属危险化学品，一旦泄漏易引起人身伤害和环境污染。

(2) 应急处置基本原则：确保人身安全，防止事态扩大。

(3) 处置程序：

1）当发生较大泄漏时要及时汇报班长，班长要及时将泄漏的确切部位、现场的状态向值长汇报。

2）迅速撤离污染区人员至安全区，并进行隔离，严格限制出入。

3）应急处理人员戴自给正压式呼吸器，穿防酸、碱工作服，不要直接接触泄漏物。

4）应急处理时严禁单独行动，要有监护人，必要时用水枪掩护。

5）尽可能切断泄漏源，用砂土、干燥石灰或苏打灰混合；或用大量水冲洗，稀释后放入废水系统。

6）泄漏量较大时，四周围墙出入口联系土木用沙包堆堵，防止酸水外流，污染环境。

7）下风处设置警戒线，防止无关人员受到伤害。

(4) 注意事项：本品不燃，具有强腐蚀性、强刺激性，可致人体灼伤。

四、液氨泄漏现场处置方案

(1) 事故类型和危害程度分析：氨属危险化学品，一旦泄漏易引起人身伤害和环境污染。

(2) 应急处置基本原则：确保人身安全，防止事态扩大。

(3) 处置程序：

1) 当发生较大泄漏时要及时汇报班长，班长要及时将泄漏的确切部位、现场的状态向值长汇报。

2) 迅速撤离泄漏污染区人员至上风处，并立即隔离150m，严格限制出入；现场禁明火。

3) 应急处理人员戴自给正压式呼吸器，穿防静电工作服；尽可能切断泄漏源。

4) 合理通风，加速扩散，对高浓度泄漏区喷雾状水中和、稀释、溶解。

5) 如有人员受伤，应立即采取下列措施：

a. 立即脱去被污染的衣物，用2%硼酸液或大量流动清水彻底冲洗后就医。

b. 眼睛接触：立即提起眼睑，用大量流动清水或生理盐水彻底冲洗至少15min后就医。

c. 如有吸入，迅速脱离现场至空气新鲜处，保持呼吸道通畅；如呼吸困难，给输氧；如呼吸停止，立即进行人工呼吸；就医。

(4) 注意事项：氨气与空气混合能形成爆炸性混合物，遇明火、高热时能引起燃烧爆炸；若遇高热，容器内压会增大，有开裂和爆炸的危险。

五、卸氨泄漏现场处置方案

(1) 事故类型和危害程度分析：氨属危险化学品，一旦泄漏易引起人身伤害和环境污染。

(2) 应急处置基本原则：确保人身安全，防止事态扩大。

(3) 处置程序：

1) 当卸氨发生泄漏时，应立即停止卸氨操作。

2) 应急处理人员戴自给正压式呼吸器，穿防静电工作服；隔绝卸氨系统。

3) 迅速撤离泄漏污染区人员至上风处，并立即隔离150m，严格限制出入；现场禁明火，运氨槽车严禁点火发动。

4) 对泄漏系统管路进行氮气置换；启动氨气吸收系统。

5) 如运氨槽车发生泄漏，应联系消防队使用水枪喷水进行中和、稀释、溶解；四周围墙出入口和排水井联系土木用沙包堆堵，防止氨水外流，污染环境；下风处设置警戒线，防止无关人员受到伤害。

6) 如有人员受伤，应立即采取下列措施：

a. 立即脱去被污染的衣物，用2%硼酸液或大量流动清水彻底冲洗后就医。

b. 眼睛接触：立即提起眼睑，用大量流动清水或生理盐水彻底冲洗至少15min后就医。

c. 如有吸入，迅速脱离现场至空气新鲜处，保持呼吸道通畅；如呼吸困难，给输氧；如呼吸停止，立即进行人工呼吸；就医。

(4) 注意事项：氨气与空气混合能形成爆炸性混合物，遇明火、高热时能引起燃烧爆炸；若遇高热，容器内压会增大，有开裂和爆炸的危险。

六、水合肼（联氨）泄漏现场处置方案

(1) 事故类型和危害程度分析：水合肼（联氨）属危险化学品，一旦泄漏易引起人身伤害和环境污染。

(2) 应急处置基本原则：确保人身安全，防止事态扩大。

(3) 处置程序：

1) 当发生较大泄漏时要及时汇报班长，班长要及时将泄漏的确切部位、现场的状态向值长汇报。

2) 迅速撤离泄漏污染区人员至上风处，并立即隔离150m，严格限制出入。

3) 切断火源，防止发生火灾。

4) 应急处理人员戴自给正压式呼吸器，穿防静电工作服；尽可能切断泄漏源。

5) 防止泄漏物流入下水道，造成环境污染。

6) 小量泄漏：用砂土或其他不燃材料吸附或吸收；也可以用大量水冲洗，洗水稀释后放入废水系统。

7) 如有人员受伤，应立即采取下列措施：

a. 立即脱去被污染的衣物，用2%硼酸液或大量流动清水彻底冲洗后就医。

b. 眼睛接触：立即提起眼睑，用大量流动清水或生理盐水彻底冲洗至少15min后就医。

c. 如有吸入，迅速脱离现场至空气新鲜处，保持呼吸道通畅；如呼吸困难，给输氧；如呼吸停止，立即进行人工呼吸；就医。

(4) 注意事项：本品可燃、高毒，具有强腐蚀性、刺激性，可致人体灼伤。

七、控制室火灾突发事故现场处置方案

(1) 事故类型和危害程度分析：控制室内存在大量控制机柜、电线电缆、电子设备，一旦电气线路发生短路而保护开关又未能动作时，极易发生火灾，如不及时扑灭，将造成重大损失。

(2) 应急处置基本原则：确保人身安全和设备安全，保证设备正常运行。

(3) 处置程序：

1) 若局部发生火灾，应立即切断电源，用灭火器扑救。

2) 若火灾较大时，应及时疏散人员。

3) 及时通知消防队进行救火。

4) 保障正常设备运行。

5) 及时扑救火灾，降低火灾损失。

(4) 注意事项：灭火时应用1211和二氧化碳灭火器，避免设备受损。

八、次氯酸钠泄漏现场处置方案

(1) 事故类型和危害程度分析：次氯酸钠属腐蚀性化学品，一旦泄漏易引起人身伤害。

(2) 应急处置基本原则：确保人身安全，防止事态扩大。

(3) 处置程序：

1) 当发生较大泄漏时要及时汇报班长，班长要及时将泄漏的确切部位、现场的状态向值长汇报。

2) 迅速撤离泄漏污染区人员至安全区，并进行隔离，严格限制出入。

3）建议应急处理人员必要时戴自给正压式呼吸器，穿防酸碱工作服；不要直接接触泄漏物；尽可能切断泄漏源。

4）小量泄漏时用砂土、蛭石或其他惰性材料吸收；大量泄漏时构筑围堤或挖坑收容；用泡沫覆盖。

5）如有人员受伤，应立即采取下列措施：

a. 皮肤接触：脱去被污染的衣物，用大量流动清水冲洗。

b. 眼睛接触：提起眼睑，用流动清水或生理盐水冲洗，就医。

c. 吸入：迅速脱离现场至空气新鲜处，保持呼吸道通畅；如呼吸困难，给输氧；如呼吸停止，立即进行人工呼吸；就医。

（4）注意事项：本品受高热会分解产生有毒的腐蚀性烟气，具有腐蚀性。

第三节 措 施

一、凝结水系统热工保护解列运行的安全措施

（1）系统运行时，无特殊情况下前置过滤器旁路阀与混床旁路阀必须投运连锁保护装置，前置过滤器与混床必须采用程序控制方式运行。

（2）当系统运行时，因消缺或其他特殊原因必须要解列前置过滤器旁路阀的连锁保护系统时，应事先汇报值长并征得其同意。在解列连锁保护时应做好以下措施：

1）在解列前置过滤器旁路阀的连锁保护前，应检查前置过滤器压差、前置过滤器旁路进出口压差、主凝水温度、压力等参数。只有确认以上参数在规定范围内后，方可解列前置过滤器旁路阀的连锁保护。

2）在解列前置过滤器旁路阀的连锁保护时，班长应指定专人监视好主凝结水流量、温度、压力以及每台前置过滤器运行流量、进口压力和压差等相关参数的变化情况；如有异常情况发生，应及时手动开启前置过滤器旁路阀。

3）在前置过滤器旁路阀的连锁保护解列期间，应加强与机组人员的联系；如主凝结水系统发生异常情况，应及时手动开启前置过滤器旁路阀。

4）在缺陷消除后，应及时投入前置过滤器旁路阀的连锁保护系统。

（3）当系统运行时，因消缺必须要解列混床旁路阀的连锁保护系统时，应事先汇报值长并征得其同意。

1）在解列混床旁路阀的连锁保护前，应检查运行混床的压差、混床树脂捕捉器的压差、混床旁路阀进出口压差、主凝结水温度和压力等参数。只有确认以上参数在规定范围内后，方可解列混床旁路阀的连锁保护。

2）在解列混床旁路阀的连锁保护时，班长应指定专人监视好主凝结水流量、温度、压力以及每台混床运行流量、进口压力和压差等相关参数的变化情况；如有异常情况发生，应及时手动开启混床旁路阀。

3）在混床旁路阀的连锁保护解列期间，应加强与机组人员的联系；如主凝结水系统发生异常情况，应及时手动开启前置过滤器旁路阀。

4）在缺陷消除后，应及时投入混床旁路阀的连锁保护系统。

(4) 若在消缺过程中遇因异常情况手动开启前置过滤器旁路阀或混床旁路阀后，应立即通知消缺人员停止工作，待异常处理结束后方可继续工作。

二、针对异常气候（季节性）的安全措施

(1) 夏季为高温季节，天气多变，对设备安全运行带来诸多隐患。针对不同天气的变化特点，制订以下措施来加强检查，保证设备的安全运行。

1) 正常情况下，由于夏季天气高温炎热，设备运行温度都比较高，应保证每台设备的发热位置都有示温片，并加强检查各设备的冷却介质是否正常（如润滑油、冷却水等），各运行加药泵电动机风扇是否正常运行，若发现异常要及时联系处理。氨瓶存放处应保证减温淋水常开，脱销氨站减温喷淋装置要保证健康状态。

2) 夏季天气转热，各种藻类、微生物生长迅速，为了不影响预处理出水水质，可在沉淀池进口处和滤池进口处提高次氯酸钠的加药量，加强分析综合清水池的余氯含量。当沉淀池内水草生长速度过快时，还应增加沉淀池斜管冲洗的次数。

3) 对于循环水处理，由于水温偏高，易蒸发泄漏，不仅需要提高次氯酸钠的加药量，还要增加稳定剂的加药量，加强循环水质分析，控制好循环倍率。

4) 黄梅天气雨水较多，空气湿度较大，对露天设备的安全运行存在一定隐患。应及时检查各露天设备的电动机（保证电动机罩壳完整、罩好），防止电动机因进水而被损坏（应备好塑料遮布），同时应检查各电源开关箱（保持关闭状态），防止雨淋或因湿度高而引起开关箱短路；积极做好储气筒的疏水工作，必要时可增加疏水次数，保证供气品质。

5) 当有台风、暴雨时，保证地沟通畅，及时清理杂物，加强检查地沟的水位上升情况，及时启动排水泵排水，并及时关闭各室的门窗，防止因刮风而造成门窗损坏，从而威胁到设备的安全运行。

6) 班组人员长时间在户外工作，应做好防暑降温工作，班内应配备一定药品（如仁丹、白花油、藿香正气水等），并加强联系，防止意外发生。

(2) 冬季为低温、雨雪、冰冻天气，对工作人员的人身和设备安全都造成一定影响，针对化学专业的实际工作情况，制订以下安全措施，来确保人身和设备安全。

1) 组织人员对积雪、结冰的工作通道进行清除，及时消除滑跌的隐患；采取必要的防滑跌措施，铺设防滑垫、草包或纸板；禁止在有倒塌危险的建筑物或树下逗留；在检查沉淀池等高处设备时，上下扶梯必须双手抓好扶梯栏杆，缓慢上下扶梯。

2) 由室外进入室内，应放慢脚步，并做好防滑跌的心理准备；取样、巡检等户外工作禁止骑自行车，并时刻保持通信，防止意外发生。

3) 关好各室门窗，防止雨雪侵入，损坏房屋及设备。

4) 做好设备的防冻措施，确保户外的水泵、管道等设备保温材料完整，必要时可保持小流量运行；合理调整废水等池、箱水位，保证在低温状态不发生设备冻坏现象。

5) 天气寒冷，应及时投运清水加热器和凝结水再热水箱；对于补给水系统，如需停运超滤反渗透系统，尽量要将超滤水箱内的水用完，以减少再次启动时低温水对反渗透的影响；对户外各碱箱进行加水稀释处理，防止因低温冻结而影响正常生产。

6) 在温度低于0℃的环境条件下，应将容器（例如酸雾吸收器、氨站汽化器、凝结水再热水箱）内的剩水放尽或投加防冻剂。

7）户外的各疏水装置、空气过滤杯保持微开状态，防止低温冻坏。

三、脱硝系统技术措施

（1）投运条件及投运前的准备：

1）检查脱硝系统有关设备电源送上。

2）确认至少有一只储氨箱液位大于 400mm；如果储氨箱液位低于 400mm，则联系物资部门进氨。

3）化学运行将氨蒸发器的水位加满。

4）检查氨站污水池、氨气吸收箱、淋水池水位在正常值。

5）检查 SCR 声波吹灰器投运正常。

6）脱硝系统相关表计已投用，压缩空气投用正常。

7）联系值长通知化学运行执行氨站投用检查卡，具备投用条件。

8）机组集控执行 SCR 系统投运检查卡，具备投用条件。

9）脱硝系统进口烟温大于 330℃。

（2）脱硝系统的投运：

1）得到值长许可，脱硝装置可投用。

2）启动稀释风机（稀释风机启动后，入口控制阀自动开至 80%）。

3）启动氨站污水泵，氨气吸收系统自循环。

4）确认关闭液氨蒸发器出口调整阀。

5）将液氨蒸发器、储氨箱连锁“投入”。

6）确认流量控制阀在关闭状态，开启进氨快关阀。

7）将流量控制阀微开，查看氨气供应压力有所降低。

8）投用氨气蒸发器加热器，当水温≥55℃时，确认连锁氨箱的出氨阀和蒸发器进氨阀自动打开（蒸发器加热器 75℃自启，85℃自停）。

9）手动开启液氨蒸发器出口调整阀，调节蒸发器出口调整阀后压力至 0.15～0.2MPa。

10）调节蒸发器出口调整门，维持蒸发器出口调门后压力为 0.18MPa。

11）将蒸发器出口调整门投自动。

12）手动调整氨气流量控制阀开度，控制脱硝效率不小于 75%。

13）将氨气流量控制阀投自动；将脱硝效率目标值设置不低于 75%，并控制烟气中氨气逃逸率不大于 5ppm。

14）通知化学运行脱硝系统已投运，现场检查氨站设备运行正常，检漏无异常。

15）当 SCR 催化剂各层的差压大于 180Pa 时，检查 SCR 声波连续程控吹灰是否正常，否则应联系检修处理。

16）每月试投运行时间不小于 2h。

（3）脱硝系统的停运。

1）将储氨箱出氨阀及蒸发器进氨阀退出（关闭），待蒸发器内余氨基本气化尽后（蒸发器出口调门后压力降至 0.1MPa），停用蒸发器，并将电加热自动退出，关闭蒸发器出口调整阀、进氨快关阀和进氨调整阀。

2）通知化学运行脱硝系统已停运，由化学运行关闭氨气缓冲箱出气阀。

3）停运后的气体置换：

①确认稀释风机运行正常。

②开启氨气缓冲箱出气阀和进氨快关阀、进氨调整阀，将氨气缓冲箱氨气压力通过尾部烟道泄压至0.05MPa左右，关闭进氨快关阀和进氨调整阀。

③由化学运行通过氨气缓冲箱出气母管充氮气，氨气缓冲箱充氮至压力达到0.15MPa左右，开启进氨快关阀和进氨调整阀泄压至0.05MPa，重复5次。

④关闭进氨快关阀和进氨调整阀，将氨气缓冲箱充氮至0.15MPa，关闭氨气缓冲箱出气阀。

⑤脱硝系统停运期间，当氨气缓冲箱压力低至0.05MPa时，应充氮至0.15MPa。

⑥待脱硝系统气体置换结束30min后，停用稀释风机。

4）当环境温度低至4℃时，脱硝系统停运后应将蒸发器内水放尽，防止蒸发器冻裂，启动前应重新注水至正常水位。

(4) 每周氨站储氨箱减温喷淋及氨气吸收系统试投运时间不少于2h。

1）氨站储氨箱减温喷淋系统的试投运。

①检查氨站淋水池水位在正常值。

②化学运行人员检查氨站淋水池进水阀、氨站淋水池加水阀、氨站淋水泵进水阀和出水阀、氨站淋水泵总出阀在开启位置后，汇报单元长氨站储氨箱减温喷淋系统可试运行。

③由机组集控人员开启储氨箱减温喷淋阀，启动氨站淋水泵。

④化学运行人员现场检查储氨箱喷淋系统运行正常。

⑤试运2h后，停运氨站淋水泵，关闭储氨箱减温喷淋进，并通知化学运行储氨箱减温喷淋系统试运结束。

⑥试运期间，机组集控应监视好氨站淋水池水位，当水位低至0.5m时，应对淋水池进行加水，水位不高于2m。

2）氨气吸收系统的试运行。

①检查氨气吸收箱及氨站污水池水位在正常值。

②通知化学运行，检查氨气吸收箱加水阀。

③氨站污水泵进水阀和出水阀、氨站污水循环阀在开启位置，氨站污水排放阀在关闭位置后，汇报单元长氨站氨气吸收系统可试运行。

④由机组集控人员开启氨站污水泵。

⑤化学运行现场检查氨气吸收系统运行正常，试运2h后，检查开启氨站废水出水阀，关闭氨站废水排水阀，并联系化学运行开启废水池废水进水阀。

⑥开启氨站污水排放阀，关闭氨站污水循环阀，将氨站污水池内存水打到废水池内，化学运行应检查系统管道无泄漏。

⑦待氨站污水池水位低到0.5m时，机组集控应停运氨站污水泵，并通知化学运行氨气吸收系统试运结束。

⑧化学运行检查关闭氨站污水排放门、氨站废水出水阀、氨站废水排水阀，开启氨站污水/循环，并通知化学关闭废水池废水进水阀。

⑨由机组集控开启氨气吸收箱加水阀，启动氨站淋水泵，将氨站污水池水位加到正

常值。

(5) 脱硝系统的其他注意事项。

1) 氨气蒸发器出口压力严禁超过0.24MPa。

2) 加强氨站的巡检。当现场检查发现泄漏(DCS上氨气泄漏报警仪报警后，应现场检查是否泄漏)时，应立即停运脱硝系统，按氨泄漏的处理方法进行处理。

3) 脱硝系统试运时，稀释风机轮流运行，每台运行时间不少于30min。

4) 定期早班稀释风机分别试开30min；不具备条件测量绝缘。

5) 氨气蒸发器应每月轮流使用，试运时氨气蒸发器一用一备。例如：本次试运时投运蒸发器A，则蒸发器B备用；下月试运时投运蒸发器B，则蒸发器C备用。以此类推。

6) 储氨箱一用一备，当储氨箱液位低至400mm时应切换至备用储氨箱。当一只储氨箱液位低至400mm，另一只储氨箱液位低至1000mm(存氨量约20t)时，应通知化学进液氨。单只储氨箱液位最高不超过2000mm(存氨量约40t)。

四、超滤化学清洗技术措施

(1) 清洗前应将除盐水箱水位保持高位，应保持除盐水箱水位不低于14m。

(2) 在一套超滤清洗期间，另一套超滤应以出水80t/h运行，保证一套反渗透进水以60t/h运行，离子交换器以40t/h运行。当除盐水箱水位低至14m时必须投运，在除盐水箱水位做满后方可停运。

(3) 当遇系统需大量用水且化学供水仍不能满足时，应停止超滤的清洗，恢复制水，待系统用水量恢复正常后再继续清洗。

(4) 超滤系统清洗前，运行班组除应按工作票内容隔绝系统外，还应将需清洗的超滤系统所涉及热工表计(包括分析表计和测量表计)的取样一次门和人工取样门关闭，防止清洗液外漏和损失，影响清洗效果。

(5) 清洗前应将清洗系统冲洗干净。

(6) 超滤清洗时如投用清洗箱加热器，清洗时运行应监视好超滤的进水温度，防止清洗液超温而损伤膜。

(7) 超滤清洗时运行应每小时现场检查一次，特别是清洗系统的严密性。如发现清洗系统泄漏，应立即停止清洗，联系检修处理。

(8) 加强超滤产水箱水质、反渗透进水水质的监视，防止因清洗液进入超滤产水区或反渗透进水区而导致反渗透膜的损伤。清洗期间运行应每小时分析超滤水箱和反渗透进水(反渗透取样架上取样点)的余氯含量和pH值，分析数据记录在补给水交接班记录本上。监视好反渗透进水电导率表的变化(如有异常上升等情况，应停止清洗检查)，当发现水质有异常波动时应立即停止清洗，检查系统查找原因。

(9) 超滤清洗期间凡涉及配药或接触清洗液的操作，操作人员均应使用相关的安全防护工作。

(10) 超滤清洗(碱洗、酸洗)各阶段结束后必须冲洗干净(包含超滤本体、清洗系统)，按冲洗排放水pH=6～9，余氯含量小于0.5mg/L控制。重点注意冲洗水必须进入废水池，不得排入回用水池。

(11) 因超滤清洗时间跨度较长，各班必须将超滤的清洗情况做详细交班，并向接班人员说明情况，以便下一班组工作。

五、反渗透化学清洗技术措施

(1) 反渗透化学清洗期间，应保持除盐水箱水位不低于14m。如遇机组需大量用水且化学供水仍不能满足时，应停止反渗透的清洗，恢复制水，待系统用水量恢复正常后再继续清洗。

(2) 反渗透系统清洗前，运行班组除应按工作票内容隔绝系统外，还应将需清洗的反渗透系统所涉及热工表计（包括分析表计和测量表计）的取样一次门和人工取样门关闭，防止清洗液外漏和损失，影响清洗效果和损坏表计。

(3) 清洗前应将清洗系统冲洗干净。

(4) 反渗透清洗时如投用清洗箱加热器，清洗时运行应监视好进液温度，防止清洗液超温而损伤膜。

(5) 反渗透清洗时运行应每小时现场检查一次，特别是清洗系统的严密性。如发现清洗系统泄漏，应立即停止清洗，联系检修处理。

(6) 反渗透清洗时如超滤停用，应注意超滤本体压力变化；超滤运行时应注意超滤进水水质（如pH值、电导率）的变化，防止因超滤进清洗液阀门泄漏，造成反渗透清洗液进入超滤系统。

(7) 反渗透清洗期间，加强对备用（或运行）反渗透装置的监视，特别是一、二段进水压力及浓水排放压力、产水电导率的变化，防止因清洗系统阀门不严密，清洗液进入备用（或运行）反渗透装置造成系统产生背压，以及清洗液进入产水区污染预脱盐水箱等情况。

(8) 反渗透清洗期间凡涉及配药或接触清洗液的操作，操作人员均应使用相关的安全防护工作。

(9) 反渗透清洗（碱洗、酸洗）各阶段结束后必须冲洗干净（包含反渗透本体、清洗系统），按冲洗排放水pH＝6～9控制。重点注意冲洗水必须进入废水池，不得排入回用水池。

(10) 反渗透清洗程序为碱洗—碱洗—酸洗—酸洗，即一套碱洗结束后冲洗干净，再投运另一套碱洗；碱洗结束后进行酸洗，程序同碱洗。因反渗透清洗时间跨度较长，各班必须及时了解和掌握清洗的情况，与清洗人员协调好各项工作，清洗人员在执行各项操作之前必须征得运行班长的同意后方可操作。各班对反渗透的清洗情况做详细交班，并向接班人员说明情况，以便下一班组工作。

六、关于660MW化学补给水系统运行方式的技术措施

(1) 预处理系统杀菌剂计量以2～3ppm加（各班可根据沉淀池、滤池出水余氯调整加药量）。其主要控制指标为：沉淀池出水余氯0.3ppm；滤池出水0.2～0.3ppm；清水池及超滤进水0.2ppm；超滤出水及超滤产水箱余氯0.1～0.2ppm。

(2) 循环水余氯每天分析两次，时间为上午9：00，晚上21：00。当循环水余氯小于0.2ppm时，应冲击加药1h（按循环水流量加1ppm量），测定前池进水渠余氯为0.5ppm左右。

(3) 原则上沉淀池专供冷却塔补水及化学制水用；沉淀池互为备用，供冷却塔补水用，视冷却塔补水情况运行一台或两台沉淀池。按定期维护工作表执行转备用和排空工作（注意排空后应重新注水到斜管上部）。

（4）预处理杀菌剂系统正常投用后，超滤运行时可不投杀菌剂；超滤杀菌剂系统在化学加强反洗时投。超滤次氯酸钠箱采用一用一备。超滤运行时不投杀菌剂，超滤进口杀菌剂加药一次门应关闭。

（5）超滤加强反洗杀菌剂仍采用桶装次氯酸钠，最低存量不低于15桶（25kg/桶）。预处理次氯酸钠池的液位不低于0.3m。

（6）当预处理次氯酸钠系统故障不能维持系统正常加药需要时，应及时恢复超滤进口加次氯酸钠及循环水每班冲击加杀菌剂。

（7）超滤、反渗透旁通阀严禁开启。每班测定固定床进水余氯一次，并记录在交接班本上。

（8）重力滤池运行方式为二用一备，每天早班反洗运行滤池及投用备用滤池。例如：滤池A、B运行；早班投运滤池C，依次反洗滤池A、B后投运滤池B；依次类推。

（9）正常运行除盐水箱水位应保持在10～14.5m之间。当除盐水箱水位达到13.5m以上时，可采取降低超滤运行流量，保持一套反渗透运行的方式制水；当除盐水箱水位低至12m以下时，应采取恢复超滤运行流量，启动两套反渗透运行的方式制水。

参 考 文 献

[1] 王淑莹，高春娣. 环境导论 . 北京：中国建筑工业出版社，2003.
[2] 罗固源. 水污染控制工程. 北京：高等教育出版社 ，2006.
[3] 冯逸仙. 反渗透水处理工程. 北京：中国电力出版社，2000.
[4] 陈志和. 电厂化学设备及系统. 北京：中国电力出版社，2006.
[5] 于瑞生，杜祖坤. 电厂化学. 北京：中国电力出版社，2006.
[6] 肖作善，施燮钧，王蒙聚. 热力发电厂水处理. 3 版. 北京：中国电力出版社，2000.
[7] 汪德良，等. 超超临界参数机组的水汽品质控制. 中国电力，2005，(8).
[8] 李志刚，沈保中，等. 华能石洞口电厂 600MW 超临界机组给水加氧、加氨联合处理应用研究. 热力发电，1998，(6).
[9] 洪新华，余晓琴. 直流锅炉给水加氧处理技术的应用. 江苏电机工程，2006，(1).
[10] 周本省. 工业水处理技术. 2 版. 北京：化学工业出版社，2003.
[11] 钱达中. 发电厂水处理工程. 北京：中国电力出版社，1998.